Verlag von Julius Springer in Berlin W 9

Handbibliothek für Bauingenieure

Ein Hand- und Nachschlagebuch für Studium und Praxis

Herausgegeben von

Robert Otzen

Geheimer Regierungsrat,
Professor an der Technischen Hochschule zu Hannover

I. Teil: Hilfswissenschaften .... 5 Bände
II. Teil: Eisenbahnwesen und Städtebau .. 9 Bände
III. Teil: Wasserbau .... 8 Bände
IV. Teil: Brücken- und Ingenieur-Hochbau . 4 Bände

Inhaltsverzeichnis.

I. Teil: Hilfswissenschaften.

1. Band: Mathematik. Von Prof. H. E. Timerding, Braunschweig. Mit 192 Textabbildungen. VIII und 242 Seiten. 1922. Gebunden GZ. 6.4*
2. Band: Mechanik. Von Dr.-Ing. Fritz Rabbow, Hannover. Mit 237 Textabbildungen. VIII und 203 Seiten. 1922. Gebunden GZ. 6.4*
3. Band: Maschinenkunde. Von Prof. H. Weihe, Berlin-Lankwitz. Mit 445 Textabbildungen. VIII und 228 Seiten. Erscheint Anfang 1923.
4. Band: Vermessungskunde. Von Prof. Dr. Martin Näbauer, Karlsruhe. Mit 344 Textabbildungen. X und 338 Seiten. 1922. Gebunden GZ. 11*
5. Band: Betriebswissenschaft. Von Dr.-Ing. Max Mayer, Duisburg. Erscheint voraussichtlich im Jahre 1923.

II. Teil: Eisenbahnwesen und Städtebau.

1. Band: Städtebau. Von Prof. Dr.-Ing. Otto Blum, Hannover, Prof. G. Schimpff †, Aachen, und Stadtbauinspektor Dr.-Ing. W. Schmidt, Stettin. Mit 482 Textabbildungen. XII und 478 Seiten. 1921. Gebunden GZ. 15*
2. Band: Linienführung und allgemeine Bahnanlage. Von Prof. Dr.-Ing. E. Giese. Charlottenburg, Prof. Dr.-Ing. Otto Blum und Prof. Dr.-Ing. Risch, Braunschweig. Mit etwa 160 Textabbildungen. Umfang etwa 320 Seiten. Erscheint voraussichtlich im Jahre 1923.
3. Band: Unterbau. Von Prof. W. Hoyer, Hannover. Mit etwa 120 Textabbildungen. Umfang etwa 170 Seiten. Erscheint voraussichtlich Anfang 1923.
4. Band: Oberbau und Gleisverbindungen. Von Regierungs- und Baurat Bloss, Dresden. Erscheint voraussichtlich im Sommer 1923.

* *Die eingesetzten Grundzahlen (GZ.) entsprechen den ungefähren Vorkriegspreisen und ergeben mit dem jeweiligen Entwertungsfaktor (Umrechnungsschlüssel) vervielfacht den Verkaufspreis. Über den zur Zeit geltenden Umrechnungsschlüssel geben alle Buchhandlungen sowie der Verlag bereitwilligst Auskunft.*

5. Band: Bahnhöfe. Von Prof. Dr.-Ing. Otto Blum, Hannover, Prof. Dr.-Ing. Risch, Braunschweig, Prof. Dr.-Ing. Ammann, Karlsruhe, und Regierungs- und Baurat a. D. v. Glinski, Chemnitz. Erscheint voraussichtlich im Sommer 1923.
6. Band: Eisenbahn-Hochbauten. Von Regierungs- und Baurat Cornelius, Berlin. Mit 157 Textabbildungen. VIII und 128 Seiten. 1921. Gebunden GZ. 6.4*
7. Band: Sicherungsanlagen im Eisenbahnbetriebe. Auf Grund gemeinsamer Vorarbeit mit Prof. Dr.-Ing. M. Oder † verfaßt von Geh. Baurat Prof. Dr.-Ing. W. Cauer, Berlin; mit einem Anhang „Fernmeldeanlagen und Schranken" von Regierungsbaurat Dr.-Ing. Fritz Gerstenberg, Berlin. Mit 484 Abbildungen im Text und auf 4 Tafeln. XVI und 459 Seiten. 1922. Gebunden GZ. 15
8. Band: Verkehr, Wirtschaft und Betrieb der Eisenbahnen. Von Oberregierungs-Baurat Dr.-Ing. Jacobi, Erfurt, Prof. Dr.-Ing. Otto Blum, Hannover, und Prof. Dr.-Ing. Risch, Braunschweig. Erscheint voraussichtlich im Jahre 1923.
9. Band: Eisenbahnen besonderer Art. Von Prof. Dr.-Ing. Ammann, Karlsruhe, und Regierungsbaumeister H. Nordmann, Steglitz. Erscheint voraussichtlich im Jahre 1923.

III. Teil: Wasserbau.

1. Band: Grundbau. Von Regierungsbaumeister a. D. O. Richter, Frankfurt a. M. Mit etwa 300 Textabbildungen. Umfang etwa 220 Seiten. Erscheint voraussichtlich im Jahre 1923.
2. Band: See- und Seehafenbau. Von Prof. H. Proetel, Aachen. Mit 292 Textabbildungen. X und 221 Seiten. 1921. Gebunden GZ. 7.5*
3. Band: Flußbau. Von Regierungs-Baurat Dr.-Ing. H. Krey, Charlottenburg.
4. Band: Kanal- und Schleusenbau. Von Regierungs-Baurat Engelhard, Oppeln. Mit 303 Textabbildungen und einer farbigen Übersichtskarte. VIII und 261 Seiten. 1921. Gebunden GZ. 8.5*
5. Band: Wasserversorgung der Städte und Siedlungen. Von Prof. O. Geißler, Hannover, und Geh. Reg.-Rat Prof. Dr.-Ing. J. Brix, Charlottenburg. Erscheint voraussichtlich Ende 1923.
6. Band: Entwässerung der Städte und Siedlungen. Von Geh. Reg.-Rat Prof. Dr.-Ing. J. Brix, und Prof. O. Geißler, Hannover. Erscheint voraussichtlich Ende 1924.
7. Band: Kulturtechnischer Wasserbau. Von Geh. Reg.-Rat Prof. E. Krüger, Berlin. Mit 197 Textabbildungen. X und 290 Seiten. 1921. Gebunden GZ. 9.5*
8. Band: Wasserkraftanlagen. Von Dr.-Ing. Adolf Ludin, Karlsruhe. Erscheint voraussichtlich im Sommer 1923.

IV. Teil: Brücken- und Ingenieurhochbau.

1. Band: Statik. Von Prof. Dr.-Ing. Walther Kaufmann, Hannover. Mit 385 Textabbildungen. VIII und 352 Seiten. 1923.
2. Band: Holzbau. Von N. N.
3. Band: Massivbau. Von Geh. Reg.-Rat Prof. Robert Otzen, Hannover. Erscheint im Frühjahr 1923.
4. Band: Eisenbau. Von Prof. Martin Grüning, Hannover. Erscheint voraussichtlich im Frühjahr 1923.

* *Die eingesetzten Grundzahlen (GZ.) entsprechen den ungefähren Vorkriegspreisen und ergeben mit dem jeweiligen Entwertungsfaktor (Umrechnungsschlüssel) vervielfacht den Verkaufspreis. Über den zur Zeit geltenden Umrechnungsschlüssel geben alle Buchhandlungen sowie der Verlag bereitwilligst Auskunft.*

Handbibliothek für Bauingenieure

Ein Hand- und Nachschlagebuch
für Studium und Praxis

Herausgegeben

von

Robert Otzen

Geh. Regierungsrat, Professor an der Technischen Hochschule
zu Hannover

III. Teil. Wasserbau. 4. Band:

Kanal- und Schleusenbau

von

Friedrich Engelhard

Berlin
Verlag von Julius Springer
1921

Kanal- und Schleusenbau

Von

Friedrich Engelhard
Regierungs- und Baurat an der Regierung
zu Oppeln

Mit 303 Textabbildungen und
einer farbigen Übersichtskarte

Berlin
Verlag von Julius Springer
1921

ISBN 978-3-7091-9716-5 ISBN 978-3-7091-9963-3 (eBook)
DOI 10.1007/978-3-7091-9963-3

Softcover reprint of the hardcover 1st edition 1921

Vorwort.

Der gewaltige Aufschwung, den das deutsche Wirtschaftsleben nach dem Einigungskriege 1870—71 erfuhr, übte seinen Einfluß auch auf die Wasserstraßen des neuen Reiches und ihren Verkehr aus. Alsbald genügten die vorhandenen Wege nicht mehr dem gesteigerten Verkehr, die größeren Transportmengen verlangten größere Transportgefäße und letztere größere Abmessungen der Fahrstraße und der Kunstbauten in dieser.

Hand in Hand mit dem Ausbau der größeren Ströme zur Erzielung größerer und beständigerer Fahrtiefen mußte ein Ausbau der vorhandenen und die Herstellung neuer, künstlicher Wasserstraßen erfolgen, um den auftretenden Massengütern den Durchgangsverkehr auf große Entfernungen zu ermöglichen.

An den ausführenden Ingenieur traten neue Aufgaben heran, um diesen neuen Ansprüchen in geeigneter Weise gerecht zu werden. Es galt einmal die wirtschaftlich günstigsten Verbindungswege festzulegen und in einheitlichen Zusammenhang zu bringen, sodann mit Hilfe fortgeschrittener Technik die wirtschaftlich günstigsten Ausführungsmethoden anzuwenden. Auf den alten Gesetzen aufbauend, mußten neue Wege beschritten werden.

Im vorliegenden Bande ist versucht worden, in kurzer, gedrängter Form diesen Wegen auf dem Gebiete des Kanal- und Schleusenbaues nachzugehen und sie dem Studierenden als Lernmittel, dem Ausführenden als Hilfsmittel beim Gebrauch an die Hand zu geben. Vieles konnte in dem festgesetzten Rahmen des Werkes nur kurz und andeutungsweise geboten werden; insbesondere mußten die elementarsten Grundsätze theoretischer und konstruktiver Natur als bekannt vorausgesetzt werden. Jedoch bietet ein ausführliches Verzeichnis der einschlägigen Literatur Anregung zu weiterem Spezialstudium.

Möge das Buch im Sinne der vorstehenden Ausführungen befruchtend und anregend wirken und somit beitragen am Wiederaufbau und Wiederaufblühen des deutschen Vaterlandes.

Schließlich sei an dieser Stelle dem Verfasser gestattet, allen, welche durch entgegenkommendes Überlassen von Zeichnungen, Abbildungen, statistischen Mitteilungen u. dgl. m. ihre Unterstützung geliehen haben, seinen Dank auszusprechen.

Brieg, im Herbst 1920.

Friedrich Engelhard.

Inhaltsverzeichnis.

Erster Abschnitt.

Kanalbau.

Zweiter Abschnitt.

Schleusenbau.

Erster Abschnitt.

Kanalbau.

1. Geschichtlicher Abriß.

Navigare necesse est.

a) Bis zur Erfindung der Kammerschleuse. Die steigenden Ansprüche, welche mit sich entwickelnder Kultur der Mensch an das Leben stellte, zwangen ihn, den engen Kreis seiner Familien- und Stammesgemeinschaft zu verlassen und Beziehungen mit entfernter wohnenden, höher entwickelten Gemeinschaften anzuknüpfen, um durch Tausch und Gegentausch von Gütern und Waren die Befriedigung der gesteigerten Bedürfnisse herbeizuführen. Bei der Geringfügigkeit des Bedarfes mögen anfangs schmale Saumpfade für den Handel genügt haben. Mit wachsendem Verkehr mußte man aber darauf bedacht sein, Güter in größeren Mengen und zu möglichst niedrigen Kosten zu befördern; man mußte also bequeme, hinreichend breite und nicht zu kostspielige Wege suchen bzw. schaffen. Bei der vorhandenen dünnen Bevölkerung war die Anlage von Landwegen nicht vorteilhaft, zumal auch die Örtlichkeit häufig dem Ausbau solcher Wege Schwierigkeiten entgegenstellte, die mit den damaligen Mitteln nicht überwunden werden konnten. Viel einfacher war es, die von der Natur geschaffenen Wege zu benutzen, die Bäche, Flüsse und Ströme, welche das ihnen anvertraute Gut ohne große Mühen und Kosten beförderten. Es ist daher erklärlich, daß man die ersten geschichtlichen Spuren menschlicher Kultur in den Niederungen der Flüsse findet, wo auf bequemer Wasserstraße ein lebhafter Verkehr, sei es zur Beförderung von Personen, sei es zur Vermittlung des Güteraustausches, sich entwickelte. Man findet ihn in den Tälern des Euphrat und Tigris, im Stromgebiet des Nieles und der großen chinesischen Ströme, in Indien, kurz in allen Kulturländern des Altertums. Das Beförderungsgefäß war zunächst einfach, ein aus einzelnen Stämmen zusammengesetztes Floß oder ein ausgehöhlter Baumstamm. Mit der Zeit wuchs jedoch die Kunst des Schiffsbaues, die Schiffsgefäße wurden größer entsprechend dem Wachsen des Handels, der Mensch selbst auch kühner in seinen Unternehmungen. Er wagte sich auf das offene Meer, und es entstand aus der Binnenschiffahrt die Seeschiffahrt.

War es so gelungen, die natürlichen Wasserläufe den Schiffahrtszwecken dienstbar zu machen, so lernte man auch bald die zunächst feindlich erscheinenden Eigenschaften dieser Wasserwege in Gestalt von Überschwemmungen und dgl. mehr für die eigenen Zwecke auszunutzen. Durch Eindämmung der Flußläufe, durch Anlage künstlicher Gräben, durch Ein -und Auslaßöffnungen in den Deichen und Dämmen, kurz durch Be- und Entwässerungsanlagen in den Niederungen wurden die Fluten zu befruchtender Tätigkeit gezwungen. Die hierbei künstlich angelegten Gräben dienten zunächst nur zur Regelung der Fluten. Erst allmählich wurden sie zur Beförderung der Erträgnisse aus den fruchtbarer gewordenen

Niederungen und der neu gewonnenen Bodenschätze benutzt, bis sie sich schließlich zu selbständigen Verkehrswegen entwickelten oder aber die Veranlassung zur Herstellung künstlicher Wasserstraßen gaben. Auf solche Weise entstand ein 600 km langer schiffbarer Kanal von Babylon nach der Euphratmündung[1]), wahrscheinlich von Nebukadnezar im 6. Jahrhundert v. Chr. erbaut. Ältere Anlagen finden sich in Ägypten, wo die Schiffahrt schon 2300 v. Chr. betrieben wurde. Aristoteles erzählt, daß die Pharaonen etwa 1400 v. Chr. einen Schiffahrtskanal vom Nil nach dem Roten Meere errichtet haben, der unter Ptolemäus II sogar mit Schleusen versehen gewesen sein soll. Nach häufigem Verfall und mehrfacher Wiederherstellung, zuletzt unter Trajan, ließ 767 der Kalif Abu-Jafur-el-Mansur diese alte Anlage gänzlich zuschütten. Im alten Kulturlande China erforderte bei der großen Ausdehnung des Reiches der lebhafte Verkehr schon frühzeitig günstige und sichere Beförderungswege. Es enstanden hier um 1100 v. Chr. zahlreiche Kanäle, auf denen die Fortbewegung der Kähne durch Pferdetreidelei, die Überwindung der Wasserscheiden durch Trockenförderung der Schiffe auf geneigten Ebenen oder Rollbahnen stattfand.

Im Weltreiche der Römer fand der Bau von Kanälen wenig Förderung. Ihr Hauptsinn war auf die Anlage guter Heerstraßen gerichtet. Zu erwähnen ist nur, daß Drusus im Jahre 10 v. Chr. einen Kanal vom Rhein zur Yssel anzu legen versuchte. Auch die lange Jahrhunderte über Europa hinfegenden Kriegsstürme gestatteten keine gedeihliche Entwicklung der Schiffahrt sowie der künstlichen Wasserstraßen. Es finden sich nur vereinzelt kleine Versuche, so z. B. unter Karl dem Großen im Jahre 793 die Herstellung einer Verbindung zwischen Main und Donau. Erst mit dem Eintritt geordneter Verhältnisse, dem Erstarken der Handelsstädte während des Mittelalters entsteht in deutschen Landen ein lebhafterer Binnenschiffahrtsverkehr auf den Strömen und Flüssen bis hinauf zu den kleinen Quell- und Nebenflüssen, zumal die Landstraßen und Landwege ungeeignet und unsicher waren. Die Schiffsgefäße waren zunächst klein, meist 10 bis 20 t, nur selten bis zu 50 t Tragfähigkeit. Auch litt die Schiffahrt stark unter den aufkommenden, zahlreichen Flußzöllen sowie den Einrichtungen von Mühlenstauen und Gerechtsamen aller Art. Sie blieb jedoch lohnend, weil sie neben dem Personenverkehr hauptsächlich wertvolle Güter, wie Metalle, Leder, Wolle, Glas, Gewürze und dgl., beförderte und die Arbeitskräfte billig waren. An künstlichen Wasserstraßen herrschte noch immer Mangel, wenn man von den Versuchen absieht, die Mühlenstaue in den Flüssen durch kleine Gräben in Gestalt von Flutgerinnen zu umgehen und in diese bewegliche Schützabschlüsse einzubauen, die bei genügendem Wasservorrat gezogen wurden, so daß die angesammelte Schiffahrt mit der Welle befördert werden konnte.

Die erste größere, für die Zeit sogar bedeutende Kanalanlage entstand erst durch die Stadt Lübeck im Stecknitzkanal. Seine Anfänge reichen in das 12. Jahrhundert zurück. Er wurde jedoch erst lebensfähig, als der bestehende Kanal von der Trave durch die Stecknitz nach dem Möllner See, welch letzterer durch eine Stauschleuse abgeschlossen war und das nötige Betriebswasser ansammelte, fortgesetzt wurde bis zur Elbe bei Lauenburg.

Die Wasserstraße war 94 km lang und besaß 17 Staustufen. Die Scheitelhaltung lag 17 m über dem Wasserspiegel der Trave und 12 m über Mittelwasser der Elbe. Die Abmessungen des Kanals betrugen 7,5 m in der Breite und 0,85 m in der Tiefe. Die auf ihm verkehrenden, meist Salz befördernden Schiffe hatten 10—12 m Länge, 3,5 m Breite, 0,3 bis 0,4 m Tiefe und eine Tragfähigkeit von 75 t.

Ähnlich wie in Deutschland sah es auch in den übrigen damaligen Kulturstaaten Europas aus. Eine Ausnahme machte die oberitalienische Tiefebene, in der das aufstrebende Mailand schon früh, etwa 1177, künstliche Wasserstraßen

[1]) Vgl. Kurt Merkl, Die Ingenieurtechnik im Altertum. Berlin 1899, Julius Springer. Teubert, Die Binnenschiffahrt. Leipzig 1912, Wilhelm Engelmann.

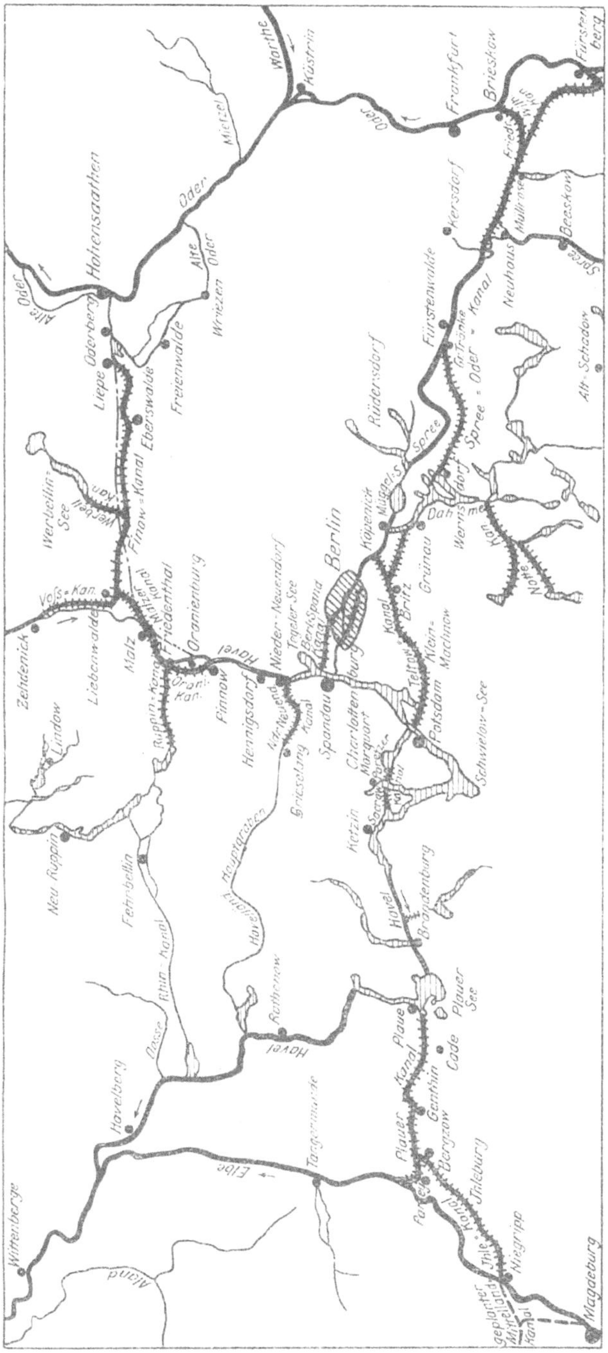

— · — Hohenzollernkanal.

Abb. 1. Übersichtsplan der märkischen Wasserstraßen.

anlegte, um seinem Handel die Wege nach den oberitalienischen Seen und dem Po, und damit nach dem offenen Meere, zu öffnen. Es entstand der Ticinello, eine Verbindung des Lago maggiore durch den Tessin und die Ollona mit dem Po. Zunächst als Entwässerungsgraben für die Stadt Mailand gedacht, mit der er durch einen Stichkanal verbunden war, wurde er später zum Naviglio grande, d. h. zur Schiffahrtsstraße ausgebaut. 1359 folgte als zweiter Kanal die Verbindung von Mailand mit Pavia. Da diese Kanäle jedoch schleusenlos waren, so litten sie ebenso wie die schiffbaren Entwässerungskanäle in Holland und Westdeutschland unter den Strömungen, welche in ihnen infolge der verschiedenen Wasserstände in den miteinander verbundenen Stromgebieten herrschten. Die Abbrüche der Ufer führten Versandungen der Wasserstraße herbei und ließen eine geordnete Schiffahrt nicht aufkommen. Ein Aufschwung konnte erst stattfinden mit der Erfindung der Kammerschleuse im 15. Jahrhundert. Sie ermöglichte die Verbindung verschiedener Stromgebiete auch über größere Wasserscheiden hinweg durch Anlage verschieden hoch liegender Haltungen, welche durch die Schleusenbauwerke abgeschlossen wurden und infolge des gleichmäßigen Wasserspiegels, unter Fortfall schädlicher Strömungen, der Schiffahrt die zur gedeihlichen Entwicklung erforderlichen Bedingungen boten.

Man kann die Geschichte der Kanäle von hier ab in folgende drei Abschnitte zerlegen:

1. von der Erfindung der Kammerschleuse bis zur Erfindung der Dampfmaschine als Zeit der Blüte;
2. von der Erfindung der Dampfmaschine bis zur Vollentwicklung der Eisenbahnen als Zeit eines allgemeinen Rückganges des Kanalverkehrs;
3. die Gegenwart, welche den Kanälen ein erneutes Aufblühen gebracht hat, dadurch daß die Entwicklung der Eisenbahnen und der Seeschiffahrt einen Aufschwung des internationalen Handels und Verkehrs herbeiführte, zu dessen Bewältigung Verkehrswege wünschenswert wurden, die Massengüter in großen Gefäßen befördern konnten.

b) Von der Erfindung der Kammerschleuse bis zur Erfindung der Dampfmaschine. Die Erfindung der Kammerschleuse erfolgte fast gleichzeitig mit der Entdeckung Amerikas und des Seeweges nach Ostindien, also zur Zeit eines allgemeinen wirtschaftlichen Aufschwunges. Diesen weiter auszudehnen und zu heben, wurde ihre hauptsächlichste Aufgabe, die sie mit Erfolg gelöst hat. Die erste Kammerschleuse wurde im Jahre 1438 durch Philipp Degli Organi und Fioravante in den Naviglio grande nahe bei Mailand eingebaut. Die Schleuse entstand dadurch, daß zwei der üblichen Stauwehre in kürzerer Entfernung angeordnet und der Kanalteil zwischen ihnen als Ausgleichsbecken benutzt wurde. Die sich bewährende neue Erfindung gab bald Veranlassung für den Bau einer Reihe von Kanälen, welche Mailand eine gesicherte Verbindung mit den oberitalienischen Seen und dem Po gewährten und seinen Handel zur großen Blüte brachten.

Auch in den anderen Ländern erkannte man bald den großen Wert der Erfindung. Man baute nicht nur bestehende Stauanlagen in den schiffbaren Strömen zu Schleusen um, sondern ließ auch neue Verkehrswege mit Schleusentreppen zwischen den einzelnen Stromgebieten entstehen.

So wurden in Deutschland im Jahre 1480 im bestehenden Stecknitzkanal drei Kistenschleusen errichtet, welche aller Wahrscheinlichkeit nach Kammerschleusen gewesen sind. Zur Ausführung neuer gegrabener Kanäle kam es jedoch hier noch nicht, infolge der ungünstigen politischen Verhältnisse. Die erste größere Anlage — der Friedrich-Wilhelm-Kanal, ein Scheitelkanal mit Kammerschleusen zur Verbindung der Spree mit der Oder (vgl. Abb. S. 3) —, wurde erst im Jahre 1558 durch den Kaiser Ferdinand I angeregt. Er vereinbarte den

Bau dieser etwa 24 km langen Wasserstraße, welche aus der Spree am Wergenses bei Neuhaus abzweigen und über Müllrose unter Benutzung des Schlaubeflussee noch dem Brieskower See zur Oder führen sollte, mit dem Kurfürsten Joachim II; und zwar wollte der Kaiser den kostspieligeren Teil vom Wergensee bis Müllrose übernehmen, während der Kurfürst den Ausbau des Schlaubeflusses ausführen sollte. Die Arbeiten fanden leider ihren Stillstand im Jahre 1567 infolge des Todes des Kaisers. Sie wurden erst vom Großen Kurfürsten im Jahre 1653 wiederaufgegriffen und 1668 beendet. Der Verkehr auf dem Kanal entwickelte sich gut. Im Laufe der Jahre ist der Kanal mehrfach ausgebaut, insbesondere wurde die Anzahl der Schleusen von 13 auf 8 vermindert und ihre hölzerne Bauweise allmählich durch massive ersetzt, so daß er auch heute noch einen immerhin regen Verkehr zwischen der Spree und der unteren Oder und den östlichen Wasserstraßen vermittelt. Ein Teil des Kanals — etwa 12 km von der Buschschleuse bis nach Schlaubehammer — ist zum Bau des Oder-Spree-Kanals benutzt worden (1886—1891).

Die zweite größere deutsche Kanalanlage ist wiederum den Hohenzollern und ihrer weitsichtigen Handelspolitik zu verdanken. Es ist der Finowkanal (Abb. 1, S. 3), die Verbindung zwischen Havel und Oder, geschaffen, um die Mark Brandenburg und vornehmlich Berlin dem Ostseehafen Stettin und seinem lebhaften Verkehr näherzubringen. Geplant im Jahre 1540 vom Kurfürsten Joachim II, wurde er in kleinen Verhältnissen von Joachim Friedrich 1605 begonnen und 1620 fertiggestellt. Infolge der Unruhen des 30jährigen Krieges verfiel er aber wieder schnell. Seine Erneuerung wurde erst 1744 von Friedrich dem Großen aufgenommen. Das Werk war im Jahre 1767 beendet. Der Kanal besitzt bei einer Länge von 45 km 16 Schleusen. Er besteht zurzeit noch und bewältigt einen regen Schiffsverkehr, nachdem er im 19. Jahrhundert weiter ausgebaut und die Schleusen massiv und als Doppelanlagen hergestellt sind.

Ungefähr gleichzeitig mit dem Ausbau des Finowkanals ließ Friedrich der Große von 1743—1746 den Plauer Kanal zur Verbindung der unteren Havel bei Plaue mit der mittleren Elbe bei Parey (Abb. 1, S. 3) herstellen. Der Kanal sollte vornehmlich den staatlichen Salzlagern bei Schönebeck an der Elbe Absatzgebiete verschaffen. Er wurde daher in größeren Abmessungen angelegt (das größte Schiff, das ihn damals befuhr, hatte 32,2 m Länge, 6,6 m Breite und 1,3 m Tiefgang), besaß 3 Schleusen und hatte eine Länge von 35 km.

Sein Werk krönte der große König dadurch, daß er in der kurzen Zeit von 1773—1774 die Mark Brandenburg mit den östlichen Provinzen seines Reiches durch den Bromberger Kanal verband und somit eine unmittelbare Wasserstraße von der Oder durch die Warthe, Netze und Brahe nach der Weichsel bei Fordon schuf. Der Kanal erhielt bei 25 km Länge 9 Schleusen. Da seine erste Anlage bei der Schnelligkeit des Baues nur in leichter Bauart erfolgt war, mußte 1792—1801 ein größerer Ausbau des Kanals vorgenommen werden.

Neben diesen großen Anlagen entstanden in der Mark noch eine Reihe kleinerer Verbindungskanäle, u. a. der Ruppiner, der Werbelliner, der Voß-Kanal und dergl. mehr. Dem Drängen der Kohlen- und Erzindustrie in Oberschlesien nach neuen Absatzgebieten hat der Klodnitz-Kanal, in den Jahren 1792—1812 von Gleiwitz nach Cosel erbaut, seine Entstehung zu verdanken. Er hat eine Länge von 45,7 km, überwindet ein Gefälle von 48,8 m durch 18 Schleusen und war ursprünglich für 50-t-Schiffe befahrbar. Seine Bedeutung verlor der Kanal trotz vorgenommener Vergrößerung durch den Bau von Eisenbahnen, welche den Hauptkohlenverkehr unmittelbar nach dem großen Coseler Umschlaghafen ablenkten.

Im östlichen Deutschland fanden die Arbeiten der Ordensritter ihre Fortsetzung in dem anfangs des 18. Jahrhunderts ausgeführten Großen und Kleinen Friedrichsgraben, welche die Deime mit der Gilge und dem Memel verbanden. Auch Friedrich der Große war bemüht, durch Verbindung der großen masurischen Seen (1764—1766) untereinander seinen östlichen Provinzen neue Absatzgebiete zu verschaffen.

Von den künstlichen Wasserstraßen, welche im westlichen Deutschland in dieser Zeit erstanden, seien hier kurz genannt: der in den Jahren 1777—1785 erbaute 32 km lange Eiderkanal, der von der Kieler Bucht ausgehend den Lauf der Eider verfolgte und Ostsee mit Nordsee verband, im Jahre 1895 aber durch den neuerbauten Nordostseekanal aufgenommen wurde; ferner neben zahlreichen Moorkanälen im nordwestlichen Deutschland der etwa 10 km lange Spoykanal, welchen der Große Kurfürst in kleinen Abmessungen zur Verbindung der Stadt Kleve mit dem Rhein anlegte.

In den Niederlanden und Belgien war die Kammerschleuse bald nach ihrer Erfindung bekannt geworden und veranlaßte den Ausbau zahlreicher bereits im 10. und 11. Jahrhundert angelegter Entwässerungsgräben zu schiffbaren Kanälen. Als älteste holländische Anlage ist das Damster Diep (1598 entstanden) zu nennen, das Groningen mit Delfzijl verband. Daneben entstanden umfangreiche Wasserstraßen nach dem Rhein, welche auch nach Belgien hinüberreichten. Hier war es das aufstrebende Brüssel, das schon früh eine Verbindung mit dem Meere suchte und zu diesem Zweck 1531—1561 den Kanal nach Willebroeck mit 4 Kammerschleusen anlegte. Ähnlich erstrebte die Stadt Gent eine Wasserverbindung mit Terneuzen. Beide Kanäle dienen noch heute dem Verkehr und haben sich zu Seekanälen entwickelt.

Den größten Aufschwung erfuhr jedoch die Binnenschiffahrt infolge Erfindung der Kammerschleuse in Frankreich. Durch Leonardo im Jahre 1515 eingeführt, diente die Kammerschleuse als Anreiz zur Ausführung einer großen Anzahl bedeutender Kanäle, welche die zum Teil erheblichen Wasserscheiden zwischen den einzelnen Flußgebieten durch Scheitelhaltungen überwanden und ein fast durchlaufendes Wasserstraßennetz zwischen den Hauptströmen des Landes herstellten. Wesentliche Förderung fanden diese Anlagen durch die Minister Sully und Colbert, denen sie zur Durchführung ihrer Zollpolitik willkommen waren. Man ging mit der Ausführung systematisch vor, indem zunächst die vier Hauptstromgebiete Seine, Loire, Rhone und Garonne miteinander verbunden wurden. Es entstand der Kanal von Briare zur Verbindung der Seine mit der Loire. Er wurde von 1604—1642 unter Heinrich IV erbaut und erhielt bei 59 km Länge 43 Schleusen. Ihm folgte in den Jahren 1666—1684 als bedeutendste Anlage der Canal du midi zwischen der Garonne bei Toulouse und dem Mittelmeer, der bei 240 km Länge 99 Schleusen erhielt. 1679—1692 wurde der Kanal von Orleans zwischen Loire und Seine mit 73,5 km Länge erbaut. Weitere Anlagen folgten, so daß bis zum Jahre 1700 etwa 700 km Kanäle vorhanden waren. Im 18. Jahrhundert erforderte die Aufschließung des nordfranzösischen Kohlengebietes die Anlage neuer Kanäle, u. a. den Kanal von St. Quentin. Auch fällt in diese Zeit, etwa von 1784—1834, der Bau des Kanals du centre zur Verbindung der Loire mit Saone, bei 121 km 82 Schleusen, der Kanal von Burgund zwischen der Seine und der Saone, 242 km lang mit 191 Schleusen, und schließlich der Rhein-Rhone-Kanal, der bei 318 km Länge 162 Schleusen besitzt. Das Kanalnetz hatte sich inzwischen auf das beträchtliche Maß von 1200 km vergrößert.

In den österreichisch-ungarischen Ländern dienten die vorhandenen großen Ströme vornehmlich dem Schiffsverkehr, so daß der Bau künstlicher Wasserstraßen im Vergleich zu den anderen Ländern zurückstand. Von größeren Anlagen ist nur der Wien-Neustädter Schiffahrtskanal (1797—1804 erbaut) mit 52 Schleusen bei 67 km Länge und 104 m Aufstieghöhe und in Ungarn neben kleinen Anlagen der Franzenskanal zu nennen. Letzterer, 1795—1801 hergestellt, verbindet die Theiß mit der Donau und hat 118 km Länge.

In Rußland erkannte Peter der Große frühzeitig die Bedeutung der künstlichen Wasserstraßen zur Erzielung eines das ganze Reich durchziehenden Verkehrsnetzes. Seine Pläne waren bei der Wahl von Petersburg als Hauptstadt des Reiches darauf gerichtet, zunächst die Newa mit der Wolga, die Ostsee mit dem Kaspischen Meere zu verbinden. Eine ganze Reihe von Kanalsystemen, zum Teil unter Umgehung der großen Seen, des Ladoga- und des Onega Sees, kamen zur Ausführung; unter ihnen als die bedeutendste Anlage der Marienkanal. Auch eine Verbindung der Wolga mit dem Don suchte er herzustellen. In den späteren Jahren (18. und 19. Jahrhundert) richtete sich das Bestreben der russischen Politik mehr darauf, die Ostsee und das Schwarze Meer zu verbinden. Hierher sind zu rechnen die Kanalanlagen zwischen der Düna und dem Dnjepr, dem Dnjepr und dem Memelstrom, dem Dnjepr und der Weichsel, u. a. mehr.

Die stattliche Reihe großer, dicht beieinander gelegener Seen führte in Schweden ebenfalls frühzeitig zur Herstellung schiffbarer Verbindungen zwischen diesen und der benachbarten Ost- bzw. Nordsee. Als ältester mit Kammerschleusen ausgerüsteter Kanal wird der bei Torshälla genannt, welcher, 1526 bis 1639 errichtet, den Hjelmarsee mit dem Mälarsee verbindet. Auch der Kanal zwischen dem Wenernsee und dem Wetternsee soll ein gleiches Alter besitzen. Die Fertigstellung der ganzen Wasserstraße, Trollhätta- und Göthekanal, ist erst 1844 erfolgt.

Spanien und England sind verhältnismäßig spät zu größeren Kanalanlagen geschritten. In Spanien sind der 1753 erbaute Kanal von Kastilien und der Kanal von Aragonien (1770—1790 errichtet) zu erwähnen. In England bot das Gelände dem Kanalbau zunächst Schwierigkeiten. Die ersten Kanalversuche waren daher nur kurze Stichkanäle, welche die Kohlengruben reicher Einzelpersonen mit absatzreichen Industriepunkten verbanden. Die älteste Anlage ist wohl der Kanal von Worsley nach Manchester (1759—1765), dem bald der Kanal Manchester—Liverpool folgte. Da diese Kanäle bei reichlichem Absatz sehr gute Einnahmen zeigten, fanden sich in kurzer Zeit zahlreiche Gesellschaften zur Ausführung ähnlicher Anlagen bereit, so daß 1800 etwa 75 Kanäle vorhanden waren. London war durch sie mit den großen Industriestädten des Landes verbunden.

c) Von der Erfindung der Dampfmaschine bis zur Vollentwicklung der Eisenbahnen. Die Dampfmaschine (erfunden 1774) fand bald Eingang und Einfluß bei der Binnenschiffahrt in Gestalt des Dampfschiffes (etwa 1807). Insbesondere waren die natürlichen schiffbaren Flüsse das Feld ihrer Tätigkeit, da sich hier ohne große Aufwendungen, nur unter Ausnutzung günstiger Wasserverhältnisse eine den neuen Verhältnissen angepaßte Steigerung der Schiffsgrößen bot, welche eine Verminderung der Frachtkosten ermöglichte. Man ging dabei zum Bau eiserner Kähne von größeren Abmessungen über und bildete unter Verwendung besonderer Schleppdampfer (von 1830 ab) aus mehreren Kähnen bestehende Schleppzüge. Nebenher entwickelte sich auf den größeren Strömen ein lebhafter Personendampferverkehr. Die erst im Entstehen begriffenen Eisenbahnen waren vorwiegend Zubringer zur Wasserstraße (z. B. am Rhein). Erst allmählich gewannen sie die Oberhand, indem sie mit ihrer Vervollkommnung mehr und mehr den Personenverkehr und die besseren Stückgüter an sich rissen, den natürlichen Wasserstraßen dagegen nur die nicht eiligen Massengüter (Kohle, Erz, Petroleum, Getreide und dergl.) überließen.

Nicht so günstig erging es den künstlichen Wasserstraßen. Im allgemeinen nur für kleinere Schiffsgefäße gebaut, eigneten sie sich aus wirtschaftlichen und technischen Gründen nicht für die Schleppschiffahrt. Die natürliche Folge war eine Abwanderung der Güter auf die Eisenbahn und eine Verminderung des Verkehrs auf den Kanälen. Am stärksten wurden hiervon die Kanäle für Schiffe bis zu 100 t Tragfähigkeit getroffen. Sie mußten vornehmlich ihren Verkehr an wertvollen und eiligen Gütern an die Eisenbahnen abtreten, welche hinsichtlich der Schnelligkeit, der Pünktlichkeit, des Fehlens von unliebsamen Verkehrssperrungen und dergl. überlegen wurden. Etwas besser gestaltete sich der Verkehr auf den vorhandenen größeren Kanälen.

Wenngleich auch er zunächst zurückging, so konnten sich diese Kanäle mit der Zeit dadurch lebensfähig erhalten, daß sie die Beförderung von Massengütern in großen Schiffsgefäßen und auf große Entfernungen übernahmen (vgl. die preußischen und französischen künstlichen Wasserstraßen).

Es ist daher erklärlich, daß in dieser Zeit der Entwicklung der Eisenbahnen nur wenige Neuanlagen von Kanälen entstanden. Zu nennen ist hier der Ludwigskanal, 1836—1845 erbaut, der als Verbindung des Main vermittels der Regnitz mit der Donau durch die Altmühl den schon von Karl dem Großen gefaßten Plan verwirklichte. Infolge seiner unzureichenden Abmessungen hat er einen größeren Verkehr nicht an sich reißen können.

Am Rhein entstanden als Fortsetzung des Rhone-Rhein-Kanales der Kanal von Hüningen zwischen Mühlhausen und Basel (1824—1834) und die Kanäle von Breisach (1866 bis 1867) und von Kolmar (1860 bis 1864).

Im nordwestlichen Deutschland wurden hauptsächlich zur Landesmelioration eine Reihe von Moorkanälen sowie zur Umgehung der flachen Stellen der Ems der 26 km lange

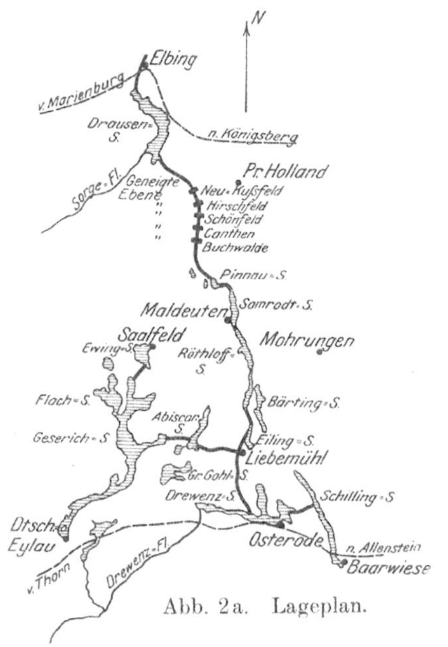

Abb. 2a. Lageplan.

Abb. 2b. Höhenplan.

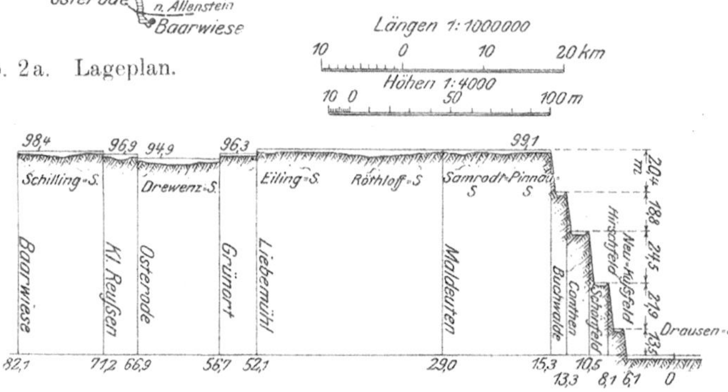

Abb. 2. Elbing-Oberländischer Kanal.

Hanekenkanal angelegt. Zur Verbesserung des durch das Aufblühen von Berlin stets lebhaft gebliebenen Verkehrs auf den märkischen Wasserstraßen dienten der 1845—1850 erbaute Landwehrkanal, der 1852 erbaute Luisenstädtische und der Spandauer Kanal (1848—1850). Die Hebung der Landwirtschaft und Schaffung neuer Absatzgebiete für ihre Erzeugnisse im östlichen Preußen bezweckte der 1844 bis 1860 erbaute Elbing-Oberländische Kanal (Abb. 2), welcher die vier oberländischen Städte Liebemühl, Osterode, Deutsch-Eylau und Saalfeld mit der Stadt Elbing verbindet. Die Überwindung des vorhandenen Gefälles erfolgt durch 5 geneigte Ebenen von je rund 20 m Höhe (die letzte Ebene 1888 erbaut). Die auf ihm verkehrenden Schiffe haben 50 t Tragfähigkeit.

In Frankreich hatte die Erfindung der Dampfmaschine und der Bau von Eisenbahnen zunächst wenig Einfluß auf den Verkehr auf den Kanälen, die bei ihrer Ausdehnung und dem gut ausgebildeten Pferde-Treidelbetrieb leistungsfähig blieben. Es wurden sogar neben dem Um- bzw. Ausbau zahlreicher alter Kanäle von 1838—1853 eine Reihe neuer Kanäle angelegt, unter denen als größter der Rhein-Marne-Kanal zu nennen ist, der bei 320 km Länge mittels 180 Schleusen die Städte Vitry-le-françois an der Marne mit Straßburg verbindet. Die Wasserscheide zwischen Mosel und Rhein wurde mit einem 2,3 km langen Tunnelkanal durchbrochen und in seine Scheitelhaltung der 66 km lange Saarkohlenkanal eingeführt. Erst nach 1850 machte sich die Einwirkung der Eisenbahnen bemerkbar. Trotzdem stockte der Kanalbau nicht, so daß im Jahre 1870 Frankreich ein ausgebautes Kanalnetz von über 4700 km besaß, dessen Baukosten sich auf 786 Millionen Fr. beliefen.

Vom belgischen Kanalbau ist der Kanal von Brüssel nach Charleroi zu nennen (1827—1832 erbaut), welcher die Sambre mit der Maas verbindet und in das Herz des belgischen Kohlengebietes führt, dem er neue Absatzgebiete verschaffen sollte. Daneben entstanden mehrere Verbindungskanäle zwischen Maas und Schelde, welche zum Teil auch mit den holländischen Kanälen in Verbindung traten.

Während die ersten dreißig Jahre des 19. Jahrhunderts in England zwar noch eine größere Anzahl von Binnenkanälen entstehen ließen, gewannen nach dieser Zeit die Eisenbahnen derart die Überhand, daß der Verkehr auf den Wasserstraßen gänzlich stockte. Der Konkurrenzkampf zwischen beiden Verkehrswegen ging sogar so weit, daß die Eisenbahngesellschaften durch Ankauf der Aktien die Kanäle in ihre Hände brachten und absichtlich ihren Verfall herbeiführten.

Der wirtschaftliche Aufschwung, den Nordamerika nach dem Unabhängigkeitskriege (1775—1783) nahm, führte bald zur Notwendigkeit, die reichlich vorhandenen natürlichen, schiffbaren Wasserstraßen durch künstliche zu Systemen zu vereinigen, um den weit im Innern liegenden fruchtbaren Gegenden Absatzgebiete nach dem Osten und Westen mittels durchgehender Verbindungen zu schaffen. Waren die ersten Anlagen auch klein (für 50-t-Schiffe) in Rücksicht auf die dünne Bevölkerung des Landes, so änderte sich das Bild mit der Erfindung des Dampfschiffes, da dieses die Möglichkeit eines schnelleren Verkehrs zwischen Erzeugungs- und Verbrauchsort bot. Die Anlage verbindender künstlicher Wasserstraßen wurde nun geradezu ein Gebot, zumal der Einführung der Schleppschiffahrt auf den Wasserstraßen keine Schwierigkeiten in Gestalt von alten Rechten und Privilegien entgegenstanden. Die Schiffahrt konnte sich daher frei entwickeln, unterstützt durch Erschließung neuer umfangreicher Absatzgebiete. Es entstanden im östlichen Teile des Landes drei Hauptgruppen von Kanälen, deren Bau etwa im Jahre 1837 den größten Umfang erreichte. Es sind dies zunächst die Kanäle, welche die Kohlenfelder mit den schiffbaren Strömen und Gewässern verbinden, um den Kohlen billige Beförderungsgelegenheit zu verschaffen; ferner die Kanäle, welche die großen Seen mit den drei großen Strömen, dem Hudson, dem Ohio und dem Mississippi, verbinden und hauptsächlich dem Getreideverkehr dienen — der wichtigste unter ihnen ist der Eriekanal, welcher den Eriesee bei Buffalo mit dem Hudson bei Albany und mit New York verbindet, etwa 583 km lang ist und 225-t-Schiffe trägt —, und schließlich die Kanäle, welche den Ohio mit dem Atlantischen Ozean verbinden.

Die starke Entwicklung des Eisenbahnverkehrs, verbunden mit der von den Eisenbahngesellschaften betriebenen Verkehrspolitik, bereitete jedoch auch hier bald dem Schiffsverkehr auf den Kanälen ein ziemlich schnelles Ende und führte zur Vernachlässigung der gebauten Kanäle.

d) Die Gegenwart. Die schnelle und ausgedehnte Entwicklung der Eisenbahnen, eine Folge ihrer schnelleren Beförderung von Menschen und Gütern nicht allein innerhalb der Grenzen des eigenen Landes, sondern auch ohne Verkehrsverzögerung weit über die Grenzen hinaus, bewirkten eine vollständige Änderung des bisherigen Wirtschaftslebens. An Stelle des Binnenverkehrs entstand ein Weltverkehr, der Handel im Lande dehnte sich aus zum Welthandel. Diese Entwicklung wurde unterstützt durch den Aufschwung der Seeschiffahrt, welche durch Vergrößerung der Schiffskörper und unter wirtschaftlicherer Ausnutzung der Dampfkraft stetig sinkende Frachten erzielte. Die niedrigen Frachtpreise ermöglichten, daß Länder mit billigen Arbeits- und Produktionskosten ungeachtet der weiten Transportwege in Wettbewerb treten konnten mit hochentwickelten, aber teurer arbeitenden Staaten. Letztere wurden dadurch wiederum gezwungen, ihre Erzeugnisse der Landwirtschaft und Industrie gegen die Konkurrenz durch Einfuhrzölle zu schützen sowie für billigeren Absatz durch Verbesserung der Verkehrsverhältnisse zu sorgen. Dort, wo die Eisenbahnen in Privathänden waren, wie z. B. in England und Frankreich, suchten diese natürlich den sich neu entwickelnden Verkehr an sich zu reißen und jeden Wettbewerb, insbesondere den der Kanäle und Wasserstraßen, durch Drücken der Frachtkosten auszuschalten. Dies konnte ihnen in England, wo auch die künstlichen Wasserstraßen von privaten Unternehmern gebaut und betrieben wurden, zunächst gelingen. Da die Kanäle nicht nach einem einheitlichen Plane und nicht mit gleichen Abmessungen gebaut waren, auch den verschiedensten Verwaltungen unterstanden, welche jede unabhängig von der anderen nur auf ihren Vorteil bedacht waren, so wurden sie zu einem Hemmschuh für einen geregelten Durchgangsverkehr. Erst ganz allmählich ist hierin eine Änderung der Anschauungen eingetreten, welche die Regierung im Jahre 1906 veranlaßte, die Royal Commission on Canals and Waterways einzusetzen, um die allgemeine Lage der einschlägigen Verhältnisse zu untersuchen und Verbesserungsvorschläge auszuarbeiten. Endgültige Entschließungen liegen noch nicht vor.

In Frankreich wurde durch das Gesetz vom Jahre 1879 (Programm Freycinet) das System der Wasserstraßen neu geregelt. Man brachte, soweit das noch nicht der Fall war, die Kanäle in die Hände des Staates und suchte sie nach einheitlichen Gesichtspunkten auszubauen, hauptsächlich um sie als Ausgleichsmittel zu benutzen gegen eine ungebührliche Tarifpolitik der im Besitz von Privatunternehmern befindlichen Eisenbahnen. Das ganze Kanalnetz wurde in zwei Klassen eingeteilt: Haupt- und Nebenkanäle. Erstere sollten für 300-t-Schiffe von den Abmessungen 38 m Länge, 5 m Breite und 1,8 m Tauchtiefe ausgebaut und mit Schleusen von 38,5 m nutzbarer Länge, 5,2 m Breite und 2,0 m Wassertiefe versehen werden. Die lichte Durchfahrtshöhe unter den Brücken wurde auf 3,70 m festgesetzt. Als Nebenkanäle verblieben die bestehenbleibenden kleinen Kanäle. Man ging mit der Durchführung dieser Maßnahmen energisch vor, so daß 1896 von den bestehenden etwa 4700 km betragenden Kanallinien, welche meist Abmessungen für ein 100-t-Schiff besaßen, schon 2213 km Kanäle die vorgeschriebenen Abmessungen hatten. Diese Zahl vergrößerte sich 1909 auf 2727 km. Jedoch hat der Eifer mit der Zeit nachgelassen. An umfangreicheren Neubauten wurden folgende Hauptlinien gebaut. Außer dem schon 1874 begonnenen und 1892 beendeten Ostkanal, welcher als Ersatz der deutsch gewordenen Kanäle (Teile des Rhein-Rhone-, Rhein-Marne- und des Saarkohlenkanals, insgesamt 400 km) von der belgischen Grenze mit 432 km Länge bis zur Rhone verläuft, der Oise-Aisne-Kanal mit 48 km Länge und 13 Schleusen und der Marne-Saône-Kanal mit 113 Schleusen bei 224 km Länge. Beide Kanäle sind zurzeit im Betriebe, letzterer seit 1907. Die zahlreichen weiter geplanten Kanäle sind bisher größtenteils Entwurf geblieben. Im Bau begriffen sind noch die durch Gesetz vom Jahre 1903 (Programm von

Baudin-Maruejouls) beschlossenen zwei neuen Kanäle, der Kanal du Nord und der Kanal von Marseille nach der Rhone, von denen der erstere für 300-t-Schiffe, der letztere sogar für 600-t-Schiffe eingerichtet werden soll. Daneben wird die Errichtung eines Nord-Ostkanals geplant, welcher das Eisen- und Grubengebiet der Meurthe und Mosel mit dem Kohlen- und Industriegebiet du Nord und du Pas de Calais verbinden und die Abmessungen des Kanals du Nord erhalten soll. Erwähnt sei, daß man bei einigen dieser Neuanlagen von dem alten Grundsatze der Abgabenfreiheit abgewichen und dazu übergegangen ist, die Interessenten zu den Baukosten mit einem Beitrage heranzuziehen.

Entsprechend dem französischen Gesetz von 1879 baut man auch in Belgien zurzeit die Kanäle einheitlich aus, um einen Durchgangsverkehr mit Frankreich und Holland herbeizuführen. Hierhin gehört der Kanal von Charleroi nach Brüssel, seit 1880 für den Verkehr von 300-t-Kähnen umgebaut. Unterhalb Brüssels soll der Kanal durch Wahl noch größerer Abmessungen für Rheinschiffe von 65 m Länge und 8 m Breite zugänglich gemacht werden. In ähnlicher Verbreiterung für große Rheinschiffe ist der Kanal von Gent nach Brügge begriffen. Geplant ist ferner der Ausbau des Kanales Antwerpen—Lüttich für 1000-t-Schiffe. Schließlich ist neben den bedeutend erweiterten Seekanälen nach Brüssel, Gent und Brügge zu nennen der canal du centre, der den Kanal von Condé nach Mons mit dem Kanal von Charleroi nach Brüssel verbindet, um die Kohlenfelder bei Charleroi besser ausnutzen zu können. Er überwindet bei 21 km Länge 90 m Höhe mittels 6 Schleusen und 4 Hebewerken, welche für 350-t-Schiffe eingerichtet sind.

Die von der Natur als Flachland ausgebildeten und überall von der See leicht zugänglichen Niederlande haben diese Vorteile auch ferner ausgenutzt und den Ausbau der Kanäle auf das eifrigste vervollständigt. Neben den Seekanälen von Amsterdam nach Ymuiden (Nordseekanal, 1899—1907 verbreitert und vertieft) und von Gent nach Terneuzen (1900—1910 ausgebaut) ist zu erwähnen der Kanal Amsterdam—Merwede (1881—1893 gebaut), welcher Amsterdam mit dem Leck und der Waal bei Gorinchen verbindet. Er hat auf 70 km Länge 6 Schleusen von 120 m nutzbarer Länge, 25 m Breite in den Kammern und 12 m Breite in den Torkammern und eine Sohlenbreite von 20 m bei 3,10 m Wassertiefe. Ferner findet eine Verbreiterung des Kanales von Maestricht nach Bois le Duc und die Herstellung des Kanales Wilhelmina und des Kanales Rhein-Schie statt.

In Schweden befindet sich zurzeit der Trolhättakanal, d. i. die Verbindung des Wenernsees mit der Nordsee, im Ausbau. Er soll 4,4 m Fahrtiefe und Schleusen von 98 m nutzbarer Länge, 13,7 m Breite und 5,5 m Tiefe erhalten. Eine Reihe kleinerer Kanalanlagen befindet sich noch in der Entwicklung.

Das russische Reich wird zurzeit durch den Ausbau seines Eisenbahnnetzes in Anspruch genommen, so daß ein wesentlicher Weiterbau der Kanäle mit Ausnahme des Mariensystems, welches seit 1896 für 800-t-Schiffe befahrbar ist, nicht stattgefunden hat. Es werden jedoch eine Reihe von Entwürfen erwogen, welche auf eine Verbindung der Ostsee mit dem Schwarzen Meer sowie auf eine Verbindung der großen sibirischen Ströme hinzielen.

Italien hat durch seine langgestreckten Küsten bei verhältnismäßig geringer Breite in dem Adriatischen und Tyrrhenischen Meere zwei natürliche Wasserstraßen, welche den Schiffahrtsverkehr in wirtschaftlicher Weise aufrechterhalten und daher bisher ein Bedürfnis nach groß angelegten künstlichen Wasserstraßen nicht erforderlich gemacht haben. Augenblicklich stehen Kanalentwürfe auf der Tagesordnung, welche Mailand mit dem Po und mit Venedig sowie den oberitalienischen Seen verbinden und möglichst für 600-t-Schiffe zugänglich machen sollen.

Die Kanäle der Vereinigten Staaten von Amerika haben in der Hauptzahl bisher einen vergeblichen Kampf gegen die übermächtigen Eisenbahngesellschaften geführt. Ihr Verkehr ist im allgemeinen unbedeutend. Eine Ausnahme machen die Kanalstrecken, welche die großen Seen miteinander und mit anderen Binnenwasserstraßen verbinden. Man hat diese Wasserstraßen, insbesondere den St. Mary-Fälle-Kanal, welcher den Oberen mit dem Huronsee verbindet, den Kanal St. Clair Flats, der einen Teil des Fahrwassers zwischen dem Huronsee und dem Eriesee bildet, und den Eriekanal, die Verbindung des Eriesees mit dem Hudson bzw. mit New York, mehrfach und erheblich erweitert, um die Erzeugnisse der weitausgedehnten Hinterländer der Seen, zumeist Getreide, ohne Umladung mit großen Schiffen unmittelbar nach New York schaffen zu können. Zurzeit ist im St. Mary-Fälle-Kanal eine dritte amerikanische Schleuse von rund 396 m Länge und rund 24 m Breite im Bau, so daß einschließlich der kanadischen vier Fahrstraßen vorhanden sind, von welchen die neugebaute 79—91 m Breite bei 7,6 m Tiefe hat. Der Verkehr ist von 15 Millionen Tonnen im Jahre 1895 auf 62 Millionen t im Jahre 1910 gestiegen. Der St. Clair Flats-Kanal besteht aus zwei ausgebaggerten Fahrrinnen ohne Schleusen, von denen die im Jahre 1907 hergestellte bei 91 m Breite 6 m Tiefe hat. Der Verkehr betrug 1910 rund 63 Millionen Tonnen. Im Ausbau für 2000-t-Schiffe begriffen ist der rund 700 km lange Eriekanal mit 55 Schleusen von rund 100 m Länge, 13,7 m Breite und 3,6 m Drempeltiefe.

Verhältnismäßig spät entschloß man sich in Deutschland und Österreich, den allgemeinen Aufschwung des Handels und der Industrie durch weiteren systematischen Ausbau des Kanalnetzes wesentlich zu unterstützen.

In Österreich sind neben dem Wiener Donau-Kanal, dessen Ausbau zu einer hochwassersicheren Schiffahrtsstraße und zu einem Schutz- und Handelshafen seit 1904 im Werke ist, zwei langerstrebte Hauptverkehrswege geplant, nämlich die Verbindung der Donau mit der Elbe und mit der Oder. Mit anderen Wasserstraßenverbesserungen sind sie im Wasserstraßengesetz vom Jahre 1901 wie folgt festgelegt.

1. Der rund 270 km lange Donau-Oder-Kanal, von Wien über Prerau nach Oderberg, welcher den 115 m hohen Donauaufstieg mit 16 Schleusen, den 72 m hohen Abstieg nach der Oder mit 13 Schleusen überwinden soll.

2. Im Anschluß daran, von Oderberg abzweigend, der Oder-Weichsel-Kanal nach Krakau, der den rund 65 m hohen Anstieg mit 8 Schleusen, den Abstieg (68 m) mit 11 Schleusen überwinden soll.

3. Der 196 km lange Oder-Elbe-Kanal, der, von dem Donau-Oder-Kanal bei Prerau abzweigend, mit Überwindung von etwa 200 m Höhe nach Pardubitz an der Elbe führt. Für Prerau war ein Wettbewerb für Hebewerke veranstaltet.

Außerdem sind vorgesehen ein rund 350 km langer Weichsel-Dnjestr-Kanal und ein Donau-Moldau-Kanal von rund 200 km Länge. Die Abmessungen sämtlicher Kanäle sind für 600-t-Schiffe von 67 m Länge, 8,2 m Breite und 1,8 m Tiefe festgesetzt. Der Kanalquerschnitt erhält danach 16 m Sohlenbreite und 3,0 m gewöhnliche Wassertiefe, die Schleusen 67 m nutzbare Länge und 9 m Weite.

Ob diese Entwürfe verwirklicht werden, ist nach dem unglücklichen Ausgange des Krieges 1914—18 sehr fraglich.

Deutschland, das nur einseitig eine langgestreckte Meeresküste hat, der seine Hauptströme in südlich-nördlicher Richtung zustreben, entbehrte, abgesehen von den auf S. 4—6 angeführten kleineren Anlagen, bisher einer nach einheitlichen Gesichtspunkten ausgeführten Wasserstraße zwischen diesen Strömen, welche die von der Küste weitabliegenden, wirtschaftlich hoch entwickelten Industrie- und Handelsgegenden dieser Küste und somit dem Weltverkehr hätte näher bringen können. Zunächst schien es auch, als ob das gut ausgebaute Eisenbahnnetz den Verkehr ganz an sich reißen würde. Begünstigt wurde es hierbei durch den Umstand, daß es, ursprünglich in Privathänden befindlich, bald unter Preußens energischer Führung verstaatlicht wurde, um unter anderem zu verhindern, daß der Staat bei Ausfechtung wirtschaftlicher Kämpfe dem Ermessen kapitalstarker Gesellschaften preisgegeben war. Es konnte sich infolgedessen den Anforderungen des Verkehrs gut anpassen. Jedoch wider Erwarten entwickelte sich daneben die Binnenschiffahrt, die ja einen schonungslosen Vernichtungskampf der staatlichen Eisenbahnen nicht in dem Maße zu befürchten hatte wie z. B. in England. Sie trat vielmehr bei steigendem Handel und Verkehr in Wechselbeziehungen mit der Eisenbahn, empfing und führte ihr neuen Verkehr zu. Die Wasserstraße gewann hierbei den Vorzug vor der Eisenbahn, Massengüter, bei denen eine schnelle und pünktliche Ablieferung nicht in Betracht kommt, in großen Gefäßen billiger auf weite Entfernungen zu schaffen wie die Bahn. Trotzdem kam in Preußen, dem größten Staat im Reiche, aus innerpolitischen Gründen eine durchgehende Binnenschiffahrtsstraße nicht zur Ausführung. Es entstanden zunächst nur kurze Kanalstrecken. So der 1880—1887 erbaute, 73 km lange Ems-Jade-Kanal, der Wilhelmshaven mit Emden verbindet und für Schiffe von 28 m Länge und 5,6 m Breite benutzbar ist. Neben den Zwecken für die Kaiserliche Marine dient er zur Hebung der Landwirtschaft in Ostfriesland.

Als Mittelstück einer von West nach Ost durchgehenden Wasserstraße wurde 1886—1891 der Oder-Spree-Kanal (Abb. 1, S. 3 und Abb. 3) mit einem Kostenaufwand von 12,7 Millionen M. erbaut.

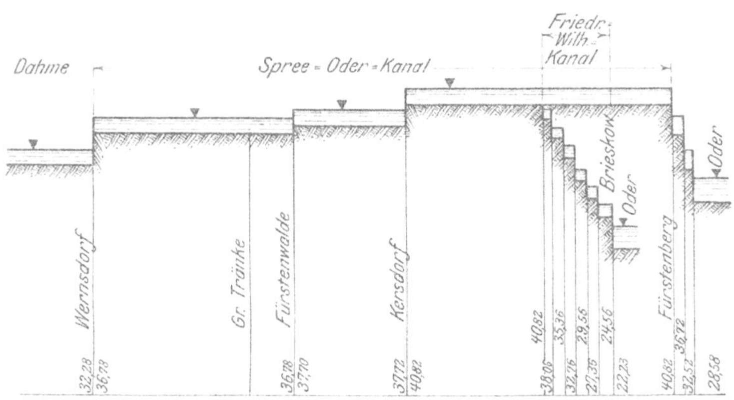

Abb. 3. Höhenplan des Oder-Spree-Kanales.

Der Kanal zweigt von der Wendischen Spree (Dahme) beim Seddinsee ab und steigt mittels der Wernsdorfer Schleuse mit 4,5 m Gefälle zur 24 km langen Kanalhaltung Wernsdorf—Gr. Tränke auf. Bei Gr. Tränke befindet sich eine Schleuse, welche diese Haltung gegen höhere Wasserstände der anschließenden Spree abschließt, sonst aber offen steht. Von Gr. Tränke führt die Wasserstraße durch die rund 20 km lange kanalisierte (Schleuse bei Fürstenwalde) und begradigte Spree bis Flutkrug, wo die Spree verlassen wird und der Kanal bei Kersdorf zu seiner Scheitelhaltung aufsteigt. Die Haltung ist 37 km lang. Das Gefälle der Kersdorfer Schleuse schwankt je nach den Spreewasserständen zwischen 3,10 und 0,60 m. Zur Oder steigt der Kanal bei Fürstenberg mit einer Schleusentreppe von drei Schleusen von je rund 4,10 m Gefälle ab. Ein Teil der Scheitelhaltung — von der Buschschleuse bis Schlaubehammer — fällt mit dem Friedrich-Wilhelm-Kanal zusammen, dessen Teilstrecke Neuhaus—Buschschleuse durch das Schöpfwerk bei Neuhaus als Speisekanal für die Scheitelhaltung benutzt wird. Der Kanal dient hauptsächlich zur Versorgung von Berlin mit oberschlesischer Kohle. Der Verkehr auf dem Kanal, dessen trapezförmiger Querschnitt bei 2 m Wassertiefe 14 m Sohlenbreite aufwies, und dessen Schleusen 60,9 m nutzbare Länge und 8,6 m Torweite erhalten hatten, nahm gegen Erwarten so schnell und so stark zu, daß 1896 bis 1900 eine erste Erweiterung auf 19 m Sohlenbreite und seit 1904 eine Verdoppelung der Schleusen (57,0 m nutzbare Länge und 9,6 m Weite) und eine durchgreifende Verbreiterung und Vertiefung vorgenommen werden mußte. Auf dem Kanale können Schiffe von 400 t verkehren.

Trotz hartnäckiger Kämpfe zwischen Landwirtschaft und Industrie im Abgeordnetenhause, die von 1877 ab datiert werden können, gelangte 1892 bis 1899 der Dortmund-Ems-Kanal als erster Teil des Rhein-Elbe-Kanales zur Ausführung. Der Kanal (Abb. 4), der in großen Abmessungen angelegt ist, so daß Schiffe mit 600 bis 900 t Tragfähigkeit verkehren können, soll dem Güterverkehr zwischen dem rheinisch-westfälischen Kohlengebiete und dem Meere die erwünschte Unabhängigkeit vom Auslande schaffen und den inzwischen mit einer großen Seeschleuse und reichlichen Kaianlagen versehenen Emder Hafen den Wettbewerb

Abb. 4b. Höhenplan.

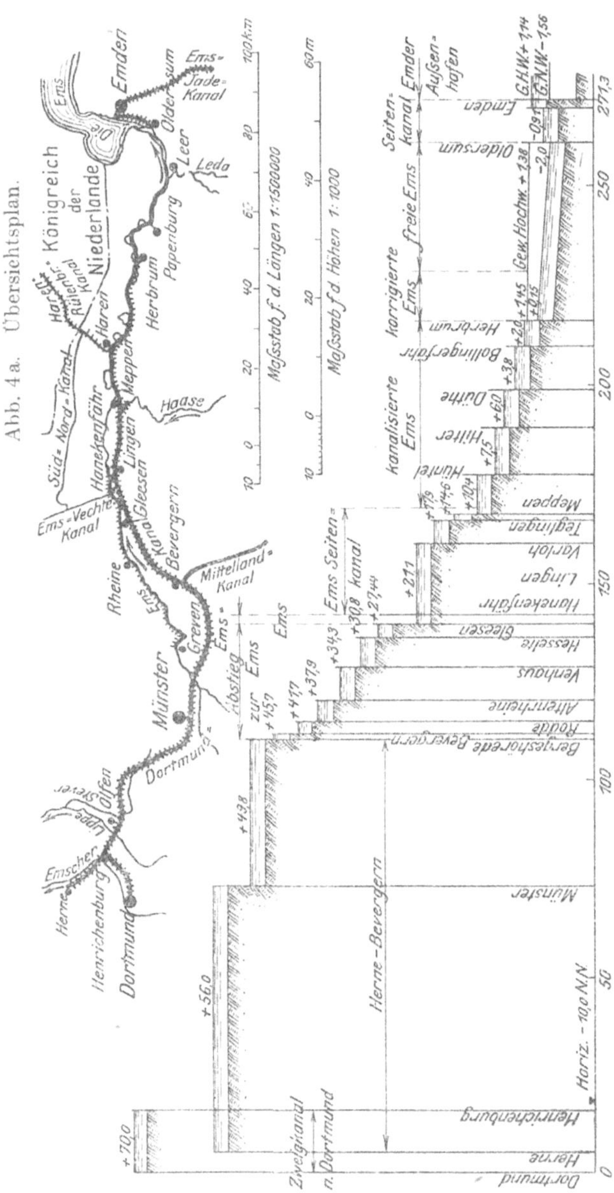

Abb. 4. Der Dortmund-Ems-Kanal.

mit den holländischen und belgischen Seehäfen ermöglichen. Er erschließt durch seine Ursprungskanäle bei Herne und Dortmund ein rund 3600 qkm großes Kohlen- und Industriegebiet mit über 100 Millionen Tonnen jährlicher Kohlenförderung. Die Flußtäler der Emscher, Lippe, Stever und der Ems werden mit

Brückenkanälen überschritten. Der Abstieg des Dortmunder Seitenkanales bei Henrichenburg zur eigentlichen Scheitelhaltung erfolgt mit einem Hebewerke. Von Hanekenfähr bis Meppen benutzt der Kanal den erweiterten alten Hanekenkanal und von Meppen bis zur Flutgrenze bei Herbrum die durch fünf Staustufen kanalisierte Ems. Bei Oldersum verläßt er die Ems, um durch einen Seitenkanal den Emder Binnenhafen zu erreichen. Der Kanalbetrieb wird auf

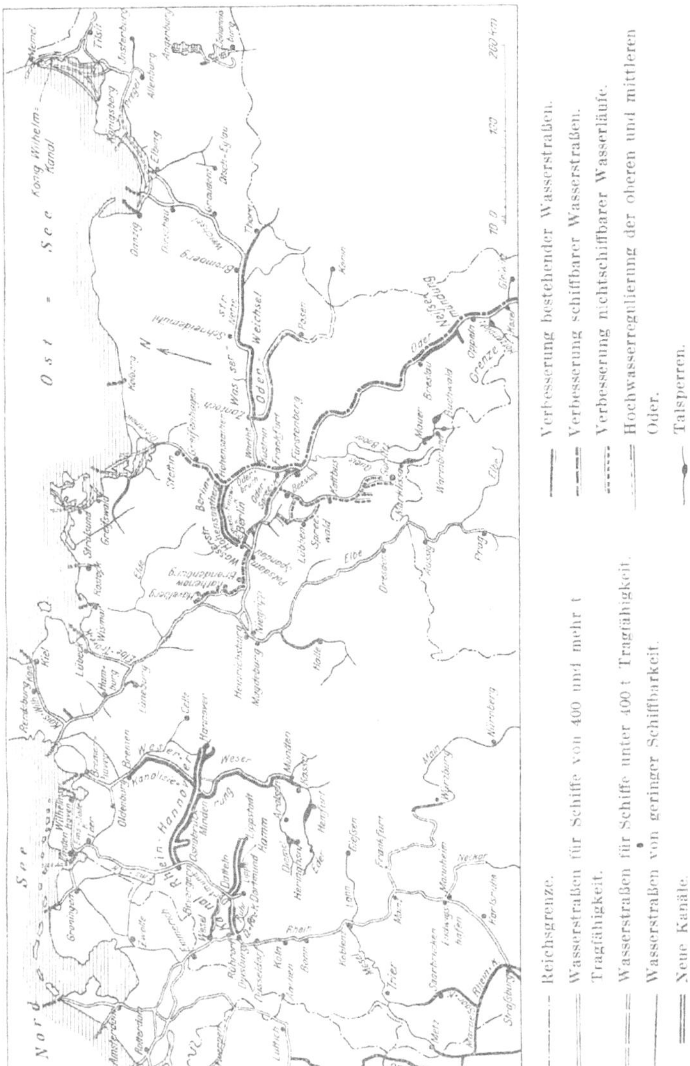

Abb. 5. Übersichtsplan der preußischen Wasserstraßen.

dieser Strecke unabhängig von den hier schon stark auftretenden Tideströmungen, welche im Verein mit dem starken Wellenschlag den Kanalschiffen unbequem werden können. Die Speisung der Scheitelstrecke Herne—Münster erfolgt durch ein Pumpwerk aus der Lippe.

Der trapezförmige Kanalquerschnitt hat 18 m Sohlenbreite bei 2,5 m gewöhnlicher Tiefe. Die Schleusen Münster bis Gleesen waren wegen der künstlichen Speisung des Kanales zunächst einschiffig, 67 m lang und 8,6 m breit, erbaut; seit 1907 werden daneben Schleppzugschleusen von 165 m Kammerlänge errichtet. Die übrigen 9 aus der Ems gespeisten Schleusen sind Schleppzugschleusen von 165 m Länge und 10 m Breite, die beiden Schleusen des Oldersumer Seitenkanals solche von 100 m Länge und 10 m Breite. Die Bausumme des ganzen Kanales betrug 79,4 Millionen Mark, die jährlichen Unterhaltungskosten belaufen sich auf rund 700 000 M.

Nach weiteren langen parlamentarischen Kämpfen, bei denen die Interessengegensätze zwischen dem Osten und Westen des preußischen Königreiches stark aufeinanderstießen und in welchen der wiederholt (1899 und 1901) von der Regierung eingebrachte Mittellandkanal vom Rhein bis zur Elbe an dem Widerstand der Konservativen scheiterte, gelang es schließlich der Regierung im Jahre 1904/05 einen Entwurf durchzubringen, der vermittelnd beiden Teilen gerecht zu werden suchte. Er bestand aus fünf einzelnen wasserwirtschaftlichen Gesetzentwürfen. Vier von diesen Gesetzen betreffen in der Hauptsache Verbesserungen hinsichtlich der Landeskultur und der Verhütung von Hochwasserschäden. Es sind dies:

1. Gesetz vom 4. August 1904, betreffend die Verbesserung der Vorflut in der unteren Oder, der Havel, Spree, Lausitzer Neiße und dem Bober, in Gesamtkosten von 71 145 800 M.
2. Gesetz vom 4. August 1904, betreffend Maßnahmen zur Verhütung von Hochwassergefahren in der Provinz Brandenburg und im Havelgebiet der Provinz Sachsen.
3. Gesetz vom 12. August 1905, betreffend Maßnahmen zur Regelung der Hochwasser-, Deich- und Vorflutverhältnisse an der oberen und mittleren Oder. Gesamtkosten bis 60 Millionen M.
4. Gesetz vom 16. August 1905 zur Verhütung von Hochwassergefahren.

Das fünfte Gesetz vom 1. April 1905 betrifft die Herstellung und den Ausbau von Wasserstraßen. Es unterscheidet sich in der Hauptsache von den früheren Vorlagen dadurch, daß ein Teil des Mittellandkanales, die Strecke Hannover—Elbe, ausgeschieden, dafür eine Reihe weiterer Neu- und Ausbauten auf den östlichen Wasserstraßen vorgesehen wurde. Im § 1 dieses Gesetzes wurden folgende Anlagen festgelegt (Abb. 5).

1. Herstellung eines Schiffahrtskanales vom Rhein zur Weser (Rhein-Weser-Kanal mit Anschluß nach Hannover), einschließlich Kanalisierung der Lippe und Nebenanlagen, und zwar
   a) eines Kanales vom Rhein in der Gegend von Ruhrort oder einem nördlicher gelegenen Punkte bis zum Dortmund-Ems-Kanal in der Gegend von Herne (Rhein-Herne-Kanal), einschließlich eines Lippe-Seitenkanales von Datteln nach Hamm. Baukosten 74 500 000 M.
   b) Ergänzungsbauten am Dortmund-Ems-Kanal in der Strecke von Dortmund bis Bevergern. Baukosten 6 150 000 M,
   c) α) eines Kanales vom Dortmund-Ems-Kanal in der Gegend von Bevergern zur Weser in der Gegend von Bückeburg mit Zweigkanälen nach Osnabrück und Minden, einschließlich der Herstellung von Staubecken im oberen Quellgebiet der Weser und der Vornahme einiger Regulierungsarbeiten in der Weser unterhalb Hameln. Baukosten 81 000 000 M.
   β) eines Anschlußkanales aus der Gegend von Bückeburg nach Hannover mit Zweigkanal nach Linden. Baukosten 39 500 000 M.
   d) Kanalisierung der Lippe oder Anlage von Lippe-Seitenkanälen von Wesel bis zum Dortmund-Ems-Kanal und von Hamm bis Lippstadt. Baukosten 44 600 000 M.
   e) Verbesserung der Landeskultur in Verbindung mit den Unternehmungen unter a—d und dem bereits ausgeführten Dortmund-Ems-Kanal unter Heranziehung der Nächstbeteiligten nach Maßgabe der bestehenden Grundsätze. 5 000 000 M.

   Insgesamt 250 750 000 M.

2. Herstellung eines Großschiffahrtsweges Berlin—Stettin (Wasserstraße Berlin —Hohensaathen). Baukosten 43 000 000 M.
3. Verbesserung der Wasserstraße zwischen Oder und Weichsel sowie der Warthe von der Mündung der Netze bis Posen. Baukosten 21 175 000 M.
4. Kanalisierung der Oder von der Mündung der Glatzer Neiße bis Breslau sowie Versuchsbauten auf der Strecke von Breslau bis Fürstenberg a. O. und Anlage eines oder mehrerer Staubecken. Baukosten 19 650 000 M.

Zusammen 334 575 000 M.

Der Rhein-Hannover-Kanal hat eine Gesamtlänge von 312 km; davon entfallen auf den Rhein-Herne-Kanal 38 km, den Dortmund-Ems-Kanal von Herne bis Bevergern 101 km und den Kanal von Bevergern nach Hannover 173 km. Der Rhein-Herne-Kanal erhält zur Überwindung des Gefälles nach dem Rhein von rund 34 m 7 Schleusen. Es sind Schleppzugschleusen von 165 m Länge und 10 m Weite. Der Kanal von Bevergern nach Hannover hat keine Schleusen, so daß von Münster bis Hannover eine einzige, etwa 220 km lange Haltung vorhanden ist. Bei Minden erfolgt der Abstieg zur Weser mit einer Schachtschleuse von etwa 12,5 m Gefälle, 85 m nutzbarer Länge und 10 m Weite, bei Henrichenburg wird neben dem Hebewerk eine Schachtschleuse von 95 m Kammerlänge, 10 m Breite und 14,5 m Gefälle errichtet. Der ganze Kanal ist für 600-t-Schiffe befahrbar.

Der Bau des Großschiffahrtsweges Berlin—Stettin bezweckt die Hebung und Stärkung des Handels von Stettin, das durch den Bau des Nordostseekanales und des Elbe-Trave-Kanales gegen Hamburg und Lübeck in Nachteil gekommen war, zumal auch nach Ausbau des Oder-Spree-Kanales der oberschlesische Handel den Weg über Berlin nach Hamburg bevorzugte. Die 1906 begonnene, 1914 vollendete, rund 100 km lange Wasserstraße (Abb. 19, S. 39) beginnt bei Plötzensee (Berlin), führt durch den verbesserten Spandauer-Kanal nach dem Tegeler See und unter Benutzung der Havel nach Pinnow. Hier zweigt sie nach dem Lehnitzsee ab und steigt mit einer Schleuse von 6 m Gefälle zur 50 km langen Scheitelhaltung Lehnitzschleuse—Liepe (Niederfinow) auf. Die Scheitelhaltung benutzt zum Teil den verbreiterten Malzer Kanal und kreuzt den Finowkanal bei den Werbelliner Gewässern. Bei Liepe fällt die Wasserstraße durch eine Schleusentreppe von 4 Schleusen mit rund je 9,00 m Gefälle zu den Oderberger Seen ab und mündet bei Hohensaathen durch je eine Schleuse in die Ost- und Westoder. Die Wasserstraße ist für 600-t-Schiffe eingerichtet, bei einem Querschnitt von 20 m nutzbarer Fahrwasserbreite und 2,3 m geringster Tiefe. Die Schleusen haben zum Teil 67 m nutzbare Länge bei 10 m Breite, die Schleuse bei Lehnitz dagegen 85 m Länge und die Schleppzugschleusen bei Hohensaathen 215 m nutzbare Kammerlänge.

Der Ausbau des Bromberger Kanales, in der Oder-Weichsel-Wasserstraße gelegen, (Abb. 5 S. 15), für 400-t-Schiffe (55 m lang, 8 m breit) ist während des Krieges 1914—18 beendet worden. Infolge Eingehens der alten Bromberger Sackschleuse und Ersatzes durch eine gewöhnliche Kammerschleuse hat man den alten, mit 8 Schleusen versehenen Braheabstieg teilweise verlassen und oberhalb der neuen Stadtschleuse eine Umgehungslinie mit nur 2 Schachtschleusen von je rund 7,6 m Gefälle angelegt. Die alte Linie wird oberhalb der alten 6. Schleuse wieder erreicht. Es werden mithin 5 Schleusen durch zwei ersetzt. Die Kosten des Umbaues betragen etwa 26 Mill. Mark.

Die vorgenannten Kanalbauten bilden nach Abb. 5, S. 15 zwei für sich bestehende Wasserstraßennetze, ein östliches und ein westliches. Das Schlußglied zu ihrer Verbindung, die Verlängerung des Mittellandkanales von Hannover bis zur Elbe wird zurzeit nach Beendigung des Krieges, zunächst als Notstandsarbeit, ausgeführt. Erwünscht wäre es gewesen, wenn beide Systeme einheitliche Abmessungen erhalten hätten, da Massengüter um so billiger transportiert werden können, je größer die Entfernungen und die Schiffsgefäße sind. Man hat im vorliegenden Falle jedoch davon Abstand nehmen zu müssen geglaubt, da zurzeit im Osten kein Bedürfnis für 600-t-Schiffe vorliegt, auch die den Verkehr zuführenden Ströme, z. B. die Oder, die Netze usw., hinsichtlich ihrer Wasserführung derartige Anforderungen noch nicht zulassen. In sich sind die Systeme einheitlich durchgeführt, das östlich der Oder sowie der Oder-Spree-Kanal für 400-t-Schiffe, das westlich der Oder einschließlich des Berlin-Stettiner Kanales für 600-t-Schiffe.

Im Jahre 1908 gelangte noch der Entwurf zum Ausbau des Masurischen Kanales, das ist die Verbindung zwischen den großen Seen im südlichen Teile der Provinz Ostpreußen mit dem Pregel und der Stadt Königsberg, zur Annahme durch den Landtag. Der Kanal wird etwa 50 km lang werden, ein Gefälle von 112 m mittels Schachtschleusen überwinden und für Schiffe von 150 t befahrbar sein. Mit seinem Bau ist begonnen.

Neben den bisher genannten vom Staat gebauten Kanälen sind seitens der Privatunternehmung zwei Kanäle erstanden, der Elbe-Trave- und der Teltow-Kanal.

Der Elbe-Trave-Kanal (Abb. 5, S. 15) wurde von 1896—1900 seitens des Staates Lübeck, unter geringer Beitragsleistung von Preußen, im Zuge des alten Stecknitzkanales ausgeführt. Der rund 64 km lange Kanal zweigt in Lübeck von der Trave ab, steigt mit 5 Schleusen von 80 m nutzbarer Länge und 12 m Torweite zur 12 m höher liegenden Scheitelhaltung auf, die aus dem Möllner See gespeist wird, und fällt mit 2 Schleusen bei Lauenburg zur Elbe mit rund 7 m Gefälle ab. Die Baukosten betrugen rund 25 Mill. Mark.

Der nach den Havestadtschen Plänen durch den Kreis Teltow 1901—1906 errichtete Teltow-Kanal verbindet die Havel bei Potsdam mit der Dahme (Wendischen Spree) bei Grünau (Abb. 1, S. 3) und verwirklicht einen seit Jahrzehnten betriebenen Plan eines Seitenkanales um Berlin. Ursprünglich nur als Vorfluter für die schlecht entwässerten südlichen Berliner Vororte (Lichterfelde, Steglitz, Tempelhof usw.) gedacht, ergaben die Sonderentwürfe, daß ein Schiffahrtskanal nicht wesentlich teurer würde. Letzterer konnte aber zur Entlastung der Berliner Wasserstraßen für den Durchgangsverkehr sowie zur Hebung des durchschnittenen Geländes infolge Anlage industrieller Unternehmungen ausgenutzt werden. Der Kanal ist 37 km lang und besitzt nur eine Schleuse von etwa 2,7 m Gefälle bei Kl. Machnow, welche ihn in die Havel- und Spreehaltung zerlegt. Der Kanal ist für 600-t-Schiffe befahrbar. Die Schleuse ist eine Doppelschleuse von je 67 m Kammerlänge und 10 m Breite. Abzweigkanäle sind der Prinz-Friedrich-Leopold-Kanal vom Griebnitzsee nach Wannsee (3,8 km lang), der Verbindungskanal von Britz nach der Spree (3,5 km lang) und der Stichkanal von Britz nach Rixdorf-Neukölln.

Angeregt durch die preußischen Kanalbauten sind in den letzten Jahren eine Reihe von Entwürfen deutscher künstlicher Wasserstraßen Gegenstand eingehender Erörterungen gewesen. Bisher haben sie sich aber noch nicht zu Ausführungen verdichtet. Es sind zu nennen die Bestrebungen Süddeutschlands, seiner Industrie und seinem Handel (Mainz, Mannheim, Ludwigshafen, Nürnberg usw.) neue Absatzgebiete nach Norddeutschland und den großen Hansastädten bezw. dem Meere mittels neuer Wasserwege zu schaffen. Diese sind als Verbindungswege zwischen den großen natürlichen Wasserstraßen Norddeutschlands, das ist Rhein, Weser und Elbe, und denen des eigenen Landes, Donau, Main und Neckar, gedacht. Als Hauptentwürfe seien erwähnt: ein Main-Donau Kanal, ein Neckar-Donau-Kanal, ein Ulm-Bodensee-Kanal bzw. ein Rheinschiffahrtsweg bis zum Bodensee, ein Main-Weser- und ein Main-Elbe-Kanal. Die beiden letzteren hatten seinerzeit für Bremen und Hamburg ein lebhaftes Interesse, um Absatzgebiete wiederzugewinnen bzw. sich zu erhalten, die der ehemalige österreichische Hafen Triest ihnen durch den Bau der Karavankenbahn zu entreißen drohte. Ob dieses Interesse auch weiterhin bestehen bleiben wird, hängt von der politischen Entwickelung der neu gebildeten Staaten ab. Daneben ist der Entwurf eines Rhein-Nordsee-Kanales (Vorschlag von Herzberg und Taaks) vor Ausbruch des Krieges 1914—1918 Gegenstand der Erörterung geworden, hauptsächlich als Folge des Schiffahrtsabgabengesetzes, um einen von den Niederlanden unabhängigen Zugang des Rheines zum Meere zu erhalten. Der Kanal würde bei 220 km Länge etwa 235 Mill. M. Baukosten erfordern.

2. Einteilung der künstlichen Wasserstraßen (Kanäle).

Schiffahrtskanäle sind meistens frei von Durchströmungen, da sie vorhandenes Gefälle an einzelnen Punkten durch Schleusen überwinden, mithin einzelne in sich abgeschlossene Strecken, „Haltungen", bilden, in denen der Wasserspiegel wagerecht ist. Derartige Wasserstraßen heißen geschlossene Kanäle. Der überwiegende Teil der bestehenden Schiffahrtskanäle sind geschlossene Kanäle (vgl. den Dortmund-Ems-, Oder-Spree-, Teltow-Kanal u. a.). Daneben finden sich vereinzelt schleusenlose, d. i. offene Kanäle, welche dann auch gewisse Strömungen aufweisen, wenn sie z. B. Meere, Strommündungen oder Flüsse miteinander verbinden (z. B. der Suez-Kanal).

Nach der Art des Verkehrs unterscheidet man See- und Binnenschiffahrtskanäle; doch findet auf Seekanälen auch Binnenschiffahrt statt (vgl. den Kaiser-Wilhelm-Kanal).

Nachstehend werden nur Binnenschiffahrtskanäle besprochen. Sie lassen sich einteilen:

1. Nach ihrer Verwendung in
   a) Kanäle, welche ausschließlich der Schiffahrt bzw. der Flößerei dienen. Sie zerfallen nach der Größe des Verkehrs und der Schiffsgefäße in
      Großschiffahrtswege, zweischiffig, für 600-t-Schiffe und darüber,
      Hauptkanäle, für 300—400-t-Schiffe, ebenfalls zweischiffig und dem Durchgangsverkehr dienend,
      Nebenkanäle, für 150—200-t-Schiffe, hauptsächlich den Nahverkehr vermittelnd,
      Zweig- und Stichkanäle, meist einschiffig, von einem Haupt- oder Nebenkanal abzweigend.

   Diese Kanäle können nebenher auch militärischen Zwecken dienen.
   b) Kanäle, welche neben der Schiffahrt noch zur Be- oder Entwässerung von Ländereien dienen. Hierzu sind vornehmlich die Moorkanäle (Holland, Ostfriesland) zu rechnen. Auch der Teltow-Kanal erfüllt neben den Schiffahrtszwecken solche der Entwässerung, wie schließlich jeder Kanal einen mehr oder weniger großen Einfluß auf die Vorflut der angrenzenden Ländereien ausübt. Es empfiehlt sich jedoch nicht, Schiffahrtskanälen von vornherein eine solche Doppelaufgabe zuzumuten, da sie selten glücklich gelöst werden kann. Man hat deshalb z. B. bei dem großen Bewässerungskanal in Oberitalien, dem Cavourkanal, auf Schiffbarkeit verzichtet.
2. Nach den Höhen- und Geländeverhältnissen in
   a) Hangkanäle, das sind Kanäle, die nur nach einer Seite Gefälle haben (Klodnitzkanal). Es sind häufig Seitenkanäle oder Umgehungskanäle, welche bei Flußkanalisierungen entweder in der Talsohle des Flusses neben diesem herlaufen und aus ihm gespeist werden oder aber den Fluß verlassen, um Schiffahrtshindernisse oder zu stark gewundene Stellen des Flusses zu umgehen, und nachher wieder in ihn einmünden.

b) Scheitelkanäle, das sind solche, welche natürliche oder künstliche Wasserstraßen unter Durchbrechung der Wasserscheiden verbinden, mithin nach beiden Seiten Gefälle haben. Die höchste Haltung heißt die Scheitelhaltung.
c) Verbindungskanäle, kurze Kanäle, welche zwei Flußgebiete oder Wasserstraßen (Seen) häufig ohne Schleusen verbinden. Sie finden sich meist im Niederungsgebiet der Flüsse.

3. Nach der Art der Ausführung:
a) gegrabene Kanäle, das sind im Einschnitt liegende Kanalstrecken,
b) geschüttete Kanäle, welche im Auftrag liegend aus künstlichen Dämmen hergestellt sind (vgl. den Großschiffahrtsweg Berlin-Stettin, Überschreitung des Ragöser Tales bei Eberswalde),
c) gemauerte Kanäle, Brückenkanäle zur Überschreitung von Wasserstraßen oder als Anschluß an Bauwerke zur Überwindung großer Höhen und
d) Tunnelkanäle zur Überwindung hoher Wasserscheiden in geringer Höhe zwecks Verminderung der Zahl der Schleusen (z. B. Rhein-Marne-Kanal).

3. Verkehrsmittel auf den Kanälen.

Sieht man von den Fahrzeugen ab, welche als Zugmittel dienen (Schleppdampfer und dgl.), so kann man zwei Hauptarten von Verkehrsmitteln unterscheiden: Last- oder Frachtschiffe und Flöße. Erstere zerfallen in Schiffe ohne eigene Triebkraft zum Fortbewegen, d. s. alle Segel-, Treidel- und geschleppte Schiffe, und Schiffe mit eigener Triebkraft zum Fortbewegen, d. s. Dampf- und Motorschiffe (Güterdampfer, Ladungsdampfer und dgl.), kurz Eigenfahrer. Die Flöße, welche aus einzelnen Teilen (Plötzen genannt) bestehen, und deren Länge nach den Abmessungen und dem Verkehr des Kanales zu bemessen ist, werden meist getreidelt oder durch kleine Segel fortbewegt. Das Schleppen durch Dampfer wird wegen der geringen Steuerfähigkeit der Flöße und ihres großen Widerstandes bei schneller Beförderung auszuschließen sein.

Die Personenbeförderung tritt auf den meisten Kanälen in den Hintergrund.

Als Fahrzeuge, welche für die Unterhaltung der Kanäle und die Nebenbetriebe der Schiffahrt erforderlich werden, sind zu nennen Bagger, Baggerprähme, Spülschiffe, Wohnschiffe, Vermessungsschiffe, Peilschiffe und dgl., Polizei- und Bereisungsschiffe, schwimmende Krahne, Feuerlöschschiffe usw.

Das Kanallastschiff unterscheidet sich nicht wesentlich von dem Flußlastschiff. Als Baustoff verwendet man Holz oder Eisen. Hölzerne Schiffe haben große Reibungswiderstände und große Durchbiegungen, welche je nach Ladung oder Entladung nach unten bzw. nach oben stattfinden. Man ist daher, besonders bei größeren Schiffen, mehr zum Eisenbau übergegangen, sei es, daß man Schiffe vollständig aus Eisen herstellt (geringste Reibungswiderstände), sei es daß die Wände aus Eisen und der Boden aus Holz besteht. Letztere Bauart wählt man, wenn die Kanal- oder Flußsohle mit großen Steinen oder Stubben durchsetzt ist, welche eine leichtere Beschädigung der Eisentafeln herbeiführen können.

Die Kanalschiffe sind je nach der Art der Ladung teils offene, teils überdeckte Schiffe. Bei letzteren kann das Deck ein festes, nur durch einzelne Luken unterbrochenes sein oder aus einer Reihe von Lukendächern bestehen. Der Boden der Schiffe ist stets flach, die Wände, die durch Spanten oder Rippen sowie durch einzelne Querschotten oder Querbalken (Duchten) ausgesteift, sind meist senkrecht und einander parallel. Sie erhalten zuweilen eine Lehnung (Neigung), besonders bei hölzernen Kähnen, die jedoch die Tragfähigkeit, vornehmlich bei kleinerem Tiefgang, beeinträchtigt. Die oberste wagerechte Abdeckung der hölzernen Bordwände heißt das Schandeck. Eiserne Wände werden oben durch den Stringerwinkel und den Stringerbordgang abgeschlossen und sind außenbords mit einer umlaufenden hölzernen Scheuerleiste zu versehen. Im Vorderteil (Bug) und im Hinterteil (Heck) des Schiffes sind die Unterkunftsräume für die Schiffsmannschaft unter einem festen Deck untergebracht. Bug und Heck können verschiedene Formen erhalten, je nach der Zusammenführung der Seitenwände. Die älteste ist die Kaffenform (Abb. 6), bei der die Seitenplanken gegen einen breit ausgebildeten Bug laufen. Die scharfen Kanten und die breite Gestalt bieten bei der Fahrt große Widerstände. Besser schon ist die im Grundriß und Längsschnitt abgerundete Löffelform (Abb. 7), die sich auch bei eisernen Schiffen findet und

Abb. 6a. Ansicht.

Abb. 6b. Grundriß

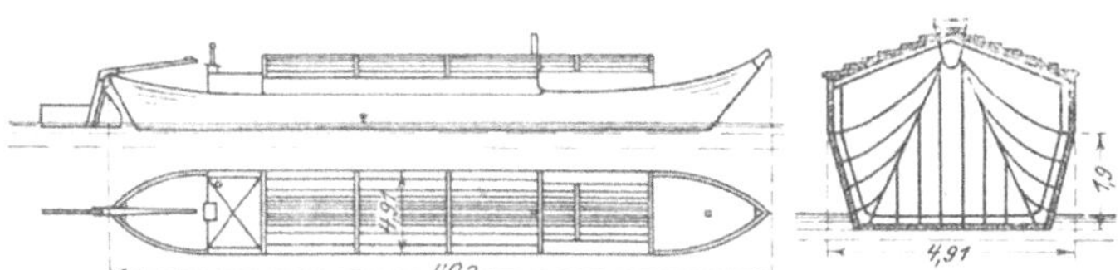

Abb. 6c. Querschnitt und Ansicht von vorn

Abb. 6. Kaffenform eines hölzernen Finowkahnes.

Konstruktionstiefgang 2,07 m
Wasserverdrängung 900 cbm

Abb. 7a. Ansicht.

Länge zwischen den Loten 63,00 m
Größte Breite 8,10 m

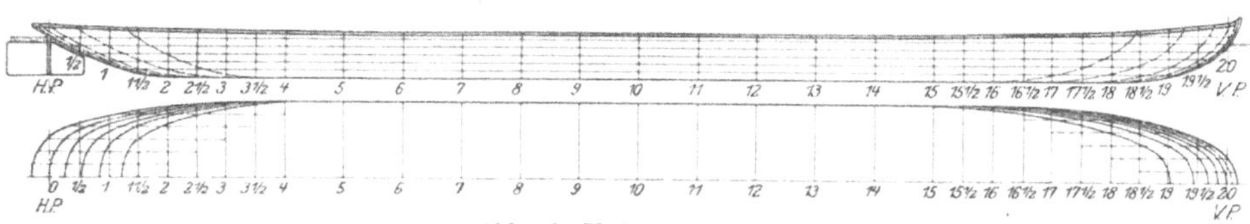

Abb. 7b. Halber Grundriß.

Abb. 7. Löffelform eines eisernen Elbkahnes.

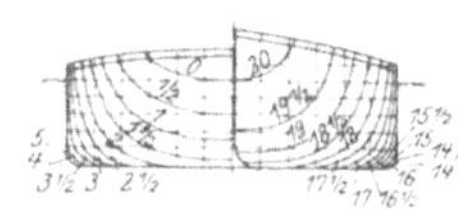

Abb. 7c. Querschnitt.

Abb. 8a. Ansicht.

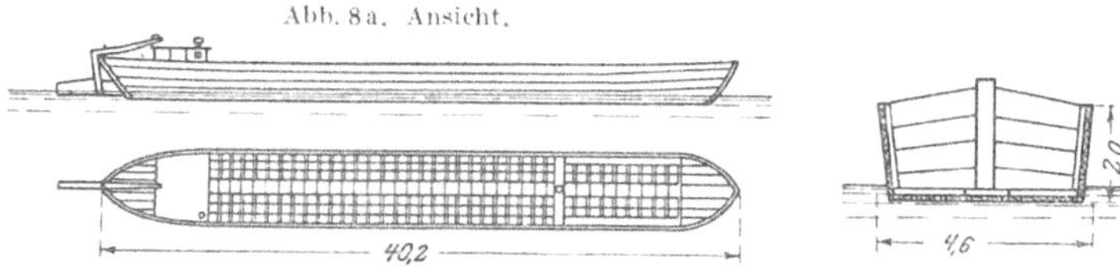

Abb. 8b. Grundriß.

Abb. 8c. Querschnitt und Ansicht von vorn.

Abb. 8. Stevenform eines hölzernen Finowkahnes.

die Tragfähigkeit nicht zu sehr beeinträchtigt. Am geeignetsten ist jedoch die Stevenform (Abb. 8), d. i. die allmähliche Zusammenführung der Planken gegen einen senkrechten oder wenig geneigten Pfosten. Sie gewährt neben der Ausnutzung der Völligkeit gute Steuerfähigkeit und geringe Widerstände beim Fahren.

Die Hauptabmessungen eines Schiffes, Länge, Breite und Tiefgang, werden festgelegt vermittels der obersten Wasserlinie oder Tiefladelinie, d. i. der Linie, in welcher der Wasserspiegel die Außenform des voll beladenen Schiffes schneidet. In dieser Linie wird die Länge zwischen den beiden Senkrechten (Loten) gemessen, welche bei Holzschiffen durch die Nuten (Spannungen) der Steven, bei Eisenschiffen durch die Hinterkante des Vorderstevens und die Vorderkante des Hinterstevens gelegt werden. Die Breite wird im Hauptspant gemessen. Den Tiefgang gibt die Höhe zwischen der obersten Wasserlinie und der Unterkante des Schiffes an. Die Länge über alles reicht von der äußersten Spitze des Buges bis zu der des Heckes, die größte Breite wird über den Scheuerleisten gemessen. Als Seitenhöhe des Schiffes gilt die Höhe in der Mitte zwischen den beiden Loten von Schiffsbodenunterkante bis zur Stringerunterkante.

Die Gestalt des Schiffes bestimmt sich

1. aus dem Verhältnis der Länge l zur Breite b zum Tiefgang t,
2. aus der Gestalt des Längenschnittes, des Hauptspantes und der obersten Wasserlinie,
3. aus dem Völligkeitsgrade der unter 2 genannten Flächen und dem der Wasserverdrängung.

Der Völligkeitsgrad φ der obersten Wasserlinie sowie der des Hauptspantes σ ist das Verhältnis ihrer Flächen F_w bzw. F_h zu der des umschriebenen Rechtecks, d. h.: es ist

$$\varphi = \frac{F_w}{l\,b} \text{ und } \sigma = \frac{F_h}{b\,t}.$$

Der Völligkeitsgrad δ der Wasserverdrängung ist das Verhältnis zwischen dem Rauminhalt der Wasserverdrängung V durch den Schiffskörper und dem umschriebenen rechteckigen Prisma aus Länge, Breite und Tiefgang; es ist

$$\delta = \frac{V}{l \cdot b \cdot t}.$$

δ steht im unmittelbaren Verhältnis zu den beiden ersten Völligkeitsgraden, es ist also

$$\delta = k \cdot \varphi \cdot \sigma.$$

Bei Kanalschiffen wird φ zwischen 0,7 und 0,9, σ zwischen 0,9 und 1 und δ zwischen 0,80 und 0,99 gewählt; aus δ läßt sich das Gewicht des vollbeladenen Schiffes berechnen zu

$$G = \gamma \cdot V = \gamma\, l \cdot b \cdot t \cdot \delta.$$

Überschläglich kann die Tragfähigkeit errechnet werden zu $T = \frac{3}{4} V$, d. h. $\frac{1}{4} V$ wird als Eigengewicht des Fahrzeuges angesehen. Das Verhältnis t : b : l kann bei Kanalschiffen von 600 t gleich rund 1 : 4,6 : 37 gesetzt werden.

Zur Feststellung der genauen Tragfähigkeit der Lastschiffe bei verschiedenen Tauchtiefen dient die Eichung. Sie ist zuerst im Jahre 1804 angeordnet worden zur genauen Erhebung der Rheinzölle. Im Jahre 1896 vereinbarten Holland, Deutschland und Frankreich, die Eichung nach der Wasserverdrängung des Schiffes festzulegen. Ein ähnliches Abkommen zwischen den Elbuferstaaten führte zu der Eichordnung vom Jahre 1899, die seit 1900 auch auf der Weser und den östlichen preußischen Wasserstraßen Anwendung findet. Auf den abgabepflichtigen Straßen wird sie zur Festsetzung der Schiffahrtsabgaben gefordert.

Die Eichordnung sieht zunächst eine Vermessung des Schiffes vor. Diese erfolgt in der Leerebene, der oberen und mittleren Eichebene (Abb. 9). Die Leerebene ist die Eintauchebene des nur mit den erforderlichen Ausrüstungsgegenständen, der Mannschaft und dgl. versehenen, möglichst wagerecht schwimmenden Schiffes. Die obere Eichebene ist die Ebene der Tiefladelinie, d. i. die der größten Eintauchung, und liegt in der Höhe des Freibordes. Die Freibordhöhe schwankt nach der Tragfähigkeit des Schiffes zwischen 15 und 25 cm, gemessen vom tiefsten Punkte der Bordoberkante. Der Raum, der von diesen beiden Ebenen und den zwischen ihnen liegenden seitlichen Begrenzungen des Schiffskörpers eingefaßt wird, ist der Eichraum. Die mittlere Eichebene teilt die Höhe zwischen den beiden vorgenannten Ebenen zur Hälfte und dient zur

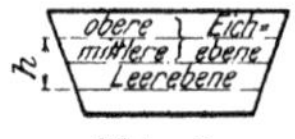

Abb. 9.

Berechnung des Eichraumes, welche nach besonders vorgeschriebenem Verfahren erfolgt. Die Leerebene wird an den Enden und in der Mitte jeder Schiffsseite, d. i. an 6 Stellen des Schiffes, durch besondere Leermarken kenntlich gemacht, bei Holzschiffen durch Eisenklammern, bei eisernen Schiffen durch je fünf Körnerschläge. An diesen 6 Stellen werden genau senkrecht stehende Eichpegel angebracht, deren Nullpunkte in einer wagerechten Ebene liegen, die durch den tiefsten Punkt des Schiffsbodens geht. Die mittleren Pegel reichen bis zur oberen Eichebene, die seitlichen noch 20 cm darüber. Sie werden von 10 zu 10 cm durch Nägel bzw. Körnerschläge festgelegt und sind später durch Ölfarbe wie andere Pegel in Doppelzentimeter einzuteilen. Nach erfolgter Festlegung der Ebenen und Berechnung des Eichraumes wird der Inhalt der Eichschichten zwischen der Leerebene und der oberen Eichebene in Abständen von je 2 cm berechnet und das Ergebnis der Vermessung und der Berechnung in einem Eichschein niedergelegt, aus dem für jeden Tiefgang sofort das Ladegewicht angegeben werden kann.

Jeder Eichschein erhält eine Nummer und wird unter dieser von der betreffenden Eichbehörde in ein Verzeichnis eingetragen. Er enthält neben dem Namen des Eigentümers und den Hauptbezeichnungen des Schiffes noch besondere Erkennungsmaße für jedes Schiff. Es sind dies die senkrechten Abstände der oberen Bordkante von den obersten Marken der 6 Eichpegel.

Am Schiff selbst wird neben den Leermarken und dem höchsten Punkte jedes Eichpegels ein Stempel, das Eichzeichen, angebracht, der die Anfangsbuchstaben des betreffenden Stromes, des Staates und des Sitzes der Eichbehörde enthält. Zu beiden Seiten des Schiffsbuges ist eine lesbare Inschrift anzubringen (Abb. 10); sie enthält: die Tragfähigkeit des Schiffes in Tonnen, die Nr. des Eichscheines sowie die Anfangsbuchstaben des Stromes, an dem die Eichbehörde liegt, des Staates und des Sitzes der Eichbehörde. Eichbehörden sind in der Regel staatliche Wasserbaubehörden. Die Aufsicht führt in Deutschland das Schiffsvermessungsamt. Nach Ablauf von 5 Jahren bei hölzernen Schiffen bzw. 10 bei eisernen Schiffen hat eine Eichprüfung stattzufinden, sofern sie nicht vorher infolge von Neubauten erforderlich wird. Für die Eichung wird eine Gebühr erhoben.

409 t	0
Nr 1010	P Bu

Abb. 10.

Ähnliche Eichungsverfahren finden sich für den Rhein, Frankreich, Holland, Österreich usw.

Die nachstehende Zusammenstellung gibt die Abmessungen und ungefähren Kosten einiger Kanalschiffe auf bestehenden Kanälen an, wobei als Preise solche vor dem Kriege angegeben sind. (Siehe S. 24, 25.)

Die Kosten der Ausrüstung hölzerner Kähne ist nach der Tragfähigkeit zu 2—4000 M., die eiserner Kähne zu 3—5000 M. anzusetzen. Die Lebensdauer von einfachen Zillen kann zu 4—6 Jahren, die kieferner Kähne zu 11, und die eiserner Kähne zu etwa 40 Jahren angenommen werden.

4. Widerstände beim Bewegen der Verkehrsmittel.

Beim gleichmäßigen Bewegen eines symmetrisch ausgebildeten Schiffskörpers durch ruhendes, uneingeschränktes Wasser können zweierlei Erscheinungen unterschieden werden: die eine, hervorgerufen durch die Verdrängung des umgebenden Wassers durch das Schiff, die andere, hervorgerufen durch den aus der Geschwindigkeit des Schiffes sich ergebenden Stoß auf die Wassermasse.

Die Verdrängung des Wassers durch das Schiff erzeugt Strömung, dadurch daß sich am Vorderteil des Schiffes das Wasser anstaut, alsdann neben und unter dem Schiff entlang strömt zu der unterhalb des Schiffes entstehenden Senkung und hier wieder zusammenfließt. Diese Strömung ist der Bewegung des Schiffes

Bezeichnung	Abmessungen			Tragfähigkeit	Baukosten	
	Länge	Breite	Tiefgang		Holz	
	m	m	m	t	offen	gedeckt
Oberländerschiff	25,5	3,0	1,2	50	—	5 700
Klodnitzkanalschiff	34,3	3,95	1,60	162	—	—
Péniche	38,5	5,00	1,8—2,0	280—350	—	10 000
Finowmäßiges Schiff ...	40,2	4,6	1,25—1,75	150—230	2600-5500	7000-9500
Maasspitz (Pointu)	41,2	5,0	1,9	300	—	11 000
Berliner Maßschiff	46,6	6,6	1,6	350	11 000	13 000
Breslauer Maßschiff ...	55,0	8,0	1,40—1,75	400—600	15 000	18 000
Plauer Kanalschiff	65,0	8,00	1,00—2,00	300—750	—	—
Dortmund-Emskanalschiff	67,0	8,20	1,60—2,30	600—900	—	—
Außerdem verkehren auf dem Dortmund-Ems-Kanal						
a) Tjalk	20—25	5,0	1,4	70—150	—	—
b) Pünte	26,2	5,68	1,75	180	4 500	—

entgegengesetzt und wird mit Rückströmung oder negativer Strömung bezeichnet. Der Stoß des Schiffsvorderteils erzeugt Wellenbewegung, die Bugwelle, welche spitzwinklig verläuft. Am Heck des Schiffes entsteht schließlich infolge der plötzlichen Geschwindigkeitsabnahme der Strömung eine senkrecht zur Schiffsrichtung verlaufende Heckwelle.

Beide Bewegungen werden durch die verschiedensten Einwirkungen beeinflußt. Zur Vereinfachung der Betrachtung sieht man von diesen Einflüssen (Luft, Steuer, Änderung der Geschwindigkeit, Strömung des Wassers und dgl.) ab. Es verbleiben dann von hauptsächlichem Einfluß auf die vorgenannten Wasserbewegungen: der Kanalquerschnitt hinsichtlich seiner Breite, Tiefe und Begrenzung, die Form und der Querschnitt des Schiffes und seine Geschwindigkeit. Je kleiner der Kanalquerschnitt, je größer der Schiffskörper und seine Geschwindigkeit ist, um so größer wird die Rückströmung. Von Einfluß ist schließlich noch die Art der Bewegung des Schiffes. Bei einem Schiff mit eigener Triebkraft wirkt das von der Schraube oder dem Rade zurückgeworfene Wasser (Slip, Schlüpfung) noch auf die Rück- und Seitenströmung ein. Wird das Schiff vom Lande aus gezogen, so fällt dieser Einfluß fort.

Faßt man beide Erscheinungen zusammen, so entsteht das bei geschleppten Kähnen zu beobachtende Bild. Vor dem Kahn bildet sich die sogenannte Bugwelle, die am Kahn stärker ist wie am Ufer. Neben dem Schiff entsteht eine Senkung des Wasserspiegels, welche zu beiden Seiten des Schiffes gleich ist, sobald das Schiff in Kanalmitte schwimmt; bei Schiffen, die außerhalb der Mitte schwimmen, ist die Einsenkung auf der Seite größer, welche näher dem Ufer ist. Am Heck strömen schließlich die Wasserfäden zur Herstellung des Gleichgewichts wieder zusammen in dem Kielwasser,

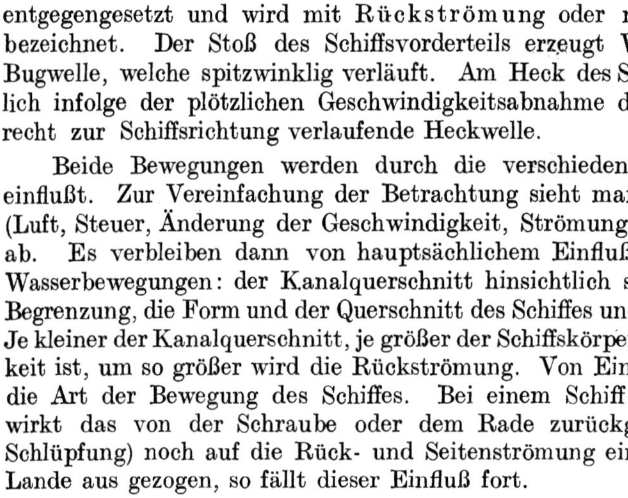

Abb. 11. Strömungen und Einsenkungen, beobachtet an einem geschleppten Kahn.

in M. für Kähne aus				Bemerkungen
Eisen mit Holzboden		Eisen		
offen	gedeckt	offen	gedeckt	
—	—	—	—	
—	—	9 500	—	
—	—	—	13 000	Flämisches Kanalschiff; verkehrt auf den belgischen, holländischen und französischen Kanälen.
11 000	13 000	12 000	14 000	Verkehrt auf den östlichen preußischen Wasserstraßen.
—	—	—	15 500	Verkehrt auf der Maas und den hollän- Kanälen.
17 000	20 000	—	—	
25 000	30 000	27 000	31 000	Verkehrt als 400-t-Schiff auf dem Oder Spree-Kanal, der Oder und dem Bromberger Kanal.
32 000	36 000	34 000	38 000	Elbe-Maßschiff.
—	—	—	47—50 000	sogenanntes 600-t-Schiff
—	—	—	—	
—	—	—	—	

dessen Form noch durch die Heckwelle sowie durch Wasserbewegungen zweiter Ordnung beeinflußt wird. Die Abb. 11 und 12 geben die Strömungen und Einsenkungen wieder, wie sie von Haak (Schiffswiderstand und Schiffahrtsbetrieb, Berlin 1900, A. Ascher) bei seinen Versuchen am Dortmund-Ems-Kanal 1898 beobachtet sind, und zwar Abb. 11 für einen geschleppten Kahn, Abb. 12 für einen Selbstfahrer. Bei letzterem ist die Verschiebung der Einsenkungen c und d infolge Einflusses der Schraube beachtenswert. a c a_1 stellt die Einsenkungslinie an der schrägliegenden Böschung, b e d b die am Schiffe, k das Kielwasser, l die positive Strömung dar, die die

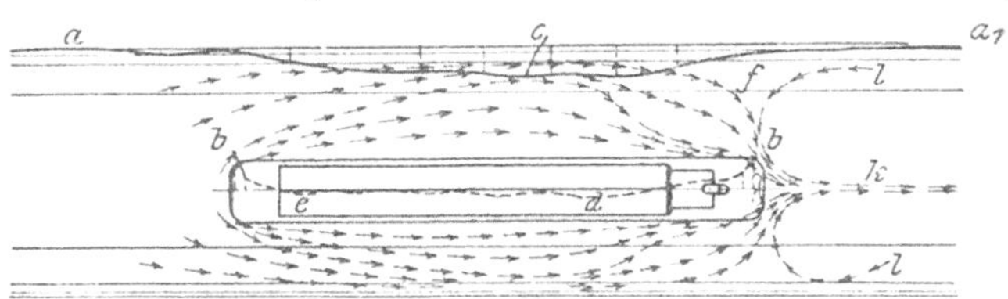

Abb. 12. Strömungen und Einsenkungen, beobachtet an einem Selbstfahrer.

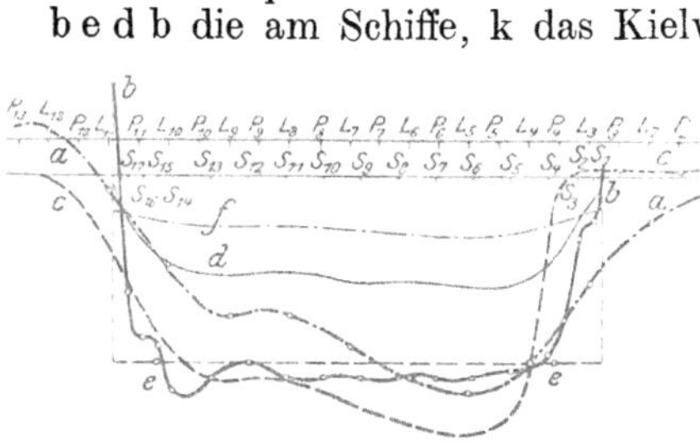

Abb. 13. Diagramme der Beobachtungen an einem geschleppten Kahn.
t = 1,75 m v = 1,54 m/sec.

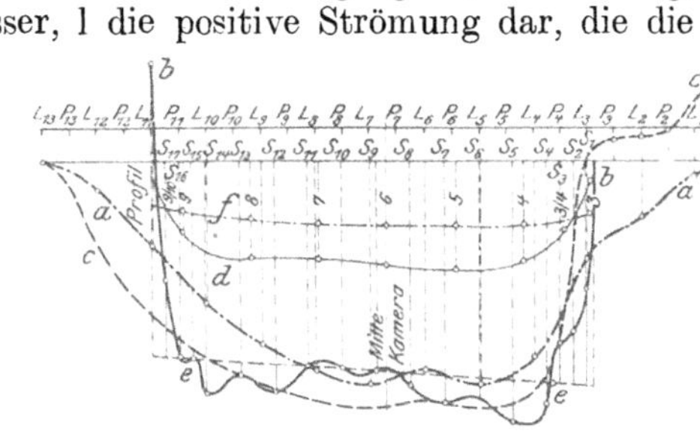

Abb. 14. Diagramme der Beobachtungen an einem Selbstfahrer.
t = 1,75 m v = 1,56 m/sec.

Einsenkung allmählich ausgleicht. Die Abb. 13 und 14 geben Diagramme der Beobachtungen wieder, und zwar Abb 13 die des geschleppten, 1,75 m eintauchenden Schiffes bei 1,54 m/sec Geschwindigkeit, Abb. 14 die des Selbstfahrers Dortmund bei gleicher Tiefe und 1,56 m Geschwindigkeit. Hierbei bezeichnen:

a a —·—·—·—·—·— Kurve der Pegelstände am Ufer,
b b ———————— „ „ „ „ Schiffe,
c c -------------------- „ „ Stromgeschwindigkeit am Ufer,
d d ———————— Kurve der mittleren negativen Stromgeschwindigkeiten,
e e -------- ------------ Wasserlinie des eingesenkten Schiffes,
f f —·—·—·—·—·— Kurve der Einsenkungsquerschnitte.

Unter Berücksichtigung vorstehender Erscheinungen ist versucht worden, den Schiffswiderstand in Formeln auszudrücken. Ausführlicheres hierüber findet sich in den trefflichen Abhandlungen von Sonne, u.a. Handbuch der Ingenieurwissenschaften III. Teil, der Wasserbau, 5. Band.

Im allgemeinen kann man sagen, daß der Widerstand eines Schiffes im Kanal steigend wächst mit der Geschwindigkeit V, daß aber dieses Wachsen auch abhängig ist von der Größe und Form des Fahrzeuges und des Wasserquerschnitts des Kanales. Hat man stets gleiche Größe und Form der Fahrzeuge und gleichen Kanalquerschnitt, so kann man danach den Widerstand ausdrücken durch die Gleichung

$$W = k \cdot V^n$$

und bestimmt k und n aus den vorgenommenen Versuchen, wobei n bei den üblichen Geschwindigkeiten zwischen 2 und 3 schwanken wird und meist zu 2,25 angenommen werden kann. Die Formel hat aber nur Gültigkeit innerhalb der Grenzen des Versuches. Haben sich die Versuche auf verschiedene Kanal- und Schiffsquerschnitte erstreckt, so läßt sich in k noch der Einfluß des Verhältnisses zwischen größtem eingetauchten Schiffs- und Kanalquerschnitt darstellen. Schwieriger gestaltet sich die Festlegung der Beziehungen zwischen Schiffsform und Ausbildung des Kanalquerschnitts. Man bedarf zu ihrer Bestimmung, da Versuche im großen meist an der Kostenfrage scheitern werden, eingehender Versuche mit Modellen in Versuchsanstalten, wie dies in letzter Zeit durch Engels und Thiele-Krey u. a. in großem Umfange geschehen ist. Es ist zu hoffen, daß auf diesem Wege allgemein gültige Formeln gefunden werden.

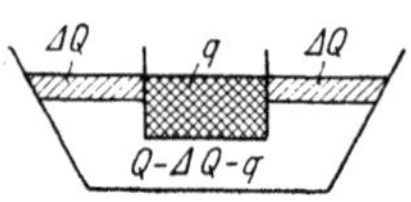

Abb. 15.

Haak hat die von ihm am Dortmund-Ems-Kanal ausgeführten Versuche zu einer Formel verwendet, welche abhängig gemacht ist von der beobachteten Einsenkung am Schiffe. Er geht also von der Wasserverdrängung bei der Bewegung des Schiffes aus. Die verdrängte Wassermenge $(q + \Delta Q)$ muß (Abb. 15) zu beiden Seiten des Schiffes gleichmäßig verteilt (d. h. bei Lage des Schiffes in der Mitte des Profiles) und unter dem Schiffe im Querschnitt $(Q - \Delta Q - q)$ nach rückwärts abfließen. Hierzu bedarf sie einer bestimmten Geschwindigkeit $v = \frac{V(q + \Delta Q)}{Q - \Delta Q - q}$, zu deren Erzielung eine bestimmte Druckhöhe oder ein Gefälle — die Einsenkung — vorhanden sein muß. Die bei dieser Bewegung zu leistende Arbeit kann nur bestehen in der Überwindung der widerstehenden Kräfte, welche entstehen:

1. durch die Reibung des zurückfließenden Wassers an den Schiffswandungen, d. i. der benetzten Oberfläche des Schiffes,
2. durch die Reibung des Wassers an den Kanalwandungen und
3. durch die Reibung der einzelnen Wasserteilchen untereinander.

Diese den Gesamtwiderstand bildenden Widerstände lassen sich einzeln in ihrer Größe schwer feststellen. Es muß aber bei gleichmäßiger Bewegung die Arbeit zur Zurückbewegung des Wassers gleich der Widerstandsleistung sein. Bezeichnet mithin W den Schiffswiderstand in t, V die Geschwindigkeit des Schiffes in m/sec, v die mittlere negative Rückstromgeschwindigkeit, mit der das verdrängte Wasser zum Abfluß kommt in m/sec, Q den Querschnitt des Wasserkörpers im Kanal während der Ruhe in qm, Δ Q den Qerschnitt der Einsenkung in qm, q den Querschnitt des eingetauchten Schiffskörpers in qm, L die Schiffslänge, γ das spezifische Gewicht des Wassers, so errechnet Haak die Widerstandsleistung zu

$$V \cdot W = \gamma L (Q - \Delta Q - q) v \cdot \zeta,$$

wobei ζ ein durch Versuche zu bestimmender Beiwert ist. Da bei den Versuchen außer ζ alle Größen bestimmt worden waren, konnten die ζ-Werte für die einzelnen Schiffseintauchungen und Geschwindigkeiten ermittelt und entsprechende ζ-Kurven gefunden werden.

DieFormel kann nur für Fälle gültig sein, bei denen die Verhältnisse gleich oder ähnlich liegen wie am Dortmund-Ems-Kanal, da in ihnen weder die Form des Kanalquerschnittes noch die des eingetauchten Schiffskörpers zum Ausdruck gebracht ist.

Möller stellt in seiner Abhandlung „Zugwiderstand der Kanalschiffe" (Zeitschrift für Gewässerkunde für 1898) eine angenäherte Berechnung des Schiffswiderstandes für beliebigen Kanal- und Schiffsquerschnitt auf. Dadurch, daß vom Bug nach dem Heck des fahrenden Schiffes die Einsenkungen zunehmen, bildet sich ein Gefälle heraus, das einen Gefällswiderstand hervorruft. Unter Hinweis hierauf zerlegt er den bei der Fahrt des Schiffes erforderlichen Zugwiderstand in vier Teilwiderstände:

1. Teilwiderstand, hervorgerufen durch die Pressungen des Wassers auf den Schiffsschnabel des bewegten Schiffes. Er ist abhängig von der Gestalt des Schiffsschnabels, der Schiffsgeschwindigkeit und dem Schiffsquerschnitt.
2. Widerstand am Heck, auf ähnlichen Ursachen beruhend.
3. Gefällwiderstand, hervorgerufen durch das Gefälle der Einsenkungen. Nach Möller befindet sich das Schiff auf einer geneigten Ebene und bedarf zur Verhütung eines Abgleitens auf dieser Ebene einer besonderen Kraft. Der Widerstand wächst mit dem Quadrat der Rückströmungsgeschwindigkeit. Er läßt sich vermindern durch ein breites Profil, steile Böschungen, bzw. glatte Kanalufer.
4. Reibungswiderstand der Schiffshaut an den Seiten und am Boden.

Thiele[1]) nimmt drei Teilwiderstände an:

1. Reibungswiderstand der Kahnoberfläche (Oberflächenwiderstand),
2. Widerstand, der von der Reibung des rückströmenden Wassers an den Kanalwandungen und am fahrenden Schiff abhängt (Formwiderstand),
3. die übrigen Widerstände, welche noch nicht einzeln ermittelt werden können und welche aus der Wirbel- und Wellenbildung beim Fahren, dem mehr oder weniger guten Steuern des Fahrzeuges und sonstigen Ursachen entstehen.

Er sagt hierüber folgendes: „Die Ermittlung der Größe dieser Teilwiderstände ist für die unter 1 und 2 bezeichneten aus den bisherigen Versuchen mit ziemlicher Genauigkeit im voraus möglich, für die unter 3 bezeichneten müssen unter Umständen für Einzelfälle besondere Versuche angestellt werden, da das vorhandene Versuchsmaterial noch nicht genügend ist. Indessen beträgt die Gesamtgröße der Widerstände unter 3 weniger als ein Drittel des Gesamtwiderstandes, wenn man von ganz außergewöhnlichen Verhältnissen

---

[1]) Zentralblatt der Bauverwaltung 1901 S. 345 ff. und 1905 S. 257, und 4. Frage des 8. Intern. Schiffahrtskongresses 1900.

absieht, die bei Binnenlandkanälen wohl nie und bei Seekanälen nur für verhältnismäßig kleine Fahrzeuge unter Umständen eintreten."

Bei den nun folgenden Untersuchungen setzt er den Oberflächenwiderstand nach den Froudeschen Versuchen zu

$$W_1 = \gamma \, O \, k \, v^m,$$

wo O die benetzte Kahnoberfläche, v die Geschwindigkeit, mit der das Wasser sich gegen den Kahn bewegt, γ das spezifische Gewicht des Wassers, $k = 0{,}1515$ und $m = 1{,}829$ ist. In v ist die Geschwindigkeit des Kahnes und die des rückströmenden Wassers enthalten, also $v = v_k + v_r$. Die Berechnung von v_r ist beachtenswert. Zur Überwindung des Formwiderstandes ist ein Oberflächengefälle erforderlich, zu dessen Bestimmung er die Formel von Hessle $v_m = 25\,(1{,}0 + 0{,}5\sqrt{R})\,\sqrt{R\,J}$ benutzt, R dabei ausgedehnt auf Kahn- und Kanalwandungen. Der zweite Teilwiderstand für 1 m Länge ist dann

$$W_2 = \gamma \;\; 1{,}0 \cdot (q + \Delta\,Q) \cdot J.$$

In den in Deutschland errichteten Versuchsanstalten für Wasserbau und Schiffsbau in Dresden, Charlottenburg, Bremerhaven und Karlsruhe sowie in denen des Auslandes sind in den letzten Jahren eine große Reihe von Modellversuchen angestellt, welche sich auf die Bestimmung des Widerstandes der Schiffskörper unter Berücksichtigung der Form, Größe und Beschaffenheit der Schiffskörper und des Kanalquerschnitts erstrecken. Führend sind hierbei die Versuche von Engels. Er hat zunächst nachgewiesen, daß die Ergebnisse der am Modell angestellten Versuche nicht ohne weiteres auf die Wirklichkeit übertragen werden können. Bezeichnet W den Widerstand in der Wirklichkeit, V die wirkliche Schiffsgeschwindigkeit, w und v die entsprechenden Werte des Modells, das die Verkleinerung $\frac{1}{\alpha}$ aufweist, so hat man die Beziehung $V = v\sqrt{\alpha}$ und ohne Rücksicht auf die größere spezifische Reibung des Modells $W = w\,\alpha^3$ [1]).

Seine Versuche erstreckten sich über den Einfluß der Schiffsformen und der Kanalprofilformen auf den Schiffswiderstand. Sie stellten fest, daß die scharfe Form der Schiffe in der Binnenschiffahrt vorteilhafter ist als die löffelförmige, und daß für Kanäle das Muldenprofil die für die Schiffsbewegung geeignetste Form ist. Engels hat auch den Einfluß des Wertes

$$n = \frac{\text{Wasserquerschnitt des Kanals}}{\text{größten Querschnitt des eingetauchten Schiffskörpers}}$$

wie er in der alten Bellingrathschen Widerstandsformel

$$W = k\,F\,(v \pm c)^2 \left(\frac{n}{n-1}\right)^2$$

vorkommt, auf den Schiffswiderstand untersucht und dabei bestätigt, daß der Widerstand sehr stark zunimmt, sobald n kleiner als 5 wird.

In obiger Formel bedeutet v die Geschwindigkeit des Schiffes in Metern, c die des Wassers. c ist = 0 in stromlosem Wasser, bei fließendem Wasser gilt — c für die Talfahrt, + c für die Bergfahrt. Der Beiwert k schwankt bei Kanal-Schiffen zwischen 12 und 18, bei gut gebauten Dampfern zwischen 8 bis 10.

In den Jahren 1901—1910 sind in der Versuchsanstalt in Berlin durch Thiele und Krey Modellversuche ausgeführt, die als Unterlage für den späteren Schiffahrtsbetrieb auf den neuen preußischen Kanälen dienen sollten. Unter anderem sind Widerstandsmessungen einzelner geschleppter Schiffe von Steven-

---

[1]) Engels und Gebers, Schleppversuche mit Kanalkahnmodellen usw. Jahrbuch der Schiffsbautechnischen Gesellschaft 1907 und 1908. — Derselbe, Modellversuche. Zeitschrift für Bauwesen 1898. Berlin, Ernst u. Sohn.

und Löffelform in trapez- und muldenförmigen Kanalquerschnitten vorgenommen (vgl. Zeitschrift für Bauwesen 1906 und 1907). Hierbei wurde festgestellt, daß durch die Vergrößerung des Wasserquerschnitts der Kanäle der Zugwiderstand der Kähne vermindert wird, und zwar so, daß es vorteilhafter ist, diese Vergrößerung mehr nach der Tiefe als nach der Breite hin vorzunehmen. Im übrigen muß auf die Veröffentlichung von Krey (Krey, Modellversuche über den Schiffahrtsbetrieb auf Kanälen usw. Mitteilungen über Forschungsarbeiten, herausgegeben vom Verein Deutscher Ingenieure 1911 sowie: Fahrt der Schiffe auf beschränktem Wasser, Berlin 1913, Carl Marfels A.-G.) verwiesen werden, der sich über die Versuche wie folgt äußert: „Leider ist eine genügend genaue rechnerische Ermittlung des Formwiderstandes bisher noch nicht möglich gewesen. Besonders ist man nicht imstande, den Einfluß der Querschnittsform und den ohne Frage vorhandenen Unterschied in der Art der Zuschärfungen der Schiffsenden (mehr seitlich, wie bei der Stevenform, oder mehr nach unten, wie bei der Löffelform) genau zahlenmäßig zu berücksichtigen. Es bleibt daher für die Praxis nur der eine Weg zur Prüfung der Schiffsform übrig, der auch im vorliegenden Falle eingeschlagen ist, nämlich den Widerstand durch Modellversuche festzustellen."

Die vorstehenden Versuche sind auch ausgedehnt auf die Bestimmung des Widerstandes von Schleppzügen. Es ergab sich, daß im allgemeinen die Einwirkung der Kähne aufeinander abhängig ist von ihrer gegenseitigen Entfernung, so daß bei geringem Abstande der geschleppten Kähne bei allen Schiffsformen eine Ersparnis an Zugkraft festzustellen war, während der Gesamtwiderstand deutlich zunahm mit Vergrößerung dieses Abstandes, und zwar bis zu einem Größtabstande von 50 m, von wo ab ein weiteres Wachsen nicht mehr zu bemerken war.

Auf die Versuche von Block über den Widerstand getreidelter Schiffszüge (Zeitschrift für Binnenschiffahrt 1905) sowie von Mattern „Schlepp- und Schraubenversuche im Oder-Spree-Kanal und im Großschiffahrtswege Berlin-Stettin" (Zentralblatt der Bauverwaltung 1912 S. 649 ff.) sei hier nur kurz verwiesen. Bei diesen Versuchen wurde, wie dies bereits von Suppan geschehen ist, festgestellt, daß der Einfluß der Beschaffenheit der Kahnoberfläche von großer Bedeutung für den Schiffswiderstand ist. Eiserne Kähne mit eisernem Boden zeigten geringere Widerstände als eiserne Kähne mit hölzernem Boden Am unwirtschaftlichsten sind ganz hölzerne Kähne.

5. Wirtschaftliche Erwägungen bei der Anlage von Kanälen.

Die Anlage neuer bzw. der Ausbau bestehender Kanäle kann aus dem Bedürfnis erwachsen, stetig steigenden Güterverkehr, unter Umständen im Verein mit der Eisenbahn, in ausreichender und billiger Weise zu bewältigen und durch mäßige Frachtkosten wettbewerbsfähig zu erhalten. Anderseits kann durch sie bestehender Verkehr neu belebt bzw. neuer Verkehr erweckt werden. Je nach Umfang und Bedeutung der Anlage wird dieser Verbehr sich auf Orts- bzw. Nahverkehr beschränken oder sich zum Durchgangsverkehr entwickeln. Entsprechend werden Schiffahrtsanlagen eine verschiedene staats- und volkswirtschaftliche Bewertung erfahren müssen, und an ihre Wirtschaftlichkeit werden verschiedenartige Ansprüche zu stellen sein. Die Bewertung wird finanzwirtschaftlich in der Einnahme aus Abgaben oder in Einkünften anderer Art zu suchen sein. Es ist eine heiß umstrittene Frage, ob Schiffahrtsstraßen mit Abgaben zu belasten sind, oder ob sich nicht der Staat damit begnügen soll, durch seine Aufwendungen für die Wasserstraßen das Allgemeinwohl der betreffenden Landesteile und damit ihre Steuerkraft zu heben und seine Einnahmequellen auf diese Weise zu verstärken. In Frankreich, Belgien und Holland hat man sich diesen letzten Standpunkt angeeignet und mit geringen Ausnahmen die Schiffahrt auch auf den Kanälen frei von Abgaben gelassen. In Deutschland werden nicht nur auf den Kanälen Abgaben erhoben; es soll auch neuerdings die Schiffahrt zu den Kosten herangezogen werden, welche in ihrem Interesse für Verbesserungen an den schiffbaren Flüssen aufgewendet werden.

Die schwierig zu lösende Frage hat eine umfangreiche Literatur erzeugt, auf die hier verwiesen werden muß.

Nördling: Die Selbstkosten des Eisenbahntransportes und die Wasserstraßenfrage in Frankreich, Preußen und Österreich. Wien 1885.

Derselbe: Neues über die Wasserstraßenfrage. Wien 1886.

Schwabe: Entwicklung der deutschen Binnenschiffahrt. Berlin 1899. (44. Heft der Verbandsschriften des deutsch-österreichisch-ungarischen Verbandes für Binnenschiffahrt.)

Heubach: Schiffahrtsabgaben, Bericht zum IX. Internationalen Schiffahrtskongreß 1902.

Peters: Schiffahrtsabgaben, ebendort.

Sympher: Transportkosten auf Eisenbahnen und Kanälen. Berlin (Ernst u. Sohn); u. a., auch Zeitschrift für Binnenschiffahrt, verschiedenste Jahrgänge von 1900 ab.

Zweckmäßig dürfte es sein, Abgaben nur in solcher Höhe zu erheben, daß mit der Entwicklung des neuen Verkehrs die aufgewendeten Kosten gedeckt werden. Ferner muß die gewählte Höhe der Abgaben der Schiffahrt einen angemessenen Wettstreit mit der Eisenbahn ermöglichen, so daß ihr im Verein mit der Eisenbahn ein günstiger Einfluß auf die Entwicklung des Verkehrs verbleibt.

Die Verkehrspolitik der Eisenbahnen in Preußen unmittelbar auf die Wasserstraßen zu übertragen, verbietet schon die verschiedene Betriebsweise beider Verkehrswege. Bei der Eisenbahn ist der Staat im Besitz des Fahrweges und der Transportmittel. Auch das Betriebspersonal ist staatlich. Bei den Wasserstraßen gehört nur der Weg selbst dem Staate (Ausnahme der Rhein-Weser-Kanal, bei dem der Staat das Schleppmonopol hat), die Transportgefäße sowie ihre Beförderung sind fast ausschließlich in Händen von Gesellschaften oder Einzelpersonen. Diese müssen sich für ihre meist großen Transportgefäße die Ladung selbst suchen, wobei häufig Liegezeiten entstehen, da nicht immer die nötigen Mengen der den Wasserweg suchenden Massengüter vorhanden sind. Anders bei der Eisenbahn. Ihr werden die Güter, besonders die Stückgüter und andere hochwertige Güter durch ein weit verästeltes System von Neben- und Kleinbahnen sowie privater Fuhrgesellschaften reichlich zugeführt, so daß für die kleineren Transportgefäße stets Fracht vorhanden ist. Wie sich die Betriebsverhältnisse auf den Wasserstraßen infolge der Neuordnung der politischen Verhältnisse nach dem Kriege gestalten werden, bleibt abzuwarten. Entsprechend würde sich auch ihre Verkehrspolitik ändern.

Jedenfalls ist aber die volkswirtschaftliche Bedeutung der Wasserstraßen erst im Laufe des Krieges 1914/19 bzw. nach seiner Beendigung in rechte Erscheinung getreten, obwohl die Wasserstraßen nicht so gut vorbereitet in den Krieg eingetreten sind wie die Eisenbahnen. Letzteres hatte sich besonders bei Kriegsbeginn bemerkbar gemacht, wo der Verkehr auf den Wasserstraßen infolge der nicht geregelten Einziehung der Schiffsbesatzung und aus Mangel einer geordneten Organisation zunächst fast vollständig ins Stocken geriet. Erst allmählich kam er mit einsichtsvoller Unterstützung der Militärbehörden zur Geltung, so daß er die Eisenbahn wesentlich unterstützen konnte. Ja, als die Eisenbahn infolge des plötzlich eintretenden Kriegsabbruches an die Grenzen ihrer Leistungsfähigkeit kam und infolge der harten Waffenstillstandsbedingungen sowie der langjährigen Überanstrengung ihres Betriebsmaterials fast zusammenbrach, zeigte sich die größere Widerstandsfähigkeit und erhöhte

Bedeutung der Wasserstraßen in der Einfachheit ihrer Bauanlagen und ihrer Betriebs- und Fördermittel. Die nur in geringer Anzahl vorhandenen Kunstbauten (Schleusen, Wehre und dgl.) weisen infolge ihrer einfachen, massigen Bauart und ihrer einfachen, aber kräftig und langsam arbeitenden Bewegungsvorrichtungen große Widerstandsfähigkeit und geringe Abnutzung neber billiger Unterhaltung auf. Die Transportmittel sind geräumig und daher sehr leistungsfähig. Sie erfordern geringe Betriebsmittel unter Vermeidung zahlreicher Arbeitskräfte und ersparen unter Ausnutzung des Stromgefälles und günstiger Winde teuere Heiz- und Schmierstoffe (Kohle und dgl.). Dagegen bedarf die Eisenbahn zur Beförderung gleicher Massen, bei der geringeren Tragfähigkeit ihrer Transportgefäße, einer größeren Anzahl von ihnen; ferner erfordert sie größere Bahnhofsanlagen mit verwickelten Betriebseinrichtungen, zahlreichem Aufsichts- und Bedienungspersonal und dgl. mehr. Es dürfte daher der Bau neuerer Wasserstraßen in der Folge erhöhte Bedeutung finden.

Bei den Vorarbeiten für eine neue Kanalanlage ist zunächst festzustellen, welcher Verkehr auf dem neuen Wege zu erwarten ist. Hierbei ist nicht nur die reine Tonnenzahl, sondern auch die Länge der von letzterer auf der Schiffahrtsstraße durchlaufenen Strecke zur Ermittlung der Gesamtgüterbewegung bzw. der zu leistenden Tonnenkm. möglichst genau zu bestimmen. Der in Frage kommende durchschnittliche kilometrische Verkehr oder Umlauf wird gewonnen, indem man erst die jährlich zu erwartenden Tonnenkm. der einzelnen Teilstrecken ermittelt, dann ihre Summe durch die Länge der ganzen Strecke dividiert. Fehlen die nötigen Unterlagen, so wird man auf ähnliche, bestehende Anlagen zurückgreifen und sie zum Vergleich heranziehen. Unter Umständen ist auch die Statistik des Seeverkehrs oder des Eisenbahnverkehrs in dem vom Kanale durchzogenen Gelände heranzuziehen und aus ihr die Art der zu erwartenden Güter festzustellen.

Auf Grund ausgedehnter und eingehender Untersuchungen hat Sympher zur Beantwortung der Verkehrsfragen wertvolles Material zusammengestellt. Erwähnt seien hier:

1. die Karte der deutschen Wasserstraßen nach dem Stande des Jahres 1910, bearbeitet von Sympher und Maschke (Berlin, Lith. Institut von Moser), aus der die Beschaffenheit der Wasserstraßen hinsichtlich ihrer Tiefen bei M. W. und N. W., die Anzahl, Lage und Größe der Schleusen und dgl. zu ersehen sind;

2. die Karte des Verkehrs auf den deutschen Wasserstraßen i. J. 1910, welche in Abb. 16 teilweise wiedergegeben ist, aus der die Größe des Streckenverkehrs, d. i. des kilometrischen Verkehrs oder des Umlaufes der betreffenden Strecke getrennt nach Berg- und Talverkehr, sowie des Orts- oder Umschlagsverkehrs nach Ankunfts- und Abgangsverkehr getrennt ersichtlich ist;

Die Güterbewegung wird durch farbige Bänder dargestellt, deren Breite der Verkehrsgröße entspricht. Um die Bänder bei starkem Verkehr nicht zu breit zu erhalten und dadurch das Bild undeutlich zu machen, ist der Maßstab so gewählt, daß die Breite des Bandes in geringerem Maße zunimmt als der Verkehr, im vorliegenden Fall im quadratischen Maßstabe. Im Vergleich mit der früher veröffentlichten Karte des Verkehrs vom Jahre 1875 ist z. B. der Verkehr auf der Elbe um das Neunfache gestiegen, während das Band nur dreimal so breit ist. Der Ortsverkehr ist durch den Inhalt von Kreisen dargestellt, deren Durchmesser den gleichen Maßstab wie die Bänder haben. Die eingeschriebenen Zahlen ergeben mit 1000 t multipliziert den Strecken- bzw. Ortsverkehr.

3. Wasserwirtschaftliche Vorarbeiten (Leipzig 1901, Verlag von Engelmann), in denen er u. a. in ähnlicher Weise wie vor den Gesamtgüterverkehr an Plätzen von mehr als 500 000 t Verkehr, d. h. den Ab- und Zugang der Güter mittels Eisenbahn, Binnen- und Seeschiffahrt graphisch zusammengetragen hat.

4. Wirtschaftliche Bedeutung des Rhein-Elbe-Kanals. Berlin 1899, Siemenroth und Troschel; u. a. mehr.

Auf Grund dieses und ähnlichen Materials wird man unter Berücksichtigung örtlicher Verhältnisse annähernd den Verkehr feststellen können, der der neuen Wasserstraße zufallen wird. In der Hauptsache werden dies Massengüter und Transporte auf große Längen sein sowie Güter für Betriebe, welche auf regelmäßige Massenerzeugung und deren regelmäßigen Versand angewiesen sind, also Kohlen, Erze, Bedürfnisse bzw. Erzeugnisse der Zucker-, der chemischen, der Kali-, Kalk- und Sandindustrie, Bedürfnisse des Baumarktes, Getreide und dergl. mehr. Zu diesem Verkehr wird neuer, durch die Kanalanlage erweckter Verkehr hinzukommen, dessen Größe unbestimmt und nur mit vorsichtiger Schätzung einzusetzen ist. Von dem so ermittelten Verkehr wird die Wasserstraße um so mehr an sich ziehen, je größere Vorteile sie den Beteiligten durch mäßige Transportkosten gegenüber der Eisenbahn bietet.

Heubach gibt z. B. an, daß wenn der Kohlenbeförderung sowohl die Bahn wie ein Wasserweg zur Verfügung steht, sich des letzteren bedienen werden von der gesamten Gütermenge etwa

0 %	wenn der Wasserweg weniger als	10 %
26 %	„ „ „ etwa	16 %
38,3 %	„ „ „ „	18 %
43,3 %	„ „ „ „	19 %
96,3 %	„ „ „ „	42,5 %
99,2 %	„ „ „ „	45,4 %

der Eisenbahnfracht erspart.

Die zweite zu lösende Aufgabe ist die Errechnung der zulässigen Transportkosten. Die Wasserfrachten setzen sich zusammen aus den eigentlichen Schiffahrtskosten, aus den Nebenkosten, bestehend in Hafen- und ähnlichen Gebühren, in Aufwendungen für Laden, Umladen und Löschen, in der Versicherung der Ladung und dgl., und schließlich aus den Abgaben, welche der Staat oder der Besitzer des Kanales erhebt, um seine Anlagekosten zu verzinsen und abzuschreiben sowie seine Unterhaltungskosten zu decken.

Die eigentlichen Schiffahrtskosten sind einerseits Aufwendungen, welche für die Fahrt zu machen sind (Fahrt- oder Streckenkosten), anderseits solche, welche während der Liegezeit der Schiffe, d. i. während des Ladens, Löschens oder Wartens auf Ladung entstehen (Ruhe- oder Liegekosten). Die letzteren werden anteilig auf die vom Schiffe zurückgelegte Wegestrecke (km) zu verteilen sein. Bei Berechnung der Schiffahrtskosten ist zu beachten, daß die Tragfähigkeit der Kähne nicht immer voll ausgenutzt werden kann. Sympher nimmt z. B. bei der Hinfahrt volle, bei der Rückfahrt aber nur $^1/_5$ Ladung an. Am Oder-Spree-Kanal sind z. Z. fast die Hälfte der Fahrten Leerfahrten. Auf dem Dortmund-Ems-Kanal wurde im Jahre 1912 die Tragfähigkeit der Kähne auf der Bergfahrt mit 61 %, auf der Talfahrt mit 44 % ausgenutzt. Zu berücksichtigen sind weiter die Dauer der Schiffahrt (etwa 270 Tage), die Art der Beförderung (Einzelfahrer, Schleppzüge und dgl.), ihre Geschwindigkeit und die Aufenthalte an den Schleusen. Schließlich sind in Ansatz zu bringen: die Verzinsung und Abschreibung der Kosten des Fahrzeuges, seine Unterhaltung und Versicherung, die Mannschaftslöhne und ihre Versicherungsbeiträge, Gewerbesteuern u. dgl. m. Aus der Anzahl der jährlichen Reisen bzw. aus den in einem Jahre zurückgelegten Kilometern und den hierfür aufgewendeten Kosten kann man alsdann die eigentlichen Schiffahrtskosten für ein tkm ermitteln. Sympher hat sie in die Formel $\frac{a}{n} + b$ gekleidet, wo a die Ruhekosten für 1 t, n die gemittelte Anzahl der bei einer Fahrt zurückgelegten Tarifkilometer, i. M. = 400 km anzusetzen, und b die Streckenkosten für 1 tkm bedeuten. In den Tarifkilometern sind die Aufenthalte an den Schleusen. enthalten, umgerechnet in km, welche das Schiff bei freier Fahrt in dieser Zeit zurückgelegt hätte.

Die Nebenkosten kann man mit rund 0,2 Pf. je tkm (vor 1914) ansetzen.

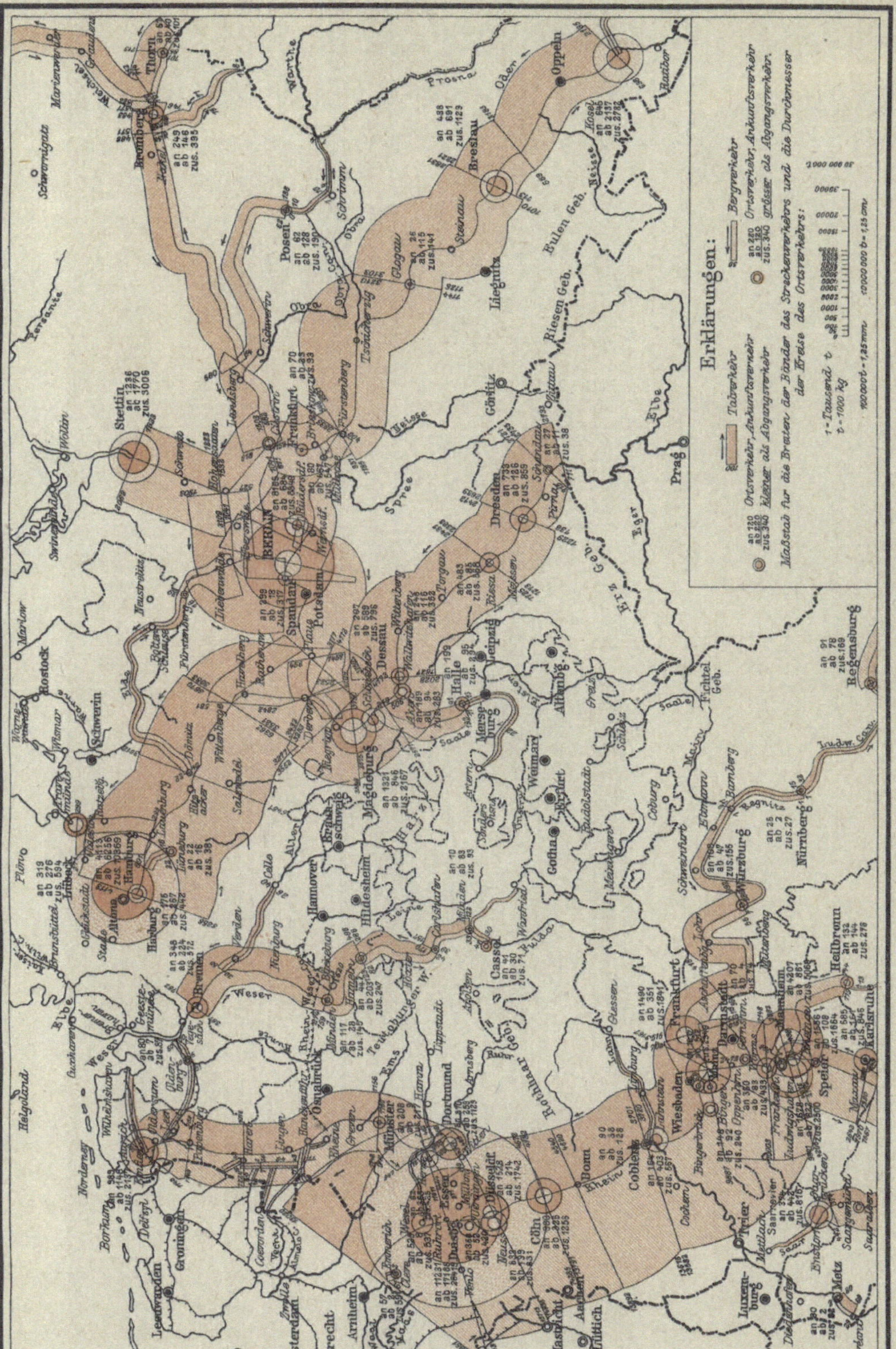

Abb. 16. Karte des Verkehrs auf Deutschen Wasserstraßen im Jahre 1910.

Verlag von Julius Springer in Berlin.

Auf diesem Wege errechnet Sympher für den Kanal Bewergern-Hannover z. B. für Steinkohlen bei einer Kanalabgabe von 0,5 Pf/tkm die gesamten Frachtkosten bei 600-t-Kähnen und weiten Entfernungen durchschnittlich zu 0,5 (Schiffahrtskosten) + 0,2 (Nebenkosten) + 0,5 (Abgaben) = 1,2 Pf./tkm, während sie auf der Eisenbahn etwa 2,5 Pf./tkm betragen.

Erwähnt sei, daß Block im Zentralblatt der Bauverwaltung 1908, S. 237, eine Formel zur theoretischen Berechnung der Beförderungskosten für Massengüter auf Wasserstraßen entwickelt.

Aus dem ermittelten Verkehr und den Frachtsätzen läßt sich die Ertragsfähigkeit sowie der Einfluß der neuen Verkehrsstraße auf die Eisenbahneinnahmen bzw. die Finanzen des Staates feststellen. Mögen hiernach im Anfange die Eisenbahnen einige Ausfälle erleiden, so wird ihnen mit der Zeit die neue Wasserstraße neuen Verkehr zuführen, der sich vielleicht ohne sie nicht entwickelt hätte, so daß schließlich eine Deckung des Ausfalles und eine Mehreinnahme durch die eintretenden Verkehrssteigerungen eintreten kann. Lehrreich hierfür ist eine in der Zeitschrift für Binnenschiffahrt 1913, Heft 1 von Sympher gebrachte Zusammenstellung über die Verkehrssteigerungen auf den deutschen Wasserstraßen und den Eisenbahnen von 1875—1910, der folgende Zahlen entnommen sind:

	Güterverkehr auf den			
	Wasserstraßen		Eisenbahnen	
	1875	1910	1875	1910
Länge in km	rd. 10 000	rd. 10 000	rd. 26 500	rd. 58 600
Angekommene Güter in t	11 000 000	68 500 000	83 500 000	361 600 000
Abgegangene Güter in t	9 800 000	61 000 000	83 500 000	374 700 000
Geleistete Netto-Tonnenkm	2,9 Milliarden	19 Milliarden	10,9 Milliarden	56,3 Milliarden
Kilometrischer Verkehr (Umlauf) t	290 000	1 900 000	410 000	960 000
Mittlere Transportentfernung km	280	293	125	153

Der Anteil der Wasserstraßen am Güterverkehr Deutschlands betrug 1875: 21 v. H., 1910: 25 v. H., der der Eisenbahnen 1875: 79 v. H., 1910: 75 v. H.

Vergleichsweise sei angegeben, daß auf den 6000 km langen schiffbaren Wasserstraßen (einschließlich der Flüsse) Frankreichs im Jahre 1909 rund 5 Milliarden Tonnenkilometer geleistet wurden. Die niedrigsten Frachtkosten für Kohle von Leus nach Paris betrugen 1,2 Pf. für das tkm. Am neuen Nordkanal hofft man mit 0,92 Pf. Frachtkosten auszukommen einschließlich einer kleinen Abgabe von 0,16 Pf./tkm.

Eine über Erwarten starke Zunahme des Verkehrs zeigt der Oder-Spree-Kanal, auf dessen östlichem Ende im Jahre 1875 (damals noch Friedrich-Wilhelm-Kanal) 145 000 t gezählt wurden, während die Tonnenzahl nach seinem Ausbau in den Jahren 1887/91 sich wie folgt steigerte:

Jahr:	1891	1897	1900	1910	1912
Schleuse Werrsdorf	—	1 550 000	1 890 000	3 452 000	4 456 350
Schleuse Fürstenberg	629 000	1 370 000	1 600 000	3 233 000	4 217 333

Auf dem 1899 eröffneten Dortmund-Ems-Kanal gestaltete sich der Verkehr in den Jahren

	1899	1900	1909	1910	1911
Beförderte Gütermenge t	235 000	442 000	2 591 000	3 163 000	3 830 000
Durchschnittliche kilom. Transportmenge t	87 600	232 000	1 760 000	2 200 000	2 750 000

während im Entwurf mit einem kilometrischen Verkehr von 1 300 000 t, im Höchstfalle mit 2 000 000 t gerechnet war. Auf dem Plauer Kanal (Schleuse bei Plaue) stieg der Verkehr von 272 000 t im Jahre 1875 auf 1 913 000 t im Jahre 1910 und 2 019 000 t im Jahre 1912.

Neben den rein rechnerischen Vorteilen wird ein neuer Wasserweg häufig in Zahlen nicht ausdrückbare Neuwerte schaffen. Er kann ein Bindeglied werden zwischen bestehenden, in sich abgeschlossenen Wasserstraßen, diese zum einheitlichen Ganzen gestalten und dadurch bisher getrennte Gebiete verbinden, ihre wirtschaftliche Entfernung verringern; er kann ferner strategischen Zwecken dienstbar gemacht werden, die Forstwirtschaft und Landwirtchaft beeinflussen u. dgl. m.

Daneben können neue Verkehrswege Verkehrsverschiebungen herbeiführen, welche für einzelne Erwerbszweige von Nachteil sein können. Der Landwirtschaft kann z. B. durch die niedrigen Frachten eine Konkurrenz erstehen in der Einfuhr billiger fremder Erzeugnisse. Durch den beabsichtigten Ausbau des Mittellandkanales bis zur Elbe wurde seinerzeit ein Rückgang des schlesischen Steinkohlenabsatzes nach Berlin sowie auch des Braunkohlenbergbaus in der Mark befürchtet. In solchen Fällen müssen Mittel und Wege gefunden werden (Staffelung des Abgabentarifs, Entschädigungen usw.), um den Benachteiligten zu helfen.

Zu den technisch wirtschaftlichen Vorarbeiten gehört die Feststellung der Abmessungen der auf der neuen Wasserstraße zuzulassenden größten Schiffsgefäße, da von ihr die Bestimmung des Kanalquerschnitts und der Abmessungen der Bauwerke (Schleusen usw.), unter Umständen auch der Wasserverbrauch, kurz die Kosten für die Herstellung und Unterhaltung der Neuanlage abhängen. Die idealste Lösung wäre ein einheitlicher Schiffstyp von bestimmter Größe für alle Hauptwasserstraßen, so daß sich auf ihnen ähnlich wie auf der Eisenbahn ein durchlaufender Verkehr abwickeln könnte. Alsdann könnten große Transportmengen hauptsächlich geringwertiger Güter in großen Schiffsgefäßen auf weite Entfernungen zu den geringsten Frachtsätzen befördert werden.

Im allgemeinen wird die Größe des Schiffsgefäßes abhängig sein von dem vorhandenen oder zu erwartenden Verkehr, seinen Transportweiten und den Frachtkosten. Es kann aber möglich sein, daß für allzu große Schiffe nicht stets Ladung vorhanden ist, so daß das aufgewendete Kapital brach liegt und die durch die großen Abmessungen der Straße bedingten großen Bau- und Unterhaltungskosten hohe, den Verkehr hemmende Abgaben erfordern. Es wird durch Vergleichsrechnungen die zweckmäßige Größe festzustellen sein, wobei zu berücksichtigen ist, daß neben den großen Schiffen auch mittlere und kleine Fahrzeuge verkehren werden. Aus diesen Gesichtspunkten heraus hatten sich für die deutschen Wasserstraßen zwei Hauptschiffstypen als zweckmäßig herausgestellt: das 400-t-Schiff für die Wasserstraßen östlich von Berlin (mit Ausnahme des Großschiffahrtsweges Berlin—Stettin) und das 600-t-Schiff für sämtliche Wasserstraßen westlich von Berlin einschließlich des Großschiffahrtsweges und des Teltow-Kanales bei Berlin. Beide haben 8,00 m Breite und einen Tiefgang von 1,75 m. Die Längen sind 55 bzw. 65 m. Daneben finden sich mehr für den örtlichen Verkehr die Schiffe von Finowkanalmaß, d. i. 40,2 m Länge bei 4,6 m Breite.

In neuerer Zeit gehen, beeinflußt durch die Erfahrungen des großen Krieges, Bestrebungen dahin, bei Ausgestaltung der deutschen Wasserstraßen deren Abmessungen weiter zu vereinheitlichen und sie bei den Hauptwasserstraßen von vornherein so zu bestimmen, daß diese dem Verkehr von 1000-t Schiffen dienen können. Als Regelschiff für Massenbeförderung wird ein Schiff von 76—80 m Länge, 9,2 m Breite und 2,0 m Tiefgang vorgeschlagen. Bei Bemessung des Vorschlages für die Breite ist auf die bestehenden Großschiffahrtswege mit ihren Schleusenweiten von 10,0 bzw. 9,6 m Rücksicht genommen. Es ist andererseits aber zu bedenken, daß die deutschen Kanäle vielfach, wenn nicht sogar meistens, den Verkehr zwischen den natürlichen Wasserstraßen vermitteln und heben sollen. Hierzu ist ein unmittelbarer Übergang beladener Kähne vom Fluß zum Kanal oder umgekehrt, ohne Ableichtern oder Zuladen, vielmehr unter voller Ausnutzung des Schiffraumes unbedingtes wirtschaftliches Erfordernis.

Nun ist es auf den natürlichen Wasserstraßen wegen der wechselnden Wassertiefen erwünscht, den Tiefgang der beladenen Schiffe den kleinen Wasserständen anpassen zu können, ohne die Ladefähigkeit des Schiffes erheblich vermindern zu müssen. Dies ist bei Beibehaltung der Schiffslänge nur durch größere Breite zu erzielen. Nach angestellten Untersuchungen von Sympher (vergl. Zentralblatt der Bauverwaltung, Jahrgang 1918, S. 30 u. ff. und 1919 S. 5 u. ff.) dürfte den Anforderungen der großen deutschen Flüsse ein Kahn von 10,5 m Breite genügen, der mit 1,60 m Tiefgang fast 1000 t laden würde. Durch Kanalisierung bzw. Zuführung von Zuschußwasser aus Talsperren wird das Kleinwasser der Hauptströme so anzuheben sein, daß die Fahrwassertiefe für 1,60 m tiefgehende Schiffe im allgemeinen gewährleistet werden kann.

Seitens der Kanäle würde hinsichtlich der Breite der Fluß-Kanalkähne die Bedingung zu stellen sein, daß der für das 1000-t-Kanalschiff einmal festgelegte Kanalquerschnitt nicht zu verbreitern wäre, da sonst die Wirtschaftlichkeit der Anlage in Frage gestellt werden kann.

Aus diesen Erwägungen heraus kommt Sympher zu folgenden Vorschlägen für die Hauptwasserstraßen Mitteleuropas:

1. Schiffsgröße: rd. 1000 t Tragfähigkeit.
   a) Kanalschiffe 80 m Länge, 9,2 m Breite einschließlich Scheuerleisten, 2 m Tiefgang bei voller Ladung.
   b) Fluß-Kanalschiffe 80 m Länge, 10,5 m Breite einschließlich Scheuerleisten, 1,60 m Tiefgang auf dem Kanal bei voller Beladung.
2. Schleusen: Nutzlänge.
   a) 85 m bei Einzelschleusen, in denen der Schleppdampfer nicht mitgeschleust wird,
   b) 105 m bei Einzelschleusen, in denen der Schleppdampfer mitgeschleust wird.
   c) 185 m, 225 m, 270 m, 350 m bei Schleppzügen, je nach der Zusammenstellung üblicher Schiffszüge, bestehend aus einem Schleppdampfer und 2—6 großen oder mittleren Kähnen.

   Torweite 12 m. Tiefe der Kammer und des Drempels 3 m.
3. Kanalquerschnitt: 83 qm wasserhaltender Querschnitt bei 34 m Wasserspiegel-, 16 m Sohlenbreite, 3,5 m Wassertiefe in der Mitte, 3 m an den Seiten.
4. Brückenhöhen: 4 m über höchstem Kanalwasserstand.
5. Krümmungen: möglichst 1000 m Halbmesser.
6. Wassertiefe geregelter Flüsse bei erhöhtem Mittelniedrigwasser: 1,80 m.

Bestehende Hauptwasserstraßen würden nach Bedarf und mit der Zeit auf vorstehende Abmessungen zu bringen sein, so daß allmählich ein Netz von Hauptwasserstraßen mit gleichen Abmessungen entsteht. Daneben müßten Nebenwasserstraßen mit kleinen Abmessungen als Zubringer und dgl. bestehen bleiben. Sympher schlägt für diese Kleinkanäle vor:

1. Schiffsgröße: 200—250 t Tragfähigkeit, 40,20 m Länge, 4,60 m Breite, 1,60—2,00 m Tiefgang (Finowkahn).
2. Schleusen: 41 m nutzbare Länge, 5,30 m Breite, 2—2,50 m Drempeltiefe.
3. Kanalquerschnitt: 23 m Wasserspiegel, 13 m Sohlenbreite, 2,50 m Tiefe in der Mitte, 2 m an den Seiten.
4. Brückenhöhe: 3,20 m über höchstem schiffbaren Wasserstande.
5. Krümmungen: möglichst nicht unter 300 m Halbmesser.

In Frankreich, z. T. auch in Belgien und Holland hat das 300-t-Schiff mit 38,5 m Länge, 5,00 m Breite und 1,80 m Tiefgang der Bemessung der neuen Kanäle zugrunde gelegen.

Nach dem Tiefgang und der Breite der verkehrenden größten Schiffe ist die zweckmäßige Größe des Wasserquerschnitts der Kanäle, nach ihrer größten Länge, Breite und Tiefe die Abmessungen der Schleusen (unter Umständen Schleppzugschleusen) und sonstigen Bauwerke, nach ihrer Höhe die Höhenanlage der Brücken zu bestimmen. Die Längen haben ferner Einfluß auf die Krümmungshalbmesser der Kanallinie sowie auf die Längen der Häfen. Die Wassertiefen in den Schleusen wird man reichlicher wählen als in den Kanalstrecken, da bei späterer Vergrößerung des Tiefganges eine Vertiefung des Kanalbettes immer möglich bleibt, dagegen eine Vertiefung des Schleusenbauwerkes einen Neubau erfordert.

Die Schleusen sind meist einschiffig, die Kanalstrecken je nach dem Verkehr und ihrer Bedeutung ein-, zwei- oder mehrschiffig. Häufig ist es wirtschaftlich, u. a. auch z. B. um die Frachtkosten der Wasserstraßen niedriger und somit wettbewerbsfähiger mit denen der Eisenbahnen zu halten, den Kanal zunächst in kleineren Abmessungen zu bauen und ihn erst später mit wachsendem Verkehr und steigender Größe der Schiffsgefäße weiter auszubauen. Aus dem gleichen Grunde wird man meistens zunächst nur eine Schleusenanlage an jedem Gefällpunkte herstellen, jedoch gegebenenfalls die Möglichkeit für eine zweite oder sogar dritte Anlage vorsehen.

Vgl. Erweiterung des Kaiser-Wilhelm-Kanals in den Jahren 1907—1914. Wäre der Kanal von vornherein (1887—1895) in den jetzigen Abmessungen erbaut, so würde der damals mehr aufzuwendende Betrag einschließlich der angesammelten Zinsen größer gewesen sein als die Kosten des jetzigen Umbaues.

Den Grunderwerb für die nötigen Verbreiterungsarbeiten und für die Verdopplung der Schleusen wird man möglichst bei der ersten Anlage vorsehen, wie es überhaupt für den Staat zweckmäßig sein kann, durch größeren Grundbesitz auf entstehende Bodenspekulation am Kanal Einfluß zu behalten.

Überschläglich kann man die Kosten eines Kanales zu 350—400000 M. je Kilometer ansetzen (Dortmund-Ems-Kanal, Großschiffahrtsweg Berlin-Hohensaathen). In schwierigem Gelände und bebauten Gegenden können sie jedoch auf das Doppelte und noch höher anwachsen. Die Gesamtbaukosten des Dortmund-Ems-Kanales betrugen bei rd. 230 km Länge rd. 79500000 M. Die Verwaltungs-, Unterhaltungs- und Betriebskosten betrugen in Mark im

Rechnungsjahre	sächliche	persönliche	im ganzen
1908	848 677	245 803	1 094 480
1909	820 937	269 647	1 090 584
1910	886 863	272 985	1 159 848
1911	877 429	294 055	1 171 484
1912	874 544	310 565	1 185 109

6. Linienführung.

Liegen die Endpunkte einer Kanallinie auf Grund der wirtschaftlichen Erwägungen (Abschnitt 5) fest, so ist ihre Verbindung unter Berücksichtigung örtlicher Verhältnisse sowie der aufzuwendenden Kosten durch eine Reihe von Versuchslinien zu untersuchen und die betriebstechnisch und wirtschaftlich beste Lösung ausfindig zu machen. Für den Vorentwurf, der den Nachweis der Zweckmäßigkeit erbringen und die Höhe der Kosten festlegen soll, wird man sich mit der Festlegung der Hauptbedingungen begnügen. Die genauere Durcharbeitung der Linie in ihren Einzelheiten verbleibt den Haupt- oder Sonderentwürfen, die der Bauausführung zugrunde gelegt werden. Da dem Güterverkehr, insbesondere den Massengütern, sichere, bequeme, möglichst kurze sowie billige Verbindungen erwünscht sind, werden möglichst gerade Linienführungen unter Vermeidung starker Krümmungen sowie lange Haltungen bevorzugt. Jede Schleuse bedeutet für die Schiffahrt eine Verlängerung des Verkehrsweges (etwa 3—3,5 km), mithin eine Vermehrung der Transportkosten.

Bei Kanälen in flachem Gelände werden diese Bedingungen nicht auf Schwierigkeiten stoßen. Aber auch bei Hügellandkanälen mit größeren Gefällunterschieden sollte man sich durch etwaige Vermehrung der Erdarbeiten von der Erfüllung dieser Bedingungen nicht abschrecken lassen. Bei der Vervollkommnung der Baggergeräte lassen sich Erdbewegungen mit verhältnismäßig geringen Geldaufwendungen bewerkstelligen. Durch Sparsamkeit an dieser Stelle können beim späteren Schiffahrtsbetrieb Erschwernisse eintreten, deren Geldwert den erstmaligen Mehraufwand häufig übersteigt, und die schließlich doch zur nachträglichen und dann teuren Ausführung der zunächst ersparten Erdbewegung zwingen. Den Einflüssen herrschender Winde auf die Schiffahrt in langen Haltungen wird man durch Einlegen schwacher Krümmungen begegnen können. Den Schleusen ist, soweit angängig, ein möglichst einheitliches Gefälle zu geben, sofern nicht darauf Bedacht genommen wird, die Schleusungszeiten an den einzelnen Gefällstufen durch geeignete Maßnahmen gleich zu gestalten. Man vermeidet dadurch Anstauungen des Verkehrs, welche besonders bei kürzeren Haltungen und Schleusen mit stark wechselndem Gefälle leicht entstehen.

Von großem Einfluß auf die Linienführung kann die Frage der Wasserbeschaffung werden. Ausgedehnte Untersuchungen der Grundwasserverhältnisse, die sich möglichst auf einen langen Zeitraum erstrecken, ist unerläßliche Vorbedingung. Auch geologische und sonstige Bodenuntersuchungen sind zu Rate zu ziehen. Liegt der zukünftige Kanal-Wasserspiegel in Grundwasserhöhe — einen Zustand, den man bei Neuanlagen möglichst erstreben soll, selbst auf die Gefahr hin, daß die Erdarbeiten sich vergrößern und die Bauwerke tiefer zu gründen sind, da andererseits weniger Dichtungsstrecken erforderlich werden, die Brücken niedriger liegen und langer Anrampungen entbehren können u. dgl. mehr —, so erfolgt die Speisung des Kanales aus letzterem und bietet gewöhnlich keine Schwierigkeiten. Doch ist eine zu tiefe Lage des Kanalwasserspiegels zum Grundwasser zu vermeiden, da durch eine etwaige Senkung des Grundwassers Entschädigungsansprüche entstehen können. Ein hoher Grundwasserstand kann auch eine Verteuerung der Anlage infolge Vermehrung des Erdaushubes unter Wasser herbeiführen. Liegt der Kanal dagegen mit seinem Wasserspiegel über Grundwasser, also im Auftrage, so ist zur Erhaltung seiner Wasserspiegelhöhe eine künstliche Speisung und häufig eine künstliche Dichtung der Haltung erforderlich. Hochgelegene Scheitelhaltungen können große Anforderungen an die Wasserzuführung hinsichtlich der Kosten und des Betriebes stellen. Es kann mitunter günstiger sein, eine solche, sonst wirtschaftliche Linie zu verlassen und eine längere Kanallinie zu wählen, deren Scheitelhaltung aber niedriger liegt, und die daher weniger Schleusen enthält. Auch die Durchbrechung der Wasserscheide durch Tunnelanlagen kann in Frage kommen.

Vgl. die Vorentwürfe einer Verbindung der Werra mit dem Main, bei denen eine solche Tunnelanlage sich als wirtschaftlicher herausgestellt hat als eine Überwindung der Scheitelhöhe mit Schleusen und geneigten Ebenen, für deren Betrieb die erforderliche Wassermenge nur mit großen Kosten zu beschaffen ist.

Bei der Linienführung wird man ferner die Lage von Ortschaften mit einer stark entwickelten Industrie sowie von Handelsplätzen berücksichtigen, sei es daß der Kanal unmittelbar an ihnen vorbeigeführt wird, sei es daß sie durch einen Seiten- oder Stichkanal Anschluß erhalten.

Im übrigen gestaltet sich die Bearbeitung der Vor- und Hauptentwürfe im wesentlichen ähnlich wie bei Eisenbahn-[1]) und Straßenbauten, so daß auf diese hier verwiesen werden muß. Auch ist das Werk von Oppermann: „Die Vorarbeiten für Schiffahrtskanäle oder ähnliche Anlagen und die Geschäftsführung bei deren Ausbau", Leipzig 1895, zu Rate zu ziehen.

Ein lehrreiches Beispiel ist der Rhein-Weser-Kanal (Abb. 5 S. 15 u. Abb. 17). Der Kanal steigt am Rhein bei Ruhrort mittels 7 Schleusen von insgesamt rund 34 m Gefälle als Rhein-Herne-Kanal auf zu seiner Scheitelhaltung Herne-Münster, welche mit der entsprechenden

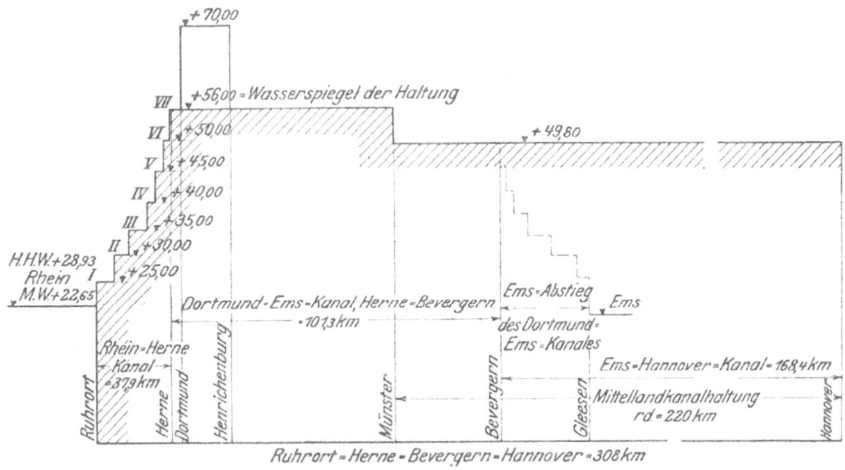

Abb. 17. Höhenplan des Rhein-Weser-Kanals.

Strecke des Dortmund-Ems-Kanales zusammenfällt. Bei Münster fällt er dann mit einer Schleuse von rund 6 m Gefälle herab zur sogenannten Mittellandhaltung, die bis Bevergern noch den Dortmund-Ems-Kanal benutzt, ihn hier verläßt und als schleusenlose Haltung von rund 220 km Gesamtlänge ihr vorläufiges Ende bei Hannover findet. In seinem ersten Teil (als Rhein-Herne-Kanal) verfolgt er, von dem östlichen Becken des Ruhrorter Hafens abzweigend, neben dem er noch eine zweite Mündung in die Ruhr erhalten wird, nördlich von Oberhausen bis nach Herne das Tal der Emscher in unmittelbarer Nähe des neu hergestellten Emscherbettes. Er durchschneidet hierbei das in höchster Entwicklung stehende westfälische Bergbau- und Industriegebiet zwischen Ruhr und Lippe. Beim Entwurf und beim Bau waren daher auf die örtlichen Verhältnisse, wie z. B. die Bebauung, die Lage der Zechen, Bahnhöfe, Eisenbahnen und Wege, die größten Rücksichten zu nehmen. Insbesondere mußten der Kanal und seine Bauwerke gegen sich einstellende Bodensenkungen gesichert werden. Zugute kam, daß das Kohlengebirge in der Kanallinie von einer 70 bis 200 m starken Mergelschicht überdeckt ist, so daß Wassereinbrüche aus dem Kanal nicht zu befürchten sind. Die Wassertiefe des Profiles ist zu 3,5 m angenommen, so daß der Wasserstand bei etwaigen Bodensenkungen um 1,0 m Tiefe gesenkt werden kann. Die Schleusen, als Schleppzugschleusen von 165 m Länge und 10 m Breite erbaut, sind Doppelschleusen und gegeneinander fußstapfenförmig versetzt, um zu verhüten, daß bei Bodensenkungen beide Schleusen zugleich beschädigt werden. Die Drempeltiefe schwankt zwischen 4,5 und 5,5 m; außerdem liegt die Plattform 1,5 m über Oberwasser; auch können die Schleusenmauern ohne Verstärkung um 2,0 m noch erhöht werden, so daß Kanalwasserstand wie Schleuse um je 1,0 m

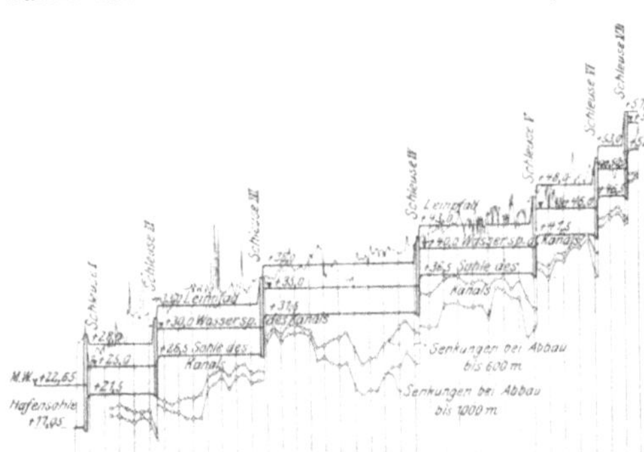

Abb. 18. Höhenplan der Strecke Ruhrort-Herne.

[1]) Vgl. Handbibliothek, II. Teil, Band 3. Unterbau von Prof. W. Hoyer.

bzw. 3,0 m sich senken können, ohne daß die Schiffahrt dadurch behindert wird. Ähnliche Vorkehrungen sind bei den Brücken getroffen. Die Dücker sind sämtlich doppelt, in 60 m Entfernung angeordnet. Es ist ferner durch Bergpolizeiverordnung bestimmt, daß unter dem Gelände des Rhein-Herne-Kanals bis zu einer Entfernung von je 300 m von der Kanalmitte Bergbau nur mit Bergeversatz ausgeführt werden darf. Für die Schleusen mußten sorgfältig die Stellen ausgesucht werden, wo eine gleichmäßige Bodensenkung zu erwarten war. Auch erhielten sie hinsichtlich des Bergbaues einen besonderen Schutzbezirk. Abb. 18 zeigt im Längenschnitt die vermutlichen Senkungen unter dem Kanal bei Abbau bis zu 600 bzw. 1000 m.

Die eigentliche Mittellandkanalstrecke umgeht die vorhandenen Höhenrücken und erstrebt erst von Bevergern abzweigend die norddeutsche Tiefebene. Sie erreicht dadurch, wenn auch mit einer Mehrlänge vor der kürzeren Linie durch das Gebirge etwa über Bielefeld—Minden, den großen Vorteil einer langen schleusenlosen Haltung. Größere Städte oder absatzreiche Gegenden, welche von der so gewählten Linie nicht berührt werden, sollen durch Stich- oder Seitenkanäle angeschlossen werden, so die Industriezentren Essen, Oberhausen, ferner Osnabrück, Linden bei Hannover, Lippstadt und Hamm durch den Lippeseitenkanal, usw. Zum Rhein ist eine zweite Mündung durch die kanalisierte Lippe nach Wesel geplant, die dem nach Norden vorrückenden Bergbau und der nachfolgenden Industrie den Absatz ihrer Erzeugnisse erleichtern soll. Der Übergang über die Weser wird durch einen 370 m langen Brückenkanal bewirkt, so daß auch hier Schleusen vermieden werden. Die Verbindung mit der Weser vermittelt eine Schachtschleuse bei Minden.

Die Speisung des Rhein-Herne-Kanales bis zur Schleuse II erfolgt aus der Scheitelhaltung Herne—Münster, der für gewöhnlich das Wasser aus der Lippe bei Hamm durch den Speisekanal zugeführt werden wird. Bei Kleinwasser in der Lippe wird das erforderliche Wasser bei Münster aus der Mittellandkanalhaltung in die Scheitelhaltung hochgepumpt. Die Haltung zwischen den Schleusen I und II steht mit der auf diese Haltungshöhe durch ein Wehr angestauten Ruhr in offener Verbindung. Die Mittellandkanalhaltung wird durch ein Pumpwerk aus der Weser gespeist.

Die Linienführung weiterer Kanäle, wie des Teltow-, des Dortmund-Ems-, des Oder-Spree-Kanales, ist aus Abb. 1 auf S. 3 und Abb. 4 auf S. 14 zu ersehen. Abb. 19

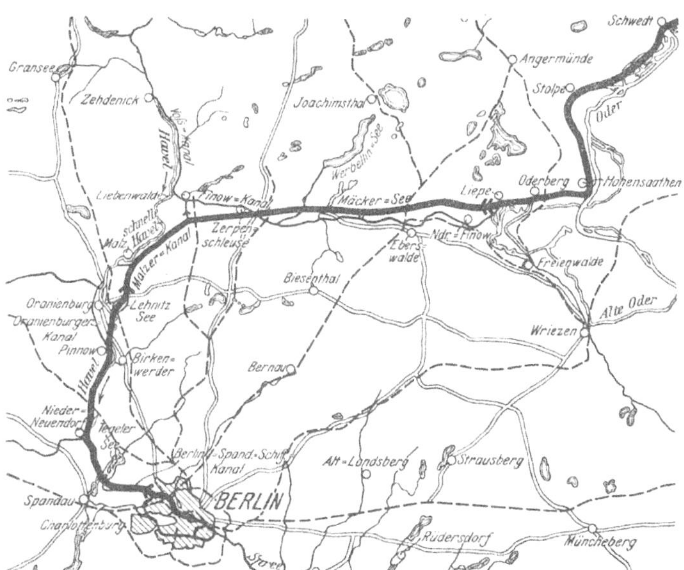

Abb. 19. Übersichtsplan des Hohenzollernkanals.

zeigt die Linie des bereits eröffneten Großschiffahrtsweges Berlin—Stettin. Von den in Wettbewerb gekommenen Linien, der Ostlinie, welche südöstlich von Berlin aus dem Seddinsee (nahe Friedrichshagen) abzweigend nach Hohensaaten und Küstrin führen sollte, und der dargestellten rund 100 km langen Westlinie, ist letztere ausgeführt. Die rund 50 km lange Scheitelhaltung liegt fast durchweg im Auftrage und ist gedichtet. Bemerkenswert ist die Kreuzung der Eisenbahn bei Eberswalde durch einen Brückenkanal und die Durchquerung des Ragöser Tales östlich von Eberswalde auf einem rund 28 m hohen Damm. Der Kanal besitzt von Berlin bis Niederfinow nur 6 Schleusen, während der daneben bestehende Finowkanal deren 19 aufweist. Er ist für 600-t-Schiffe benutzbar.

7. Querschnittsabmessungen, Krümmungshalbmesser und dgl.

Die Querschnittsabmessungen eines Kanales hängen hauptsächlich ab von den Abmessungen der verkehrenden größten Lastfahrzeuge. Sind diese den Bedürfnissen entsprechend festgelegt, so wird mit Rücksicht auf die Schiffswiderstände das Kleinstmaß des Kanalquerschnittes — erfahrungsgemäß das Vierfache, besser das Fünffache des größten eingetauchten Schiffsquerschnittes (größte Breite × Tiefgang) — zu wählen sein. Jedoch ist auch die zulässige Geschwindigkeit der Fahrzeuge und die Art ihrer Beförderung (Treideln vom Lande, Schleppdampfer oder Eigenbewegung) mitbestimmend. Die Schrauben von Schlepp- oder Motorfahrzeugen setzen das Wasser in starke Bewegung und können durch die entstehenden Wellen- und Wirbelbewegungen die Kanalsohle, unter Umständen auch seine Böschungen, beschädigen. Je nach Beschaffenheit des Untergrundes sowie der Größe des Querschnittes kann diese Beschädigung mehr oder weniger groß sein. Besonders gefährlich kann sie in Strecken werden, wo eine Dichtung des Kanales vorhanden ist. Abb. 20 zeigt einen

Abb. 20. Querschnitt des Dortmund-Ems-Kanales mit ausgespülter Sohle.

Querschnitt des Dortmund-Ems-Kanales unter Einwirkung der Schraube nach fünfjährigem Betriebe. Die von der Schraube in der Kanalmitte aufgewühlten Sandmassen sind an den Seiten des trapezförmigen Querschnittes wieder abgelagert. Die Lehmdichtung ist durchbrochen. Der umgewandelte Querschnitt nähert sich der Parabelform mit senkrechter Achse. Aber auch bei getreidelten Schiffen übt die Rückströmung auf Sohle und Ufer bei unzureichenden Abmessungen einen ungünstigen Einfluß aus, wie dies Abb. 21, ein Normalquerschnitt des Rhein-Marne-Kanales, zeigt. Der nach der Trapezform ausgebildete in Wasserhöhe unbefestigte Querschnitt bricht an den Stellen b ab und flacht an den Stellen a aus, so daß seine Begrenzung sich einer Ellipse mit wagerechter Achse nähert.

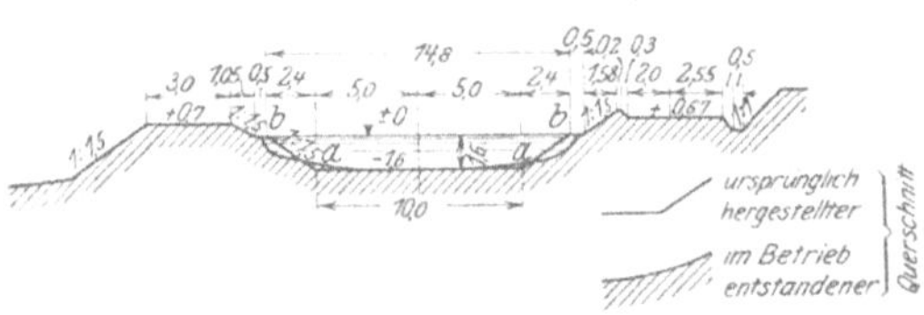

Abb. 21. Querschnitt des Rhein-Marne-Kanales.

Neben der Fläche spielt auch die Gestaltung des Querschnittes eine große Rolle, sowohl hinsichtlich der Form der Böschungen wie auch der Wassertiefe. Letztere wird beim Verkehr von Schraubenschiffen und bei großen Geschwindigkeiten größer zu wählen sein wie bei langsam fahrenden, getreidelten Kähnen. Erstere wird auch abhängig sein von der Beschaffenheit des Untergrundes. Die Breite des Querschnittes bestimmt sich nach der ein- bis mehrfachen Breite der größten verkehrenden Schiffe, je nachdem der zu erwartende Verkehr ein Begegnen oder auch ein Überholen von Schiffen erforderlich macht. Hierbei müssen die Schiffe sich mit dem nötigen Spielraum untereinander (mindestens 2,00 m) sowie auch gegenüber den Seitenböschungen des Kanalquerschnittes begegnen können.

Ein jeder Kanal bedarf mithin eines ganz bestimmten ihm eigentümlichen Querschnittes, der unter Berücksichtigung der Zweckmäßigkeit und der Billigkeit vorher genau festzulegen und später sorgfältig zu unterhalten ist. Die für die neuen großen preußischen Kanäle gewählten Querschnitte hat man durch Modellversuche auf ihre Zweckmäßigkeit hinsichtlich des Schleppdampferbetriebes untersucht (vgl. Krey, Modellversuche über den Schiffahrtsbetrieb usw., vgl. S. 28 u. 29), nachdem vorher vergleichsweise ähnliche Versuche mit dem Modell des Querschnittes des bestehenden Dortmund-Ems-Kanales gemacht worden waren. Abb. 22 zeigt für den Querschnitt des Rhein-Weser-Kanales den Einfluß eines gewöhnlichen Einschraubenschiffes mit einem Ruder nach 3402 Fahrten. Der Einfluß der Schraube auf die Böschungen ist gering. Erheblich dagegen der starke Angriff, den das von der Schraube zurückgeworfene Wasser auf die Sohle ausübt. Die feineren und feinsten Sandteilchen sind am weitesten nach den Seiten getrieben, die gröberen sind mehr in der Mitte liegen geblieben. Hierdurch ist neben der Umlagerung der Masse, ohne daß Sand von außen in den Querschnitt getrieben worden ist, allein durch Auflockerung und Ausscheidung der feineren Massen aus den gröberen die in der Wirklichkeit nach längerem Betriebe beobachtete Verringerung des freien Wasserquerschnittes entstanden, durch die die verheerende Wirkung der Schraube verstärkt und vergrößert wird. Aus der Abbildung ist ferner ersichtlich, daß die spülende Wirkung der Schraube selbst das feinere Material der Sohle unter der aufgebrachten Deckschicht aus gröberem Kies hervorsaugen und die Sohle erheblich vertiefen kann, ohne die Kiesschicht zu durchbrechen. Wie dieser Wirkung der Schraube außer durch Vergrößerung der Wassertiefe oder durch vermehrten Schutz mit Hilfe einer eingebrachten Deckschicht aus gröberem Baustoff — namentlich in Dichtungsstrecken und an solchen Stellen, wo die Schleppzüge sich in Bewegung setzen, also an Schleusen und Hafenanlagen — weiter vorgebeugt werden kann, ist im Abschnitt 15 „Schiffahrtsbetrieb", S. 78 näher erläutert.

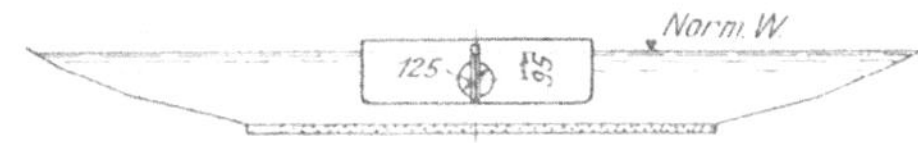

Abb. 22a. Modellquerschnitt des Rhein-Weser-Kanales.

Aufnahme nach 3402 Fahrten.

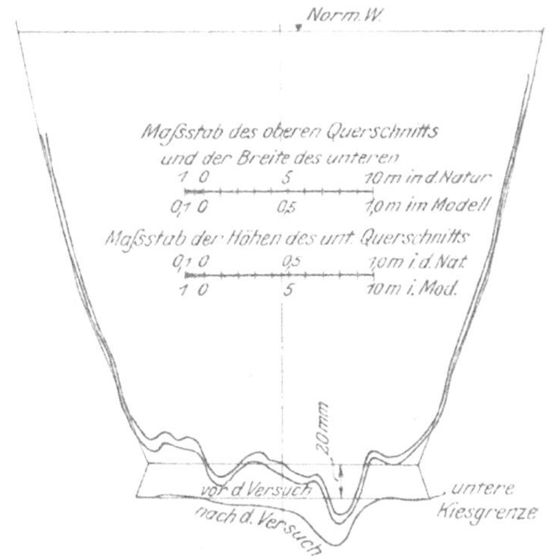

Korngröße der Sohlenbedeckung 4 bis 6 mm.
Abb. 22b. Versuchsergebnisse.

Abb. 22. Sohleneinfluß eines Einschraubenschiffes mit einem Ruder (Modellversuch).

Für den Umbau bestehender Kanäle schlägt Gerhard (Z. d. B. 1906, S. 113) vor, den neuen Querschnitt unter Benutzung von Peilungen zu bilden, aus denen die Einwirkungen verschiedenartiger Bodenbeschaffenheit zu erkennen sein müßten. Durch Übereinanderlegen mehrerer möglichst gleichmäßig verlaufender Peilprofile derart, daß ihre tiefsten Punkte zusammenfallen, wird sich die mittlere, für den Kanal günstigste Querschnittskurve ergeben. Diese soll dann durch eine gleichmäßige Parabel ersetzt werden. Für einen dreischiffigen Kanal mit Schiffen von 4,6 m Breite und 1,4 m Tiefgang gibt er das nebenstehende Profil (Abb. 23) an, dessen Parabel bei Erschwernissen in ihrer Herstellung durch das gezeichnete Trapez zu ersetzen wäre.

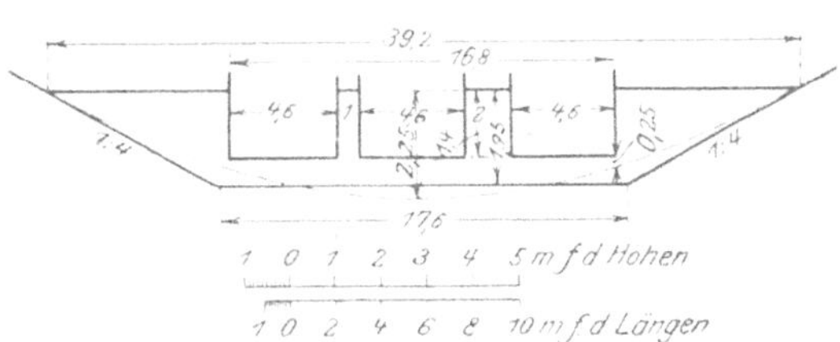

Abb. 23.
Normalquerschnitt für einen dreischiffigen Kanal.

Abb. 24 S. 42 gibt den Querschnitt des französischen Nordkanales im Einschnitt und Auftrag wieder. Er entspricht dem 300-t-Schiff mit 5 m Breite und 1,80 m

Tiefgang, das ihn in Schleppzügen, aus zwei Kähnen bestehend und vom Lande aus mechanisch getreidelt, befahren soll.

Abb. 25 zeigt den Querschnitt des umgebauten Kanales von Gent nach Brügge, der auf der ganzen Kanallänge ein Begegnen der Rheinkähne von 100 m Länge, 12 m Breite und 2,50 m Tiefgang mit den 40 m langen und 5,00 m breiten wallonischen Kähnen zuläßt. Für das Begegnen zweier Rheinkähne sind besondere einseitige Ausweichstellen in 2,5 bis 3,0 km Entfernung nach Abb. 26 vorgesehen.

Die Spreehaltung des Teltow-Kanales durchschneidet in der Nähe größerer Ortschaften z. T. baureifes, daher teueres Gelände sowie Strecken mit hohem Einschnitt. Hier ist der Querschnitt (Abb. 27) durch Anordnung einer stärkeren Uferbefestigung und steileren Neigung über Wasser eingeschränkt gegenüber dem sonst flachen, nur leicht befestigten Querschnitte. Der Leinpfad liegt rund 1,70 m über NW. und ist für elektrische Treidelei eingerichtet. Die Sohle hat Gefälle nach der Mitte erhalten und reichliche Tiefen, um der Rückströmung unter dem fahrenden Schiffe geringen Widerstand entgegenzusetzen. Unter den

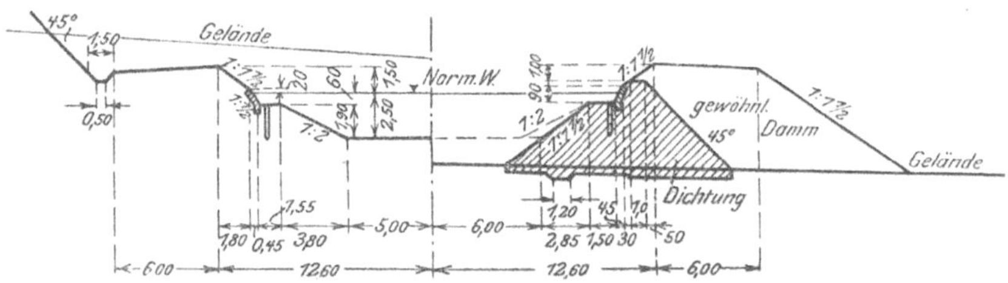

a) Einschnitt. b) Auftrag.

Abb. 24. Querschnitt des französischen Nord-Kanales.

Brücken ist der Querschnitt uneingeschränkt durchgeführt. Der Kanal ist für 600-t-Kähne von 8,00 m Breite und 1,75 m Tiefgang angelegt.

Am Dortmund-Ems-Kanal ist die Wassertiefe in den Auftragsstrecken nach Abb. 28 unter teilweiser Einschränkung der Sohlenbreite um etwa 1,00 m größer gewählt als in den übrigen Strecken, um den Angriff der Schiffsschraube auf die Sohle zu verringern und einer baldigen Vergrößerung des Querschnittes im Schiffahrtsinteresse vorzubeugen. Die Sohle ist wagerecht ausgebildet. Die Böschungen in der Nähe des Wasserspiegels sind gegenüber denen unter Wasser flacher gewählt. Der Leinpfad liegt im Auftrag 1,50 m über dem gewöhnlichen Wasserstande, im Einschnitt je nach dem Gelände 1,5—3,0 m. Diese große Verschiedenheit hat zu keinen Schädigungen geführt, da der Hauptverkehr in Schleppschiffahrt besteht.

Die Wandlungen, welche der Querschnitt eines Kanales infolge des sich sehr schnell und stark entwickelnden Verkehres durchgemacht hat, zeigen die Abb. 29—33, welche die verschiedenen Querschnittsabmessungen des Oder-Spree-Kanales wiedergeben. Der Kanal, für Schiffe von 8,00 m Breite und 1,75 m Tiefgang erbaut, hatte im Einschnitt die Abmessungen nach Abb. 29 erhalten, so daß sich ein beladener großer mit einem beladenen kleinen finowmäßigen bzw. einem unbeladenen großen Kahn begegnen konnte. Da die Wassertiefen unter dem Kahn sowie auch das Verhältnis von eingetauchtem Schiffsquerschnitt zum Wasserquerschnitt (n = 3,15) unzureichend waren, mußte schon bald nach der Erbauung eine einseitige Verbreiterung nach Abb. 30 vorgenommen und der Tiefgang der Schiffe auf 1,50 m eingeschränkt werden. Durch Einwirkung der Dampferschrauben wurde aber auch dieses Profil nach der punktierten Linie umgestaltet und die Schiffahrt stark behindert. Eine durchgreifende Ausgestaltung mit erheblichen Mitteln (etwa 12 Millionen M.) ist in den Jahren

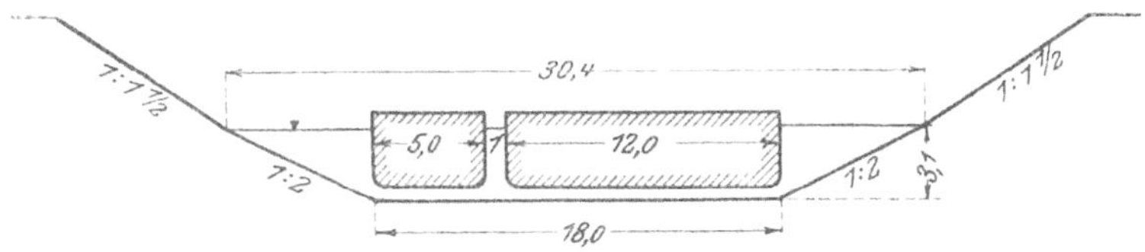

Abb. 25. Querschnitt des Kanales Gent-Brügge.

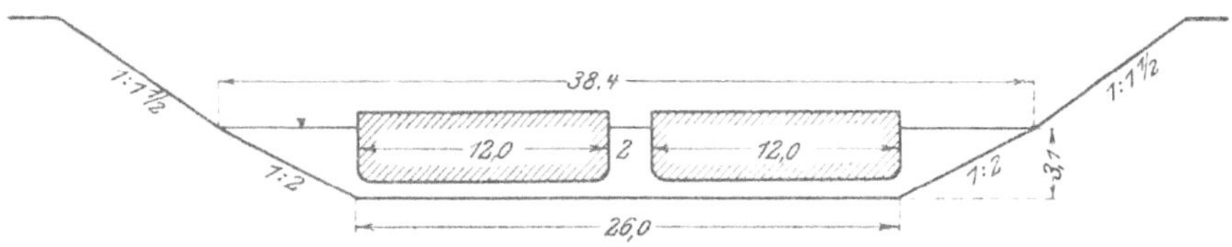

Abb. 26 a. Querschnitt.

Abb. 26 b. Grundriß.

Abb. 26. Ausweiche im Kanal Gent-Brügge.

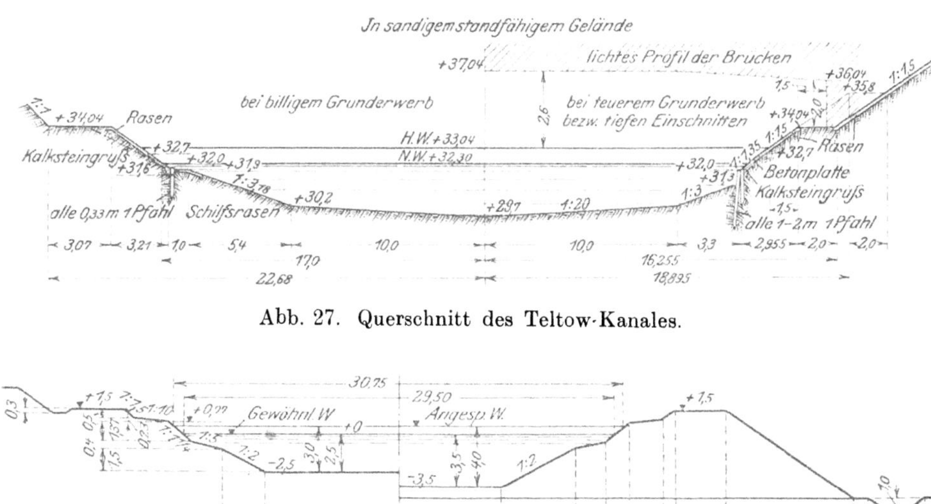

Abb. 27. Querschnitt des Teltow-Kanales.

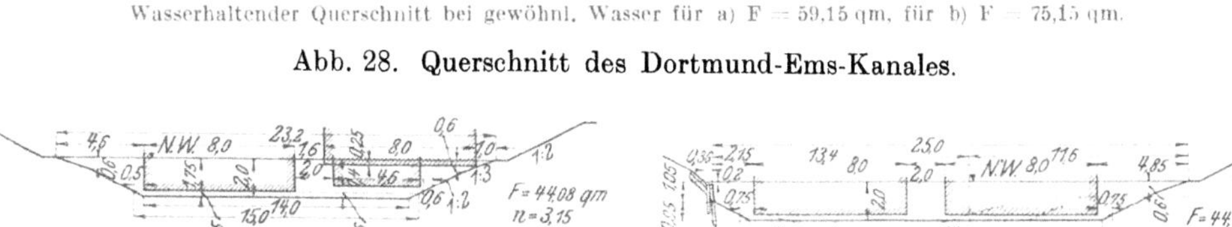

a) Einschnitt. b) Auftrag.

Wasserhaltender Querschnitt bei gewöhnl. Wasser für a) F = 59,15 qm, für b) F = 75,15 qm.

Abb. 28. Querschnitt des Dortmund-Ems-Kanales.

Abb. 29. Ursprünglicher Querschnitt des Oder-Spree-Kanales.

Abb. 30. Einseitige Querschnittsverbreiterung des Oder-Spree-Kanales.

1907—1914 vorgenommen, wobei in niedrigem Gelände die Ufer als flache Böschungen, in hohem Gelände zur Verminderung der Kosten mit steiler Befestigung ausgebildet worden sind. Abb. 31 gibt den Querschnitt der Teilstrecke Seddinsee—Gr. Tränke wieder, der zugleich als Umflutkanal der Spree Hochwasser bis 20 cbm abführen soll und deshalb eine Tiefe von 3,20 m erhalten hat, Abb. 32 und 33 stellen den Querschnitt der Scheitelstrecke Flutkrug—Fürstenberg dar, teils mit steilem, teils mit flachem Ufer. Der zuerst parabelförmig hergestellte Querschnitt ergab bei der Ausführung während des Schiffahrtsbetriebes Schwierigkeiten. Es ist daher auf der Scheitelstrecke der Trapezquerschnitt mit sehr flachen Böschungen und großer Tiefe ausgeführt. Das Verhältnis von Schiffs- zu Wasser-

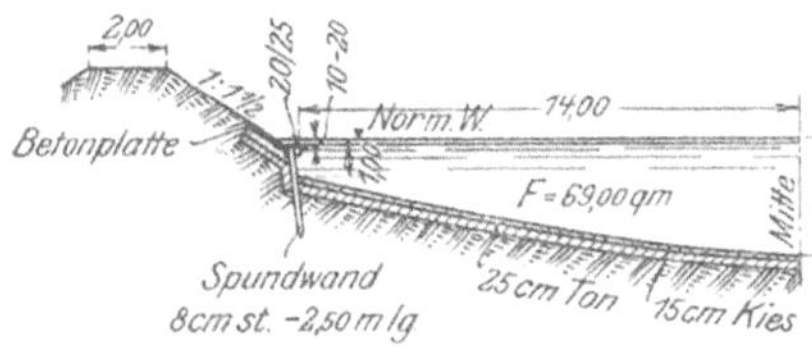

Abb. 31. Querschnitt der Teilstrecke Seddinsee-Gr. Tränke.

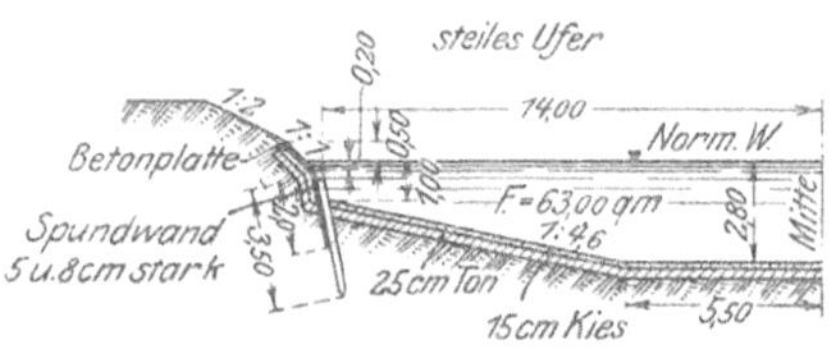

Abb. 32. Querschnitt mit steilem Ufer. (Strecke Flutkrug-Fürstenberg.)

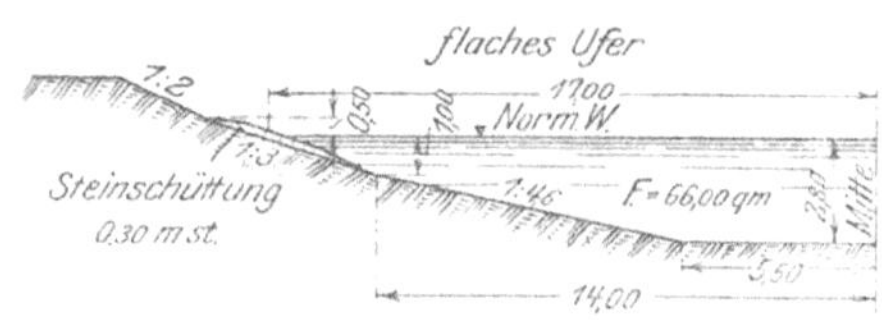

Abb. 33. Querschnitt mit flachem Ufer. (Strecke Flutkrug-Fürstenberg.)

querschnitt beträgt etwa n = 4,5. Der Treidelsteg ist 2,00 m breit und liegt etwa 2,00 m über dem Wasserspiegel.

Die Ausbildung des Querschnittes des Großschiffahrtsweges Berlin-Stettin (Abb. 34) ist der des Teltow-Kanales ähnlich. Die Tiefen sind mit Rücksicht

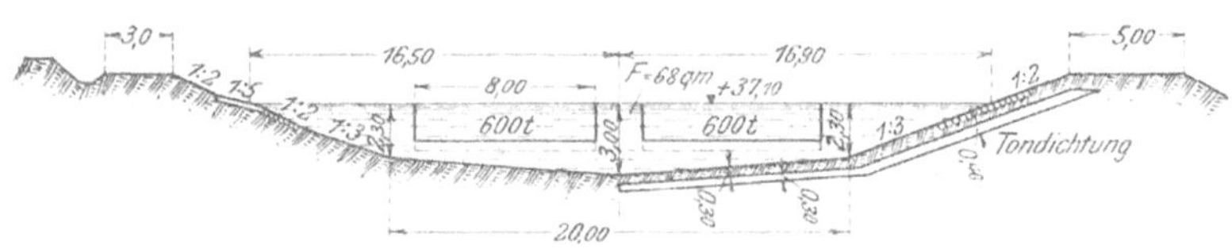

Abb. 34. Querschnitt des Großschiffahrtweges Berlin-Stettin.

auf die fast durchweg erforderliche Dichtung reichlich gewählt. Es ist n = 4,9. Auf dem Kanal findet Schleppschiffahrt statt. Der Tiefgang der Schiffe beträgt 1,75 m. Die Abb. 35 gibt zum Vergleich die Abmessungen des Finow-Kanales wieder.

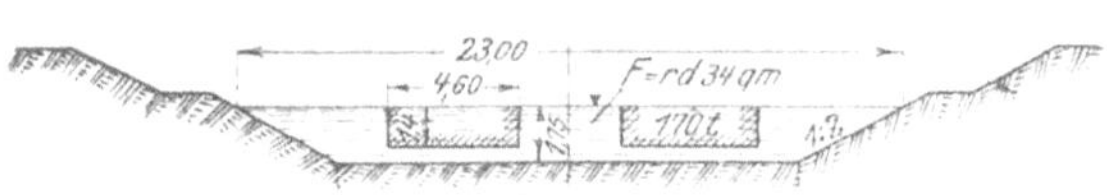

Abb. 35. Querschnitt des Finowkanales.

Die Querschnittsbildung des Mittellandkanales zielte auf eine Form hin, die ohne wesentliche Nacharbeiten unmittelbar durch Trockenbagger hergestellt werden konnte. Auch suchte man in der Tiefe von 1,5 m eine größere Fahrwasserbreite, ohne wesentliche Vermehrung des Erdaushubes zu erreichen, um neben 8 m breiten und 1,75 m tief gehenden Kanalschiffen auch Flußschiffe der Weser, Elbe und Oder von 9 m Breite und 1,5 m Tiefgang verkehren zu lassen. Der Erdaushub war unter Zugrundelegung des Querschnittes des Bevergern-Hannover-Kanales (Abb. 36) so gedacht, daß von beiden Seiten Trockenbagger arbeiteten, deren Eimerleiter einwandfrei so eingestellt werden konnten, daß sie die Neigungen 1 : 4, 1 : 2,5, 1 : 2 und 1 : 1,5 in der angegebenen Weise ohne weiteres herstellten. Die etwa 16 m breite, beiderseits 1:16 geneigte Sohle sollte dann durch Nacharbeiten hergestellt werden. Der angespannte, um 50 cm höher liegende Wasserspiegel dient als Aufspeicherung für wasserarme Zeiten.

Wasserhaltender Querschnitt bei gewöhnl. Wasser für a) F = 61,5 qm; für b) F = 72,5 qm.

Abb. 36. Querschnitt des Mittellandkanales (Bevergern-Hannover).

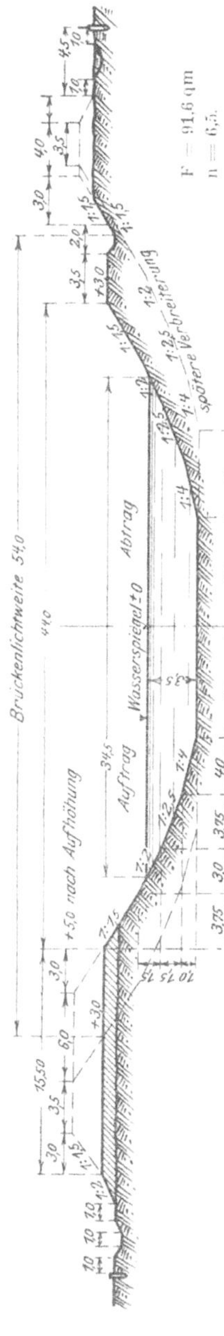

Abb. 37. Querschnitt des Rhein-Herne-Kanales.

Etwas anders mußte der Querschnitt des Rhein-Herne-Kanales in Rücksicht auf den Bergbau gestaltet werden. Zwar ist die Reihenfolge und Art der Böschungsneigungen die gleiche, jedoch wurde der Tiefgang auf 3,50 m erhöht, um bei Bodensenkungen den Wasserstand um 1,0 m senken zu können. Die tiefliegende Sohle wurde nicht wie oben geneigt, sondern wagerecht angeordnet, um mit den unter dem Kanal liegenden Bauwerken, wie Dückern, Unterführungen

u. dgl., in ihrer Bauhöhe unter Kanalwasser nicht zu sehr beschränkt zu sein. Der 3,5 m breite Leinpfad liegt mit Rücksicht auf Sackungen im Durchschnitt 3 m über dem Wasserspiegel. Bei weiteren Sackungen können die Leinpfade um 2,00 m noch aufgehöht werden. Für spätere Verbreiterung auf Dreischiffigkeit ist das erforderliche Gelände erworben (Abb. 37. S. 45). Auf beiden Kanalstrecken ist Dampfschleppbetrieb als staatliches Monopol vorgesehen.

Nach den bisherigen Erfahrungen hat sich der muldenförmige Querschnitt des Rhein-Weser-Kanales und des Großschiffahrtsweges Berlin-Stettin trotz des Dampferverkehres bewährt. Es hat sich nur als zweckmäßig herausgestellt, das nicht befestigte, 1 : 2,5 geneigte Böschungsstück des Mittellandkanales in gutem, standfähigem Boden auf 1 : 3 abzuflachen, und es in leichterem Boden, namentlich im Grundwasser ganz ausfallen zu lassen, so daß die durch Steinschüttung gedeckte Neigung 1 : 2 sich unmittelbar auf die Neigung 1 : 4 aufsetzt.

Die Steinbefestigung hat zweckmäßig von 1,0 m über bis 1,0 m unter Wasserstand zu reichen und ist bei leichterem Boden nicht einzukoffern, sondern aufzuschütten.

Die Kanaldämme in den Auftragsstrecken werden bei etwa 4,0 m oberer Breite in 3,0 m Höhe über Wasserspiegel in ihrer äußeren Böschungsneigung so herzustellen sein, daß diese sich unterhalb des Wasserspiegels von 1 : 2 auf 1 : 4 abflacht. Die Seitengräben sind genügend weit vom Dammfuß anzuordnen, und letzterer ist aus Schotterabfall oder Steinen zu schütten, so daß das Wasser ohne Sandführung austreten kann.

In Krümmungen, Abzweigungen von Kanälen, bei Wendeplätzen, Hafenanlagen, insbesondere vor den Schleusen, erhalten die Durchschnittsquerschnitte angemessene Erweiterungen. Die Verbreiterung in den Krümmungen richtet sich nach der Größe des Halbmessers. Auf belgischen Kanälen ist dieses Maß nach der Formel $V = \frac{a^2 + b^2}{R}$ berechnet, worin a und b die halben Längen der sich begegnenden Schiffe bedeuten. Die Verbreiterung erfolgt auf der Innenseite des Bogens mit flachen Übergangskurven. Jedenfalls ist das Maß der Verbreiterung nicht zu gering zu wählen, besonders wenn der Halbmesser klein ist und die Krümmungen sehr lang sind, um auch den in Kurven durch das Steuern erhöhten Schiffswiderstand zu vermindern sowie der Schiffahrt genügende Bewegungsfreiheit zu geben. Bei Hauptkanälen sollte der Halbmesser auf keinen Fall kleiner als 500 m gewählt werden. Am Dortmund-Ems-Kanal beträgt die Erweiterung bei 2000 m Halbmesser 0,5 m, bei 1000 m 1,0 m, bei 500 m 1,5 m, am Rhein-Herne-Kanal für die vereinzelten Halbmesser von 700 und 875 m 8 und 6 m, für die sonst üblichen von 1000 m 4 m. Zwischen Gegenkrümmungen ist eine den Schiffslängen entsprechende Gerade einzulegen. Sympher empfiehlt für Kanäle, auf denen das 1000-t-Schiff verkehren soll, Krümmungen nicht unter 1000 m Halbmesser. In stärkeren Krümmungen schlägt er folgende Kanalverbreiterungen vor:

Krümmungs-halbmesser	Verbreiterung des Kanals
500— 700 m	5,0 m
700— 900 m	4,0 m
900—1200 m	3,0 m
1200—1500 m	2,0 m
1500—2000 m	1,0 m

8. Erdarbeiten.

Die Ausführung der Erdarbeiten für Kanäle erfolgt nach den allgemeinen Regeln[1]). Wie bereits erwähnt, kann es vorteilhafter sein, mit Trockenbaggern zu arbeiten, die, wenn angängig, das Profil bis zur Mitte des Kanales, also die halbe Sohle und die Seitenböschungen, ohne Nacharbeiten herstellen. Werden die Abmessungen der Eimerleiter hierfür zu groß, so wird man erst die Sohle

Abb. 38. Profiltrockenbagger.

in ihrer vollen Breite durch Naß- oder Trockenbagger, alsdann die beiderseitigen Böschungen mittels Profilbagger herstellen, die auf dem zukünftigen Leinpfade laufen (Abb. 38). Überwiegt der Aushub die Auftragsmassen, so ist die seitliche Ablagerung des Bodens längs des Kanales, soweit nicht bebaute oder bebauungsreife teure Gelände in Frage stehen, die billigste Bodenbeförderung. Sie erfolgt bei Trockenbetrieb und nicht zu großer Förderweite mittels Gurtbandes, bei Naßbetrieb und bei größeren Förderweiten durch Spülung in Rohrleitungen (Abb. 39, die beide Arten darstellt). Der im Grundriß sichtbare Bagger arbeitet in einen läng-

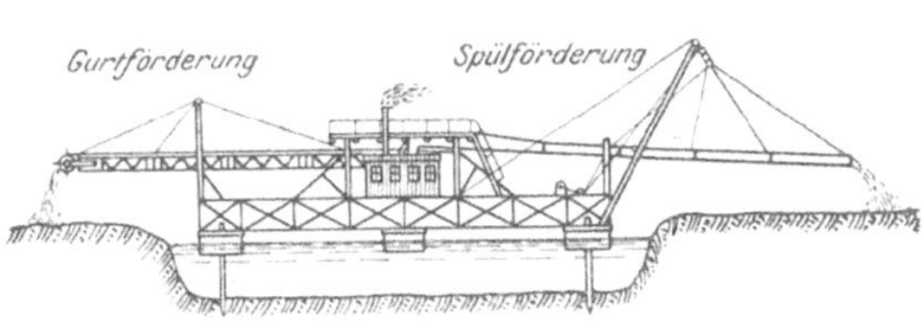

Abb. 39 a. Ansicht.

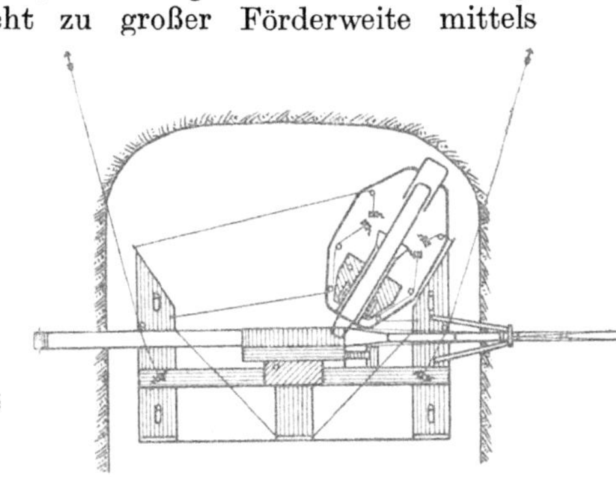

Abb. 39 b. Grundriß.

Abb. 39. Kanalbagger. D. R. P. 140 795.

lichen Trichter, der auf einem schwimmenden Fachwerkgerüst montiert ist und das Baggergut auf eine der beiden Arten fortschafft. Bei Seitenschüttung ist darauf zu achten, daß eine nachträgliche Verbreiterung des Kanalquer-

[1]) Vgl. Handbibliothek, II. Teil, Bd. 3. Unterbau von Prof. W. Hoyer.

schnittes ohne Vermehrung des Erdaushubes durch den neugeschütteten Damm möglich bleibt. Die Aufsatzdämme sind gegen Sandflug zu besamen und zu bepflanzen. Bei Spülbetrieb ist es möglich, auch weiter von der Kanallinie abliegende, niedrige, unter Grundwasser leidende, daher ertraglose Gelände aufzuhöhen und der Bewirtschaftung zu erschließen.

Die Schüttung der Kanaldämme in den Auftragsstrecken bedarf besonderer Sorgfalt unter Beobachtung der für Deichbau[1]) geltenden Bestimmungen. Neben den später zu besprechenden besonderen Dichtungsmaßnahmen ist für gute und feste Lagerung der Bodenmassen zu sorgen. Hierbei kommen Belastungen aus dem Betriebe mit Trockenbaggern und ähnlichen Geräten zugute.

Durchschneidet der Kanal tiefgründige, weiche Moormassen oder Faulschlammschichten, so sind diese zunächst sorgfältig durch Schüttung von Sanddämmen zu verdrängen bzw. fest zu überlagern, so daß Bewegungen nicht mehr zu befürchten sind. Im Schutze dieser Dämme sind dann die unzuverlässigen Bodenmassen zu entfernen, so daß der Kanal in Sohle und Seitenböschungen in gutem Untergrunde liegt. Häufig erreichen diese Dämme eine Größe, daß der Kanalquerschnitt in ihnen vollständig eingebettet ist. Derartige Arbeiten großen Umfanges waren beim Bau des Nord-Ostsee-Kanales, hauptsächlich in der Nähe von Burg, erforderlich (Abb. 40). Ähnliche Arbeiten sind am Oder-Spree-Kanal in der Nähe von Müllrose sowie am Großschiffahrtswege Berlin—Stettin bei Malz und im Ragöser Tale ausgeführt.

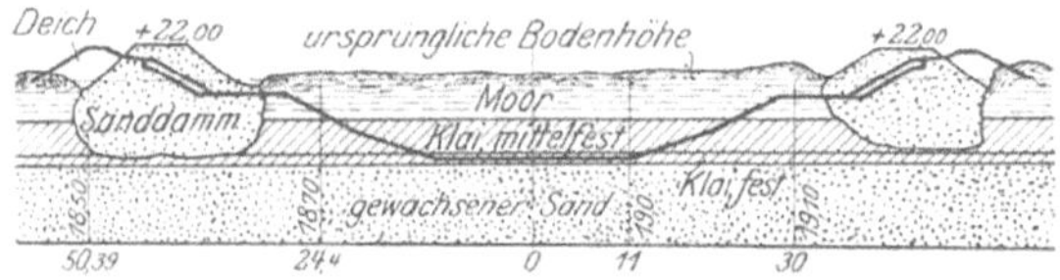

Abb. 40. Querschnitt des Kaiser-Wilhelm-Kanales, in moorigem Untergrunde.

9. Bauwerke und ihre Abmessungen.

a) Schleusen. Die Leistungsfähigkeit eines Kanales ist die seiner Schleusen. Je mehr sich der Schleusenbetrieb dem Schiffahrtsbetrieb anpaßt, um so leistungsfähiger wird der Kanal sein. Sind einzelfahrende oder getreidelte Schiffe der Hauptverkehr auf der Wasserstraße, so wird die einfache Kammerschleuse, ausgestattet mit den erforderlichen, die Schleusungszeit verkürzenden Betriebsmitteln — Spill, elektrisch angetriebene Bewegungsvorrichtungen, Verkürzung der Füll- und Entleerungszeiten durch geeignete Vorkehrungen, wie z. B. Ersatz der Stemmtore durch Segmenttore unter Fortfall der Füllkanäle in den Schleusenkammern (Neue Gröschelschleuse bei Breslau) und dgl. — die leistungsfähigste sein. Ist vorwiegend Schleppschiffahrt vorhanden, so wird man Schleppzugschleusen bevorzugen, bei denen der ganze Schleppzug durch den eigenen Dampfer ein- und ausgefahren wird. Hat man gemischten Betrieb, so wird u. U. die Schleppzugschleuse durch ein Mittelhaupt so geteilt werden, daß in der kleineren Kammer Einzelfahrer geschleust werden; ist der Verkehr hierbei sehr lebhaft, so kann die Anlage beider Schleusenarten nebeneinander erforderlich werden. Schließlich kann an ein und derselben Wasserstraße die Schleusenart einer Gefällstufe andere Bedingungen zu erfüllen haben wie die der übrigen.

Z. B. wird auf dem Oder-Spree-Kanal der Schiffahrtsbetrieb hauptsächlich durch Schleppdampfer mit 4 Anhängen bewerkstelligt, die jedoch erst oberhalb der Eingangsschleusen bei Fürstenberg a. O. zusammengestellt werden, da auf der Oder die Schiffe meist einzeln ankommen. Die zweckmäßigste Schleusenanordnung wäre also für die Schleusen bei Fürstenberg Einzelschleusen, für die übrigen Schleusen des Kanales Schleppzugschleusen.

Von erheblichem Einfluß auf die Leistungsfähigkeit ist ferner die Wartezeit der Schiffe an den Schleusen bei Eintritt von Schiffskreuzungen oder von Schiffs-

[1]) Vgl. Handbibliothek, III. Teil. Bd. 3. Flußbau von Reg.- u. Baurat Krey.

ansammlungen. Sie wird im wesentlichen von der Fahrgeschwindigkeit der Schiffszüge und den Entfernungen der einzelnen Schleusen voneinander abhängen. Bei geregeltem Betriebe (Schleppmonopol) wird sie sich auf ein Geringstes einschränken lassen.

Die örtliche Lage der Schleusen ist bedingt durch die Geländeverhältnisse, die Linienführung des Kanales, die Nähe von Ortschaften und dgl. mehr. Häufig werden mit der Schleuse Wegeüberführungen verbunden, die mit Rücksicht auf die erforderliche Höhenlage über dem Wasserspiegel — d. i. unter Vermeidung hoher Rampen — vielfach über das Unterhaupt geführt werden. Die zweckmäßigste Lage der Schleuse zur Kanalachse, die ebenfalls von Bedeutung für die Dauer des Schleusenvorganges ist, ist auf S. 215 ff. besprochen.

Die Bauart der Schleusen, massiv, mit geböschten Wänden oder in ähnlichen leichteren Herstellungsweisen, hängt neben den Untergrundverhältnissen, dem Wasserverbrauch und dgl. auch von den aufzuwendenden Kosten ab, welche in einem gewissen Verhältnis zur Wirtschaftlichkeit der ganzen Anlage stehen müssen.

Die Wassertiefe in der Schleuse wähle man reichlich. Es wird dadurch die Einfahrt der Schiffe erleichtert bzw. beschleunigt, da das vom Schiff verdrängte Wasser unter diesem schneller abfließen kann. Auch bleibt eine spätere Vergrößerung der Ladungstiefen unter Vermeidung eines Schleusenneubaues möglich.

Die Breite der Schleuse ist ebenfalls in Rücksicht auf bequeme und schnelle Einfahrt nicht zu knapp zu bemessen. Die Länge hängt von der Art der Schleuse ab. Bei Schleppzugschleusen wird man sie in Rücksicht auf die schnellere Einfahrt der Kähne größer anordnen wie bei Einzelschleusen, in welche die Schiffe mit Hand hereingezogen werden.

Das 400- und 600-t-Schiff erfordern bei 8 m Breite und 1,75 m Tiefe mindestens 8,60 m Schleusenbreite und 2,25 m Drempeltiefe. Bei neueren Ausführungen sind diese Maße häufig auf 10 und 3 m festgesetzt. Vgl. auch S. 35. Das Breitenmaß hängt zuweilen vom Verkehr verschiedenartiger Schiffstypen ab. Am Oder-Spree-Kanal sind die Schleusenbreiten so gewählt, daß ein 400-t-Kahn oder zwei Finowkähne von je 4,60 m Breite gekuppelt einfahren können, also $2 \times 4{,}60 + 0{,}40 = 9{,}60$ m. Näheres siehe zweiten Abschnitt: Schleusenbau, S. 100.

b) Brücken. Sie sind Ersatz für Verkehrswege jeglicher Art, deren Verlauf durch den Bau des Kanales unterbrochen ist. Ihre Querschnittsbemessung, Ausbildung der Fahrbahn, Festsetzung der Belastungen und Spannungen und dgl. hängt von der Art des zu überführenden Verkehrsweges und seiner Bedeutung ab; auch sind die von den betreffenden Behörden festzusetzenden Bedingungen zu beachten. Feste genügend hoch liegende Brücken werden den beweglichen vorzuziehen sein, da sie den ungehinderten Verkehr auf beiden sich kreuzenden Straßen zu jeder Zeit zulassen.

Die zu überbrückende Wasserstraße stellt an die Formgebung, d. h. an das für den Schiffahrtsverkehr freizuhaltende lichte Raumprofil, verschiedene Anforderungen. Mittelpfeiler in der Fahrrinne sind zur Verminderung der Brückenkosten nur bei Wasserstraßen untergeordneter Bedeutung und bei geringem Verkehr sowie kleinen Geschwindigkeiten zuzulassen. Sie sind sonst zu vermeiden, da sie den Wasserquerschnitt einengen, die Schiffswiderstände vermehren und die Wasserströmungen neben und unter dem durchfahrenden Schiffe stark beeinflussen, so daß außer stärkeren Angriffen auf die Kanalsohle Gefährdung der Schiffahrt sowie Beschädigungen der Pfeiler herbeigeführt werden. Auch die Einengung des Kanalquerschnittes unter den Brücken ist bei lebhaftem Verkehr unzulässig. Derartige Einschnürungen der Fahrrinne, insbesondere vorspringende steile Böschungen, ausgekragte Leinpfade u. a. haben sich auf stark befahrenen Wasserstraßen als große Verkehrshindernisse erwiesen. Sie geben nicht nur Anlaß zum Anfahren und Beschädigen seitens der Schiffahrt, sondern erschweren auch die Übersichtlichkeit der Wasserstraße, ganz abgesehen von ihrer unschönen äußeren Erscheinung. Die durch die Beschädigungen herbeigeführte teure Unterhaltung kann die bei der Anlage gemachten Ersparnisse bei weitem aufwiegen. Es empfiehlt sich daher, wie dies bei den Neu- und Umbauten in den letzten Jahren schon zur Regel geworden ist, den Kanalquerschnitt einschließlich der Leinpfade uneingeschränkt unter den Brücken durchzuführen. Vgl. Abb. 41, aus der die gerade Linienführung der Uferbefestigung auch unter

Abb. 41. Eiserne Brücke über den erweiterten Oder-Spree-Kanal.

der Brücke hin zu erkennen ist. Auch die Möglichkeit einer schnellen Verkehrssteigerung und das Bedürfnis einer Kanalerweiterung durch Umbau oder Verbreiterung des Wasserquerschnittes ist unter Umständen zu berücksichtigen, da nachträgliche Erweiterungs- oder Neubauten von Brücken sehr kostspielig und verkehrstörend sind, zuweilen bei starker Bauentwicklung der betreffenden Gegend unmöglich werden können. Auch seitliche Mittelpfeiler neben der Fahrrinne sind häufig unzweckmäßig.

In stärkeren Krümmungen ist eine entsprechende Vergrößerung der Lichtweite vorzusehen.

Die lichte Durchfahrtshöhe unter der Brücke richtet sich nach den verkehrenden größten Schiffen. Wenn möglich, ist sie auf die nutzbare Breite der Wasserstraße durchzuführen (vgl. Abb. 42). Liegen ungünstige Geländeverhältnisse vor, z. B. Anlage großer Rampen bei niedrigem Gelände, so wird die Lichthöhe bei einschiffigem Kanal auf mindestens Schiffsbreite + 2,0 m in der Mitte des Kanales, bei zweischiffigem Kanal und 600-t-Schiffen auf mindestens 20 m Breite in der Fahrstraßenmitte vorhanden sein müssen. Während man sich früher mit einer Lichthöhe von 3,50 m begnügte, wird bei neueren Anlagen als Mindestmaß 4,0 m über höchstem schiffbaren Wasserstande (Dortmund-Ems-, Oder-Spree-, Mittellandkanal u. a.) vorgeschrieben.

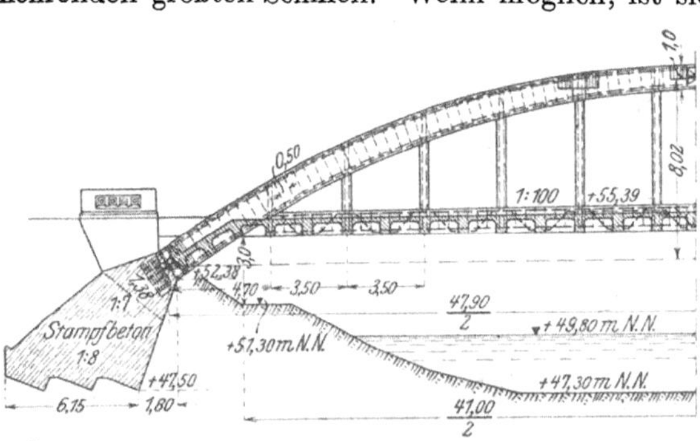

Abb. 42. Längenschnitt einer Kanalbrücke in Eisenbeton.

Beim Rhein-Herne-Kanal hat man mit Rücksicht auf Bodensenkungen von 1 m die Lichthöhe von 5 m über Wasserspiegel bei 54 m Brückenlichtweite gewählt. Außerdem sind die Widerlager für eine Aufmauerung um 2 m eingerichtet. Bei den neueren österreichischen Kanalentwürfen ist eine Lichthöhe von 4,5 m vorgeschrieben.

Von weiterem Einfluß auf die Brückengestaltung ist die Einhaltung einer bestimmten Lichthöhe über den Leinpfaden. Sie wird bedingt durch die Art des Verkehrs auf dem Leinpfade. Als übliche Maße sind je nach Ausübung des Treidelzuges durch Menschen, Pferde oder Lokomotiven über Stegmitte mindestens 2,25 bis 2,80 m bei 1,0 bis 2,5 m Stegbreite anzunehmen. Die Leinpfade sollen mit Rücksicht auf den Leinenzug gewöhnlich nicht unter 1,5 m über Kanalwasserspiegel liegen. Sie sind namentlich bei Maschinentreidelei möglichst auf gleicher Höhe zu halten (Abb. 42 S. 50). Nur bei besonders knappen Lichtmaßen kann der Leinpfad, sofern nicht Verkehrsbedingungen entgegenstehen, und sofern eine gerade Wasserstreichlinie eingehalten wird, mit schlanker Kurvenführung und mit mäßigem Gefälle bis auf rund 0,50 m über Wasserspiegel unter der Brücke gesenkt werden.

In flachem Gelände spielen die Zufahrtsrampen eine Rolle hinsichtlich der Kosten. Man wird auf ihre Einschränkung unter Innehaltung der landes-

Abb. 43a. Längenschnitt. Abb. 43b. Querschnitt a—a.

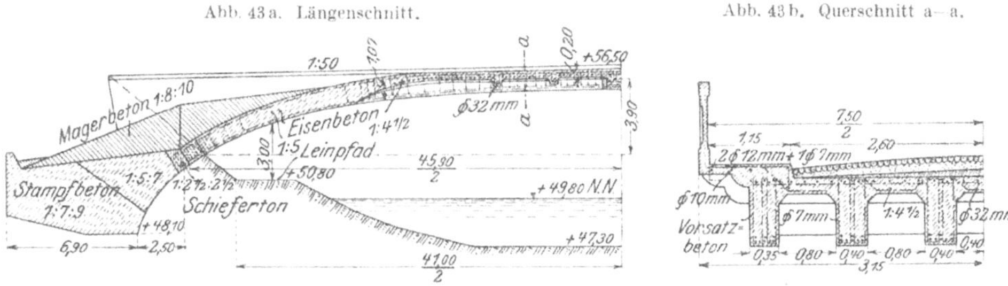

Abb. 43. Kanalbogenbrücke in Eisenbeton.

polizeilichen Bestimmungen Bedacht nehmen, zumal wenn die Längenentwicklung der Rampen durch die Lage von Ortschaften und dgl. beeinträchtigt ist. Dies kann erreicht werden durch Anordnung der Fahrbahn unter den Hauptträgern, durch Beginn der Rampenneigung auf der Brückenfahrbahn, durch

Abb. 44. Eisenbetonbrücke über den Oder-Spree-Kanal bei Kersdorf.
(Im Hintergrunde die alte Brücke mit Mittelpfeiler.)

geschickte niedrige Konstruktionshöhe, letzteres besonders bei Verwendung von Eisenbeton, der vor dem Eisenbau u. a. noch den Vorzug geringer Unterhaltungskosten hat (vgl. Abb. 43).

Schließlich gibt Abb. 44 noch ein anschauliches Bild zwischen einer alten, mit Mittelpfeiler erbauten Blechbalkenbrücke von je 10 m Spannweite am Oder-Spree-Kanal und der davor erbauten neuen Eisenbetonbrücke (Dreigelenkbogen) von 44,20 m lichter Weite. Die Kosten der letzteren haben bei günstigen Untergrundverhältnissen nur 37 000 M. betragen.

Bei der Gründung der Pfeiler und Widerlager ist darauf zu achten, daß in der Nähe des Kanalbettes stehende Fundamente auch bei gutem Untergrunde bis zur Kanalsohle hinabreichen und so angeordnet werden, daß sie bei etwaiger Vertiefung oder Verbreiterung des Kanales ohne Gefährdung des Bauwerkes noch sicher stehen. Bei Geländesenkungen sind statisch unbestimmte Trägersysteme wegen ihrer Empfindlichkeit bei Sackungen nicht zu verwenden.

c) Brückenkanäle. Kreuzt eine künstliche, im Auftrage liegende Wasserstraße bestehende Wege oder Wasserläufe, so werden besondere Bauwerke erforderlich. Zunächst wird man versuchen, durch Verlegungen oder dgl. die Kreuzung so zu gestalten, daß der Weg überführt oder der Wasserlauf unterdückert wird, da diese Bauausführungen geringere Bau- und Unterhaltungskosten erfordern, auch eine größere Betriebssicherheit des Kanales gewährleisten. Ist jedoch aus örtlichen Bedingungen oder wegen der Kosten eine Verlegung nicht ratsam, oder ist der Wasserlauf bedeutender bzw. selbst schiffbar, so wird der Kanal brückenartig über den anderen Verkehrsweg hinwegzuführen sein. Man wird derartige Überbrückungen, selbst wenn die Kosten dadurch erhöht werden, bei Überschreitung sehr tiefer und breiter Geländeeinschnitte bevorzugen vor hohen Dammschüttungen, da letztere trotz sorgfältigster Herstellung der Gefahr des Wasserdurchbruches ausgesetzt sind, auch ihre Anlage sowie Unterhaltung erhebliche Aufwendungen erfordern. Aus dem gleichen Grunde werden die Anschlüsse der oberen Kanalhaltungen an Hebewerke von größerem Gefälle vielfach brückenartig ausgebildet.

Die Lage der Brückenkanäle ist durch die Linienführung des Kanales, durch die Örtlichkeit und deren geologische Beschaffenheit bedingt. Krümmungen oder eine schiefe Lage der Achse des Bauwerkes zum Kanal sind zu vermeiden, da sie größere Breiten- und Längenabmessungen bedingen und die Betriebssicherheit vermindern. Dagegen kann eine Schiefstellung des Bauwerkes selbst durch die Stromrichtung des zu überbrückenden Flusses oder durch die Bebauung der vom Kanal durchschnittenen Gegend erforderlich werden.

Brückenkanäle erhalten nur zur Entwässerung bei Ausbesserungsarbeiten ein geringes Gefälle. Im übrigen haben sie als Teil eines Kanales kein Längsgefälle. Nur Floßkanäle weisen Längsgefälle auf, das zweckmäßig in der Brückenüberführung beibehalten bzw. bei Einengung des Querschnittes entsprechend geändert wird, so daß eine Veränderung der Geschwindigkeit nicht eintritt.

Die Bemessung der Bauwerksbreite hängt von den Abmessungen der auf dem Kanal verkehrenden Schiffe und von der Größe des Verkehrs ab. Wenn möglich, ist die Wasserspiegelbreite des Kanalquerschnittes uneingeschränkt durchzuführen oder jedenfalls das Bauwerk so zu gestalten, daß eine Verbreiterung ohne bedeutende Kosten auszuführen ist. Z. B. kann der zunächst binnenwärts liegende Leinpfadsteg später nach außen ausgekragt und dadurch die nutzbare Wasserbreite des Troges um das Leinpfadmaß vergrößert werden. Nur in Einzelfällen, bei geringem Verkehr oder nicht zu erwartender Verkehrssteigerung, ausnahmsweise bei beschränkten Geldmitteln oder sehr langen Bauwerken, sind Brückenkanäle einschiffig auszuführen, wobei besondere Vorkehrungen für Regelung des Verkehrs zu treffen sind. Sonst ist stets der zweischiffige Querschnitt vorzuziehen. Als kleinste Breitenmaße sind anzunehmen:

a) einschiffig: $1 \times$ Schiffsbreite $+ 2 \cdot 1{,}00$ m Spielraum.

b) zweischiffig: $2 \times$ Schiffsbreite $+ 2 \cdot 2{,}00$ m Spielraum.

Die Wassertiefe des Kanales im Bauwerke ist in der Regel größer zu wählen als im Erdprofil, etwa 0,50 bis 1,00 m, um spätere Vertiefungen des Kanales ausführen zu können, ohne das Bauwerk zu ändern, sowie um den Rücklauf des

Wassers unter dem Schiffe zu erleichtern. Um den Wasserquerschnitt zu vergrößern, hat man auch die Leinpfade nach der Wasserseite ausgekragt. Meistens werden diese jedoch außenseitig angeordnet, um an Bauwerksbreite und Kosten zu sparen.

Die Art der Herstellung sowie die Wahl des Baustoffes richten sich nach den örtlichen Verhältnissen, den vorhandenen Baustoffen, der zur Verfügung stehenden Konstruktionshöhe und Spannweite und den Kosten. Bei Überschreitung einer Wasserstraße sind die Schiffahrt und die Wasserführung dieser Straße wegen der Höhenlage der Brücke, der Größe der einzelnen Öffnungen, Stellung der Pfeiler und dgl., bei Überführungen über Straßen und Eisenbahnen die hierfür geltenden Vorschriften zu beachten. Als Baustoff kommen Holz, Eisen, natürliche und künstliche Bausteine, Beton und Eisenbeton in Frage. Hierbei ist auch die Bauart des Troges zu berücksichtigen. Hauptformen sind der Rechteck- und der Trapezquerschnitt, getrennt von oder verbunden mit dem Oberbau. Der Rechteckquerschnitt verdient den Vorzug, da die Führung der Schiffe eine bessere und die Wasserverdrängung neben dem Schiffe günstiger ist. Den Trapezquerschnitt wird man verwenden, wenn die Überführung des Kanalprofiles im Brückenbauwerk als Erd- oder Tonbett erfolgt, wobei jedoch größere Brückenbreite und höhere Kosten erforderlich werden.

Ausführungen in Holz werden selten und nur bei kleinen Abmessungen verwendet. Der Trog wird hierbei als tragender Teil benutzt und muß gut abgedichtet werden. Nachteilig dieser Bauart ist die kurze Lebensdauer.

Der eiserne Trog dient bei kleineren Abmessungen ebenfalls als tragender Teil. Das Gebräuchlichere ist aber der unabhängige Einbau des Troges in die eigentliche Brücke. Bei Blechbalkenbrücken dienen die gut auszusteifenden Blechwände als seitlicher Abschluß des Troges, während der Boden auf den Quer- und Längsträgern ruht. Die Seitenwände sind durch Schrammbalken gegen Beschädigungen zu schützen. Der Anschluß der beweglich angeordneten Brückenteile an die Kanalstrecke bedarf besonderer Sorgfalt, da er neben der Wasserdichtigkeit auch Nachgiebigkeit besitzen muß. Dieses kann erreicht werden durch Zwischenschaltung eines beweglichen Teiles aus gewelltem Blech oder Kautschuk oder auch durch eine stopfbüchsenartige, nachstellbare Anordnung, die durch Teer, Werg oder dgl. gedichtet wird. Die Größe der Bewegung richtet sich nach der Länge des Bauwerkes und beträgt für unser Klima bei 65^0 Temperaturunterschied etwa 0,00078 m je 1 m Brückenlänge.

Die Vorzüge des Eisenbaues sind niedrige Baukosten, große Spannweiten bei niedriger Konstruktionshöhe; die Nachteile teuere Unterhaltung und kostspielige Dichtung.

Der Massivbau erfolgt nach den üblichen Regeln des Brückenbaues, nur daß die Fahrbahn durch den wasserfassenden Trog ersetzt ist. Bei reichlicher Bauhöhe kann die Bogenform gewählt werden. Bei kleineren Bauhöhen empfiehlt sich die Ausführung in Eisenbeton, als Plattenbalken auf Eisenbetonstützen bei kleinen Spannweiten, als flachgespannte Eisenbetongewölbe bei größeren Abmessungen.

Beim Entwerfen und Bauen sind vornehmlich folgende Gesichtspunkte zu beachten.

1. Verhütung des Entstehens von Rissen. Man wähle daher möglichst kleine Spannweiten, wenn dadurch sich auch die Kosten erhöhen. Eisenbeton in Platten- oder Bogenform ist gegen Reißen widerstandsfähiger wie Mauerwerk.
2. Sorgfältiges Verankern der Stirnwände gegeneinander. Die Anker sind senkrecht zur Kanalrichtung durch das Gewölbe oder die Sohlentafel hindurchzuführen. Sie sollen die Bildung von Längsrissen in der Sohle ver-

hindern, die durch seitlich wirkenden Wasser- und Eisdruck oder durch Setzen der Fundamente entstehen können. Auch wenn der Trog unabhängig vom tragenden Mauerwerk ein selbständiges Bauwerk ist, ruht er z. B. auf einer die Gewölbe überdeckenden Sandschicht oder ähnlichem, so sind seine Seitenmauern und seine Sohlenplatte miteinander fest zu verbinden. Stets werden die Seitenmauern nach der Größe des auftretenden Wasserdruckes in Dreieck- oder Trapezform auszubilden sein.

3. An den Brückenenden sind Verschlußvorrichtungen vorzusehen, um den Trog trocken legen zu können.
4. Zu achten ist ferner auf Herstellung eines wasserdichten Betons, etwa unter Traßzusatz, auf sichere Gründung des ganzen Bauwerkes, die ein nachträgliches Setzen so gut wie ausschließt, auf Anordnung von Trennungsfugen bei längeren Bauwerken zur Ermöglichung kleiner Bewegungen, auf sorgfältige und unnachgiebige Aufstellung der Lehrgerüste, Schutz des Betons gegen Eindringen von Wasser und auf dichten Anschluß der beiderseitigen Kanaldämme an das Bauwerk.

Abb. 45 gibt die im Bau begriffene Überführung des Mittellandkanales über die Weser bei Minden wieder. Sie besteht aus 2 Stromöffnungen von je

Abb. 45. Brückenkanal über die Weser bei Minden.
(Während des Baues.)

50 m und 6 Flutöffnungen von je 32 m Lichtweite. Die Pfeiler sind massiv, die Gewölbe aus Eisenbeton als Dreigelenkbögen hergestellt. Die Dichtung der Fugen des Troges über den Gelenken erfolgt in Hängeblechform (Abb. 46), die Abdichtung der Sohle und Seitenwände durch Blei nach Abb. 47 S. 56. Zum Schutz der Bleidichtung sind die Seitenwände mit einer zusammenhängenden Bohlenverkleidung, die Sohle mit Eisenbetonplatten auf Sandunterlage versehen.

Abb. 48 u. 49 S. 56 geben den Brückenkanal des Großschiffahrtsweges Berlin—Stettin über die viergleisige Eisenbahn bei Eberswalde wieder. Da der Höhenuntschied beschränkt war, nur 6,67 m zwischenKanalwasserspiegel und Schienenoberkante, mußte neben einer Senkung der Bahn um 1,75 m die Konstruktionshöhe der Brücke durch Wahl von Eisenbeton auf 0,70 m eingeengt sowie die Wassertiefe des Kanales von 3,0 auf 2,70 m vermindert werden.

d) Tunnel. Durch Tunnelanlagen kann die Höhenlage der Scheitelhaltung eines Kanales erheblich vermindert, seine Speisung erleichtert und seine Länge gekürzt werden. Sie können also einen Kanal billiger und leistungsfähiger gestalten, da Gefällstufen erspart werden. Der Kosten wegen wird der Kanalquerschnitt im Tunnel eingeengt, häufig sogar nur einschiffig hergestellt. Sind einschiffige Tunnel sehr lang, wie z. B. der von Ruyaulcourt im französischen

Nordkanal mit 4350 m Länge, so erhalten sie in ihrer Mitte Ausweichstellen zum Begegnen der Schiffe. Abb. 50 S. 56 zeigt die Profile des Tunnels im genannten Kanale. Für Zweischiffigkeit ist die Weite am Gewölbewiderlager auf 16 m, für ein Schiff auf 10 m festgesetzt. Die Fahrwasserbreite beträgt 2 × 5 (Schiffsbreite) + 2 m (Spielraum) = 12 m bzw. 1 × 5 + 1 m (Spielraum) = 6 m. Den Kanalquerschnitt siehe zum Vergleich auf S. 42 Abb. 24. Die Tiefen sind wie bei den Brückenkanälen reichlich zu wählen. Die Ausführung erfolgt nach den Regeln des Tunnelbaues[1]).

e) Dücker und Entlastungsvorrichtungen. Kreuzen nichtschiffbare Gewässer, besonders solche untergeordneter Bedeutung, einen Kanal, so sind kostspielige Überbrückungen nach Möglichkeit zu vermeiden. Liegt der Wasserspiegel solcher Wasserläufe in Höhe des Kanalspiegels oder höher, so leitet man sie zweckmäßig in den Kanal, unter Umständen mit Kaskaden, und benutzt sie zur Speisung. Ist der Wasserspiegel des Kanales höher, so werden sie mittels besonderer Durchlässe unterführt. Dies geschieht bei hohen Kanaldämmen wie bei jedem Straßen- und Eisenbahndamm (vgl. Abb. 51, S. 56, Durchlaß des Ragöser Baches unter dem 28 m hohen Kanal-

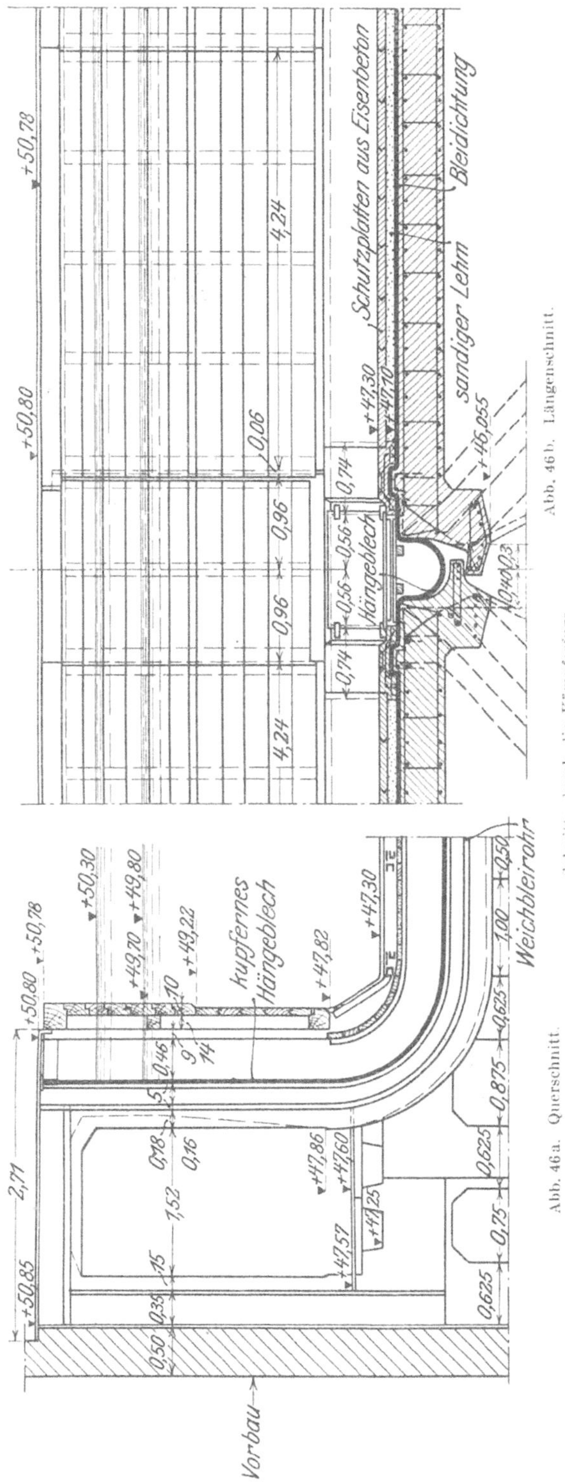

Abb. 46a. Querschnitt. Schnitte durch die Kämpferfuge. Abb. 46b. Längenschnitt.

Abb. 46. Brückenkanal bei Minden a. d. Weser.

[1]) Vgl. Handbibliothek, II. Teil, Bd. 3. Unterbau von Prof. W. Hoyer.

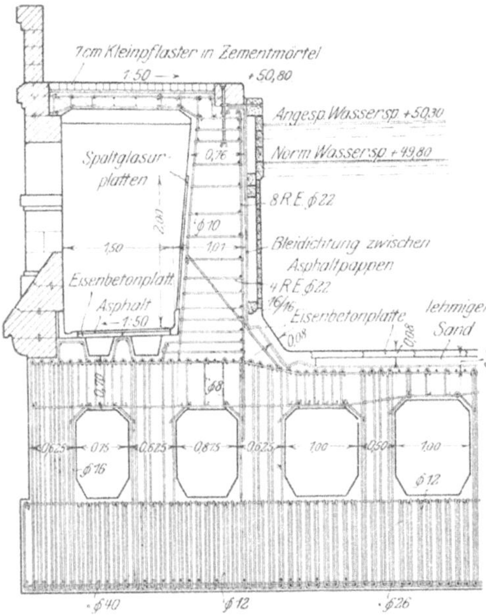

Abb. 47. Querschnitt des Brückenkanales bei Minden.

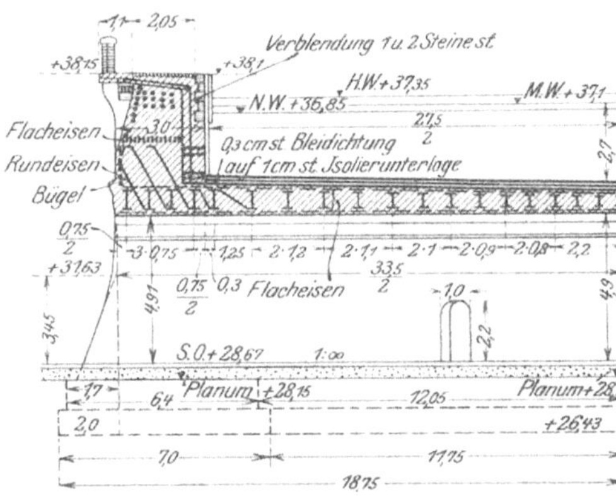

Abb. 49. Querschnitt des Brückenkanales bei Eberswalde.

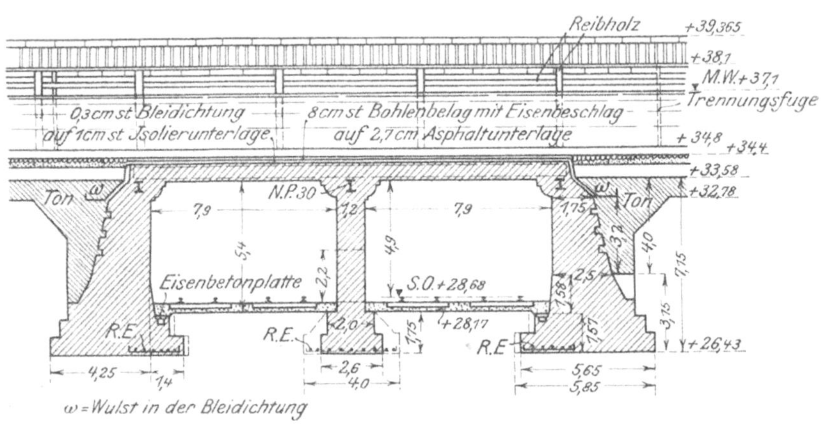

Abb. 48. Längenschnitt des Brückenkanales bei Eberswalde.

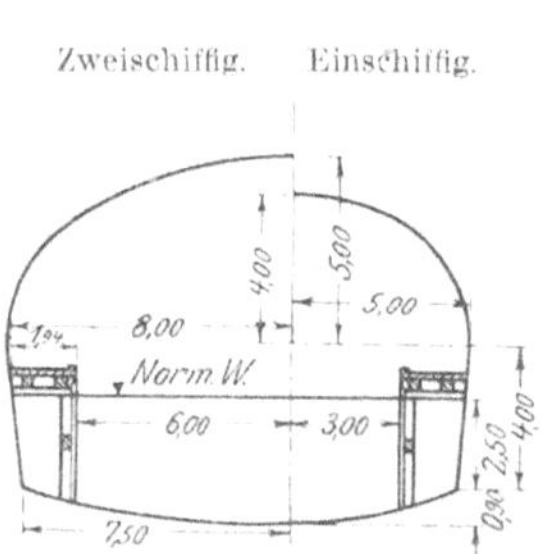

Abb. 50. Tunnelprofil des französischen Nordkanales.

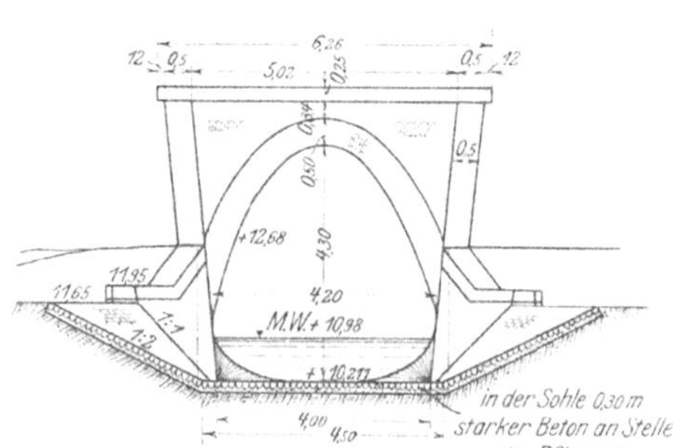

Abb. 51. Durchlaß des Ragöser Baches.

damm des Großschiffahrtsweges Berlin—Stettin). Ist dagegen der Höhenunterschied der Wasserspiegel gering, so kann das Gewässer nicht in seiner natürlichen Höhenlage unterführt, sein Wasserspiegel muß vielmehr gesenkt werden, d. h. das Gewässer wird gedückert. Die Abmessungen des Dückers richten sich nach der sekundlichen größten Wasserführung des zu unterführenden Gewässers, die durch unmittelbare Messungen oder nach der Größe des Niederschlagsgebietes festzustellen ist. Hierbei sind auch plötzliche Anschwellungen des Wasserlaufes infolge kurzer, heftiger Niederschläge unter Vermeidung erheblicher Anstauungen vor dem Dücker und Gefährdung des Kanaldammes zu berücksichtigen. Unter Umständen sind Querschnitte bestehender, in der Nähe gelegener Durchlässe zum Vergleiche heranzuziehen. Die Berechnung des Staues am oberen Dückerende erfolgt nach den für Rohrleitungen gültigen Regeln[1]).

Bauart und Gestalt der Dücker ist verschieden, je nach der Größe des Wasserlaufes, dem Maß der Unterdückerung, den Untergrundsverhältnissen und dergl. Im allgemeinen kommen zwei Arten vor: die gemauerten Dücker und die Rohrdücker. Erstere werden unter Berücksichtigung des Untergrundes bei Unterführung größerer Gewässer vorgezogen und sind den Durchlässen[2]) ähnlich. Sie haben meist rechteckige Gestalt mit Deckengewölbe und vertiefter Sohle (Abb. 52) oder bei größeren Dückern Ellipsen- oder ähnliche Formen. Rohrdücker bestehen aus einem oder mehreren nebeneinander angeordneten guß- oder flußeisernen, miteinander fest und dicht verbundenen, kreisförmigen Rohrstücken. Bei

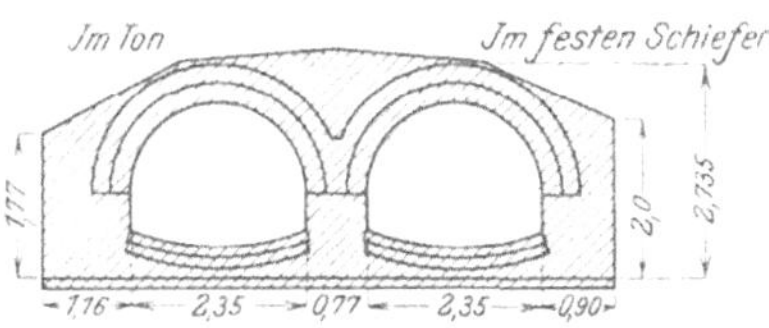

Abb. 52b. Querschnitt.

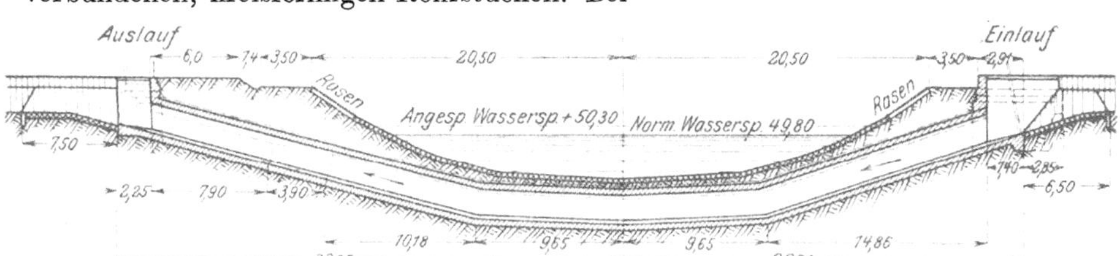

Abb. 52a. Längenschnitt.

Abb. 52. Gemauerter Dücker am Ems-Weser-Kanal.

sehr nachgiebigem Untergrunde und größeren Abmessungen ist Flußeisen zu verwenden, das gegen Rosten durch Steinkohlenteeranstrich geschützt wird. Der Durchmesser wird so zu bemessen sein, daß der Dücker zum Nachsehen wenigstens durchkrochen werden kann, also etwa 65 bis 70 cm.

Hauptbauteile der Dücker sind der Einlauf oder Fallkessel als Oberhaupt, der Auslauf als Unterhaupt und das Verbindungsstück zwischen beiden (vgl. Abb. 53 S. 58, Rohrdücker des Oder-Spree-Kanales). Einlauf und zuweilen auch der Auslauf haben eine vertiefte Sohle als Schlammfang. Die Gründung der Häupter (Brunnen, Beton zwischen Spundwänden, Beton auf Pfahlrost u. a.) sowie die Ausführung der ganzen Anlagen verlangen besondere Sorgfalt. Größter Wert ist auf die Dichtigkeit zu legen, weswegen der ganze Dücker häufig vollständig mit Ton umgeben wird. Zum Leerpumpen und Reinigen werden die Dücker mit Abschlußvorrichtungen, Dammbalken und dergl. versehen.

Vielfach erfolgt auch eine Durchspülung des Dückers vom Kanal aus, indem er mit diesem durch eine Verschlußvorrichtung, einfaches Schütz, Zylinderver-

[1]) Vgl. Handbibliothek, III. Teil, Bd. 7. Kulturtechnik.
[2]) Vgl. Handbibliothek, II. Teil, Bd. 3. Unterbau.

schluß, Heber oder auch Überfall, in Verbindung steht. Der Dücker kann dann als Entlastungsvorrichtung des Kanales dienen, und zwar je nach der Höhenlage der Verschlußvorrichtung als Grundablaß zur vollständigen Entleerung einer Kanalstrecke, z. B. für Vornahme von Ausbesserungsarbeiten, oder nur zur Ablassung überschüssigen, den normalen Stand überschreitenden Wassers. Daneben bestehen besondere Bauwerke zur Entlastung und Entleerung von Kanalstrecken, teils in der Form von einfachen Aus- und Ablässen, z. B. eiserne oder Tonröhren, deren Ausmündung mit Verschlußvorrichtungen einfachster Art (Hähne und dergl.) versehen sind, teils bei größeren Wassermengen als

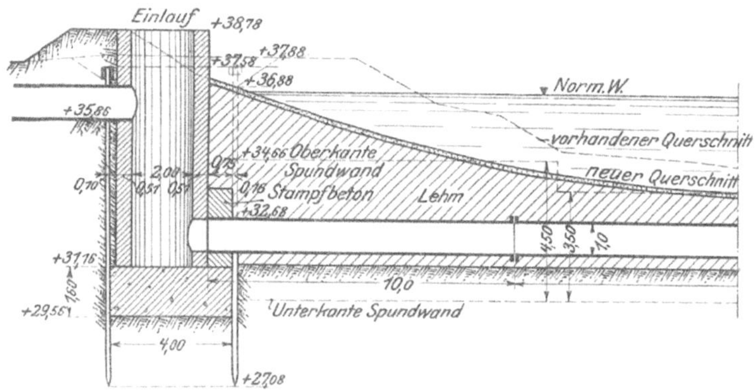

Abb. 53. Eiserner Dücker des Oder-Spree-Kanales.

Ablaßschleusen und Freiarchen mit Schütz- und Wehrverschlüssen. Auch diese Bauwerke müssen namentlich in ihren Häuptern sicher gegründet und gegen Unterspülung gut gedichtet sein. Es ist ferner bei ihrer Anlage Rücksicht auf die bestehenden Vorflutverhältnisse zu nehmen.

f) Sicherheitstore. Sie sind zur Abschließung von Kanalstrecken, welche im Auftrage liegen, von Schleusenbauwerken mit hohem Gefälle, Hebewerken und dergl. bestimmt, um beim Bruch der Dämme bzw. bei Beschädigungen der Bauwerke das Ausfließen von Wasser und die Überschwemmung der Niederungen tunlichst zu beschränken. Man ordnet sie auch bei sehr langen Haltungen an, um diese in kleinere Strecken zerlegen zu können, falls ein Ablassen des Wassers für Ausbesserungsarbeiten erforderlich wird. Es ist vielfach Wert auf selbständig wirkende Vorrichtungen gelegt worden. Dies kann unter Verwendung von Stemmtoren erreicht werden, welche sich ähnlich wie bei den Fluttoren von Entwässerungsschleusen bei Strömung schließen. Am Oder-Spree-Kanal hatte Mohr die als hölzerne Klapptore ausgebildeten Sicherheitstore mit Schwimmern in Verbindung gebracht, durch deren Absinken bei fallendem Wasserstande das Tor gehoben werden sollte. Alle diese Vorkehrungen haben den Nachteil, daß sie bei der erforderlichen leichten Bewegungsfähigkeit der Verschlußvorrichtung schon in Bewegung treten, wenn es noch nicht erwünscht ist, z. B. durch den Sog schnellfahrender Dampfer. Andererseits büßen diese Vorrichtungen wegen der Seltenheit ihrer Benutzung mit der Zeit ihre Beweglichkeit ein, z. B. versanden Klapptore leicht und arbeiten dann nicht mehr selbständig.

Das Reinigen und Heben der Klapptore am Oder-Spree-Kanal erforderte zuletzt fast einen Tag. Man hat sie daher bei der letzten Erweiterung des Kanales gänzlich beseitigt und beabsichtigt nur noch vor dem Abstieg in Fürstenberg zum Schutze der Schleusen und zum Ablassen des Oberhafens für Ausbesserungsarbeiten ein Tor in Gestalt eines Nadelwehres zu errichten. Die Auftragsstrecken des Kanales sowie die übrigen Schleusen hofft man so hergestellt zu haben, daß sie als vollständig betriebssicher gelten.

Bei neueren Torbauten ist die Forderung des selbsttätigen Schließens fallen gelassen. Dagegen wird Wert gelegt auf ein möglichst schnelles, sicheres und stoßfreies Schließen auch in strömendem Wasser, auf Sicherung gegen zwei Seiten, auf die Möglichkeit des leichten Füllens der Haltungen, auf Einfachheit der Bewegungsvorrichtungen und dergl. mehr. Nach diesen Grundsätzen sind in der Strecke Dortmund—Bevergern des Dortmund-Ems-Kanals 7 Sicherheitstore eingebaut. Abb. 54 gibt den Typ der zuletzt errichteten Tore wieder. Es sind nach beiden Seiten kehrende Segmenttore, die für gewöhnlich schirmartig über dem Kanal zum Senken bereitstehen. Die Dreharme sind in wagerechten Achsen gelagert und tragen auf ihrer Verlängerung die Gegengewichte. Letztere sind gelenkartig an Pendeln aufgehängt, welche sich bei der Bewegung gegen Knaggen legen. Durch diese Anordnung soll erreicht werden, daß das Übergewicht des Torkörpers stets sich nahezu gleich bleibt. Die Gegengewichte senken sich in gemauerte Schlitze. Die Blechhaut der Tore ist durch zwei Träger so unterstützt, daß die Querträger durch den Wasserdruck möglichst gleich große Momente erhalten. Das Windwerk befindet sich nur auf einer Seite des Kanales Das Tor ist gegen Verdrehen ausgesteift. Der Antrieb erfolgt durch eine senkreche Spindel auf ein Zahnsegment mittels Vorgelege. Zwischen Windewerk und Torachse befindet sich eine Klauenkuppelung. Im Notfalle kann das Tor in $2\frac{1}{2}$ Minuten gelegt werden. Im Torkörper ist eine lichte Durchfahrtsöffnung von 18 m vorhanden. Das aufgerichtete Tor bietet immerhin noch dem Winde eine große Angriffsfläche. Man hat daher in letzter Zeit versucht, diesen Einfluß dadurch zu verringern, daß die Tore mit vorhandenen Brücken in Verbindung gebracht werden.

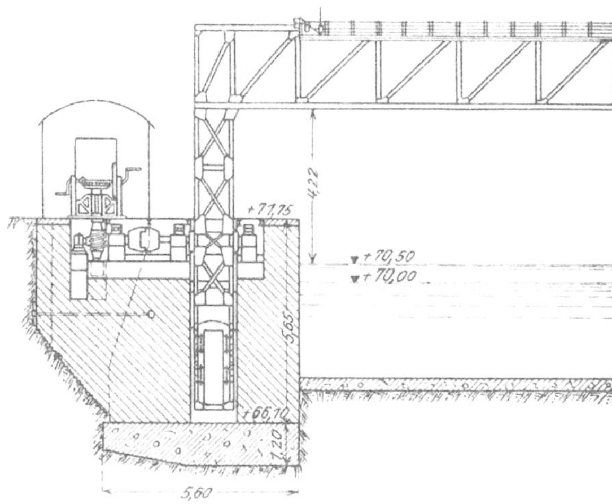

Abb. 54a. Längenschnitt.

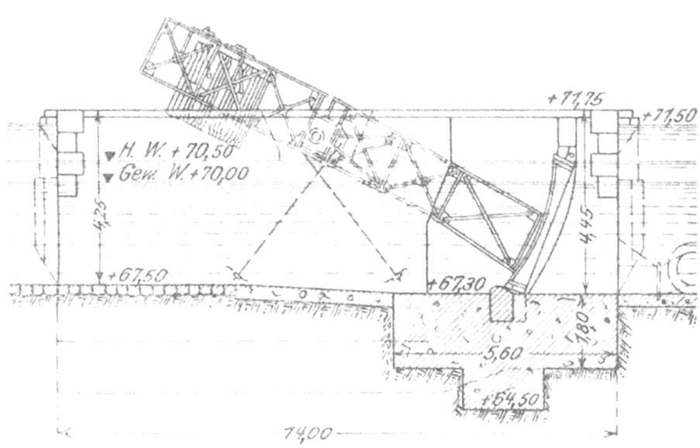

Abb. 54b. Querschnitt.

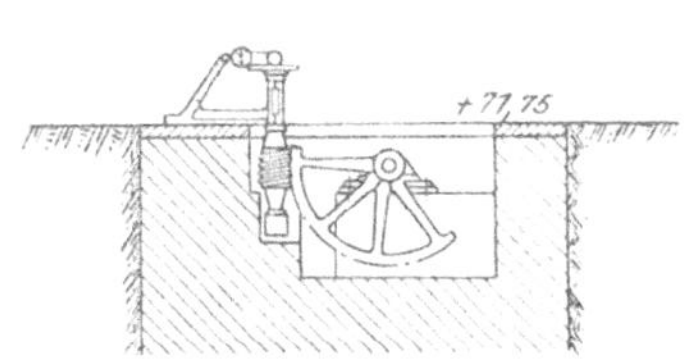

Abb. 54c. Antriebsvorrichtung.

Abb. 54. Sicherheitstor am Dortmund-Ems-Kanal.

Am Großschiffahrtswege Berlin—Stettin hat man hierbei das doppelseitig

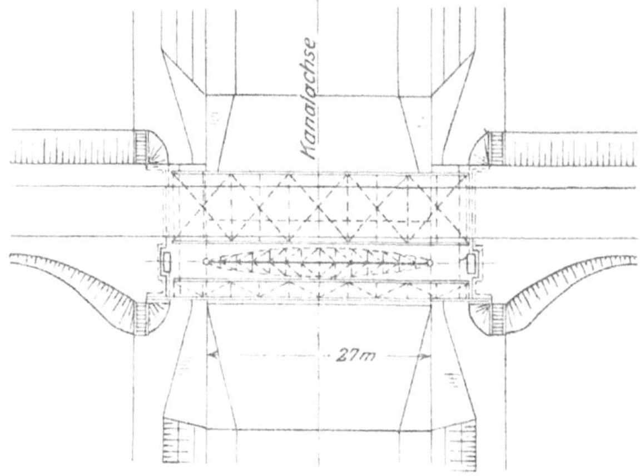

Abb. 55a. Lageplan.

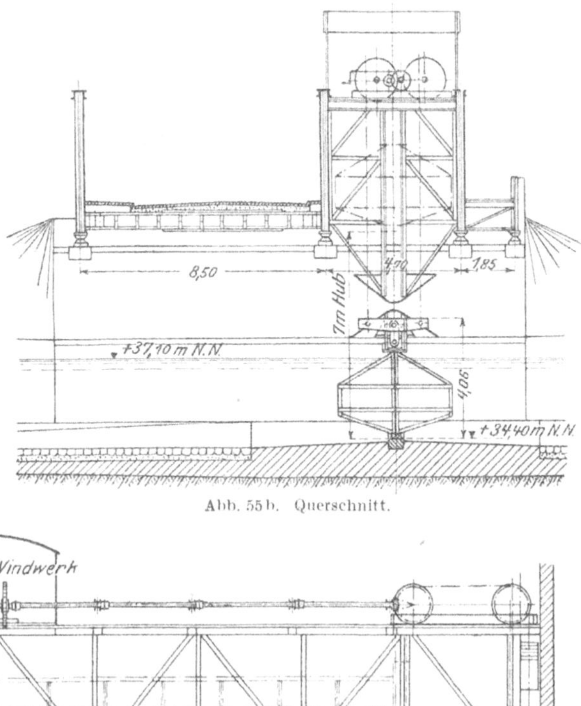

Abb. 55b. Querschnitt.

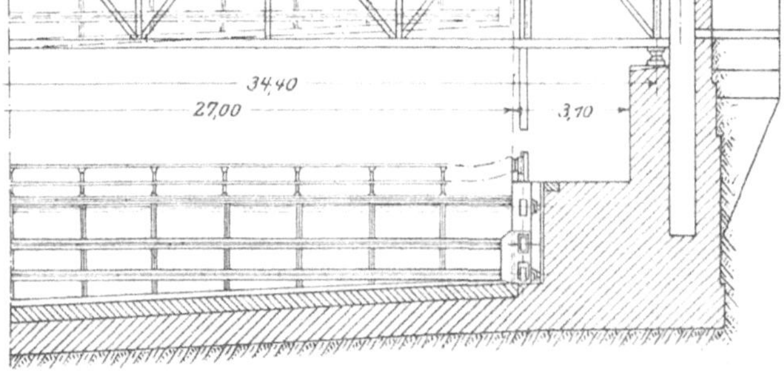

Abb. 55c. Längenschnitt.

Abb. 55. Sicherheitstor am Großschiffahrtsweg Berlin-Stettin.

wirkende Hubtor als Sicherheitstor gewählt (Abb. 55). Der tragende Teil besteht aus zwei wagerecht liegenden Fischbauchträgern, welche die in ihrer Mittellinie senkrecht stehende Blechwand gegen den Wasserdruck aussteifen. Bei der Bewegung gleitet das Tor in den Nischen mit je drei Rollen auf Führungsschienen, so daß ein Festklemmen nicht möglich ist. Die Führungsschienen reichen bis zum Obergurt der beiden Hauptträger, an denen das Tor hängt; sie sind aber 1 m über Leinpfadhöhe auf 0,50 m unterbrochen, um den Leinenzug nicht zu behindern. Die seitliche Dichtung erfolgt durch einzusetzende eiserne Nadeln. Zum Füllen der Haltungen sind im Tor zwei Schützöffnungen von je 0,90 qm vorgesehen. Das Tor ist durch Gegengewichte ausgeglichen. Durch Zusatzgewichte kann das steigende Tor entlastet bzw. das fallende Tor belastet werden. Die Ausbildung der Gegengewichte ist ähnlich wie bei den Hubtoren der Machnower Schleuse (vgl. S. 201). Der Antrieb erfolgt von einem Windewerk aus, das auf den Hauptträgern steht, mittels durchgehender Welle und der erforderlichen Bremsen. In gehobenem Zustand wird das Tor verriegelt. Das Gewicht des Tores beträgt 38 t, sein Hub 7,0 m. Das Tor kann durch einen Mann in etwa 2 Minuten geschlossen werden.

10. Uferbefestigungen.

Die Befestigung der Ufer hängt ab von der Art des Schiffahrtsbetriebes, der Größe des Verkehrs, dem Untergrunde und den Abmessungen des Kanales. Bei geringem Verkehr und beim Fortbewegen der Schiffe vom Lande aus wird, da starke Angriffe auf das Ufer nicht stattfinden, fast durchweg eine flache Uferböschung genügen, deren Neigung und Befestigungsart sich nach dem vorhandenen Boden richtet. Man kann hierbei, da die Geschwindigkeiten meistens gering sein werden, den vergrößerten Schiffswiderstand, den flache Ufer verursachen, wohl in den Kauf nehmen. Bei festem Boden, grobem Kies und dergl. kann die etwa 1 : 2 anzulegende Böschung unbefestigt bleiben. Bei feineren Bodenarten wird jedoch eine Befestigung erforderlich, an welche unabhängig von der Bauart folgende Anforderungen zu stellen sind:

1. Alle Baustoffe müssen hinreichend fest, genügend widerstandsfähig gegen den Einfluß von Wasser und Wellen und möglichst frostbeständig sein.
2. Eine gewisse Rauhigkeit der Oberfläche kann namentlich bei flachem Ufer vorhanden sein, um die am Ufer entlang laufenden Wellen zu brechen.
3. Nachgiebigkeit muß möglich sein. Es empfiehlt sich daher, die Befestigung aus einzelnen, lose zusammengesetzten Teilen bestehen zu lassen. Für einen unschädlichen Abfluß des durch die einzelnen Fugen dringenden Wassers unter der Befestigung ist Sorge zu tragen.
4. Schadhafte Stellen müssen sich sofort kenntlich machen und möglichst leicht jederzeit ausgebessert werden können.
5. Bei steilen Befestigungen ist eine glatte Oberfläche zu bevorzugen, um einer etwa stark auftretenden Welle wenig Gelegenheit zum Angriff und Unterspülen zu geben.
6. Die Befestigungen müssen einen hinreichend starken und in Rücksicht auf die Höhe der entstehenden Wellen genügend tief unter dem niedrigsten Wasserspiegel liegenden Fuß erhalten sowie aus dem gleichen Grunde entsprechend hoch über den maßgebenden Wasserspiegel reichen.
7. Oberhalb der Befestigung wird die Böschung mit Rasen zu belegen bzw. anzusamen sein.

Uferdeckungen einfachster Art sind die früher viel verwandten Deckwerke. Abb. 56 gibt ein leichtes Deckwerk des Finowkanals wieder. Bei festerer Bodenart verwendet, besteht es aus 2—3 cm starken Ruten von 1,25 bis 1,5 m Länge, die dicht nebeneinander flach auf die etwa 1 : 2 geneigte Böschung gelegt werden und mit ihrer halben Länge (den Stammenden) über Wasser hinausragen. In der Wasserlinie sind sie durch einen Flechtzaun gehalten, der zugleich zur Befestigung der auf ihnen liegenden Spreutlage dient. Die Anlagekosten sind gering; auch ist Beweglichkeit vorhanden, jedoch nicht so erheblich, daß Uferabbrüche unter der Deckung unbemerkt entstehen können. Die Lebensdauer beträgt bei der leichten Verrottung des Baustoffes nur etwa 15 Jahre. Bei

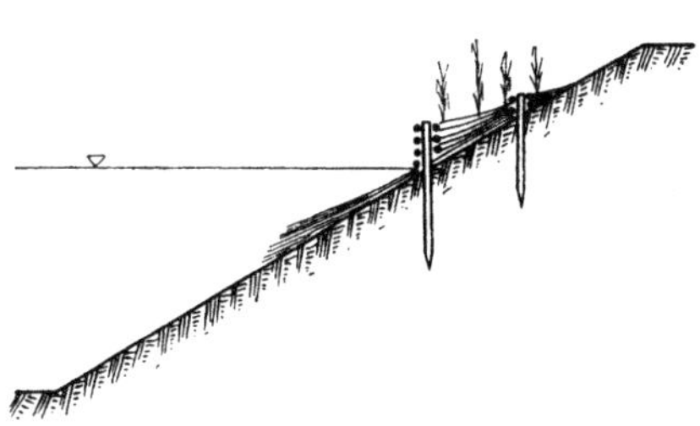

Abb. 56.
Uferbefestigung mit leichtem Deckwerk.

leichterem Boden verwendet man statt der Ruten eine Packung von 1,0 bis 1,5 m langen Faschinen, die unter Umständen bis zur Kanalsohle reicht. Liegt der Fuß der Packung höher, so wird man auf seine Sicherung durch Vorrammen von Pfählen Bedacht nehmen müssen. Im übrigen eignet sich das schwere Packwerk dort, wo es an Raum für die Ausbildung flacher Uferböschungen fehlt. Es ist sonst in seiner Anlage und Unterhaltung teuer, da es in Höhe des Wasserwechsels schnell zerfällt, auch sind Ausbesserungen schwierig.

Ein guter Schutz der Böschung ist sorgfältig gepflegtes Schilf oder Schilfrasen. Die Anlage ist billig und widerstandsfähig, sobald sie sich gut entwickelt hat. Jedoch kommt das Schilf nicht in jedem Boden hoch. Auch ist auf die Lage des Kanales zur herrschenden Windrichtung zu achten, da leere Fahrzeuge, die durch den Wind auf die Ufer getrieben werden, bei starkem Verkehr die Befestigung zerstören. Eine bewährte Ausführung ist Abb. 57, wo das Schilf auf einem in Höhe des M. W. liegenden Bankett angeordnet ist. Die Wurzeln der Schilfpflanzen werden in Reihen von etwa 20—30 cm Abstand eingesetzt, gut mit Boden bedeckt und am besten mit einer dünnen Schicht Kalksteingrus überschüttet. Gegen Unterspülen wird der Fuß durch einen Flechtzaun geschützt. Bei größeren Kanälen mit lebhaftem Schiffs- und Dampferverkehr ist Schilfbefestigung ungeeignet, da das Schilf infolge des Verkehrs eingeht.

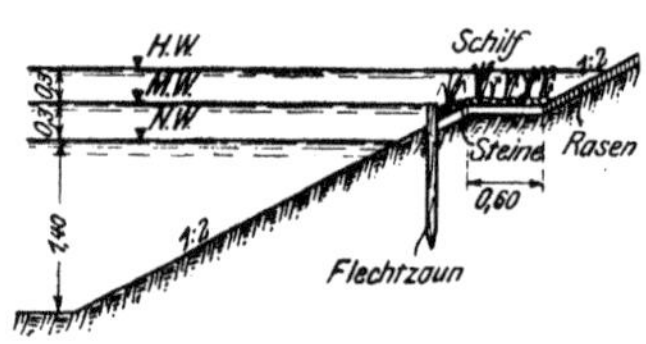

Abb. 57. Uferbefestigung mit Schilfpflanzung.

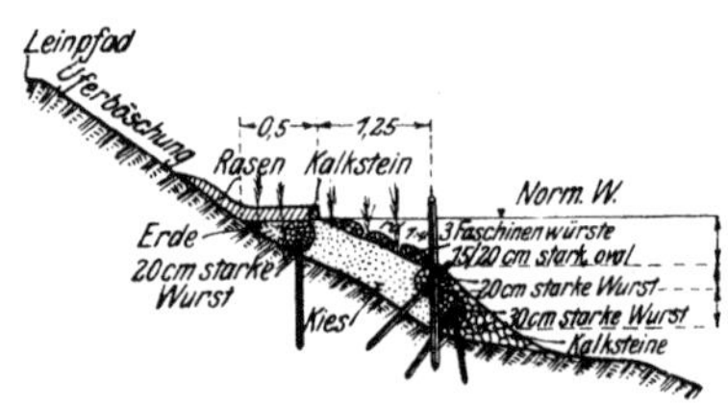

Abb. 58. Befestigung eines abbrüchigen Ufers am Friedrich-Wilhelm-Kanal.

Schließlich ist aus Abb. 58 der Ausbau eines abbrüchigen Ufers am Friedrich-Wilhelm-Kanal durch Schilfpflanzungen ersichtlich. Auf einer Anschüttung von Kies und Erde, die durch Faschinenwürste von etwa 20 cm Stärke und durch Kalksteingrus genügend befestigt ist, erfolgt in üblicher Weise die Anpflanzung des Schilfes.

Auf flacher Böschung 1 : 2 bis 1 : 3 hat sich eine Befestigung mit Flechtmatten nach Abb. 59 bewährt. Die Matten bestehen aus nebeneinandergelegten Faschinenreihen, die mit Würsten und Bindedraht zusammengebunden werden. Sie werden auf dem Lande in einer Länge von etwa 5 m, einer der Faschinenlänge entsprechenden Breite von 2—3 m und einer Stärke von 10—15 cm hergestellt. Mit dem Zopfende der Faschinen nach unten werden sie alsdann auf die Böschung gelegt und am oberen Ende durch einen Flechtzaun in Höhe des mittleren Wasserstandes befestigt. Überdeckt wird die Matte mit einer 10 cm starken Schüttung von Kalksteingrus oder dergl.

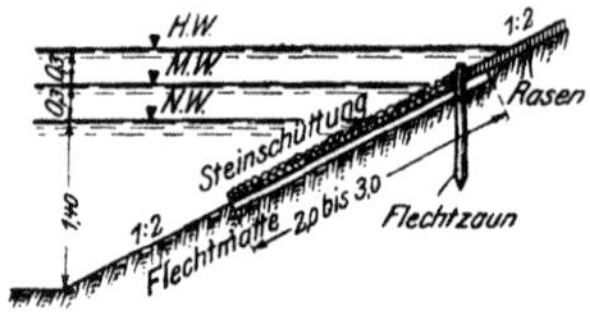

Abb. 59. Uferbefestigung mit Flechtmatten.

Wesentlich stärker wird der Uferschutz werden müssen, sobald auf der Wasserstraße ein lebhafter Verkehr mit großen Lastkähnen und mit Schleppdampfern stattfindet. Die auf S. 23 u. ff. näher erörterten Wellen- und Strömungsbewegungen, welche hierbei entstehen, üben auf das Ufer, wenn auch nicht in dem Maße wie auf die Sohle, einen schädigenden Einfluß aus, besonders wenn der Kanalquerschnitt sich in geringeren Abmessungen hält. Als Beispiel kann die erste Ausführung am Oder-Spree-Kanal gelten (Abb. 60). Da die Befestigung nur 30 cm unter Wasser reichte, war sie nach kurzer Betriebszeit unterspült und verfallen, so daß zu stärkerer Befestigung geschritten werden mußte (vgl. Abb. 68 S. 65). Da derartige stärkere Befestigungen erheblich teurer in der Herstellung sind, wird man bei ihrer Anlage Bedacht nehmen müssen auf die zu erwartende Verkehrssteigerung, da diese unter Umständen eine baldige Verbreiterung des Kanales bedingen kann. Allgemein wird man dann eine Uferbefestigung vorziehen, die bei angemessenen Bau- und Unterhaltungskosten eine spätere Erweiterung des

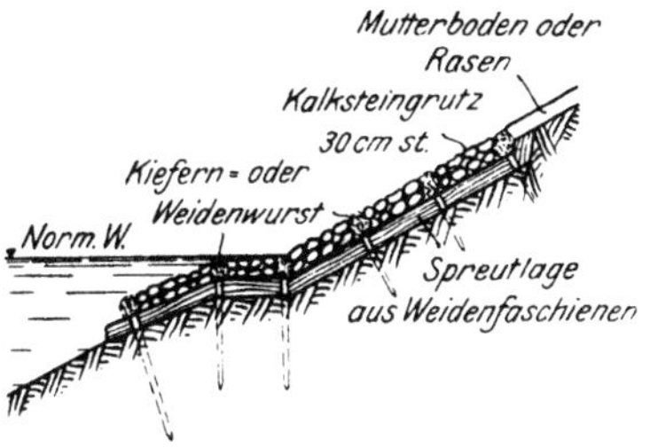

Abb. 60. Uferbefestigung mit Faschinen am Oder-Spree-Kanal.

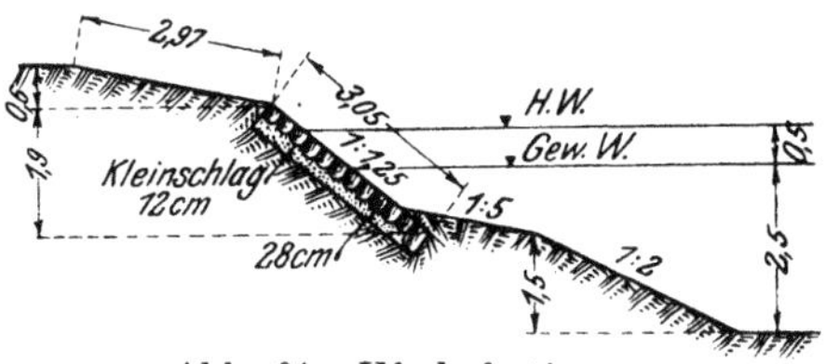

Abb. 61. Uferbefestigung mit Steinpackung am Dortmund-Ems-Kanal.

Kanales zuläßt, ohne daß dadurch wesentliche Wertminderungen der ersten Anlage entstehen. Diesen Anforderungen entspricht, sofern man von dem ungünstigen Einfluß flacher Ufer auf den Schiffswiderstand absieht, der bei größerer Schiffsgeschwindigkeit wesentlich sein kann, am besten ein flachgeböschtes Ufer, welches derart gesichert wird, daß es den Einwirkungen der Strömungen und Wellen widerstehen kann. Die Befestigung wird hierbei, senkrecht gemessen, möglichst von 60 cm unter Wasser bis etwa 30 cm über Wasser reichen müssen.

Am Dortmund-Ems-Kanal ist in allen Einschnitt- und Auftragstrecken, wo weichere Bodenarten vorkommen, eine Befestigung durch Steinpackung auf einer Kleinschlagschicht (Abb. 61, Strecke Riesenbeck) oder mit Zementplatten (Abb. 62, Strecke Lingen) vorgenommen worden.

Die Abb. 63—65 stellen den Schutz der Ufer für die Mittellandhaltung

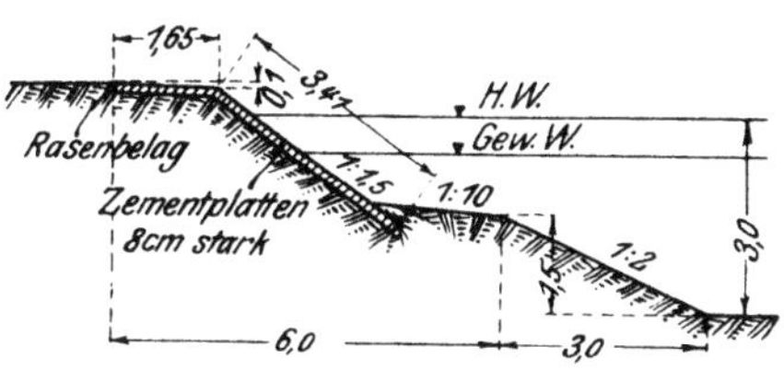

Abb. 62. Uferbefestigung mit Zementplatten am Dortmund-Ems-Kanal.

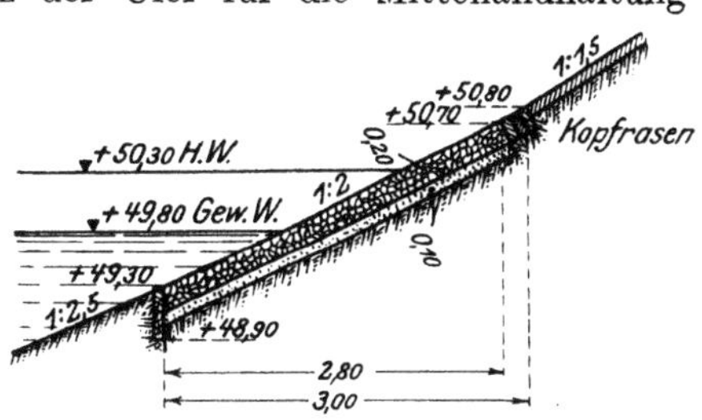

Abb. 63. Uferbefestigung am Mittellandkanal in standsicherem Boden.

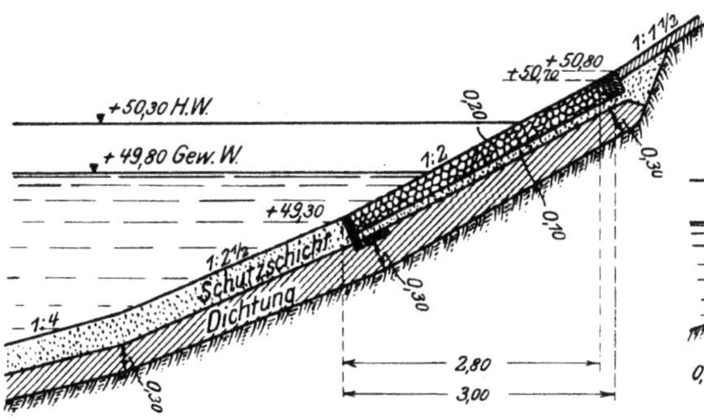

Abb. 64. Uferbefestigung am Mittellandkanal in Dichtungsstrecken.

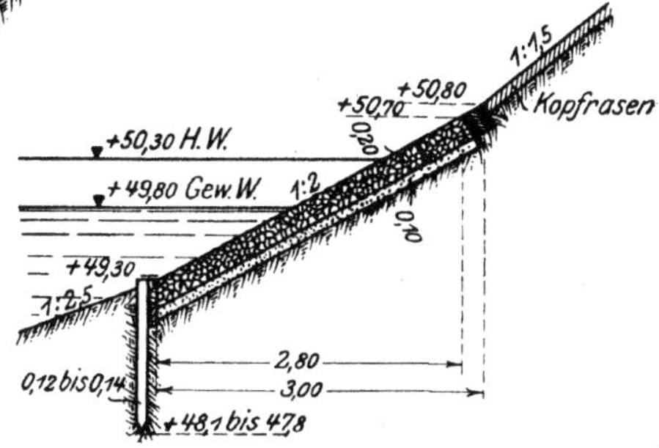

Abb. 65. Uferbefestigung am Mittellandkanal in leichterem Boden.

des Rhein-Hannover-Kanals dar. Er besteht im wesentlichen aus Steinschüttung auf einer Kiesschicht. In gutem, standsicheren Boden ist der Fuß durch eine Doppelbohle von 40 cm Höhe und 4 cm Dicke gesichert, in leichtem Boden sind die Bohlen durch 1,2 bis 1,5 m lange Rundpfähle in 1,50 m Entfernung von einander gestützt, vgl. auch S. 46. Die oberhalb anschließende Böschung 1 : 1½ ist mit Rasen befestigt. In den Dichtungsstrecken ist eine Durchbrechung der Tonschicht durch Pfähle vermieden. Der Fuß ist hier durch winkelförmige Anordnung der Bohlen gesichert.

Die Uferbefestigung des Großschiffahrtsweges Berlin—Stettin zeigt Abb. 66. Der Fuß der in den gewachsenen Boden eingeschnittenen Steinschüttung ist entsprechend verstärkt. Das Bankett ist unter Wasser durch Schilf- oder Kalmuspflanzen geschützt, über Wasser bis zur Leinpfadkrone mit Rasen abgedeckt. Zur Förderung des Wachstumes der Schilfpflanzen ist zwischen ihnen eine leichte Kalksteingrusschüttung eingebracht. In den Dichtungsstrecken (vgl. Abb. 34 auf S. 44) ist die Schilfpflanzung fortgelassen, damit die Wurzeln die Dichtung nicht durchbrechen. Als Schüttungsbaustoff sind Granitfindlinge oder auch, soweit erhältlich, zerkleinerte Schmelzschlacken verwendet. Der Preis der Befestigungen schwankt zwischen 6 M und 7,20 M je Meter Uferlänge. Die Schilfpflanzung allein kostet etwa 0,20 M/m.

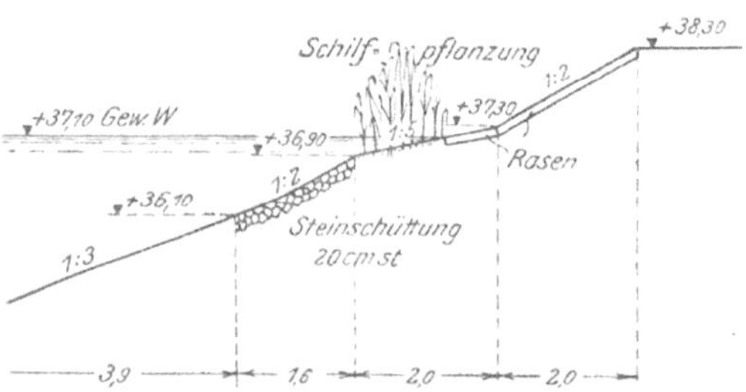

Abb. 66. Uferbefestigung am Großschiffahrtsweg Berlin-Stettin.

Eine den jeweiligen Bodenverhältnissen sich leicht anschmiegende Befestigungsart, die zugleich eine glatte, die Wasserbewegung nicht hindernde Oberfläche aufweist, stellt das System Villa dar. Nach Abb. 67 werden kleine Betonplatten oder Tonziegel mittels in Bleimantel gehüllter, 2 bis 3 mm starker

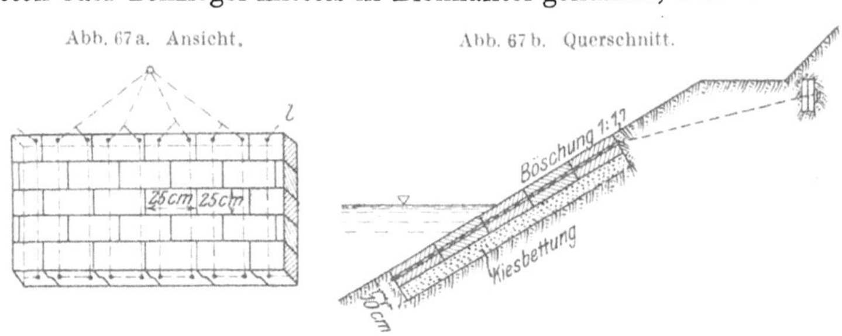

Abb. 67. Uferbefestigung nach System Villa.

Eisendrähte, die durch die Löcher l geführt werden, zu größeren Flächen aneinandergereiht und auf gut geebneter, mit Kies- oder Schotterbettung von etwa 10 cm Stärke befestigter Böschung verlegt. Die Drahtenden werden oben zu mehreren vereinigt und gut verankert. Der Preis für das Meter Böschung beträgt etwa 22 bis 23 M. Es soll sich am Kanal Brügge—Gent bewährt haben.

Der starke Schleppdampferverkehr auf dem Oder-Spree-Kanal führte bei seiner ersten teilweisen Verbreiterung in den Jahren 1895/97 zu Versuchen mit steiler Uferbefestigung nach Abb. 68. Die mit Drahteinlagen versehenen Zementplatten von 1,0 × 0,5 m Abmessungen ruhen auf einer 10—17 cm starken Schotterschicht und stützen sich gegen eine senkrechte, bei schlechtem Untergrunde geneigte Stülpwand, die durch Einzelpfähle abgesteift ist. In Flucht der Stülpwand ist eine Wassertiefe von 1,00 m vorhanden.

Wenngleich eine solche steile Befestigung für die Schiffahrt günstiger ist hinsichtlich des Betriebes und der Widerstände, so ist sie, abgesehen von den Kosten der ersten Anlage, wie schon oben erwähnt, ungünstiger in Hinsicht

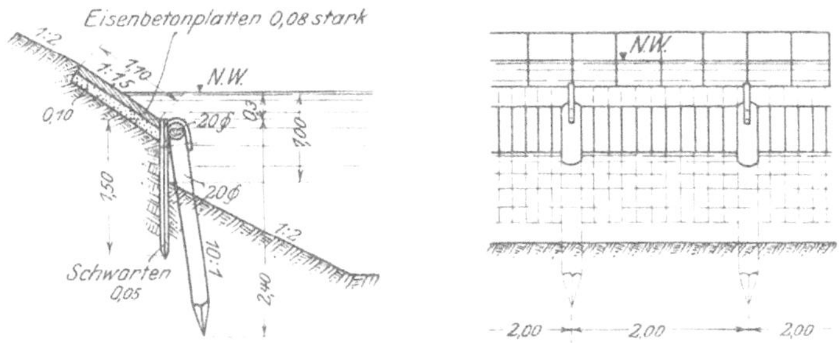

Abb. 68a. Querschnitt. Abb. 68b. Ansicht.

Abb. 68. Steile Uferbefestigung am Oder-Spree-Kanal.

auf eine Verbreiterung des Kanales. Man hat sich daher bei der letzten Verbreiterung des Oder-Spree-Kanales (1908/14) dazu entschlossen, steile Befestigung nur dort anzuwenden, wo der Kanal in größerem Einschnitt liegt und eine flache Böschung wegen der vermehrten Grunderwerbskosten und des größeren

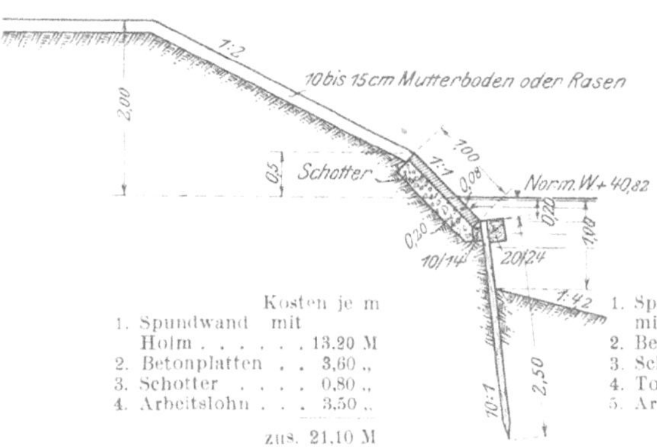

Abb. 69. Steile Uferbefestigung ohne Dichtung am Oder-Spree-Kanal.

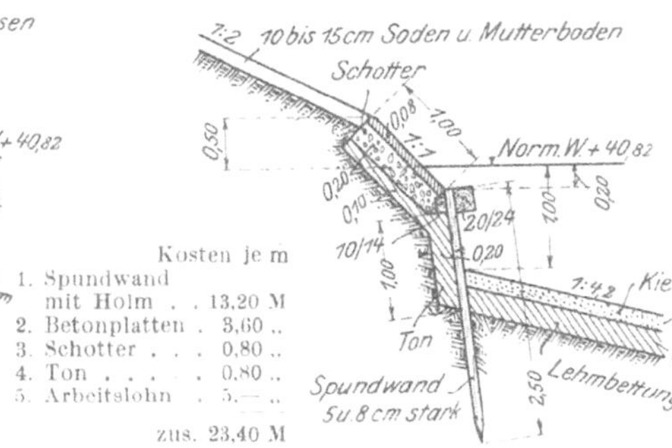

Abb. 70. Steile Uferbefestigung mit Dichtung am Oder-Spree-Kanal.

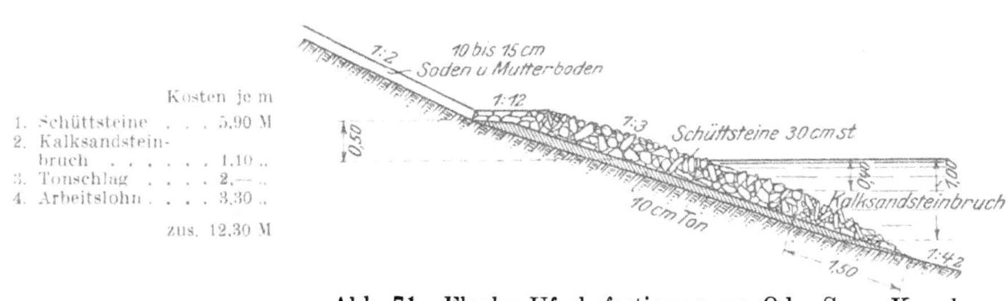

Abb. 71. Flache Uferbefestigung am Oder-Spree-Kanal ohne Dichtung.

Erdaushubes erheblich teurer werden würde, sowie auch überall in den Auftragsstrecken, wo eine Gefährdung des Dammes zu befürchten war. Abb. 69 und 70 geben die steile Befestigung ohne und mit Kanaldichtung wieder. Im übrigen ist eine flache Befestigung nach Abb. 71 bzw. 72, S. 66 ausgeführt. Die angegebenen Kosten gelten für die Zeit vor 1914.

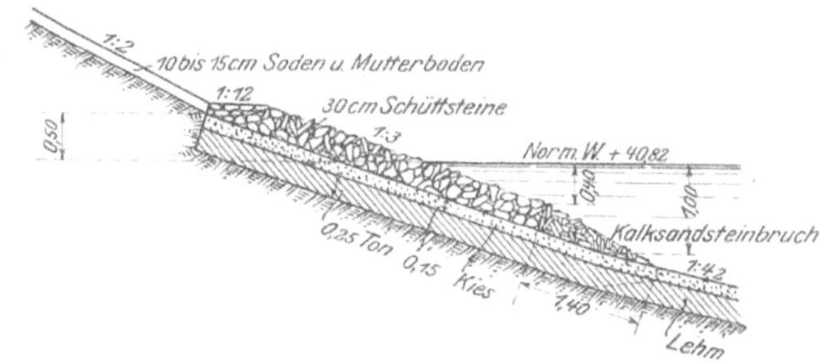

Kosten je m	
1. Schüttsteine . . .	5,60 M
2. Kalksandsteinbruch	1,— „
3. Kies	2,25 „
4. Ton	4,80 „
5. Arbeitslohn	3,65 „
zus.	17,30 M

Abb. 72. Flache Uferbefestigung am Oder-Spree-Kanal mit Dichtung.

Schließlich sei noch die Befestigung nach System Möller in Beton mit Eiseneinlagen und Erdankern (Abb. 73) erwähnt. Die Anordnung der Erdanker sowie die Herstellung der dichten Decke von größerer Flächenausdehnung an Ort und Stelle soll eine feste Haftung der Befestigung mit dem Boden herbeiführen. Künstliche Querfugen durch Pappe werden ab und an eingelegt, um die Entstehung wilder Risse zu vermeiden. Letztere werden aber bei nachgiebigem Untergrunde trotzdem eintreten, so daß an solchen Stellen eine derartige Befestigung nur mit aller Vorsicht auszuführen sein wird. Die dargestellte Befestigung ist aus Beton in der Mischung 1 Zement 3 Sand 3 Steine hergestellt und kostet für das Quadratmeter rund 3 M.

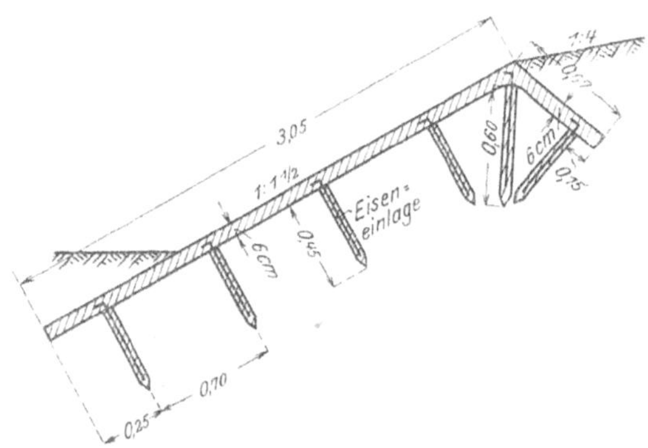

Abb. 73. Uferbefestigung nach System Möller.

Kanäle, welche durch dichtbebaute Gegenden führen, werden unter Umständen mit Rücksicht auf die hohen Grunderwerbskosten oder sonstige Behinderungen Befestigungen erhalten, welche von der Sohle bis zur Geländehöhe reichen. Ihre Ausführung ähnelt denen der Ufer- und Kaimauern und kann in Mauerwerk, Beton oder Eisenbeton erfolgen[1]).

11. Sonstige Ausrüstungen der Kanäle.

Ladestellen und Häfen sind nach dem jeweiligen Bedürfnis und der Entwicklung des Verkehrs an geeigneten Stellen anzuordnen. An den preußischen Kanälen wird ihre Anlage meist den Beteiligten — Privaten oder Gemeinden — überlassen. Ladestellen, auch Ablagen genannt, sind in der Regel einfache Ausbuchtungen der Ufer, welche einem oder mehreren Schiffen Gelegenheit geben, dicht neben der Fahrstraße aus- und einzuladen. Ihre Gestaltung ist verschieden, hauptsächlich gestreckt rechteckig (vgl. Abb. 74, Parallelhafen). Es ist darauf zu achten, daß das liegende Schiff hinter der Uferstreichlinie bleibt.

Lageplan.

Abb. 74. Hafenanlage am Dortmund-Ems-Kanal.

[1]) Vgl. Handbibliothek, III. Teil, Bd. 2. See- und Hafenbau von Proetel.

Ist der Umschlagsverkehr größer, so kann die Ladestelle sich zu einem Hafen ausbilden, entweder nach Abb. 74 als größere Uferausbuchtung, die mit einem Wendeplatz für die Schiffe verbunden ist und am Lande die erforderlichen Gleis- und Verladevorrichtungen aufweist, oder aber nach Abb. 75 als Hafengebiet, das mit dem Kanal durch eine besondere Einfahrt verbunden ist. Derartige Häfen ähneln je nach ihrer Bedeutung mehr oder weniger den Fluß- und Seehäfen und werden mit den entsprechenden Lösch- und Ladevorrichtungen versehen.

Auch die Einmündungen der Kanäle in Flußläufe werden, besonders wenn Endschleusen vorhanden sind, als Hafen- und Liegeplätze ausgebaut. Sie können dann der Schiffahrt als gesicherte Wartestellen für das Durchschleusen, als Zufluchtplätze für Hochwasser- und Winterzeit sowie als Umschlagshäfen (vgl. Ruhrorter Hafen für den Rhein-Herne-Kanal) dienen.

Die Einmündung der Kanäle in Flußläufe ist in Rücksicht auf die bessere Einfahrt der Schiffe stromab zu richten. Auch wird man unter möglichst spitzem Winkel zum Flußlauf am konkaven Ufer einmünden, um einer Versandung der Mündung vorzubeugen. Die Ausbildung der Trennungswerke erfolgt nach den Regeln des Flußbaues. Bei Abzweigungen aus Seen ist Rücksicht auf die herrschende Windrichtung zu nehmen, um den Schiffen das Aus- und Einfahren zu erleichtern. Die Kennzeichnung der Einfahrt erfolgt in der Regel durch Signalmaste in einfachster Form. Zuweilen findet eine Beleuchtung während der Nacht statt.

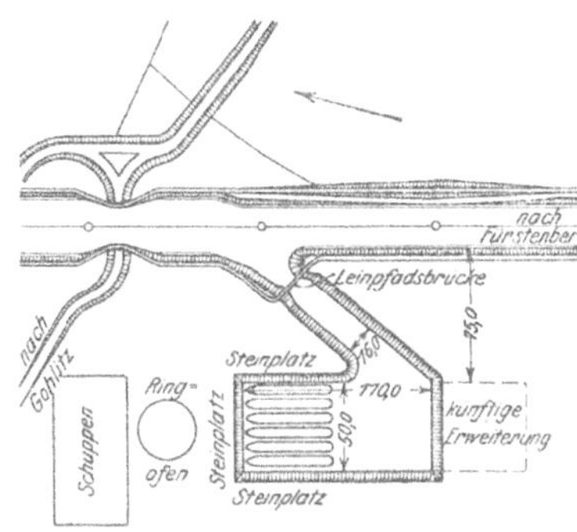

Lageplan.

Abb. 75. Hafenanlage am Oder-Spree-Kanal.

Bei lebhaftem Ortsverkehr sind Wendestellen, bei einschiffigen Kanälen auch Ausweichen in nicht zu großen Abständen erforderlich. Zum Festlegen der Schiffe im Kanal für die Nacht und dergl. werden Anbindepfähle (aus Holz, Eisen, Eisenbeton usw.) und Ufertreppen in hinreichender Zahl vorzusehen sein. Auch sind Bedürfnisanstalten, Aschkästen für die Dampfer und ähnliches anzubringen.

Zur Regelung des Betriebes auf den Kanälen, zur Ausführung der erforderlich werdenden Unterhaltungsarbeiten und zu ähnlichen Arbeiten werden die Kanäle in einzelne Bezirke eingeteilt, Wasserbauämter, welche der Kanalbehörde (Kanalbaudirektion, Wasserstraßendirektion, die meistens einem Ober-Präsidium angegliedert sind) unterstellt sind. Die Wasserbauämter zerfallen in Teilstrecken, deren Beaufsichtigung besonderen Streckenbeamten (in Preußen Wasserbauwarten) übertragen wird. Diese erhalten an geeigneten Stellen ihres Bezirkes ihren Wohnsitz. Die Beschaffung der zur Unterhaltung erforderlichen Geräte, ihre Ausbesserung und Wiederherstellung geschieht auf Bauhöfen, welche am Sitz der Kanalbehörde sich befinden. Die Größe der Bauhöfe richtet sich nach der Bedeutung der Wasserstraße. Sie sind mit Schmiede, Schlosserei, Dreherei, Tischlerei, evtl. mit Gießerei und dergl. und mit den nötigen Schuppen für Lagerung der Geräte und Baustoffe, mit Helling- und Dockanlagen zu versehen. Den Verkehr zwischen der Kanalbehörde und den Außenbeamten vermittelt eine Fernsprechleitung.

12. Wasserbedarf.

Jede Kanalhaltung bedarf zur Aufrechterhaltung des Betriebes eines Ersatzes des Wassers, das ihr entzogen wird durch Verdunstung an der Oberfläche, durch Versickerung in den Untergrund sowie durch Undichtigkeiten an den die Haltung absperrenden Schleusen und sonstigen Stauanlagen, kurz Wasserverluste genannt, und des Wassers, das durch den Schiffahrtsbetrieb verbraucht wird, kurz Wasserverbrauch genannt. Daneben kann noch ein Wasserbedarf bei außerordentlichen Anlässen eintreten. Die Größe des Bedarfs ist verschieden je nach Jahreszeit und Schiffsverkehr. Im allgemeinen kann durch Berechnung des sommerlichen Wasserbedarfes die für die Speisungsanlagen maßgebende Höchstleistung des gewöhnlichen Verbrauchs bestimmt werden.

Verdunstung und Versickerung sind ständige Verluste und hängen von mancherlei Einflüssen, insbesondere von örtlichen Verhältnissen ab, so daß ihre genaue Einschätzung häufig auf Schwierigkeiten stößt. Die Verdunstung hängt unmittelbar ab von der Größe der Wasseroberfläche des Kanales. Sie ist ferner größer bei trockener als bei feuchter und kühler Witterung, bei stark bewegter als bei gering bewegter Luft, bei Flächen, welche der unmittelbaren Sonnenbestrahlung ausgesetzt sind als wie bei solchen, welche durch angrenzenden Baumbestand oder dergl. geschützt sind. Am größten wird sie im Sommer und bei niedrigem Grundwasserstande sein. In sehr heißen Sommern kann die Verdunstung bis 900 mm, in einem heißen Sommermonat bis 180 mm, an einem heißen Tage bis 10 mm betragen. Meist wird es genügen, für die ganze Wasseroberfläche mit 5 mm Verdunstung je Tag zu rechnen. Am Dortmund-Ems-Kanal wurde als Höchstfall 6 mm Wasserhöhe für einen Tag oder 2 l je Sekunde für 1 km Kanal angenommen. Beim Mittellandkanal ist mit 11 mm Höhenverlust je Tag gerechnet.

Die Größe der Versickerung ist hauptsächlich abhängig von der Beschaffenheit des Untergrundes und der Höhenlage des Kanalwasserspiegels. Sie ist am größten im Sommer bei trockener und heißer Witterung sowie in Auftragsstrecken oder dort, wo der Kanalwasserspiegel höher als das Grundwasser liegt. Bei wasserundurchlässigem Boden und bei tief eingeschnittenen Kanälen ist unter Umständen mit keinem Verlust zu rechnen. Zur Verminderung der Versickerung und zur Verhütung von Verwässerungen der anliegenden Ländereien sind besondere Vorkehrungen (Dichtungen) zu treffen.

Beobachtungen an französischen Kanälen haben ergeben, daß das Maß der Versickerung wächst mit der Wassertiefe, und zwar bei sonst gleichen Bedingungen stärker als die zunehmende Tiefe. Bei guter Dichtung der Wände betrug der Verlust bei Kanälen von 1,6 m Wassertiefe und 10 m Sohlenbreite etwa 5 l je Sekunde auf 1 km Länge, bei 2 m Wassertiefe etwa das Doppelte, bei 3 m das Vierfache. Am Dortmund-Ems-Kanal ist mit 6 l, beim Mittellandkanal bei 2,5 m Wassertiefe mit 12 l je Sekunde und je Kilometer gerechnet, was etwa einem täglichen Höhenverlust von rund 34 mm Wasserschicht entspricht.

Gewöhnlich faßt man bei der Berechnung beide Verluste zusammen. So sind für die sekundliche Verdunstung und Versickerung je Kanalkilometer als Höchstmaß angenommen: beim Rhein-Herne-Kanal und dem Kanal von Bevergern nach Hannover für den zweischiffigen Hauptkanal 16 l und für die einschiffigen Stichkanäle 12 l, was einem sehr reichlichen täglichen Höhenverluste von $11 + 34 = 45$ mm entspricht. Beim Dortmund-Ems-Kanal war zunächst mit 8 l gerechnet. Bei praktischen Versuchen in der gedichteten Kanalstrecke bei Olfen hatte sich sogar nur ein tatsächlicher Sommerverlust von 2 bis 5 l ergeben. Für den auf dem Mittellandkanal entfallenden Teil hat man aber zur Sicherheit mit 12 l gerechnet.

Die Verluste durch Undichtigkeiten an den Toren und Schützen der Schleusen hängen von der mehr oder weniger sorgfältigen Ausführung dieser Teile ab. Sie sind, besonders bei langen Haltungen, im Vergleich mit den obigen Verlusten gering. Bei Kanälen mit Scheitelhaltungen kommen sie auch nur für diese in Betracht, da sie bei den übrigen Haltungen aus der oberen gedeckt werden. Sie sind aber bei der Scheitelhaltung doppelt, das ist für beide Endschleusen, zu berechnen. Nach gemachten Erfahrungen kann man im Mittel für jede Schleuse und für jedes Meter Schleusen-Gefäll-Höhe rund 5 l je Sekunde ansetzen, also bei 4 m Gefällhöhe etwa 20 l.

Bemerkt, sei, daß auch bei längeren Speisegräben die vorgenannten Verluste zu berücksichtigen sind.

Während die bisher besprochenen Verluste ständige sind, ist der Wasserverbrauch veränderlich, und zwar ist er abhängig von der Anzahl der Schleusungen und von der Größe des Umschlagsverkehrs im Kanal. Er wird mithin beeinflußt durch die Größe und die Richtung des Kanalverkehrs, durch den Tonnengehalt der Schiffe, durch die Zahl, Größe und das Gefälle der vorhandenen Schleusen sowie durch die Zahl der ladenden bzw. löschenden Schiffe und deren Zu- bzw. Abnahme an Tonnengehalt. Alle diese Einflüsse richtig abzuschätzen, ist fast unmöglich. Man wird sich daher meist begnügen, die in Frage kommende größtmögliche tägliche Schiffszahl festzulegen, um für die maßgebende Speisung des Kanales im Sommer die größte erforderliche Wassermenge zu erhalten. Dazu wird für die Schleusen die Anzahl z der Schleusungen festzustellen sein, welche bei dem vorgesehenen Betriebe (12, 14, 19 oder 24 Stunden) möglich sind, wobei für zukünftig zu erwartende Verkehrssteigerungen die nötigen Vorkehrungen und Erweiterungsmöglichkeiten vorzusehen sind. Bezeichnet dann M den Wasserverbrauch einer Schleusenfüllung, so ist der tägliche Verbrauch einer Schleuse z M cbm. Findet hierbei ein regelmäßiges Kreuzen der Schiffe an den Schleusen statt, so beträgt die Leistung des Kanales bei einschiffigen Schleusen an geschleusten Schiffen 2 z. Dies wäre die Maximalleistung des Kanales. In der Regel wird sie erst nach Jahren erreicht. Man wird aber zweckmäßig von vornherein mit ihr rechnen.

Beim Oder-Spree-Kanal beträgt z. B. die mögliche Zahl von Doppelschleusungen (d. i. ein Schiff aufwärts und eins abwärts) bei 19stündigem Betrieb und beim Vorhandensein von zwei nebeneinanderliegenden Schleusen an einer Staustufe insgesamt etwa 94 je Tag oder je Schleuse 47.

Bei geringerem Verkehr, wenn ein regelmäßiges Kreuzen von Schiffen an den Schleusen nicht stattfindet, wird man teilweise mit Leerschleusen, wo also ein aufwärts- oder ein abwärtsfahrendes Schiff fehlt, rechnen müssen. Bezeichnet dann n_1 die Anzahl der aufwärts-, n_2 die der abwärtsfahrenden Schiffe, so rechnet man häufig mit einem Tageswasserverbrauch von $0{,}75\ (n_1 + n_2)\ M$ cbm je Schleuse.

Den größten Wasserbedarf hat gewöhnlich die Scheitelhaltung, zumal sie die übrigen Haltungen mitspeist. Der Bedarf der letzteren beschränkt sich, neben den Verlusten aus Verdunstung, Versickerung und etwaigen größeren Undichtigkeiten an den Schleusen, auf den Unterschied zwischen dem Verbrauch an der unteren Schleuse und dem Zuflusse aus der oberen Haltung. Es ist also die Verschiedenheit im Gefälle der einzelnen Staustufen zu beachten. Auch kann durch Orts- oder Umschlagsverkehr die Anzahl der Schleusungen an den verschiedenen Staustufen eine verschiedene sein.

Herrscht auf einem Kanal mit Scheitelhaltung nur Durchgangsverkehr, so ist, wie dies Gröhe (Z. d. B. 1904, S. 170) und Schnapp (Z. d. B. 1909, S. 254) nachgewiesen haben, der Wasserverbrauch der Scheitelhaltung unabhängig von der Ladung der Schiffe. Die Scheitelhaltung gebraucht bei fortlaufendem Betrieb für jede Doppelschleusung an ihren Endschleusen an Speisewasser einen Zuschuß, welcher dem Füllungsraume der entsprechenden Endschleuse entspricht. Schnapp weist dann ferner nach, daß durch Be- oder Entladen der Fahrzeuge innerhalb der Zwischenhaltungen die Ersparnis bzw. der Mehrverbrauch an Speisungswasser belanglos ist. Nur in der Scheitelhaltung wird durch das Beladen bzw. Entladen von Schiffen in dieser Haltung eine Ersparnis oder eine Vermehrung an Speisungswasser erzielt, die gleich der Summe der Wasserverdrängung durch die Ladungen bzw. Entladungen L ist.

Für die eigentliche Kanalstrecke des Dortmund-Ems-Kanales von Herne bis zur Ems (etwa 150 km) sind für einen heißen Sommertag an Speisewasser in der Sekunde erforderlich:

1. für Verdunstung 150 · 0,002 = 0,30 cbm	} 1,2 cbm	
2. „ Versickerung 150 · 0,006 = 0,90 cbm		
3. „ Verlust durch Undichtigkeiten (größtes Schleusengefälle 4,10 m)	0,2	„
4. „ Schleusungen, bei 20 je Tag	0,6	„
5. zur Sicherheit und Abrundung	0,6	„
zusammen	2,6	cbm

Der Rhein-Hannover-Kanal wird nach den Berechnungen eine mittlere sekundliche Speisung von 8,051 cbm erfordern, und zwar sind vorgesehen:

1. für den Rhein-Herne-Kanal	1,7	cbm/sec
2. für den Dortmund-Ems-Kanal bis Münster und den Seitenkanal Hamm-Datteln	2,707	„
3. für die Strecke Münster—Bevergern mit dem Emsabstieg. . . .	0,084	„
4. für die Strecke Bevergern—Hannover einschließlich der Abzweigungen	3,560	„

Die Scheitelhaltung des Oder-Spree-Kanals hat im Jahre 1912 an 288 Betriebstagen bei einem Verkehr von etwa 39 000 Schiffen (Kersdorf) und etwa 15 000 Schleusenfüllungen bei jeder Endschleuse (Kersdorf und Fürstenberg) rund 84 Millionen cbm Speisungswasser, d. i. je Sekunde 3,4 cbm, erfordert.

Ein außerordentlicher Wasserbedarf tritt ein bei der erstmaligen Füllung eines Kanales, bei zeitweiliger Anfüllung einzelner Kanalstrecken nach Trockenlegung für Ausbesserungszwecke, bei der Anspannung des Kanalwasserspiegels für trockenere Zeiten und in der ersten Zeit des Bestehens eines Kanales. Die drei ersten Maßnahmen wird man zur Verringerung des Bedarfes in wasserreichen Zeiten vornehmen. Die Wasserverluste im Anfange des Kanalbetriebes haben insofern auf die Speisung wenig Einfluß, als der Wasserverbrauch für die sich erst entwickelnde Schiffahrt zunächst gering sein wird.

13. Vorkehrungen zur Verminderung des Wasserbedarfes.

a) Dichtung des Kanalbettes. Während die Wasserverluste durch Verdunstung nur unwesentlich eingeschränkt werden können, indem der Kanal gegen Sonnenbestrahlungen und Wind durch künstliche Schutzpflanzungen geschützt wird, lassen sich die Verluste infolge Versickerung durch sorgfältige Ausführung einer Dichtung des Kanalbettes erheblich vermindern. Eine solche Dichtung wird überall erforderlich, wo der Kanalwasserspiegel über dem Grundwasserstand liegt und der Untergrund aus durchlässigen Bestandteilen besteht. Sie wird dann auch Verwässerungen tieferliegender Ländereien, die infolge starker Versickerungen entstehen und zu erheblichen Entschädigungsforderungen führen können, verhindern. Nach den örtlichen Verhältnissen kann sich die Dichtung auf die Kanalsohle oder die Seitendämme beschränken, oder aber das ganze Kanalbett — also Sohle und Seitendämme umfassen.

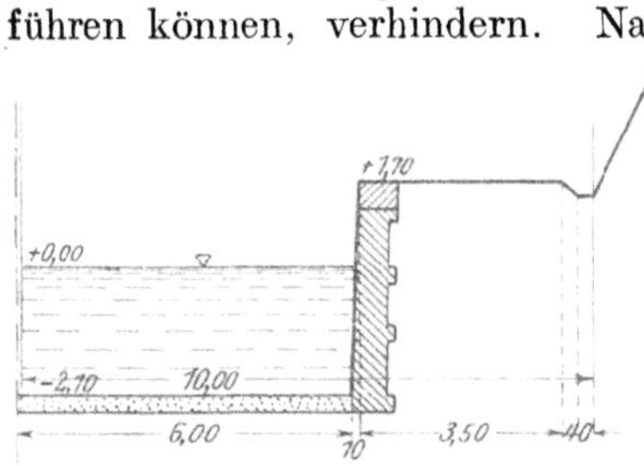

Abb. 76. Dichtung am Marne-Saone-Kanal in Fels.

Bei gutem tonigen oder lehmigen Untergrunde, der selbst dichtend ist, kann von einer künstlichen Dichtung natürlich abgesehen werden. Unter Umständen wird man aus dem gewonnenen tonigen Aushubboden die Seitendämme sorgfältig und dicht herstellen.

Bei klüftigen Felseinschnitten hat man am Marne-Saône-Kanal nach Abb. 76 die Seitenwände durch Bruchstein-Mauerwerk geschützt und die Sohle durch eine 20 cm starke Betonplatte abgedeckt, um möglichst an Aushubmasse zu sparen. Bei späteren Arbeiten hat man das nicht dichtwerdende Mauerwerk durch Stampfbeton ersetzt, der wiederholt gestampft und mit einem doppelten

Anstrich von Zementmilch versehen wurde. Abb. 77 zeigt eine Dichtung aus einer 10 bis 15 cm starken Betonlage, die außer dem Zementanstrich einen einfachen oder doppelten Überzug von Asphalt erhalten hat. Derartige dünne Betonlagen sollte man aber nur dort anwenden, wo ein vollständig unnachgiebiger Untergrund vorhanden ist, auf dem sie ruhen, da sonst in ihnen entstehende Risse erhebliche Wasserverluste herbeiführen können, ohne daß die Schäden zunächst bemerkbar sind. Auch bei klüftigem Fels wird man ihnen erst eine sorgfältig ausgeglichene feste Unterlage verschaffen müssen. Einen gewissen Schutz gegen Risse bietet hierbei die Verwendung von Eisenbeton.

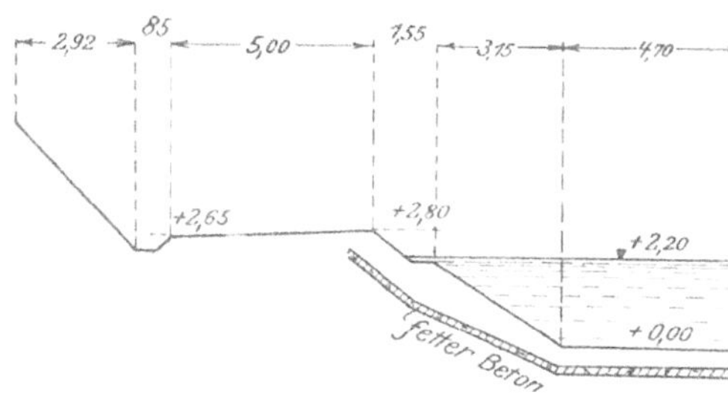

Abb. 77. Betondichtung am Marne-Saone-Kanal.

Im sandigen, nachgiebigen Untergrunde wird man eine ebenfalls nachgiebige Dichtung aus Ton oder Lehm schaffen, welche in Einschnitten mit geringem Wasserüberdruck geringere Stärke erhalten wird als in hochliegenden Aufträgen. Ihre Ausführung ist verschieden, je nachdem ob die Dichtung beim Bau des Kanals im Trockenen hergestellt werden kann, oder ob sie nachträglich unter Wasser eingebracht werden muß. Man hat im ersteren Falle häufig nur in die Mitte der Seitendämme einen gut gestampften Tonkern eingebaut, der bis zur Sohle oder unter Umständen auch noch tiefer reichte. Da der Kern aber mit anderem Boden überdeckt wird, sind Undichtigkeiten schwer aufzufinden und nur mit erheblichen Kosten abzustellen, abgesehen davon, daß der Seitendamm in zwei unabhängige Teile getrennt und erheblich geschwächt wird. Beim Marne-Saône-Kanal legte man deshalb die Dichtung unmittelbar auf die Wasserseite des Dammes (Abb. 78 u. 79) und stellte den dichten Anschluß mit dem gewachsenen Boden dadurch her, daß man den Dichtungskörper keilförmig in den Untergrund eingreifen ließ und den schädlichen Humusboden auf die ganze Dammbreite sorgfältig entfernte. Der Dichtungskörper, dessen Baustoff bei dem Aushub des Kanalquerschnittes sorgfältig ausgesucht und ausgesondert wurde, wurde nicht eingestampft, sondern durch Walzen fest zusammengeknetet. Zunächst verwendete man Walzen mit Pferdebetrieb, die später durch Motorwalzen (Petroleumbetrieb) von 1,20 m Arbeitsbreite und 2,5 t Gewicht ersetzt wurden, welche mit gerillter Walzenmantelfläche zur Vermehrung des Flächendruckes und zum festeren Zusammenpressen des Tones versehen waren.

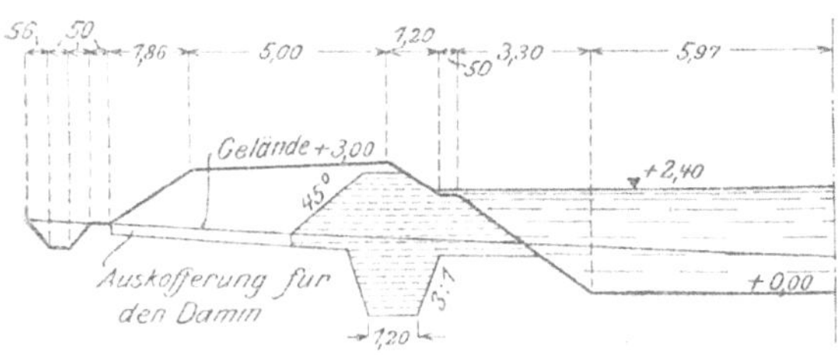

Abb. 78. Lehmdichtung am Marne-Saone-Kanal.

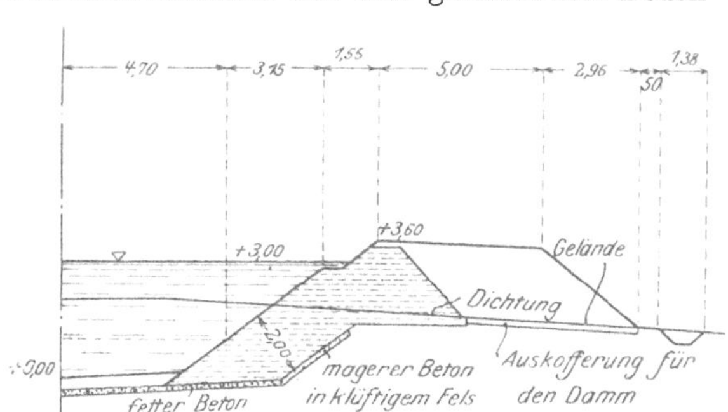

Abb. 79. Lehm- und Betondichtung am Marne-Saone-Kanal in flachem Felseinschnitt.

Die kleinen Motorwalzen hatten den Vorteil der größeren Beweglichkeit und des geringen Raumplatzes, so daß ihre Leistungsfähigkeit erheblich größer war als die großer und schwerer Pferdewalzen. Die Beimischung einer geringen Menge Kies zum Ton führte eine größere Zusammenpreßfähigkeit des Dichtungskörpers herbei. Die so ausgeführten Dichtungsarbeiten sollen sich am genannten Kanal bewährt haben.

Die Scheitelhaltung des Großschiffahrtsweges Berlin—Stettin befindet sich durchweg (etwa 27 km) in durchlässigem Gelände mit tiefer liegendem Grundwasser. Man hat hier nach Abb. 34 S. 44 einen Tonkoffer angeordnet, der über die ganze Sohle reicht und seitlich bis über den Kanalwasserspiegel heraufgeführt ist. Seine Stärke beträgt 30 bis 40 cm und wächst in den hohen Auftragsstrecken auf 60—80 cm. Zum Schutze gegen Angriffe durch Dampferschrauben oder Schiffshaken ist sie mit einer 30 bis 50 cm starken Kiesschicht überdeckt. Der Ton ist in einer zu diesem Zwecke angekauften Grube durch Trockenbagger gewonnen und in möglichst krümligem Zustande eingebracht worden. Er wurde in Schichten von 20 cm Stärke ausgebreitet und durch wiederholtes Befahren (6—8 mal) mit Motorwalzen von rund 5 t Gewicht auf 15 cm zusammengepreßt. Es wurden soviel Schichten aufgebracht, bis die nötige Stärke erreicht war. Auf den gewöhnlichen Böschungen erfolgte die Einbringung des Tones in wagerechten Schichten auf die gleiche Weise, indem die einzelnen Schichten der Böschungsneigung entsprechend versetzt wurden. Bei steileren Böschungen für Liegeplätze und bei Anschlüssen an Bauwerke dagegen wurde der Ton in Blöcken, welche mit Hilfe eines Kollerganges und einer Ziegelpresse hergestellt waren, mauerwerkartig aufgebaut und fest zusammengestampft. Erwähnt sei, daß die Zweckmäßigkeit des Tones und die Art seiner Einbringung vorher durch Versuche in kleinen Becken unter Verwendung von Verdunstungs- und Versickerungsmessern festgestellt worden ist. Hierbei hatte sich ergeben, daß es zur Erzielung einer dichten Tondecke vornehmlich darauf ankommt, den Ton grubenfeucht einzubringen.

Bei der Erweiterung des Oder-Spree-Kanales mußte die Dichtung in Rücksicht auf den Schiffahrtsbetrieb durchweg unter Wasser eingebracht werden. Je nach der Lage des Kanalwasserspiegels zum Grundwasser konnte man sich hier stellenweise mit einer Schlämmung der Kanalsohle in 5 bis 8 cm Stärke begnügen und brachte nur hinter der neuen Uferbefestigung eine stärkere Dichtung ein, oder ordnete bei stärkeren Höhenunterschieden in den Wasserständen eine 25 cm starke Tonschicht (Abb. 31 und Abb. 32 auf S. 44 und Abb. 70 und 72 auf S. 65 und 66) an, die mit einer 15 cm starken Kiesschicht überdeckt wurde. Die Gewinnung des Tones erfolgte in eigenen Tongruben bei Fürstenberg, von wo der Ton mit Loren zum Kanal gebracht und in Kähnen eingeladen möglichst frisch zur Dichtung verwendet wurde. Die Schlämmung erfolgte, wie dies bereits beim Bau des Kanales geschah, vom Floß aus, das mit Ton bedeckt langsam vorwärtsbewegt wurde, währenddessen der durch Benässen mit Wasser dünnflüssig werdende Ton durch das Wasser fiel und sich auf der Sohle ablagerte. Die stärkeren Dichtungsschichten sind von einem besonderen Verschüttgerüst abgesenkt. Das Gerüst bestand aus einer zwischen zwei Prähmen angeordneten Plattform, die aus einzelnen um wagerechte Achsen drehbaren, 40—50 cm breiten Tafeln zusammengesetzt war. In wagerechter Lage bildeten die Tafeln eine ununterbrochene Ebene, auf welche der Ton in entsprechender Stärke (25—30 cm) aufgebracht wurde. War die ganze Ebene belegt, so wurden sämtliche Tafeln durch ein Windewerk gleichmäßig um 90^0 gedreht. Der Ton glitt hierbei von ihnen gleichmäßig ab und bedeckte in der erforderlichen Stärke die Sohle. In gleicher Weise ist der Kies eingebracht. Die Dichtung hat sich gut bewährt und erfüllt die an sie zu stellenden Forderungen. Derartige Dichtungen empfehlen sich auch bei nachträglichen Ausbesserungsarbeiten im Betriebe befindlicher Kanäle.

Aus der Abb. 64 auf S. 63 und Abb. 80 ist die Stärke und Ausbildung der Dichtung am Mittelland- bzw. Rhein-Herne-Kanal zu ersehen. Es hat sich im Betriebe herausgestellt, die Dichtung in den Strecken, in denen der Kanalwasserspiegel über Grundwasser liegt, bei gutem Ton auf 30—60 cm zu verstärken, und dort, wo die Kanalsohle höher wie Geländehöhe liegt, 60 cm zu wählen.

Gedichtete Kanaldämme dürfen nicht durch Bepflanzen mit großen Bäumen, Weiden oder dergl. gefährdet werden, da die tiefreichenden und nach dem Wasser sich hinziehenden Wurzeln Anlaß zu Undichtigkeiten geben. Auch wird man eine Durchbrechung der Dichtungsschicht durch Bohlwände und dergl. für den Uferschutz nach Möglichkeit vermeiden. Ist dies nicht möglich, so ist auf dichte Herstellung der Wand und guten Anschluß der Dichtung auf ihren beiden Seiten zu achten (vgl. Abb. 70 auf S. 65).

b) Wassersparende Maßnahmen. An den Schleusenbauwerken wird man die Wasserverluste durch sorgfältige Herstellung der Gründung und durch Abdichtung des Bauwerkes am Oberhaupt mittels Tonkoffers oder dergl. zu vermindern suchen.

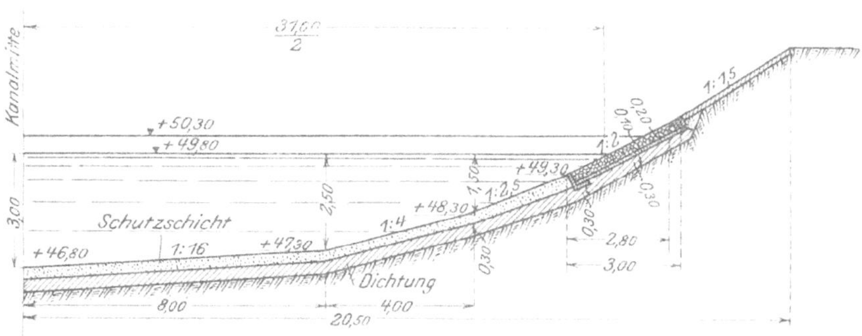

Abb. 80. Dichtung am Rhein-Herne-Kanal.

Die Tore, Schützen und Umlaufverschlüsse sind auf das genaueste einzupassen, so daß Undichtigkeiten auf das geringste Maß zurückgeführt werden. Insbesondere werden für Umläufe zum Füllen der Schleusenkammern Heberverschlüsse ihres völlig dichten Abschlusses wegen (vgl. Schleusen am Elbe-Trave-, Oder-Spree- und Teltow-Kanal) anderen Verschlußvorrichtungen vorzuziehen sein. Auf eine Verminderung des Wasserverbrauches beim Schleusen wird durch geeignete Sparanlagen hinzustreben sein, entweder durch Anordnen seitlicher Sparbecken oder beim Vorhandensein von Doppelschleusen durch Ausnutzung der Schleusen selbst als Sparbecken. Ist der Wasserverbrauch auf das Äußerste zu beschränken, so wird die Anlage künstlicher Hebewerke in Frage kommen (vgl. Schleusenbau. F. Seite 229—244), bei denen so gut wie gar kein Wasserverbrauch stattfindet.

14. Speisung der Kanäle.

Die Speisung eines Kanales oder eines Kanalsystemes ist möglichst einheitlich zu gestalten, auch im Zusammenhange mit den beteiligten wasserwirtschaftlichen Fragen hinsichtlich der Verbesserung der Landeskultur (Entwässerungs- bzw. Bewässerungsanlagen), Regelung der Hochwasserabführungen, Anlage von Staubecken und dergl. Nachdem die für die Schiffahrt erforderliche größte Wassermenge auf Grund der Erörterungen S. 67 u. ff. festgesetzt ist, wird zu prüfen sein, ob diese Menge aus dem vorhandenen Niederschlagsgebiet zur Verfügung gestellt werden kann, oder ob und welche künstlichen Mittel für die Wasserbeschaffung zur Anwendung gelangen müssen, und wie die Regelung der Zuleitung zu erfolgen hat. Der größte Bedarf an Kanalspeisungswasser wird häufig zusammenfallen mit einer geringen, wenn nicht sogar der geringsten Wasserführung der natürlichen Vorfluter. Dagegen wird im Frühjahr, Herbst und Winter fast stets genügend Wasser vorhanden sein, so daß neben dem eigentlichen Wasserbedarf unter Umständen eine Aufspeicherung von Wasser für Schiffahrtszwecke in trockenen Zeiten oder sogar eine Abgabe aus dem Kanale für Bewässerungen stattfinden kann. Auch kann ein Kanal zur Ableitung oder Durchleitung von Hochwasser Verwendung finden, wobei jedoch die abzuführende Wassermenge unter Berücksichtigung einer die Schiffahrt nicht störenden Geschwindigkeit und eines in Rücksicht auf die vorhandenen Durchfahrtshöhe unter den Brücken zulässigen Gefälles zu bemessen sein wird.

So soll z. B. der westliche Teil des Oder-Spree-Kanales von Gr.-Tränke bis Wernsdorf als Hochwasserumfluter 20 cbm Wasser je Sekunde abführen. Die im Kanal im Höchstfalle eintretende Geschwindigkeit beträgt hierbei etwa 0,29 m und bringt eine Hebung bzw. Senkung des Wasserspiegels an beiden Enden der Kanalstrecke um etwa 25 cm hervor. Prüßmann nimmt als Grenze für die Wassergeschwindigkeit in Kanälen 26 bis 27 cm im Mittel und für das Gefälle ein solches von 1,6 cm auf 1 km an. Größere Geschwindigkeiten bieten nach seiner Ansicht der Schiffahrt schon Schwierigkeiten und führen auch Beschädigungen der Kanalufer und der Sohle herbei, zumal bei der Schiffsbewegung eine Vergrößerung der Wassergeschwindigkeit zwischen Schiff und Kanalsohle bzw. Böschung entsteht.

Die Speisung der Kanäle zerfällt in eine natürliche aus dem Grundwasser oder vorhandenen Bächen, Flüssen oder Seen, sowie in eine künstliche durch Pumpwerke, Anspannung der Haltungen, aus Sammelteichen, Stauweihern und dergl. Eine Beschaffung aus Brunnen, Sammelkanälen u. a. ist bei dem großen Wasserbedarf der Schiffahrtskanäle unzulässig.

a) **Natürliche Speisung** aus dem Grundwasser, vorhandenen Bächen, Flüssen oder Seen.

Die Speisung aus dem Grundwasser kann bei tiefeingeschnittenen Kanalhaltungen unter Umständen in Betracht kommen; sie wird aber meistens, besonders bei Scheitelhaltungen, für den vollen Wasserbedarf nicht ausreichen. Grundwasserspeisung ist vorhanden am Ems-Jade-Kanal, z. T. auch an dem nur in seiner Mitte durch eine Schleuse abgeschlossenen Teltow-Kanal (etwa $^3/_4$ des Bedarfes) und in geringem Umfange auf der Strecke Wernsdorf—Gr.-Tränke des Oder-Spree-Kanales.

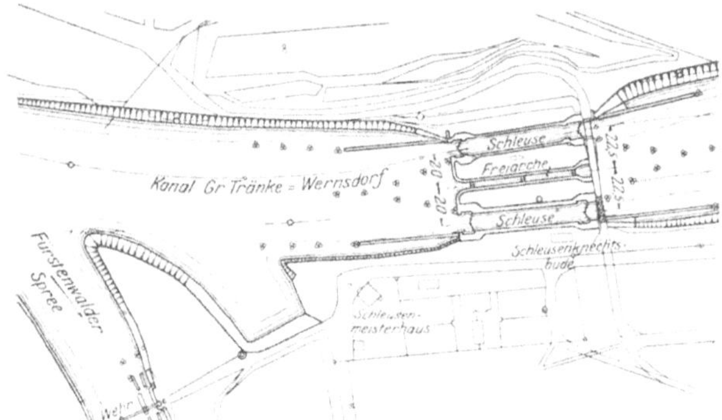

Abb. 81. Abzweigung des Oder-Spree-Kanales aus der Spree bei Große-Tränke.

In vielen Fällen wird die unmittelbare Versorgung aus Bächen, Flüssen oder Seen ausreichen, sofern deren Niederschlagsgebiet hinreichend groß ist.

Bäche können bei entsprechender Höhenlage ihres Wasserspiegels unmittelbar in den Kanal eingeführt werden durch einfache Einlässe unter dem Leinpfade oder durch kaskadenartige Überfälle. Ist ihre Wasserführung unregelmäßig, so dienen zur Regelung Wehreinbauten, oberhalb deren der Einlaß zum Kanal abzweigt. Letzterer erhält gleichfalls Schützenverschlüsse. Häufig werden derartige Bauwerke mit dem Dückerbauwerk des Baches verbunden. Stets ist darauf zu achten, daß etwaige Sandmengen, die der Bach führt, vom Kanal ferngehalten werden. Zweigt der Kanal unmittelbar aus dem Flusse ab, z. B. die Kanalstrecke Gr.-Tränke—Wernsdorf aus der Spree (Abb. 81), so kann durch ein kurz unterhalb der Abzweigungsstelle errichtetes Wehr (Nadel- oder Schützenwehr) der Fluß so weit angestaut werden, daß er dem Kanal das erforderliche Wasser zuführt. An genannter Stelle erfolgt behufs Regelung der Wassermenge die Einleitung in den Kanal durch eine mit Schützenverschluß versehene Freiarche, die zwischen den beiden vorhandenen Kanalschleusen liegt und in Tätigkeit tritt, sofern nicht der Spreewasserstand mit dem Kanalwasserspiegel gleiche Höhe hat und die Schleusen offenstehen bleiben können. Der sekundliche Bedarf dieser rund 22 km langen Kanalstrecke beträgt etwa 3,0 cbm. In ähnlicher Weise erhält der Teltow-Kanal aus der durch das Mühlendammwehr gestauten Spree etwa 0,2 cbm sekundliches Zuschußwasser.

Ist ein Anstauen des Flusses wegen seiner Höhenlage zum Gelände, zum Kanalwasserspiegel oder aus anderen Gründen nicht möglich, so kann an gegebener Stelle des Flußlaufes ein Speisegraben (Zubringer) abzweigen, der das Wasser mit natürlichem Gefälle dem Kanale zuführt. Im Fluß selbst wird man unterhalb der Abzweigung des Zubringers ein Wehr zur Einhaltung der erforderlichen Wasserhöhe errichten, während im Zubringer kurz vor seiner Einmündung in den Kanal ein Schützabschluß zur Regelung der einzulassenden Wassermenge vorhanden sein muß. Der Querschnitt des Zubringers, der unter Umständen auch schiffbar sein kann, bestimmt sich aus der abzuführenden Wassermenge und dem Gefälle. Sofern er im Auftrage liegt, ist er zur Verminderung der Sickerverluste sorgfältig zu dichten. Bei starkem Gefälle und großen Wassergeschwindigkeiten werden die Ufer, unter Umständen auch die Sohle ausreichend zu befestigen sein.

Die Speisung aus Seen, sofern sie höher als der Kanalwasserspiegel liegen oder sich entsprechend anstauen lassen, erfolgt in gleicher Weise. Z. B. wird die Scheitelhaltung des Bromberger Kanales durch einen Speisekanal aus der oberen Netze und in Zeiten des Wassermangels aus den Seen im Gebiete der oberen Netze gespeist, welche bei größerem Zufluß angestaut werden.

b) Künstliche Speisung durch Pumpenanlagen, Stauweiher und dergl. Ist der Wasserspiegel des Wasserzuführers niedriger als der des Kanales und sein Anstauen nicht möglich, so hat die Einleitung des Speisungswassers durch künstliche Hebung mittels Pumpen zu erfolgen. Bei reichlichen Wassermengen wird man diese zum Betriebe des Pumpwerkes verwenden, sonst kommen Dampfmaschinen, Dieselmotoren, elektrische Kraft je nach der Wirtschaftlichkeit in Frage.

Abb. 82, S. 76 zeigt ein durch Dampfkraft betriebenes Pumpwerk bei Neuhaus für die Scheitelhaltung des Oder-Spree-Kanals. Die erforderliche Wassermenge wird dem aus der oberen Spree gespeisten Wergensee entnommen, dessen Spiegel etwa 1 m tiefer liegt als der der Scheitelhaltung. Die Anlage besteht aus zwei Kreiselpumpen von zusammen rund 6,1 cbm sekundlicher Leistung und den zugehörigen Kesseln und Dampfmaschinen. Im Mittel beträgt die sekundliche Wasserzuführung 3,4 cbm/sec (nach dem Jahre 1912). Eine Maschine ist ständig im Betrieb, während die andere für die Zeiten größten Wasserbedarfes zur Verfügung steht. Der Betrieb ist ein ununterbrochener. Die Gesamtkosten der Hebung von 1000 cbm Wasser betragen etwa 68 Pf., die reinen Hebungskosten etwa 44 Pf. Die Zuführung des Wassers zur Scheitelhaltung erfolgt durch einen 2,7 km langen Teil des alten Friedrich-Wilhelm-Kanales. An Sonntagen ruht der Pumpbetrieb in Neuhaus. Die Speisung der Scheitelhaltung erfolgt dann aus dem großen Müllroser See, dessen Wasserspiegel mit Hilfe eines Abschlußschützes während der Woche angestaut ist. In jüngster Zeit wird geplant, den infolge des überaus starken Anwachsens des Verkehres erheblich gesteigerten Bedarf an Speisungswasser neben der Spree auch der Oder bei Fürstenberg zu entnehmen. Hierfür ist ein elektrisch betriebenes Pumpwerk an der Unterschleuse geplant, welches etwa 2,6 cbm sekundliche Wassermenge im Mittel 12,85 m heben und der Scheitelhaltung mittels eines offenen, in Eisenbeton hergestellten rund 3 km langen Speisegrabens zuführen soll.

Ist die Wasserführung eines Flusses starken Schwankungen unterworfen, so daß zu Zeiten kleiner Wasserstände die vorhandene Wassermenge zur Speisung nicht ausreicht, so kann die Aufspeicherung größerer Wassermengen in künstlichen Sammelbecken (Stauweihern und dgl.) in Betracht kommen. Die Zuführung der nötigen Speisemengen zum Kanal kann durch Speisegräben und Leitungen irgendwelcher Art oder derart erfolgen, daß aus dem gefüllten Becken den Flüssen bei kleinen Wasserständen Zuschußwasser gegeben wird, das an geeigneter Stelle aus dem Fluß in den Kanal gehoben wird.

Die Speisung aus solchen künstlichen Sammelbecken hat bei den französischen Kanälen vielfach Anwendung gefunden. Der östliche Teil des Rhein-Marne-Kanals erhält aus drei Stauweihern (den Seen von Gondrexange, Réchicourt und Paroy mit 12 Mill. cbm Fassungsvermögen), der Burgundkanal aus 6 Behältern von 28 Mill. cbm Inhalt sein Zuschußwasser.

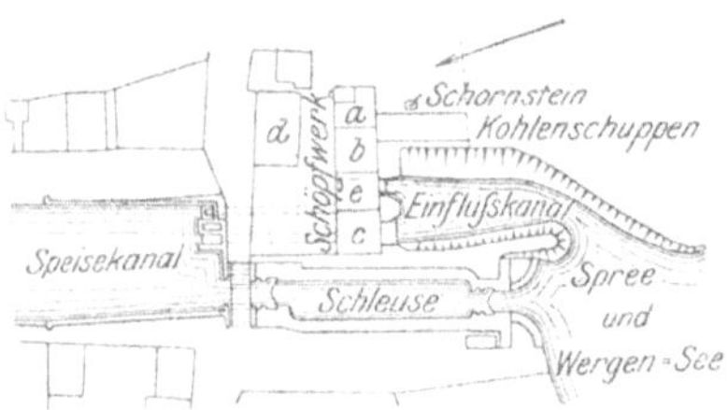

Abb. 82a. Lageplan.

a = Schmiede
b = Kesselhaus
c u. e = Maschinenhaus
d = Maschinenmeistergehöft

Die Deckung des Wasserbedarfes des Rhein-Hannover-Kanales soll aus der Lippe und der Weser erfolgen. Der Höchstbedarf des ganzen Kanals einschließlich des Lippeabstieges bei Datteln ist bei stärkstem Verkehr und bei größter Verdunstung zu 13,65 cbm/sec ermittelt. Hiervon soll die Lippe bei höheren Wasserständen 9,66 cbm, d. i in der Hauptsache der Bedarf des Rhein Herne- und des Dortmund-Ems-Kanales, die Weser 3,99 cbm, d. i. der Bedarf der Strecke Bewergern—Hannover, decken. Der Lippe darf aber Wasser nur entnommen werden bis zu einer Mindestwasserführung von 5,4 cbm/sec. Bei geringerer Wasserführung der Lippe ist zunächst der Weser bis zu 7,5 cbm/sec Wasser zu entnehmen. Weiteren Mehrverbrauch soll das bestehende Pumpwerk bei Olfen, das später gewöhnlich nicht im Betriebe ist, beschaffen, und zwar soll es einmal das Wasser, das der Lippe auf der Strecke Hamm—Datteln zufließt, zweitens das, welches ihr am Abstieg bei Datteln als Kanalschleusungswasser zugeführt wird, wieder in den Kanal pumpen. Diese Speisung wird für gewöhnlich genügen. Nur bei gesteigertem Verkehr und trockener Jahreszeit wird größerer Bedarf eintreten, der entweder aus dem um etwa 50 cm angestauten Kanalwasser oder dadurch gedeckt werden soll, daß der Weser bis zu 10 cbm/sec entnommen wird. Im allgemeinen soll eine Wechselbeziehung zwischen Lippe- und Weserspeisung herbeigeführt werden, je nach der größeren oder geringeren Wasserführung des einen der beiden Flüsse.

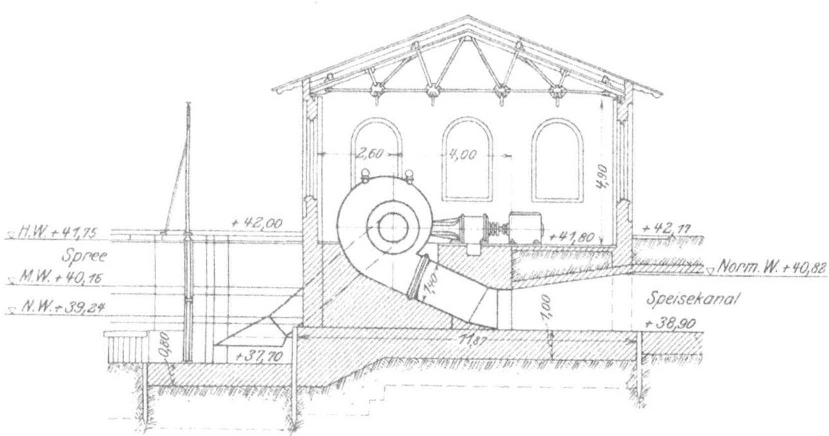

Abb. 82b. Querschnitt durch das Maschinenhaus c.

Abb. 82. Pumpwerk zur Speisung des Oder-Spree-Kanales bei Neuhaus.

Das Wasser der Lippe wird durch einen Zubringer, den Lippe-Seitenkanal Hamm—Datteln eingeleitet. Er hat 36,6 km Länge, ist schiffbar und soll später bis Lippstadt verlängert werden. Mit der Lippe bei Hamm wird er durch eine kleine Schleuse für 100-t-Schiffe sowie für die Speisung mit 2 Rohrleitungen von 485 m Länge und je 1,70 m Durchmesser verbunden werden.

Aus der Weser soll das Wasser mittels eines großen Pumpwerkes (Abb. 83) dem Mittellandkanal zugeführt werden. Um der Weser die erforderliche Wasser-

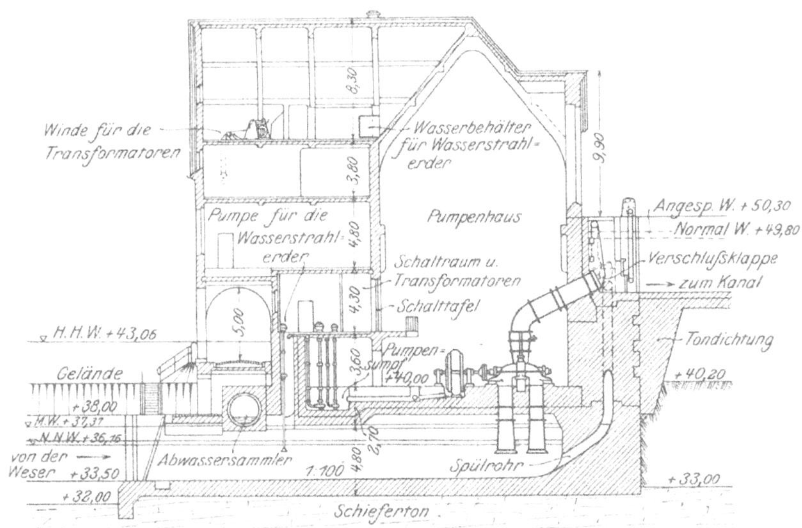

Querschnitt.

Abb. 83. **Pumpwerk zur Speisung des Mittellandkanales bei Minden.**

menge ohne Schädigung der Schiffahrt und Landwirtschaft entnehmen zu können, ist die Anlage eines Staubeckens im Edertal bei Hemfurt mit 170 Mill.cbm Fassungvermögen sowie unter Umständen eines kleinen Beckens im Eder- oder Diemeltal vorgesehen, so daß der errechnete jährliche Bedarf aus der Weser von 75 Mill. cbm Wasser voll gedeckt ist. An die Landwirtschaft sollen etwa 2,5 cbm/sec abgegeben werden.

Die Leistungen des Pumpwerkes an der Lippe für den Dortmund-Ems-Kanal und der Umfang des Schleusenbetriebes sowie die Wasserverluste während der Betriebszeit sind aus folgender Zusammenstellung ersichtlich:

Das Pumpwerk war im Betriebe:	1908 vom 1. IV. bis 21. XII.	1909 vom 1. IV. bis 20. XI.	1910 vom 1. IV. bis 15. XII.	1911 vom 1. IV. bis 23. XII.	1912 vom 1. IV. bis 25. X.
Anzahl der Betriebstage . .	275	234	259	267	208
Gepumpte Millionen cbm Wasser	22,50	22,47	19,23	35,24	24,25 (nasser Herbst)
Schleusenfüllungen je 1800 cbm	3490	3528	4052	4513	3727
Wasserverluste durch Verdunstung und Versickerung: Liter auf 1 km je Sek. während der Betriebszeit des Pumpwerkes . .	4,20	5,22	3,34	7,82	6,34

15. Schiffahrtsbetrieb auf Kanälen.

Die älteste und einfachste Art der Fortbewegung der Schiffe ist die durch Menschenkraft, entweder durch Leinenzug vom Ufer aus (Treidelei) oder durch Staken, Schieben und dergl. vom Schiffe aus. Es war dies die einzige Art des Schiffahrtsbetriebes auf den ersten Kanalanlagen mit ihren kleinen und engen Abmessungen. Sie findet sich heute noch auf Wasserstraßen mit geringem Verkehr, bei Beförderung von Lastschiffen im Ortsverkehr, d. h. über kurze Strecken, sowie bei leeren Kähnen. Die Fahrgeschwindigkeit ist nur gering, etwa 1,5 bis 2,0 km/Stunde, d. i. 0,4 bis 0,55 m/sec, die tägliche Leistung 10 bis höchstens 15 km. Die reinen Schleppkosten hängen von den schwankenden Lohnsätzen ab. Sie werden im Mittel 0,3 Pf.[1]) je tkm betragen. Auf Kanälen mit starkem Verkehr wird man Menschentreidelei möglichst vermeiden, da durch die geringe Geschwindigkeit Stockungen im Gesamtbetriebe und wirtschaftliche Schädigungen schneller fahrender Lastschiffe eintreten. In Kanalstrecken mit künstlicher Sohlendichtung ist das Fortbewegen durch Staken zu verbieten, um Beschädigungen der Dichtung und Gefährdung anliegender Ländereien hintanzuhalten. Der für den Treidelbetrieb erforderliche Leinpfad hat eine Breite von 1,5 bis 2,0 m zu erhalten.

Mit dem Wachsen des Verkehrs und der Schiffsgefäße ist die Pferdetreidelei aufgekommen, die sich heute noch, z. T. auch für größere Entfernungen, mit Erfolg behauptet hat; vgl. die französischen Kanäle und den recht lebhaft befahrenen Finowkanal. Sie wird meistens derart betrieben, daß ein Unternehmer für eine bestimmte Strecke, die durch Schleusen oder dergl. begrenzt wird, die Treidelei gegen Pacht oder sonstige Vertragsbedingungen übernimmt und die zum Befördern der Schiffe nötigen Pferde nebst Bedienung stellt. Es kann hierdurch ein schneller und geregelter Betrieb erzielt werden. Die Geschwindigkeit des treidelnden Pferdes kann zu 1,8 bis 2,5 km/Stunde oder 15 bis 25 km je Tag, seine effektive Leistung zu etwa 0,75 PS_e angenommen werden. Die reinen Schleppkosten betragen etwa 0,3 bis 0,36 Pf.[1]) je tkm, die in Frankreich bei geregeltem Verkehr bis zu 0,015[1]), bei langen Fahrten und vorhandener Rückfracht bis zu 0,008 Fr.[1]) für das tkm sinken. Die Breite der Leinpfade ist reichlich zu wählen, da Platz für zwei Pferde und den Führer vorhanden sein muß. Man findet bei alten Kanälen Breiten von 3,5 m, ja sogar von 4,0 m. Die Höhenlage des Leinpfades schwankt zwischen 2 und 6 m, je nach den Geländeverhältnissen.

Neben diesen Betriebsarten findet auf Kanalstrecken, die zur herrschenden Windrichtung günstig liegen, nicht zu starken Verkehr aufweisen und nicht zu häufig durch Überbrückungen unterbrochen werden, sowie auf seeartigen Erweiterungen der Kanäle Segeln Anwendung.

Die vorgenannten Mittel zum Fortbewegen der Lastkähne genügten nicht mehr, als der stetig wachsende Verkehr, hervorgerufen durch die Erfindung der Dampfmaschine, erhöhte Anforderungen an die Leistungsfähigkeit der Wasserstraßen stellte. Um den Wettbewerb mit den Eisenbahnen aufnehmen bzw. diese dort entlasten zu können, wo sie an die Grenzen ihrer Leistungsfähigkeit gekommen waren, waren die Wasserstraßen zur Erhöhung der Fahrgeschwindigkeit, Vergrößerung der Schiffsgefäße und Vermehrung der täglichen Wegeleistung genötigt. Diesen Anforderungen konnte nur das Fortbewegen der Lastschiffe durch Maschinenkraft, der mechanische Schiffszug, genügen. Es entstand der freifahrende Dampfer, welcher seine Fortbewegung durch Stützung auf das tragende Wasser erzielte. Zum weitaus größten Teil kommt er als Schleppmittel, nur vereinzelt zur Beförderung eiliger und wertvoller Güter als Frachtdampfer und selbstfahrendes Lastschiff zur Verwendung. In welchem Maße diese Beförderungsart auf den deutschen Binnenwasserstraßen Anwendung

---

[1]) Die angegebenen Kosten gelten für die Zeit vor 1914.

gefunden hat, zeigt ihr Anwachsen von 300 Güter- und Schleppdampfern im Jahre 1877 auf 1412 im Jahre 1902 und auf 2245 im Jahre 1907.

Die auf den Kanälen verkehrenden freifahrenden Dampfer sind größtenteils Schraubendampfer, vereinzelt Hinterrad- oder Seitenraddampfer. Letztere Dampferarten gehen sehr flach, eignen sich daher mehr für den Betrieb auf Flüssen mit wechselnden Wasserständen. Für den Kanalbetrieb bieten sie häufig Schwierigkeiten wegen ihrer großen Breiten- und Längenabmessungen. Dagegen erzeugt die Schaufel keine tiefgehenden, die Sohle angreifenden Wellen und ist mit ihren Oberflächenwellen für den Bestand des Kanales ungefährlicher.

Der Schraubendampfer erfordert größere Wassertiefen, wie sie auf neuzeitlichen Kanälen vorhanden zu sein pflegen, um zum wirtschaftlichen Betriebe hinreichende Schraubengrößen und Eintauchtiefen verwenden zu können. Sein Haupttätigkeitsfeld ist der Schleppdienst, d. h. das Befördern mehrer, angehängter Lastkähne. Sein Betrieb wird um so wirtschaftlicher, je größer die zu befördernde Last ist, je mehr Fahrten er in einem Betriebsjahre machen kann und je weniger Liegezeiten er hat. Er hat mithin überall dort erfolgreiche Verwendung gefunden, wo ein ausreichender Kanalquerschnitt Schiffen von größeren Abmessungen ausgedehnten Verkehr mit Massengütern gestattete. Für diese Güter ist zwar eine Steigerung der früheren Geschwindigkeiten angenehm, aber nicht dringend und nur in beschränktem Maße erforderlich, da es sich fast meist um Güter handelt, die in der Regel an eine feste Ablieferungsfrist nicht gebunden sind, vielmehr an ihren Verwendungsstellen häufig noch längere Zeit lagern. Die Beschleunigung der Fahrt liegt daher mehr im Interesse der wirtschaftlichen Ausnutzung der Schiffsgefäße, der Schleppdampfer und des Kanales. Die Zahl der zuzulassenden Anhänge und die Geschwindigkeit eines Schleppzuges richtet sich nach den Abmessungen der Wasserstraße, dem Verkehr auf ihr und nach der Betriebsweise.

Von Bedeutung ist, daß der Dampferverkehr keine Beschädigungen der Kanalsohle, besonders in Dichtungsstrecken, und keine damit verbundene Störung des Schiffahrtsbetriebes hervorruft. Man wird daher die Leistung des Dampfers (ausgedrückt durch Pferdestärken und Geschwindigkeit) sowie seine Abmessungen, insbesondere den Tiefgang der Schraube in Beziehung setzen zur Größe des vorhandenen Wasserquerschnittes des Kanales. Dadurch ergibt sich dann von selbst die Anzahl der Anhänge.

In dieser Hinsicht sind für den Großschiffahrtsweg Berlin—Stettin (Schlepp- und Schraubenversuche im Oder-Spree-Kanal und im Großschiffahrtswege Berlin—Stettin von Mattern. Zentralblatt der Bauverwaltung 1911, S. 641 ff. sowie Sonderdruck) sowie für den ausgebauten Oder-Spree-Kanal (durch das Bauamt Fürstenwalde im Jahre 1913) ausgedehnte Versuche angestellt. Es wurde zunächst durch Versuchsfahrten in einer abgesteckten Strecke mittels Aufnahme von Indikatordiagrammen festgestellt, welche Pferdestärken erforderlich sind, um Schleppzüge von 1, 2, 3 und mehr Anhängen mit 2 bis 5 km stündlicher Geschwindigkeit zu schleppen. Daneben wurde die im Zugseil aufgewendete Kraft unmittelbar durch Kraftmesser festgestellt. Als Schlepper wurden Dampfer gewählt, wie sie aus dem Betriebe zur Verfügung gestellt werden konnten. Die verwendeten Kähne hatten bei den Versuchen im Oder-Spree-Kanal 55 m Länge, 8 m Breite und 1,75 m Tiefgang bei etwa 550 t Tragfähigkeit; im Großschiffahrtswege kamen 600-t-Schiffe zur Verwendung. Abb. 84 gibt das Ergebnis der Versuche im Berlin-Stettiner Kanal, ausgedrückt durch PS, wieder, Abb. 85 das der Versuche im Oder-Spree-Kanal, ausgedrückt durch die Zugkraft in der Trosse. Man sieht, daß bei Geschwindigkeiten über 4 km die Pferdestärken und Zugkräfte sehr stark zunehmen. So waren zum Fortbewegen eines Schleppzuges mit 3 Anhängen vom Odermaß ($55 \times 8 \times 1{,}75$ m) bei 3,5 km Stundengeschwindigkeit eine indizierte Maschinenleistung von 81 PS_i + 10 % Zuschlag für Einflüsse durch Ungenauigkeit beim Steuern, durch Kurven in der Kanalstrecke, durch Fahren am Ufer und dergl. mehr = rund 90 PS_i, für zwei beladene Kähne mit 5 km Geschwindigkeit etwa 153 + 15,3 = rund 169 PS_i erforderlich. Das 600-t-Schiff ($65 \times 8 \times 1{,}75$ m) gebrauchte bei 3 Anhängen und 3,5 km Geschwindigkeit 76 + 7,6 = rund 85 PS_i und bei 2 Anhängen und 5 km Geschwindigkeit rund 150 PS_i. Die Mehrlänge der Schiffe um 10 m scheint mithin bei den angenähert gleichen Versuchsquerschnitten beider Kanäle keinen größeren Widerstand zu bedingen. Die Versuche ergaben ferner, daß bei den geringen Geschwindigkeiten der Schleppzüge der Angriff der Dampferwellen auf die Ufer nur gering war, da die Gesamtwellenhöhe am Ufer sich in den Grenzen von 15 bis 20 cm hielt und erst bei Fahrgeschwindigkeiten über etwa 8,5 km diese Maße überschritt. Sie wuchs alsdann mit steigender Geschwindigkeit sehr erheblich und erreichte bei 15 km etwa die Höhe von 1,0 m, so daß alsdann eine ernstliche Beschädigung der Ufer eintrat. Einfluß

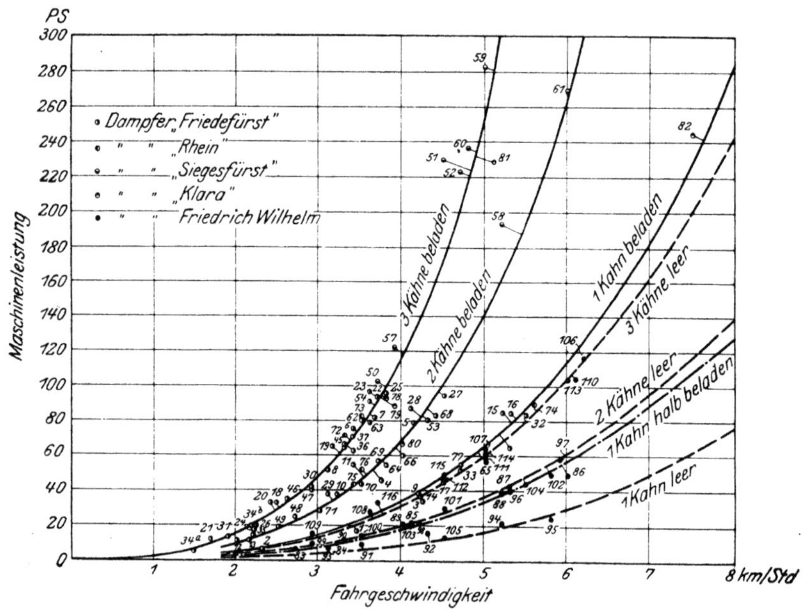

(Schleppversuche im Großschiffahrtsweg Berlin-Stettin.)

Abb. 84. Ermittelte Pferdestärken für Schleppzüge mit 1—3 Anhängen bei 0 bis 8 km Stundengeschwindigkeit.

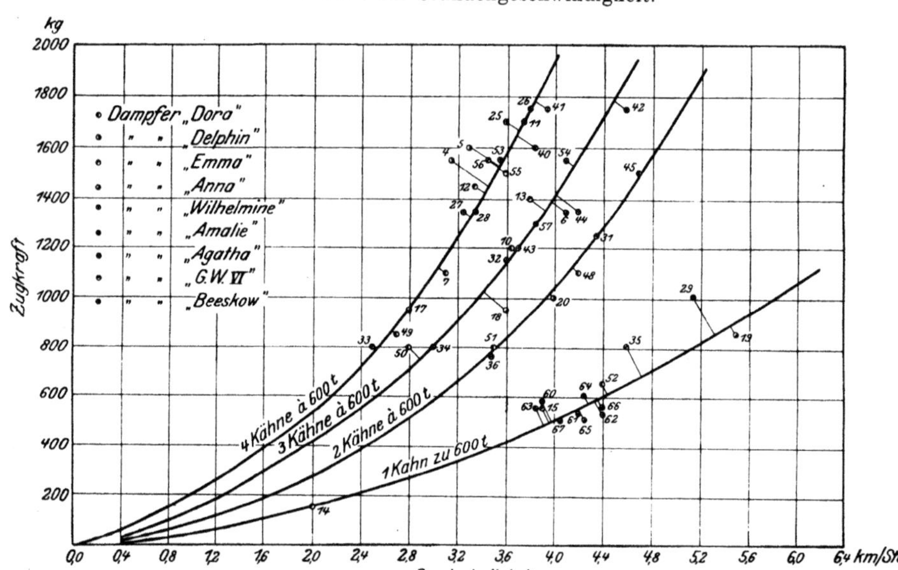

(Schleppversuche im Oder-Spree-Kanal.)

Abb. 85. Ermittelte Zugkraft in der Trosse für Schleppzüge von 1—4 Anhängen bei 0 bis 6,4 km Stundengeschwindigkeit.

auf diese Wellenhöhe hat also die Geschwindigkeit der Fortbewegung, die in der Bugwelle und der Spiegelabsenkung zum Ausdruck kommt.

Dagegen ist die Arbeitsleistung der Dampferschraube von Einfluß auf den Bestand der Kanalsohle. Die sich hierauf erstreckenden Versuche wurden derart angestellt, daß der Dampfer in Kanalmitte durch Seile fest verankert wurde und dann längere Zeit mit der Schraube frei arbeitete, wobei 900—2500 kg Zugkraft und 40—220 PS_i geleistet wurden. Jeder Versuch dauerte 2 Stunden. Vorher und nachher wurden eingehende Peilungen auf hinreichende Länge vorgenommen. Hierbei zeigte der Einschraubendampfer mit einem Steuer die ungünstigsten Einwirkungen (eine Austiefung der Sohle bis 1,6 m), dadurch daß das Steuer den Wasserstrom der Schraube unmittelbar nach unten ablenkte (vgl. Abb. 86). Geringer war der Angriff auf die Kanalsohle bei Einschraubendampfern mit 2 Steuern, Doppelschraubendampfern und Tunnelheckdampfern. Einfluß übte ferner die Form der Schraube und die Zahl ihrer Umdrehungen aus. Eine breitflügelige Schraube hatte nach den Versuchen geringeren Einfluß als eine langflügelige, die schneller laufende führte bei gleicher Kraftleistung einen stärkeren Angriff der Sohle herbei wie eine langsamer laufende. Schrauben mit etwa 130 Umdrehungen in der Minute übten kaum einen Einfluß aus. (Vgl. auch Krey, Modellversuche über den Schiffahrtsbetrieb auf Kanälen usw. Forscherarbeiten, Verein deutscher Ing. 1911.)

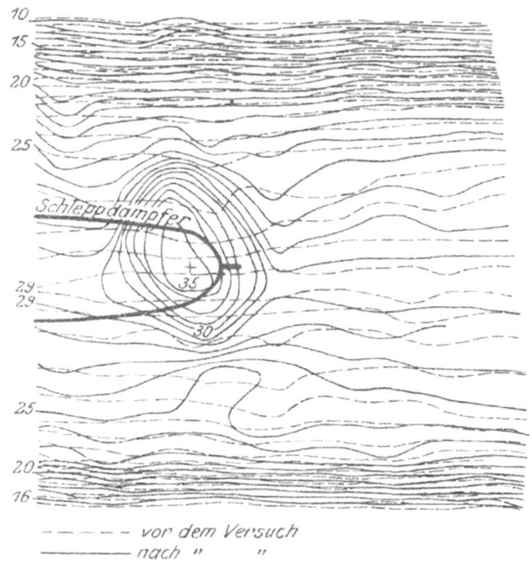

Abb. 86. Wühlversuch mit festgelegtem Schraubendampfer am Hohenzollernkanal.

Die Versuche von Mattern haben dazu geführt, für den Großschiffahrtsweg Berlin-Stettin im Interesse der Sicherheit des Kanalbestandes Schleppzüge von drei großen Anhängen als oberste Grenze festzusetzen und für sie eine Geschwindigkeit von 3,0 bis 3,5 km anzuordnen. Der tiefste Punkt der Schraube darf höchstens 1,40 m unter Wasseroberfläche liegen bei etwa 3,0 m Wassertiefe im Kanal. Dampfer über 60 PS bis 120 PS müssen besondere Vorrichtungen oder besondere Bauart haben, welche den Angriff auf die Sohle vermindern. Mit Ausnahme des Einschraubendampfers mit einem Steuer rechnen hierher alle obengenannten Dampfer. Bei den 1913 im Oder-Spree-Kanal angestellten Schlepp- und Wühlversuchen hat sich weiterhin die Anbringung einer etwa 25—30 cm breiten Platte unter dem Steuer nach dem Patent Flamm als günstig gegen Sohlenangriffe herausgestellt.

Auf dem Oder-Spree-Kanal verkehren zurzeit Schleppzüge mit 4 Anhängen (55 × 8,0 × 1,5 m), welche beladen mit 3,0 bis 3,5 km, leer mit 5,0 km stündlicher Geschwindigkeit fahren dürfen. Die Schlepptrosse zwischen Dampfer und erstem Kahn hat 50 m Länge, zwischen den übrigen Kähnen etwa 8 m. Leere Schleppzüge sind enger gekuppelt. Nach dem Ausbau des Kanales soll der Tiefgang der Schleppkähne auf 1,75 m erhöht werden. Es steht zu erwarten, daß die Geschwindigkeit der beladenen Schleppzüge unter Anschluß an die Bestimmungen des Großschiffahrtsweges auf 3,5 bis 4 km vergrößert wird. Die reinen Schleppkosten betragen auf dem Kanal, auf dem die Schleppschiffahrt durch eine Genossenschaft ausgeübt wird, etwa 0,18 bis 0,23 Pf. je tkm (Preise vor 1914).

Sind in der Wasserstraße Schleppzugschleusen vorhanden, so wird man die Anzahl der Anhänge nach der Länge der Schleusen bestimmen, um den Schleppzug mit einer Schleusung befördern zu können und unnötige Aufenthalte an den Schleusen zu vermeiden. Beim Rhein-Weser-Kanal sind z. B. Schleppzüge von 2 Anhangkähnen mit kleinem Schleppdampfer vorgesehen.

Je geregelter ein Kanalbetrieb ist, je weniger Überholungen von Schleppzügen mit verschiedenen Geschwindigkeiten auf ihm stattfinden, um so größer kann die Geschwindigkeit dieser in regelmäßigen Abständen fahrenden Schleppzüge sein, ohne daß Betriebsstörungen oder Beschädigungen des Kanalquerschnittes eintreten. Letztere entstehen nach vorliegenden Beobachtungen am meisten an Stellen, wo Betriebsstockungen durch Festfahren sich begegnender und überholender Züge stattgefunden haben. Vom rein betriebstechnischen Gesichtspunkte ist daher bei lebhafterem Verkehr der durch den Staat oder einen Unternehmer unter Staatsaufsicht geleitete, regelmäßige Schleppbetrieb (Schleppmonopol) mit bestimmt festgelegten Abfahrt- und Ankunftzeiten an den Schleusen die beste Lösung für die Erhaltung des Bestandes eines Kanales und für die größte Ausnutzung seiner Leistungsfähigkeit. Man kann dann ohne Befürchtungen für künstlich gedichtete Kanalstrecken die zulässigen Geschwindigkeiten der einzelnen Schleppzüge so weit steigern, daß sie auf die Schiffahrtskosten in wirtschaftlicher Hinsicht günstig wirken. Sympher hat in seinen Untersuchungen über den Schiffahrtsbetrieb auf dem Rhein-Weser-Kanal (Berlin 1907, Wilhelm Ernst und Sohn) die Beziehungen zwischen Kanalquerschnittsgröße, Schiffsgeschwindigkeit und Transportkosten eingehend geprüft. Das Ergebnis bei einer Verkehrsgröße von 4 000 000 t gibt nachstehende Tabelle

Bei einer Geschwindigkeit von:	4 km je St.	5 km je St.	6 km je St.		
erfordert ein:					
Wasserquerschnitt von 59,5 qm	0,595	0,590	0,642 Pf.	Transportkosten	je tkm
„ „ 75,4 „	0,590	0,582	0,595 Pf.	„	„
„ „ 109,5 „	0,628	0,626	0,638 Pf.	„	„

Nebenher ist auf eine Kürzung der Wartezeit der Schiffe auf Ladung sowie der Liegezeiten zum Be- und Entladen Bedacht zu nehmen. Erstere ist zurzeit häufig sehr groß, da sich der Schiffer die Fracht selbst suchen muß. Sie wird sich wesentlich verkürzen lassen, wenn eine Hauptauskunftstelle vorhanden ist, welche die Vermittlung zwischen Absender, Schiffer und Empfänger übernimmt, so daß der Verkehr sich dem Eisenbahnverkehr nähern würde. Die Liegezeiten für Laden und Löschen sind durch Ausbau der Häfen und Anordnung geeigneter und genügender Ladevorrichtungen einzuschränken.

Die Beförderung dringender und hochwertiger Güter ist den Fracht- oder Güterdampfern zu überlassen, denen nach Bedarf und unter Berücksichtigung der Abmessungen der Wasserstraße auch das Mitführen von Anhangkähnen gestattet werden kann. Sie sowohl wie das selbstfahrende Lastschiff sind dem Schleppdampfer gegenüber im Nachteil, da während des Ladens und Löschens die Maschine nicht ausgenutzt werden kann. Man wird daher bei ihnen besonders auf eine schnelle Abwicklung des Ladegeschäftes zu achten haben. Regelmäßige Eilgutbeförderungen bestehen zwischen Hamburg, Berlin und Breslau, welche Strecke in etwa 5 Tagen zurückgelegt wird, und zwischen Breslau und Stettin. Selbstfahrende Lastkähne verkehren auf dem Dortmund-Ems-Kanal und der Havelwasserstraße zwischen Zehdenick und Berlin. Erstere sind mit Dampfmaschinen oder Sauggasmotoren ausgestattet, letztere, die vornehmlich dem Ziegeltransport dienen, mit Sammlerbatterien und Elektromotoren.

Es sind auch Vorschläge und Versuche gemacht, Lastkähne mit abnehmbaren Maschineneinrichtungen zu versehen, so daß sie zeitweilig in einen Selbstfahrer verwandelt werden können, sei es daß dem Motor der Strom von einer Leitung am Ufer oberirdisch oder von einem im Schiff befindlichen Sammler aus zugeführt wird, sei es daß kleinere Verbrennungsmotoren zum Antriebe gewählt werden. Hier seien auch die Vorschläge von O. Büsser in Oderberg und Galliot in Paris erwähnt (Galliot, Revue de Mécanique, Paris, Juli 1899) zum Bewegen von Lastschiffen mit elektrisch betriebenen Propellern, sowie das am Kanal Brüssel—Charleroi 1899 von Léon Gérard eingeführte elektrische Schleppboot, dessen Drehstrommotor 12 PS_e mit 350 Umdrehungen/Min. hatte.

Die Größe der Frachtdampfer und selbstfahrenden Lastschiffe wird sich nach den Abmessungen der Schleusen richten. Am Oder-Spree-Kanal verkehren solche bis zu etwa 54 m Länge, 6—8 m Breite bei 1,5 m Tiefgang, während die auf dieser Wasserstraße verkehrenden Schleppdampfer in der Hauptsache eine Länge bis zu 30 m, eine Breite von 4,0 bis 4,5 und einen Tiefgang bis zu 1,50 m bei 1,35 m größtem Schraubentiefgang mit Pferdestärken von 60 und 150 PS aufweisen.

Da der Wirkungsgrad eines Schleppdampfers ein sehr geringer ist — bei den Schleppversuchen auf dem Oder-Spree-Kanal wurde bei 6 auf ihm verkehrenden Dampfern ein solcher von nur 15—20 % der indizierten Pferdestärken festgestellt —, besteht schon seit langem das Bestreben, durch Stützung der Zugkraft auf festerer Unterlage, als sie das Wasser bietet, eine bessere Wirkung zu erzielen. In Betracht kommen hierbei die Seil- und Kettenschiffahrt, die auf ähnlicher Grundlage aufgebaute Wassereisenbahn von Kos, der mechanische Seilbetrieb vom Lande aus und der elektrische Treidelbetrieb vom Leinpfade aus.

Die Seil- und Kettenschiffahrt, welche die Kanalsohle als Stützmittel verwendet, indem auf ihr Ketten oder Seile verlegt werden, an denen sich das Schleppboot durch seine Maschinenanlage entlang windet, hat sich auf Kanälen nicht eingebürgert. Sie ist in den Anlagekosten und der Unterhaltung sehr teuer, beeinträchtigt die Steuer- und Bewegungsfähigkeit des Tauers und seiner Anhänger, bereitet in Krümmungen Schwierigkeiten wegen der Querbeweglichkeit der Kette und führt in Dichtungsstrecken zu Beschädigungen der Sohle. Sie hat vereinzelt Verwendung gefunden in den einschiffigen Tunnelstrecken französischer und belgischer Kanäle, wo infolge der geringen Querschnittsabmessungen große Zugwiderstände auftreten und die Anlage von Leinpfaden auf Schwierigkeiten stößt.

Die Wassereisenbahn von Kos besteht in der Hauptsache aus einer gewöhnlich auf der Sohle ruhenden Schiene, welche in 30—60 m Zwischenräumen, wie Abb. 87 zeigt, beweglich in einem Eisenstabe gelagert ist, der seitlich gelenkartig mit einem festen Fundament verbunden ist, und aus einem Motorboot, das an einem bis etwa ½ m über Sohle reichenden Rahmengestell 4 wagerecht liegende Rollen trägt (vgl. Abb. 88 S. 84). Die Rollen werden durch einen elektrischen Motor mittels Vorgelege bewegt. Sie werden zur Erzielung der nötigen Reibung gegen die Schiene, nachdem sie diese angehoben und durch eine senkrechte Scherenvorrichtung umklammert haben, durch eine zweite, wagerechte Scherenvorrichtung fest angedrückt. Die Regelung der Druckkraft übt die Schleppkraft unmittelbar aus. Es läuft dann das Boot an der Schiene entlang und ist zum Schleppen betriebsbereit. Kos erreicht durch seine Anordnung, daß das Schleppboot vor dem Schleppzuge läuft und bei gerader Richtung des Schleppseiles der Zug in dieser Richtung auf den Schleppzug wirkt. Er vermeidet die Nachteile der Dampferschraube, ungünstige Einwirkung auf den Kanalquerschnitt und schlechte Nutzwirkung, da durch die Ausübung der Zugkraft von der festen Schiene aus der Kraftverbrauch bedeutend geringer wird. Er errechnet einen Wirkungsgrad von 0,70 %. Die eigenartige Befestigung der Schienen schließlich verhindert deren seitliche Bewegung, besonders in den Kurven, läßt dagegen ein Hochheben in senkrechter Richtung zu. Eingehendere Versuche sind auf einer 2,5 km langen Strecke des Dortmund-Ems-Kanals angestellt. Ein endgültiges Urteil über die Bewährung läßt sich noch nicht fällen. Nachteilig ist

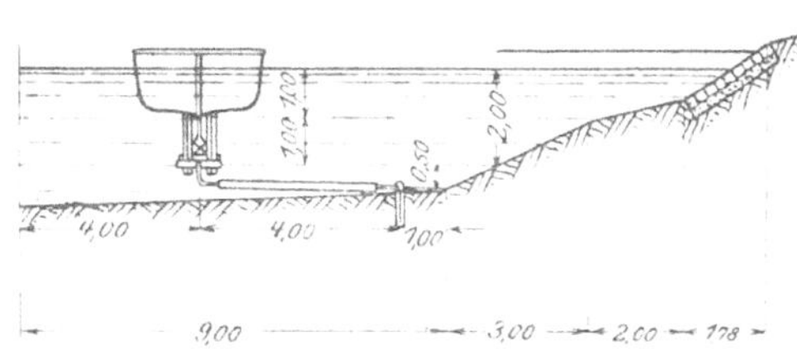

Abb. 87. Wassereisenbahn von Kos.

die Anordnung der Schiene nebst Zubehör unter Wasser, so daß etwaige Beschädigungen schwer festzustellen sind; auch ist zu befürchten, daß bestehende Dichtungsstrecken beschädigt werden.

Der mechanische Seilbetrieb vom Lande aus ist mehrfach versuchsweise ausgeführt, so u. a. von Rigoni 1882 an der belgischen Maas, 1889 von Levy auf dem Kanal von St. Maurice und St. Maur und 1890 von Mohr am Oder-Spree-Kanal. Er besteht aus einem Treibseil ohne Ende, das, längs des Ufers durch Rollen unterstützt, beweglich ausgespannt wird, an den Enden der Strecken über größere Scheiben läuft und durch eine Maschinenanlage in gleichbleibende Bewegung gesetzt wird. An dieses Treib- oder Wanderseil werden die Schlepptrossen der einzelnen Kähne durch besondere Vorrichtungen befestigt bzw. gelöst. Die Versuche an deutschen Kanälen haben kein befriedigendes Ergebnis gezeitigt.

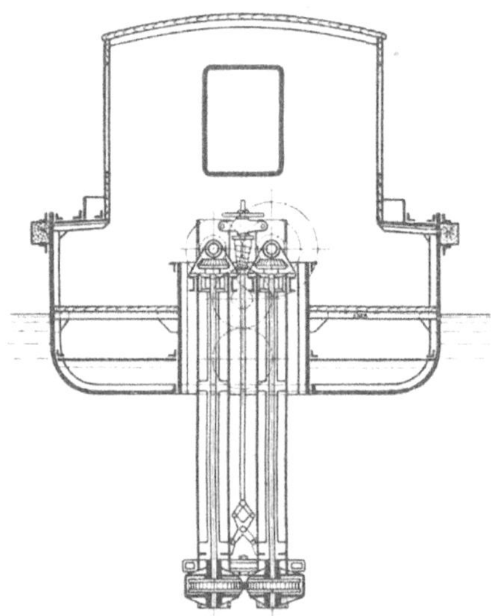

Abb. 88 a.
Querschnitt des Fahrbootes mit Antriebsvorrichtung.

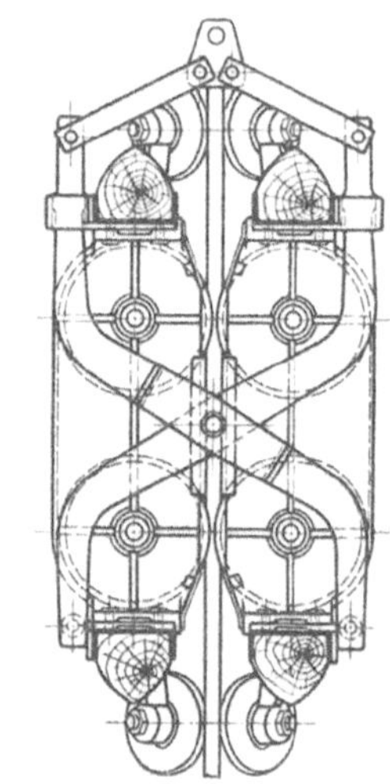

Abb. 88 b.
Grundriß der Antriebsvorrichtung.

Abb. 88. Wassereisenbahn von Kos

Insbesondere drehten sich die laufenden Seile bald auf und zeigten einen schnellen Verbrauch. Dagegen soll sich der Seilbetrieb am Aisne-Marne-Kanal in einer 2,3 km langen Tunnelstrecke — allerdings bei verhältnismäßig geringem Verkehr — bewährt haben und die Ausgaben durch die Einnahmen gut gedeckt werden. Die Schleppkosten sind auf 0,02 Fr. je Tonne festgesetzt. Leere Kähne fahren kostenlos. Immerhin wird Seilbetrieb nur für kleinere Entfernungen in Frage kommen können.

Den Treidelsteg als Stützmittel für mechanische Schleppmittel soll Larmanjat schon 1839 am Kanal von Burgund und anderen französischen Kanälen benutzt haben. Er treidelte mit 5 bis 8 t schweren Lokomotiven, deren vier breite Räder unmittelbar auf dem Treidelsteg liefen, während ein fünftes Rad längs einer eingebetteten Schiene Führung hatte. Ähnliche Versuche fanden 1890 am Oder-Spree-Kanal mit einer Dampflokomotive von 25 PS_i statt, die bei 6500 kg Dienstgewicht 1000 kg Zug entwickelte. Sie führten aber zu keinem wirtschaftlichen Ergebnis. Dieses erhoffte man durch Einführung des elektrischen Treidelzuges, da er die Vorteile der elektrischen Kraft, die Erzeugung der erforderlichen Kraft in einer Zentrale, ausnutzen kann. Zunächst versuchte man die elektrische Lokomotive auf Hochbahnen längs des Treidelpfades zu führen, vgl. Abb. 89 System Lamb, das 1895 auf einer 6 km langen Strecke bei Buffalo und 1898 von Siemens und Halske am Finowkanal versucht worden ist (s. Pöttgen, Zeitschrift für Binnenschiffahrt, Berlin 1900, Heft 14). Die möglichst leichte Lokomotive hängt an einem starken Tragseil und windet sich an einem tiefer hängenden dünneren Zugseil entlang. Die Schiffstrosse hängt an der Lokomotive. Das System hat sich namentlich für größere Lastschiffe und größere Geschwindigkeit (etwa 5 km/Stunde) nicht bewährt. Auch unterlag das Zugseil einer starken Abnutzung.

Die Engländer Thwaite und Cawley (Electrical Review, London, September 1898) verbesserten das System, indem sie das Tragseil durch Z-Träger ersetzten, an denen sich die Lokomotive durch künstliche Reibung entlangzog. Das Zugseil

Abb. 89. Elektrische Treidellokomotive „System Lamb".

fiel fort, das Gewicht der Lokomotive konnte verringert werden. Ähnlich versuchte Rudolph die von dem Schleppzuge benötigte Zugkraft zur Erhöhung der Adhäsion auszunutzen, indem Druckrollen durch Hebelwirkung von dem Zugseil um so mehr an die Bahn angepreßt wurden, je größer die Zugkraft im Seil wurde. In den Jahren 1903/04 verwandte Wood dieses Prinzip am Eriekanal[1]) (Abb. 90 S. 86) auf einer 800 m langen Probestrecke. Die elektrische Lokomotive läuft mit zwei hintereinanderliegenden Rädern auf einer etwa 1,0 m über dem Leinpfade liegenden Bahn. Die Bahn besteht aus zwei durch Träger unterstützten Gleisen, je eins für jede Fahrtrichtung, von denen das wasserseitige etwas tiefer angeordnet ist. Eine unterhalb des Trägers angeordnete Schiene dient zur Führung von zwei weiteren an der Lokomotive befindlichen Rädern, welche unter Zwischenschaltung von Federn durch das Zugseil (Abb. 90a) je nach der Zugkraft gegen die Fahrbahn angepreßt werden. Die Lokomotive war 6 t schwer und hatte zum Antrieb zwei Motoren von je 55 PS, welche 9000 kg Zug ausüben konnten.

[1]) Electrical World and Engineer. New York 1903, S. 795.

Durch Francis Blackwell und St. John Clarke wurden (1905) im Verein mit Léon Gérard wesentliche Verbesserungen an der Woodschen Maschine

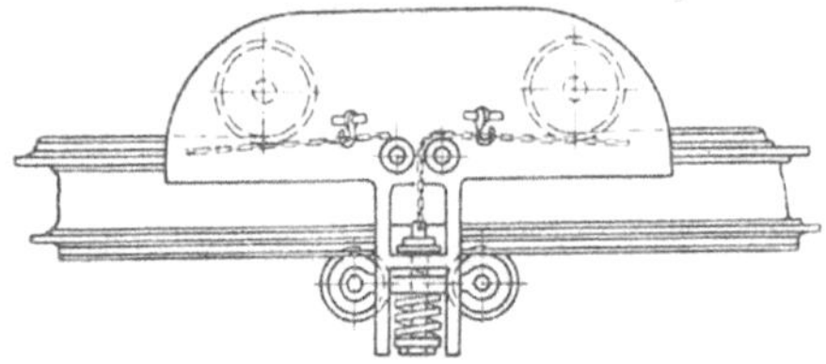

Abb. 90a. Gesamtanordnung der Lokomotive.

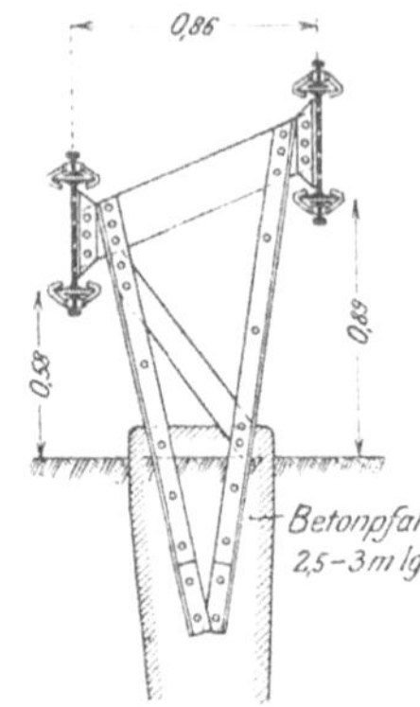

Abb. 90d. Anordnung der Fahrschienen im Querschnitt.

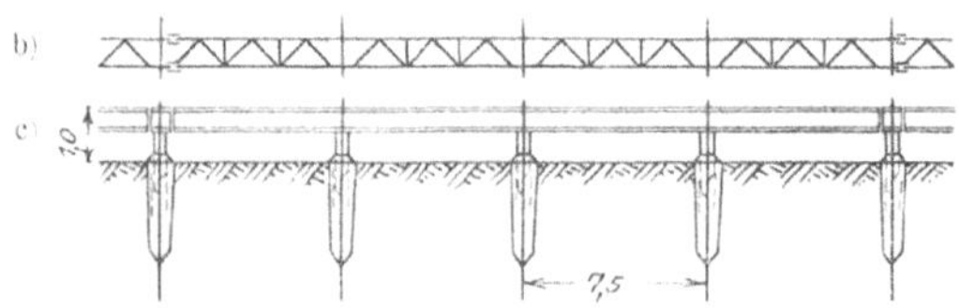

Abb. 90b u. c. Grundriß und Ansicht der Fahrbahn.

Abb. 90. Elektrische Treidellokomotive „System Wood".

vorgenommen. Die Treidellokomotive (Abb. 91a u. b) wurde leichter gestaltet und mit einem Motor von 45 PS versehen. Ihr Gewicht beträgt nur noch 2,9 t. Sie läuft mit zwei Triebrädern auf einer in der Böschung in je 6,35 m Entfernung befestigten Fahrbahn (Abb. 91c). Die Gegenrollen werden durch Feder und Hebel mit Hilfe der Zugkraft des Zugseiles gegen die unteren Führungsschienen der Fahrbahn angepreßt. Der Schwerpunkt der Lokomotive liegt unter dem Gleise. Das Zugseil ist bequem für beide Fahrtrichtungen der Lokomotive an den vorgesehenen Haken zu befestigen.

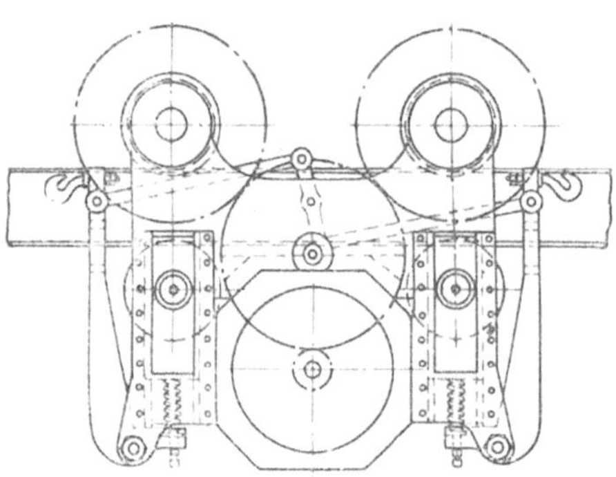

Abb. 91a. Ansicht der Lokomotive.

Die vorgenannten Systeme haben sich nicht besonders bewährt, da sie den Querverkehr über den Leinpfad stark beeinträchtigen, auch bei der Lage der Fahrbahn in der Böschung ein Überführen des Zugseiles über Kähne, die am Ufer festliegen, erschweren. Eine hohe Anordnung der Fahrbahn, welche diese Übelstände vermindern würde, bedingt infolge ihrer starken Ausbildung eine bedeutende Vermehrung der Anlage- und Unterhaltungskosten, der gegenüber das Mindergewicht der einzelnen Lokomotiven keine Rolle spielt. Man wird daher diese Systeme nur verwenden bei örtlich bedingten schmalen Leinpfaden, z. B. in Tunnelstrecken, bei regem

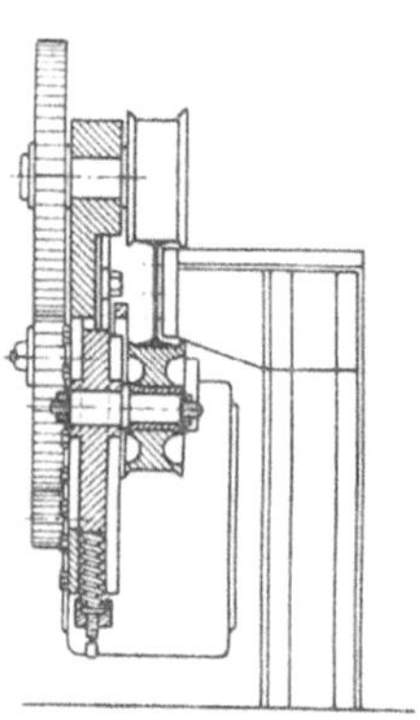

Abb. 91b. Querschnitt durch das Triebwerk.

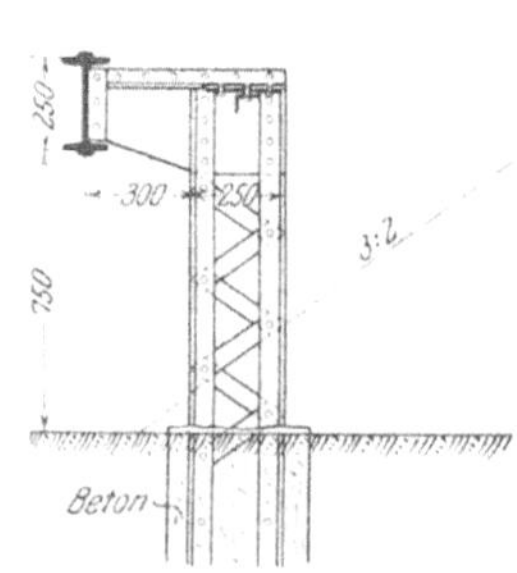

Abb. 91c. Fahrschiene mit Stützung.

Abb. 91.
Elektrische Treidellokomotive „System Gérard".

Lösch- und Ladeverkehr, wo die Ufer durch hochliegende Bahnen frei zu halten sind, sowie als Laufkatzenbetrieb beim Schleusen von Fahrzeugen.

Systeme, welche die künstliche Reibung neben der reinen Reibung verwenden, sind: die Lokomotive von Vehring[1]), bei der die Schrägstellung des Triebwerkes eine Keilwirkung auf die Schienen ausüben und dadurch die Reibung vermehren sollte, sowie die Lokomotive von Feldmann[2]), bei der die Stromzuführungsschiene als Gegenschiene zur Aufnahme des Gegendruckes aus dem Seilzuge benutzt wird.

Abb. 92. Elektrische Treidellokomotive „System Köttgen".

Bei langen Kanalstrecken ist es das wirtschaftlichste, die Treidellokomotive auf einfachen Gleisen laufen zu lassen, welche in den Treidelsteg eingebettet sind, und die reine Reibung aus dem Gewichte der Maschine wirken zu lassen. Die Kosten für das Gleis und seine Stützung, die ihrer Höhe wegen fast stets ausschlaggebend für die Anlage sind, werden hierbei am geringsten, demgegenüber die Mehrkosten für das größere Gewicht der einzelnen, nur in geringer Zahl vorhandenen Lokomotiven nicht in Betracht kommen. Diesen Gedanken griff zuerst 1898 Köttgen auf. Die von ihm entworfene Treidellokomotive (Abb. 92)[3]) wurde bei Versuchsfahrten am Finowkanal im Jahre 1899 mit gutem

[1]) Zeitschrift für Binnenschiffahrt 1901, Heft 11.

[2]) Zentralblatt der Bauverwaltung 1901, S. 498, und IX. Internationaler Binnenschiffahrtskongreß 1902, Düsseldorf.

[3]) Elektrotechn. Zeitschrift 1899, Heft 31.

Erfolge verwendet. Als Gleis dienten zwei Vignoleschienen, die mit Schwellen in den Treidelsteg eingebettet waren. Die 2 t schwere Lokomotive war so gebaut, daß das Hauptgewicht zur Erhöhung ihrer Standfestigkeit auf die landseitige Schiene entfiel. Das Zugseil griff 1 m über Schienenoberkante an. Mit einem Antriebsgleichstrommotor von 12 PS übte die Lokomotive bei trockenen Schienen eine Zugkraft von 600 kg, bei feuchten eine solche von 300 kg aus, so daß man mit einem Zugbeiwert von $^1/_6$ bis $^1/_7$ rechnen konnte. Der Wirkungsgrad der Lokomotive war etwa 60 %.

Wesentliche Verbesserungen erfuhr diese Betriebsart bei der Ausschreibung eines Wettbewerbes zur Erlangung geeigneter Entwürfe für den elektrischen Treidelzug am Teltowkanal im Jahre 1902. Bei dem zu erwartenden lebhaften

Abb. 93. Elektrische Treidellokomotive am Teltowkanal „System Köttgen".

Lösch- und Ladegeschäft längs des ganzen Kanales mußte Wert auf Einrichtungen gelegt werden, die das Durchführen des Schleppzuges ohne Störung dieses Ladeverkehrs ermöglichten. Daher war Bedingung, daß das Zugseil vom Führerstand der Lokomotive aus an letzterer bis auf annähernd 4,0 m über S. O. gehoben werden konnte. Anderseits war die Durchfahrt unter den Brücken begrenzt. Es kam also ein durch Maschinenkraft zu bewegender aufrichtbarer Treidelmast in Frage. Ferner mußte in Rücksicht auf Einbuchtungen der Ufer das Zugseil entsprechend verkürzt bzw. verlängert werden können, um in der Trosse stets gleiche Spannungen zu behalten. Hierfür kam eine besondere Seilwickelvorrichtung in Betracht, die durch einen Motor bewegt wird. Schließlich war bei dem hohen Angriffe des Zugseiles an der Lokomotive auf deren Standfestigkeit sowohl in der Quer- wie in der Längsrichtung besonderer Wert zu legen. Abb. 93 stellt die aus diesem Wettbewerb zur Ausführung gelangte Treidellokomotive[1]), Bauart **Köttgen**, der Siemens & Halske A.-G. dar, die den gestellten Ansprüchen entsprach. Das Gesamtgewicht der Lokomotive beträgt etwa

[1]) Block, Glasers Annalen, Berlin 1904, S. 104, und 1906, S. 212.

8000 kg. Davon ruhen 7050 kg auf dem Drehgestell, und hiervon wiederum 4100 kg auf den Rädern der landseitigen und 2950 kg auf denen der wasserseitigen Schiene. Das Drehgestell hat 1,0 m Radstand und wird durch zwei Bahnmotoren von je 8 PS bei Gleichstrom von 600 Volt getrieben. Die Lokomotive ist imstande, Schleppzüge bis zu 1500 t mit 4,5 km stündlicher Geschwindigkeit zu ziehen. Hierbei wurde ein Wirkungsgrad von 67% erzielt.

Abb. 94 gibt schließlich eine symmetrisch gebaute Treidellokomotive von Chaney (1904) wieder, die auf französischen Kanälen das von Galliot 1898 eingeführte gleislose elektrische Dreirad, auch „elektrisches Pferd“ genannt, ersetzt hat. Dieses hatte sich nicht bewährt, da es durch die Triebräder den Treidelsteg zusehr beschädigte und an die Aufmerksamkeit des Führers hinsichtlich der Führung zu große Anforderungen stellte. Die mit zwei 20-PS-Gleichstrommotoren für 550 Volt ausgestattete Chaneysche Lokomotive vermag zwei bis drei Last-

Abb. 94. Elektrische Treidellokomotive „System Chaney“.

kähne von 300 t Tragfähigkeit mit fast 3 km Stundengeschwindigkeit zu schleppen. Ihr Wirkungsgrad beträgt 67%. Der für sie von der französischen Regierung festgesetzte Tarif sieht für die Bergfahrt 0,4 ctmes/tkm und für die Talfahrt 0,35 ctmes/tkm vor.

Beim Vergleich der beiden auf den neuzeitlichen Kanälen zurzeit nur in Betracht kommenden Schleppmittel, dem Schleppdampfer und dem elektrischen Treidelzug, hat der Schleppdampfer folgende Vorzüge: seine Zugwirkung liegt in Richtung des Schleppzuges, der Verkehr an und längs der Ufer wird nicht behindert, das Schleppmittel ist beweglich, mithin an keine bestimmte Fahrtrichtung gebunden, was für leere Kähne bei Wind erwünscht ist, und schließlich sind die Anlagekosten nicht erheblich. Er hat dagegen die großen Nachteile des schlechteren Wirkungsgrades, da er sich auf die bewegliche Wassermasse stützt, und des Angriffes auf Kanalsohle und Ufer. Allerdings steht zu hoffen, daß sich letzterer Nachteil durch geeignete Maßnahmen beheben lassen wird.

Der elektrische Schiffszug vom Lande aus gewährt hingegen eine bedeutend bessere Ausnutzung seiner Maschinenstärke, gebraucht weniger Energie, schont das Kanalbett, erfordert weniger Bedienungsmannschaft und erhöht unter Umständen die Reisegeschwindigkeiten. Die Erzeugung der erforderlichen Kraft kann billiger erfolgen, da sie an einer Stelle erfolgt. Auch kann sie durch weitere Ausnutzung, sei es für den Kanalbetrieb zur Versorgung der Schleusen, Häfen und dgl. mit Kraft und Licht, sei es für private Zwecke, weiter verbilligt werden. Von Nachteil sind der schräge Seilzug vom Ufer aus, der u. a. eine unbequeme Behinderung des Lösch- und Ladegeschäftes bedingt, und das Gebundensein an eine feste Bahn. Ferner sind die ersten Anlagekosten, besonders für die Fahrbahn, sehr erheblich, so daß die Wirtschaftlichkeit der Anlage erst bei großem Verkehr erreicht wird. Das Gebundensein der Zugmittel setzt weiterhin einen geordneten, möglichst fahrplanmäßigen Betrieb voraus, am besten also das Monopol, das an sich für die größte Ausnutzung der Leistungsfähigkeit einer Wasserstraße nur erwünscht sein kann.

Sympher hat in der Zeitschrift für Bauwesen, Berlin 1907, im Verein mit Thiele und Block für einen geregelten Kanalbetrieb verschiedene Betriebsarten auf ihre Wirtschaftlichkeit bei 5 und 7 km Stundengeschwindigkeit untersucht und hierbei auch den Einfluß der Liegezeiten berücksichtigt.

Er kommt zu folgendem Ergebnis:

Frachtkosten in Pf/tkm für **Massengüter** (ohne Abgaben und Nebenkosten) auf der Strecke Crange-(Gelsenkirchen)-Hannover (267 km)
[bei Tagesbetrieb Spalten a, bei Tag- und Nachtbetrieb Spalten b].

	Dampf-Selbstlader		Sauggas-Selbstlader		Elektrischer Selbstlader		Zwei Kähne vom Dampfer geschleppt		Elektrische Treidelei: Anfangs-Verkehr		Elektrische Treidelei: Entwicklungs-Verkehr	
	a	b	a	b	a	b	a	b	a	b	a	b
10 bzw. 6 Tg. Liegezeiten	0,728	0,784	0,754	0,806	1,056	1,059	0,619	0,644	0,647	0,678	**0,577**	0,608
5 km/St. Fahrgeschwindigkeit												
3 bzw. 2 Tg. Liegezeiten	0,447	0,444	0,463	0,456	0,721	0,665	0,400	**0,368**	0,473	0,470	0,403	0,40[illegible]
10 bzw. 6 Tg. Liegezeiten	1,022	1,047	—	—	—	—	0,754	0,796	0,783	0,803	**0,633**	0,69[illegible]
7 km/St. Fahrgeschwindigkeit												
3 bzw. 2 Tg. Liegezeiten	0,568	0,541	—	—	—	—	0,471	**0,426**	0,556	0,572	0,451	0,467

wobei die Liegezeiten sich zusammensetzen:

1) 10 Tg. = Liegez. f. d. belad. Kahn = 2 Tg. Warten + 3 Tg. Laden + 5 Tg. Löschen
   6 „ = „ „ „ $^1/_5$ „ „ (Rückfr.) = 2 „ „ + 2 „ „ + 2 „ „
2) 3 „ = „ „ „ „ „ = 0 „ „ + 1 „ „ + 2 „ „
   2 „ = „ „ „ $^1/_5$ „ „ (Rückfr.) = 0 „ „ + 1 „ „ + 1 „ „

und für die Dampfer bei 1) 2 Tg. Warten, bei 2) 0 Tg. Warten.

Man kann auch hieraus erkennen, daß der elektrische Treidelverkehr erst bei größerem Verkehr in ernsten Wettbewerb kommt.

Je nach der Betriebsart auf einem Kanal wird man polizeiliche Bestimmungen treffen, welche den Verkehr auf der Wasserstraße, die Größe der Schleppzüge und ihre Geschwindigkeit, ihr Verhalten vor den Schleusen und während des Durchschleusens sowie auch die Dauer des Betriebes regeln. So findet auf dem Oder-Spree-Kanal im Sommer ein 19 stündiger, im Winter ein 16 stündiger, auf der kanalisierten Oder ein 19- bzw. 17 stündiger Betrieb statt, der für gewöhnlich an Sonntagen eingeschränkt wird.

Die Schiffahrtszeit wird begrenzt durch eintretenden Frost. Für Norddeutschland kann man mit etwa 270—250 Schiffahrtstagen rechnen. Häufig wird auch zur Ausführung von Ausbesserungen an den Schleusen oder sonstigen Bauwerken eine bestimmte Schiffahrtssperre (etwa 2 Monate) im Winter festgesetzt. Bei verkehrsreichen Kanälen ist aber dahin zu streben, besonders wenn für die Schleusen Doppelanlagen vorhanden sind, daß ein möglichst ununterbrochener Schiffahrtsbetrieb aufrechterhalten wird, der nur durch Eissperren und dergl. eingeschränkt wird.

Zweiter Abschnitt.

Schleusenbau.

A. Einleitende Erörterungen.

1. Grundbegriffe und Benennungen.

Schleusen sind Bauwerke, welche die Verbindung zwischen zwei Wasserflächen von verschiedener Höhenlage durch bewegbare Verschlußvorrichtungen herstellen oder trennen. Sie waren bereits im Altertum bekannt, wenn auch zunächst in einfachster Art und hauptsächlich Be- oder Entwässerungszwecken dienend. Es sollen jedoch schon in dem Ptolemäischen Kanal zwischen dem Roten und dem Mittelländischen Meere sich Schiffahrtsschleusen befunden haben. Dies erscheint unwahrscheinlich. Es werden einfache Stauschleusen

Abb. 1. Stauschleuse bei Wesenberg (Mecklenburg).

(Schützverschlüsse) gewesen sein, welche bei Gelegenheit geöffnet wurden und die Schiffe durchließen. Derartige Anlagen finden sich später noch in den Mühlengerinnen — in Deutschland nach Ausonius schon um 379 n. Chr. vorhanden —, zu Verteidigungszwecken in den Festungsgräben und dgl. mehr zum Anstauen des Wassers. Aus ihnen entwickelten sich unter Einwirkung der wachsenden Schiffahrt die Schiffs- oder Schiffahrtsschleusen,. Anfangs hatten diese Einrichtungen zwar noch die einfache Gestalt von Stauschleusen oder beweglichen Wehren, welche in einer besonderen Flutrinne angelegt wurden und sich schnell öffnen ließen, um auf der abfließenden Welle die sich vorher angesammelte Schiffahrt durchzulassen. Waren die Schiffe befördert, so wurde das Wehr wieder geschlossen. Das Gefälle suchte man für die Schiffe gefahrlos zu machen, indem man die Flutrinne in größerem Bogen um den Mühlenstau herumführte, wodurch infolge der geringeren Strömung auch ein besserer Schutz für die Ufer und das Bauwerk erreicht wurde. Ähnliche Stauschleusen bestehen, wie Abb. 1 zeigt, noch heute.

Die einer solchen Art der Schiffahrt anhaftenden Mängel — lange Wartezeit, Gefährdung von Schiff und Bauwerk, Wasserverlust für die Mühlen, Absenken des Oberwassers — wurden erst beseitigt mit der Erfindung der einfachen Kammerschleuse, welche unter Vermeidung eines ständigen, ungehinderten Wasserdurchflusses jederzeit die ungefährdete, sichere und bequeme Beförderung des Schiffes von einem Wasserspiegel zum anderen in der das Schiff aufnehmenden Kammer ermöglicht und somit die vollkommenste und einfachste Einrichtung darstellt. Neben ihr haben sich die verschiedensten Abarten entwickelt, deren Gestaltung hauptsächlich bedingt wird durch örtliche Verhältnisse, durch Rücksichten auf die Größe des Schiffsverkehrs und auf die Herstellungskosten, durch die Eigenarten des Wasserweges, in dem die Anlage zu errichten ist und dgl. Von Einfluß ist auch die Art der Benutzung, sei es, daß die Beförderung der Schiffe durch die Schleuse zu jeder Zeit oder nur zeitweilig stattfindet (z. B. Dockschleusen), oder sei es, daß die Schleuse nebenher noch anderen Zwecken dient, z. B. zur Ent- oder Bewässerung von Ländereien, als Spülschleuse für Hafenbecken usw.

In der Hauptsache kann man für den Schiffahrtsbetrieb unterscheiden Seeschleusen und Binnenschiffahrts-Schleusen, und bei letzteren Fluß- und Kanalschleusen. Die Binnenschiffahrtsschleusen werden sich meist ähneln, da ihr Hauptzweck der gleiche ist: zur Erzielung der nötigen Fahrtiefe das Gefälle des Kanales bzw. des Flusses an einem Punkte zusammenzufassen. Die Formen der Seeschleusen sind dagegen mannigfaltiger, je nachdem sie den Schiffsverkehr nur bei ausgeglichenem Außen- und Binnenwasserstande oder jederzeit gestatten. Allen Schleusen gemeinsam ist der Bauteil, der die bewegbare Verschlußvorrichtung aufnimmt und als Haupt bezeichnet wird. Es besteht aus dem festen Körper, welcher die Durchfahrtsöffnung umgibt und die Verschlußvorrichtung aufnimmt — der Torkammer nebst Zubehör —, und der Verschlußvorrichtung, welche die Durchfahrtsöffnung zeitweilig absperren soll, dem Tore. Im einzelnen finden sich folgende Bezeichnungen (Abb. 2): d der Drempel oder Anschlag, gegen den sich der untere Teil des geschlossenen Tores lehnt, w die Wendenische, gegen die sich der senkrechte seitliche Teil des geschlossenen Tores stützt, n die Torkammernische, in welche sich die geöffneten Torflügel legen, t die Torkammer, innerhalb welcher sich das Tor bewegt, s der Torkammerboden oder die Sohle, a der Drempelabfallboden, v die Vorschleusen mit dem Vorboden, welche zur Aufnahme von Notverschlüssen zur Trockenlegung des Hauptes dienen, f die Flügel, die den Anschluß des Hauptes an die anschließendenBöschungen oder dgl. vermitteln, und schließlich T die Verschlußvorrichtung oder das Tor (in Abb. 2 als Stemmtor gezeichnet).

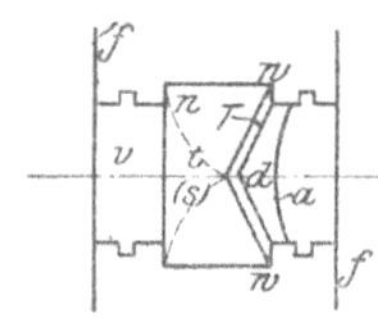

Abb. 2.

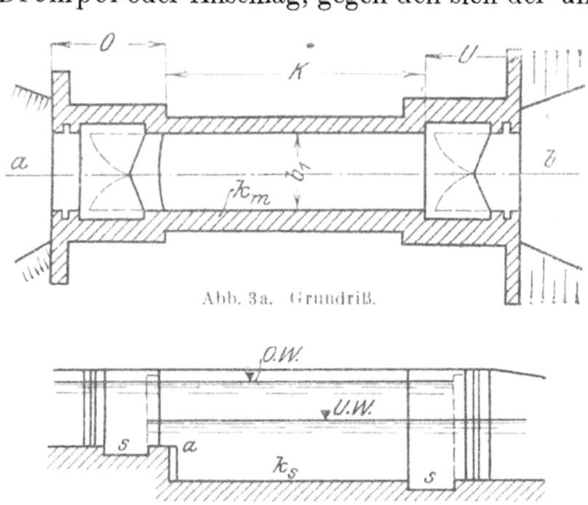

Abb. 3a. Grundriß.
Abb. 3b. Längenschnitt.
Abb. 3. Kammerschleuse.

Eine derartig nur aus einem Haupte bestehende Schleuse kann den Schiffsverkehr nur vermitteln, wenn sich die Wasserstände zu beiden Seiten des Verschlusses gleichhoch einstellen. Ist dies nicht der Fall, so muß, um die Schiffe sicher und gefahrlos von einem Wasserspiegel zum anderen zu befördern, ein zweites Haupt vorhanden sein und zwischen beiden Häuptern ein das Schiff aufnehmender Körper, die Schleusenkammer K, eingeschoben werden, in welcher bei geschlossenen Toren das Schiff mittels geeigneter Füll- bzw. Entleerungsvorrichtungen vom unteren zum oberen Wasserspiegel gehoben bzw. gesenkt wird. Abb. 3 zeigt eine solche, aus dem Oberhaupt O, dem Unterhaupt U und der das Schiff aufnehmenden Kammer K bestehende Kammerschleuse. An der Kammer unterscheidet man die Seitenwände oder Kammermauern K_m und den Boden oder die Kammersohle K_s. Die Häupter erhalten auch die Bezeichnung Binnen- bzw. Außenhaupt, sofern die Schleuse ein Binnengewässer mit einem Außenwasser (Fluß oder See) verbindet.

2. Hauptarten der Schiffahrtsschleusen.

Man kann die Schiffahrtsschleusen in folgende Gruppen einteilen:

a) Schleusen mit einem Haupte. Es sind dies alle Schleusen, welche nur zu gewissen Zeiten das Durchschleusen ermöglichen.

1. Die Schutz-, Flut- oder Sperrschleuse (Abb. 4) erhält nur eine Verschlußvorrichtung (Fluttor), welche das Binnengewässer gegen zeitweilige höhere Außenwasserstände schützen soll, sonst aber geöffnet ist und den Schiffen freie Durchfahrt ermöglicht. Die Schleuse kehrt nur gegen höhere Außenwasserstände. Sie wird verwendet als Deichschleuse sowie bei Hafen-, Fluß- oder Kanalanlagen, welche für mittlere oder niedrige Wasserstände genügende Fahrtiefe haben, gegen höhere Außenwasserstände jedoch geschützt werden müssen. Im Ebbe- und Flutgebiet erhalten diese Schleusen zur Abwehr großer Sturmfluten häufig aus Sicherheitsgründen noch einen zweiten in gleicher Richtung kehrenden Abschluß (Abb. 4).

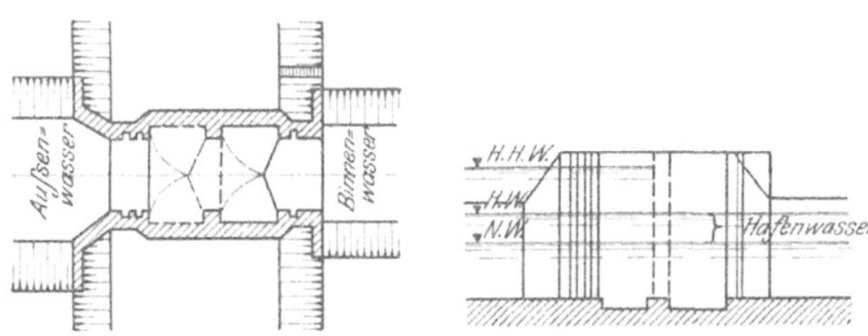

Abb. 4a. Grundriß. Abb. 4b. Längenschnitt.

Abb. 4. Flutschleuse.

Im allgemeinen ist die Verwendung dieser Schleuse beschränkt. Als Seeschleuse findet sie nur Anwendung, wenn die täglich wechselnden Wasserstände keinen zu großen Schwankungen unterliegen, der Schiffsverkehr nicht zu groß ist und auch bei N. W. genügende Fahrwasserstiefe vorhanden ist.

2. Die Dockschleuse (Abb. 5) ist eine Umkehrung der Flutschleuse. Sie besitzt ebenfalls nur ein Tor (Ebbetor) und soll im Binnenwasser einen bestimmten, nicht zu unterschreitenden Wasserstand halten. Sie wird geschlossen, wenn das Außenwasser unter diesen Binnenwasserstand sinkt, bleibt aber bei allen höheren Außenwasserständen geöffnet. Sie kann mithin, da die großen Schiffe meist nur bei Hochwasser (H.W.) die Häfen verlassen, längere Zeit für die Schiffahrt offen bleiben.

Abb. 5a. Grundriß. Abb. 5b. Längenschnitt.

Abb. 5. Dockschleuse.

Ihre Verwendung im Ebbe- und Flutgebiet ist häufiger wie die der Flutschleuse, insbesondere dort, wo die Ufer der Hafenanlagen höhere Wasserstände zulassen, mithin das Binnenwasser in Höhe des gewöhnlichen H. W. gehalten werden kann und auch höhere Wasserstände ohne Schaden in den Hafen eintreten können. Bei stark wechselnden hohen Wasserständen haben sie den

Nachteil hoher und teuerer Uferanlagen. Diese Schleuse sowie auch in besonderen Fällen die Schleusen zu 1 haben den weiteren Nachteil, daß durch das Auf- und Niedergehen der ankernden Schiffe bei den wechselnden Wasserständen das Verladegeschäft erschwert wird.

Ist der Flutwechsel besonders hoch, so wird vor der eigentlichen Dockscheuse noch eine zweite, eine Halbtide-Dockschleuse gelegt und dadurch erreicht, daß jede Schleuse nur den halben Wasserdruck auszuhalten hat.

3. Die Flut- und Dockschleuse (Abb. 6) ist eine Vereinigung von 1 und 2 und findet Anwendung, wenn das Binnengewässer nicht nur gegen höhere Außenwässerstände geschützt werden soll, sondern auch bei fallendem Außenwasser zur Erzielung ausreichender Fahrtiefe ein bestimmter Wasserstand binnenwärts gehalten werden muß. Sie erhält mithin 2 Abschlußvorrichtungen, die nach entgegengesetzten Seiten kehren können. Diese Schleusenart vermeidet im Ebbe- und Flutgebiete die bei 2 genannten Nachteile. Freie Schiffahrt ist jedoch nur in der beschränkten Zeit möglich, wo das Außenwasser die Höhe des zu haltenden Binnenwassers erreicht. Man sucht diese Zeit dadurch zu verlängern, daß man nur die hohen Wasserstände vom Hafen abhällt, die kleineren aber eintreten läßt, so daß die Schleuse länger offen stehen kann. Auch hier lassen sich auf einer Seite oder, wenn erforderlich, zu beiden Seiten Sturmfluttore anordnen.

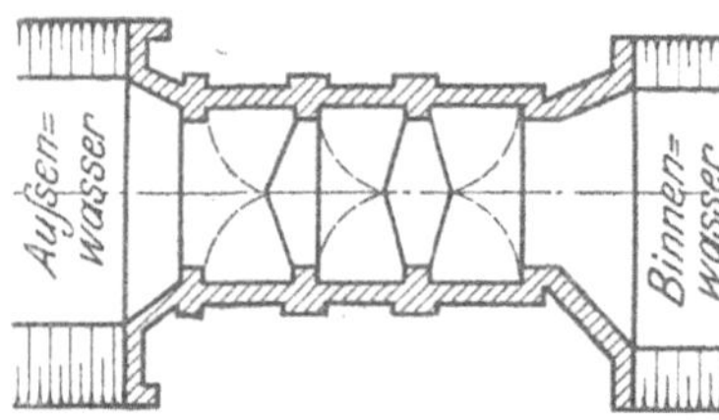

Abb. 6. Flut und Dockschleuse.

Eine vereinfachte Form dieser Schleuse läßt sich erreichen, wenn als Abschlußvorrichtung ein Tor (Schiebe-, Hubtor oder dgl.) gewählt wird, das nach zwei Seiten kehrt (Abb. 7). Die Schleuse wird kürzer, in ihrer Form gedrungener und auch billiger.

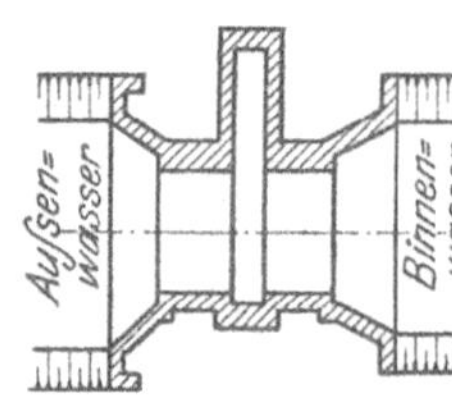

Abb. 7. Flut- und Dockschleuse mit Schiebetor.

b) Die einfache Kammerschleuse. Sie wird, wie bereits erwähnt, aus zwei nach der gleichen Richtung kehrenden Häuptern mit dazwischenliegender Kammer gebildet, in der die Schiffahrt ungehindert von den Außen- bzw. Binnenwasserständen von einem Spiegel zum anderen befördert werden kann. Die Schleuse findet Verwendung als Kanal-, Fluß- und Seeschleuse. Näheres hierüber sowie über ihre Abarten findet sich im Abschnitt 3, S. 96.

c) Die Kammer- und Schutzschleuse und die doppelte Kammerschleuse. Diese Schleusenarten entstehen aus der einfachen Kammerschleuse, wenn eins der Häupter oder beide zwei nach entgegengesetzten Seiten kehrende Stemmtore erhalten (Abb. 8) und sie hierdurch höhere Außenwasserstände von der Binnenhaltung abhalten können. Sie sind bei gewöhnlichen Außenwasserständen bis zur Höhe des Binnenwassers gewöhnliche Kammerschleusen, da dann das oder die Fluttore offenstehen. Erst bei höher steigendem Außenwasser werden die Fluttore geschlossen. Die Schleuse mit nur einem Fluttor (Kammer- und Schutzschleuse) ist dabei für die Schiffahrt gesperrt, während die doppelte Kammerschleuse, welche am Binnenhaupt noch ein Fluttor erhält, nach beiden Richtungen höhere Wasserstände kehrt, ohne die Schiffahrt zu behindern. Die Kammer- und Schutzschleuse findet häufige Anwendung bei der Einmündung von Kanälen in Flüsse, deren höhere Wasserstände den

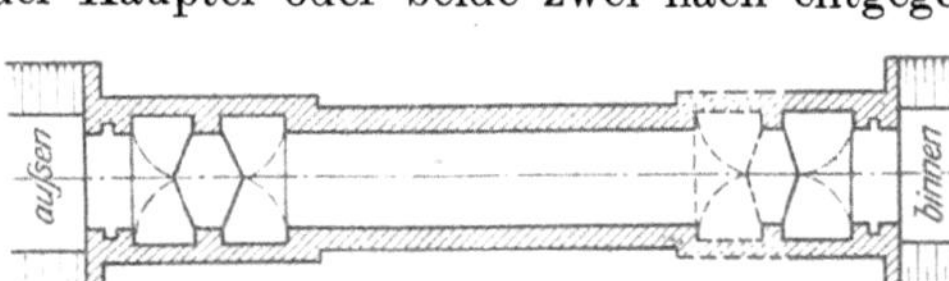

Abb. 8. Kammer- und Schutzschleuse.

Wasserspiegel des Kanals überschreiten, aber nicht in den Kanal eingelassen werden sollen, sowie im Ebbe- und Flutgebiet, wo das Außenhaupt außer dem Ebbetor noch ein Tor zum Schutz gegen hohe Fluten erhält. Die Schiffahrt wird bei solchen Schleusen während der ganzen Dauer von Ebbe und Flut — bei Ebbe meist nur zugunsten der kleinen Schiffe — aufrecht erhalten und nur bei Eintritt von Sturmfluten durch das Schließen der Fluttore unterbrochen.

Die doppelte Kammerschleuse soll auch bei beiderseitig wechselnden Wasserständen den Schiffsverkehr stets aufrecht erhalten. Dies kann z. B. der Fall sein bei einem Verbindungskanal zwischen zwei Flußläufen, welche zu verschiedenen

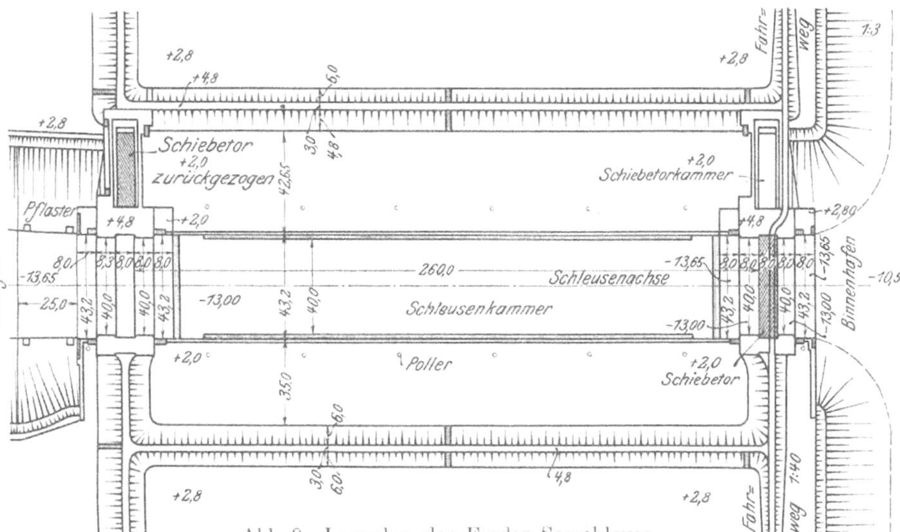

Abb. 9. Lageplan der Emder Seeschleuse.

Zeiten Hochwasser führen, bei einem Hafen im Ebbe- und Flutgebiet eines Flusses, bei einem Kanal, der zwei Meeresteile mit verschiedenen Flutintervallen verbindet und dergl.

Sind solche Schleusen in Rücksicht auf die verkehrenden Schiffe sehr lang, so erhalten sie häufig ein drittes Tor oder Torpaar, das ihre Länge in zwei Teile zerlegt, welche den verschiedenen Längen der zu schleusenden Schiffe angepaßt sind. Die Durchschleusung kann dadurch beschleunigt werden.

Die Ausbildung der doppelten Kammerschleuse vereinfacht sich bei der Verwendung von Toren, die den Wasserdruck von beiden Richtungen aufnehmen können (Hub-, Schiebetore, Pontons und dergl. [Abb. 9]). Hierher sind auch die Fächertore (Abb. 10) zu rechnen. Die eigenartige Ausbildung der Torflügel, deren Teil a größer als b ist, ermöglicht es, das Tor geschlossen zu halten, auch wenn der Wasserstand unterhalb des Tores höher ist wie oberhalb, indem der Raum R vermittels des Umlaufes U_u mit dem höheren Unterwasser verbunden wird. Andererseits kann aber das Tor auch gegen höhere Wasserstände oberhalb des Tores geöffnet werden, wenn der Raum R durch den Umlauf U_u mit dem niedrigeren Unterwasser in Verbindung steht. Die Schleuse kann dann, zumal wenn das andere Haupt fehlt, als Spülschleuse z. B. für Hafenbecken benutzt werden. Bei gleichartig ausgebildeten Ober- und Untertoren ist die Schleuse eine doppelte Kammerschleuse.

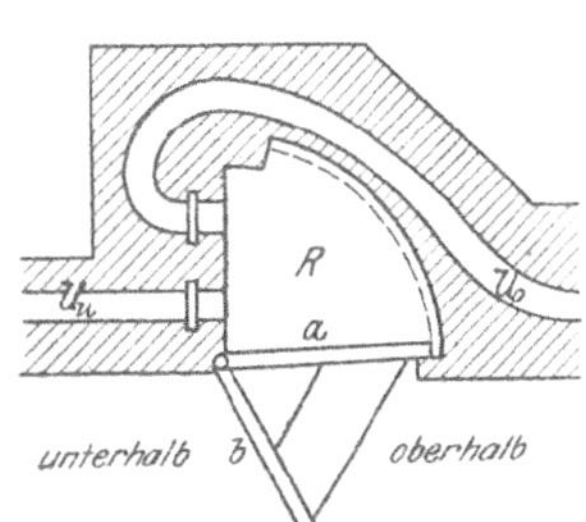

Abb. 10. Schleuse mit Fächertor.

3. Die Kammerschleuse in ihrer verschiedenen Gestaltung und Verwendung.

Die Erfindung der einfachen Kammerschleuse ist für das Jahr 1438/39 anzusetzen, in dem nach italienischen Quellen Philipp degli Organi und Fioravante sie zum ersten Male in den Naviglio grande bei Mailand einbauten. Es wird zwar behauptet, daß Wilhelm II. von Holland schon 1253 die erste Schleuse bei Spaardamm erbaut haben soll. Es ist aber wahrscheinlicher, daß es nur eine Stauschleuse gewesen ist. Die ersten zeichnerischen Darstellungen von Kammerschleusen finden sich in den Skizzenbüchern Lionardos da Vinci (1452–1519) (vgl. Abb. 11, die Beck, Beiträge zur Geschichte des Maschinenbaues entnommen ist). Die Bedeutung der Erfindung ist im ersten Abschnitt, Kanalbau S. 4 u. ff. näher besprochen.

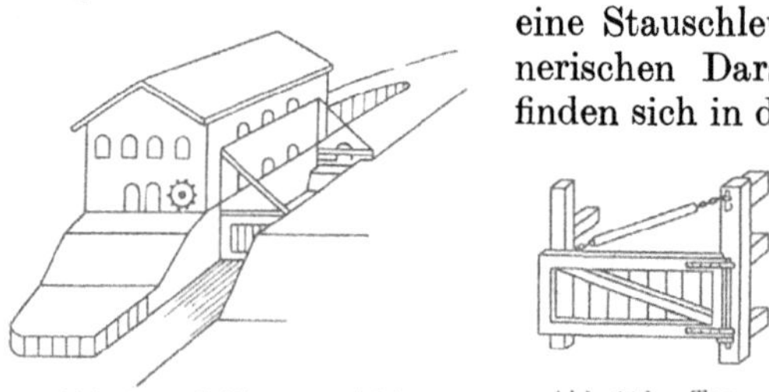

Abb. 11 a. Schleusenansicht. Abb. 11 b. Tor.

Abb. 11. Schleusenskizze nach Leonardo da Vinci.

Die einfache Kammerschleuse mit einseitig kehrenden Toren in den Häuptern kann sowohl im Längenschnitte wie im Grundrisse verschiedene Gestaltung erfahren. Die gewöhnliche Ausbildung des Längenschnittes gibt Abb. 3b S. 92 wieder: Anordnung der Drempelabfallmauer hinter dem Haupte, Vorboden

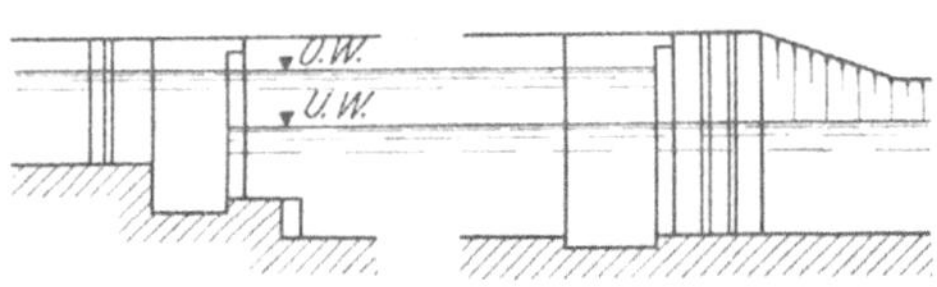

Abb. 12.

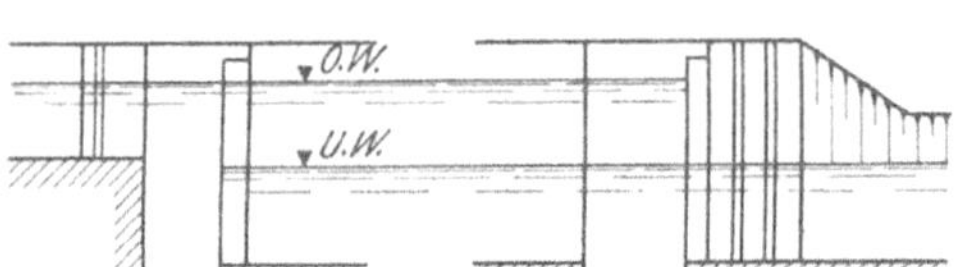

Abb. 13.

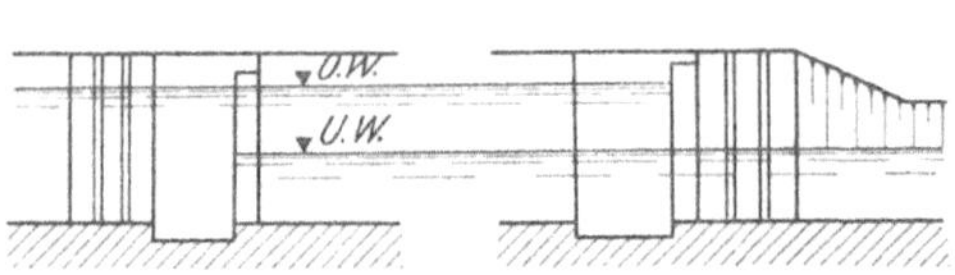

Abb. 14.

Abb. 15. Entwurf einer Kesselschleuse nach Vittorio Zonca.

und Torkammer des Oberhauptes in gleicher Höhe. Abb. 12 zeigt die Zerlegung des Drempelabfalles in einen Vorboden- und einen Drempelabfall, bei Abb. 13 fällt der Drempelabfall ganz fort und ist nur ein Vorbodenabfall vorhanden, und in Abb. 14 geht die Sohle gleichmäßig vom oberen bis zum unteren Vorboden durch. Maßgebend für diese verschiedene Gestaltung sind örtliche Verhältnisse, Lage der Sohle im Oberwasser zu der im Unterwasser, Gefällunterschiede, Bauart der Obertore und dgl. mehr. Für Seeschleusen verwendet man in der Regel, für Flußschleusen sowie für Schleusen mit geringem Gefälle häufig die Anordnung nach Abb. 14, um beide Tore gleich ausbilden und gegebenenfalls an Ersatztoren sparen zu können. Bei großem Gefälle wird die Bauart nach Abb. 3b S. 92 bevorzugt, um kleine Obertore zu erhalten.

In der Grundrißanordnung ist eine der ältesten die Kesselschleuse. Sie hat, da sie mehreren Schiffen zugleich Platz bieten soll, die verschiedensten

Abb. 16. Stadtschleuse in Brandenburg a./H.

Formen erhalten. Abb. 15 zeigt den Entwurf einer solchen Schleuse von dem Paduaner Baumeister Vittorio Zonca (1568—1602), Abb. 16 die Stadtschleuse in Brandenburg (um 1548 erbaut) und Abb. 17 die Palmschleuse im Stecknitz-

Abb. 17. Palmschleuse bei Lauenburg.

kanal (wahrscheinlich vor 1480 erbaut). Eine einfachere Form der Kesselschleuse ist die Doppelschleuse, welche zwei Schiffen nebeneinander Raum zum Schleusen bietet (Abb. 18 S. 98). Die Häupter sind gegen die Mittellinie versetzt, um dem zuerst eingefahrenen Schiff die Möglichkeit zu geben, auch zuerst wieder herauszufahren. Bei diesen Schleusen besteht der Nachteil, daß das erste Schiff beim Einfahren und das zweite Schiff beim Ausfahren zunächst seitlich bewegt werden müssen. Dadurch entstehen Zeitverluste. Man wählt daher besser Schleusen, in welchen die Schiffe hintereinander liegen. Es entstehen die **Schleppzugschleusen** (Abb. 19). Ihre Länge bestimmt sich aus den auf der Wasserstraße verkehrenden Schleppzügen einschließlich der Schleppdampfer. Häufig sind sie noch mit einem mittleren Tor versehen, so daß die Schleuse für verschiedene Schiffslängen benutzbar wird.

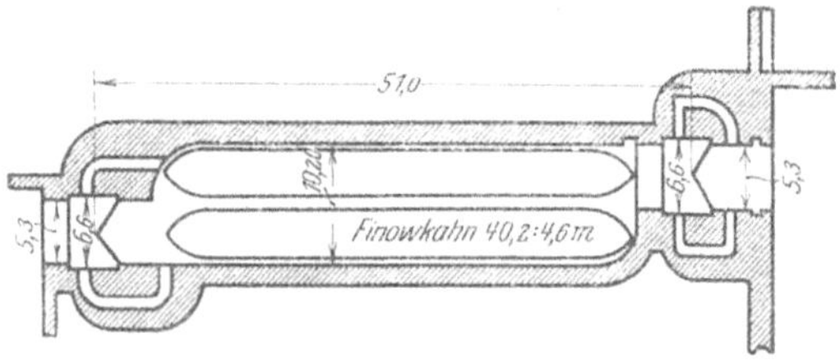

Abb. 18. Doppelschleuse für Finowkähne.

Eine Vorstufe zur Schachtschleuse (Schleuse mit großem Gefälle) ist die **Kuppelschleuse**. Sie besteht (Abb. 20) aus zwei oder mehreren hintereinanderliegenden Kammerschleusen, bei denen das Unterhaupt der einen Schleuse das Oberhaupt der nächsten bildet, so daß größere Gefälle unter Verringerung der Anzahl der Häupter und Tore überwunden werden können. Nachteilig ist der große Zeit- und Wasser-

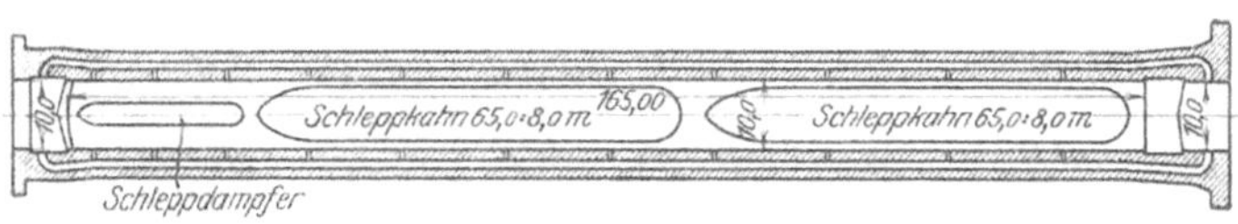

Abb. 19. Schleppzugschleuse.

verlust beim Schleusen sich begegnender Schiffe. Schleust ein Schiff aufwärts, so muß das abwärtsfahrende Schiff an der obersten Schleuse warten, bis diese von dem aufwärtsgehenden durchfahren ist. Vermeiden läßt sich dieser Übelstand, wenn Häupter und Kammer die Weite für 2 Schiffsbreiten erhalten, oder wenn Doppelschleusen vorhanden sind, je eine für aufwärts- und abwärtsgehende Schiffe.

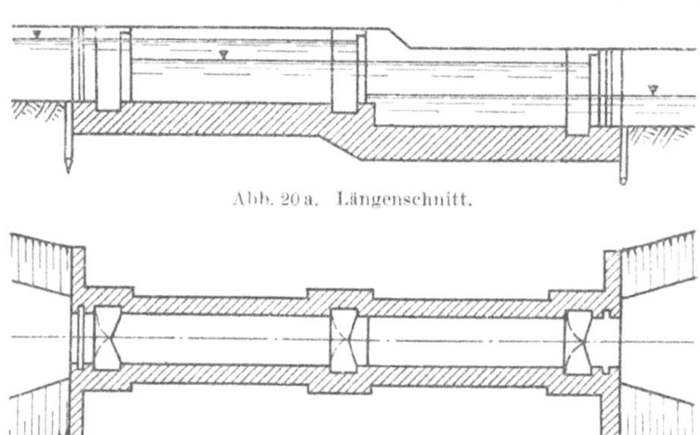
Abb. 20a. Längenschnitt.
Abb. 20b. Grundriß.
Abb. 20. Kuppelschleuse.

Für die Überwindung größerer Gefälle kommen **Schachtschleusen** und **Schleusen mit beweglichen Kammern** (Hebewerke, geneigte Ebenen und dgl.) in Anwendung. Die Schachtschleusen sind Kammerschleusen mit hoher Drempelabfallmauer am Oberhaupt und tunnelartig ausgebildetem Unterhaupt. Hebewerke und ähnliche Einrichtungen besitzen einen beweglichen Trog (Kammer), in dem die Hebung des Schiffes in senkrechter, geneigter oder Dreh-Richtung unter Einschränkung des Wasserverbrauches auf ein Geringstes stattfindet. Während der Anwendung von Schachtschleusen, Hebewerken und ähnlichen Einrichtungen Grenzen in den Gefällhöhen gesetzt sind, können geneigte Ebenen theoretisch bis zu jeder beliebigen Höhe verwendet werden.

Mehr geschichtlichen Wert haben, da ihre Verwendung eine mehr oder minder beschränkte ist, folgende Schleusenarten: Die **Sackschleuse** mit nebeneinanderliegendem Ober- und Unterhaupt (ehemalige Stadtschleuse bei Bromberg Abb. 21) und ihre erweiterte Form, die **Weichenschleuse**, eine Schleuse mit drei Häuptern zur gegenseitigen Verbindung dreier Fahrstraßen.

Da bei diesen Schleusen der Fall eintritt, daß ein stevenrecht fahrendes Schiff nach dem Durchschleusen rückwärts, d. i. mit dem Steuer voraus fahren muß, hat man diesen Nachteil durch die Anwendung der Wendeschleuse (Abb. 17 S. 97) zu beheben gesucht, in der das Schiff gewendet wird. Eine besondere Form erhält diese Schleuse bei der Kreuzung zweier Kanäle oder Flüsse als Kreuzungsschleuse mit vier Häuptern. Je nach den zu haltenden Wasserständen besitzen die Häupter einfache oder doppeltkehrende Tore.

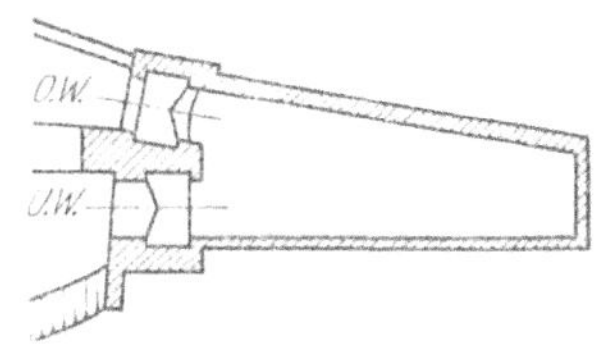

Abb. 21. Sackschleuse.

4. Wasserverbrauch der Kammerschleusen.

Beim Schleusen der Schiffe wird dem Oberwasser, d. i. der oberen Haltung, Wasser entzogen und dem Unterwasser zugeführt. Bezeichnet G die Grundfläche der Schleusenkammer in qm, gemessen zwischen Obertor und Untertor, und h das Schleusengefälle, d. i. den Höhenunterschied zwischen Ober- und Unterwasser in m, so erfordert jede Schleusung einen Wasserverbrauch von

$$Q = G \cdot h \text{ cbm}.$$

Hierbei ist es gleichgültig, ob die Schleuse leer ist (Abb. 22), oder ob ein Schiff von der Wasserverdrängung m aufwärts bzw. abwärts geschleust wird (Abb. 23).

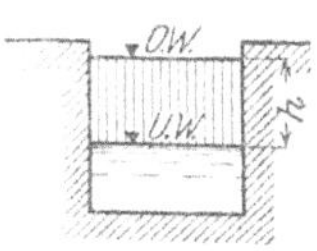

Abb. 22.

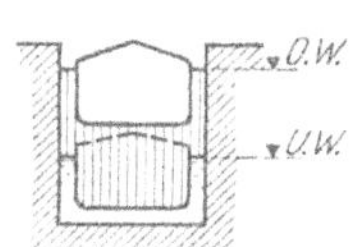

Abb. 23.

Muß auf Einschränkung des Wasserverbrauches an einer Gefällstufe Bedacht genommen werden, so läßt sich dies erreichen durch Anlage mehrerer Staustufen dicht hintereinander mit kleinerem Gefälle, durch Schleusen mit Sparbecken, durch Hebewerke und ähnliche Einrichtungen.

Wird das zu überwindende Gefälle H in n Staustufen zerlegt, so entsteht eine Schleusentreppe, bei der sich der Wasserverbrauch zur Überwindung des ganzen Gefälles H von

$$Q = G \cdot H \text{ auf } Q_n = G \cdot \frac{H}{n} \text{ cbm}$$

ermäßigt.

Werden die n Schleusen unmittelbar aneinandergelegt, so daß das Unterhaupt der einen das Oberhaupt der anderen bildet, so entsteht die n-fache Kuppelschleuse. Bei ihr wird der Wasserverbrauch jedoch ungünstig, sobald eine einzige Anlage den Verkehr nach beiden Richtungen vermitteln soll. Während bei gleichgerichteter Schiffahrt in jeder zweiten Schleusenkammer (z. B. Kammer 1, 3, 5 ...) je ein Schiff mit einem Gesamtverlust an Wasser von $Q = \frac{H}{n} \cdot G$ gleichzeitig befördert werden kann, muß ein begegnendes Schiff warten, bis das Gegenschiff sämtliche n Schleusen durchfahren hat, und bis sämtliche Schleusenkammern mit Ausnahme der untersten bzw. der obersten, je nach der Fahrrichtung, mit Ober- bzw. Unterwasser gefüllt sind. Erst dann kann das begegnende Schiff die Kuppelschleuse durchfahren. Außer dem großen Zeitverlust entsteht für das Gegenschützen erstmalig ein Wasserverbrauch von $Q = G \cdot H$. In gleicher Richtung weiterfolgende Schiffe verbrauchen dann wieder nur $Q = G \cdot \frac{H}{n}$. Es ist also bei dieser Schleusenanordnung Hauptbedingung, Richtungswechsel nur in größeren Zeitabschnitten vorzunehmen. Bei stärkerem Schiffsverkehr ist jedoch die Anordnung von nebeneinanderliegenden Kuppelschleusen besser, von denen die eine zum Aufwärts-, die andere zum Abwärtsschleusen benutzt wird.

Die richtige Wahl in der Anzahl n der Stufen von Schleusentreppen wird in der Hauptsache durch wirtschaftliche Gesichtspunkte bedingt sein. Neben der Verminderung an Verbrauchswasser und etwaigen Pumpkosten ist folgendes zu berücksichtigen: Die Anlagekosten für n Schleusenbauwerke werden höhere werden als bei einem Bauwerk mit größerem Gefälle; das einzelne die n Schleusen durchfahrende Schiff wird einer längeren Reisedauer benötigen, da es n Aufenthalte vor den Schleusen hat; es wird also in einem Jahre weniger Fahrten machen können; die Leistungsfähigkeit der Wasserstraße wird jedoch bei n kleinen Schleusenstufen gegenüber einer großen gesteigert, da die einzelnen Schiffe schneller hintereinander geschleust werden können.

Über den Einfluß des Wasserverbrauches an den Schleusen auf die Speisung von Kanalhaltungen vgl. den ersten Abschnitt Kanalbau S. 69 u. ff.

5. Schleusenabmessungen.

Die Abmessungen des Schleusenbauwerkes (Länge, Breite und Tiefe unter dem Wasserspiegel) hängen von den Abmessungen der auf der Schiffahrtstraße verkehrenden bzw. zu erwartenden Schiffe ab. Sie sind leicht festzusetzen, wenn die Größe der Schiffe festliegt und eine wesentliche Änderung in absehbarer Zeit nicht zu erwarten ist. Vorsichtiger ist die Wahl zu treffen bei neu zu schaffenden Anlagen. Ein Fehlgriff kann leicht unberechenbare Folgen nach sich ziehen. Vgl. auch: Ersten Abschnitt, Kanalbau S. 34 u. ff. Neben rein wirtschaftlichen Erwägungen spielen zuweilen auch politische hierbei eine Rolle. Ferner können beim Vorhandensein einer größeren Anzahl von Schleusen, bei großen Gefällschleusen und dgl. vornehmlich die Kosten ausschlaggebend sein.

Ist unter Berücksichtigung aller dieser Gesichtspunkte die Schiffsgröße bekannt, so bedarf es nur bestimmter Zuschläge, um die Schleusenabmessungen zu erhalten. Hierbei wird zwischen Kanal-, Fluß- und Seeschleusen zu unterscheiden sein. Bei den Kanalschleusen können die Spielräume gewöhnlich klein gewählt werden, da die Einfahrtgeschwindigkeit der Schiffe gering und keine starken Wasserbewegungen vorhanden, auch häufig Rücksichten auf Wasserersparnis maßgebend sind. Schon größere Spielräume verlangt die Flußschleuse, bedingt durch den Wellenschlag, die Bewegung des Wassers und gegebenenfalls durch die Art der Schiffsbeförderung (Schleppschiffahrt). Diese Einflüsse treten in verstärktem Maße bei den Seeschleusen auf, zumal wenn die Schiffe diese mit größerer Geschwindigkeit durchfahren, was z. B. bei Dockschleusen häufig der Fall ist. Bei diesen Schleusen spielen die Längen- und Tiefenabmessungen eine geringere Rolle, da sie bei ausgeglichenen, meist hohen Wasserständen und offenen Toren durchfahren werden. Das Wichtigste sind alsdann die Breitenabmessungen.

Im einzelnen gilt folgendes: Bei der nutzbaren Länge, welche gewöhnlich gerechnet wird zwischen der Verbindungslinie der Wendenischen bzw. zwischen der Sehne der Abfallmauer am Oberhaupte und dem Beginn der unteren Torkammer, kann bei Schleusen, in welche die Schiffe mit kleiner Geschwindigkeit einfahren, der Spielraum in geringen Grenzen gehalten werden, zumal bei der Verdrängung des Wassers aus der Schleuse durch das einfahrende Schiff dieses eine günstige Bremsung seiner Geschwindigkeit erfährt. Bei Schleusen, bei denen die Schiffe auf mechanischem Wege oder mit Hilfe von Dampfern (Schleppzugschleusen) eingeschleppt werden, bei denen also die Einfahrtgeschwindigkeit im allgemeinen eine größere sein wird, sind auch die Spielräume entsprechend zu vergrößern. Bemerkt sei, daß bei der maßgebenden Schiffslänge das Steuerruder nicht in Anrechnung gesetzt wird, da es in der Schleuse gegebenenfalls beiseitegedreht werden kann.

Als nutzbare Tiefe gilt die geringste Tiefe über den Drempeln. Wechselnde Wasserstände sind hierbei zu beachten. Die Drempeltiefe ist möglichst ausgiebig zu gestalten und wird zweckmäßig größer als die Tiefen der anschließenden Kanal-, Fluß- oder Hafenstrecken gewählt, um spätere Vertiefungen dieser Strecken vornehmen zu können, ohne die Schleuse ändern zu müssen, sowie um dem beim Einfahren der Schiffe verdrängten Wasser günstige Gelegenheit zum Ausweichen zu geben. Es wird dadurch der Widerstand beim Einfahren und die Einfahrtszeit, mithin die ganze Schleusungszeit verringert.

Unter nutzbarer Breite versteht man die geringste lichte Durchfahrtsweite in den Toren. Sie ist bei den Kammerschleusen meistens gleich der lichten Weite zwischen den Kammermauern.

Übliche Spielräume sind aus der folgenden Zusammenstellung zu ersehen.

Benennung der Schleusenart	Zuschläge zur Schiffs-		
	Länge m	Breite m	Tiefe m
Kanalschleusen	0,5 bis 2,0	0,2 bis 0,6	0,5 bis 1,5 [1]
Flußschleusen	1,0 „ 2,5	0,3 „ 1,0	0,25 „ 1,5 [1]
Seekammerschleusen	3 „ 10	0,6 „ 2,0	0,5 „ 2,5
Dockschleusen u. ä.	—	2,0 „ 4,0	0,5 „ 2,5

Die nachstehende Zusammenstellung gibt die nutzbaren Abmessungen einiger Schleusen in Kanälen, Flüssen und am Meere wieder:

Wasserstraße	Nutzbare Schleusenabmessungen in m			Bemerkungen
	Länge	Torbreite	Kleinste Drempeltiefe	
a) Binnenkanäle				Kanaltiefe 2,5 m
1. Dortmund-Ems-Kanal	67,00	8,6	3,0	Kammerschleuse
	165,00	10,0	3,0	Schleppzugschleuse
2. Oder-Spree-Kanal	57,00	9,6	3,0	zweite Schleusen, erbaut 1902—1906
3. Rhein-Hannover-Kanal	67,00	8,6	3,0	[1]) Schleppzugschleuse
	165,00 [1])	10,0	4,5 [2])	[2]) in Rücksicht auf Bodensenkungen
4. Elbe-Trave-Kanal	80,00	12,0	2,50	
5. Teltow-Kanal	67,00	10,0	2,50	
6. Finow-Kanal	41,00	5,3	1,75	
b) Flußkanalisierungen				
7. Großschiffahrtsweg bei Breslau	55,00	9,6	—	
8. Obere Oder	55,00	9,6	2,0	Kammerschleusen
	180,00	9,6	2,0	Schleppzugschleusen
9. Unter-Spree, Berlin	110,00	9,6	2,5	
10. Unter-Spree, Charlottenburg	81,00	9,6	2,0	
11. Netze	42,00	5,0	1,5	
	59,00	10,0	2,8 [1])	[1]) unter M. W.
12. Fulda	rd. 60,0	8,6	1,5	
13. Main	80,00	10,5	2,5	
	255,00	10,5	2,5	Schleppzugschleusen
14. Obere Mosel	36,00	6,0	2,0	
c) Seeschleusen				
15. Harburg	70,00	17,0	5,4 [1])	[1]) bei H. W.
16. Geestemünde	73,00	23,35	7,0	
17. Emden	260,00	40,00	13,00 bei M.H.W	neue Schleuse erbaut 1910/13
18. Holtenau und Brunsbüttel	150,00	25,00	9,97	erste Schleusen
	330,00	45,00	13,77 [1])	neue Schleusen, erbaut 1910/14. [1]) unter mittlerem Kanalwasserstand

[1]) In Rücksicht auf Vergrößerung des Tiefganges der Schiffe.

Wasserstraße	Nutzbare Schleusenabmessungen in m			Bemerkungen
	Länge	Torbreite	Kleinste Drempeltiefe	
19. Kaiserschleuse in Bremerhaven	223,20 bzw. 200,00	28,00	10,56[1])	[1]) bei gewöhnlichem H. W.
20. Kanadadock in Liverpool . .	150,00	30,00	9—10	
21. 3. Hafeneinfahrt in Wilhelmshaven	250,00	34,00	10,00[1])	[1]) bei normalem Wasser
22: Ymuiden	225,00	25,00	10,71[1])	[1]) bei mittlerem H. W.
23. Antwerpen	über 300,00	35,00	12,20	geplante neue Einfahrt
24. Panamakanal	305,00	30,50	12,20	bei gewöhnlichem Kanalwasser

Am Oder-Spree-Kanal hatten die ersten Schleusen eine Weite in den Toren von 8,60 m, in den Kammern von 10,12 m, um nicht allein das 8 m breite 400-t-Schiff, sondern auch zwei Finowkähne von je 4,60 m Breite zu gleicher Zeit schleusen zu können. Bei den neuen Schleusen ist Tor- und Kammerweite gleichgroß zu 9,60 m gewählt, um zwei Finowkähne gekuppelt auch hinein- bzw. herausziehen und dadurch an Schleusungszeit sparen zu können. Bei Schleppzugschleusen wird man allgemein die Torweiten etwas größer wählen als bei einfachen Kammerschleusen.

B. Die Bauweise des Schleusenkörpers.

6. Bauart und Baustoff im allgemeinen.

Bauart und Baustoff des Schleusenkörpers stehen in Wechselbeziehung und hängen im allgemeinen ab:

1. von den örtlichen Verhältnissen,
2. von der Bedeutung der Wasserstraße und des Verkehrs auf ihr,
3. von der Größe der Anlage und der daraus erwachsenden Beanspruchung der einzelnen Bauteile,
4. von den aufzuwendenden Mitteln.

Eine Schleuse, welche im Binnenlande auf sicherem Boden gegründet werden kann, bedarf anderer Baustoffe und Bauweise als eine Seeschleuse, deren guter Baugrund erst in größerer Tiefe gefunden wird. Eine Schachtschleuse in bergiger Gegend erfordert andere Ausführung wie eine Flußschleuse in moorigem oder schwimmendem Untergrund. Hiernach ist der Untergrund das maßgebende Moment für die Gründung einer Schleuse. Seine Untersuchung und Prüfung ist auf das sorgfältigste und genaueste auszuführen und danach die Gründungsart festzusetzen. Ist er in geringer Tiefe tragfähig und wenig wasserführend, wird man versuchen, die Schleuse möglichst im Trockenbau herzustellen, vielleicht nur die Schleusenhäupter mit fester tragender Sohle zu versehen, die Kammersohle dagegen nur mit leichter Befestigung abzudecken, um sie gegen größere Ausspülungen beim Betriebe zu schützen. Steht größerer Wasserandrang zu erwarten, kann dieser durch künstliche Grundwasserabsenkung abgehalten werden, um sich die Vorteile des Trockenbaues zunutze zu machen. Eine Ausführung dieser Art in größerem Umfange ist bei den neuen Seeschleusen in Emden und bei Holtenau am Kaiser-Wilhelm-Kanal mit Glück durchgeführt. Findet sich schließlich der Baugrund erst in größeren Tiefen, was meistens bei Schleusenbauten in der Marsch der Fall ist, wo unter einer mehrere Meter starken Kleischicht eine nicht tragfähige Dargschicht von häufig großer Mächtigkeit gefunden wird, so wird man zu Pfahlrost-, Brunnen-, Preßluftgründungen greifen müssen. Da derartige Anlagen große Kosten erfordern, ist Wert darauf zu legen, zur Ausführung Baustoffe zu wählen, die in der Gegend vorkommen oder deren Beschaffung wenigstens mit geringen Kosten und Zeitverlusten erfolgen kann. Auch die chemische Beschaffenheit des Baugrundes ist von nicht zu vernachlässigender Bedeutung. Mooriger Untergrund, Grundwasser, das schweflige oder salpetrige Salze enthält, kann unter Umständen zwingen, von der Verwendung des Betons Abstand zu nehmen oder wenigstens Vorkehrungen zu treffen, welche den Beton den Angriffen dieser Säuren entziehen. Beim Vorhandensein von Bohrwurm wird Kiefernholz zu vermeiden bzw. durch Greenheart- oder ähnliche Holzarten zu ersetzen sein, wenn nicht andere Schutzvorrichtungen angewendet werden können.

Weiterhin ist für die Bauweise ausschlaggebend die Bedeutung der Wasserstraße, in welcher die Schleuse liegt, sowie der bestehende bzw. zu erwartende Verkehr. Es ist zu unterscheiden zwischen Anlagen, welche abgelegene Gegenden (z. B. Moorgegenden) erschließen und solchen, die verkehrsreichen Punkten neue Absatzgebiete verschaffen sollen, zwischen Anlagen, die nur vorübergehenden örtlichen Zwecken dienen, oder solchen, die größeren Durchgangsverkehr vermitteln sollen.

Im ersteren Fall wird man sich vielleicht mit einfachen und kleinen Mitteln behelfen, einen billigen Baustoff wählen, der gegebenenfalls eine Änderung der Anlage in kürzerer oder längerer Frist ohne große Kosten ermöglicht, vielleicht auch die Abmessungen auf das äußerste Maß beschränken. Ist für absehbare Zeit eine Steigerung des Verkehrs nicht zu erwarten, wird ein Massivbau am Platze sein, der eine längere Lebensdauer verspricht. Bei starkem Anwachsen des Verkehrs ist diesem durch die Bauweise Rechnung zu tragen. Es können z. B. zunächst einfache Kammerschleusen am Platze sein, welche mit wachsendem Verkehr umgestaltet werden, sei es daß man sie bei entstandenem Schleppzugverkehr zu Schleppzugschleusen ausbaut, sei es, daß man sich mit einer zweiten Schleuse größerer Abmessungen begnügt oder gar nur die erste Anlage durch Anbau eines Hauptes vergrößert.

Von weiterem Einfluß auf die Bauweise sind die Abmessungen des Bauwerkes unter Berücksichtigung der statischen Verhältnisse. Die Häupter und Kammern großer Seeschleusen mit ihren meist tiefgehenden Gründungen, hohen Beanspruchungen während des Baues und des Betriebes, großen Anforderungen an Dichtigkeit, Betriebssicherheit und dgl. erfordern eine andere Ausführung als kleine Moorschleusen oder ähnliche Anlagen. Man wird bei ersteren wenn möglich die Ausführung hölzerner Böden mit oder ohne Pfahlrostgründung vermeiden, vielmehr, vornehmlich den Häuptern, einen in Sohle und Seitenmauern möglichst einheitlichen Körper geben, der den ungünstigsten Beanspruchungen als Ganzes Widerstand zu leisten vermag. Ähnlich dürften ihre Kammern zu behandeln sein, sofern sie trocken gelegt bzw. als Trockendock benutzt werden sollen. Andernfalls wird es häufig genügen, die Sohle der Kammer nur leicht zu befestigen, um sie gegen die Angriffe des Wassers und der Schiffsschraube zu schützen. Bei den großen Abmessungen, welche die Seeschleusen neuerdings erhalten (am Kaiser-Wilhelm-Kanal 45 m lichte Weite und 330 m Kammerlänge), wirken die Kammern schließlich nicht anders wie große Hafenbecken, welche durch Häupter abgeschlossen sind, und es liegt kein Grund vor, ihre Ausführung anders zu gestalten. Einen Vorzug hat diese Bauweise noch dadurch, daß durch sie für die Berechnung der Seitenmauern klare und einfache statische Verhältnisse geschaffen werden.

Diese Bauweise hat auch bei Binnenschiffahrtsschleusen in den letzten Jahren vielfach Anwendung gefunden (vgl. die Schleusen des Elbe-Trave-Kanales).

Schließlich spielen für Bauweise und Bauart der Schleusen auch die Kosten eine wichtige Rolle, wobei Größe und Umfang des Verkehrs, die Untergrundverhältnisse, örtliche Bedingungen mitsprechen. Bei Vergleichsentwürfen werden neben den reinen Baukosten noch die Unterhaltung und Abschreibung zu berücksichtigen sein. Bezeichnet Z den Zinsfuß für je 100 M., n den Prozentsatz der jährlichen Unterhaltungskosten von den Baukosten k, m die Lebensdauer des Bauwerkes, so ist die Baulast

$$x = k\left\{1 + \frac{n}{Z} + \frac{1}{\left(1 + \frac{Z}{100}\right)^m - 1}\right\}.$$

Die reinen Baukosten einer Schleuse kann man nach Liekfeld ansetzen zu $k = [100\,000 + 40\,000\,h + 4000\,h^2]$ M., wobei h das Gefälle bedeutet.

Nach den statistischen Nachweisungen von Roloff 1907[1]) sind in folgender Zusammenstellung die Kosten für einige Schleusenbauten angegeben.

Schleusenbenennung	Jahr der Erbauung	Gesemtlänge m	Abmessungen der Schleusenkammer: Nutzbare Länge m	Nutzbare Breite m	Gefälle m	Drempeltiefe m	Ausführung
Schleusen in der oberen Oder	92—96	73,3 bis 75,5	55,0	9,6	1,75 bis 2,60	2,00 unter N.W.	Gründung: Beton zwischen Spundwänden, Häupter u. Kammer massiv.
Dortmund-Ems-Kanal	95—98	86,4	67,0	8,6	3,4—4,6	3,00	Wie vor.
Schleppzugschleusen im kanalisierten Main	92—94	—	255,0	21,2	1,80 bis 2,70	—	Gründung: Beton zwischen Spundwänden im Haupt. Kammersohle unbefestigt, Kammerwände geböscht und abgepflastert.
Kanalisierte Fulda	93—97	75,6	60,0	8,6	2,0 bis 3,57	rd. 1,60 bis 1,80	Gründung: Beton zwischen Spundwänden. Häupter u. Kammer massiv.
Netze	94—96	79,0	59,0	i. M. 9,7	1,0	rd. 1,80 bei N.W.	Wie vor.
Dortmund-Ems-Kanal Schleppzugschleusen	94—96	191,8	170,2	10,0	1,5 bis 2,90	2,50	Häupter auf Beton zwischen Spundwänden, Kammerwände geböscht, Sohle abgepflastert.
Schleppzugschleuse Rathenow	98—01	246,6	210,0	10,90 bis 7,40	1,38	2,80 bei N.W.	Beton zwischen Spundwänden, massive geböschte Kammermauern.
Oder-Spree-Kanal	1901 bis 1906	80,0	57,0	9,6	bis rd. 5,00	3,00	Sohle und Mauern in Beton bzw. Klinkern.

Als **Baustoffe** kommen hauptsächlich in Frage: natürliche und künstliche Bausteine, Mörtel in Gestalt hydraulischer Bindemittel, Sand und Kies, Holz

[1]) Bearbeitet im Preußischen Ministerium der öffentlichen Arbeiten.

und Eisen. Auf gute Beschaffenheit aller Baustoffe sowie auf sorgfältigste Ausführung ist bei den Beanspruchungen, denen die Schleusen im Betriebe ausgesetzt sind, besonderer Wert zu legen. Die Steine müssen hart und wetterbeständig, das Mauerwerk durchaus wasserdicht und massig sein, um allen Einflüssen der Witterung und des Wasserdruckes sowie den Angriffen aus der Schiffahrt Widerstand leisten zu können. Sand und Kies muß scharf, rein und in allen Korngrößen vorhanden sein, um einen dichten und festen Beton zu geben. Als Zement ist ein langsam bindender Portlandzement zu verwenden, um bei der meist in großer Menge herzustellenden Masse ein zu schnelles Abbinden und ein unsachgemäßes Verbinden alter mit neuer Betonmasse zu verhindern. Der Betonbau wird neuerdings außer zur Herstellung der Schleusensohle vielfach auch zur Ausführung der Seitenmauern angewendet, da die Herstellung unter Verwendung geringerer Mannschaft bedeutend schneller und billiger zu bewirken ist als die von Mauer-

Tore und Schützen	Baukosten M.	Einheitskosten des eigentlichen Bauwerks für 1 qm Grundfläche des Innenraumes der Kammer und Häupter M.	1 cbm Inhalt des Innenraumes der Kammer und Häupter M.	Bemerkungen
Eiserne Stemmtore, Drehschützen.	156 800 bis 255 300	299,8	55,8	Kosten für Grunderwerb, Erdarbeiten bis zur Rammebene und Bauleitung sind nicht einbegriffen.
Eiserne Stemmtore, Rollschützen.	316 770 bis 226 650	356,7	51,7	Kosten für Grunderwerb und Bauleitung nicht einbegriffen.
Hölzerne Stemmtore, Klappschützen.	235 749 i. M.	—	—	An die bestehende Schleuse wurde die Schleppzugschleuse mit Unterhaupt angebaut.
Hölzerne Stemmtore, Drehschützen in den Toren.	229 439 bis 171 951	215	42,5	Bauleitungskosten anderweitig verrechnet.
Hölzerne Tore, Rollschützen.	146 800	169,6	44,6	Wie bei der Oder.
Eiserne Tore und in ihnen Klappschützen. Rollschützen.	278 100 bis 346 000	156,3	23,95	Wie oben.
Eiserne Tore, Rollschützen.	404 300	148,3	25,1	Wie oben.
Eiserne Tore, Heber.	rd. 500 000	651	81,4	Einschl. Maschinenanlage, elektrischen Antriebes der Tore und Spills.

werk. Von Wichtigkeit ist jedoch eine sachverständige, gute Beaufsichtigung der Misch- und Stampfarbeiten. Um den Beton dichter zu machen, was bei Bauten an der See erwünscht ist, da er auf diese Weise gegen das Eindringen und die Angriffe des Seewassers geschützt ist, erhält er vielfach einen Zusatz von Traß oder auch von Kalk. Bei Kalk ist Vorsicht zu beobachten. Verwendet man gelöschten Kalk, so muß er mit dem Zement sehr gut gemischt werden, um eine einheitliche Masse zu erhalten. Bei gepulvertem Graukalk ist darauf zu achten, daß keine gröberen Rückstände in der feinen Masse vorhanden sind. Auf eine vollständige Ablöschung des gebrannten Kalkes, sei es in Pulver- oder Teigform, ist sorgfältig zu achten. Beide Zusätze, Traß und Kalk, haben den Vorteil, daß sie das Abbinden des Zementes verzögern. Es ist jedoch darauf zu achten, daß jeder Kalküberschuß vermieden wird, um eine Umbildung des Kalkes und des Tones durch die Salze des Meeres in ein kristallisierendes Doppelsalz und dadurch ein Zerstören des Betons zu verhüten. Als gute Mörtel-Mischungen haben sich bei neueren Schleusenbauten an der See bewährt:

1 Raumteil Zement zu $\frac{1}{2}$ Raumteil Traß zu 3—4 Raumteilen Sand, bei Kanalbauten:

1 Raumteil Zement zu $\frac{2}{3}$ bis 1 Raumteil Traß zu 4—5 Raumteilen Sand.

Das Stein- oder Kies-Zuschlagsmaterial wechselt, je nach Zweck und Notwendigkeit von $5\frac{1}{4}$ bis 10 Raumteilen.

Als Zement-Traß-Kalk-Mörtelmischung hat sich hinsichtlich der Dichtigkeit und der Zugfestigkeit als günstigste erwiesen: 1 Raumteil Zement, 3 Raumteile Kalk, 5 Raumteile Traß und 12 Raumteile Sand.

Zur Verkleidung vorspringender Ecken und Kanten (Einfahrt, Wendenischen u. dgl.) wird vielfach Granit verwendet.

Als Holz kommt in der Hauptsache Kiefernholz zur Anwendung, das sich durch Haltbarkeit unter Wasser und durch niedrigen Preis auszeichnet. Daneben wird Eichenholz verwendet, wo es sich um Aufnahme größerer Kräfte handelt. Beim Vorhandensein des Bohrwurmes wird neuerdings vielfach ausländisches Hartholz — Greenheart und dgl. — erfolgreich verwendet. Eisen wird als Guß- und Flußeisen zum Schutze der Wendenischen, Ecken und dgl. sowie als Einlage bei Eisenbeton benutzt.

In bezug auf den Baustoff kann man die Schleusen einteilen in:

1. Schleusen aus Holz, d. h. Schleusen, bei denen Holz der einzige Baustoff ist,

2. halbmassive Schleusen, d. h. Schleusen, deren Gründung aus Holz besteht, während das aufgehende Bauwerk massiv, d. h. in Mauerwerk bzw. Beton ausgeführt ist,

3. massive Schleusen, bei denen Gründung und aufgehendes Bauwerk in Mauerwerk hergestellt ist.

Daneben bestehen Abweichungen, wie Schleusen mit massiven Häuptern und Kammerwänden, aber unbefestigter oder nur leicht abgedeckter Kammersohle; Schleusen, deren Kammerwände als Bohlwerk, geböschte Mauern oder Pflaster hergestellt sind; Schleusen aus Eisenbeton und ähnliche.

7. Schleusen aus Holz.

Diese Schleusen stellen die ursprünglichste Form der Schleusen vor. Der Baustoff bedingt geringe Bauwerksabmessungen, geringen Verkehr und häufig geringe Lebensdauer, wenigstens für alle Teile, welche wechselnden Wasserständen ausgesetzt sind. Dagegen kann der Bestand aller unter Wasser liegenden Holzteile als fast unbegrenzt angesehen werden, sofern der nagenden Wirkung durchquellender Wasseradern durch gute Sicherung des Bauwerkes und sorgfältige Ausführung vorgebeugt wird.

Liegt der gute Baugrund dicht unter der Schleusensohle, so kann man zu ihrer Befestigung einen Schwellrost wählen, wie er bei einfachen Gründungen ausgeführt wird. Dies wird z. B. der Fall sein können bei Schleusen, welche in den oberen Läufen kleinerer Gewässer anzulegen sind. Gegen Unterspülen wird man sich durch Anordnung von Querspundwänden vor dem Ober- und Unterhaupt sowie auch noch durch etwaige Querspundwände unter dem Schleusendrempel zu sichern wissen. Die Befestigung des Bohlenbelages auf den Schwellhölzern ist sorgfältig zu bewerkstelligen, um ein Abheben durch Wasserdruck zu verhüten. Unter Umständen ist zum Niederhalten des parallel zur Schleusenachse liegenden Belages in gewissen Abständen eine Querbohle anzuordnen und mit den Seitenwänden fest zu verbinden. Ist der Baugrund erst in größerer,

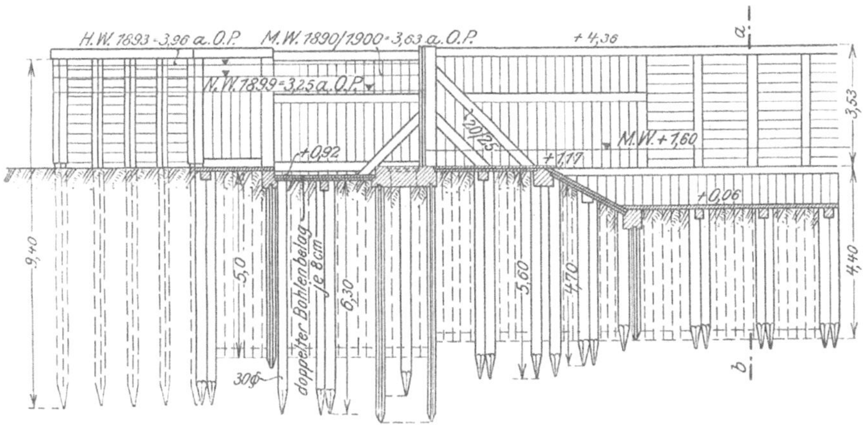

Abb. 24 a. Längenschnitt durch das Oberhaupt.

aber erreichbarer Tiefe tragfähig, so ist Pfahlrostgründung am Platze. Er erfüllt einen doppelten Zweck: das Bauwerk tragfähig zu gründen und die Sohle, soweit erforderlich, gegen Auftrieb zu schützen. Es muß daher nicht nur der Baustoff von bester Beschaffenheit, sondern auch die Arbeit, insbesondere die Verbindung zwischen den einzelnen Teilen des Pfahlrostes kräftig, sorgfältig und gut ausgeführt sein. Der Pfahlrost besteht, wie Abb. 24 zeigt, 1. aus den Pfählen, 2. den Grund- oder Kaibalken, 3. dem Bohlenbelage, 4. den Spundwänden. Zu diesen treten bei größeren Schleusenweiten noch 5. die Zangen und 6. die Spannbalken.

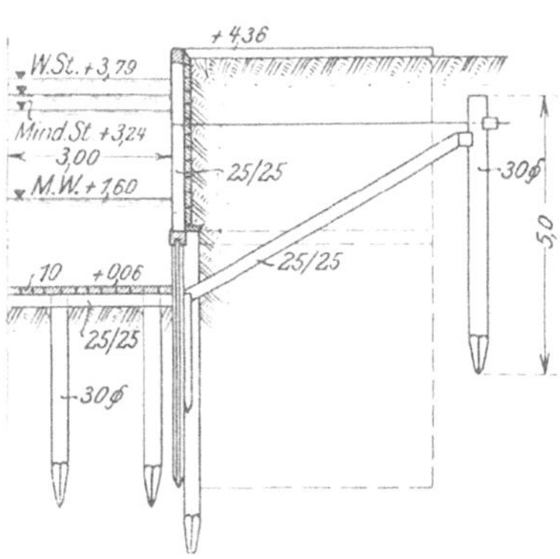

Abb. 24 b. Querschnitt a b.

Abb. 24. Schleuse bei Alt-Ruppin.

Die Pfähle übertragen den Druck auf den guten Baugrund und sichern den Rost, dort wo er nicht durch die Seitenwände festgehalten wird, gegen Auftrieb. Sie werden daher an diesen Stellen häufig mit dem Zopfende nach oben gerammt. In der Nähe der Seitenwände, in den Häuptern und dicht hinter den Drempeln stehen sie der Beanspruchung entsprechend meist dichter.

Auf den Pfählen liegen die Grund- oder Kaibalken quer zur Schleuse — sie längs zur Schleuse zu legen ist eine veraltete Konstruktion — und hochkantig, etwa im Verhältnis 3 : 4. Bei kleineren Abmessungen reichen sie von Seitenwand zu Seitenwand durch. Bei größeren Weiten werden sie gestoßen. Der Stoß ist stumpf, stets über einem Pfahl anzuordnen, nicht in der Mittelachse der Schleuse, und wechselnd zu legen. Die Verbindung der Stöße erfolgt durch seitlich angebrachte Flacheisen.

Die Verbindung zwischen Pfahl- und Grundbalken ist mittels Grund- oder Keilzapfen nach Abb. 25 und 26 auftriebssicher herzustellen. Es sind Doppelzapfen, die durch einen eichenen Hauptkeil und mehrere eichene Seitenkeile auseinandergetrieben und fest an den Grundbalken angekeilt werden. Die Ver-

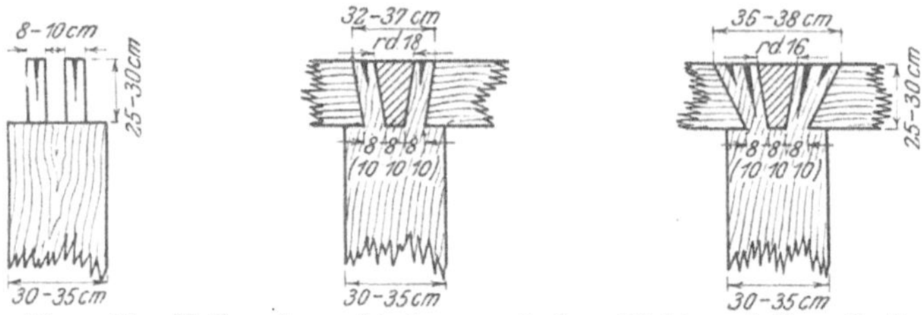

Abb. 25 u. 26. Keilzapfenverbindung zwischen Pfahl und Grundbalken.

bindung nach Abb. 25 hielt bei Probeversuchen einen Zug von 11 t, die nach Abb. 26 einen solchen von 15 t aus.

Bei geringeren Beanspruchungen genügt die Verbindung von Pfahl und Holm nach Abb. 24 S. 107 und 30 durch Schraubenbolzen und Versetzen der Pfähle.

Über den Grundbalken liegt parallel zur Schleusenachse ein einfacher oder doppelter Bohlenbelag von etwa 8—12 cm Stärke. Die Stöße werden geradlinig auf einem Grundbalken angeordnet. Die Befestigung der Bohlen erfolgt durch Stichbolzen. Auf eine dichte Verlegung des Belages ist besonderer Wert zu legen. Diese wird bei größeren Bauwerken dadurch erreicht, daß man auf den Grundbalken parallel zur Schleusenachse und rechtwinkelig zu den Grundbalken in etwa 1,50 m Entfernung Zangen von 18—24 cm Stärke mittels Verkämmung und durch Spitz(Stich)bolzen befestigt (Abb. 27). Zwischen diesen Zangen wird der Bohlenbelag felderweise eingebracht, bis auf eine Paßbohle, welche genau abgemessen und zugeschnitten zuletzt eingebracht wird und durch ihren keiligen Anzug die übrigen Bohlen dichtschließend aneinanderpreßt. Neben diesem Zweck der besseren Verlegung des Bohlenbelages sollen die Zangen ferner eine Verschiebung des ganzen Rostes in sich verhüten, ihn also versteifen. Für gewöhnlich werden die Zangen mit dem Bohlenbelag bündig liegen. Sind sie aus irgendwelchen Rücksichten jedoch stärker zu wählen, so daß sie über den Belag hinausragen, wird man die Zwischenräume ausmauern und dadurch den Belag gegen den Auftrieb noch mehr belasten.

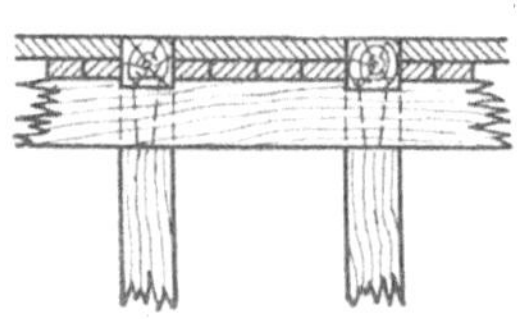

Abb. 27. Pfahlrostgründung.

Spannbalken (Abb. 28) werden dort verwendet, wo mit einem besonders hohen Auftrieb zu rechnen ist. Sie liegen stets über den Grundbalken und reichen bis unter die Seitenmauern. Ihre Verbindung mit den Grundbalken erfolgt durch große Spitzbolzen oder Schlüsselkeile (Abb. 29). Diese bestehen aus drei Eichenholzstücken, von denen die beiden äußeren den schwalbenschwanzförmigen Löchern in den zu verbindenden Balken entsprechen. Nach Einsetzen dieser Teile wird das dritte Stück eingetrieben. Die Entfernung der Keile beträgt etwa 2—3 m. Erwähnt sei noch, daß bei Verwendung von Spannbalken die Zangen mit der Oberkante des Bohlenbelages bündig liegen müssen. Die Zwischenfelder zwischen den Spannbalken werden häufig ausgemauert, um den Bohlenbelag mehr zu

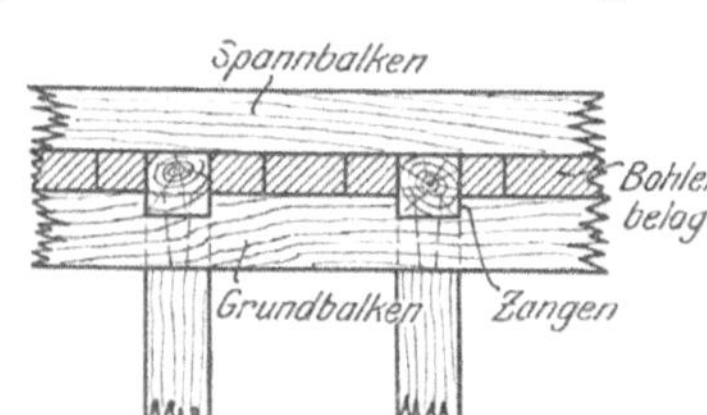

Abb. 28. Anordnung der Spannbalken beim Pfahlrost.

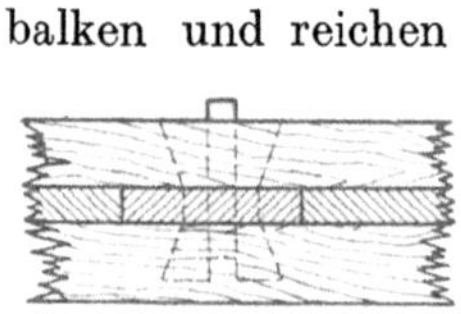

Abb. 29.

belasten und ihn gegen Angriffe durch die Schiffshaken oder dergl. zu schützen. Die Übermauerung hat allerdings den Nachteil, daß eine genaue Beobachtung des Bohlenbelages und seiner Verbindungen unmöglich gemacht ist.

Bei kleineren Schleusen, insbesondere solchen aus Holz, fehlt meistens der Spannbalken.

Den Schutz der Schleuse gegen Unterspülen vom Oberwasser her, das Vermeiden von durchziehenden Wasseradern sollen die Spundwände übernehmen. Sie werden dadurch ein Hauptbestandteil des Bauwerkes und müssen sowohl dicht geschlagen wie auch mit der Unterkante des Rostes dicht verbunden werden. Die Dichtigkeit einer Spundwand hängt meist von der Beschaffenheit des Bodens ab. Feiner Triebsand, Schliefsand, sehr grober Untergrund machen häufig einen dichten Schluß der Wand unmöglich. Aus diesen Rücksichten wendet man daher meist mehrere Spundwände hintereinander derart an, daß jedes Haupt durch je eine Querspundwand oben und unten in sich abgeschlossen ist, und daß ferner der wichtigste Bauteil einer Schleuse, der Drempel, bei dem infolge der Verschiedenheit der Wasserstände zu beiden Seiten der Tore besonders

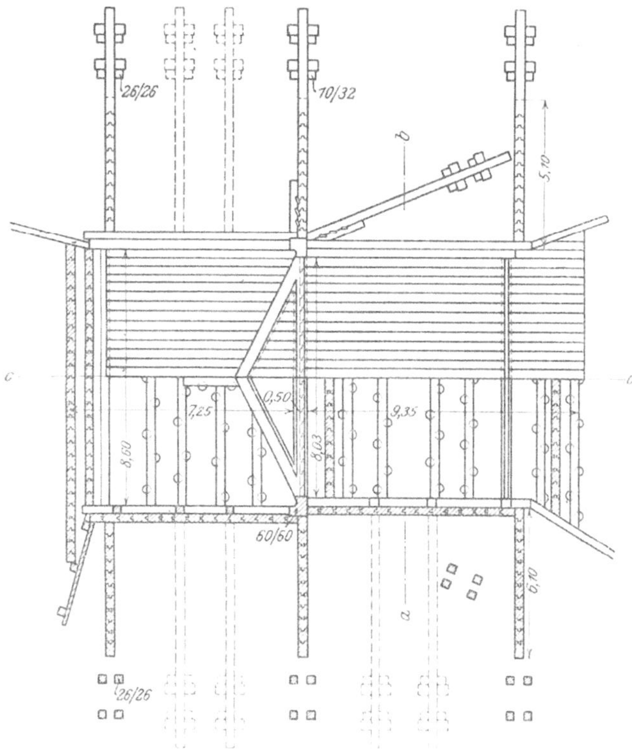

Abb. 30 a. Aufsicht des Oberhauptes.

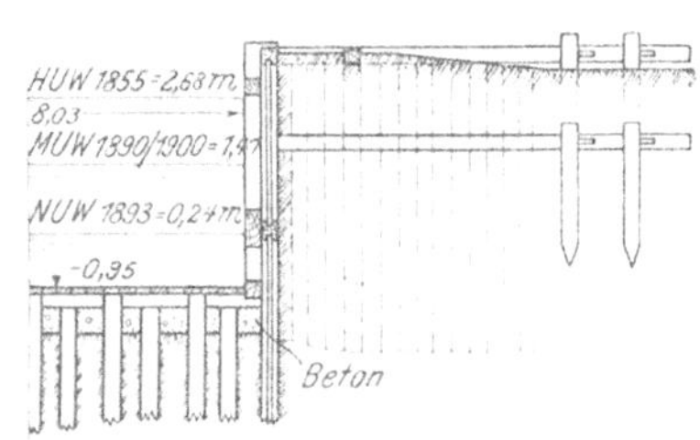

Abb. 30 b. Querschnitt a—b.

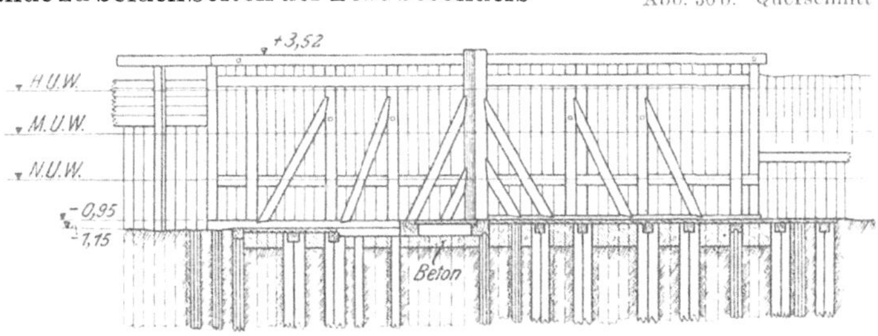

Abb. 30 c. Längenschnitt c—d.

Abb. 30. Brandenburger Stadtschleuse.

auf Dichtigkeit zu sehen ist, noch durch eine weitere Querspundwand gesichert ist (vgl. Abb. 24 S. 107, 30 und 32 S. 111). Diese Querspundwände werden zweckmäßig zu Seiten der Häupter noch verlängert als Flügelspundwände mit höherliegender Oberkante, um Umläufigkeiten des Schleusenbauwerkes zu verhindern. Vielfach werden die Querspundwände unter den Drempeln zwischen zwei Pfahlreihen geschlagen, — zunächst die Spundwand, alsdann die Pfahlreihen — und mit den über den Pfählen angeordneten Grundbalken festverbolzt, um eine gute Verbindung mit dem Rost herzustellen. Zur weiteren Dichtung werden oft alle Fugen an den Stößen duch eichene Holzkeile geschlossen. Freistehende Spundwände erhalten zur Sicherung wenigstens auf einer Seite eine Verzangung oder eine Verholmung. Längsspundwände sind an und für sich bei der Pfahlrostgründung eines Schleusenbauwerkes nicht unbedingt erforderlich. Sie werden zum Bedürfnis, sobald die Herstellung des Baues bei starkem Wasserandrang zu erfolgen hat.

Ist der vorhandene Baugrund sehr wasserdurchlässig, schlammig oder moorig, so entfernt man unterhalb des Bohlenbelages zwischen den Pfählen des Rostes den weder festen noch dichten Boden auf etwa 60 cm Stärke und bringt einen dichtenden Ton- oder Lehmschlag ein, der möglichst sorgfältig und fest einzustampfen und so reichlich einzubringen ist, daß er nach Einbau des Bohlenbelages an diesen dicht anschließt und die Fugen ausfüllt. Der Tonschlag muß eine möglichst gleichmäßige Masse, ohne große, trockene Knollen, bilden. Sehr gut eignet sich eine durch Tonschneide und Rührwerk gegangene und mit etwas Sand vermischte Masse.

Eine Ausfüllung des Raumes unter dem Bohlenbelage durch Beton (Abb. 30b und c) erfüllt nicht den gleichen Zweck. Das Einbringen von trockenem Schotter oder dergl. dürfte schädlich wirken.

Besonders sorgfältiger Herstellung bedarf schließlich noch der Drempel. Neben der Wasserdichtigkeit, die hier vornehmlich von Bedeutung ist, muß er gegen wagerecht auf ihn wirkende Kräfte aus dem Wasserdrucke standsicher sein. Er besteht nach Abb. 31 aus dem Mittelbalken, dem Anschlagbalken und dem Herzstück. Sämtliche Hölzer sind aus Eichenholz. Sie sind durch Bolzen und Klammern fest miteinander zu verbinden.

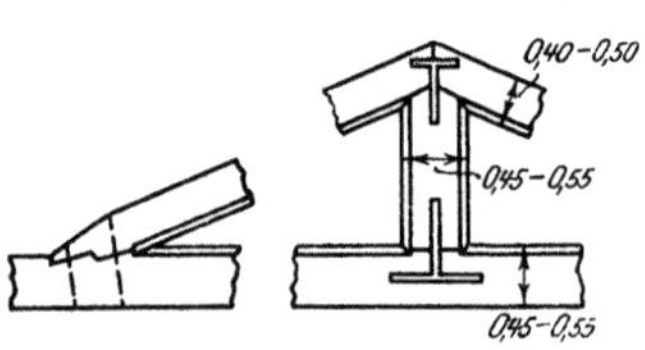

Grundriß.

Abb. 31. Drempel aus Holz.

Gewöhnlich liegen die Drempelhölzer auf dem Bohlenbelage. Bei kleineren Schleusen werden sie häufig auf den Spundwänden aufgezapft. Die Höhe der Anschlagbalken über dem Belage beträgt i. M. 40 cm. Sind Spannbalken vorhanden, so werden in den Torkammern auf Drempellänge zweckmäßig über dem Bohlenbelag noch Spannbohlen dicht an dicht angeordnet und hierauf die Drempelbalken verlegt. Alsdann werden zu starke Abmessungen dieser Hölzer vermieden werden. Der dreieckige Raum zwischen den Mittelbalken und den Anschlagbalken des Drempels wird durch Eichenholzpaßstücke von der Stärke des Drempels dichtschließend ausgefüllt. Der Mittel- und die Anschlagsbalken greifen wenn möglich unter die Seitenwände.

Die hölzernen Seitenwände sind nach Art der Bohlwerke auszubilden. Sie können nach Abb. 24b und 30b S. 107 bzw. S. 109 entweder auf den seitlichen Längsspundwänden aufgeständert werden, sofern nicht diese Spundwände selbst als Seitenwände dienen, oder sind selbständige Werke auf eigener Pfahlgründung. Auf alle Fälle sind sie gegen wagerechte Kräfte aus Erd- und Wasserdruck sicher zu verankern sowie so herzustellen, daß eine Auswechselung der im wechselnden Wasser faulenden Hölzer durch Aufständern oder dergl. leicht und ohne große Kosten möglich ist. Die Wendesäule muß gegen Zug- und Druckkräfte, hervorgerufen durch die Belastung aus dem geöffneten bzw. ge schlossenen Tore, durch Anker und Streben gesichert werden.

Hölzerne Wände eignen sich bei Schleusen von geringeren Abmessungen und nicht zu großem Gefälle, sofern sie nur vorübergehenden Zwecken oder geringerem Verkehr dienen, z. B. in Moorkanälen. Hier sind sie sowohl aus Gründen der Wirtschaftlichkeit — billige Herstellung, leichte Beseitigung und Ersatz durch andere Bauart bei Erfordernis — wie der Standsicherheit am Platze. Bei leicht beweglichem Boden belasten sie durch ihre leichte und trotzdem widerstandsfähige Ausführung den Untergrund nicht wesentlich mehr, als dies vorher der Fall gewesen ist. Auch bedingt ihre Ausführung einen verhältnismäßig geringen Zeitaufwand.

Die Berechnung des Pfahlrostes und der Bohlwände bietet keine weiteren Schwierigkeiten und erfolgt nach den bekannten Regeln der Statik.

8. Halbmassive Schleusen.

Hierunter sollen Schleusen verstanden werden, deren Gründung aus Pfahl- oder Schwellrost besteht, während die Seitenmauern massiv aus Mauerwerk oder Beton hergestellt sind. Die Gründung erfolgt im allgemeinen nach den im Ab-

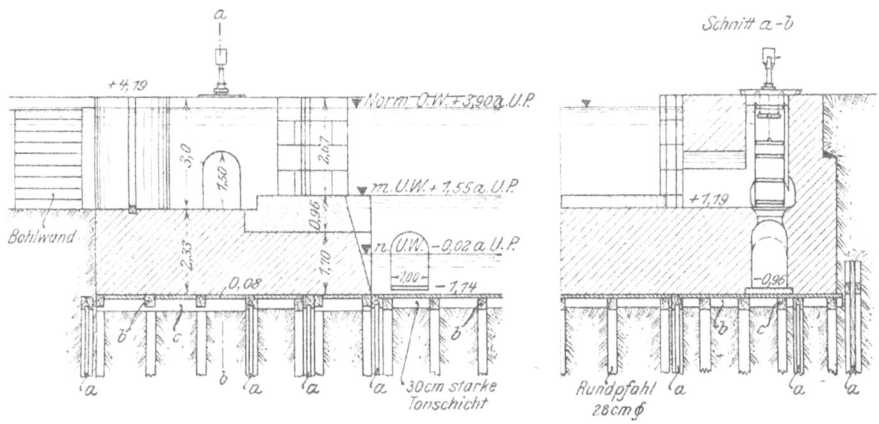

Abb. 32a. Längenschnitt durch das Oberhaupt. Abb. 32b. Querschnitt a–b.

Abb. 32. Schleuse bei Brieskow. (Friedrich-Wilhelm-Kanal.)

schnitt 7 dargestellten Regeln. Da die Abmessungen der halbmassiven Schleusen in der Regel größer sein werden wie die der besprochenen hölzernen Schleusen, auch das auszunützende Gefälle höher sein wird, werden die Abmessungen der einzelnen Bauteile stärker zu wählen sein. Der Pfahlrost setzt sich unter den seitlichen Mauern fort, ebenso die Grundbalken, Bohlenbelag und Zangen. Um der Mauer eine Stütze gegen seitliche Verschiebung zu geben, empfiehlt es sich, die Zangen des Rostes unter der Mauer so stark zu wählen, daß sie auf ein bis zwei Mauersteinstärken über den Bohlenbelag hinausragen. Sind Spannbalken vorhanden, so reichen diese etwa 60 cm unter die Seitenmauern. Das gleiche ist bei den Drempelanschlaghölzern der Fall. Häufig wird jedoch der Drempel bei diesen Schleusen aus Mauerwerk hergestellt (Abb. 32) und bietet seine Ausführung keine weiteren Schwierigkeiten. Ebenso wird vielfach, wie dies Abb. 33 erkennen läßt, über den Bohlen-

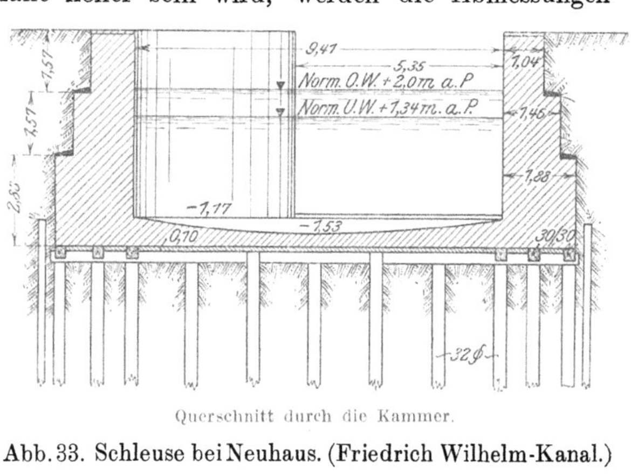

Querschnitt durch die Kammer.

Abb. 33. Schleuse bei Neuhaus. (Friedrich Wilhelm-Kanal.)

belag ein umgekehrtes Gewölbe gespannt, das die Seitenmauern gegeneinander absteifen und gegen seitliche Verschiebungen schützen soll. Die Schleusen nähern sich dann schon der massiven Bauweise, der sie hinsichtlich der Ausbildung der Tor- und Schleusenkammerwände fast vollständig entsprechen.

9. Massive Schleusen.

Es sind dies alle Schleusen, deren Häupter und Kammern in der Gründung und dem aufgehenden Mauerwerk im wesentlichen aus einem einheitlichen, dichten massiven Baustoff hergestellt sind. Ihr Verwendungsgebiet ist ein umfangreiches, da der Baustoff größere Abmessungen zuläßt. Die Herstellung einer dichten, zusammenhängenden Sohle in Häuptern und Kammer machen sie weiterhin zum Trockendock geeignet, so daß derartige Schleusen im Seegebiet im Kriegsfalle neben Schiffahrtszwecken auch zum Docken beschädigter Kriegsschiffe verwendet werden können. Da sie alsdann stark wechselnden Wasserdrucken ausgesetzt sein können, ist der Hauptwert auf sorgfältige Herstellung einer standsicheren und dichten Sohle zu legen.

a) Gründung. Die zu wählende Gründung hängt von der Beschaffenheit des Untergrundes ab. Steht Felsboden in erreichbarer Tiefe an, oder liegt die Schleusensohle in wasserundurchlässigem Ton- oder Mergelboden, so kann dieser Untergrund nach Abräumen der oberen verwitterten Schichten unmittelbar zur Gründung benutzt werden. Da bei diesen Untergrundverhältnissen gewöhnlich mit einem erheblichen Wasserdrucke auf die Sohle nicht zu rechnen ist, kann gegebenenfalls eine Einfassung der Baugrube durch Spundwände unterbleiben, auch die Abmessung der Sohlenbefestigung in kleinen Grenzen gehalten werden, vielleicht auf eine Befestigung ganz verzichtet werden. Abb. 34 S. 113 zeigt eine derartige Ausführung für die neue Schachtschleuse bei Henrichenburg. Die Schleuse ist auf festem, wasserundurchlässigen Mergel gegründet und hat nur eine 0,50 m starke Sohlenabdeckung erhalten. Bei dem großen Gefälle der Schleuse ist das Oberhaupt aus Ersparnisrücksichten höher gegründet wie die Kammer, was unbedenklich geschehen konnte, da bei dem Untergrunde mit Unterspülungen nicht zu rechnen ist. Um die Entstehung von Wasseradern zwischen Beton und Baugrund zu verhüten, liegt außerdem vor der Schleuse eine Sohlenabdichtung durch Ton, die mit Verzahnung in das Mauerwerk eingreift.

Bedeutend stärker wird die Sohle werden, sobald das Bauwerk in wasserführendem Untergrund zu errichten und ein starker Wasserdruck auf die Sohle zu erwarten ist, z. B. beim Vorhandensein von Kies, feinem oder grobem Sand, entweder unmittelbar in Höhe der Sohle oder aber in größerer Tiefe, überdeckt mit schlammigen, moorigen oder sonstigen nicht tragfähigen Bodenmassen. Lagerung, Schichtung und Beschaffenheit solcher Bodenmassen sind vor Beginn des Baues auf das sorgfältigste durch größere Bohrungen festzustellen, wobei darauf zu achten ist, daß die Bohrlöcher nicht innerhalb des zukünftigen Bauwerks liegen. Nach den Bohrungen sind ausreichende Längs- und Querprofile der Bodenschichten herzustellen.

Nach der Tiefenlage des guten Baugrundes kommen für die Gründung in Frage: Betongründung unter Wasser zwischen Spundwänden, Betongründung unter künstlicher Grundwassersenkung mit oder ohne Einfassung der Baugrube mit Spundwänden, Pfahlgründung mit Betonierung unter Wasser zwischen Spundwänden, Brunnengründung, Preßluftgründung.

Bei Verwendung von Spundwänden ist vornehmlich auf einen dichten Schluß der Querspundwände zu achten, um von vornherein die Bildung von Wasseradern unter dem Bauwerk entlang zu verhüten. Da die Sohle selbst dicht herzustellen ist, kann man sich im allgemeinen mit zwei Querspundwänden, je eine oberhalb des Oberhauptes bzw. unterhalb des Unterhauptes, begnügen.

Diese Spundwände sind seitlich der Häupter als bis zum Oberwasser reichende Flügelspundwände weiter fortzuführen (etwa 5—10 m), um eine seitliche Wasserumläufigkeit zu vermeiden. Welche Gefahren undichte Querspundwände bzw. das Fehlen solcher Wände in sich bergen, hat der Unglücksfall an der Meppener Schleuse und bei der Schleusentreppe Niederfinow gezeigt.

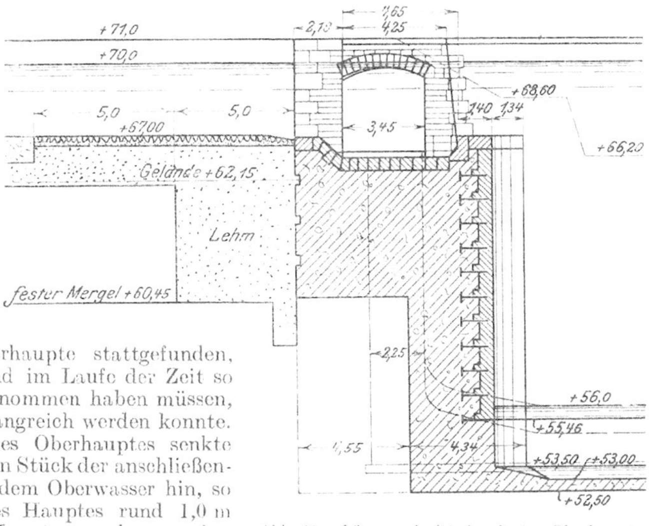

Abb. 34 a. Längenschnitt durch das Oberhaupt.

Die Meppener Schleuse ist in feinem Schliefsand gegründet. Es haben zweifellos Ausspülungen dieses feinen Sandes unter dem Oberhaupte stattgefunden, die unmerklich beginnend im Laufe der Zeit so große Abmessungen angenommen haben müssen, daß das Unglück so umfangreich werden konnte. Der rechtsseitige Teil des Oberhauptes senkte sich mit einem 12 m langen Stück der anschließenden Kammermauer nach dem Oberwasser hin, so daß die Vorderkante des Hauptes rund 1,0 m tiefer lag. Hinter dem Haupte war kurz vorher der Boden in größerem Umfange fortgesackt. Im Kammerboden bildete sich dicht hinter dem Oberdrempel eine gewaltige Quelle, durch die sich das Oberwasser unter Mitführung großer Sandmassen in die Kammer ergoß. Bei Niederfinow hatte man wegen des guten Befundes des Untergrundes Spundwände für überflüssig gehalten. Es zeigte sich jedoch nachträglich, daß dies untunlich war, zumal die leichte und, wie sich später herausstellte, nicht dichte Sohlendeckung unter dem Untertor durchgeführt war und dadurch dem Wasser bei dem hohen Druck von 9 m Gelegenheit geboten war, unter dem Unterhaupt durchzuquellen.

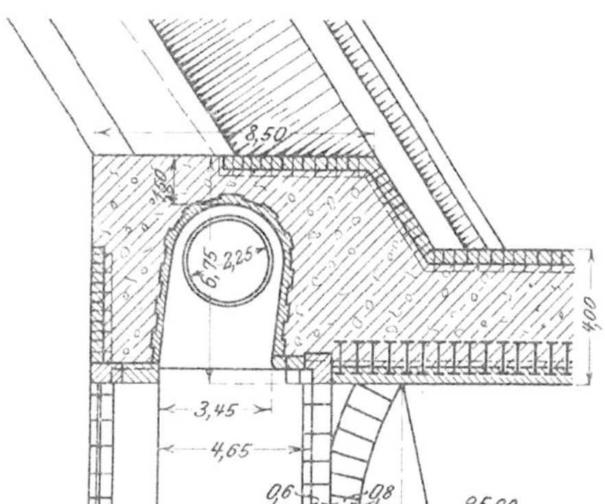

Abb. 34 b. Grundriß des Oberhauptes.

Abb. 34. Schachtschleuse bei Henrichenburg.

Liegt der gute Baugrund in Höhe der Schleusensohle, so kann eine **Betongründung unter Wasser** am Platze sein. Außer den oberen und unteren Querspundwänden werden zur Begrenzung der Baugrube noch zwei äußere Längsspundwände erforderlich (Abb. 42 b S. 116). Die Oberkante der Hauptspundwände liegt etwa in Höhe des Grundwassers, die Unterkante wird für die Querspundwände $2\frac{1}{2}$—3 m, für die Längsspundwände 2—$2\frac{1}{2}$ m unter der Unterkante der Betonsohle liegen müssen. Vor dem Aushub des Bodens, der durch Bagger oder Greifer erfolgen kann, sind die Spundwände in üblicher Weise durch Aussteifung oder rückwärtige Verankerung gegen Ausweichen zu sichern. Nach Fertigstellung des Bauwerkes werden die Querspundwände, soweit sie vor den Schleuseneinfahrten stehen, in der Höhe der Oberkante der Betonsohle bzw. in Rücksicht auf die Sicherung der Sohle vor den Häuptern etwas tiefer abgeschnitten. Das Einbringen des Betons erfolgt in üblicher Weise mittels Kasten oder Trichter. Da bei der Sohle der größte Wert in der Wasserdichtigkeit liegt, darf während der Betonschüttung keine Durchquellung des frischen Schüttbetons infolge höherer Wasserstände außerhalb der Baugrube eintreten. Ebenso ist zu frühes

Leerpumpen der Baugrube vor vollständigem Abbinden und Erhärten des Betons zu vermeiden.

Vielfach wird zur Erzielung größerer Dichtigkeit dem Beton Traß zugesetzt. Bei Seeschleusen kann dies erforderlich werden, um den Beton gegen die Angriffe des Seewassers widerstandsfähiger zu machen. Traßzusatz verlangsamt den Erhärtungsvorgang. Derartig hergestellte Schleusensohlen wird man also möglichst lange — etwa 10—12 Wochen — erhärten lassen, ehe man die Baugrube leerpumpt.

Ein Nachteil der Betonierung unter Wasser liegt darin, daß der Beton in verhältnismäßig dünnen Schichten geschüttet werden muß und daß auf diesen Schichten sich Schlamm ablagert, der auch bei sorgfältigster Beseitigung vor der fortschreitenden Schüttung in dünnen Schichten auf den einzelnen Betonlagen verbleibt und ein Anbinden unmöglich macht. Wird dann aus Ersparnisrücksichten die Sohle am Oberhaupt noch nach Abb. 35 ausgebildet, so daß

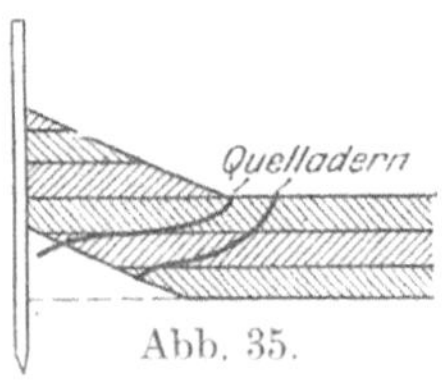

Abb. 35.

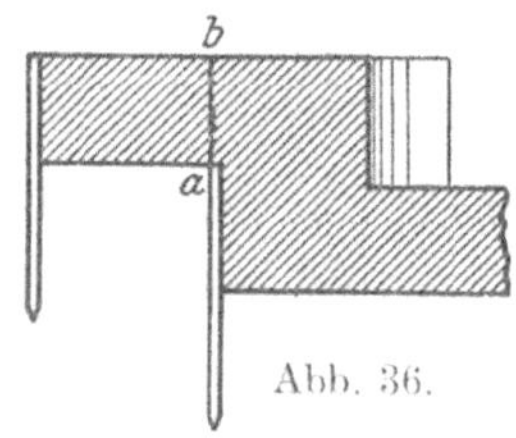

Abb. 36.

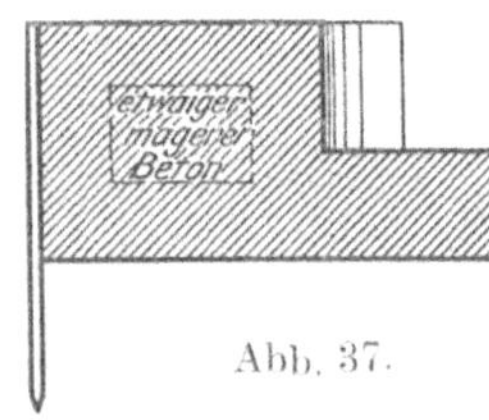

Abb. 37.

neben den feinen Schlammschichten sich auf den einzelnen Betonlagen noch Sand ablagern kann, den der Betontrichter beim Hin- und Herbewegen mitreißt, so ist dem durch die obere Querspundwand dringenden Wasser die beste Gelegenheit gegeben, sich zwischen den Betonlagen einen Weg zu suchen und allmählich den Beton auszuwaschen. Beim Trockenlegen der Baugrube entsteht dann der unvermeidliche Grundbruch. Auch die Anordnung einer zweiten Querspundwand nach Abb. 36 empfiehlt sich nicht, da bei einem nachträglichen Setzen des Bauwerkes Risse a b entstehen und das Bauwerk gefährden. Wenn möglich, scheue man die geringen Mehrkosten nicht und führe die Betonsohle in ihrer Unterkante gleichmäßig durch (Abb. 37). Auch versehe man sie, sofern dies der Untergrund zuläßt, mit rippenartigen Verstärkungen (Abb. 38), die insbesondere am Unterhaupt erwünscht sein können.

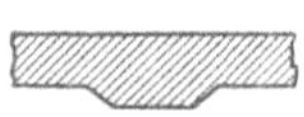
Abb. 38.

Um dünne Betonlagen zu vermeiden, kann man die Schüttung mit mehreren hintereinander angeordneten Trichtern von verschiedener Länge so vornehmen, daß die Betonsohle gleich in ganzer Stärke hergestellt wird. Man vermeidet dann das Abbinden der einzelnen Schichten, ehe die andere daraufgeschüttet wird. Die Nachteile der Schlammbildung bleiben aber bestehen.

Bei neueren Ausführungen hat man die von den äußeren Spundwänden begrenzte Baugrube durch weitere innere Quer- und Längsspundwände in kleinere Baugruben zerlegt. Die Erd- und Betonarbeiten können alsdann gesicherter hergestellt werden, da kleinere Arbeitsfelder entstehen, welche leichter auszusteifen sind und eine schnellere bzw. kürzere Ausführung ermöglichen. Dies kann z. B. erwünscht sein, wenn neue Schleusenanlagen dicht neben vorhandenen, im Betriebe befindlichen zu errichten sind. Die inneren Längsspundwände erhalten zweckmäßig eine gegeneinander gerichtete Neigung, um die Sohle der Kammer keilförmig herzustellen und ein besseres und dichtes Anpressen an die Spundwände zu erzielen (Abb. 42c S. 116). Da die inneren Spundwände erst nach Beendigung der Betonarbeiten abgeschnitten werden können, sie also in der sonst einheitlichen Betonsohle als Fremdkörper bestehen bleiben, bilden sie eine große Gefahr hinsichtlich der Bildung von Wasseradern. Diese Gefahr läßt sich vermindern, wenn wenigstens in den Häuptern, vornehmlich im Oberhaupt innere Längsspundwände vermieden werden (Abb. 42b S. 116), hier also die Sohle einheitlich hergestellt wird. Dadurch wird den vom Oberwasser eindringenden Wasseradern der Weg versperrt. Außerdem sind sämtliche Fugen in den Spundwänden und zwischen den Spundwänden und dem Beton sorgfältig durch Eichenkeile zu dichten. Von Vorteil kann es auch sein, den Beton zu beiden Seiten der Spundwände auf eine reichliche Tiefe — je nach dem zu erwartenden Wasserdruck — schwalbenschwanzförmig auszustemmen (Abb. 39), die Spundwand tief abzuschneiden, die Fugen gut zu dichten und dann die schwalbenschwanzförmige Aussparung durch Beton oder Eisenbeton sorgfältig und im Trockenen auszufüllen.

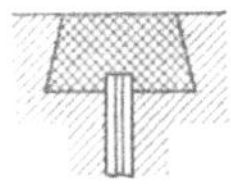
Abb. 39.

Mit dieser Anordnung der Spundwände sind an den Schleusen bei Wernsdorf und Kersdorf gute Erfolge erzielt. Nicht so günstige Erfahrungen sind an den neuen Schleusen in Fürstenberg a. O. gemacht, wo die inneren Längsspundwände bis an die äußeren Querspundwände des Oberhauptes durchgeführt wurden. Diese Maßnahmen waren hier wegen der recht ungünstigen Untergrundverhältnisse getroffen. Zur Vorsicht sind dann die inneren Spundwände tiefer abgeschnitten und die ganze geschüttete Sohle mit einer etwa 0,50 m starken Eisenbetonplatte überdeckt. Auch wurden vor den Schleusen sorgfältige Sohlendichtungen vorgenommen. Trotzdem fanden Wasseradern ihren Weg durch die oberen Querspundwände nach den inneren Längsspundwänden, arbeiteten sich in den Spundwandfugen hoch, zerstörten die Eisenbetonplatte und führten unter Mitführung von Sandteilchen unerwünschte Setzungen des Schleusenbauwerkes herbei.

Wenngleich also, wie im folgenden Abschnitt dargetan wird, durch Zerlegung der Baugrube in Einzelbaugruben eine einwandfreie statisch klare Beanspruchung der einzelnen Schleusenteile erzielt wird, muß geraten werden, von ihrer Anwendung bei Betonschüttung unter Wasser aus den oben geschilderten Gründen im allgemeinen abzusehen.

Finden sich im Untergrund unter obengelagerten wasserführenden Schichten wasserundurchlässige Schichten von genügender Stärke und liegt die Betonsohle des Schleusenbauwerks wenig eingeschnitten in diesen Schichten, so kann eine **Gründung zwischen Spundwänden unter offener Wasserhaltung** in der Baugrube angewandt werden, vorausgesetzt, daß die Spundwände, gegebenenfalls unter Verwendung eiserner, genügend tief und sicher in die wasserundurchlässigen Schichten eindringen. Neben den Larsenschen Spundwänden (Abb. 40) haben sich hierfür auch die Ransomeschen Spundwände (Abb. 41) ganz besonders gut bewährt. Sie haben den Vorzug, daß das Profil aus einem Stück ohne genietete Teile besteht und in seiner Form gedrungen ist, so daß es gegen Ausknicken beim Rammen gut gesichert ist.

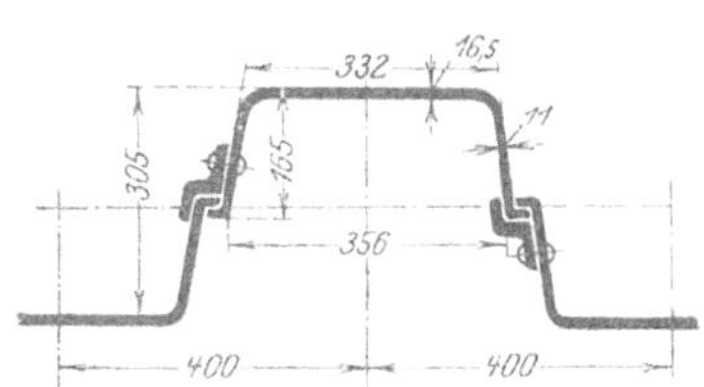

Abb. 41. Ransome-Spundwand.

Die Gründung mit offener Wasserhaltung in den Baugruben ist bei der zweiten Schleuse bei Wernsdorf (Abb. 42 S. 116) mit Erfolg angewendet. Der vorhandene feste Letteboden hielt dem Wasserunterdruck stand und brauchte nur in seiner Oberfläche, welche durch die Berührung mit dem Tagewasser weich wurde, durch eine 10—25 cm starke Schotterschicht befestigt werden. Auf dieser Schicht wurde der Beton der Sohle in einzelnen Lagen im Trockenen eingebracht und festgestampft. Bei der Nähe der bestehenden, im Betrieb befindlichen Schleuse war die Baugrube durch innere Längs- und Querspundwände in kleinere Baugruben zerlegt, wobei darauf gesehen war, daß die Sohle des Oberhauptes als wichtigster Teil ohne innere Längsspundwände als einheitlicher Körper hergestellt

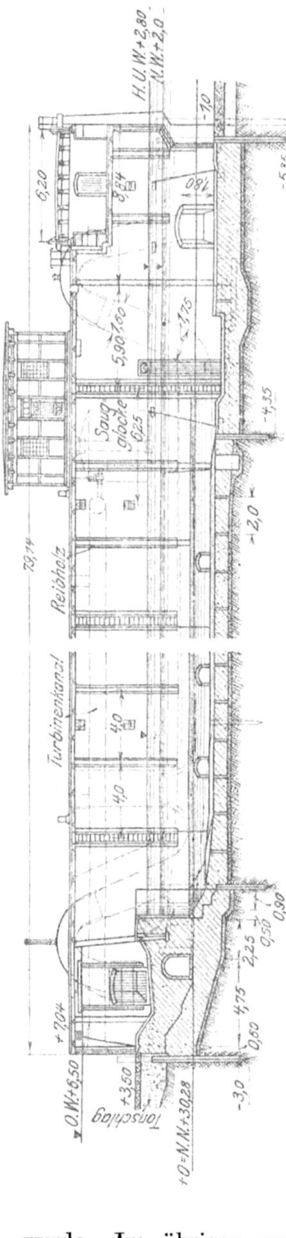

Abb. 42a. Längenschnitt.

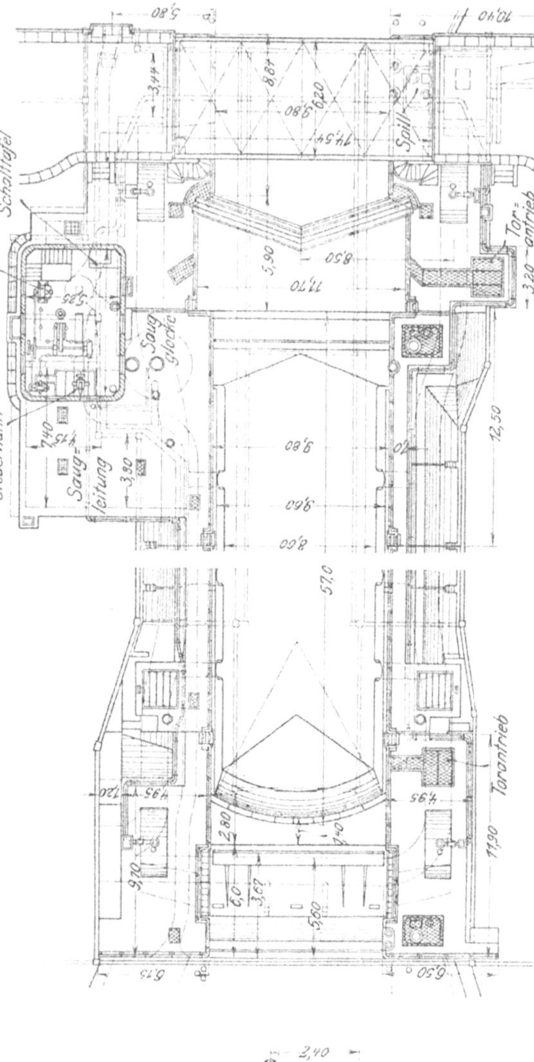

Abb. 42b. Grundriß.

wurde. Im übrigen wurde auf gute Dichtigkeit der inneren, schräg stehenden Längsspundwände besonderer Wert gelegt. Die Kammersohle ist zwischen den Längsspundwänden gewölbeartig eingespannt. Es sei hierbei bemerkt, daß zunächst die Kammermauern vollständig hergestellt wurden, ehe die Kammersohle betoniert worden ist.

Ist bei den vorgenannten Bodenverhältnissen der Wasserandrang größer oder steht zu befürchten, daß die vor-

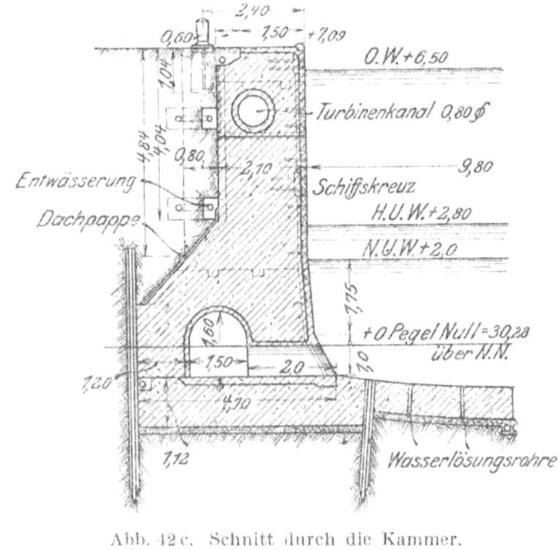

Abb. 42c. Schnitt durch die Kammer.

Abb. 42. Schleuse bei Wernsdorf. (Oder-Spree-Kanal.)

handenen wasserundurchlässigen Schichten dem Wasserunterdruck, der bei oberirdischer, d. i. offener Wasserhaltung in der Baugrube auftritt, nicht standhalten, so wird eine **künstliche Senkung des Grundwassers** Verwendung finden können. Hierbei kann unter Umständen an Betonstärke, besonders wenn Eisenbeton verwendet wird, und an Erdaushub gespart werden. Sie kann erfolgen a) mittels einzelner, gemauerter oder hölzerner Brunnen von genügender Größe und Tiefe, aus denen das Wasser durch geeignete Fördergeräte ausgepumpt und somit der Grundwasserstand gesenkt wird, b) durch eine größere Anzahl kleinerer Röhrenbrunnen, welche durch Saugleitungen entweder zu Ringen verbunden oder zu kleinen Gruppen vereinigt werden, und in denen durch Saugpumpen das Wasser abgesenkt wird.

Das Verfahren zu a) ist in größeren Abmessungen beim Bau der ersten Ostseeschleusen des Kaiser-Wilhelm-Kanales angewandt worden. Nach eingehenden Vorversuchen wurden drei Brunnen (geplant waren vier Brunnen, zu Seiten der Ober- und Unterhäupter je zwei, von denen sich einer als überflüssig erwies) von etwa 5 m äußerem bzw. 3,5 m innerem Durchmesser mittels Preßluftgründung bis 8 bis 9 m unter Betonunterkante der Sohle abgeteuft. Die Brunnen erreichten damit eine Tiefe von rund 24,5 m. Die Sohle der Brunnen wurde

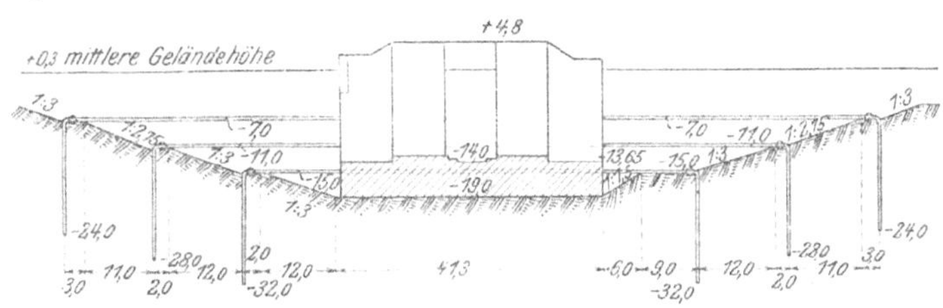

Abb. 43. Grundwassersenkungsanlage der Emder Schleuse im Querschnitt.

filterartig mit grobem Sand, Steinschlag und Steinen — letztere als oberste Lage — versehen, um ein Aufquellen und Mitführen von Sand zu verhüten. Das Wasser wurde mit Hilfe von Zentrifugalpumpen beseitigt. Im Laufe von 1½ Jahren wurde der Grundwasserstand soweit gesenkt, daß die Druckhöhe des Grundwassers in der Baugrubenmitte nur noch 1,20 m betrug. Zunächst wurden dann die Seiten- bzw. Mittelmauern fast vollständig hergestellt, dann die Sohlen nach Entfernung der inneren, zur Begrenzung der Seitenmauersohlen dienenden, nach innen geneigten Spundwände zwischengestampft und schließlich der Hinterfüllungsboden eingebracht.

Die Grundwassersenkung nach dem Verfahren b) ist in den letzten Jahren wiederholt bei Schleusengründungen mit gutem Erfolge angewandt worden. Im größten Umfange ist sie bei den zweiten Ostseeschleusen des Kaiser-Wilhelm-Kanales und bei der großen Emder Seeschleuse (260 m nutzbare Kammerlänge, 40 m lichte Weite, 13 m Tiefe bei M. H. W.) ausgeführt.

Bei der Emder Schleuse betrug die Höhe der Absenkung rund 20 m unter M. H. W. Bis 7 m unter Hochwasser konnte der Wasserstand offen abgesenkt werden. Der vorhandene Baugrund bestand in den oberen Schichten bis zu 11 m Tiefe aus Klei, darunter Sand mit Klei und Darg gemischt, von 15 m ab aus tragfähigem Sand. Die Sohle des Bauwerkes liegt auf — 19 oder rund 4 m in dieser Sandschicht. Nach Vornahme größerer Deichverlegungen und Deichverstärkungen, um die nahe dem Außenwasser der Ems gelegene Baugrube gegen H. W. zu schützen, wurde zum Bodenaushub unter gleichzeitiger Absenkung des Grundwassers geschritten. Man begann mit dem Außenhaupte. Da die Saughöhe einer Staffel unter Berücksichtigung sämtlicher Leitungswiderstände zu etwa 4,5 m anzunehmen ist, waren im allgemeinen drei Staffeln erforderlich. Nur der der Ems am nächsten gelegene Teil der Baugrube erforderte wegen des stärkeren Wasserandranges die Einschaltung von zwei Hilfsstaffeln. Abb. 43 gibt den Querschnitt der Grundwassersenkungsanlage, Abb. 44 ein zur Anwendung gelangtes Filterrohr und Abb. 45 die Flutkurve in der Ems sowie die zu-

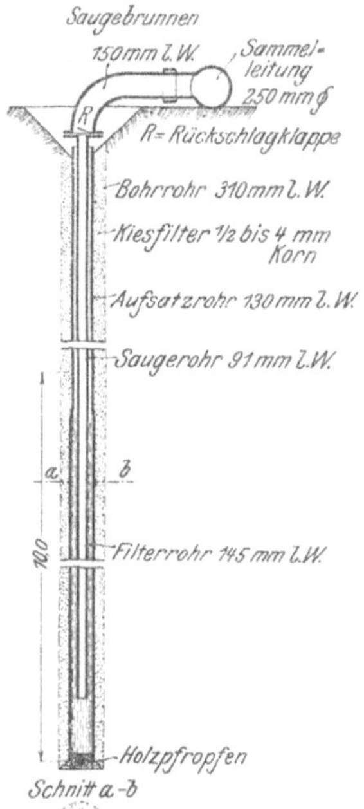

Abb. 44. Filterrohr im Schnitt und Grundriß.

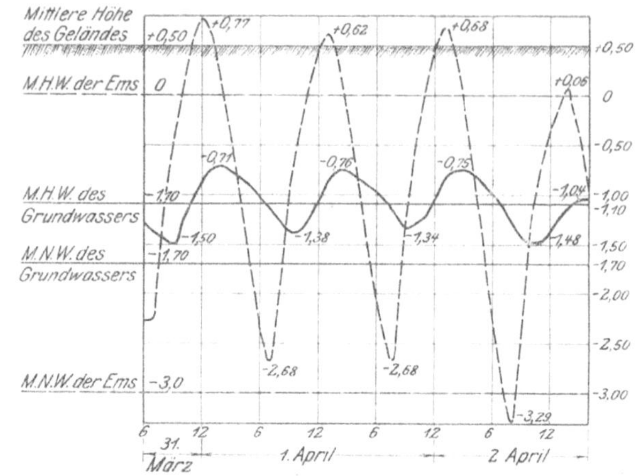

Abb. 45. Einfluß von Ebbe und Flut auf das gesenkte Grundwasser an der Emder Seeschleuse.

gehörige Kurve des Grundwassers an den Tagen vom 31. März bis 2. April 1908 wieder. Die Sohle der Häupter sowie die der Kammermauern sind dann vollständig im Trocknen hergestellt (Abb. 46). Von Spundwänden wurde in Anbetracht der starken Abmessungen der Sohle Abstand genommen. Da das Wasser des Untergrundes chemische Beimischungen enthielt, von denen man einen schädlichen Einfluß auf den Traßzementbeton befürchtete, wurde die Sohle mit einer Schutzschicht versehen, bestehend aus zwei in Traßzementmörtel 1 : 1 : 3 gemauerten

Abb. 47. Bodenaushub und Betonarbeiten an den Schleusen bei Holtenau mit Hilfe von Pohlig-Kabelkranen.

Ziegelflachschichten und einer etwa ½ cm starken heiß aufgebrachten Goudronschicht. Die Seitenflächen der Betonsohle sind mit fettem Traßzementmörtel verputzt und zweimal mit Siderosthen gestrichen worden. Das Einbringen des Stampfbetons erfolgte in üblicher Weise hintereinander in Schichten. In den Kammern wurde bei der Länge der Häupter von einer massiven Sohle abgesehen und nur eine Abpflasterung aus Basaltsteinen von 30 cm Stärke eingebracht. In den

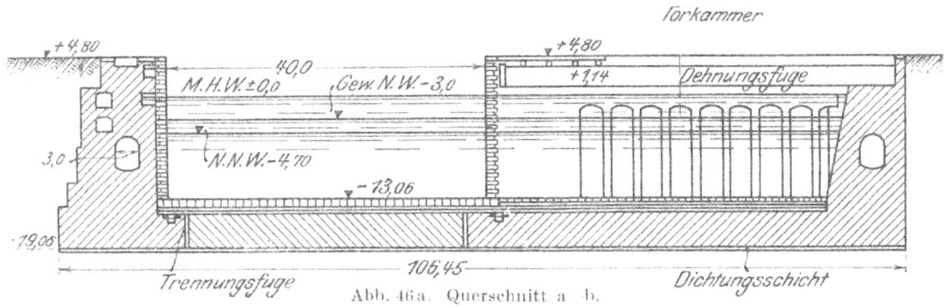

Abb. 46a. Querschnitt a—b.

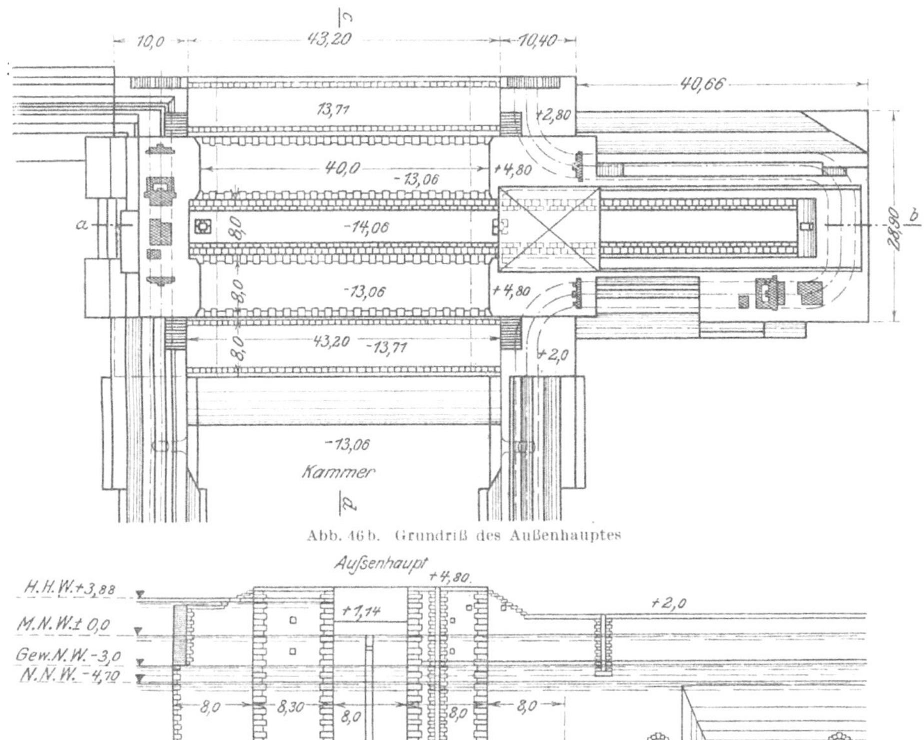

Abb. 46b. Grundriß des Außenhauptes

Abb. 46c. Längenschnitt c—d.

Abb. 46. Neue Seeschleuse bei Emden.

Häuptern ist die massive mit Eisen verstärkte Sohle 6,00 m stark. Sie hat bei leergelegtem Haupte und gewöhnlichem Außenwasserstande einen Unterdruck von 19,00—6,0·2,2 = 5,8 t/qm auszuhalten. Die Sohle der Durchfahrt ist durch zwei Längsfugen getrennt von der des aufgehenden Mauerwerkes. Gegen Durchdringen von Wasser durch die Fuge bei trocken gelegtem Haupte ist unten eine wagerechte Dichtung mit Siebels Asphalt-Bleipappe vorgesehen.

Es dürfte sich empfehlen, eine wagerechte Dichtung auch im oberen Teile der Fuge sowie eine senkrechte dicht vor der Torkammer anzuordnen, um Wasseradern unter dem Tore hin abzuschneiden.

Abb. 47 zeigt die Baugrube der neuen Ostseeschleusen bei Holtenau. Nachdem der

Boden auf etwa 12 m durch Trockenbagger ausgehoben war, wurde der weitere Aushub unter Grundwassersenkung bis 24 m Tiefe durch Löffelbagger bewirkt. Die Beseitigung der Erdmassen aus der Baugrube erfolgte durch vier Pohlig-Kabelkrane, die in Geländehöhe längs der Baugrube bzw. auf den fertigen Seitenmauern standen, mittels Loren. Die Fahrbahnen der einzelnen Seilverladebrücken hatten 166 m Spannweite. Die Kranstützen waren so hoch, daß die Förderkübel bei größtem Durchhang des Tragseiles noch über die fertig gemauerten Bauteile der Schleuse, d. i. Geländehöhe, hinweggingen, um die Anlage auch für die Beförderung der Betonmassen benutzen zu können. Eine Stütze enthielt das Führerhaus mit Winde für das Fahr- und Hubseil, die Gegenstütze das 45 t schwere Spanngewicht für das Seil. Die Fahrgeschwindigkeit der Brücke betrug 0,2 m/sec. Die Förderkübel faßten 2 cbm bei 1 m/sec Hubgeschwindigkeit und 3 m/sec Fahrgeschwindigkeit. Eine Verladebrücke hat bis zu 50 cbm Stundenleistung erreicht. Die durchschnittliche tägliche Leistung bei 24 stündigem Betrieb betrug 750 cbm je Brücke.

Die vorgenannten als Ringleitungen ausgebildeten Grundwassersenkungsanlagen sind durch elektrisch angetriebene Zentrifugalpumpen betrieben worden, wobei die Kraft teils selbst erzeugt, teils von Überlandzentralen bezogen wurde. Diese Anordnung von Ringleitungen, bei denen eine größere Anzahl von Rohrbrunnen hintereinander angeschlossen sind, erfordert starke Reserveanlagen, welche im Bedarfsfalle sofort anspringen müssen. Sie erschweren ferner die Möglichkeit, nach Bedarf gewisse Brunnensysteme ab- oder zuzuschalten; deshalb vereinigt man neuerdings immer nur eine geringe Anzahl von Brunnen, etwa 3—4, zu einer Gruppe, welche durch eine mit einem Elektromotor gekuppelte Zentifugalpumpe bedient wird. Derartige Gruppen werden nach Bedarf angeordnet, auch können, sobald erforderlich, neue Gruppen eingeschoben oder bestehende ausgeschaltet werden.

Abb. 48. Mammutpumpe mit Luftdruckerzeugungsmaschine.

Bei beengter Baugrube und größter Höhe der Grundwassersenkung kann die Verwendung mehrerer Staffeln in verschiedener Höhenlage auf Schwierigkeiten stoßen. Es sind Anlagen zweckmäßiger, welche die Absenkung des Wassers in einer Stufe zulassen. Dies sind Tiefbrunnen-Kolbenpumpen und Mammutpumpen. Erstere erfordern in jedem einzelnen Bohrloche eine besondere Gestängepumpe, die durch einen Elektromotor angetrieben wird. Dadurch werden die Anschaffungskosten hoch, dagegen die Förderkosten wirtschaftlicher als bei Zentrifugalpumpen. Die mit Druckluft betriebene Mammutpumpe (Abb. 48 und 49) besteht aus zwei Röhren, der Förder- und der Luftleitung, welche am unteren Ende durch ein Fußstück verbunden sind und im Brunnenfilterrohr etwa bis zur Hälfte der Rohrlänge in das Wasser eintauchen. Die in das Luftrohr eingeleitete Preßluft verdrängt das Wasser aus diesem Rohr, gelangt in das Förderrohr und steigt in diesem hoch. Zugleich veranlaßt sie ein Steigen und bei vermehrter Zufuhr ein Überfließen des Wassers aus dem Förderrohr. Das abfließende Wasser führt eine Verminderung des Bodendruckes und mithin ein Nachfließen des

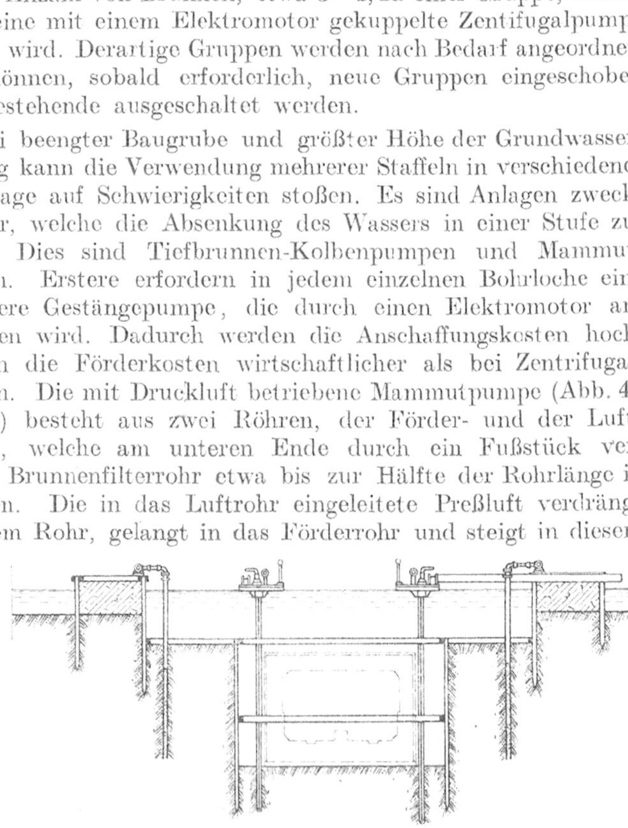

Abb. 49. Grundwassersenkungsanlage mit Mammutpumpen.

Wassers herbei. Die Anlage ist in der Anschaffung und im Betriebe teurer wie Zentrifugalpumpen, erfordert aber wenig Platz, zumal die zugehörige Maschinenanlage an beliebiger Stelle, unabhängig von den Rohrbrunnen, errichtet werden kann. Auch kann man durch besonders starke Zuführung von Preßluft an einzelnen Stellen das Wasser dem Bedürfnis entsprechend tiefer absenken.

Liegt der gute Baugrund erst in größerer Tiefe und ist ein Absenken des Wassers bis zu dieser Tiefe nicht möglich, so kann eine Betongründung auf Pfählen zwischen Spundwänden in Frage kommen. Diese Gründung bietet keine weiteren Schwierigkeiten. Die Pfähle werden entweder unter Wasser, oder unter Wasserhaltung abgeschnitten und etwa 30 cm einbetoniert.

Brunnengründung wird nur in Sonderfällen zur Verwendung gelangen, wenn bei tiefliegendem Baugrund nahe Gebäude oder dergl. das Einrammen von Spundwänden, das Absenken des Grundwassers und dergl. nicht zulassen. Die Gründung wird sich möglichst auf die der Kammermauern und der Häupter beschränken und in einer Reihe dicht an dicht stehender Brunnen bestehen. Auf alle Fälle wird diese Gründungsart teuer und besondere sorgfältige Dichtungsarbeiten zwischen den einzelnen Brunnen erfordern.

Häufiger ist dagegen die Gründung mit Hilfe des Preßluftverfahrens, besonders bei großen Seeschleusen oder Dockanlagen. Hierbei ist die Gründung mit schwimmender Taucherglocke die günstigste. Ausführliche Beschreibungen dieser Bauweise finden sich im „Grundbau" von L. Brennecke, „Handbuch der Baukunde" und „Zschocke, Handbuch der Ingenieurwissenschaften, Band 1, Kapitel 7". Für den Schleusenbau kommen hauptsächlich zwei Ausführungsarten in Betracht.

a) Ausführung einer einheitlich durchlaufenden Sohle, alsdann Aufbau der Seitenmauern.

b) Zunächst Ausführung der Kammermauernsohle, alsdann Aufbau der Seitenmauern, zuletzt Einsetzen der mittleren Sohle.

Die Ausführung a) wird man bei vollständig festem Untergrund (Fels oder festgelagertem Sand oder Kies) wählen. Die Länge der Glocke wird gleich der Breite der ganzen Schleusensohle (also Kammermauern und Kammer + Spielraum (Abb. 50), die Breite beliebig angenommen. Da beim Fortschreiten der Betonierung in der Längenrichtung der Sohle infolge Versetzens der Glocke Vertiefungen entstehen, welche bei noch so sorgfältiger nachträglicher Ausführung — da dies meist unter Wasser geschehen muß — Gefahrstellen bilden, wird die Glocke stets so eingestellt, daß die Vertiefungen in den einzelnen Schichten gegeneinander versetzt sind (Abb. 51). Für die aufgehenden Seitenmauern verwendet man Glocken von kleinen Abmessungen.

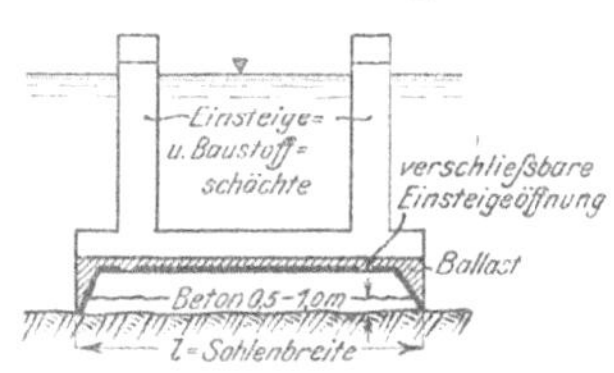

Abb. 50. Taucherglocke.

Die Ausführung b) ist bei ungünstigerem Baugrunde anzuwenden. Es wird zunächst die Sohle und das aufgehende Mauerwerk der Seitenmauern vollständig hergestellt und dann die mittlere Sohle eingebaut (Abb. 52). Man kommt gewöhnlich mit kleineren Glocken aus. Die einzige Schwierigkeit bietet das gute Einbringen der mittleren Sohle. Wählt man hierfür eine Glocke, deren Breite kleiner ist wie die Breite des Sohlenschlitzes in der Mitte, so erhält man in der Längs- und Querrichtung des mittleren Sohlenteiles die Vertiefungen der Abbildung 51 (vgl. auch Abb. 53 S. 122). Auch bedarf man eines häufigen Versetzens der Glocke.

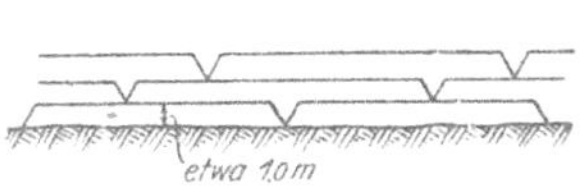

Abb. 51.

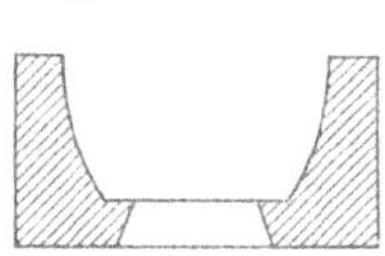

Abb. 52.

Zweckmäßiger wird die Glocke breiter als der Sohlenschlitz angeordnet, so daß sie sich auf dem fertigen Sohlenbeton der Seitenmauern aufsetzt. In der Längsrichtung schließt man den Sohlenschlitz in seiner Breite an geeigneten Stellen, die jedoch noch unter dem Glockenraum liegen müssen, durch bewegbare luftdichte Wände aus Holz oder Eisen (Schilde) ab, dichtet diese Wände gegen den Glockenraum und den fertigen Beton gut luftdicht ab und steift sie ferner so ab, daß sie dem inneren Luftdruck Widerstand leisten können. Man hat so unter der Glocke einen in sich abgeschlossenen Raum, in dem nach üblichem Verfahren der Beton eingebracht werden kann.

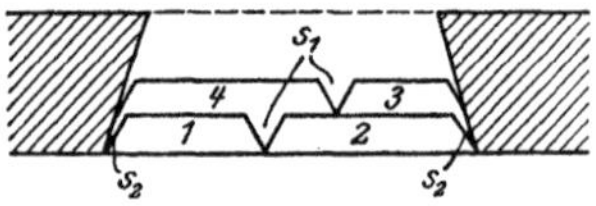

Abb. 53.

Besteht das aufgehende Mauerwerk aus Beton, so sind bei seiner Herstellung Lehren zur Begrenzung der Seiten- und Rückenflächen erforderlich. Man befestigt diese Lehren zweckmäßig an der Decke der Luftglocke und steift sie auch gegen sie ab. Zum Beton ist ein nicht zu langsam bindender Zement zu nehmen. Wird das Betonmauerwerk durch Ziegel- oder Werksteine verblendet, so wird die Verblendung möglichst gleichzeitig mitausgeführt, um einen festen Zusammenhang zwischen beiden Körpern zu schaffen. Auch erspart man die immerhin nicht bequemen Lehren. Eine Ausführung der Verblendung in freier Luft wird zwar sorgfältiger und genauer zu bewerkstelligen sein, die Verblendung haftet aber schlechter an dem fertigen Betonmauerwerk.

Die Gründung einer Schleuse oder eines Docks durch Luftdruck kann unter Umständen das einfachste, schnellste und billigste Verfahren werden, wenn eine wiederholte Benutzung der Glocke und ihrer ganzen Betriebseinrichtung möglich ist. Den immer mehr in Aufnahme kommenden Gründungen mit künstlicher Grundwassersenkung gegenüber haben sie aber große Nachteile. Wie schon die Gründungen mit Betonschüttung unter Wasser gelehrt haben, ist bei Schleusengründungen in Betonbauweise eine ständige zuverlässige Bauaufsicht unbedingt erforderlich. Dies ist nur möglich, wenn alle Arbeiten sichtbar und jedermann zugänglich zur Ausführung kommen. Das letztere ist aber bei Luftdruckgründungen nicht der Fall. Auch erschwert der erhöhte Luftdruck den Arbeitern ihre Arbeit und erfordert zeitraubende Maßnahmen zum Einbringen der zur Verwendung kommenden Baustoffe. Schließlich dürfte der stetig wechselnde Luftdruck ungünstig auf das Gefüge des Betons einwirken[1]).

Bei allen Stampfbetonarbeiten ist auf eine sorgfältige Zubereitung der größte Wert zu legen. Die Bestimmung des Feuchtigkeitsgrades des Betons ist nicht Arbeitern oder Aufsehern zu überlassen. Vielmehr sind von Fall zu Fall eingehende Untersuchungen hierüber anzustellen, da die Beschaffenheit des Sandes, Kieses und Steinschlages von ausschlaggebender Bedeutung sind. Auch die Witterung und Lagerung der Baustoffe sind von Einfluß. Als allgemeine Regel kann man wohl hinstellen, den Beton weder zu trocken noch zu naß anzufertigen, vielmehr einen Beton herzustellen, dessen Feuchtigkeitsgrad derart ist, daß er sich durch Stampfen noch genügend verdichten läßt. Gutes Stampfen des Betons ist Hauptbedingung, ebenso das Herstellen des Betons in größeren einheitlichen Körpern bei ununterbrochener Tag- und Nachtarbeit.

Die fertig hergestellte Betonsohle erhält in der Kammer zweckmäßig keine Abgleichschicht, weder aus besserem Beton noch aus Ziegelsteinen. Selbst bei sorgfältigster Herstellung ist ein dichter Anschluß an den alten Beton nicht zu erreichen, vielmehr ein späteres Abblättern zu erwarten. Die Oberfläche der Sohle wird in Rücksicht auf die Herstellung neuerdings meist wagerecht hergestellt. Die Torkammerböden sind stets geradlinig auszubilden, um Unbequemlich-

[1]) Zeitschrift des Verbandes deutscher Arch.- und Ing.-Vereine, 1. Jahrgang, vom 10. Februar 1912 (O. Franzius).

keiten bei der Torkonstruktion zu vermeiden. Bei den großen Seeschleusen und Docks kann es für die Stärkenabmessungen von Sohle und aufgehendem Mauerwerk dagegen vorteilhaft sein, die Sohle in den Kammern als umgekehrtes Gewölbe auszuführen, das sich gegen die Seitenmauern abstützt. Die Höhe des Stiches richtet sich nach der Form der verkehrenden Schiffe. In der Längsrichtung erhält die Sohle ein geringes Gefälle nach den Pumpensümpfen zu, um sie beim Trockenlegen entwässern zu können.

Große Sorgfalt ist auf die Herstellung des Drempels zu verwenden. Das Mauerwerk muß hier äußerst dicht und fest sein, um den starken Beanspruchungen genügend Widerstand leisten zu können. Der Schutz der Anschlagkante erfolgt durch Werksteine oder Eisen. Als Steine sind nur beste, druckfeste Granitwerksteine von großen Abmessungen zu wählen. Bei Stemmtoren besteht der Drempelanschlag meist aus zwei in der Schleusenachse unter stumpfem Winkel zusammentreffenden Geraden (Abb. 54). Nur bei großen Torweiten ist der Anschlag gekrümmt. Die Fugen der Steine stehen senkrecht bzw. radial zur Anschlagkante. Die Rückflächen der Steine sind möglichst groß und mit stumpfen Winkeln zu wählen, um eine gute Druckverteilung zu erzielen. Auf das regelrechte und gleichmäßige Versetzen der Steine ist besonderer Wert zu legen, damit eine spätere Lockerung der Steine unmöglich wird. Die Höhe des Drempelanschlages schwankt je nach der Größe der Schleuse zwischen 25 und 50 cm.

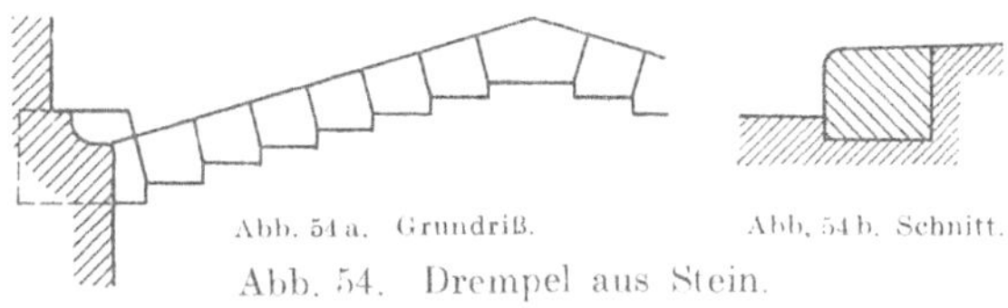

Abb. 54 a. Grundriß. Abb. 54 b. Schnitt.

Abb. 54. Drempel aus Stein.

Bei Wahl von Eisen zur Befestigung der Kante eines aus Beton hergestellten Drempels wählt man Winkeleisen größerer Abmessungen, das durch Anker mit dem Mauerwerk fest verbunden ist.

Alle anderen Tore erhalten einen vollkommen geraden Drempelanschlag. Abb. 55 zeigt im Schnitt eine Anordnung der Drempelsteine für ein Schiebetor. Die erhabenen Flächen der Gleitsteine werden nach dem Versetzen nachgearbeitet und geschliffen, um eine vollständig ebene und glatte Fläche zu erhalten. Man erspart dann die früher angewandte, schwierig herzustellende Abrundung der Oberflächen der einzelnen Gleitsteine.

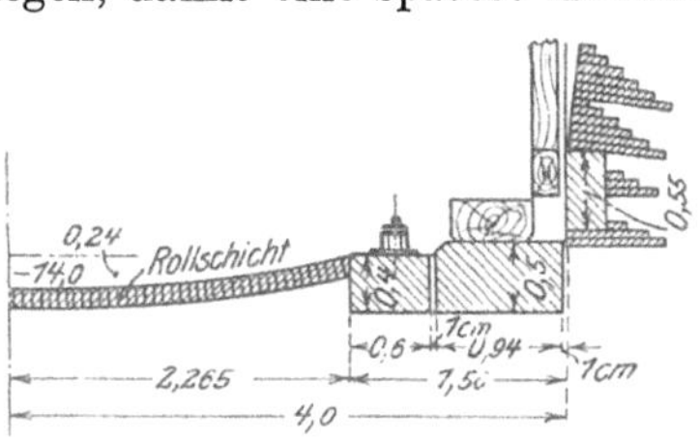

Abb. 55. Gleit- und Rollbahn für das Schiebetor der Emder Schleuse.

Sonstige vorspringende Kanten in der Sohle, insbesondere Anschlagkanten für Hilfsverschlüsse, die Kanten der Abfall- und der Vorböden sind zweckmäßig mit Werksteinen zu verkleiden. Der Abfallboden wird als wagerecht stehendes, sich gegen die Kammermauern stützendes Gewölbe ausgebildet. Den Fuß sichert nach Abb. 56 ein Werkstein so, daß die Fuge des Steines vor der Abfallkante liegt, um Aushöhlungen durch tropfendes Wasser zu verhüten. Der Schutz der oberen Kante des Abfallbodens erfolgt durch Werkstein oder Eisen. In den Vorböden finden sich bei Dammbalkenfalzen häufig eingelassene Schwellhölzer, welche einen dichten Anschluß der Dammbalken herbeiführen sollen. Bei Nadelverschlüssen ist eine Nadellehne aus Werksteinen oder Eisen vorzusehen.

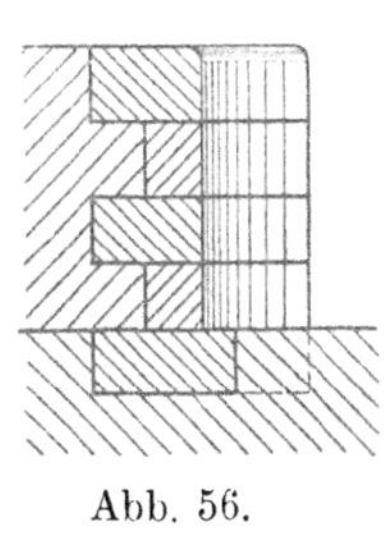

Abb. 56.

b) Berechnung. Bei der statischen Berechnung des Schleußenkörpers ist zu unterscheiden zwischen dem Bauzustande und dem Betriebszustande.

Für die Beanspruchung des Bauwerkes während des **Bauzustandes** ist die gewählte Gründungsart sowie der Aufbau des Bauwerkes von Bedeutung.

1. Es sei angenommen, daß **einheitlich durchgehende** Sohle hergestellt wird, auf der die Kammermauern aufgesetzt werden. Erfolgt die Gründung sodann unter künstlicher Grundwassersenkung oder mit Hilfe des Preßluftverfahrens, so ist die fertige Sohle in bezug auf Biegung zunächst spannungslos, da sie sich unter dem Einflusse ihres Eigengewichtes bzw. des auflastenden Wasserdruckes so weit in den Untergund einlagert, daß das auflastende Gewicht G und der Bodendruck p. b sich das Gleichgewicht halten. Dieser Gleichgewichtszustand wird erst durch den weiteren Aufbau der Kammermauern und deren Hinterfüllung gestört. Die Sohle wird sich unter dem Einfluß der neu hinzukommenden Kräfte der Zusammenpressung des Baugrundes entsprechend mehr oder weniger durchbiegen und die Gestalt nach Abb. 57 annehmen. Dieser Vorgang erreicht sein vorläufiges Ende mit der Beendigung der Bauausführung.

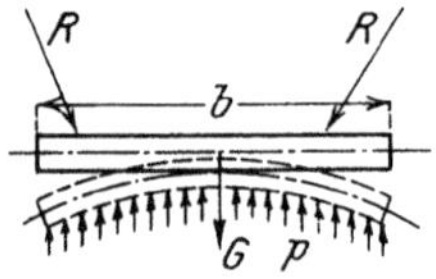

Abb. 57.

Ist eine Betongründung unter Wasser mit oder ohne Anwendung von Pfahlrost gewählt, so wird sich die Sohle zunächst ebenfalls spannungslos auf den Untergrund lagern. Eine Beanspruchung wird aber entstehen, sobald nach Erhärtung des Betons die Baugrube trocken gelegt wird. Je nach der Beschaffenheit des Untergrundes wird ein mehr oder weniger großer Wasserdruck gegen die Sohle entstehen, hervorgerufen durch die Höhe des Grundwassers bzw. des Außenwassers über der Unterkante der Betonsohle. Besteht der Untergrund aus Ton, Letten oder ähnlichem dichten Material, so wird dieser Unterdruck gering, ev. gleich Null sein können. Bei grobem, kiesigem Sande wird man dagegen ihn gleich dem vollen Auftriebe setzen müssen, vorausgesetzt, daß keine Bewegung des Grundwasserstromes stattfindet. In letzterem Falle wäre mit einem hydraulischen Druck zu rechnen. Allgemeine Annahmen über den Wasserunterdruck lassen sich nicht machen, sind vielmehr von Fall zu Fall festzusetzen, wobei auf eine Minderung des Druckes durch Umschließung der Baugrube mit Spundwänden bei deren Undichtigkeiten nicht zu rechnen ist.

Bei reiner Betongründung wird die Sohle durch ihr Gewicht dem Wasserdrucke das Gleichgewicht halten müssen, damit sie bei der Trockenlegung der Baugrube nicht hoch getrieben wird. Sie wird zwar durch Reibung an den Spundwänden dem Auftriebe einen gewissen Widerstand leisten. Da dessen Größe aber nicht bestimmbar ist, wird von der Einführung dieser Kraft besser abzusehen sein. Ist der Unterdruck sehr groß, so kann die Stärke der Sohle erheblich werden. Man wird sie dann aus Ersparnisrücksichten nur so bemessen, daß sie den Beanspruchungen im Betriebszustande genügt. Während des Bauzustandes wird man ein Hochtreiben durch zweckentsprechende Belastungen — mittels Mauersteinen, Abstempelung oder dergl. — oder auch durch Entlastungen (Senken des Grundwassers durch Ableiten nach niedrigerem Unterwasser) verhindern. Ist Pfahlgründung vorhanden, so wirken die Pfähle dem Unterdruck entgegen. Die Anzahl und Länge der Pfähle bestimmen sich, soweit nicht durch den Untergrund bedingt, nach der Beanspruchung. Der Widerstand eines Pfahles gegen Herausziehen ist zu etwa 0,70 bis 0,80 seiner Tragfähigkeit anzusetzen. Die Tragfähigkeit ist nach Proberammen zu bestimmen. Der Widerstand, den ein Pfahl auf dem Wege s beim Einrammen leistet, beträgt, wenn Q das Gewicht des Rammbärs in kg, q das Gewicht des Pfahles in kg, h die Fallhöhe des Rammbärs in m und s in m die Strecke ist, um welche der Pfahl beim letzten Schlage eindringt:

$$W = Q + q + \frac{h}{s} \frac{Q^2}{Q + q}.$$

Nach Brennecke setzt man besser

$$W = 10300\left(-s + \sqrt{s^2 + \frac{Q\,h}{5150}}\right).$$

Die Tragfähigkeit ist dann gleich $\frac{1}{n}$ W, mit n = 4 bis 10, wobei Q und W in kg, h und s in cm einzusetzen ist.

Bei starkem Auftriebe wird man die Haftung zwischen Pfahlkopf und Beton durch Einbringen kleiner Anker an den Pfahlköpfen oder dergl. noch vermehren. Anstatt hölzerner Pfähle wird man vielleicht eiserne Schraubenpfähle wählen, welche erforderlichenfalls im Betonbett eine Ankerplatte erhalten. Den Widerstand solcher Pfähle gibt Brennecke an zu

$$W = \left[\gamma\,\pi\,h\left(r^2 + r\,h\,\mathrm{tg}\frac{\varphi}{2} + h^2\,\mathrm{tg}^2\frac{\varphi}{2}\right)^3\right]\mu,$$

worin γ das Gewicht der Raumeinheit des Bodens, h die Tiefe der Einschraubung unter Sohle, r den Schraubenhalbmesser, φ den natürlichen Böschungswinkel des Bodens und μ den Sicherheitsgrad bedeutet, der zu $^3/_4$ bis $^4/_5$ anzusetzen ist. Die Belastung der Sohle durch den Aufbau der Seitenmauern wird, abgesehen von der Zusatzbelastung durch den Unterdruck, ähnlich werden wie bei den ersten Gründungsannahmen.

2. Günstigere Beanspruchungen entstehen, sobald die Gründung der Schleusensohle derart zerlegt wird, daß die Sohle der Seitenmauern unabhängig von der eigentlichen Kammersohle hergestellt wird. Erfolgt sodann der Aufbau der Seitenmauern und ihre Hinterfüllung vor der Herstellung der Kammersohle, so tritt eine Beanspruchung der nachträglich hergestellten Kammersohle nicht ein.

Die Kammersohle erhält erst bei späterer Trockenlegung der Kammer — also nach Einstellen der künstlichen Grundwassersenkung oder des Preßluftverfahrens — Wasserunterdruck, dem sie durch ihr Eigengewicht das Gleichgewicht halten muß, sofern sie nicht eine künstliche Auflagerung erhält, z. B. bei seitlichen schrägen Fugen und ähnlichem.

Wird dagegen die Sohle der Kammer gleichzeitig mit der der Seitenmauern, jedoch durch Trennungsfugen von ihr getrennt, hergestellt und werden dann erst die Seitenmauern hochgeführt und hinterfüllt, so erhält die Sohle noch eine Beanspruchung aus den Horizontalkräften, welche auf die Seitenmauern wirken.

Wichtiger ist die statische Untersuchung des Schleusenbauwerkes für die Inanspruchnahme, welche es durch den Betrieb erfährt. Hierbei ist wieder zu unterscheiden zwischen Bauwerken mit einheitlicher Sohle und Bauwerken, bei denen die Sohle der Kammer getrennt hergestellt ist von der der Seitenmauern. Ferner ist zu unterscheiden zwischen den beiden Fällen: Schleuse (oder Dock) mit Oberwasser gefüllt und Schleuse trocken gelegt.

Die ältere Berechnungsweise trennt die Berechnung der Sohle von der der Seitenmauern und nimmt als den gefährlicheren Zustand den an, bei welchem die Schleuse leer ist und hinter den Seitenmauern der höchste Wasserstand steht. Die Seitenmauern bis zur Sohlenoberkante werden als einfache Futtermauern behandelt. Auf sie wirkt der Erd- und Wasserdruck. Oberhalb des höchsten Wasserstandes bzw. des durch eine künstliche Drainage gesenkten Grundwasserstandes kann der Erddruck hinsichtlich Größe und Richtung wie bei gewöhnlichen Futtermauern angesetzt werden. Unterhalb wird man zweckmäßig den Wasserdruck vom Erddruck trennen und den Wasserdruck voll ansetzen, die Größe des Erddruckes wie üblich bestimmen, seine Richtung aber wagerecht annehmen und sein spezifisches Gewicht um das des Wassers vermindern, also $\gamma_e = 0{,}8$

bis 1,0 wählen. Mit dieser wagerechten Kraft ist, soweit die Rückwand der Mauer oder ein Teil von ihr geneigt ist, das auf der geneigten Fläche auflastende Erdgewicht zu einer Resultierenden zu vereinigen. Die Sohle wird als eingespannter oder auch als ein auf zwei Stützen frei aufliegender Balken (Abb. 58) von der Länge l oder l' berechnet. Als Belastung wird der volle Wasserdruck W von der Höhe h + d, d. i. der Unterschied zwischen Grundwasser und Unterkante Betonsohle, aufwärts wirkend angenommen, dem das Gewicht des Sohlenbalkens G entgegenwirkt. Für den eingespannten Balken errechnet sich dann die Biegungsspannung an der Einspannungsstelle, wenn l die Breite der Sohle zwischen den Seitenmauern, d die Stärke der Sohle, h die Höhe des Wasserdruckes über Sohlenoberkante, sämtlich in m, γ_w das spezifische Gewicht des Wassers, γ_b das des Betons, σ die Biegungsbeanspruchung und n der Prozentsatz bedeuten, um den nach der Bodenart gegebenenfalls die Druckhöhe h des Wassers vermindert werden kann, wie folgt: Es beträgt das Moment an der Stelle a bei einer Tiefe 1 des Balkens

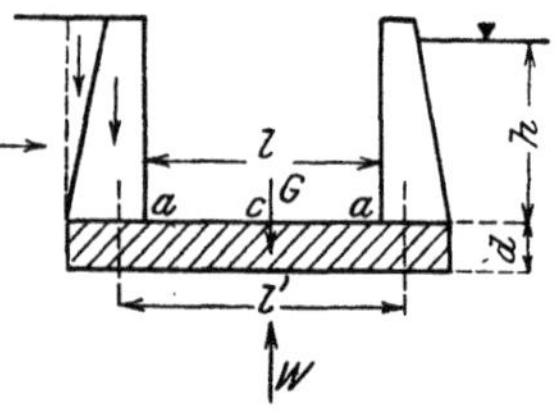

Abb. 58.

$$M = \frac{p\,l^2}{12} = \left[\frac{n\,(h + d)\,\gamma_w - d\,\gamma_b}{12}\right] \cdot l^2 = \sigma \cdot w = \sigma \cdot \frac{1 \cdot d^2}{6}$$

mithin

$$\sigma = \frac{[n\,(h + d)\,\gamma_w - d \cdot \gamma_b] \cdot l^2}{2 \cdot d^2} \cdot t/qm.$$

Ist n = 1, so wird

$$\sigma = \frac{[(h + d)\,\gamma_w - d\,\gamma_b]\,l^2}{2\,d^2}.$$

Geringe Abmessungen erhält die Sohle, sobald sie durch Eiseneinlagen bewehrt wird. Der Beanspruchung entsprechend sind die Eiseneinlagen bei c (Abb. 58) an der oberen, bei a an der unteren Seite der Sohlenplatte anzuordnen. Die Schubspannungen sind in üblicher Weise aufzunehmen. Die Beanspruchungen bzw. die Stärke der Sohle und der Eiseneinlagen errechnen sich nach den Formeln des Eisenbetonbaues. Bezeichnet (Abb. 59) in cm: x die Lage der Nullinie (Stärke der Druckzone), b die Breite, h die Höhe des Querschnittes, h_1 die Höhe des Querschnittes von der Oberkante bis zur Mitte der Eiseneinlagen, f_e den Eisenquerschnitt, σ_b die Betondruckspannung, σ_e die Eisenzugspannung,

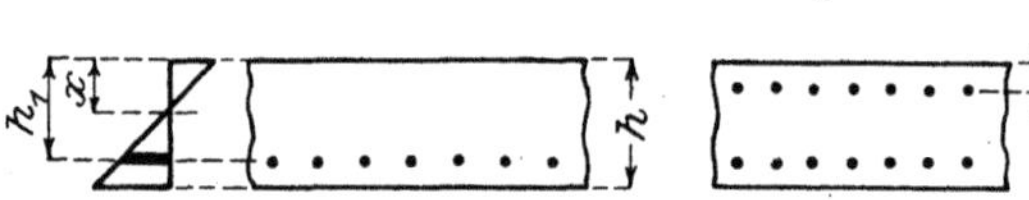

Abb. 59.

$$n = \frac{E_e}{E_b} = 15 = \frac{\text{Elastizitätsmodul des Eisens}}{\text{Elastizitätsmodul des Betons}},$$

so bestimmt sich bei einfacher Eiseneinlage

$$x = n \cdot \frac{f_e}{b}\left(-1 + \sqrt{1 + \frac{2\,b \cdot h_1}{n\,f_e}}\right)$$

$$\sigma_b = \frac{2\,M}{\left(h_1 - \frac{x}{3}\right) b\,x}$$

$$\sigma_e = \frac{M}{\left(h_1 - \frac{x}{3}\right) \cdot f_e}.$$

Bei doppelter Eiseneinlage und wenn f_{e_d} den Eisendruckquerschnitt, f_{e_z} den Eisenzugquerschnitt, σ_{e_d} die Eisendruckspannung, σ_{e_z} die Eisenzugspannung und a die Entfernung der oberen Eiseneinlage vom Rande bezeichnet,

$$x = -n \frac{f_{e_z} + f_{e_d}}{b} + \sqrt{\frac{n^2(f_{e_z} + f_{e_d})^2}{b^2} + \frac{2\,n}{b}(h_1 f_{e_z} + a f_{e_d})}$$

$$\sigma_b = \frac{6\,M\,x}{b\,x^2(3\,h_1 - x) + 6\,f_{e_d}\,n\,(x - b)\,(h - a)}$$

$$\sigma_{e_d} = \frac{\sigma_b\,(x - a)\,n}{x}$$

$$\sigma_{e_z} = \frac{\sigma_b\,(h_1 - x)\,n}{x},$$

M ist hierbei, wie oben angegeben, $= \frac{p\,l^2}{12}$ oder $= \frac{p\,l^2}{8}$, je nachdem die Sohle als eingespannter oder als einfacher Balken aufgefaßt wird.

Für Schleusen von kleineren Abmessungen, insbesondere für die gewöhnlichen Kanal- und Flußschleusen kann die vorbezeichnete Rechnungsart unter Umständen ausreichend sein, da sie Werte ermittelt, welche gewöhnlich größer ausfallen, als wie sie eine genauere Berechnung ergibt, welche aber innerhalb der Grenzen der Wirtschaftlichkeit bleiben. Die Verwendung von Eiseneinlagen ermöglicht zugleich eine höhere Druckbeanspruchung des Betons. Man wird ferner bei einem Bauwerk mit einheitlicher Sohle diese als eingespannten Balken, bei einem Bauwerk mit getrennter Sohle diese als Balken auf zwei Stützen betrachten.

Bei der vorerwähnten Berechnungsart ist angenommen, daß die Sohle nur Biegungsspannungen aufnimmt. Diese Annahme ist bei Bauwerken mit einheitlicher Sohle, auf der die Seitenmauern hochgeführt sind, theoretisch nicht zutreffend, da der Einfluß der auf die Seitenmauern wirkenden Kräfte aus Erd- und Wasserdruck auf die Sohle nicht berücksichtigt ist. Ein solches Bauwerk kann als ⊔-förmiger Kasten aufgefaßt werden, der in mehr oder weniger zusammendrückbarem Boden eingebettet ist. Am System wirken senkrecht nach unten das Gewicht G des Bauwerkes und bei gefüllter Schleuse die Wassermasse in der Schleuse, auf die Seitenwände der Erd- und Wasserdruck E + W, gegen die Sohle senkrecht nach oben ein Bodendruck B, unabhängig ob Auftrieb vorhanden ist oder nicht. Der Sohlenbalken dieses Kastens wird mithin außer durch Biegungsspannungen noch durch Druck- und Zugspannungen beansprucht. Denkt man sich den Trog nach Abb. 60 in der Mitte der Sohle durchgeschnitten, so muß hier eine Kraft R angebracht werden, welche den übrigen am System angreifenden Kräften das Gleichgewicht hält. Diese nach Lage und Richtung unbekannte Kraft R kann man durch eine wagerechte und eine senkrechte Seitenkraft H und V, erstere in der Mitte der Fuge angreifend, sowie durch ein Moment M ersetzen. Sind dann die übrigen am System angreifenden äußeren Kräfte bekannt, so lassen sich die drei Kräfte H, V und M mit Hilfe der drei Gleichgewichtsbedingungen $\Sigma H = 0$, $\Sigma V = 0$ und $\Sigma M = 0$ (um einen beliebigen Drehpunkt) bestimmen. V ist gleich Null, sofern der ganze ⊔-förmige Körper zur Mitte symmetrisch belastet ist.

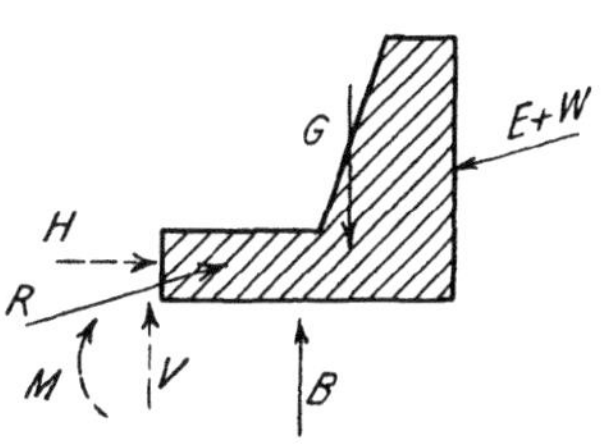

Abb. 60.

Für gewöhnlich ist aber die Untersuchung der Standfestigkeit des Kastens eine statisch unbestimmte Aufgabe. Unbekannt oder jedenfalls schwer bestimmbar ist die Verteilung des durch den Kasten erzeugten, gegen seine Sohle gerichteten Bodendruckes über die Fläche der Sohle, da sie abhängig ist von der Nachgiebigkeit des Bodens und der Durchbiegung der Sohle. Die ungünstigsten Grenzannahmen wären, daß einmal der Gegendruck gegen die Sohle sich gleichmäßig über diese verteilte, also eine Rechteckfläche darstellte, daß er andererseits an jeder Stelle proportional der Auflast wäre, also etwa eine Trapezfläche bildete, deren kleinste Höhe unter der Mitte und deren größte Höhe unter der Außenkante der Sohle läge, oder sogar eine Dreiecksfläche mit der Basis unter der Außenkante darstellte. Erstere Annahme würde einen fast schwimmenden Untergrund oder eine vollständig starre Betonsohle, letztere einen starren Untergrund — Fels oder dergl. — voraussetzen. Beides seltene Annahmen. In Wirklichkeit wird sich eine Druckfigur nach Abb. 61 (für den halben Schleusenquerschnitt) herausbilden, dergestalt, daß infolge der Nachgiebigkeit des Bodens der Bodendruckanteil $D_1 < G_1$ und $D_2 > G_2$, wenn G_1 das Gewicht der Seitenmauern, G_2 das der Sohle einschließlich bzw. ausschließlich der Wasserlast in der Kammer ist. Bedingung ist, daß die am System angreifenden Kräfte im Gleichgewicht sind. Engels schlägt nun folgenden, den Vorteil großer Einfachheit habenden Berechnungsgang vor[1]). Er nimmt zunächst die untere Begrenzung des Bodendruckes geradlinig nach $\overline{AB}$ als Ausgleichslinie an und macht dann die Aufgabe statisch bestimmt dadurch, daß er entweder über die Verteilung des Bodendruckes, also über die Höhe bei A oder B, oder über die Lage des Angriffpunktes der Gegenkraft H in der Schnittebene $\overline{MM}$ eine bestimmte Annahme macht. Hierbei ist die Annahme zu wählen, welche die größte Wahrscheinlichkeit für sich hat. Engels unterscheidet zwei Sonderfälle:

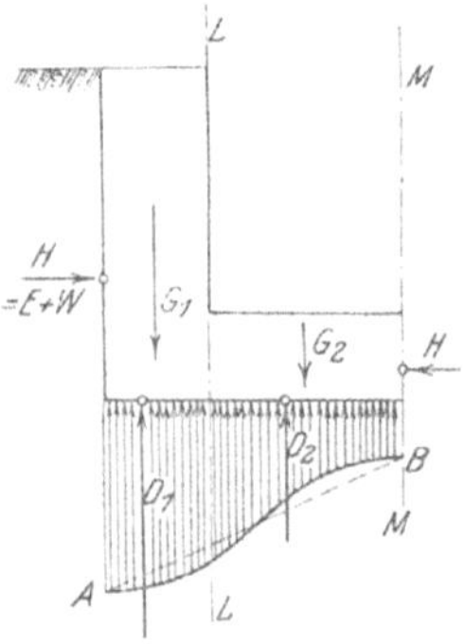

Abb. 61.

1. Fehlen des Grundwassers.
2. Grundwasser vorhanden.

Bei 1 ist die Bestimmung der Größe des Bodendruckes bei B sehr unsicher. Man könnte ausgehen von der Annahme einer bestimmten Bodenpressung bei A, welche die zulässige Inanspruchnahme des vorhandenen Untergrundes nicht überschreitet, und dann mit Hilfe der Gleichung $\Sigma V = 0$ die Größe bei B bestimmen. Man wird aber nur zum Ziel gelangen, wenn die Auflasten sehr groß sind, da sonst der Bodendruck bei B leicht Null werden könnte, wenn nicht gar eine Ungleichung entsteht. Man geht also besser davon aus, für die Lage von H eine Annahme zu machen, wie dies vielfach bei der Berechnung steinerner Gewölbe geschieht. Will man Zugspannungen ausschließen, so wird man für H Lagen zwischen der Mitte und dem unteren Kernpunkte der Mittelfuge wählen. Jeder solcher Annahme wird eine bestimmte Bodendruckfläche entsprechen, welche wahrscheinlich bleibt, solange sie Bodendrucke zeitigt, die sich innerhalb der zulässigen Grenzen halten, d. h. keine meßbaren Zusammenpressungen des Bodens herbeiführen. Da ferner nach Abb. 61 noch die Seitenfuge $\overline{LL}$ der Sohle als gefährliche anzusehen ist, ist für H in der Mittelfuge diejenige Höhenlage die günstigste, bei der unter Ansetzung der entsprechenden Kräfte die Beanspruchung in der Seitenfuge die gleichen oder nicht wesentlich ungünstigere werden wie in der Mittelfuge. Werden Zugspannungen wieder ausgeschlossen, so muß der Angriffspunkt der Fugenkraft zwischen der Mitte und dem oberen Kern der Fuge liegen.

---

[1]) Vgl. Zentralblatt der Bauverwaltung 1905, S. 275.

Für den Fall 2, d. h. beim Vorhandensein von Grundwasser, wird der entstehende, gleichmäßig verteilte Wasserdruck auf die Sohle als kleinster Wert des Bodendruckes in der Sohlenmitte angesehen werden können. Nimmt man also in B den Bodendruck gleich diesem Wasserdruck (Auftrieb) an, so erhält man aus $\Sigma V = 0$ den Bodendruck bei A und hat die Aufgabe gelöst. Die Berechnungen werden am zweckmäßigsten auf zeichnerischem Wege ausgeführt, und zwar getrennt für leere und gefüllte Kammern, da letzterer Fall zuweilen der ungünstigere sein kann.

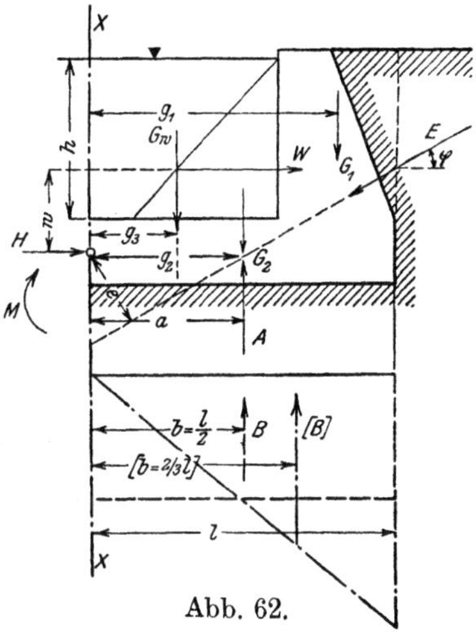

Abb. 62.

Brennecke betrachtet in seiner im Handbuch der Ing.-Wissenschaften, III. Teil, 8. Bd., 4. Aufl. eingehend erörterten Theorie ebenfalls den Querschnitt als ⊔-förmigen Kasten, den er durch den Schnitt x x in zwei gleiche Teile zerlegt, an denen die in Abb. 62 dargestellten Kräfte angreifen. Zu ihrer Ermittlung setzt er die drei Gleichgewichtsbedingungen an:

$$\Sigma H = 0: H + W - E \cos \varphi = 0,$$

$$\Sigma V = 0: G_w + G_1 + G_2 + E \sin \varphi - A - B = 0,$$

$$\Sigma M = 0: G_1 g_1 + G_2 g_2 + G_w g_3 + W \cdot w + E \cdot e - A a - B b + M = 0.$$

Unbekannt sind hierbei noch A, H, B, M und b.

Für die Berechnung der Sohle empfiehlt er, φ möglichst klein zu nehmen. Alsdann ist H aus der ersten Gleichung zu bestimmen. Die Größe A (Auftrieb, Wasserdruck) richtet sich nach der Beschaffenheit des Bodens. Für den Abstand b der Bodendruckresultante von der Sohlenmitte gibt es nach Abb. 62 zwei Grenzfälle: $b = {}^1/_2\, l$ und $b = {}^2/_3\, l$. Es bleiben dann nur noch zwei Unbekannte M und B, die mit Hilfe der beiden letzten Gleichungen berechnet werden können. Da das rechnerische Verfahren etwas umständlich und unübersichtlich ist, zieht Brennecke die graphische Untersuchung vor. Er gibt für verschiedene Annahmen von A und G und für $b = {}^1/_2\, l$ und ${}^2/_3\, l$ unter Berücksichtigung der verschiedenen Bauweisen der Sohle die Drucklinien an, welche in bekannter Weise dadurch gefunden werden, daß für die einzelnen Querschnittsabschnitte die Mittelkräfte aus den angreifenden Kräften gezeichnet und alsdann die Durchgangspunkte dieser Mittelkräfte durch die entsprechenden Fugen miteinander verbunden werden.

Auch diese Untersuchungen ergeben, daß bei Annahme vollen Auftriebes eine Schleusensohle bei gefüllter Kammer ungünstiger beansprucht werden kann wie bei leerer.

Einfacher und günstiger gestalten sich die Untersuchungen der Schleusen, wenn die Gründung der Schleusenkammersohle unabhängig von der der Schleusenmauern erfolgt. Die Bodendrucke entsprechen dann vollkommen den Auflasten. Die Trennungsfuge zwischen den beiden Sohlen wird senkrecht oder schräg angeordnet. Letztere Anordnung ist vorzuziehen, sobald zunächst Sohle und aufgehendes Mauerwerk der Kammermauern hergestellt werden und dann erst die Kammersohle eingefügt wird. Bei Unterdruck (z. B. trockengelegter Kammer) wirkt dann die Sohlenplatte als scheitrechtes Gewölbe, das die Fugen schließt. Muß dagegen aus örtlichen Gründen die Kammersohle zugleich mit der Sohle der Kammermauern hergestellt werden, so sind die Fugen senkrecht auszuführen, um Zusatzspannungen in der Sohle bei nachträglichem Setzen der Seitenmauern zu vermeiden.

Von Einfluß auf die Gestaltung des Bodendruckes ist bei der getrennten Bauweise der Schleusensohle die Art der Hinterfüllung der Seitenmauern. Man kann hauptsächlich 3 Fälle unterscheiden: 1. die Seitenmauern werden hochgeführt, zugleich oder nach Beendigung wird die Kammersohle eingesetzt, zuletzt werden die Seitenmauern hinterfüllt, oder 2. die Seitenmauern werden hochgeführt und vollständig hinterfüllt und erst dann die Kammersohle eingesetzt, und schließlich 3. — was z. B. bei der Luftdruckgründung der Fall sein kann — die Seitenmauern werden dem Fortgang des Aufbaues folgend hinterfüllt, die Sohle wird erst nach Vollendung der Hinterfüllung eingesetzt. Brennecke untersucht diese Fälle sehr eingehend in dem oben angeführten Werke. Es wird hier darauf verwiesen.

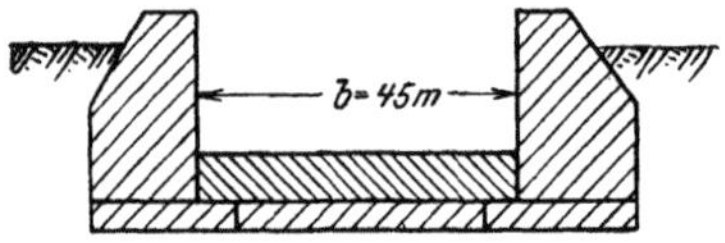

Abb. 63a.

In statisch einwandfreier Weise ist die Sohle in den Häuptern der neuen Seeschleuse bei Emden hergestellt. Die 6 m starke Sohle der Durchfahrtsöffnung (Abb. 63a) ist erst nach Ausführung der Seitenmauern und ihrer Hinterfüllung spannungslos zwischen die Mauern gelegt worden. Dieser Sohlenteil bildet bei trocken gelegtem Haupte einen Balken auf zwei Stützen von l m Länge und b m Breite, der seine Stützung durch die abschließenden Hilfspontons erhält. (Abb. 63b).

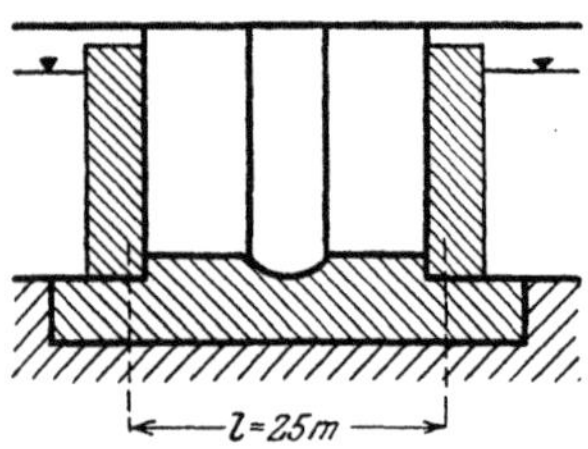

Abb. 63b.

Die Seitenmauern werden wie gewöhnliche Futtermauern berechnet, auf welche mindestens vom Grundwasserspiegel ab ein wagerecht gerichteter Erddruck wirkt. Um große Kantenpressungen zu vermeiden, ist es — mit Ausnahme der Häupter, wo die Mauern senkrechte Vorderflächen erhalten — meistens zulässig, den Fuß der Seitenmauern nach der Kammer etwas vorzuziehen, wenigstens auf eine Höhe zwischen Schiffsunterkante und Sohlenoberkante. Im übrigen ist bei der Gestaltung der Mauern Rücksicht auf die vorherrschende Schiffsform zu nehmen. Bei den großen Seeschleusen werden die Mauerquerschnitte häufig durch Umläufe von größeren Abmessungen geschwächt werden. Es werden daher die Füße $\overline{abcd}$ und $\overline{efgh}$ (Abb. 64) auf ihre Standfestigkeit untersucht werden müssen. Schließt man Zugspannungen im Mauerwerk aus, so wird man von der Bedingung ausgehen können, daß in den Fugen $\overline{ab}$ und $\overline{ef}$ die Kantenpressung bei a und e und in den Fugen $\overline{cd}$ und $\overline{gh}$ bei d und h gleich Null sein müssen. Die Füße sind dann selbständige Körper, auf denen der obere Teil der Mauer mit der Kraft R auflastet, während sie selbst auf deren unterem Teil aufruhen. Sie werden durch die äußeren Kräfte R und H_1 auf Kippen um die Punkte c und g beansprucht. Unter der Annahme, daß die wagerechte Seitenkraft H von R sich mit $\frac{H}{2}$ auf beide Füße verteilt, eine Annahme, welche bei genauer Berechnung von der Wirklichkeit nicht erheblich abweicht, ergibt sich die Kräfteverteilung und die Beanspruchung der Fugen nach Abb. 64. Fallen hierbei R_3 und R_4 außerhalb des Kernes, so werden die Mauern zu verstärken sein, sofern nicht die Zugspannungen durch Eiseneinlagen aufgenommen werden.

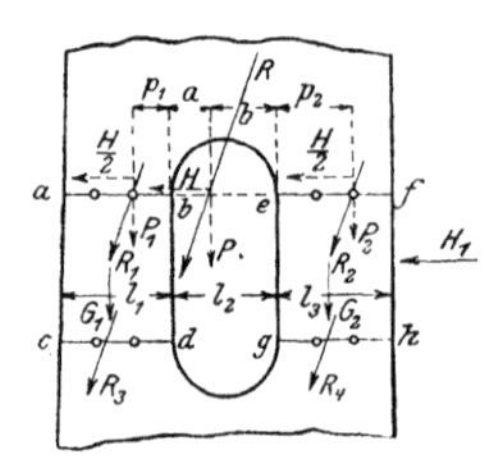

Abb. 64.

Bei Schleusen mit großem Gefälle, bei denen die Seitenmauern zum Teil aus dem Gelände frei herausstehen oder von Sparbecken mit mehr oder weniger hohem Wasserstand umgeben sind, werden die Mauern bei gefüllter Schleuse durch inneren Wasserüberdruck beansprucht, ohne einen äußeren Gegendruck durch Boden zu erhalten. Die geeignetste Form für diese Beanspruchung durch Wasserdruck ist die nach Abb. 65, nicht nach Abb. 66. Man wird daher diesen Schleusenmauern eine den Talsperrenmauern nachgebildete Querschnittsform geben (vgl. Abb. 189a auf S. 227).

Bei den großen Seeschleusen und Docks erhalten die Anschlagsflächen der Schiebetore bei trockengelegter Kammer hohe Beanspruchungen. Unglücksfälle lassen es ratsam erscheinen, die Tore so zu konstruieren, daß ein Druck des Tores auf den Drempel vermieden, vielmehr der gesamte Wasserdruck von den Seitenmauern aufgenommen wird. Die möglichst gleichmäßige Verteilung dieses Tordruckes auf die Mauern kann neben der besonderen Ausbildung des Tores (vgl. S. 195) durch Anordnung großer von der Vorderkante weiter zurückliegender Druckflächen erreicht werden. Die Druckübertragung auf das aufgehende Mauerwerk erfolgt zweckmäßig durch große Granitsteine, welche bis zu 50 kg Druckfestigkeit haben müssen. Auch ist eine Untersuchung der Scher- und Schubspannung im Werkstein und im Mauerwerk vorzunehmen. Bezeichnet (Abb. 67) σ die Normalspannung, bezogen auf die Flächeneinheit des Flächenteiles df, so wird in einer unter dem Winkel α geneigten Fläche $\frac{df}{\cos\alpha}$ eine Normalspannung $\sigma\cos^2\alpha$ und eine Schubspannung $\tau = \sigma\sin\alpha\cos\alpha$, bezogen auf die Flächeneinheit vorhanden sein. Die größte Schubspannung wird für d (sin α cos α) = 0 eintreten, d. h. bei $\alpha = 45^0$. Es ist dann

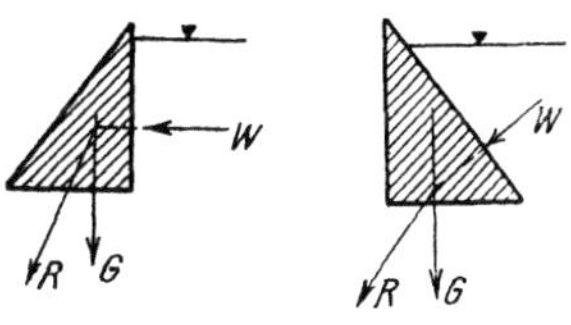

Abb. 65. Abb. 66.

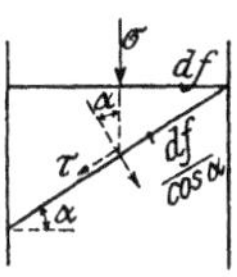

Abb. 67.

$$\tau = \sigma.\ \tfrac{1}{2}\sin 2\alpha = \tfrac{1}{2}\sigma.$$

Überschreitet τ die zulässige Schubspannung, so werden Eiseneinlagen erforderlich.

c) Ausbildung des aufgehenden Mauerwerkes. In der Regel wird das aufgehende Mauerwerk der Häupter massiv ausgeführt, um den Beanspruchungen aus den Tordrucken genügenden Widerstand leisten zu können, und um das Bauwerk standfester zu machen.

Die Kammermauern können dagegen unter Umständen gänzlich fehlen oder in leichterer Konstruktion ausgeführt werden (vgl. S. 139 u. ff.).

Allgemein ist bei der Konstruktion und dem Bau massiver Mauern zu beachten:

1. Die Mauern sind in den Häuptern so stark zu machen und so auszuführen, daß ein Vornüberneigen infolge des stetig wechselnden Wasserdruckes vermieden wird. Der obere Teil des Querschnittes der Mauern muß kräftig sein, um Schiffsstöße aufnehmen zu können, was besonders bei Seeschleusen zu beachten ist. Die Abtreppungen der Rückenflächen müssen Entwässerung erhalten (vgl. Abb. 33 S. 111); auch ist es vorteilhaft, sie ab und an durch rückspringende Pfeiler zu unterbrechen.
2. Unterschneidungen der Rückenflächen der Mauern sind auf jeden Fall — mit Ausnahme bei Dockbauten, wo Hinterspülungen nicht zu erwarten sind — zu vermeiden. Die sorgfältige Hinterfüllung mit Boden stößt sonst auf Schwierigkeiten, da der sich allmählich festerlagernde Boden sich von solchen Mauern ablöst und Veranlassung zu Umläufigkeiten geben kann.

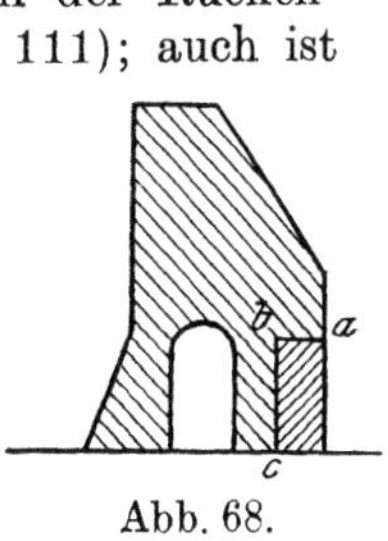

Abb. 68.

3. Es ist davon abzuraten, den unteren Teil der Kammermauern, insbesondere bei größeren Schleusen, als Betonfangedamm auszunutzen, um in seinem Schutze das übrige Mauerwerk herzustellen. Da ein dichter Anschluß in der Fuge a b c (Abb. 68) nicht zu erreichen ist,

wird hier Wasser, das unter Druck steht, eindringen und unter Umständen ein Kippen der geschwächten Mauer herbeiführen können. Querschnitte wie Abb. 42, 46, 76, 77 S. 116, 119, 136, 136, sind zweckmäßig.

4. Bei Anordnung größerer Aussparungen in den Mauern (Umläufe u. dergl.) ist deren statische Wirkung sorgfältig zu untersuchen, um Unglücksfälle zu vermeiden (vgl. Schleuse bei Hemelingen).
5. Die Rückenflächen der Mauern erhalten zum Schutz gegen Durchdringen von Erdfeuchtigkeit einen doppelten Goudron- oder Siederosthen-Anstrich.

In bezug auf den Baustoff kann man unterscheiden einheitliche Bauweise, sei es nur in Ziegelmauerwerk oder nur in Beton, und gemischte Bauweise, d. i. in Ziegelmauerwerk und Beton. Die Herstellung nur in Ziegelmauerwerk, die früher die Regel war, ist in letzter Zeit fast vollständig durch die Betonbauweise verdrängt worden, da letztere meistens billiger ist und kürzere Zeit erfordert. Ziegelmauerwerk ist nur von Vorteil bei geringen Mauermassen (vgl. Abb. 33, S. 111), also hauptsächlich für den oberen Teil hoher Schleusenmauern. Man erspart dann hohe, vielfach wirtschaftlich nicht zu rechtfertigende Gerüste.

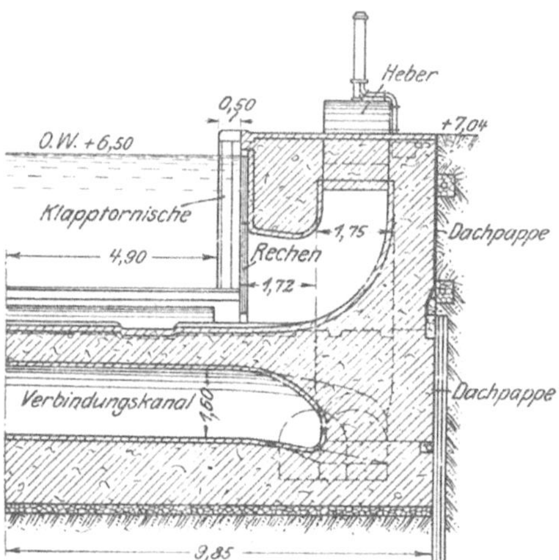

Abb. 69. Schnitt durch das Oberhaupt der Wernsdorfer Schleuse.

Als Beton ist im allgemeinen gutfeuchter Stampfbeton zu verwenden, der in Lagen von etwa 20—25 cm Stärke einzubringen und genügend festzustampfen ist. Die Außenflächen des Betons — auch die in den Umläufen und dergl. — werden zweckmäßig durch besseren Beton, etwa 1 Teil Zement, 3 Teile Sand, 5 Teile Granitsplitter, oder wenn man den Beton dichter haben will, 1 Teil Zement, 2 Teile Sand und 2 Teile Granitsplitter gebildet (Abb. 42, S. 116 und Abb. 69). Diese bessere Mischung ist bei jeder einzelnen Lage gleichzeitig mit der übrigen Betonmasse einzubringen, und zwar zunächst von ihr durch Zwischenbleche getrennt. Diese Bleche (Abb. 70) sind mit angenieteten Winkeln in den Abmessungen, welche die Verkleidungsschicht erhält, zu versehen und werden nach Einbringen der ganzen Schicht an Handgriffen herausgezogen. Alsdann sind beide Mischungen gemeinsam festzustampfen, um eine einheitliche Masse zu erhalten. Da erfahrungsgemäß Stampfbeton an bereits erhärteten Beton schlecht anbindet, ist es dringend erforderlich, die Kammermauern in einzelnen Längsabschnitten als ein Ganzes ununterbrochen, d. i. bei Tag- und Nachtbetrieb, in voller Höhe fertigzustellen. Hierbei zerfallen die Kammermauern zugleich in einzelne Teile, welche durch Fugen voneinander getrennt sind, so daß wilde Risse vermieden werden, welche sonst vielfach infolge Temperaturschwankungen oder ungleichmäßigen Setzens des Bauwerkes entstehen. Ins-

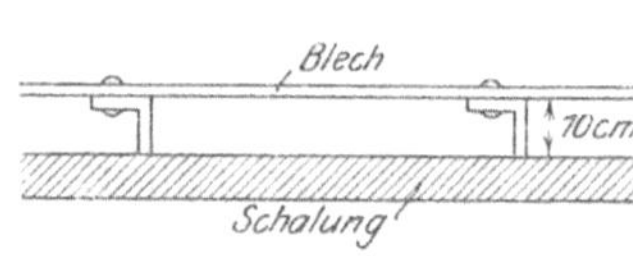

Abb. 70 a. Grundriß.

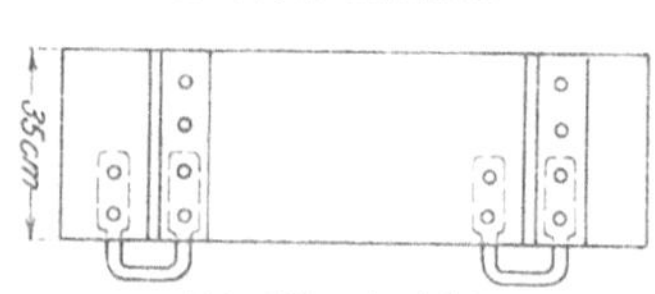

Abb. 70 b. Ansicht.

Abb. 70.

besondere wird man solche künstlichen Fugen an Stellen anordnen, wo schwere Mauerwerksmassen an kleinere anschließen, z. B. an den Häuptern. Die Fugen sind gegen Durchdringen von Wasser oder Sand zu dichten, am besten mit einem senkrecht zur Teilfuge eingelegten Bandeisen, etwa 155 × 5 mm, das mit teergetränkten Stricken umwickelt ist, oder mittels Wellblechstreifen, deren Wellen mit Goudron ausgefüllt werden, und ähnlichem. Die Entfernung der Fugen richtet sich nach der Örtlichkeit und der Stärke der Mauern. Auch wird man sich bei ihrer Bemessung unter Umständen nach der täglichen Arbeitsleistung richten. Als geringste Länge wird etwa 12 m anzunehmen sein.

Von Wichtigkeit ist, vor Herstellung des aufgehenden Mauerwerkes die Sohle des Bauwerkes sorgfältig zu reinigen, mit der Spitzhacke aufzurauhen und mit

Abb. 71. Schalung für die Kammermauern der Wernsdorfer Schleuse am Oder-Spree-Kanal.

Längsrillen zu versehen, um einen möglichst dichten Anschluß zu erreichen. Ebenso ist für gute Ableitung etwaigen Drängewassers zu sorgen. Unter Umständen werden auch die gegen vorhandene Spundwände zu stampfenden Rückenflächen der Kammermauern gegen andringendes Seitenwasser zu schützen sein (Abb. 42c S. 116), indem die Spundwände mit einer doppelten, durch Goudron bestrichenen Asphaltpappe verkleidet werden. Das durchsickernde Wasser kann durch Drainrohre in der Sohle abgeleitet werden.

Die Herstellung reiner Betonmauern erfordert hohe Schalgerüste, welche standsicher herzustellen und gegen Verschiebungen infolge Temperatureinflüssen zu sichern sind. Bei der Schleuse bei Wernsdorf (Abb. 71) wurden die hölzernen Gerüste durch rückwärtige nachstellbare Verankerung mittels Drahtseiles in ihrer senkrechten Lage gehalten. Bei den Schleusen am Panamakanal sind große eiserne Lehren (Abb. 72, S. 134) verwendet, die auf Gleisen fahrbar sind. Mit diesen Lehren wurden die Mauern zunächst in einzelnen um ein Feld voneinander getrennten Pfeilern aufgeführt, zwischen welche dann die übrigen Pfeiler unter Fortfall der Seitenlehren eingesetzt wurden. Der Beton ist in dickflüssigem Zustande als Füllbeton — also ohne Stampfen — eingebracht und an den

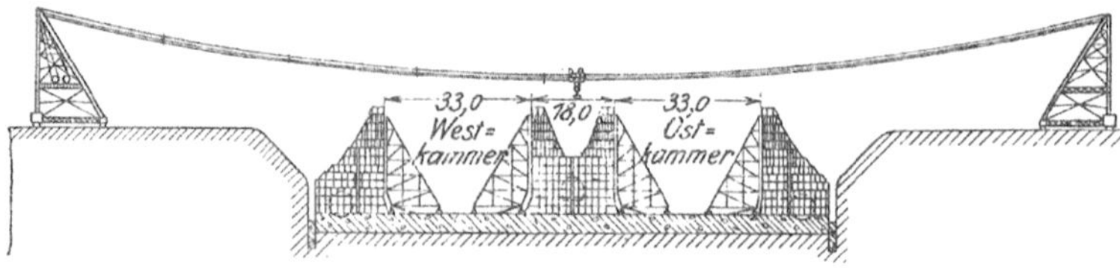

Abb. 72a. Gesamtanordnung.

Außenflächen nirgends verblendet. Die Einbringung erfolgte durch Drahtseilbahnen. Endgültige Erfahrungen über Gußbeton als Ersatz des Stampfbetons liegen noch nicht vor. Ihm wird u. a. besseres Zusammenhaften der ganzen Masse und größere Wasserdichtigkeit nachgerühmt.

Die Schalgerüste verbleiben so lange an Ort und Stelle, bis der Beton genügend erhärtet ist.

Anstatt der Betonverblendung findet vielfach, insbesondere bei Bauten an der See zum Schutze gegen Angriffe des Seewassers, eine *Verblendung von Ziegelmauerwerk oder Werkstein* statt. Sie wird zweckmäßig nach Abb. 73 ausgeführt, und zwar wird zunächst die Verblendung hergestellt und dann die Betonschicht dahinter gestampft, so daß ein inniger Zusammenhang zwischen beiden Körpern stattfindet. Die Verblendung dient zugleich als vorderes Schalgerüst. Werden diese Mauern noch hinten verkleidet, was wegen des Einflusses des Grundwassers erwünscht sein kann, so wird auch das hintere Schalgerüst erspart.

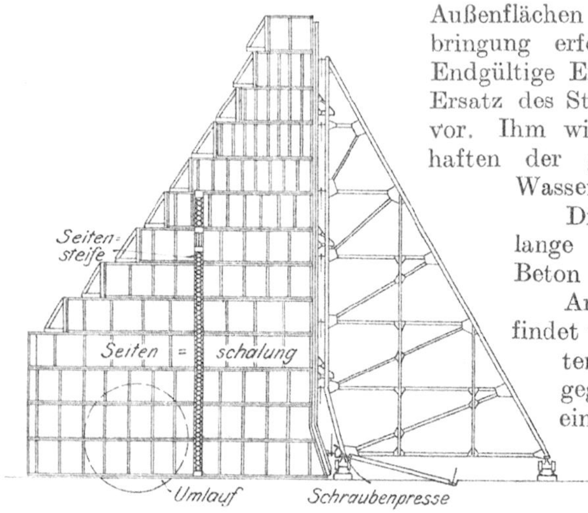

Abb. 72b. Seitenansicht.

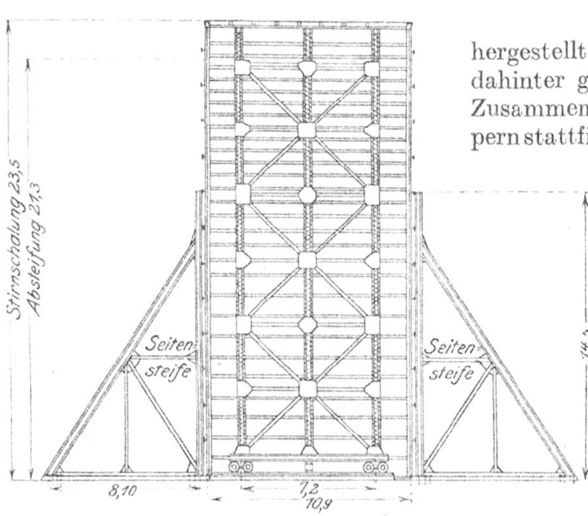

Abb. 72c. Rückansicht.

Abb. 72. Schalungsgerüst für die Schleusen bei Gatun. (Panamakanal.)

Bei der *gemischten Bauweise* findet Beton in den unteren stärkeren Teilen der Mauern, Ziegelmauerwerk in den oberen schwächeren Teilen Verwendung (Abb. 77 S. 136). Die Schalgerüste werden hierbei niedriger und sind leichter aufzustellen und zu entfernen. Auch ist die Herstellung von Aussparungen im oberen Teil der Mauern leichter zu bewirken.

Die oberen Kanten der Schleusenmauern sowie die senkrechten Ecken an den Einfahrten, Tor- und Leiternischen, Dammbalkenfalzen sowie die Wendenischen und dergl. werden durch Granitwerksteine oder Eisenklinker verblendet bzw. durch Eisen verkleidet (Abb. 74 und 75). Für den Querverkehr auf der Schleusenmauer ist der hochstehende eiserne Wulst nicht günstig. Es empfiehlt sich, die Abrundung bündig mit der Oberkante der Plattform zu legen. Alle Ecken erhalten ihrer Bedeutung entsprechend eine mehr oder weniger große Abrundung. Bei den Wendenischen ist auf große Steine und besten, harten Baustoff hauptsächlicher Wert zu legen. Das Abschleifen der Nische nach der Form der Wendesäule des Tores geschieht am besten nach ihrer vollständigen Fertigstellung und nach Versetzen des unteren Torzapfenlagers mit Hilfe von Schablonen.

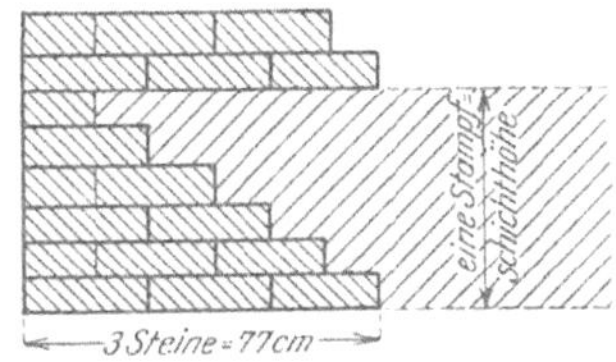

Abb. 73.

Eine vollständige Verkleidung der Wendenischen mit Eisen stößt auf Schwierigkeiten, wenn sich die Wendesäule des Tores auf ihre ganze Länge in die Nische hineinlegt, da das genaue Nacharbeiten des Eisens kostspielig und zeitraubend ist. Lehnt sich dagegen die Wendesäule nur mit einzelnen Druckstühlen gegen die Wendenische und sind hölzerne Anschlagleisten vorhanden, so empfiehlt sich nach Abb. 138, Seite 186, die Anwendung einzelner gußstählerner Druckplatten und schmiedeeiserner Verkleidung der eigentlichen Anschlagkante.

Abb. 74 a. Aufsicht.

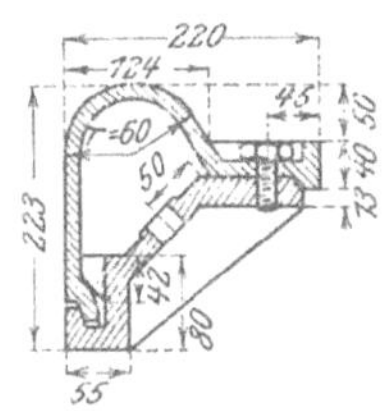

Abb. 74 b. Schnitt a—b.

Abb. 74. Eiserne Kantenverkleidung der Schleusenmauern.

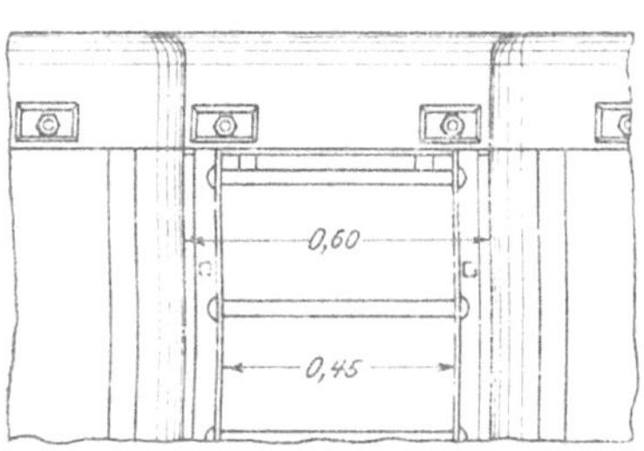

Abb. 75 a. Ansicht.

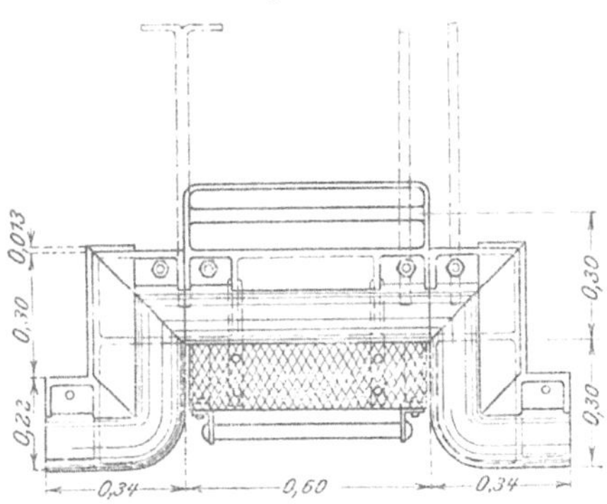

Abb. 75 b. Grundriß.

Die obere Plattform der Mauern wird man bei großen Schleusen mit Abdeckplatten von größeren Abmessungen versehen.

Zur Hinterfüllung der Seitenmauern dient in der Regel der beim Aushub gewonnene brauchbare Boden, der möglichst trocken in Lagen einzubringen ist, die von der Schleusenmauer abgeneigt sind, und der alsdann festgestampft oder eingeschlemmt wird. Um Umläufigkeit zu vermeiden, kann man diesen Boden zum Hinterfüllen der Häupter bzw. des Oberhauptes mit Lehm vermischen. Als Entlastung der Kammermauern von Wasserdruck wird unter Umständen die Anlage einer Drainage von Vorteil sein (Abb. 76 S. 136).

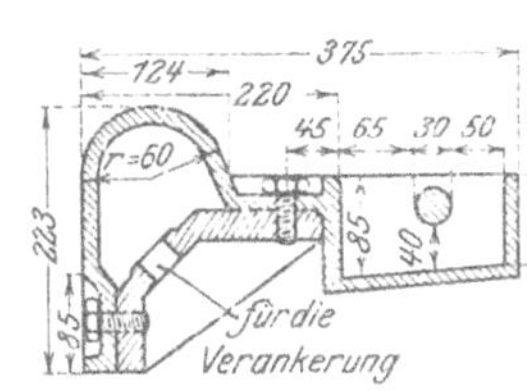

Abb. 75 c. Schnitt.

Abb. 75. Schleusenleiter nebst Kantenverkleidung.

10. Schleusen aus Eisenbeton.

Der als ⊔-förmiger Körper ausgebildete im Boden eingebettete Schleusentrog erhält außer Druck- noch Biegungsbeanspruchungen, herrührend aus den auftretenden Momenten. Der am meisten in Anwendung kommende Baustoff, der Beton, besitzt wohl die Fähigkeit, Druckbeanspruchungen bis zu hohem Grade Widerstand zu leisten, nicht aber erheblichen Zugbeanspruchungen. Um letztere gering zu halten, müssen daher die Querschnittsabmessungen reichlich gewählt werden. Dadurch wird aber die Fähigkeit des Baustoffes, größeren Druck aufzunehmen, nicht mehr ausgenützt. Erst durch Verwendung von Eisenbeton wird den Anforderungen an den Baustoff Genüge geleistet und eine Ersparnis an Baukosten und Bauzeit, hervorgerufen durch Verminderung der Abmessungen und der Bautiefe, durch geringere Wasserhaltung und dergl., erzielt. Die erste Anwendung fand der Eisenbeton in den Schleusenböden, wo er ein erwünschtes Mittel gegen Sohlenbrüche ist. Abb. 76 gibt eine einfache Verwendung des Eisenbetons wieder. Die Sohle wurde im Trockenen hergestellt. Aber auch bei der Herstellung unter Wasser sind die Schwierigkeiten, welche das Einbringen der Eiseneinlagen mit sich bringt, zu überwinden. Man wird sich unter Umständen mit der Verwendung von Eisenbahnschienen oder dergl. begnügen, die mit einfachen Hilfsmitteln (durch Taucher, Schablonen oder dgl.) unter Wasser an Ort und Stelle verlegt werden können. Bei der Herstellung der Sohle im Trockenen wird man den Anforderungen der Eisenbetonbauweise mehr gerecht werden können und außer den Zugkräften den auftretenden Scheerkräften durch Anordnung von Bügeln, schräg geführten Eisen und dergl. entgegenwirken können (Abb. 77 sowie Abb. 78, in der die aufgehenden Seitenmauern mit der Sohle verankert sind, so daß der ganze Trog als einheitliches Ganzes wirkt). Die Anordnung senkrechter Bügel kann unter Umständen das Stampfen des Betons erschweren, so daß man nasseren Beton verwenden muß.

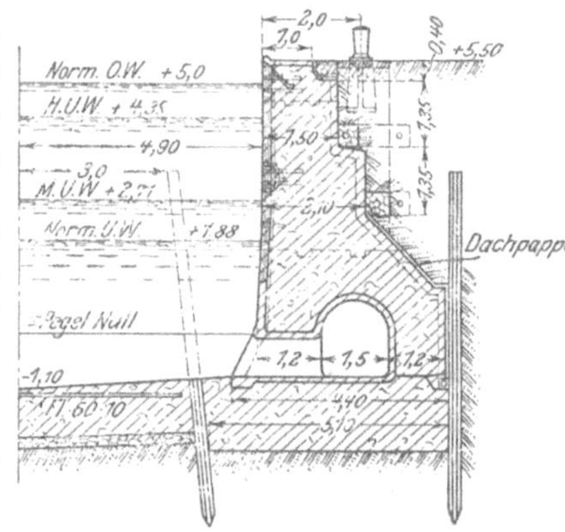

Abb. 76. Querschnitt der Schleuse bei Kersdorf. (Oder-Spree-Kanal.)

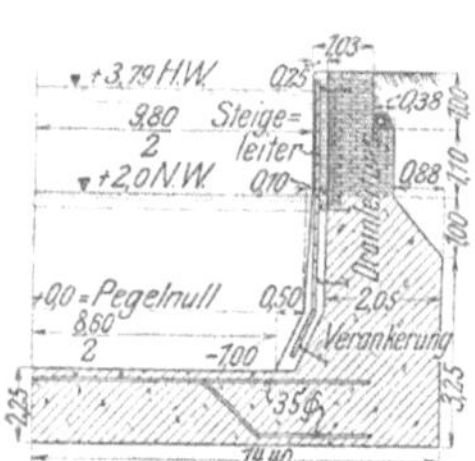

Querschnitt durch die Kammer.

Abb. 77. Schleuse bei Gr.-Tränke.

Ein Muster angewandter Betonbauweise ist die im Flußgebiet der Ströme Tobol und Kama (Westsibirien) erbaute Schiffahrtschleuse, nachgebildet der bereits im Jahre 1905 hergestellten Betonschleuse im Harmas-Körös-Fluß in Ungarn, deren Entwurf von dem Professor Dr. Constantin Zielinski herrührte.

Die Schleuse hat bei einem Gefälle von rund 3,7 m eine nutzbare Kammerlänge von rund 275 m und eine lichte Weite von 17 m. Nach der Abb. 79[1]) ist die Sohle als Eisenbetonplattenbalken ausgebildet und die Platten entsprechend der Biegungsbeanspruchung des Querschnittes bald oben, bald unten angeordnet. Die Seitenmauern sind Winkelstützmauern, deren Aussteifungsrippen in den gleichen Entfernungen wie die der Sohle liegen. Die Umläufe sind im Winkel der Mauer untergebracht. In der Sohle sind die Räume zwischen den Rippen durch Magerbeton ausgefüllt. Gegen Unterwaschungen ist die Schleuse durch eine Spundwand aus Eisenbeton geschützt. Vor der Ausführung der Eisenbetonarbeiten, die im Trocknen erfolgte, ist die Sohle der Baugrube mit einer 20—25 cm starken Schicht gewöhnlichen Betons abgedeckt, welche neben der Ausgleichung der Unebenheiten des

---

[1]) Vgl. auch Handbuch für Eisenbetonbau, IV. Band: Wasserbau. 2. Aufl. 1910. Seite 166 und 167.

Bodens das Eindringen des Grundwassers in den frischen Eisenbeton verhindern sollte. Die Plattenbalken sind als auf elastischer Grundlage ruhende, d. i. kontinuierlich unterstützte Träger betrachtet, welche durch das Gewicht der Seitenmauern und der Hinterfüllung sowie den Erddruck belastet werden. Die Balken haben danach eine Höhe von etwa 1,00 m und eine Stärke von 0,25 m, die Platte eine Stärke von 0,25 m erhalten. Die Eiseneinlagen der Platte bestehen aus zwei × zwei 35 mm und ein × zwei 40 mm starken Rund-

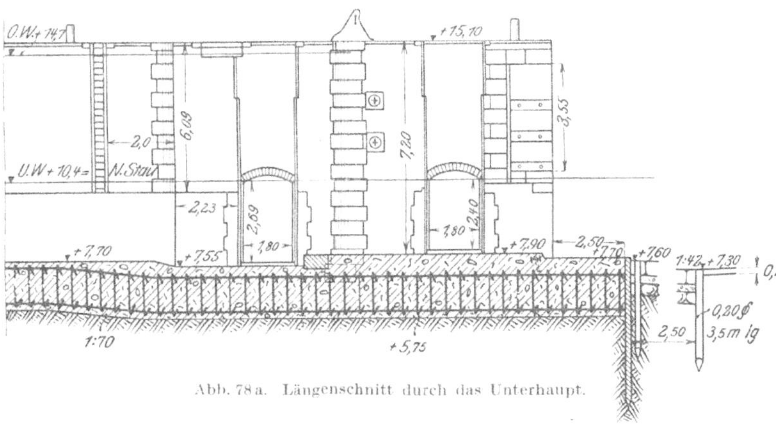

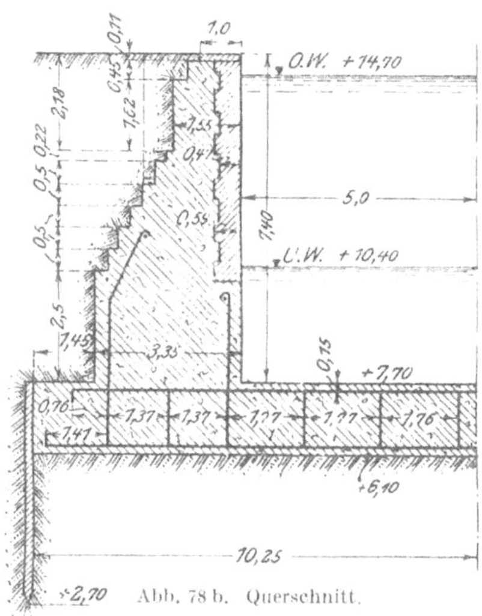

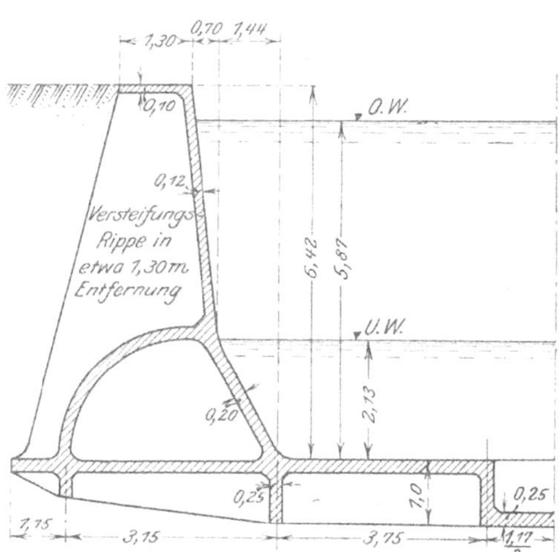

Abb. 78. Schleppzugsschleuse bei Meppen. (Dortmund-Ems-Kanal.)

Abb. 79. Kammerquerschnitt einer Schleuse aus Eisenbeton im Tobol- und Kama-Flußgebiet.

eisen. Die Entfernung der Balken beträgt 1,36 m. Die Kosten haben 3 750 000 Fr. betragen, während die einer massiven sich auf etwa 4½ Mill. Fr. belaufen würden, so daß 20 % Ersparnis eingetreten ist.

Die vorbeschriebene typische Ausführung einer Schleuse in Eisenbeton kann natürlich nicht unter allen Umständen angewendet werden und hat neben den Vorteilen auch große Nachteile.

Vorteilhaft ist, daß

1. das Bauwerk, insbesondere das aufgehende Mauerwerk ein geringes Gewicht besitzt, also auch den Baugrund nicht erheblich belastet; daß

2. das Eisenbetonfundament wegen seiner geringen Abmessungen im allgemeinen biegsamer und daher befähigter ist, größere Durchbiegungen aus-

zuführen. Die Bauweise wird daher Anwendung finden bei nachgiebigem Untergrund, wie er auch tatsächlich bei der Schleuse am Hamas-Körös-Fluß (Böckenyer Schleuse) vorhanden gewesen ist. Da

3. schließlich die Stärke der Sohle bedeutend geringer ist als bei gewöhnlichen Schleusen, können die umschließenden Spundwände kürzer genommen, der Bodenaushub der Tiefe nach eingeschränkt und die Wasserhaltung erleichtert werden.

Nachteilig ist die Auflösung des Fundamentes in einzelne kleine Balken mit verwickelten Eiseneinlagen. Eine derartig vollständige Durchführung der Eisenbetonbauweise kann für eine Schleusensohle als nicht empfehlenswert angesehen werden. Die meistens an und für sich schon mit Schwierigkeiten verbundene Gründung von Schleusen sollte durch derartige schwierige Anordnungen nicht erschwert werden. Vielmehr wird nach Möglichkeit auf einfache Körper mit einfachen Eiseneinlagen hinzuwirken sein, deren Herstellung auch eine schnellere sein dürfte. Schließlich ist es ratsam, die Abmessungen der Schleusenwände nicht nur nach den statischen Verhältnissen festzulegen, sondern auch die Inanspruchnahme durch die wechselnde Belastung, durch Schiffsstöße, Frost und dergl. in Rücksicht zu ziehen.

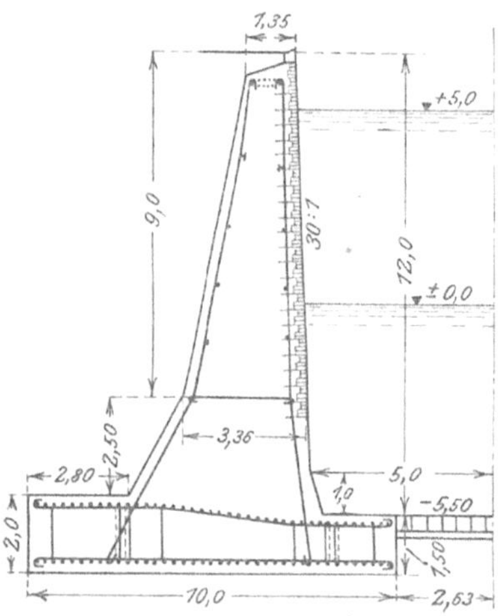

Abb. 80. Querschnitt durch die Kammer der Schleusen des Rhein-Herne-Kanales.

In dieser Hinsicht hat man bei den Schleusenbauten des Rhein-Herne-Kanals eine glücklichere Lösung gefunden. Allerdings sprachen hier noch besondere Rücksichten auf Bodensenkungen infolge des bergmännischen Abbaues der Kohlenfelder usw. mit. Man hat deshalb von vornherein an jeder Staustufe zwei Schleusen angeordnet, welche bei einem Achsabstande von 75 m um etwa 70 m in der Längenrichtung gegeneinander versetzt sind. Man hofft, daß, wenn trotz der sorgfältigen Auswahl der Schleusenbaustellen Sackungen eintreten, diese sich zeitlich nur auf ein Bauwerk erstrecken. Die nutzbare Länge der Schleusen beträgt 165 m, ihre Breite 10 m. Die Kammermauern (Abb. 80) haben einen Anlauf 1 : 30 erhalten, so daß die nutzbare Breite oben etwas größer ist und ein Überneigen der Mauern infolge von Bodensetzungen eine Verringerung der Durchfahrtsweite nicht zur Folge haben wird. Da die Schleusen im Mergelboden stehen, konnte auf eine stärkere Befestigung der Sohle — mit Ausnahme der Häupter — verzichtet werden. Die Kammermauern sind also reine Futtermauern. Sie sind aus Beton mit Eiseneinlagen hergestellt und derart bemessen, daß sie nach erfolgtem Absinken des Bauwerkes um 2,00 m aufgehöht werden können. Ihre Oberkante liegt augenblicklich 1,50 m über Oberwasser, so daß eine erstmalige Senkung von 1,00 m ohne weiteres möglich ist. Bei der Ausbildung des Querschnittes ist auf möglichst geringe Bodenpressungen Bedacht genommen. Es sind also breite Fundamente geschaffen bei möglichster Einschränkung der Abmessungen des aufgehenden Mauerwerks. Die Kammerwände sind aber nicht nur den statischen Beanspruchungen aus den ruhenden Lasten angepaßt, sondern auch den mechanischen Angriffen aus den Stößen anfahrender Schiffsgefäße. Die statische Berechnung erstreckt sich auf die Untersuchungen bei voller und leerer Schleuse, wobei für den ersteren Fall angenommen ist, daß die Mauern bei nachträglicher Anordnung von Sparbecken zum Teil freistehen. Ober- und Unterhaupt haben durchgehende Sohlen erhalten. Sie sind durch

Fugen von den Kammermauern getrennt. Ebenso sind die Kammermauern in einzelne etwa 32 m lange Teile zerlegt, welche bei Senkungen für sich standfest bleiben. Die Dichtung der 1 cm starken offenen Fugen ist durch Bleiplatten erreicht, welche bei 20 cm Breite und 3 mm Stärke mit Bitumen umkleidet sind und senkrecht zur Fuge stehend in die aneinander stoßenden Mauerkörper eingelassen sind.

Die Oberdrempel liegen in Rücksicht auf die bergbaulichen Verhältnisse 5,50 m unter Oberwasser, die Unterdrempel 4,50 bis 5,50 m unter Unterwasser. Sollte unter den Schleusen zunächst nicht abgebaut werden, ihre Lage also zunächst bestehen bleiben, so gestattet diese größere Drempeltiefe die Möglichkeit eines Absinkens des Kanalwasserspiegels in den anschließenden Strecken um 1 bis 2 m infolge des Abbaues ebenhier, ohne daß die erforderliche Wassertiefe über den Drempeln über das zulässige Maß hinaus eingeschränkt wird.

Der bei diesen Schleusen beschrittene Weg, die Häupter mit biegungsfester Sohle als selbständige Bauwerke herzustellen, die Sohle der eigentlichen Schleusenkammer aber unbefestigt zu lassen oder nur schwach zu befestigen und nur die Seitenwände massiv herzustellen, wird neuerdings immer mehr beschritten, besonders da der Eisenbeton hier ein reiches Feld billiger und dabei doch widerstandsfähiger Konstruktionen liefert. Die Kammermauern ähneln dann den Stützmauern, Bollwerken oder auch geböschten Uferbestigungen (vgl. die Schiffahrtsschleuse bei Dörverden, Abb. 81). Die Kammermauern sind hier Winkelstützmauern, welche in Abständen von 4,50 m durch 40 cm starke Rippen ausgesteift sind. Letztere sind wiederum mit 0,30 m starken Betonkappen verbunden, um die Standfestigkeit der Mauer durch die Erdauflast zu erhöhen. Der Fuß der Mauer ist durch eine Spundwand gesichert. Die Mauer hat rund 600 M. je Meter gekostet.

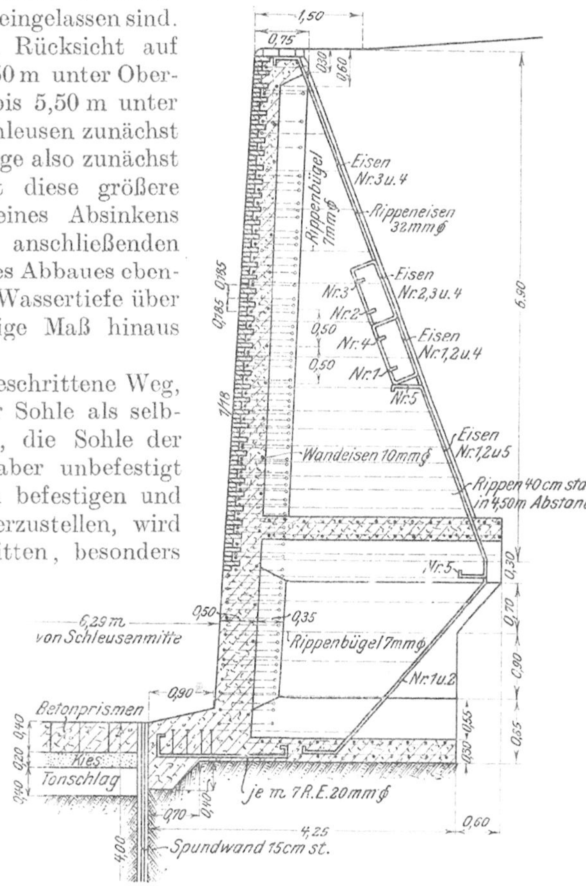

Querschnitt durch die Kammermauer.

Abb. 81. Schleuse bei Dörverden (Weser).

11. Schleusen mit besonderer Ausbildung von Sohle und Seitenmauern.

Während die Schleusenhäupter ihrer Bedeutung entsprechend in der Sohle und den Seitenwänden derart ausgebildet werden, daß sie den Beanspruchungen aus dem Wasserüberdrucke, den Tordrucken und dem Betriebe Widerstand leisten und einen wirksamen Schutz für das schleusende Schiff bilden, werden häufig die Schleusenkammern, die den größeren Teil des Bauwerkes vorstellen, in Rücksicht auf die Kosten in leichterer Bauweise herzustellen sein. Die Häupter bilden dann selbständige Bauwerke, die gegen Unterspülungen beiderseits durch Spundwände und Sohlensicherungen sorgfältig zu schützen sind. Sie erhalten Vorkehrungen, welche ihre Trockenlegung ermöglichen, um die unter Wasser liegenden Teile des Hauptes und der Tore bequem nachsehen und ausbessern zu können. Zwischen ihnen liegt die Kammer, die nunmehr als ein Hafenbecken angesehen wird, das durch die Häupter gegen höhere Wasserstände abgeschlossen ist. Ihre Wände und Sohle haben nicht mehr die Bedeutung wie im Haupte, besonders wenn auf ein Trockenlegen der Kammer verzichtet wird. Man wird dann je nach den Bodenverhältnissen die Sohle ganz unbefestigt lassen oder sie nur in leichter Weise durch Faschinen, Senkstücke, Steine, leichte Betonschicht u. dgl. abdecken, um Bodenaufquellungen oder Bodenausspülungen, hervorgerufen durch den Schleusenbetrieb, zu verhüten.

Eine gute Befestigung, die besonders bei größeren Seeschleusen empfehlenswert ist, ist die Abdeckung der Sohle mit sechskantigen etwa 60 cm hohen Basaltsäulen. Im Binnenwasser lassen sich diese durch ebenso geformte Zementsteine ersetzen.

Bei der Ausbildung der Seitenwände bedarf es neben der Kostenfrage noch weiterer Erwägungen. Senkrechte Wände geben den in der Schleusenkammer aufsteigenden Schiffen eine bessere Führung als geböschte Wände, bei welchen mit sinkendem Wasser in der Schleuse ein Aufsetzen der Schiffe auf die Böschung eintreten kann. Man wird daher bei Schleusen mit sehr hohem Gefälle, bei Seeschleusen, bei denen Windverhältnisse von Bedeutung sind, sowie in ähnlichen Fällen am besten senkrechte Wände anordnen. Diese können zur Notwendigkeit werden, wenn der Wasserverbrauch der Schleuse auf das Geringste eingeschränkt werden muß. Auch stößt bei massiven Mauern die Anordnung durchgehender Umläufe auf keine Schwierigkeiten. Derartige Umläufe können aber, wie im Abschnitt C S. 143 u. ff. näher dargelegt ist, wesentliche Vorteile vor anderen Fülleinrichtungen haben.

Bei geböschten Wänden kann allerdings die Führung der Schiffe durch Leitwerke und ähnliche Vorrichtungen (vgl. Abb. 86 S. 142) bewerkstelligt werden. Jedoch erfordern diese Einrichtungen, besonders wenn sie aus Holz hergestellt sind, eine teuere Unterhaltung, die mit der Höhe des Gefälles sowie mit der Steigerung des Verkehrs wächst. Wirtschaftlich können geböschte Seitenwände bei langen Schleusenkammern, z. B. bei Schleppzugschleusen, werden, da alsdann die Kostenersparnis gegenüber einer massiven Mauer so bedeutend sein kann, daß sie das Mehr an kapitalisierten Unterhaltungskosten für Leitwerke aufwiegt. Schließlich sind noch die Boden- und Grundwasserverhältnisse, die Bedeutung des Bauwerkes in der Schiffahrtsstraße, der Verkehr und die Örtlichkeit von Einfluß auf die Bauart der Seitenwände. Z. B. kann bei Schleusenbauwerken, welche inmitten größerer Städte zu errichten sind, häufig der Bodenwert sowie der Mangel an Bodenfläche ausschlaggebend für die Anordnung senkrechter Kammermauern sein.

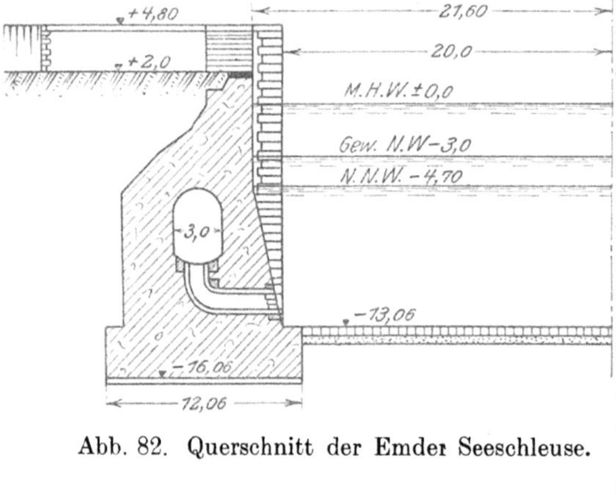

Abb. 82. Querschnitt der Emder Seeschleuse.

Man kann demnach unterscheiden: Schleusen, welche zwar massive Seitenwände besitzen, dagegen keine dicht hergestellte feste Sohle, sowie solche, welche weder feste Wände noch feste Sohle haben. Schleusen der ersten Art stellen Abb. 82, die neue Seeschleuse bei Emden, und Abb. 83, eine Schleusenmauer auf hohem Pfahlrost, dar. Die Bauart des Pfahlrostes ist aus der Abbildung ersichtlich. Es sei bemerkt, daß durch die Anordnung der Querzangen oberhalb der Längsholme eine kräftige Verbindung der Gerad- und Schrägpfähle erzielt wird, die den bedeutenden Schub des Erddruckes mit Sicherheit aufnehmen kann. Ist bei Seeschleusen das Vorhandensein des Bohrwurms zu befürchten, so ist das Holzwerk des Pfahlrostes hiergegen zu schützen. Nach Abb. 84 kann dies in einfacher Weise durch Anordnung einer eisernen Spund-

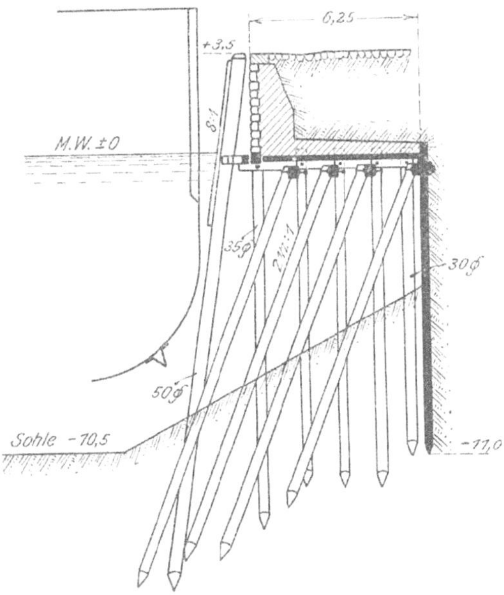

Abb. 83a. Querschnitt der Mauer.

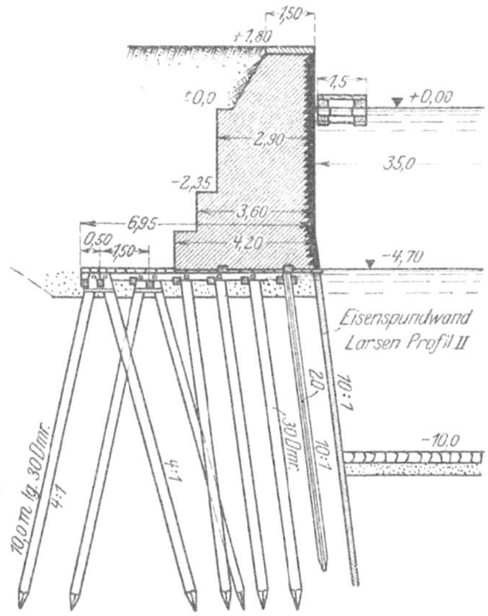

Abb. 84. Schleusenmauer auf hohem Pfahlrost mit eiserner Schutzspundwand.

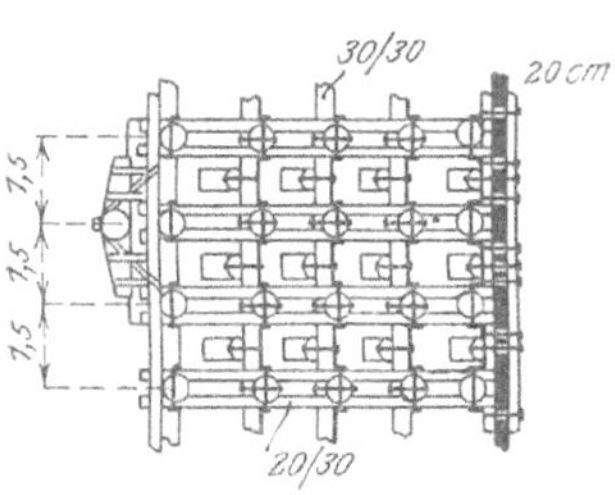

Abb. 83b. Grundriß des Pfahlrostes.

Abb. 83. Schleusenkammermauer auf hohem Pfahlrost.

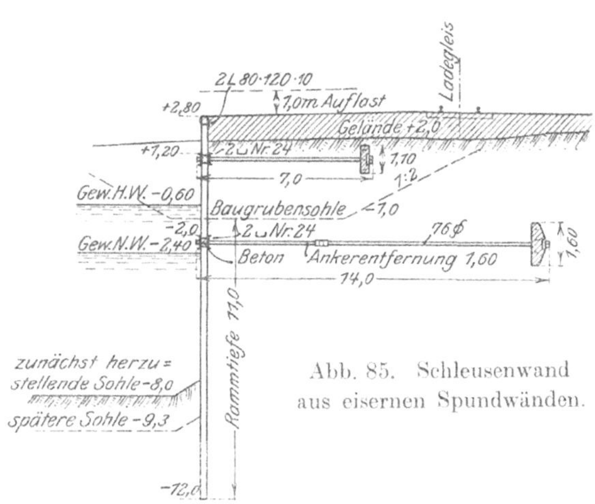

Abb. 85. Schleusenwand aus eisernen Spundwänden.

wand vor dem Pfahlroste erfolgen, deren Durchrosten unter Wasser immerhin längere Jahre erfordern dürfte. Unter Umständen kann zwischen der hölzernen und der eisernen Spundwand eine Eisenbetonschürze eingebaut werden.

Eine einfache und leicht herzustellende Befestigung erhält man durch eiserne Spundwände, sei es, daß man das System Larssen oder Ransome verwendet (Abb. 85 vgl. auch S. 115). Die Bauart Larssen ist im größeren Umfange bei der Schleppzugschleuse bei Hemelingen (Bremen) in einer Gesamtlänge von 367 m bei einer Eisenlänge von 12,3 m und einer Rammtiefe von 8 m verwendet worden. Es empfiehlt sich, die Eisen paarweise unter Zuhilfenahme einer Rammhaube zu rammen, da alsdann der Bär seine Wirkung auf die Schwerachse der ganzen Wand ausübt. Die Ransome-Eisen haben den Vorteil, daß sie keine genieteten Teile haben und die Schwerachse der Wand mit der der einzelnen Eisen zusammenfällt. Die Eisen lassen sich daher einzeln rammen, was mancherlei Vorteile in

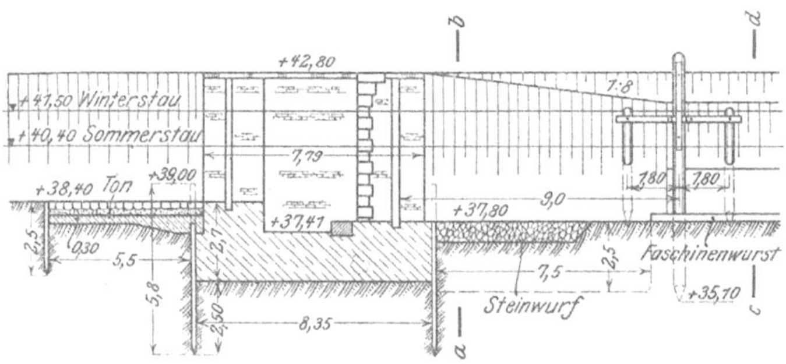

Abb. 86a. Längenschnitt.

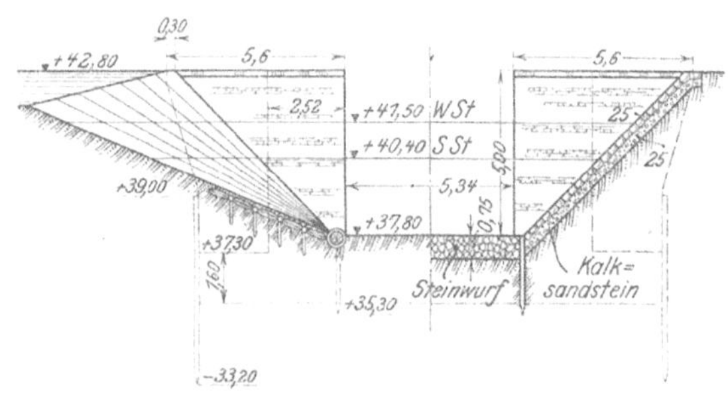

Abb. 86b. Querschnitte a—b u. c—d.

Abb. 86. Schleuse bei Beeskow. (Spree.)

ihrer Handhabung beim Rammen hat. Eine derartig an der Fürstenberger Schleuse gerammte Wand zeigte sich auf größere Höhe wasserdicht.

Die Abb. 86 geben ein Bauwerk der zweiten Art mit geböschten Kammerwänden wieder.

Mit Ausnahme kurzer Anschlußstrecken an die Häupter ist der Fuß der Böschung mit einer Sinkwalze gesichert, an die sich eine kurze Befestigung mit Buschwerk anschließt. Die Anschlußstrecken sind abgepflastert und stützen sich gegen eine kleine Spundwand. Die Sohle ist im allgemeinen unbefestigt. Nur unterhalb des Oberhauptes ist ein Sturzbett aus Steinwurf angeordnet, um den Stoß des einlaufenden Wassers aufzunehmen. Eine ähnliche Anordnung findet sich unterhalb des Unterhauptes. Vor dem Oberhaupt ist die Sohle durch Ton mit Pflasterabdeckung gesichert, um Unterspülungen des Bauwerkes zu verhüten. Die Häupter haben je zwei Abschlußspundwände erhalten und sind aus Mauerwerk hergestellt. Die Schleuse dient nur der Kleinschiffahrt. Zur Führung der Fahrzeuge sind auf einer Seite drei kurze Leitwände vorhanden, von denen die mittlere durch einen Steg vom Lande aus zugänglich ist. Das ganze Bauwerk kann als Muster für eine gute und billige Anlage für kleinere Wasserstraßen gelten.

Eine eigenartige Anordnung ist bei der Schleppzugschleuse in Rathenow zur Ausführung gelangt. Auf die massiv ausgeführte, an den Seiten hochgezogene Schleusensohle (Abb. 87) setzt sich eine mit 1 : $^3/_4$ geböschte Uferschälung aus Beton mit Ziegelverblendung auf. Um unerwünschten Wasserdruck beim Entleeren der Schleuse von der Mauer fernzuhalten, sind unter N. U. W. Sickerkanäle eingelegt. Treppen dienen zum Verkehr zwischen Land und Schiff. Die Kammer ist von den Häuptern durch Spundwände abgetrennt und letztere sind mit Dammbalkenverschlüssen zum Trockenlegen versehen. In ähnlicher Weise sind bei der Oderkanalisierung (1907 bis 1913) die Schleusen teilweise mit geböschten Mauern ausgeführt.

Im übrigen eignen sich zur Befestigung der Seitenwände einer Schleusenkammer, sofern die Schleusensohle unbefestigt oder nur abgepflastert ist, alle Bohlwerke und Uferschälungen, sofern sie die Bedingungen erfüllen, welche die in der Kammer wechselnden Wasserstände sowie die Bewegungen aus diesem Wechsel an sie stellen.

C. Vorrichtungen zum Füllen und Entleeren der Schleusenkammern.

12. Ein- und Auslaßöffnungen.

Das Füllen und Entleeren der Schleusenkammern zum Befördern der Schiffe von einem Wasserspiegel zum anderen erfolgt durch verschließbare Öffnungen in den Toren oder durch verschließbare Kanäle (Umläufe) in den Mauern. Erstere sind einfache Aussparungen in der Torhaut, bei letzteren unterscheidet man:

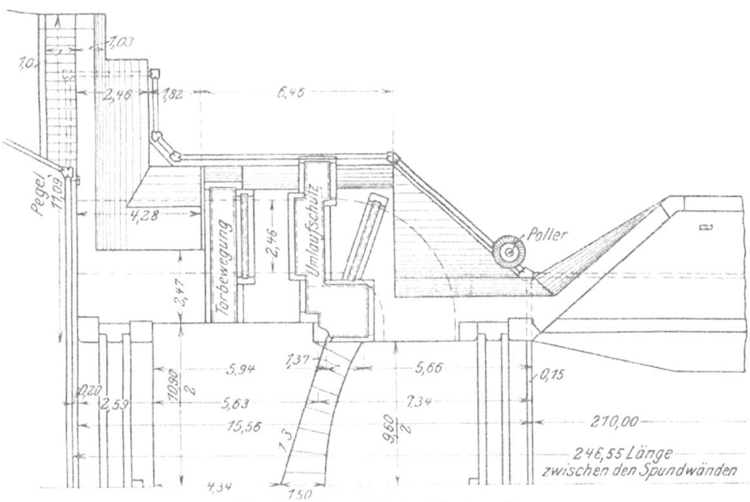

Abb. 87a. Grundriß des Oberhauptes.

a) Umläufe unter dem hochliegenden Oberdrempel, welche unter dem Obertor das Wasser in die Kammer führen (Abb. 93 und 146 S. 149 u. S. 192).
b) Kurze Umläufe nur in dem Seitenmauerwerk der Häupter (Abb. 87a), welche das Wasser in kurzem Bogen um die Tore herum in die Kammer leiten.
c) Umläufe, welche, in oder hinter der Kammermauer liegend, vom Oberhaupt bis zum Unterhaupt durchgehen und das Wasser durch eine Reihe kleinerer Kanäle (Stichkanäle) in die Schleuse leiten (vgl. Abb. 42 b S. 116).

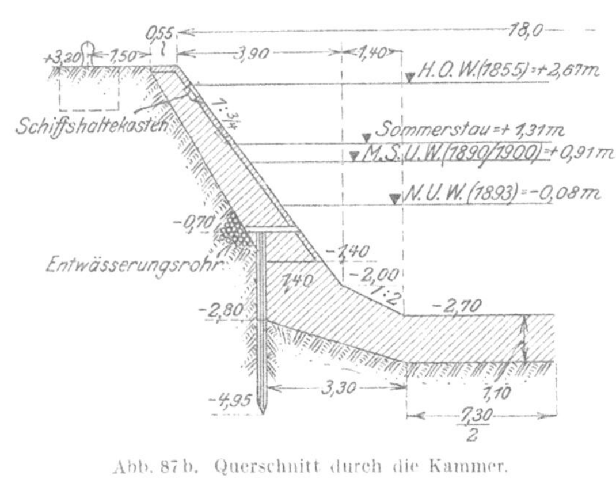

Abb. 87b. Querschnitt durch die Kammer.

Abb. 87. Schleppzugsschleuse von Rathenow.

Krey schlägt vor (vgl. Z. d. B. 1914) das Füllen und Entleeren der Schleusen unter Vermeidung jeglicher Umläufe und Schützen durch Öffnen des Tores selbst (Segmenttor) zu bewirken (ventillose Schleusen). Dabei soll nach Versuchen eine Schleusenfüllung von rd. 12000 cbm bei $6^1/_2$ m Gefälle in 3 Minuten gefahrlos möglich sein. Durch Fortfall der Umläufe können u. U. die Seitenmauern leichter gehalten werden. Abb. 88 gibt die Ausführung

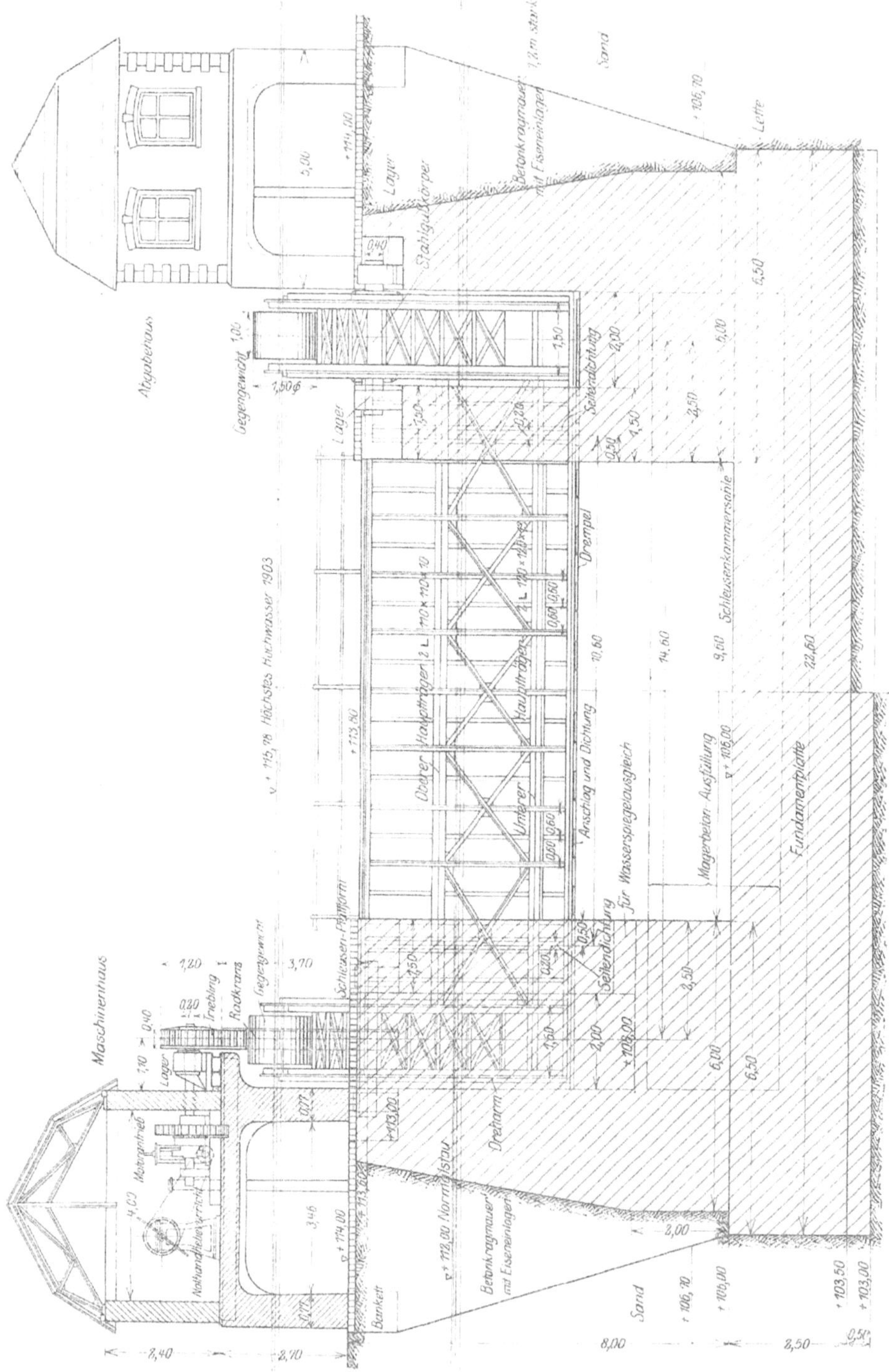

Abb. 88a. Querschnitt des Oberhauptes mit Segmenttor.

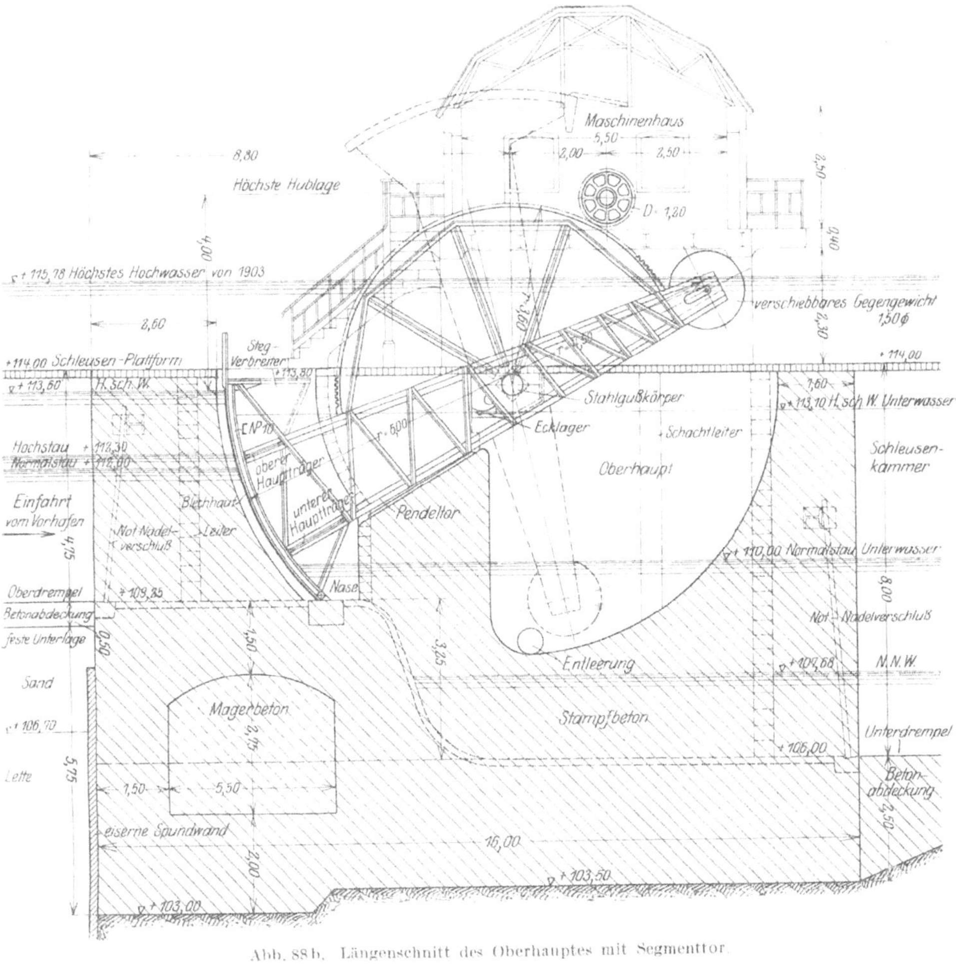

Abb. 88b. Längenschnitt des Oberhauptes mit Segmenttor.

Abb. 88 a, b, c. Gröschelschleuse in Breslau.

eines solchen, zugleich zur Schleusenfüllung dienenden Segmenttores am Oberhaupt der Gröschelschleuse in Breslau (erbaut 1916/18) wieder. Aus der Abbildung ist der Torantrieb und die Gestalt der Kammermauern zu ersehen. Die Schleusenfüllung bzw. das Heben des Tores erfordert 10 Minuten.

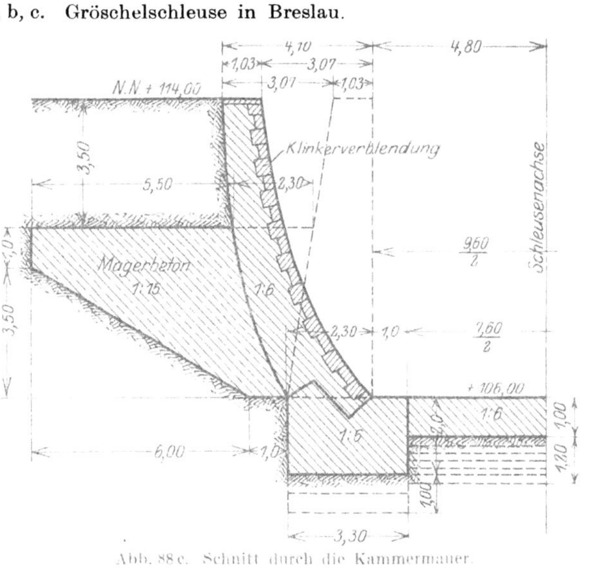

Abb. 88c. Schnitt durch die Kammermauer.

Alle Vorrichtungen haben die Bedingungen zu erfüllen, daß sie

1. mit dichtem Verschluß versehen werden können, der unnütze Wasserverluste vermeidet; daß sie

2. genügend groß und so angeordnet sind, daß sie dem Wasserdurchfluß möglichst wenig Widerstand leisten; und daß

3. ihre Verschlußvorrichtungen sich unter kleinstem Arbeitsaufwand leicht öffnen und schnell schließen lassen. Die beiden letzten Bedingungen sind im Interesse einer schnellen Förderung der Schiffahrt zu stellen, sind mithin für die wirtschaftliche Ausnutzung einer Wasserstraße mitbestimmend. Das schnelle Schließen ist ferner im Interesse der Sicherheit des zu schleusenden Fahrzeuges erforderlich, um in Fällen der Gefahr, z. B. beim Festklemmen von Fahrzeugen oder ähnlichem den Schleusungsvorgang schnell unterbrechen zu können. Für die Größe der Öffnungen ist weiterhin die sekundlich durchzuleitende Wassermenge bestimmend. Letztere ist abhängig von der Größe der Schleusenkammer und der Geschwindigkeit, mit der das Wasser in die Kammer einströmen darf, ohne ein in ihr befindliches Schiff beim Aufstieg zu gefährden bzw. ohne das Bauwerk in seinen einzelnen Bestandteilen zu beschädigen. Zu große Öffnungen ergeben große Verschlüsse, welche infolge des auf ihnen lastenden Wasserdruckes kräftig auszuführen und schwer zu bewegen sind.

Die übliche Füllungsdauer für Binnenschiffahrtsschleusen schwankt je nach der Größe der Schleusen zwischen 3 und 5 Minuten, bei langen Schleppzugschleusen wird sie bis zu rund 10 Minuten anwachsen. Bei Seeschleusen wird man als Grenzen 10—15 Minuten innezuhalten suchen. Sind hiernach die Grenzen für die Füll- bzw. Entleerungszeit festgelegt, so wird der Querschnitt der Umläufe berechnet. Unter der Annahme, daß Ober- und Unterwasserbecken im Vergleich zum Schleusenbecken unendlich groß sind, entsteht durch das Füllen bzw. Entleeren des Schleusenbeckens kein wesentliches Absinken bzw. Anheben des Wasserspiegels im oberen oder unteren Becken. Das Wasser wird im Anfang mit der vollen Druckhöhe h ein- bzw. ausströmen. Mit dem Ausgleich der Wasserstände wird h allmählich gleich Null. Erfolgt die Ausströmung stets unter Wasser (Abb. 89), so ist die Druckhöhe gleich dem Gefälle h. Findet die Ausströmung zunächst über Wasser und erst mit steigendem Unterwasser unter Wasser statt (Abb. 90), so ist die Druckhöhe zunächst gleich dem Abstande zwischen Oberwasser und Schwerpunkt der Ausflußöffnung.

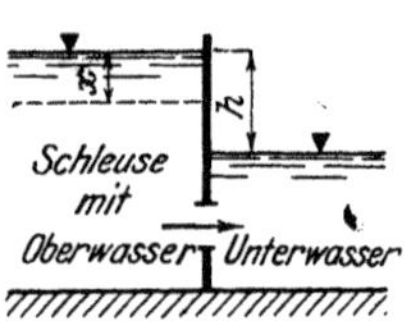

Abb. 89.

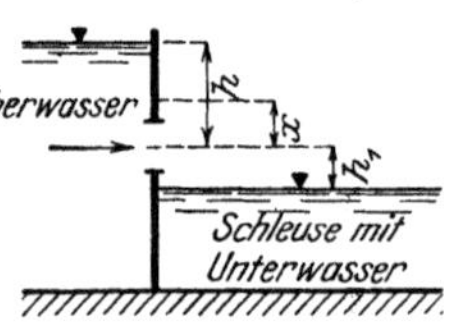

Abb. 90.

Die wirkliche Anfangsgeschwindigkeit ist $v = \varphi \sqrt{2\,g\,h}$; φ ist ein Beiwert, der sich aus dem Verhältnis der wirklichen zur theoretischen Geschwindigkeit ergibt und etwa zu $\varphi = 0{,}96$ angesetzt werden kann. Hat sich der Wasserspiegel in der Schleuse (Abb. 89) um den Wert x verändert, so ist $v_x = \varphi \sqrt{2\,g\,(h - x)}$. In dieser Zeit hat sich aber die Schleuse gefüllt bzw. geleert um $F \cdot x$, wenn F die gleichmäßige Oberfläche der Schleusenkammer bezeichnet. In der Zeiteinheit dt beträgt die Füllung bzw. Entleerung $F \cdot dx$; und die eingeströmte Wassermenge

$$dQ = F \cdot dx = v_x\, \alpha\, f\, dt = \mu \sqrt{2\,g\,(h - x)} \cdot f \cdot dt,$$

wenn f der vorhandene Querschnitt der Einlaufsöffnung, α der Einströmungsbeiwert, also das Verhältnis des Querschnittes des eingezogenen Strahles zum vorhandenen Schützquerschnitt, und $\mu = \alpha \cdot \varphi$ der Ausflußbeiwert ist. Es ist mithin

$$dt = \frac{F \cdot dx}{\mu\, f \sqrt{2\,g\,(h - x)}},$$

und die Füllzeit für den Fall 1 (Abb. 89):

$$t = \frac{2 F \cdot h}{\mu \cdot f \cdot \sqrt{2 g h}}.$$

Den größten Zeitaufwand erfordern die letzten Zentimeter des Ausgleichs, d. h. wenn sich (h — x) der Null nähert. Um an Schleusungszeit zu gewinnen, wird man daher bestrebt sein, diese Zeit abzukürzen d. h. die Schleusentore schon vorher, wenn auch gegen einen Überdruck h′ zu öffnen. h′ wird zwischen 5 und 10 cm zu wählen sein. Obige Formel lautet dann:

$$t = \frac{2 F}{\mu f \sqrt{2 g}} [\sqrt{h} - \sqrt{h'}].$$

Liegt der Schwerpunkt der Einströmungsöffnung um h_1 über dem Unterwasserstand in der Schleuse (Abb. 90), so sind drei Füllabschnitte zu unterscheiden:

a) Füllen der Schleuse bis zur Unterkante der Öffnung unter Ausfluß des Wassers im Freien.

b) Füllen der Schleuse bis zur Oberkante der Öffnung unter Ausfluß des Wassers teils im Freien, teils unter Wasser.

c) Füllen der Schleuse bis zum Oberwasser unter Ausfluß des Wassers unter Wasser.

Teil b wird meistens vernachlässigt, und dafür Teil a bis zum Schwerpunkte der Öffnung, Teil c von dort bis zum Oberwasser gerechnet. Für Teil a ergibt sich die Geschwindigkeit $v = \varphi \sqrt{2 g h}$ und die Füllungsmenge $Q_s = \alpha \cdot f \cdot v = \mu \cdot f \sqrt{2 g h}$ je Sekunde.

Andererseits ist $Q = F \cdot h_1$, also

$$F \cdot h_1 = \mu \cdot f \sqrt{2 g h} \cdot t_1$$

oder die Füllzeit für Teil a bis zur Höhe h_1:

$$t_1 = \frac{F \cdot h_1}{\mu f \sqrt{2 g h}}.$$

Die Füllzeit des oberen Teiles errechnet sich wie oben nach der Formel

$$t_2 = \frac{2 F \cdot h}{\mu \cdot f \sqrt{2 g h}}.$$

Hat man Doppelschleusen oder eine Schleuse mit Sparbecken mit den Grundflächen F_1 und F_2, beide verbunden durch eine unter Wasser liegende Schutzöffnung f, so werden beim Öffnen des Schützes sich die Wasserstände nähern und sich schließlich in der Linie $\overline{AB}$ (Abb. 91) ausgleichen.

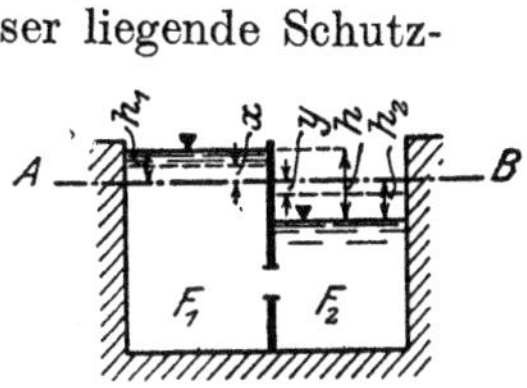

Abb. 91.

Es sei $h = h_1 + h_2$ das Gesamtgefälle. Dem zeitweiligen Wasserstande x im Becken F_1 über $\overline{AB}$ entspricht im Becken F_2 der Wasserstand y unter $\overline{AB}$. Diesem Zustande entspricht die Geschwindigkeit $v_x = \varphi \cdot \sqrt{2 g (x + y)}$ und eine ausgeflossene Wassermenge $Q_x = F_1 (h_1 - x) = F_2 (h_2 - y)$. In der Zeiteinheit dt fließt über

$$\alpha \cdot v_x \cdot f \cdot dt = \mu f \sqrt{2 g (x + y)}\, dt = dQ,$$

da

$$F_1 x = F_2 y,\; F_1 h_1 = F_2 h_2,\; h = h_1 + h_2$$

und

$$dQ = - F_2 dy$$

ist, erhält man als Überlaufszeit

$$t = \frac{2 F_2 h}{\mu f \sqrt{2 g h}\left(\frac{F_2}{F_1} + 1\right)} = \frac{2 F_1 h}{\mu f \sqrt{2 g h}\left(1 + \frac{F_1}{F_2}\right)}.$$

Die ganze übergeströmte Wassermenge ist

$$Q = F_1 h_1 = F_2 h_2.$$

Sobald die Schützöffnung um h'_2 über dem Wasserstande in F_2 liegt (Abb. 92), muß man wie auf S. 147 wieder zwei Abschnitte unterscheiden. Für den Teilausgleich bis zur Mitte der Schützöffnung beträgt die Zeit

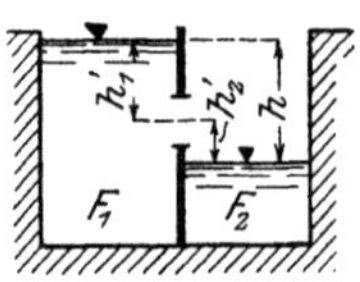
Abb. 92.

$$t_1 = \frac{2 F_1}{\mu f \sqrt{2 g}}\left(\sqrt{h_1'} - \sqrt{h_1' - h_2' \frac{F_2}{F_1}}\right)$$

und für den weiteren Ausgleich

$$t_2 = \frac{2 F_1}{\mu f \sqrt{2 g}\left(\frac{F_1}{F_2} + 1\right)} \sqrt{h_1' - h_2' \frac{F_2}{F_1}}.$$

Der Einschnürungsbeiwert α des Querschnittes f und somit auch der Ausflußbeiwert $\mu = \alpha \cdot \varphi$ ist abhängig von der Form und Gestaltung der Öffnung, der Dicke der Wand, aus welcher sie ausgespart, der Länge und Linienführung der Umläufe und dergl. mehr. Für Öffnungen in den Toren ist er verhältnismäßig günstig und kann etwa zu $\mu = 0{,}65$ angenommen werden. Bei längeren, vielleicht auch gekrümmten Umläufen sind die Druckhöhenverluste zu berücksichtigen, die sich ergeben aus der geraden Länge der Rohrleitung, den Krümmungen, Einschnürungen usw. Scharfe Krümmungen wird man vermeiden, oder den Querschnitt entsprechend vergrößern. Sind Stichkanäle vorhanden, so ist ihre Anzahl und Lage sowie ihr Querschnitt nach dem Druckhöhenverlust in dem Hauptumlaufe so zu bestimmen, daß der Umlauf hinter jedem Stichkanal zur Abführung der noch erforderlichen Wassermengen leistungsfähig bleibt.

Die Öffnungen in den Toren sind die billigste Anordnung, weil sie die geringsten Einbauten und nur einfache, schnell zu öffnende Verschlußvorrichtungen erfordern (Abb. 139 S. 187). Sie haben den Nachteil, daß das Wasser durch die Schleuse längs strömt und den Schiffen in Richtung der Schleuse stark pendelnde Bewegungen erteilt. Man kann sie auch häufig nicht sehr groß wählen. Bei hölzernen Toren ist man von dem Riegelabstand abhängig, bei eisernen kann die Steifigkeit des Tores unter zu großen Schützöffnungen leiden. Kleine Schützöffnungen verlängern die Schleusungszeit unnötig. Liegt außerdem der Oberdrempel und mithin das Obertor höher als das Unterwasser, so kann das Gefälle der Schleuse für die Druckhöhe nicht ausgenutzt werden.

Im Seegebiete werden Torschützen häufig erforderlich, um die Tore — z. B. doppelwandige Schiebetore, Schwimmpontons usw. — vom Schlick reinigen zu können. Sie werden dann unter Umständen zur Beschleunigung der Schleusungszeit mitbenutzt werden. Im Binnenlande wird man Öffnungen in den Toren hauptsächlich bei hölzernen Schleusen sowie Schleusen mit geringerem Verkehr, ferner mehr in den Untertoren als in den Obertoren verwenden. Bei größeren Schleusen können sie als Notschütze dienen für den Fall, daß die anderen Füllvorrichtungen einmal versagen.

Eine Verbesserung der Wasserbewegung in der Schleuse bringt die Einleitung des Wassers durch **Umläufe im hochliegenden oberen Tor-**

kammerboden unter dem Oberdrempel mit großer Ausflußöffnung in die Schleuse (vgl. Abb. 93, Oberhaupt einer Schleuse an den Troll-Hättafällen). Ist das Obertor noch ein Klapptor, so liegen die Schützen bei geöffnetem Tor in dessen Schutz. Zur Anwendung gekommen ist diese Anordnung am Eriekanal und bei den ersten Schleusen des Oder-Spree-Kanals (vgl. Abb. 146 S. 192). Die Anordnung ist hier wieder verlassen, da die Schützen (Drehschützen) infolge des hohen Wasserdruckes sich häufig verbogen und vieler Ausbesserungen bedurften. Die Bewegung des Wassers in der Schleuse war aber infolge der großen Ausströmungsöffnung eine geringe, so daß die Schiffe trotz der Längsströmung sehr ruhig lagen.

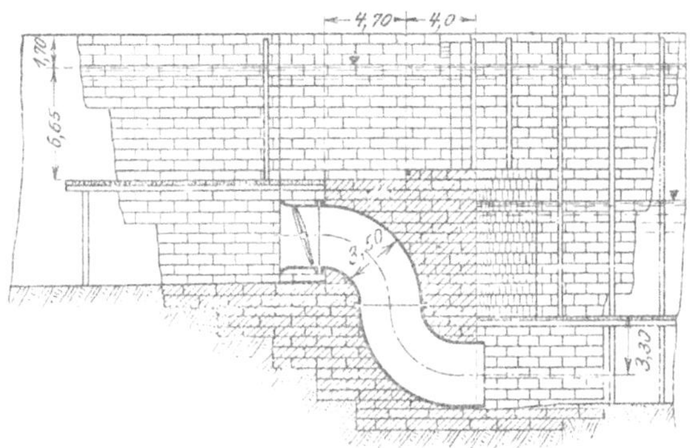

Abb. 93. Grundablaß im Oberdrempel. (Schleuse bei den Troll-Hättafüllen.)

Kurze und durchlaufende Umläufe haben vor den Öffnungen in den Toren den großen Vorteil, daß bei der Gegenüberlage ihrer Ausmündungen die Wasserfäden aufeinanderstoßen, ihre lebendige Kraft gegenseitig vernichten und ein ruhiges Aufsteigen des Wassers bewirken. Ist dies schon bei kurzen, nur in den Häuptern ausgeführten Umläufen der Fall, so wird dieser Vorteil noch größer bei durchlaufenden Umläufen und Einführung des Wassers in die Schleusenkammer mittels Stichkanälen (Abb. 42c S. 116). Man wird demgegenüber die größeren Kosten gern in den Kauf nehmen, welche die sorgfältige Herstellung der Umläufe, ob in Ziegelmauerwerk oder Beton, erfordert, um den angreifenden Kräften aus den stark strömenden Wassermassen ausreichenden Widerstand leisten zu können. Da nachträgliche Ausbesserungen nur unter erheblichen Kosten zu bewerkstelligen sind, wobei der Erfolg zuweilen noch fraglich bleibt, wird zur Verblendung der Innenflächen der Umläufe sehr guter, wetterbeständiger Klinker oder, wenn vorhanden, Granitstein zu verwenden sein. Bei Beton kann man diesen durch besten Vorsatzbeton aus Granitsplittern (etwa 1 : 2 : 3) ersetzen. An den Schleusen des Panamakanals sind allerdings die im Betonmauerwerk mit Hilfe von eisernen Rohren als Lehren ausgesparten kreisförmigen Umläufe (Abb. 72 S. 134) unverblendet geblieben. Der Erfolg bleibt abzuwarten. Die Einläufe der Umläufe wird man möglichst trompetenförmig erweitern oder mindestens gut abrunden (Abb. 69 S. 132 und Abb. 94),

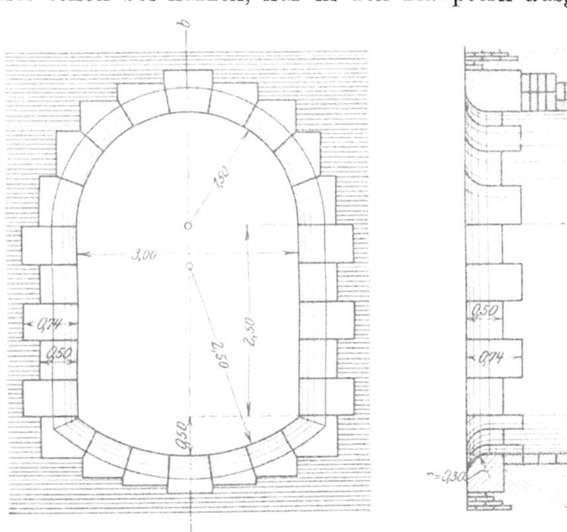

Abb. 94a. Ansicht.

Abb. 94b. Schnitt a—b

Abb. 94. Schleusenumlaufquerschnitt.

die Ausläufe trompetenförmig erweitern, um den Abflußbeiwert niedrig zu halten.

Bei Binnenschiffahrtsschleusen werden häufig die kürzeren Umläufe vorgezogen, da sie billiger herzustellen sind und bei ihren verhältnismäßig kleinen Abmessungen die entstehenden Wasserströmungen in der Kammer gering bleiben (Abb. 87a S. 143). Sie sind ferner am Platze bei allen Schleusen, deren Häupter nur massiv, die Kammern aber in irgendeiner anderen Bauweise ausgeführt sind.

Durchgehende Umläufe finden ihre Anwendung vornehmlich bei den großen See- und Schleppzugschleusen, um hier durch eine große Anzahl von Stichkanälen (bei der Emder Seeschleuse sind 2 × 12 vorgesehen) das Wasser gleichmäßiger über die ganze Schleusenlänge zu verteilen. Sie können bei den Seeschleusen wirtschaftlich werden, da die Seitenmauern schon aus Gründen der Standfestigkeit meistens so stark gewählt werden müssen, daß die Umläufe ohne Schaden aus dem Querschnitt ausgespart werden können. Zuweilen können derartige Gründe auch bei kleineren Schleusen für Anlage durchgehender Umläufe sprechen.

Die Höhenlage der Umläufe ist möglichst tief zu wählen, um das Gefälle auszunutzen und um das Mitreißen von Luft zu vermeiden. Gewöhnlich liegt ihre Sohle mit der Oberkante des Kammerbodens gleich hoch (Abb. 42c, 72, 76 S. 116, 134 und 136). In dieser Höhe liegen dann auch die Stichkanäle. Um beim Füllen der Kammer sich sammelnde Preßluft abzuführen, ist dem Scheitel des Umlaufes eine kleine Steigung vom Ober- nach dem Unterhaupt zu geben, so daß die Luft hier durch die Öffnungen der Verschlußvorrichtungen entweichen kann. Bei hochliegendem Oberhaupt wird der Einlauf entsprechend höher liegen, jedoch so, daß er mit seiner Oberkante unter dem niedrigsten Oberwasser verbleibt (Abb. 32a, 42a S. 111 u. 116). Bei Seeschleusen wird die Einmündung möglichst unter dem N. N. W. angeordnet. Ist Schlickfall zu befürchten, so verbleiben die Umläufe in Höhe der Einmündung und nur die Stichkanäle münden mittels Abfalles in Höhe des Kammerbodens aus (Abb. 82 S. 140). Bei den Schleusen des Panamakanals liegen die Stichkanäle in der Sohle der Schleusenkammer und führen das Wasser durch runde Öffnungen von unten in die Schleuse ein. Die Stichkanäle reichen abwechselnd von einem Umlauf bis auf etwa 5 m vor der gegenüberliegenden Kammerwand. Man will durch diese Anordnung ein besonders sanftes Aufsteigen des Wassers herbeiführen. Ähnliche Anordnungen finden sich schon bei den Schleusen des St. Denis-Kanals, wo die Stichkanäle Tonröhren sind, die in der Sohle liegen und oben auf ihre ganze Länge offen sind (Abb. 95), sowie an den Schleusen der oberen kanalisierten Oder. Sofern sie nicht genügend zu reinigen sind, besteht die Gefahr der Versandung oder Verschlickung.

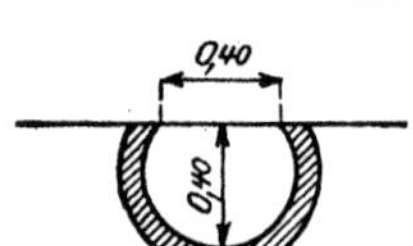

Abb. 95.

Liegen die Umläufe einschl. der Stichkanäle in der Sohle des Schleusenbauwerkes, so heißen sie auch Grundläufe. Eine solche tiefe Lage erfordert aber eine Verstärkung der Sohle, mithin größere Kosten und ist daher nur im Sonderfall gerechtfertigt.

Der für die Wasserführung günstigste Umlauf-Querschnitt ist der Kreisquerschnitt, da er bei dem geringsten Umfange die größte Fläche liefert. Er ist aber nur bei Kammerwänden anwendbar, die an sich schon sehr stark sind, wie z. B. am Panamakanal (Abb. 72 S. 134). Jeder Umlauf hat hier einen Querschnitt von 25 qm. Im allgemeinen wird man sich bei der Gestaltung der Umläufe nach dem Mauerquerschnitt richten, d. h. ihm eine mehr hohe wie breite Form geben (Abb. 94 S. 149 mit einem Querschnitt von 12 qm, Abb. 42c S. 116).

Ähnlich werden die Stichkanäle geformt, deren Gesamtquerschnitt etwa gleich dem 1,25- bis 1,6fachen Umlaufquerschnitt zu wählen ist.

Den Grundläufen wird man eine gedrücktere Form geben, um die Sohle nicht unnötig zu schwächen.

Neben der Füllung bzw. Entleerung der Schleusenkammern dienen Umläufe noch zur Reinigung der Torkammern von Schlick, Sand und ähnlichem. Sie sind dann kurze, um die Torwiderlager geführte Kanäle, deren zahlreiche Ausmündungsöffnungen (Abb. 165c S. 209) in der zu reinigenden Torkammer klein und niedrig, jedoch über die ganze Breite der Kammer verteilt anzuordnen sind, während der eigentliche Umlaufkanal und seine Ausmündung nach außen möglichst groß zu halten ist. Man spült aus der Schleuse nach dem niedrigeren Außenwasser und drückt den Schlamm fort. Bei den kleinen Binnenschleusen kann eine Reinigung der Torkammern bzw. Vorböden dadurch erreicht werden, daß man die Ein- und Ausmündungen der Umläufe in die Torkammern und Vorböden einleitet, anstatt sie in den Stirnmauern der Schleusen endigen zu lassen.

13. Verschlüsse der Ein- und Auslaßöffnungen.

Als Verschlußvorrichtung kommen in Frage:

a) Plattenartige Schützen mit senkrechter Bewegung: *Gleit-, Roll-, Keil- und Rollkeilschützen.*

b) Plattenartige Schützen mit Drehbewegung um eine wagerechte oder senkrechte Achse: *Drehschützen.*

c) Schützen mit zylinderartigem Körper und senkrechter Bewegung: *offene und geschlossene Zylinderschützen.*

d) Schützen mit zylinderartigem Körper und Drehbewegung um eine wagerechte Achse: *Segmentschützen.*

e) *Heberverschlüsse.*

f) *Verschlußvorrichtung* nach *Nyholm.*

Der Baustoff für die Verschlüsse unter a—d ist fast ausnahmslos Eisen. Bei a kommt für die Gleitschützen auch Holz in Frage, während die Heberverschlüsse in Eisen, Mauerwerk, Beton und dergl. ausgeführt werden können.

a) Plattenartige Schützen mit senkrechter Bewegung. Die *Gleitschützen* stellen die einfachste Form vor. Sie finden vornehmlich Verwendung als Torschützen. Bei hölzernen Toren bestehen sie aus Tafeln in Abmessungen, welche die Größe der zu schließenden Öffnung um die Breite des Anschlags übertrifft. Die Tafeln werden aus einzelnen gespundeten Bohlen gebildet, welche durch einseitig angebrachte Holzleisten zusammengehalten werden (Abb. 96a) oder mit beiderseits angeordneten Bandeisen fest verbolzt sind (Abb. 96b) oder schließlich in einen besonderen hölzernen oder eisernen Rahmen eingesetzt werden. Vielfach werden die Bohlen beiderseits nur mit Nuten versehen und die Federn gesondert eingelegt, Abb. 96b. Letztere sind aus Holz oder Flacheisen. Die Bohlen müssen behobelt sein. Sie gleiten in besonderen Bahnen. Bei den Torverschlüssen bestehen diese aus zwei Leisten (Abb. 97), welche auf dem Bohlenbelag befestigt sind und hinreichende Länge erhalten, um dem Schütz außer zur Bewegung noch zum Heraus- und Hereinnehmen sichere Führung in den Nuten zu geben. Am unteren Ende, bündig mit dem entsprechenden Torriegel, sind die Leisten durch eine Schwelle verbunden, auf die sich das Schütz aufsetzt. Um die Steifigkeit des Tores bei dem Fortfall des Bohlenbelags innerhalb der Schützöffnung zu wahren, werden zwischen die Riegel zur Begrenzung der Öffnung zwei Schützständer (Abb. 130 S. 180) von der Stärke der Riegel eingebaut.

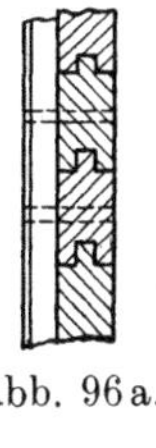

Abb. 96a.

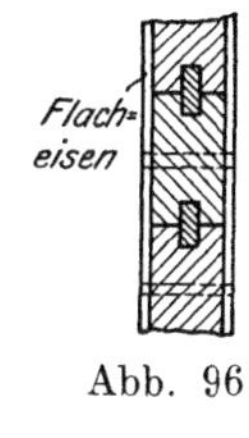

Abb. 96b.

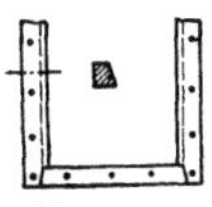

Abb. 97. Schützrahmen an Schleusentoren.

Bei eisernen Toren kommen eiserne Schütztafeln zur Verwendung (Abb. 138 S. 186), welche in]- oder ⅂-förmigen Schienen laufen. Um ein Anrosten zu verhüten, werden am Schützrand gehobelte Leisten aus Rotgußbronze aufgeschraubt, welche auf gleichen Leisten in den Führungsschienen entlanggleiten. Das Schütz selbst besteht aus Eisenblechtafeln, welche durch L-, ⊥- oder [-Eisen versteift sind. Die Bewegung dieser Schützen kann durch Spindeln mit Mutter und Steckschlüssel oder durch Zahnstange mit Vorgelege erfolgen.

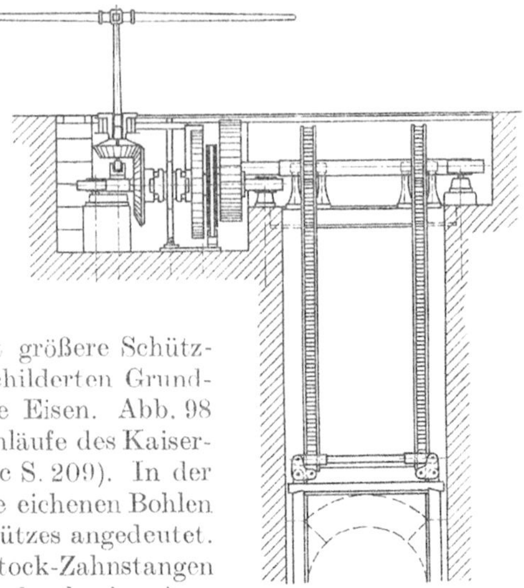
Abb. 98a. Ansicht.

Der Verschluß der Umläufe erfordert größere Schütztafeln, deren Herstellung auf den vorgeschilderten Grundsätzen beruht. Man verwendet Holz wie Eisen. Abb. 98 zeigt ein größeres hölzernes Schütz der Umläufe des Kaiserdocks in Bremerhaven (vgl. auch Abb. 165c S. 209). In der Zeichnung sind der Deutlichkeit halber die eichenen Bohlen fortgelassen und nur der Rahmen des Schützes angedeutet. Die Tafeln werden durch zwei Triebstock-Zahnstangen senkrecht auf- und niederbewegt, welche durch eine Ausgleichvorrichtung an den Tafeln befestigt sind. Die Ausgleichvorrichtung besteht aus zwei am Rahmen befestigten Winkelhebeln, deren senkrechte Schenkel durch eine Stange verbunden sind, während die Zahnstangen an den wagerechten Schenkeln angreifen. Es kann somit nie eine Zahnstange Kraft übertragen, bevor nicht die andere durch sie zum Eingriff gebracht ist. Ein ungleichmäßiger Eingriff der Zahnräder sowie ein Bruch des Windwerks ist dadurch unmöglich gemacht. Das Windwerk wird elektrisch angetrieben. Handantrieb ist für den Fall des Versagens der elektrischen Kraft vorgesehen. Die Verwendung von Holz macht die Anordnung von Gegengewichten überflüssig, trägt mithin zur Einfachheit der Anlage bei. Aus dem gleichen Grunde sind auch bewegliche Teile unter Wasser vermieden. Das Schütz gleitet mit Anschlagleisten aus Grünholz, die auf dem Rahmen aufgeschraubt sind, auf polierten Granitquadern.

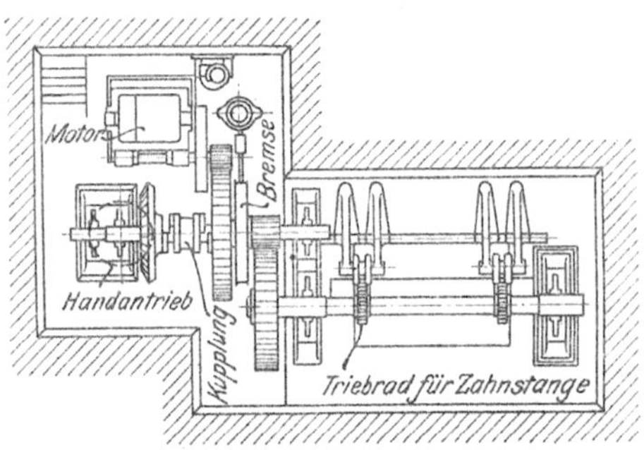

Abb. 98b. Grundriß.

Abb. 98. Bewegungsvorrichtung für ein hölzernes Schütz am Kaiserdock zu Bremerhaven.

Neben dem elektrischen Kraftantriebe findet Druckwasserantrieb mittels Treibkolben und Zahnstangen oder Schraubenspindeln Anwendung.

Die Berechnung der Schütztafeln bedarf keiner Erläuterung. Zur Berechnung des Windwerkes ist die zum Bewegen des Schützes erforderliche Zugkraft Z zu ermitteln. Bezeichnet F die Fläche der Schütztafel, h das Gefälle, G das Gewicht der Tafel und μ den Reibungswert, so muß sein

$$Z \geq \mu \cdot 1000 \cdot h \cdot F + G \text{ in kg.}$$

Je nach der Größe von Z sind einfache Hebel, Vorgelege oder größere Windwerke zu verwenden.

Eine Abart der Gleitschützen sind die Register- oder Kulissenschützen, deren Prinzip Abb. 99 wiedergibt. Um die Schützöffnung freizulegen, bedarf es in diesem Fall nicht einer Bewegung des Schützes um die Höhe der Schützöffnung, sondern nur um die geringe Höhe der Streifen des zerlegten Schützes. Durch Abrundung der Ecken der Schützstreifen kann der Abflußbeiwert günstig beeinflußt werden. Ein Nachteil liegt in der größeren Anzahl von Fugen, welche das Schütz undicht machen, sowie in der Vergrößerung der Schützöffnung infolge der zahlreichen Streifen.

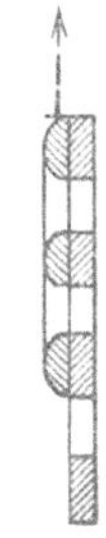

Abb. 99.

Bei großen Schützöffnungen und hohen Wasserdrucken erfordert das Einleiten der Bewegung der Schützen große Kraft. Diese wird durch Umwandlung der gleitenden Reibung in rollende oder wälzende verringert. Es entstehen die **Rollschützen**. Abb. 100 zeigt ein solches Schütz. Es besteht aus einer durch ⊔-Eisen ausgesteiften Blechtafel, welche sich mit 4 Rädern auf 2 Laufschienen auf- und abbewegt. Während der Bewegung ist zwischen Schütztafel und Gleitfläche ein Spielraum von etwa 1 mm vorhanden. In der Schlußstellung muß der Spielraum geschlossen werden. Dieser dichte Schluß kann erreicht werden durch Anbringen einer Lederdichtung längs der Seiten und der Oberkante des Schützes, welche durch den Wasserdruck an die Gleitflächen angepreßt wird, oder durch Ausklinken der Laufschienen, in welche die Laufräder in der Schlußstellung des Schützes einfallen. In der Abb. 100 sind diese Ausklinkungen an den Stellen a vorgesehen. Sie gehen mit einer Anlauffläche (etwa 1 : 40) in die Lauffläche der Schienen über. Gewöhnlich muß beim ersten Anheben des Schützes, d. h. bis die Rollen aus der Ausklinkung herausgezogen sind, gleitende Reibung überwunden werden. Dies ist in der Abbildung durch ein Patent der Firma Eisenwerk vormals Nagel und Kaemp in Hamburg (RP. 235 036) vermieden. Die Achsen b der Laufräder sind nicht fest am Schütz, sondern durch ein Wälzungsegment in einem Rahmen r beweglich gelagert. Beide Achsen b sind durch einen Flacheisenrahmen f miteinander zwangläufig verbunden, der seinerseits durch eine Kette k_1 über eine Welle an einem Gegengewicht g aufgehangen ist. Das Gegengewicht entspricht dem Gewichte der Räder, Achsen und des Rahmens f. Das übrige Gewicht des Schützes ist durch das Gegengewicht g_2 ausgeglichen. Die Verbindungsketten k_2 laufen über Rollen, die auf der Welle w lose aufsitzen, während die Rolle für die Kette k_1 auf der Welle fest aufsitzt. Wird die Welle durch das Windewerk angetrieben, so bewegt sich zunächst der Rahmen f aufwärts und bewegt die Welle b und mit ihr die Laufräder aus der Ausklinkung der Laufschienen. Das Schütz verändert hierbei seine Höhenlage nicht, sondern wird nur infolge Abwälzens des Wälzungsstückes auf der Innenseite des Rahmens r von der Anschlagfläche abgedrückt. Hat die Welle im Rahmen r den Weg

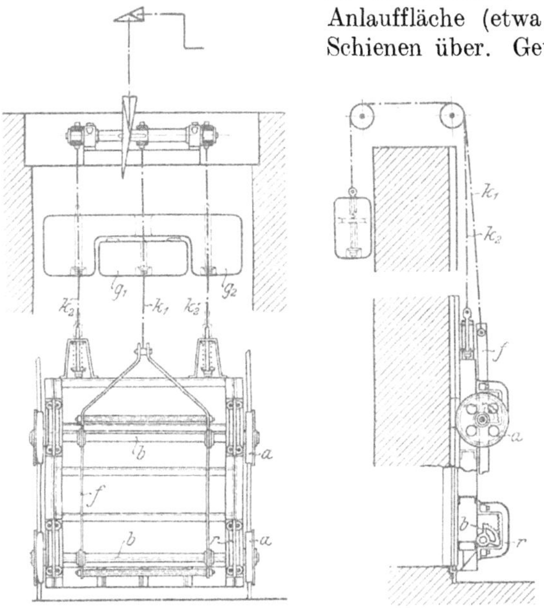

Abb. 100 a. Ansicht. Abb. 100 b. Querschnitt.

Abb. 100. Rollschütz. (Patent der Firma Eisenwerk.)

bis zum oberen Schenkel zurückgelegt, so legt sie sich hier fest an und die Aufwärtsbewegung der Schütztafel beginnt. Die gleitende Reibung ist somit ausgeschaltet. Die Unterkante des geschlossenen Schützes legt sich mit Dichtung gegen einen Anschlag von Winkeleisen. (Ausführung an der im Jahre 1912—14 erbauten Schleppzugschleuse in Brieg a. O.)

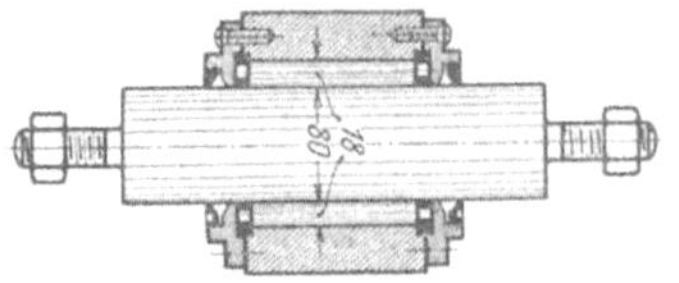

Abb. 101.

Bei sehr hohem Druck wird man die mit den Rollen fest verbundenen Achsen nicht in einfachen Rotgußschalen lagern, sondern in einem Kranze kleiner Walzen aus bestem Kugelstahl (Abb. 101), wodurch die Bewegungswiderstände bedeutend verringert werden (etwa um das 4- bis 5fache). Auch empfiehlt es sich, neben den Laufrollen seitliche Führungsrollen anzuordnen (Abb. 102), um ein festes Anpressen der Laufrollen an den Führungsschienen und eine Vermehrung der Reibungswiderstände zu vermeiden.

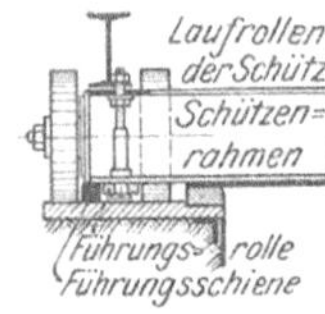

Abb. 102.

Bezeichnet P die Schützbelastung in kg, t den Hebelarm der rollenden Reibung = 0,0005, μ_1 den Wert der Zapfenreibung = 0,3 bis 0,2, r den Halbmesser des Zapfens bzw. der Achse, R den Halbmesser der Rollen, so ist die Zugkraft für Rollen mit einfachen Lagerschalen

$$Z \geqq P \frac{t + r\mu_1}{R}.$$

Bei Walzenlagern wird der Wert μ_1 gegen den obigen Wert um etwa das Achtfache kleiner zu nehmen sein, etwa $\mu_1' = 0{,}025$. Ist das Schützgewicht nicht durch Gegengewichte ausgeglichen, so lautet die Gleichung

$$Z \geqq P \frac{t + r\mu_1}{R} + G.$$

Wird schließlich die Dichtung durch Lederstreifen von der Fläche f bewirkt und bezeichnet F die Fläche des Schützes, h die Wasserdruckhöhe und μ den Beiwert für gleitende Reibung = 0,38, so wird

$$Z \geqq 1000 \cdot h \left[F \frac{t + r\mu_1}{R} + \mu f\right] + G.$$

Bei den Rollschützen am Donau-Moldau-Kanal ist die leichte Beweglichkeit und Dichtigkeit der Rollschützen durch keilförmige Ausbildung des Schützes und des Dichtungsrahmens und durch Verwendung der Stoneyschen Rollenleiter herbeigeführt. Die Keilform liegt auf der Unterwasserseite des Schützes, so daß der Wasserdruck das Schütz gegen den Dichtungsrahmen andrückt. Abgesehen von der Überwindung gleitender Reibung beim ersten Anheben des Schützes auf wenige Millimeter tritt, da die Stoneysche Rollenleiter (Abb. 103) die Zapfenreibung vermeidet, nur wälzende Reibung auf. Der Anlauf der Dichtungsflächen darf nicht zu gering sein (etwa 1 : 20), damit ein Festklemmen des Schützes beim dichten Schluß nicht eintritt. Die Leisten sind zur Verminderung der gleitenden Reibung beim ersten Anheben aus Bronze herzustellen, gut zu behobeln und genau einzupassen.

Um die gleitende Anfangsreibung zu vermeiden, schlagen Preiß & Schneuzer vor, die Keilform nach dem Oberwasser zu verlegen und die festen Dichtungsleisten zu ersetzen durch eine bewegliche Gummidichtung (Abb. 103), wie sie auch bei den Hubtoren des Hebewerkes bei Henrichenburg verwendet ist. Durch die Öffnung a dringt das Druckwasser des Oberwassers und preßt die Gummidichtung dichtschließend an die Gleitfläche. Die tiefste Stellung des Schützes wird zur Vermeidung seines Festklemmens durch zwei unter dem unteren Abschlußrahmen angebrachte Puffer begrenzt.

Der Zugwiderstand beträgt nach Brennecke etwa

$$Z \geq 1000 \cdot h\left[F \frac{t}{R} + \mu f\right] + G + g\left[\frac{\mu_1 r}{R} + \frac{1}{2}\right].$$

Das letzte Glied ergibt sich aus der Stoneyschen Rollenleiter, deren Gewicht gleich g ist. Ist die Leiter durch Gegengewichte ausgeglichen, so fällt das Glied fort.

Es sei noch bemerkt, daß die Leiter bei der Bewegung nur den halben Weg des Schützes zurücklegt. Zur sicheren Führung des Schützes ist sie deshalb entsprechend nach oben zu verlängern.

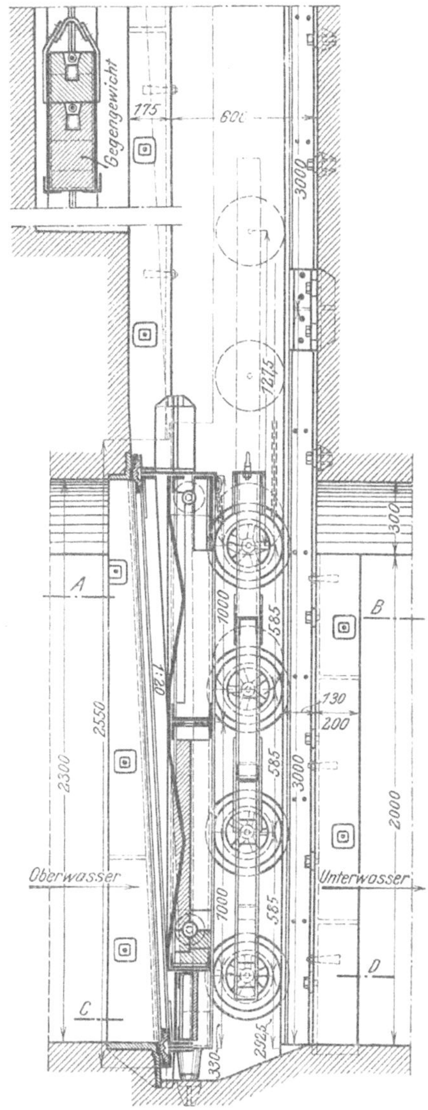

Abb. 103a. Querschnitt.

Vollkommener wird die Keilform, wenn sie parallel zur Richtung des Wasserdrucks liegt, da alsdann bei geschlossenem Schütz der Wasserdruck nur von den Rädern aufgenommen wird, die Dichtungsflächen aber druckfrei bleiben. Die erste Anwendung rührt von Tolkmitt her und ist an der Woltersdorfer Schleuse erfolgt. Abb. 104 S. 156 zeigt eine neuere Ausführung eines solchen „Rollkeilschützes". Die Schütztafel ist in der Ansicht trapezförmig ausgebildet und die schrägen Seitenflächen mit einer sorgfältig behobelten Leiste aus Stahl oder Rotguß versehen. Die Schützöffnung hat einen gleichgeformten Rahmen aus Guß- oder Schmiedeeisen erhalten, der ebenfalls mit behobelten Leisten aus Rotguß versehen ist. Beide Teile, Schütz und Rahmen, müssen genau ineinanderpassen. Die Neigung der Seitenflächen ist hinreichend groß zu wählen (etwa 1 : 20 bis 1 : 30), damit sich das Schütz nicht festklemmt. Unten setzt sich das Schütz dichtschließend auf eine eiserne Schwelle auf. Um auch bei späterer Abnutzung der Seitendichtungen einen jederzeitigen dichten Schluß zu erzielen, empfiehlt es sich, den unteren Rand des Schützes mit einem beweglichen Winkeleisen zu säumen oder keilförmige Anschläge anzuordnen. Ein dem letzteren ähnlicher Anschlag bewirkt die obere Abdichtung des Schützes. Das Schützgewicht ist

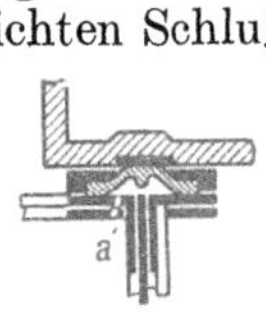

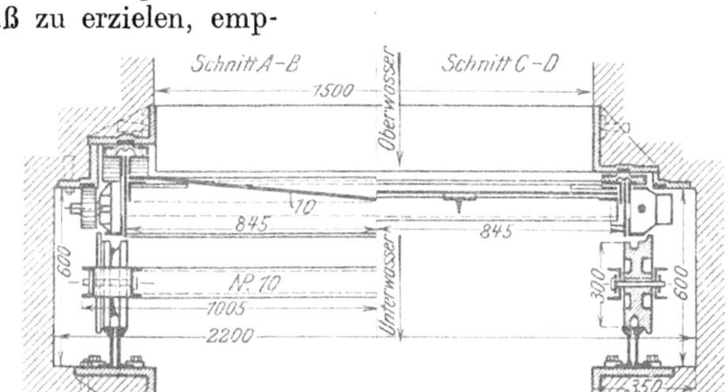

Abb. 103b. Schnitte.

Abb. 103. Rollkeilschütz nach Preiß und Schneuzer.

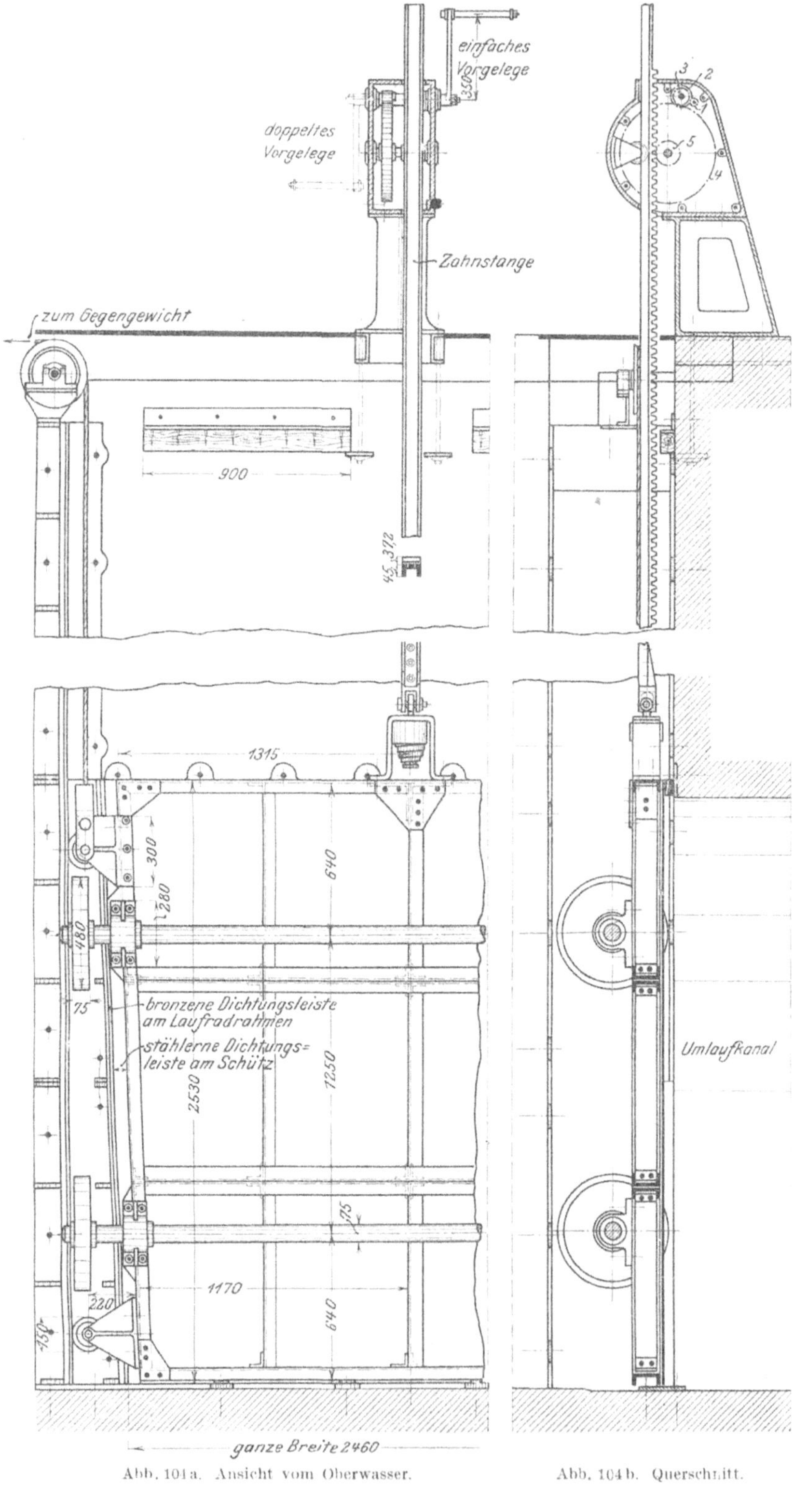

Abb. 104 a. Ansicht vom Oberwasser.

Abb. 104 b. Querschnitt.

Abb. 104. Rollkeilschütz der Schleuse bei Rathenow.

durch Gegengewichte ausgeglichen. Die Bewegung erfolgt durch Zahnstange und Triebwerk mittels Handkurbel. Um eine seitliche Bewegung des Schützes zu verhüten, sind seitliche Führungsrollen vorgesehen.

Rollkeilschützen und Rollschützen sind empfindlich im Wasser, das viel sandhaltigen Schlick führt, da die bewegten Teile sich schnell abnützen und das Schütz sich alsdann festklemmt.

b) Drehschützen. Ist das Freilegen der ganzen Durchflußöffnung in möglichst kurzer Zeit erwünscht, so ist die Verwendung von Drehschützen am Platze. Sie sind einfach in der Konstruktion, leicht in der Bedienung und billig in der Herstellung. Man unterscheidet Drehschützen mit senkrechter und solche mit wagerechter Drehachse. Erstere werden hauptsächlich in Umläufen,

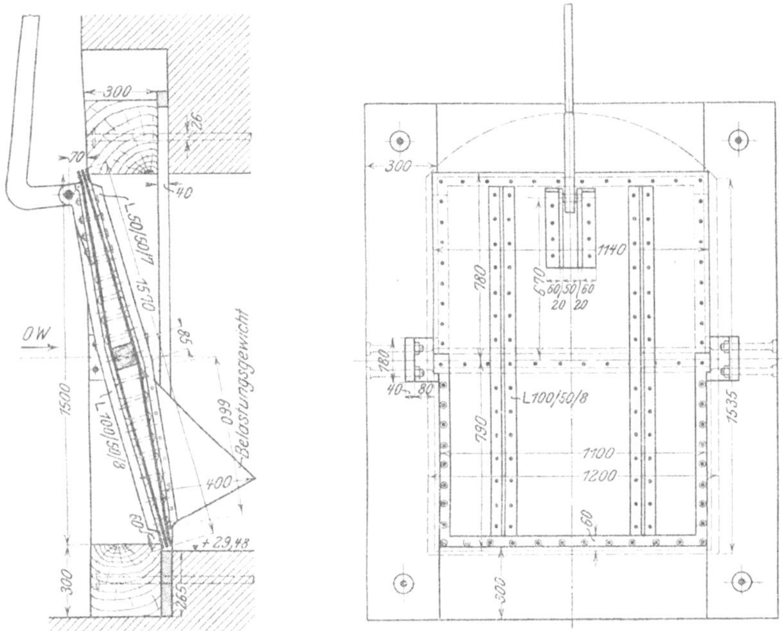

Abb. 105 a. Querschnitt. Abb. 105 b. Ansicht.

Abb. 105. Drehschütz an den Schleusen des Oder-Spree-Kanales.

letztere fast stets in Toröffnungen angewendet. Die Bauart beider ist die gleiche. Das Schütz besteht nach Abb. 105 aus einer der statischen Beanspruchung entsprechend ausgebildeten eisernen Tafel, welche in einem Rahmen um eine wagerechte Achse drehbar ist. Die Achse teilt das Schütz meistens in zwei ungleiche Teile, etwa im Verhältnis 4 : 5. In Abb. 105 sind dagegen beide Teile gleich groß. Es muß deshalb die untere nach dem Unterwasser liegende Hälfte durch ein Gewicht belastet werden, um den dichten Schluß herbeizuführen. Der Schützrahmen kann aus Holz und Eisen bestehen (Abb. 139 S. 187).

Da die untere Hälfte der Tafel keine Widerlager erhalten kann, so ist der Wasserdruck bemüht, sie abzubiegen. Drehschützen werden daher bei hohem Wasserüberdruck, großen Öffnungen und bei der Forderung nach großer Dichtigkeit am besten nicht angewendet.

Am Oder-Spree-Kanal sind sie überall dort, wo obige Forderungen zutreffen, durch andere Verschlüsse ersetzt worden. In Abb. 146 S. 192 sind die s. Zt. an der alten Schleuse bei Wernsdorf vorhandenen Klappschützen im Oberhaupt der Schleuse dargestellt. Durch einfache, von einem Mann bediente Winkelhebel wurde je ein Schütz bewegt.

Das geöffnete Schütz muß dem durchströmenden Wasser möglichst wenig Widerstand leisten, mithin dem Wasser entgegen spitz gebaut sein und bei voller Öffnung parallel zur Richtung des fließenden Wassers liegen. Die Kraft zum Öffnen des Schützes ergibt sich aus dem Moment der an der Schütztafel angreifenden Kräfte, bezogen auf die Drehachse, einschl. der Zapfenwiderstände.

Es ist $M = D\left(e + \frac{c}{2} + \mu_1 \frac{d}{2}\right)$, worin $D = \gamma\, a\, b\, h$ den Druck des ruhenden Wassers auf die geschlossene ganze Klappe von der Breite a und der Höhe b bei einem Gefälle h, e die Größe der Exzentrizität der Drehachse (und zwar abdichtend wirkend), c die Anschlagsbreite der Tafel, d den Zapfendurchmesser, γ = Gewicht von 1 cbm Wasser = 1000 kg und μ_1 den Beiwert bedeuten.

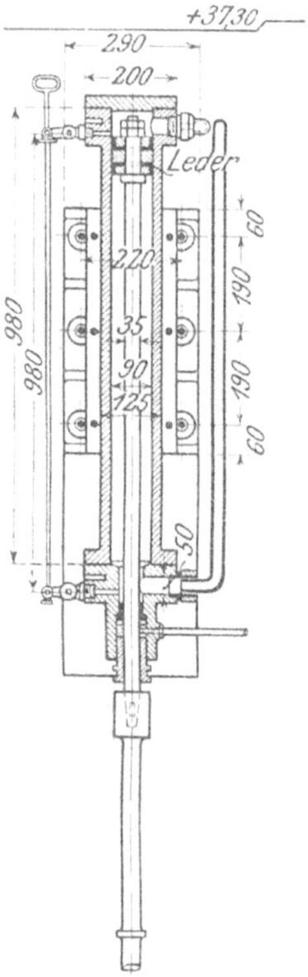

Abb. 106. Druckwasserzylinder für den Antrieb eines Drehschützes.

Am Hebel kann man die Arbeitskraft eines Arbeiters zu 30, von zweien zu 55 bis 60 kg ansetzen und das Übersetzungsverhältnis zu 1 : 10 annehmen.

Während der Drehung des Schützes treten die Widerstände des fließenden Wassers auf. Lieckfeldt gibt das aus ihnen entstehende Moment in der Z. f. B. 1892 an zu

$$M_w = 0{,}9\, D\, (0{,}075\, b + e + 0{,}15\, d).$$

Neben dem Winkelhebel kommen zum Bewegen der Drehschütze Zugketten, welche am oberen und unteren Ende der Schütztafel angreifen und mittels Rollenführung über eine Kettentrommel geführt werden, sowie hydraulischer Antrieb (Druckzylinder und Gestänge, Abb. 106) zur Anwendung. Bei Drehschützen mit senkrechter Achse wird die Bewegung zweckmäßiger durch Kegelradübersetzung und Kurbel bewerkstelligt.

c) Offene und geschlossene Zylinderschützen. Das offene Zylinderschütz besteht nach Abb. 107 in der Hauptsache aus einem schmiedeeisernen, durch innere Querwände oder Winkeleisenrahmen gut versteiften Blechzylinder, der mindestens bis zu dem zu haltenden Wasserspiegel reichen muß. Der Querschnitt errechnet sich aus dem Querschnitt des Umlaufkanals, die Wandstärke des Blechmantels aus dem Wasserdruck. Letztere wird gering ausfallen, da bei der Kreisform nur Ringspannungen auftreten. Der Zylinder sitzt mittels eines außenliegenden Wulsteisens auf einem vermauerten guß- oder schmiedeeisernen Kranz von gleicher lichter Weite. Beide Sitzflächen müssen gut abgedreht und ineinander gepaßt sein, um einen dichten Schluß zu erzielen. Häufig ist der Schützsitz (Kranz) trichterartig geformt, entsprechend dem zusammengezogenen Wasserstrahl, so daß die lichte Weite des Abflußkanals voll ausgenutzt wird. Der Sitz muß ferner so tief wie möglich angeordnet werden, um das Mitreißen großer Luftmengen zu verhüten. Die günstigste Höhenlage ist etwa 0,50—1,00 m unter dem Unterwasser. Häufig wird sich dies aus örtlichen Verhältnissen nicht ermöglichen lassen — z. B. in Rücksicht auf die Höhenlage der Sohle im Oberwasser oder auf das Gefälle der Schleuse, so daß bei sehr tiefer Lage des Sitzes sehr hohe und teuere Schützen erforderlich würden; es ist dann eine diesen Verhältnissen angepaßte tiefste Lage zu wählen. Das Gewicht des Schützes wird bis auf ein geringes, zum dichten Aufsitzen erforderliches Übergewicht durch Gegengewichte ausgeglichen. Beim Anheben senkt sich das

Gegengewicht im Innenraum des Zylinders. Das beim Öffnen des Schützes durchströmende Wasser ist infolge seiner Wirbelbewegung bemüht, das Schütz zu drehen. Diesem Bestreben wirken Rollenführungen, am zweckmäßigsten je drei in einer Ebene, am oberen Rande und in der Nähe des Sitzes entgegen. Die Rollen sind entweder am Schütz befestigt und laufen auf Schienen, die im Mauerwerk gelagert sind, oder sie sind am Mauerwerk befestigt und führen das Schütz mittels Schienen, die am Schütz angebracht sind. Letztere Anordnung hat sich in der Ausführung am besten bewährt. Die Bewegung des Schützes geschieht durch Spindelantrieb, durch Ketten und Windetrommel oder durch eine in der Mitte des Zylindermantels befestigte Zahnstange mit Zahntrieb und Kurbel. Auf gute Zuführung des Wassers durch hinreichende Abrundung der Ecken ist Wert zu legen, um die ziemlich erheblichen Druckhöhenverluste zu vermindern, welche durch die zweimalige Änderung der Richtung des Wassers auftreten. Es sind auch die Aussparungen um das Schütz in Höhe des Zuleitungskanals reichlich zu wählen, um dem Wasser möglichst von allen Seiten einen ungehinderten Eintritt in den Schacht des Abführungskanals zu gewähren. Dennoch wird in dem dem Zuleitungskanal gegenüberliegenden Winkel der Aussparung infolge des Zusammenstoßes der von zwei Seiten zusammenströmenden Wasserfäden ein toter Raum nicht zu vermeiden sein, so daß der Abflußbeiwert μ für Zylinderschützen nicht zu hoch anzusetzen sein wird (etwa nur $\mu = 0{,}50$ bis $0{,}55$).

Das offene Zylinderschütz findet seine Hauptverwendung in den Umläufen der Oberhäupter sowie zum Verschluß der Verbindungskanäle zwischen Schleuse und Sparbecken bei Schleusen von mittlerem Gefälle.

Am Unterhaupt wird für gewöhnlich der Mantel des Schützes zu hoch, daher dieses zu teuer und unhandlich.

Vorzüge des Schützes sind leichte Beweglichkeit, gute Dichtung, geringer

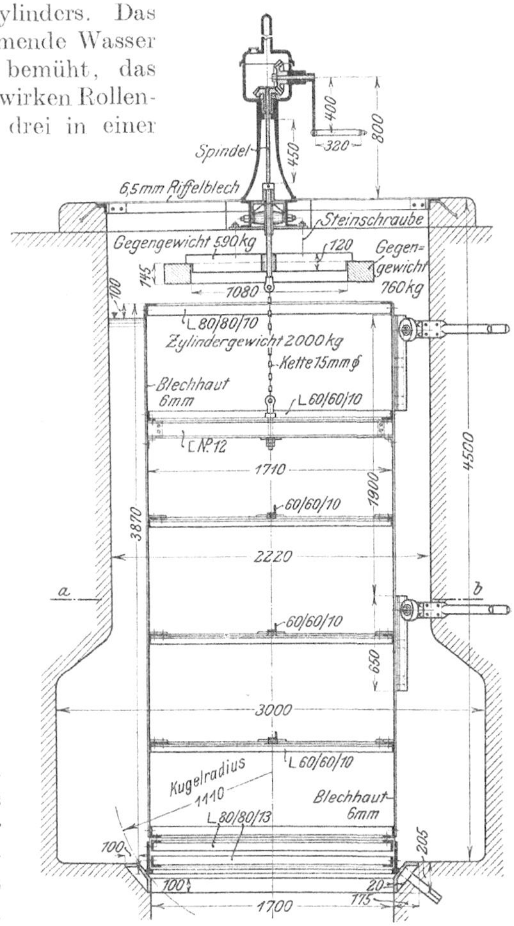

Abb. 107 a. Querschnitt.

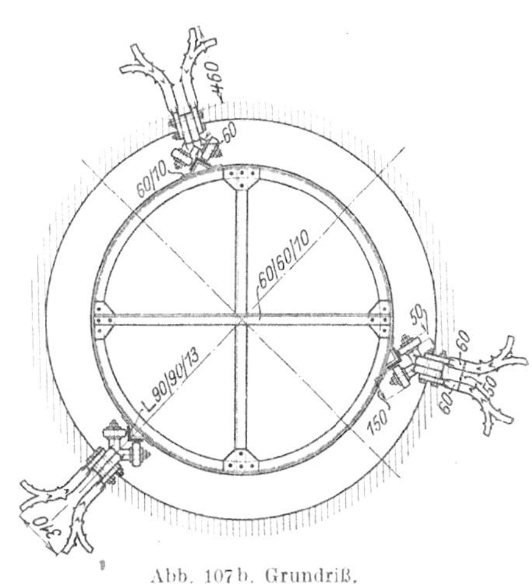

Abb. 107 b. Grundriß.

Abb. 107. Offenes Zylinderschütz an den Schleusen des Oder-Spree-Kanales.

Hub und schnelles Freilegen der Öffnung sowie gefahrloses Schließen auch bei strömendem Wasser, ferner einfache und sichere Bauart und geringe Abnutzung. Zu seiner Bewegung ist nur eine geringe Kraft erforderlich, da nur die niedrige Reibung des Wassers an dem Zylinderkörper und das zum dichten Schluß er-

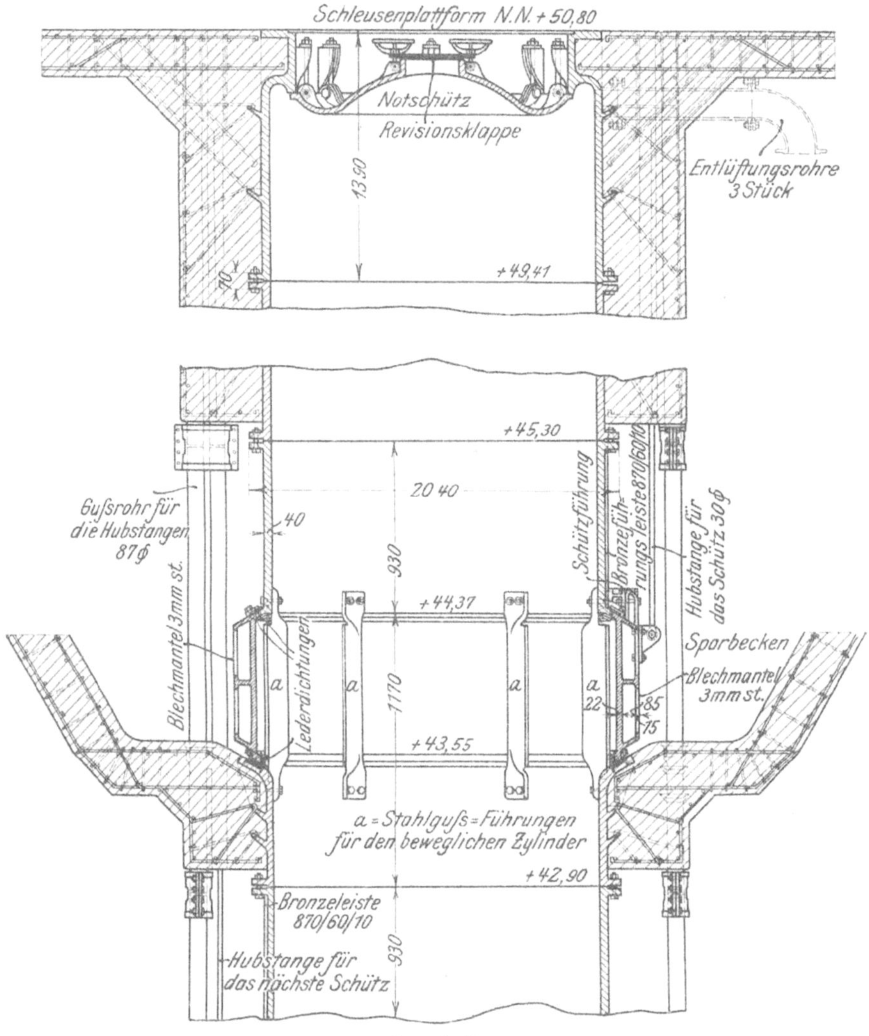

Querschnitt.

Abb. 108. Offenes verkürztes Zylinderschütz der Sparbecken der Mindener Schachtschleuse.

forderliche kleine Übergewicht zu überwinden ist. Der Hub kann sich in geringen Grenzen halten — etwa 50—60 cm —, da der Umfang der Durchströmungsöffnung groß ist.

Schleusen mit größerem Gefälle, Schacht- und Speicherschleusen erfordern für offene Zylinderschützen sehr hohe Zylindermäntel, da sie vom jeweiligen Sitz des Schützes bis über Oberwasser reichen müssen, um ein Überfließen des Wassers zu verhüten. Sie würden somit unhandlich und teuer werden. Um diese Übelstände zu vermindern, wendet man offene verkürzte Zylinderschützen an. Die Abb. 108 und 109 geben einen solchen Verschluß für die

Schachtschleuse bei Minden (Weserabstieg des Mittellandkanals) wieder, und zwar Abb. 108 ein Gesamtbild des Verschlusses, Abb. 109 die Einzelheiten des Schützes. Das gußeiserne Schütz ist so niedrig wie möglich gehalten und umschließt den feststehenden, ebenfalls aus Gußeisen bestehenden Teil des Schachtes. Die obere Führung des Schützes findet auf Bronzeleisten am festen Mantel, die untere an Leisten statt, welche in der Öffnung stehen. Die Hubstangen sind außen angebracht, so daß der Schacht frei von eingebauten Teilen bleibt und dem Wasser ungehinderten Durchfluß gewährt. Die obere und untere Dichtung muß nach beiden Seiten abdichten und besteht aus je 2 Leder- bzw. Gummistreifen, welche oben die Fuge decken und unten sich gegen eine bronzene Arbeitsleiste legen. In Höhe der Plattform ist der Schacht durch eine Stahlgußplatte verschlossen, aber mit Entlüftungsrohren versehen, um der beim Schleusen entstehenden Preßluft Gelegenheit zum Entweichen zu geben, ohne ein Hochspritzen des Wassers über die Plattform herbeizuführen.

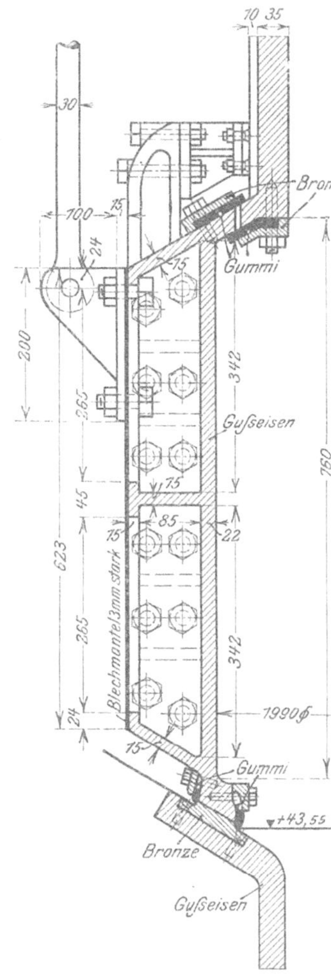

Abb. 109. Einzelheiten des offenen verkürzten Zylinderschützes der Abb. 108.

Verkürzt man auch den oberen festen Teil der vorbeschriebenen Zylinderschützen und versieht ihn mit einem dichten Deckel, so entstehen die niedrigen oder geschlossenen Zylinderschützen. Ihre erste Anwendung fanden sie an den Schleusen des St. Denis-Kanals. Weitere Ausführungen finden sich an der alten Schleuse zu Brieg und neuerdings an den Schleusen des Panamakanals. Abb. 110 S. 162 zeigt den Verschluß im Querschnitt. Der obere feste Teil besteht aus einem mit dem Mauerwerk verankerten gußeisernen Deckel, der in der Mitte zur Durchleitung der in einem Rohre geführten Bewegungsstange durchbrochen ist, und aus dem mit ihm durch Bolzen fest verbundenen eisernen oberen Mantel. Letzterer ist durch gußeiserne Stützen mit dem eisernen Schützsitz verbunden. Diese Stützen dienen dem beweglichen gußstählernen Mantel m zugleich zur Führung. Eine weitere Führung hat dieser bewegliche Teil im oberen festen Mantel erhalten. Die Dichtung zwischen festem und beweglichem Teil bei a erfolgt durch Leder, die am Sitz durch genaue Einpassung der Flächen. Da das Schütz gegen äußeren und inneren Überdruck abdichten muß, ist die Lederdichtung bei a doppelt, d. h. oben und unten.

Die niedrigen Zylinderschützen haben den Nachteil, daß bei schnellem Schließen die im Strömen plötzlich unterbrochene Wassermenge einen Stoß gegen den Deckel ausübt, der unter Umständen zur Zerstörung des Abschlusses führen kann. Es ist deshalb auf die Verwendung besten Materials bei der Herstellung zu sehen.

d) Segmentschützen. Segmentschützen sind in neuerer Zeit vielfach bei der Kanalisierung des Moldau- und Elbeflusses in Böhmen und der oberen Oder in den Umlaufkanälen der Unterhäupter zur Ausführung gekommen. Der eigentliche Verschlußkörper hat (Abb. 111 S. 163) einen segmentförmigen Querschnitt und ist um einen rückwärts gelegenen Drehpunkt bewegbar, mit dem er durch feste Arme verbunden ist. Die Dichtung an den Seitenwänden erfolgt durch besondere Dichtungsleisten, welche am Mauerwerk in einem über den Schützrand vortretenden gußeisernen Rahmen und am Wehrkörper befestigt sind und genau ineinander passen müssen. Diese Dichtungsleisten werden, um einen dichten Schluß zu erzielen, wie bei den Rollkeilschützen auch keilförmig ausgebildet oder mit einer Lederdichtung versehen. In der Sohle setzt sich das

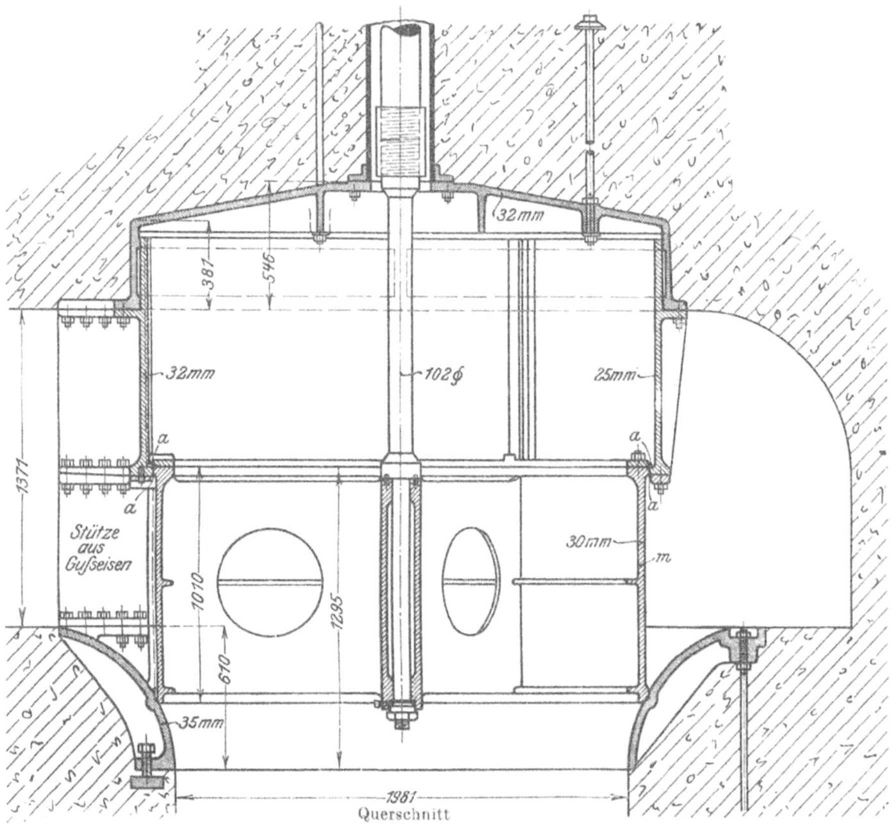

Abb. 110. Geschlossenes Zylinderschütz der Schleusen des Panamakanales.

Schütz auf eine dort befestigte Dichtungsleiste auf. Das Öffnen der Schützen erfolgt durch Ketten mittels Windewerkes, das Schließen durch das eigene Gewicht.

Die keilförmige Ausbildung der Dichtungsleisten erfordert eine äußerst saubere Arbeit und Aufstellung.

Durch Anordnung von Gegengewichten kann die Antriebskraft für die Bewegung der Segmentschützen auf ein Geringstes herabgesetzt werden, so daß das Schütz, da dann nur Reibungswiderstände in den Drehachsen zu überwinden sind, allen Ansprüchen auf Dichtigkeit und leichte Beweglichkeit, selbst bei hohem Druck und in strömendem Wasser genügen kann. Ein weiterer Vorzug ist die schnelle Freilegung der Öffnung. Das Segmentschütz in der Hořiner Schleuse (vgl. Jahresberichte der Kommission für die Moldau- und Elbe-Kanalisierung), welches von der Fabrik von Prášil & Co. in Prag-Lieben gefertigt ist, erfordert bei elektrischem Antrieb je 30 Sekunden zum Öffnen und Schließen. Die Bewegung erfolgt bei voller Strömung ohne Schwierigkeiten bei einem Schleusengefälle von 8,9 m. Ein Nachteil ist, daß das Schütz infolge seiner

Bauart größere Mauerausparungen und dadurch unter Umständen Verstärkungen der Kammermauern an diesen Stellen erfordert.

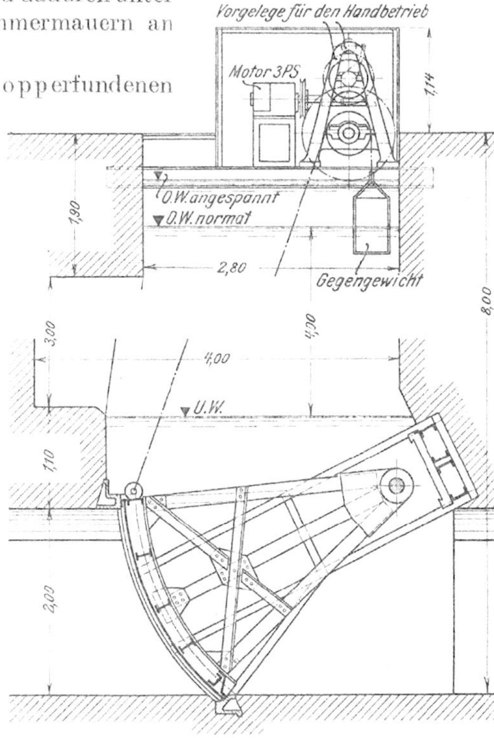

Abb. 111. Querschnitt eines Segmentschützes nebst Antriebsvorrichtung.

e) Heberverschlüsse. Die von Hotopp erfundenen Heberverschlüsse zeichnen sich vor allen übrigen Verschlüssen dadurch aus, daß sie in ihrer Bedienung äußerst einfach sind, jeder beweglichen Teile entbehren, daher geringer Unterhaltung bedürfen und vollständig wasserdicht sind. Angewandt wurden sie zuerst an den Schleusen des Elbe-Trave-Kanals. Später sind die Umläufe der Schleuse bei Klein-Machnow am Teltow-Kanal sowie die der zweiten Schleusen des Oder-Spree-Kanales am Ober- und Unterhaupt mit Heberverschlüssen versehen worden (Abb. 42a S. 116).

Der Überfallrücken der Heber liegt zweckmäßig 20—30 cm über dem Oberwasser, um ein Abfließen des Oberwassers bzw. ein selbsttätiges Ansaugen der Heber zu verhüten. Hotopp hatte die Heber vollständig aus schmiedeeisernen Rohren hergestellt, welche am Oberhaupt vom Ober- bis zum Unterwasserspiegel und am Unterhaupt auf beiden Seiten bis zum Unterwasserspiegel reichen, um eine möglichst große Luftdichtigkeit des Hebers zu erhalten. Bei den Schleusen am Oder-Spree-Kanal ist nur die obere Kappe der Heber bis etwa 1 m unter Oberwasser aus Eisen hergestellt. Der übrige Teil ist im Mauerwerk ausgespart (Abb. 112). Man erspart hierdurch an Kosten sowohl in der Herstellung wie auch in der einfacheren Aufstellung der Heber. Auch kann man die Heber in der Fabrik vollständig fertigstellen und gut dichten. Eine gute Verankerung der Kappen mit dem Mauerwerk ist selbstverständlich. Die Heber haben sich bei sorgfältiger Ausführung des Betonmauerwerks als gut dicht erwiesen, so daß man schließlich, ohne die Wirkung zu beeinträchtigen, auch die obere Kappe hätte aus Mauerwerk ausführen können.

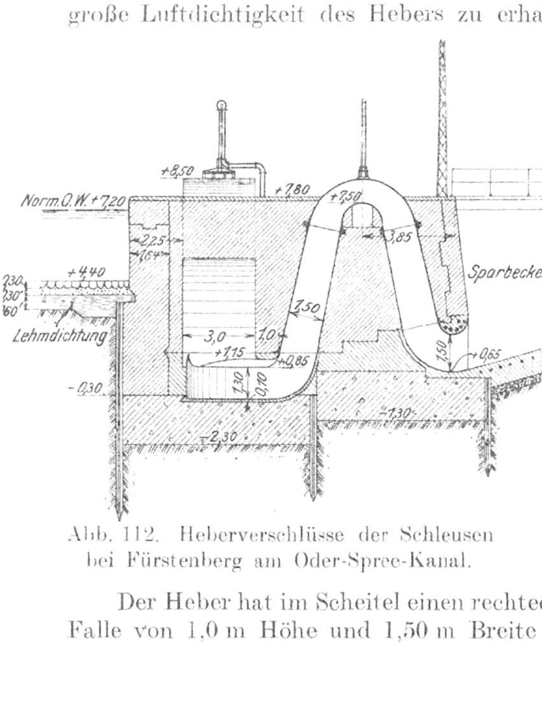

Abb. 112. Heberverschlüsse der Schleusen bei Fürstenberg am Oder-Spree-Kanal.

Der Heber hat im Scheitel einen rechteckigen Querschnitt — im vorliegenden Falle von 1,0 m Höhe und 1,50 m Breite gegenüber einem Umlaufquerschnitt von etwa 2,25 qm — also etwa das 0,7fache des Umlaufquerschnittes. Er erweitert sich dann nach den Schenkeln zu und geht allmählich in den Umlaufquerschnitt über. Die Einengung im Scheitel führt eine Vergrößerung der Durchflußgeschwindigkeit und somit eine bessere Saugwirkung herbei. Auch der Durchflußbeiwert wird günstiger und kann etwa zu 0,87 angenommen werden. Um das Laufen der Heber jederzeit abstellen zu können, befinden sich in ihrem Scheitel Belüftungsklappen, die von Hand bedient werden können. Außerdem sind die Heber durch Mannlöcher besteigbar.

Zur Betätigung der Heber, d. h. zum Ansaugen des Wassers über den Heberrücken dient eine Saug- oder Luftglocke. Sie ist von Hotopp aus Eisen hergestellt und in einer Aussparung der Schleusenmauer gelagert, während sie in Wernsdorf nach Abb. 42a und b S. 116 am Unterhaupt aus dem Mauerwerk ausgespart ist. Ihre Dichtung erfolgte durch Einreiben der angefeuchteten Betonwände mit Zementmörtel 1 : 1. Die Oberkante der Saugglocke liegt in Oberwasserhöhe, um sie bequem aus dem Oberwasser speisen zu können. Ihre Unterkante muß über dem Unterwasser liegen, und zwar so hoch, daß zum Ansaugen der Heber sich in der Saugglocke der erforderliche Unterdruck bilden kann. Um die Saugglocke genügend ausnützen zu können, ohne sie zu oft mit Wasser auffüllen zu müssen, muß sie eine möglichst große Grundfläche und eine möglichst hohe Lage über Unterwasser erhalten. Die Füllung der Glocke erfolgt aus dem Oberwasser, mit dem sie durch eine verschließbare Rohrleitung verbunden ist. Mit dem Unterwasser steht die Glocke durch ein möglichst weites Abflußrohr in Verbindung, das durch eine Abschlußvorrichtung — Zylinderschütz oder dergl. — ebenfalls abzuschließen ist. Durch ein Mannloch ist die Saugglocke begehbar. Mit den Hebern ist sie durch Rohrleitungen — gußeiserne Muffenrohre von 80—100 mm Durchmesser — verbunden, welche im Maschinenhause in einer Steuervorrichtung zusammenlaufen.

Der Betrieb der Heber gestaltet sich wie folgt. Die Saugglocke S wird zunächst aus dem Oberwasser mit Wasser gefüllt, indem der Schieber a (Abb. 113) geöffnet, das Zylinderschütz b geschlossen wird. Das Entweichen von Preßluft aus der Saugglocke beim Füllen geschieht selbsttätig durch ein in die Decke eingebautes Gewichtsventil. Ist die Glocke gefüllt, so wird der Schieber a geschlossen und das Schütz b geöffnet. Das Wasser in der Saugglocke fällt jetzt nach dem Unterwasser und erzeugt dadurch in der Saugglocke einen Unterdruck, der einschließlich des Gewichts der hängenden Wassersäule gleich dem atmosphärischen Außendruck p ist. Die Saugglocke ist betriebsfertig. Soll nun z. B. die Schleuse durch den Heber am Oberhaupt gefüllt werden, so wird die Saugglocke durch die Rohrleitungen r und r_1 vermittelst des Hahnes H mit den Oberhebern verbunden. Es entsteht ein Austausch bzw. eine Änderung der Spannungen in den Heberräumen und der Saugglocke, der bewirkt, daß der Wasserspiegel in der Saugglocke sinkt, während sich der Oberwasserspiegel im Oberheber hebt. Dieser Vorgang wird durch Umstellen des Hahnes H unterbrochen, sobald das Wasser in den Oberhebern so weit gestiegen ist, daß es den Rücken der Oberheber in genügender Menge überströmt. Der Heber saugt sich allmählich aus eigener Kraft vollständig an, die Schleuse füllt sich. Ähnlich erfolgt die Entleerung der Schleuse durch den Unterheber mit Hilfe der Rohrleitungen r und r_2. Zu beachten ist, daß die Heber, welche nicht in Tätigkeit sind, zu belüften sind, um ihr selbsttätiges Mitlaufen zu vermeiden. Die Einrichtung des Steuerhahnes für den Betrieb einer Schleuse mit zwei Ober- und zwei Unterhebern zeigt Abb. 114 schematisch. Es ist ein Vierwegehahn, der aus einem Rotguß-

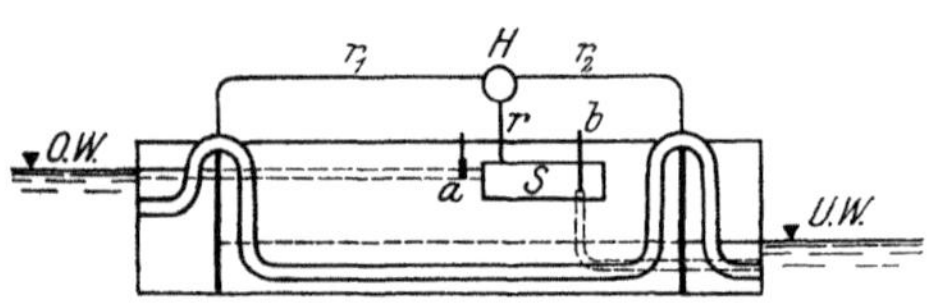

Abb. 113.

küken H und einem gußeisernen Gehäuse mit drei anschließenden Saugleitungen besteht, je eine nach der Saugglocke, den Ober- und den Unterhebern. Die Verbindung mit der Luft zur selbsttätigen Belüftung der Heber bewirkt ein Ausschnitt a in der Vorderfläche des Hahnes. Um zu verhüten, daß bei entsprechender Hahnstellung in die betriebsfertige Saugglocke durch a Luft eindringt und das Wasser in der Saugglocke absinkt, ist vor dem Küken

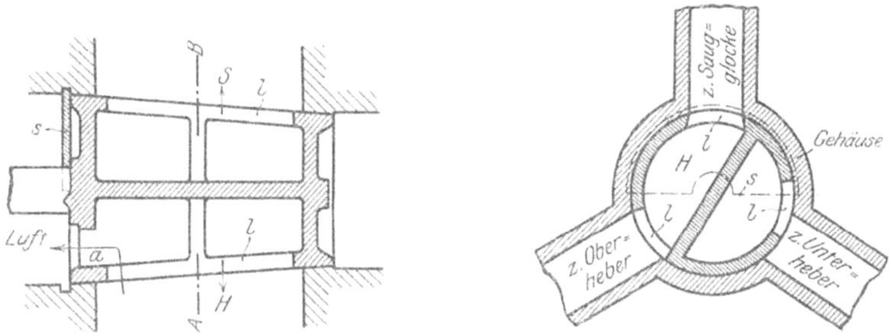

Abb. 114 a. Längenschnitt. Abb. 114 b. Schnitt A–B.

Abb. 114. Steuerhahn für Hotoppsche Heber.

eine mit dem Hahngehäuse verbundene Scheibe s angebracht, die durch den Luftdruck an das Küken angepreßt wird und den Ausschnitt a abschließt. Im Betriebe hat sich herausgestellt, daß bei größerem Gefälle der zum Entleeren der Schleuse tätig gewesene Unterheber vermöge der in ihm hängenden Wassersäule die Oberheber zum Füllen der Schleuse unmittelbar — also unter Ausschaltung der Saugglocke — ansaugt, und daß die Saugglocke sich durch das stets geöffnete Zylinderschütz aus dem Unterwasser wieder füllt. Nur nach längeren Betriebspausen muß die Saugglocke aus dem Oberwasser gefüllt werden.

Die Berechnung des Querschnittes der Saugglocke erfolgt nach dem Mariotteschen Gesetz. Eingehende Formelentwicklung unter Berücksichtigung der Erwärmung der Luft findet sich in der Dissertation von Havestadt: Über die Verwendung von Heberverschlüssen bei Kammerschleusen. Berlin 1908. Gewöhnlich kann man die Temperatureinflüsse vernachlässigen. Ferner kann man annehmen, daß ein Heben des Wassers um 50—60 cm über den Heberrücken ausreichend ist, um den Heber zum Laufen zu bringen. Das Mariottesche Gesetz lautet dann $p : p_1 = v_1 : v$, d. h. die Drücke verhalten sich umgekehrt wie die Räume. Bezeichnet (Abb. 115) v den Rauminhalt des Hebers zwischen den Wasserspiegeln einschließlich der Saugleitungen vor dem Ansaugen, v_1 desgl. nach dem Ansaugen, v_2 den Rauminhalt der nicht vom Wasser gefüllten Saugglocke bei dem Wasserstande x_2 vor dem Ansaugen, v_3 desgl. nachher bei dem Wasserstande x_3, p den Atmosphärendruck, p_1 p_2 und p_3 die entsprechenden Unterdrücke bei den Höhen x_1, x_2, x_3, so lautet die Zustandsgleichung für den Fall, daß die Verbindung zwischen Glocke und Heber nach genügendem Ansaugen bis x_1 sofort wieder abgesperrt wird:

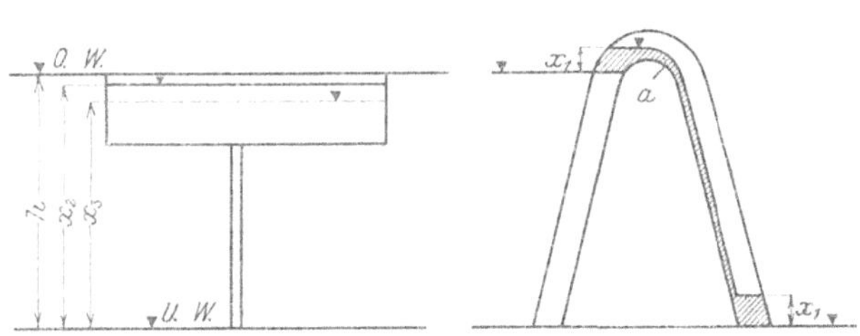

Abb. 115.

$$p\,v + p_2\,v_2 = p_1\,v_1 + p_3\,v_3.$$

In dieser Gleichung sind v_3 und p_3 unbekannt. p_3 ist aber in seinen Grenzen bestimmt durch den Höhenunterschied zwischen Ober- und Unterwasser sowie durch die hängende Wassersäule des zuletzt betätigten Hebers. Nimmt man p_3 danach an, so kann v_3 leicht berechnet werden. Ist dagegen der Saugglockenquerschnitt irgendwie gegeben, so kann man die erforderliche Höhenlage der Saugglocke über Unterwasser bestimmen.

Die Glocke in Wernsdorf hat einen Querschnitt von 12 qm erhalten.

Für einfache Schleusen mit wenig schwankendem Oberwasser sowie für Anlagen, bei denen Wasserersparnis in Frage steht, wird sich der Heberbetrieb wegen der eingangs erwähnten Vorteile stets empfehlen. Die ausgebaute Steuervorrichtung in Wernsdorf erfordert für jede Doppelschleusung nur fünf kleine Bewegungen am Steuerhahn im Maschinenhause. Alles andere geschieht selbsttätig. Es bedarf also zur Wartung keines besonders geschulten Personals. Auch die Kosten sind gering gegenüber anderen Verschlüssen. So hat z. B. die ganze Heberanlage nebst Zubehör in Wernsdorf etwa 17 000 M. gekostet, während eine entsprechende Schützenanlage etwa 19 500 M. erfordert hätte, abgesehen von den Unterhaltungs- und Betriebskosten. Dagegen wird die Anlage verwickelter, für den Schleusenbetrieb ungeeigneter und auch teurer, sowie Sparanlagen in Frage kommen. Es vermehren sich die Steuerhähne, die zur Schleusung erforderlichen Bewegungen am Handrade nehmen stark zu, die großen Saugglocken erfordern hohe Kosten, und die ganze Anlage wird unübersichtlicher. Ohne genaue Stellungstafeln, Unterdruckmesser und Pegelstandsanzeiger ist ein derartiger Betrieb sachgemäß nicht auszuführen. Von Havestadt ist versucht, diese Übelstände durch eine schwimmende Saugglocke zu mildern.

Erwähnt sei noch, daß bei ganz geringem Gefälle sowie bei Gefällen über 7 bis 8 m Heberbetrieb untunlich bzw. nicht anwendbar ist.

f) Verschlußvorrichtung nach Nyholm. An der Schleuse bei Hemelingen (Bremen) erfolgt die Bewegung der Schützen nach dem System Nyholm unter Ausnutzung des vorhandenen Schleusengefälles. Abb. 116 zeigt die Bewegungsvorrichtung eines Schützes. Das Schütz ist durch Kette oder dgl. mit einer Platte verbunden, welche in einem Schacht lose aufgehängt ist. Der Schacht steht mit dem Ober- und dem Unterwasser in Verbindung. Die Verbindung nach dem Unterwasser kann durch einen Dreiwegehahn abgesperrt werden. Der Betrieb ist folgender. Hat der Hahn die Stellung der Abb. 116, dann fließt das Wasser in dem Schacht unter der Platte nach dem Unterwasser ab, während das Oberwasser in dem übrigen Teil des Raumes durch die Hahnstellung am Abfließen verhindert ist. Die Platte erhält mithin Druck von der Höhe H und senkt sich allmählich, hierbei das Schütz öffnend. Erhält der Hahn die punktierte Stellung, so tritt das Oberwasser unter die Platte, und diese hebt sich unter dem Eigengewichte des Schützes. Die Geschwindigkeit der Platte läßt sich durch entsprechende Öffnung des Hahns regeln.

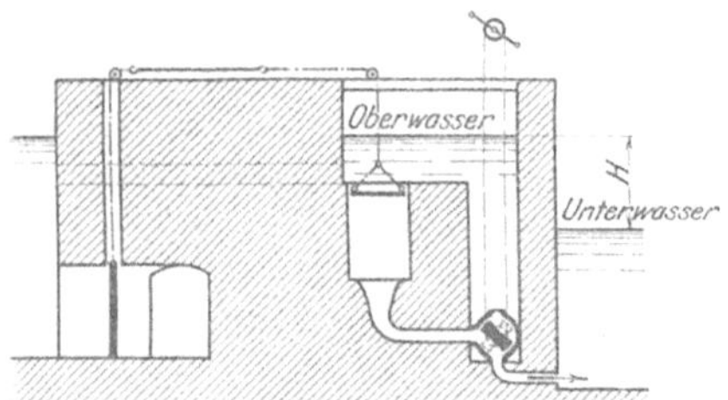

Abb. 116. Verschlußvorrichtung nach Nyholm.

Die Anordnung zeichnet sich durch Einfachheit und Fortfall jeglichen Maschinenantriebes aus. Auch erfordert ihre Bedienung keine großen Kosten. Bei geringem Gefälle empfiehlt sich jedoch ihre Verwendung nicht, da alsdann infolge des geringen Wasserdrucks große Platten zur Bewegung der Schützen erforderlich werden.

D. Schleusentore.

14. Arten, Baustoff und Benennungen.

Man unterscheidet:

1. nach der Zahl der bewegten Teile: Tore mit einem Flügel (einfache Drehtore, Klapptore) und solche mit zwei Flügeln (Stemmtore, zweiflügelige Drehtore und ähnliche),
2. nach der Bewegung: Tore, welche sich um eine senkrechte Achse drehen (Drehtore), und solche, welche sich um eine wagerechte Achse bewegen (Klapptore), ferner Tore mit wagerechter Seitenbewegung (Schiebetore, Pontons) und solche mit senkrechter Bewegung (Hubtore),
3. nach der statischen Wirkung: Tore, welche den Druck durch Stemmwirkung in das Seitenmauerwerk übertragen (Stemmtore), und Tore, welche als Platte den Druck auf das Mauerwerk überleiten (alle übrigen Tore).

Ihre Anwendung hängt ab von den örtlichen Verhältnissen, Größe und Zweck der betreffenden Schleuse und dgl. mehr. Allen Torarten gemeinsam sind folgende zu erfüllende Bedingungen:

1. Standsicherheit bei den ungünstigsten Wasserständen,
2. Zuverlässigkeit in bezug auf den Betrieb,
3. Dichtigkeit des Abschlusses,
4. leichte Beweglichkeit und schnelle Freilegung der Durchfahrtsöffnung.

Nach den örtlichen Umständen kann natürlich die eine oder die andere dieser Bedingungen mehr oder weniger in den Vordergrund treten. In Scheitelhaltungen von Kanälen wird in Rücksicht auf Wasserersparnis großer Wert auf einen dichten und standsicheren Torverschluß gelegt werden. Bei starkem Verkehr wird ein schnelles und leichtes Öffnen erwünscht sein usw.

Die ältesten Verschlußvorrichtungen dürften wohl den Schützen ähnliche Gebilde gewesen sein, d. h. einflügelige oder einteilige Tore, wie Hub-, Schiebetore, einflügelige Drehtore mit senkrechter Drehachse in ihren verschiedensten Formen. Erst mit dem Wachsen der Schleusenbreiten mußte man zu Torarten übergehen, welche sich mit dem vorhandenen Baustoff in den zulässigen Abmessungen herstellen ließen. Dies waren die doppelflügeligen Tore in ihrer Gestalt als Stemmtore. Sie sind seitdem auf lange Zeit das einzige zur Anwendung kommende Schleusentor gewesen und sind erst neuerdings bei den Seeschleusen infolge der stetig wachsenden Abmessungen und der zunehmenden Verwendung des Eisens als Baustoff durch andere Torarten, wie Schiebetore, Schiebepontons, verdrängt.

Über die Eigenschaften der verschiedenen Torarten möge kurz folgendes erwähnt werden. Das Stemmtor besteht aus zwei Flügeln, welche um senkrechte in den Wendenischen liegende Achsen drehbar sind. Infolge ihres stumpfwinkeligen Zusammentreffens an den Stirnflächen in der Achse der Schleuse übertragen sie den auflastenden Wasserdruck durch Stemmwirkung auf das seitliche Schleusenmauerwerk. Der einzelne Flügel erhält ein geringstes Maß an Breite, wird günstig beansprucht, ist leicht in der Herstellung und in der Bewegung. Das niedrige Gewicht der einzelnen Flügel ermöglicht weiterhin eine leichte Aufstellung. Stemmtore haben den großen Vorteil, daß die Durchfahrtsöffnung bei gleichzeitiger Bewegung beider Flügel schnell freigelegt bzw. geschlossen werden kann. Die Führung bei der Bewegung ist durch die Drehachse und den Kraftangriff gesichert. Sie haben dagegen den Nachteil, daß ihre Aufstellung und Gangbarmachung, insbesondere das dichte Einpassen in die Wendenische, sehr sorgfältig auszuführen ist, daß sie gegen Sackungen und Veränderungen des Mauerwerks sehr empfindlich sind, einen sorgfältig herzustellenden Drempel erfordern und schließlich bei Handbetrieb doppelte Mannschaft, bei Maschinenbetrieb doppelte Bewegungsvorrichtungen erhalten müssen. Dadurch leidet ihre Betriebssicherheit; auch werden die Unterhaltungs- und Betriebskosten verteuert. Ferner bedingt die Kraftübertragung auf das Seitenmauerwerk in schräger Richtung starke Widerlagsmauern.

Einflügelige Drehtore kommen selten zur Anwendung. In der Hauptsache findet man sie bei kleinen Schleusen von geringer Durchfahrtsweite, da ihre größere freitragende Länge schwere Konstruktionen erfordert. Sie können bei großen Schleusen unter Umständen von Vorteil sein, wenn sie als Ponton ausgebildet werden, da der erforderlich werdende doppeltwandige Schwimmkörper an sich ein größeres Widerstandsmoment ergibt, als es die statische Beanspruchung verlangt. Ihre allgemeine Form veranschaulicht Abb. 117. Die Ausbildung der Drehachse unterscheidet sich nicht von der der zweiflügeligen Tore, kann jedoch auch nur aus einem oberen Zapfen bestehen und vermeidet dann jegliche Verwendung beweglicher Teile unter Wasser. Drehtore erfordern lange Tornischen, empfehlen sich mithin nur für Außenhäupter.

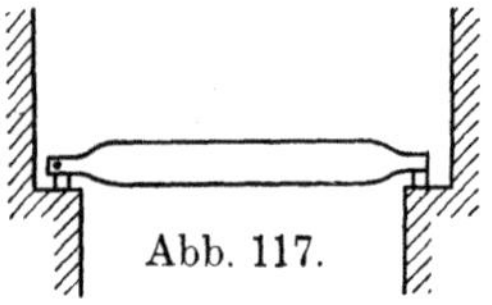
Abb. 117.

Klapptore werden neuerdings vielfach in den Oberhäuptern von Kanalschleusen verwendet. Sie übertragen, da sie mit drei Flächen dichten — den beiden Seiten = und der unteren Anschlagsfläche — den Wasserdruck auf das Mauerwerk in seiner Längsrichtung, erfordern also keine Verstärkung desselben. Zu ihrer Bewegung ist eine geringe Kraft erforderlich, da das Gewicht so weit ausgeglichen wird, daß sie sich nur mit kleiner Überlast niederlegen. Sie können unter Umständen einseitig bedient werden. Die Durchfahrtsöffnung wird in kurzer Zeit freigelegt. Sie eignen sich für Schleusen von mittlerer Weite (8—10 m) und hochliegendem Drempel, bei denen Stemmtore ein ungünstiges Verhältnis von Höhe zur Breite erhalten und daher leicht zu Versackungen neigen würden. Infolge ihrer geringen Höhe bedingen Klapptore kürzere Schleusenhäupter. Erfordernis ist aber ein möglichst gleichbleibender Oberwasserstand, um die Leichtigkeit der Bewegung zu wahren. Sie kehren wie die einfachen Stemm- und Drehtore nur nach einer Seite. Bei großen Weiten sind sie wegen der erforderlich werdenden starken Abmessungen nicht zu empfehlen.

Schiebetore haben den großen Vorteil, daß sie ohne weiteres nach beiden Seiten kehren können. Sie haben infolgedessen in jüngster Zeit bei Seeschleusen vielfach die Stemmtore verdrängt, da anstatt zweier Stemmtore je Haupt nur ein Schiebetor erforderlich wird. Unter Umständen kann bei dem Außenhaupt sogar noch ein drittes Stemmtor, das sonst als Sturmtor dienen müßte, in Fortfall kommen. Sie ermöglichen ferner eine Kürzung des ganzen Bauwerkes infolge Fortfalls der langen und doppelten Torkammern.

Bei der neuen Emder Seeschleuse, die eine Lichtweite von 40 m hat, hätten Stemmtorflügel eine Länge von rund 21 m, mithin mindestens 21 m Tornischenlänge erfordert, während das Schiebetor nur 8 m Breite bedarf. Es ersetzt am Außenhaupt drei Stemmtore (ein Sturmtor und zwei weitere Stemmtore), am Binnenhaupt zwei Stemmtore und kürzt dadurch das Bauwerk um rund 100 m. Nach Abb. 46a bis c S. 119 hat ein Haupt jetzt nur 40,30 m Länge; bei Stemmtoren würden $3 \cdot 21{,}00 + 2 \cdot 5{,}0$ (Drempelbreite an den Seitenmauern) $+ 2 \cdot 16{,}0$ (Vorhäupter einschl. Spielraum) $= 105$ bzw. $2 \cdot 21{,}0 + 1 \cdot 5{,}0 + 2 \cdot 16{,}0 = 79$ m nötig sein.

Auch der Maschinenantrieb eines Schiebetores ist einfacher und billiger als der von 6 bzw. 4 Stemmtorflügeln. Es ist weiter unempfindlicher gegen ungleichmäßiges Setzen der Schleusenmauern, bedingt einen einfacheren Drempelanschlag, bietet eine bequemere Überbrückung der Schleuse und kann unmittelbar als Notverschluß zum Trockenlegen des Hauptes benutzt werden. Schließlich kann es nötigenfalls auch im strömenden Wasser geschlossen werden, während das Schließen von Stemmtoren hierbei immerhin zu Beschädigungen der Tore führen kann. Nachteilig ist die Errichtung von Torkammern, deren Hauptausdehnung senkrecht zu der des Schleusenbauwerks steht. Sie unterbrechen die Einheitlichkeit des Bauwerks und bedürfen besonderer Gründung. Auch ist ein Schiebetor teurer als ein einfaches Stemmtor.

Da das Schiebetor gegen Sackungen unempfindlicher ist, findet es Verwendung bei Schleusenbauten in Gegenden mit unterirdischem Bergbau, wo nachträgliche Setzungen bestimmt zu erwarten sind.

Das Hubtor eignet sich gut zu den Untertoren von Schachtschleusen sowie als Verschluß der Tröge bei Hebewerken und ähnlichen Bauwerken. Es vereinigt die Vorteile des Schiebetores noch mit dem weiteren Vorteil, daß alle Teile des Tores jederzeit ohne Mühe und Kosten nachgesehen und ausgebessert werden können, da es beim Öffnen vollständig sichtbar wird. Die Antriebsvorrichtungen befinden sich in nächster Nähe des Tores und gestatten gute Übersicht über seine Bewegung. Von Vorteil ist ferner, daß unter Wasser keine belastet laufenden Bewegungsvorrichtungen vorhanden sind. Nachteilig sind der Mehraufwand an Eisen infolge der Anordnung von Gegengewichten, die Unbequemlichkeit des Tropfens und die Anordnung besonderer Maßnahmen, um ein Herabstürzen des gehobenen Tores zu verhüten. Bei den gewöhnlichen Schiffahrtsschleusen hat es bisher wenig Anwendung gefunden, da es besonderer Aufbauten zum Heben und Senken bedarf und den Angriffen des Windes infolge seiner großen Flächen ausgesetzt ist. Jedoch kann es für Sicherheitstore in Kanalhaltungen in Frage kommen, sofern es mit Überbrückungen verbunden und im gehobenen Zustande unter die Fahrbahn der Brücke gefahren werden kann (vgl. S. 60).

Zu erwähnen sind schließlich noch das doppelflügelige Drehtor und das Schwimmponton. Ersteres findet als Untertor von Schachtschleusen Verwendung. Es schließt ohne Stemmwirkung, da jeder Flügel an drei Seiten, der Wendesäule, dem oberen und unteren Riegel, Anschlagflächen erhält. Es hat aber mancherlei Nachteile gegenüber den Hubtoren, so z. B. schwierige Aufstellung bei Anordnung des Tores unterhalb der unteren Abschlußmauer, schwer auszuführende Prüfung und Ausbesserung, unter Umständen Verlängerung der Schleusenkammer und dgl. mehr. Schwimmpontons oder Torschiffe werden zu Abschlüssen von Trockendocks und Seeschleusen mit hohem Wasserdruck verwendet. Da das Ein- und Ausfahren der Pontons viel Zeit erfordert, sind sie bei starkem Schiffsverkehr nicht zweckmäßig.

Als Baustoff der Tore kommen Holz und Eisen in Betracht. Die Wahl hängt von den Kosten ab, welche nach der einmaligen Aufwendung für die Herstellung, den laufenden Kosten für die Unterhaltung und der Lebensdauer der betreffenden Baustoffe von Fall zu Fall zu bestimmen sind. Daneben haben örtliche Bedingungen, Verkehr auf der Wasserstraße usw. Einfluß. Als Holz kommt Eichenholz, Kiefernholz, Teakholz und Greenhartholz, als Eisen zurzeit nur Flußeisen, Stahlguß, Gußstahl usw. in Frage. Im allgemeinen kann man sagen, daß Holztore bei kleinen Abmessungen, etwa 4—10 m Schleusenweite, und bei kleinem Gefälle in der Herstellung und Unterhaltung billiger werden. Tore aus Kiefernholz, das vor der Bearbeitung gut ausgetrocknet ist und nachher sorgfältig imprägniert wird, haben eine Lebensdauer von 20 bis 25 Jahren; bei Eichenholz wird man mit 25 bis 30 Jahren rechnen können. Greenhartholz, das hauptsächlich bei Seeschleusen verwendet wird, da es den Angriffen des Bohrwurmes besser widersteht, soll nach Angaben von Hunter (IX. Internationaler Schiffahrtskongreß 1902) mindestens 70 Jahre Lebensdauer haben. Unter diesen Umständen könnte es auch bei großen Schleusen den Wettbewerb mit dem Eisen aufnehmen, trotzdem die Holzbauweise etwa $1/3$ teurer wird als die aus Eisen. Für große Schleusen (Seeschleusen und dgl.) ist in der Regel Eisen vorzuziehen, zumal wenn die Tore mit Luftkammern ausgerüstet werden zum leichteren Bewegen, Ausheben usw. Bemerkt sei, daß bei Stemmtoren mit großen Abmessungen Rücksicht auf die Ausdehnung des Eisens infolge Temperaturänderungen zu nehmen ist. Über die Lebensdauer eiserner Tore liegen zuverlässige Mitteilungen nicht vor. Man wird sie aber nach den Erfahrungen auf 50 bis 60 Jahre annehmen können. In der nachstehenden Zusammenstellung sind die Kosten einiger eiserner und hölzerner Tore, bezogen auf die Flächeneinheit, angegeben.

Bezeichnung	Baujahr	Bauart	Torfläche qm	Gewicht von 1 qm Torfläche kg	Kosten eines qm Torfläche M.	Bemerkungen
Schleusen an der oberen Oder	1892 bis 1896	Eiserne Tore mit Wellblechbekleidung	110 bis 147	266 bis 302	220 bis 252	Wellblech hat sich wegen der größeren Rostfläche und des schlechteren Anschlusses an die Torrahmen nicht bewährt.
dgl.	1892 bis 1897	Eiserne Tore mit 8 mm starker Blechhaut	143 und 163	300 und 270	115,7 und 102,7	—
dgl.	1895 bis 1897	Eiserne Tore mit 8—12 mm starker Blechhaut	269	293	112,7	—
Flutschleuse bei Breslau	1896 bis 1897	Eisernes Schiebetor mit Buckelplatten	82	329	169	—
Schleusen am Dortmund-Ems-Kanal	1895 bis 1898	Eiserne Tore mit 8 mm starker Blechhaut	96 bis 168	257 bis 388	94,6 bis 173,4	—
Kammerschleuse bei Emden	1898 bis 1900	Eiserne Tore mit 10 mm starker Blechhaut einschl. Bewegungsvorrichtung	176	265	148	—
Deichschleuse bei Emden	1895 bis 1897	Eiserne Flut- und Stemmtore, eiserne Ebbetore mit Rollschützen	346 173	247 481	83,2 167,4	—
Schleusen in der Fulda	1893 bis 1896	Hölzerne Tore einschließl. Bewegungsvorrichtung	86 bis 95	—	156,3 bis 148,0	Die Bewegungsvorrichtung kostet 560 M.
Schleusen im Main	1892 bis 1894	Hölzerne Tore	368	—	141,3	Dazu die Bewegungsvorrichtung 730 M.

Die Unterhaltung hölzerner Tore wird, abgesehen von Wiederherstellungen infolge unmittelbaren Anfahrens von Schiffen, in der Regel geringer sein als die eiserner Tore. Letztere bedürfen zur Verminderung der Rostgefahr einer häufigen Erneuerung des Anstriches, während gut kreotisierte Holztore kaum eine Unterhaltung erfordern. Auch sind bei Holztoren Ausbesserungen für außerordentliche Beschädigungen bequem und schnell auszuführen.

Unter Berücksichtigung des verschiedenen Verhaltens von Holz und Eisen im Wasser und an der Luft sind sogenannte Verbundtore gebaut, d. h. Tore, deren unter Wasser liegender Teil bis zur Höhe der Fäulnisgrenze aus Holz, der darüber liegende Teil aus Eisen hergestellt ist (Abb. 118). Diese Bauweise ist aus der Wahrnehmung hervorgegangen, daß Holz unter Wasser — im Ebbe- und Flutgebiet bis zur halben Tidehöhe — vollständig gesund bleibt und keiner Unterhaltung bedarf, während unter Wasser liegende Eisenteile infolge schwieriger Reinigung und Erneuerung des Anstrichs mehr angegriffen werden. Dagegen kann Eisen über Wasser leicht nachgesehen und regelmäßig gestrichen, daher gut erhalten werden.

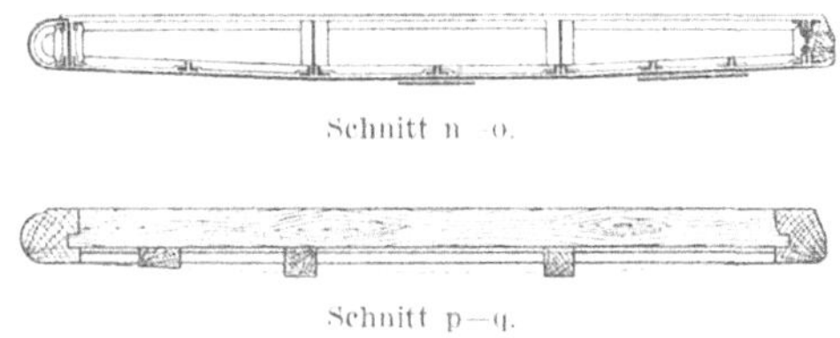

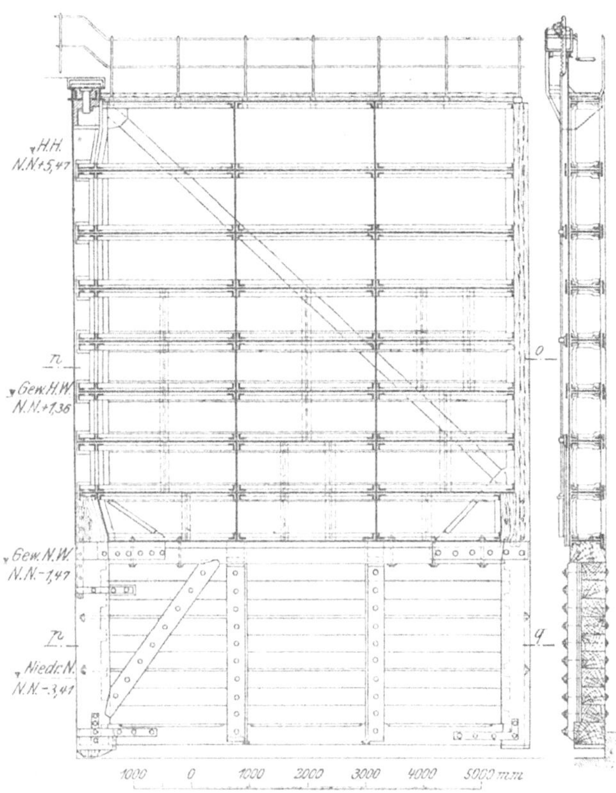

Abb. 118. Verbundtor der Hafenschleuse in Glückstadt a. d. Elbe.

Bezeichnungen. Das Stemmtor besteht aus zwei Flügeln. Jeder Flügel dreht sich um eine Achse, welche von der Wendesäule und ihren Lagern gebildet wird. Das obere Lager heißt Halslager, das untere Spurlager, in welchen die Wendesäule oben mit dem Halszapfen, unten mit der abwärts gekehrten Spurpfanne ruht. Beider Mittelpunkte müssen genau senkrecht übereinander liegen, um eine senkrechte Stellung des an der Wendesäule hängenden Tores im geschlossenen Zustande herbeizuführen. Im geschlossenen Zustande stützt sich die Wendesäule ganz oder durch einzelne Flächen gegen die Wendenische. Die äußere der Wendesäule gegenüberliegende senkrechte Begrenzung des Flügels bildet die Schlagsäule. Mit ihr stoßen die geschlossenen Torflügel in der Schleusenachse zusammen und üben bei genau senkrechter Lage der Flächen die Stemmwirkung aus. Die Verbindung zwischen Wende- und Schlagsäule stellen das wagerechte obere und untere Rahmstück — auch oberer und unterer Riegel genannt — her. Sie sind mit den senkrechten Säulen zu einem festen Rahmen verbunden, der auf der Oberseite, d. h. auf der Seite der höheren Wasserstände, bei Schwimmtoren auf beiden Seiten, mit einer Bekleidung versehen ist. Die Aussteifung des Rahmens und unter Umständen auch der Bekleidung übernehmen weitere wagerechte Riegel oder senkrechte Pfosten. Man unterscheidet danach Riegel- und Pfosten (Ständer) tore. Bei den Riegeltoren vermitteln die einzelnen Riegel zugleich die Übertragung des Stemmdruckes auf die Wendesäule, bei den Pfostentoren wird diese Arbeit nur durch den oberen und unteren Riegel bewirkt. Gegen Versacken und Veränderung seiner Rechteckform ist der Rahmen durch Zug- und Druckstreben gesichert.

Das Klapptor hat eine wagerechte, in seitlichen Lagern liegende Drehsäule, welche mit den beiden Seitenpfosten und dem oben angeordneten Riegel einen festen Rahmen bildet. Es wird meistens als Ständertor ausgebildet.

Die Bezeichnungen der übrigen Tore sind sinngemäß ähnliche.

15. Berechnung.

Allgemeine Regel ist, auf eine möglichst klare und einfache Kräfteübertragung hinzuwirken. Hierbei ist unter Berücksichtigung der zulässigen Beanspruchungen bei Verwendung von Holz die Kraftübertragung auf eine größere Zahl von Konstruktionsteilen zu verteilen, bei Eisen ist sie jedoch an einigen wenigen Stellen zusammenzufassen, um die jedem Baustoff zukommende Festigkeit wirtschaftlich ausnutzen zu können.

a) Berechnung der Stemmtore. Man unterscheidet Riegel- und Pfosten- bzw. Ständertore, bei den eisernen Toren noch Tore mit durchgehend gekrümmter Blechhaut. Riegeltore leiten den Stemmdruck unmittelbar durch die Riegel auf die Wendesäule und von hier in das Mauerwerk. Es ist jedoch darauf zu achten, daß sämtliche Riegel beim Schluß des Tores Stemmdruck erhalten. Bei Holz ist dies leicht zu erreichen, da Temperatureinflüsse seine Länge wenig verändern. Holztore sind daher meist Riegeltore. Nicht so das Eisen. Hier kann es, namentlich bei großen Toren, vorkommen, daß sich die Riegel je nach ihrer Lage über oder unter Wasser verschieden längen oder kürzen, so daß zunächst der unterste Riegel am Drempel anliegt, ohne zu stemmen; unter Umständen können auch alle übrigen Riegel mit Ausnahme des obersten ihre Stemmwirkung verlieren. Die Riegel belasten dann die Schlagsäule, welche nur noch am Drempel und an den oberen bzw. am obersten noch stemmenden Riegel gestützt ist, und suchen sie zu verbiegen. Die oberen noch stemmenden Riegel erhalten gleichfalls vermehrten Druck, so daß sie sich unter Umständen nach dem Oberwasser zu durchbiegen. Um jederzeit eine möglichst gute Stemmwirkung zu erzielen, wird man daher Stemmtore bei kühler Temperatur aufstellen. Bei großen Toren müssen die Riegel an der Schlagsäule besondere Lager erhalten.

Die vorgenannten Übelstände vermeiden die Ständertore, bei denen die senkrechten Pfosten (Ständer) nur am oberen Rahmstück befestigt sind, während sie sich unten gegen den Drempel lehnen und untereinander nur durch einen leichten Riegel verbunden sind. Den Stemmdruck überträgt nur das obere Rahmstück (Riegel). Die statische Beanspruchung dieser Tore ist daher klarer und einfacher als die der Riegeltore.

Bei den Toren mit einheitlich gekrümmter Blechhaut wird der Stemmdruck nur durch diese aufgenommen und in das Mauerwerk übergeleitet.

Die statische Untersuchung der Stemmtore erstreckt sich auf das geschlossene und das geöffnete Tor.

Im geschlossenen Zustande wirken auf das Tor: der Wasserdruck, der Auftrieb und der Wellenschlag. Das Eigengewicht kann bei kleineren Toren gegenüber dem Wasserdruck vernachlässigt werden, ebenso der Auftrieb. Bei großen Toren wird das Eigengewicht durch Anordnung von Luftkästen bis auf ein geringes zur Belastung des Spurlagers erforderliches Gewicht aufgehoben. Der Wasserdruck steht senkrecht zur Begrenzungsfläche des Torflügels. Er bildet beim Vorhandensein eines entgegenwirkenden Unterwassers die Druckfigur nach Abb. 119, die sich beim Fehlen des Unterwassers in der punktierten Weise ergänzt. Es ist mit dem größtmöglichen Unterschiede in den Wasserständen zu rechnen. Der Auftrieb wirkt auf die Unterfläche des Tores und kommt bei Schwimmtoren in Ansatz. Der Wellenschlag kann

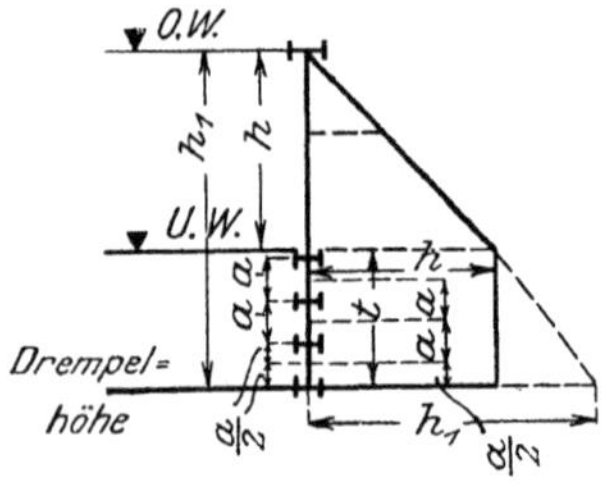

Abb. 119.

am einfachsten durch Annahme eines höheren Oberwassers (etwa 15—50 cm) in Rechnung gesetzt werden.

Der Wasserdruck W (Abb. 120) auf einen Torflügel von l m Länge und h_1 m Höhe erzeugt zwei Reaktionen H und R, welche als Mittelkräfte der einzelnen auf die Schlag- und Wendesäule übertragenen Kräfte anzusehen sind und in gleicher Höhe wie W, d. h. in Schwerpunktshöhe der Druckfigur Abb. 119, liegen. H steht senkrecht zur Berührungsfläche beider Torflügel und geht durch ihre Mitte. R geht durch die Berührungslinie der Wendesäule mit der Wendenische. Beide Kräfte schneiden sich mit W in einem Punkte. Unter Vernachlässigung der Stützung am Drempel ist

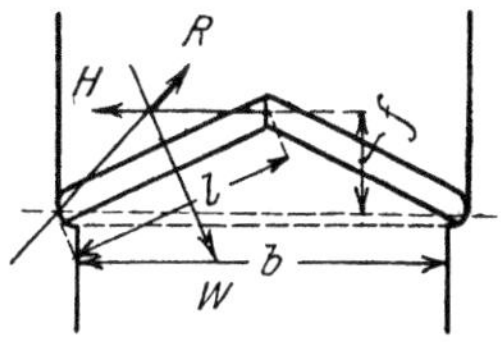

Abb. 120.

$$H = R = W\frac{l}{2f};$$

da

$$W = \gamma l \frac{h_1^2 - t^2}{2},$$

wenn γ das spezifische Gewicht des Wassers ist, so ist

$$H = R = \gamma l^2 \frac{h_1^2 - t^2}{4f},$$

die Gesamtwirkung des geschlossenen Tores auf das Mauerwerk. Die Kräfte H und R werden sich über die Länge der Wende- und Schlagsäule ebenso verteilen wie der Wasserdruck W über die Torhöhe. Hat man ein Riegeltor, so wird auf den einzelnen Riegel der Teil des Wasserdruckes kommen, der dem Abstande der betreffenden Feldmitten oberhalb und unterhalb des Riegels entspricht. Ist der Riegelabstand gleich a (Abb. 119), der Querschnitt des Riegels überall der gleiche, und liegt schließlich der Riegel unter Unterwasser, so ist der auf ihn entfallende Wasserdruck $P = \gamma a l h$. Dieser erzeugt eine Reaktion

$$H_a = P\frac{l}{2f} = \gamma\frac{a l h}{2\sin\alpha},$$

von welcher die Seitenkraft S den Stemmdruck darstellt. Es ist

$$S = H_a \cos\alpha = \gamma\frac{a l h}{2}\operatorname{ctg}\alpha.$$

Außer dieser Längskraft wird der Riegel (Abb 121) auf seine freitragende Länge l_1 durch die Kraft $P_1 = \gamma a l_1 h$ aus dem Wasserdruck auf Biegung beansprucht. Ist der Querschnitt des Riegels gleich F, und bezeichnet σ die zulässige Beanspruchung des Baustoffes, so ist nach der allgemeinen Formel

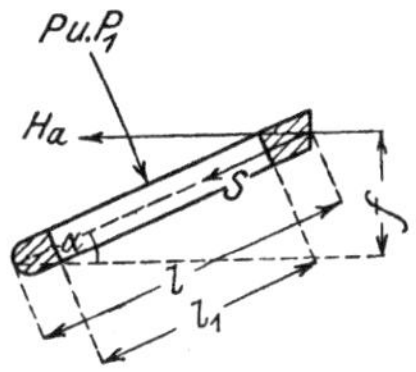

Abb. 121.

$$\sigma = -\frac{N}{F} \mp \frac{M}{W},$$

$$\sigma = -\frac{S}{F} \mp \frac{P_1 l_1}{8W},$$

worin W das Widerstandsmoment des Querschnittes bedeutet. Setzt man für S und P die obigen Werte ein, so ergibt sich

$$\sigma = -\gamma\frac{a l h}{2F}\operatorname{ctg}\alpha \mp \gamma\frac{a l_1^2 h}{8W}.$$

Bei fehlendem Unterwasser ist z. B. für den untersten Riegel h durch h_1 (Abb. 119 S. 172) zu ersetzen. Die Seitenkraft S erzeugt nur Druck, während der Wasserdruck P_1 Druck und Zug im Querschnitt hervorruft. Nimmt man den Querschnitt F an, so läßt sich aus der Gleichung, da die Werte l, l_1, h, γ und α bekannt sind und sich W aus dem Querschnitt, σ nach dem gewählten Baustoff bestimmt, der Abstand der Riegel a errechnen. Bei hölzernen Toren wählt man aus praktischen und wirtschaftlichen Gründen im allgemeinen gleiche Querschnitte für sämtliche Riegel. Diese werden unter Umständen unter Unterwasser gleiche Abstände a erhalten, da hier überall der gleiche Wasserdruck herrscht. Über Unterwasser wird mit abnehmendem Wasserdruck die Riegelentfernung zunehmen. Zur Bestimmung der Riegelentfernung ermittelt man zunächst für die unter Unterwasser liegende Riegel einen vorläufigen Wert a. Dann setzt man von der Wasserdruckfigur (Abb. 119 S. 172) für den untersten Riegel ein Rechteck von der Breite $\frac{a}{2}$ und der Höhe h ab, für den obersten Riegel ein diesem Rechteck flächengleiches Dreieck und teilt die übrige Figur in n gleiche Flächen von dem Werte a h. Mit dem Schwerpunkt dieser Flächen fällt die Riegelmitte zusammen. Bei dem Abstande der Riegel unter Wasser wird auf den Einbau von Schützen Rücksicht zu nehmen sein.

Eiserne Tore werden billiger in den Kosten, leichter im Gewicht, bequemer in der Herstellung und klarer in der Beanspruchung, wenn man große Riegelabstände und wenig Riegel wählt, da alsdann die Riegelquerschnitte wirtschaftlich ausgebildet werden können. Die Wendesäule ist so zu gestalten, daß sie nicht auf ihre ganze Länge in der Wendesäule anliegt, sondern den Stemmdruck durch einzelne Stützlager, die in der Höhe der Riegel angeordnet werden, auf das Mauerwerk überträgt.

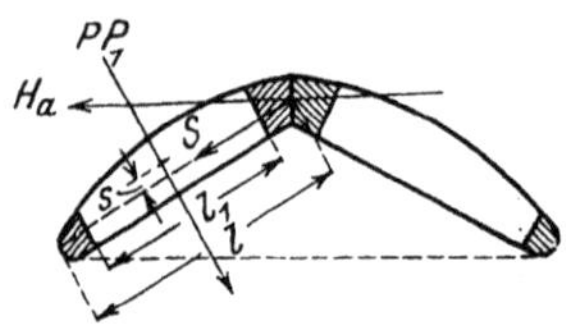

Abb. 122.

Eine bessere Ausnutzung in der Beanspruchung erfahren die Riegel, wenn sie nicht, wie vorstehend angenommen, auf beiden Seiten geradlinig, sondern auf der Innenseite gerade, auf der Außenseite gekrümmt sind, ohne jedoch eine durchgehende, einheitliche Krümmungsfläche zu erhalten (Abb. 122). Zu den Spannungen aus dem Stemmdruck und aus dem Biegungsmoment infolge des Wasserdruckes tritt noch eine entlastende Spannung infolge der exzentrischen Lage des Angriffes von S im Querschnitt hinzu. Die Gesamtbeanspruchung des Querschnittes in der Mitte des Flügels ist dann

$$\sigma = -\frac{S}{F} \pm \frac{P_1 l_1}{8 W} \mp \frac{S s}{W},$$

d. h. es würde an der Oberwasserseite eine Beanspruchung

$$\sigma = -\frac{S}{F} - \frac{P_1 l_1}{8 W} + \frac{S s}{W}$$

und an der Unterwasserseite eine solche von

$$\sigma = -\frac{S}{F} + \frac{P_1 l_1}{8 W} - \frac{S s}{W}$$

eintreten.

Die günstigsten Riegelquerschnitte werden erzielt, wenn der Ausdruck $\left(\frac{P_1 l_1}{8 W} - \frac{S s}{W}\right)$ ein Minimum wird. Das kann sehr starke Krümmungen der Außenflächen bedingen, welche häufig wegen der großen und unbequemen Aussparungen in den Torkammern nicht erwünscht sind. Man kann dann eine Vergrößerung des Wertes s erzielen, wenn der Riegelquerschnitt durch Auflegen einer oder mehrerer Platten auf der Oberwasserseite unsymmetrisch ausgebildet und dadurch seine Schwerachse nach hier verschoben wird (Abb. 123).

Abb. 123.

Ist das Torgerippe durch senkrechte Pfosten im wagerechten Abstande a ausgesteift, so erhält ein solcher Pfosten einen Wasserdruck $W_a = \gamma\, a \frac{h_1^2 - t^2}{2}$ oder auch $= \gamma\, a \frac{h_1^2}{2}$ (Abb. 124). Seine Berechnung gestaltet sich einfach. Die Pfosten übertragen die Kraft W_a nach dem Hebelgesetz auf den obersten und untersten Riegel bzw. den Drempel, und zwar erhält der erstere den Druck

$$A = W_a \cdot \frac{\xi}{h_1} = \gamma \frac{a \cdot \xi}{h_1} \frac{h_1^2 - t^2}{2},$$

der letztere den Druck

$$B = W_a \frac{h_1 - \xi}{h_1} = \gamma \frac{a\,(h_1 - \xi)}{h_1} \cdot \frac{h_1^2 - t^2}{2}.$$

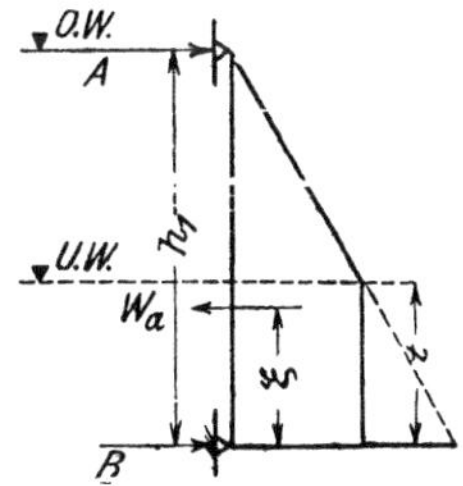

Abb. 124.

Diese Kräfte erzeugen, sofern auch der unterste Riegel zur Stemmwirkung herangezogen wird, in beiden, sonst nur im obersten Riegel Werte H und S, die sich nach den Gleichungen S. 173 ermitteln lassen. Außerdem erhält der oberste Riegel aus diesen Kräften Biegungsbeanspruchungen, die nach den allgemeinen Regeln der Statik zu berechnen sind.

Die aus Holz bestehende Bekleidung wird man als einfache auf den Riegeln aufliegende Balken auffassen. Über die Berechnung der eisernen Bekleidung siehe Th. Landsberg, 3. Heft der zweiten Gruppe der Fortschritte der Ingenierwissenschaften: „Die eisernen Stemmtore der Schiffsschleusen". Er trennt die Berechnung nach der Anordnung der Hauptstöße, d. h. der Stöße, die auf die ganze Länge oder Breite des Torflügels durchgehen, in folgende Gruppen:

1. Wagerechte Hauptstöße, a) auf jeden Riegel ein Stoß, b) auf jeden zweiten oder dritten Riegel ein Stoß. Die Bleche werden dann am einfachsten als eingespannte Balken betrachtet.

2. Lotrechte Hauptstöße. Diese Anordnung findet sich hauptsächlich bei hohen, schmalen Toren. Die Bleche können als Platten, die auf 4 Seiten unterstützt sind, oder als durchgehende Balken angesehen werden.

Die theoretisch günstigste Formgestaltung des geschlossenen zweiflügeligen Stemmtores ist unzweifelhaft die zylindrische, sei es daß das Tor nur einseitig oder doppelseitig mit Blechhaut versehen ist. Im ersteren Falle wird meist nur die Oberwasserseite des Tores gekrümmt, die Drempelseite gerade ausgeführt, im letzteren Falle (Schwimmtore bei den Seeschleusen) sind beide Seiten (also auch der Drempel) gekrümmt. Sieht man von dem Einfluß des Eigengewichtes und von dem Anliegen des Tores am Drempel ab, so werden die aus dem Wasserdruck herrührenden Kräfte als Ringspannungen aufgenommen und durch die Blechhaut in das Mauerwerk übergeleitet. Die Blechhaut bedarf nur einer sorgfältigen Aussteifung, um ihr Zusammendrücken oder Verbiegen beim Bewegen des Tores zu verhüten. Der in der Blechhaut entstehende Bogendruck beträgt in einer Tiefe y unter dem Oberwasser $T_y = R \cdot \gamma\, y$, wenn R der Krümmungsradius der Zylinderfläche ist. Unterhalb des Unterwassers ist er unveränderlich $T_h = R \cdot \gamma\, h$. Diese Bogenspannung bleibt von der Schlag- bis zur Wendesäule gleich. Die Wendesäule wirkt bei diesen Toren gleichsam als Kämpfer des Torbogens auf die ganze Höhe. Sie muß daher mit der gekrümmten Bekleidung gut verbunden sowie durch eine Anzahl von Druckstühlen in der Wendenische sorgfältig unterstützt werden. Die Zahl der Druckstühle wird man andererseits nicht zu groß wählen, um die statischen Verhältnisse der als durchgehenden Balken anzusehenden Säule so einfach als möglich zu gestalten.

Das geöffnete Tor sucht durch sein Eigengewicht G, von dem, soweit es unter Wasser sich befindet, der Auftrieb A abzusetzen ist, seine rechteckige Form zu verändern. Hiergegen ist es durch steife Ausbildung des aus Wende- und Schlagsäule sowie oberem und unterem Riegel gebildeten Rahmens oder durch Anordnung von Diagonalen zu sichern. Es übt ferner auf seine obere und untere Befestigung mit dem Mauerwerk Kräfte aus (Abb. 125). Während das geschlossene Tor auf den Spurzapfen nur mit dem senkrechten Druck V = G — A aufruht, erfährt der Spurzapfen durch das geöffnete Tor noch einen wagerechten Druck, der gleich ist dem auf das Halslager wirkenden Zuge

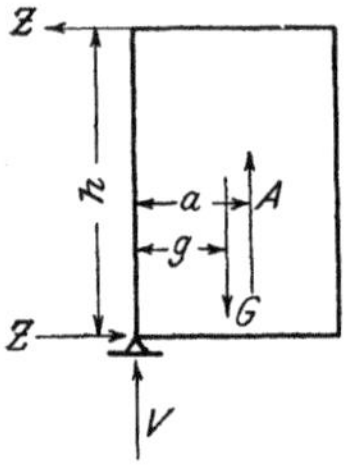

Abb. 125.

$$Z = \frac{G\,g - A\,a}{h}.$$

Z wird zum Maximum, sobald A = 0 ist. Während der Druck Z auf den Spurzapfen vornehmlich Einfluß auf die Lagerabmessungen hat, muß der Zug am Halslager noch von dessen Verankerung aufgenommen werden. Hierbei treten bei jeder veränderten Torstellung andere Ankerspannungen T und S auf. Zerlegt man die Torkraft Z im Grundriß (Abb. 126) nach den Richtungen T und S der Anker, so ist

$$S = Z\,\frac{\sin[90 - (\varphi + \alpha) + \delta]}{\sin\beta}$$

und

$$T = Z\,\frac{\sin(\gamma + \varphi + \alpha)}{\sin\beta}.$$

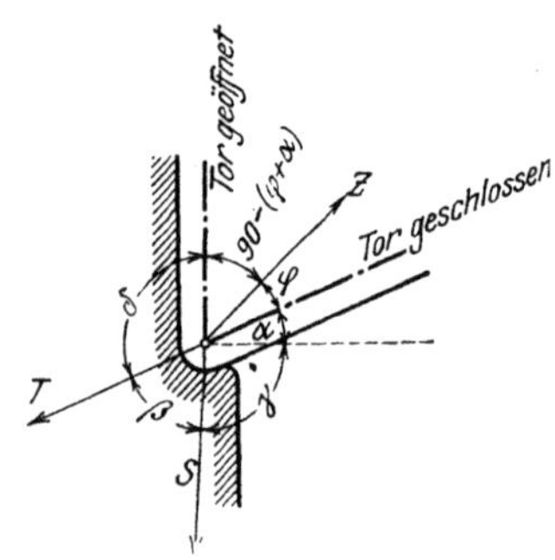

Abb. 126.

Fällt die Torachse in die Richtung von S, so ist T = 0 und Spannung S = Z und umgekehrt. Um in den Ankern nur Zugspannungen zu erhalten, müssen ihre Richtungen wenigstens mit den äußersten Grenzstellungen (—·—·—) des Tores zusammenfallen. Dies läßt sich mit dem Anker T erreichen; Anker S wird aber gegen die Richtung des geöffneten Tores nach T hin geneigt anzuordnen sein, um zum Rückhalt mehr Mauerwerk zu fassen.

Der Einfluß des Torgewichtes auf die Verankerung des Tores kann bei kleinen Toren dadurch vermindert werden, daß man den Drehbaum zum Bewegen des Tores, der als Verlängerung des oberen Riegels ausgebildet wird, mit Gewichten belastet. Auch hat man unter den Toren Laufrollen angebracht. Letzteres ist für den Betrieb nicht zweckmäßig, da die Rollen schwer zugänglich sind und leicht zu Betriebsstörungen Veranlassung geben können. Bei größeren Toren kann das Torgewicht durch Anordnung von Luftkästen mehr oder weniger aufgehoben werden. Aus Betriebsrücksichten wird man jedoch den Zapfen mit einem bestimmten, möglichst gleichmäßigen Betriebsdruck belasten, der durch Wasserballast erzeugt wird. Diese Ballastkästen sind möglichst nahe dem Zapfen anzuordnen, um die auf diesen wirkende wagerechte Kraft niedrig zu halten.

Während der Bewegung wirken auf den Torflügel außer dem Eigengewicht noch Bewegungswiderstände, hervorgerufen durch das Auf- bzw. Zudrehen des Tores, sowie unter Umständen durch den Wellengang. Die ersteren Bewegungswiderstände setzen sich zusammen

1. aus einem Druck auf die Torflügel, infolge der Bewegung des Tores mit einer bestimmten Geschwindigkeit v durch das Wasser und
2. aus einem hydrostatischen Druck, hervorgerufen durch den Anstau des Wassers vor bzw. durch entsprechendes Absenken hinter dem bewegten Tore.

Das mit der Geschwindigkeit v bzw. mit der Winkelgeschwindigkeit ω gedrehte Tor erhält nach Landsberg einen Druck auf die Flächeneinheit von

$$p = \zeta \gamma \frac{v^2}{2g}$$

wo $\zeta = 1{,}1$, und einen Gesamtdruck

$$P_1 = \int_0^l p_x \, dx \cdot h = \frac{\zeta \gamma}{2g} \omega^2 \frac{l^3}{3} \cdot h,$$

der am Hebelarm $\xi_1 = {}^3/_4\, l$ von der Drehachse ab gerechnet angreift und ein Moment $M = C \gamma \omega^2 \frac{l^4}{4} h$ erzeugt, wenn l die Flügelbreite und h die vom Wasser berührte Torhöhe ist. $C = \frac{\zeta}{2g}$ ist ein Erfahrungswert, der von der Geschwindigkeit abhängig ist.

Der hydrostatische Druck auf einen Flügel beträgt bei einem Unterschied der Wasserstände um Δh, $P_2 = \gamma \cdot \Delta h \cdot l \frac{h_1 + h_2}{2}$ und greift im Abstand $\xi_2 = {}^1/_2\, l$ und einer Höhe η gleich der Schwerpunkthöhe nebenstehenden Trapezes (Abb. 127) an. Vernachlässigt man das obere Dreieck, so geht der Druck über in $P_2' = \gamma \Delta h \cdot l \cdot h_2$. Das von ihm erzeugte Moment ist $M_2' = \gamma \Delta h \cdot l\, h_2 \frac{l}{2}$. Das gleiche Moment entsteht, wenn eine Kraft

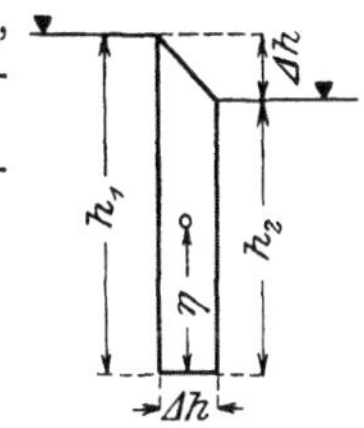

Abb. 127.

$$P_2'' = \frac{\gamma \Delta h \cdot l \cdot h_2 \frac{l}{2}}{{}^3/_4\, l}$$

im Abstand von P_1, d. i. ${}^3/_4\, l$ angreift. Setzt man ${}^3/_4\, l = q$, $l \cdot h_2 = S$, $\gamma = 1000$ und $v = \text{rd.}\ \omega \frac{l}{2}$, so erhält man den von Landsberg in dem oben angezogenen Werke angegebenen Wert

$$P_2'' = \frac{\gamma \Delta h \cdot S \cdot l}{2q} = \frac{l}{4q} (2 \gamma S \Delta h) = \frac{l}{4q} 2000\, S \Delta h,$$

und ebenso

$$P_1 = \frac{l}{4q} \cdot 225\, S\, v^2.$$

Die Kräfte P_1 und P_2 suchen den schraffierten Teil (Abb. 128) des an drei Punkten (Halslager, Spurlager und Angriffspunkt der Bewegungsvorrichtung) gestützten Tores um die Verbindungslinie $\overline{ab}$ zu verbiegen. Das Tor ist hiergegen auszusteifen.

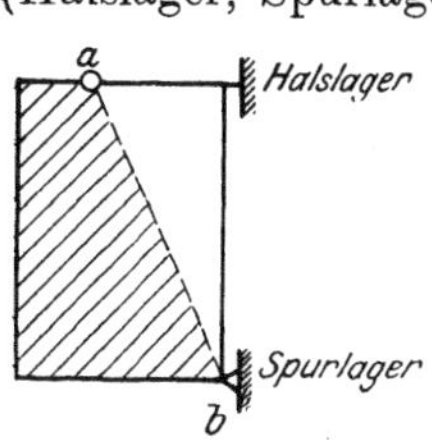

Abb. 128.

Der Einfluß des Wellenganges wird durch Wasserüberdruck auf einer Seite des Torflügels berücksichtigt.

b) Berechnung der plattenartigen Tore. Diese Tore sind im geschlossenen Zustande auf mindestens drei, häufig auf allen vier Seiten (z. B. Untertore an Schachtschleusen) unterstützt. Sie wirken daher als Platte, welche durch Längs- und Querversteifungen die Kräfte auf den festliegenden Rahmen überträgt. Ob die senkrechten oder die wagerechten Versteifungen Haupttrageglieder sind, hängt von dem Verhältnis der Höhe des Tores zu seiner Breite ab. Bei geringer Höhe und großer Weite werden senkrechte Pfosten, im umgekehrten Falle wagerechte Balken am Platze sein, so daß man gleichfalls Ständer- und Riegeltore unterscheiden kann. Die Berechnung gestaltet sich einfach, da das Tragewerk durch den Wasserdruck nur auf Biegung beansprucht wird. Hierbei wird meistens aus Sicherheitsgründen anzunehmen sein, daß das Tor den vollen Oberwasserdruck — ohne Entlastung durch den Gegendruck des Unterwassers — aufnimmt. Um die Schleusungsdauer, welche sich besonders bei der Ausgleichung der letzten Zentimeter des Gefälles verzögert, abzukürzen, werden die Tore häufig bei einem Gefällunterschied von 10—20 cm bereits geöffnet. Bei Berechnung der Tore ist auf die hierdurch entstehenden Zusatzbeanspruchungen und Verdrehungen zu rücksichtigen.

Im einzelnen sei noch erwähnt: Die ein- bzw. zweiflügeligen Drehtore sind ähnlich wie die Stemmtore auch für den Fall des geöffneten Tores statisch zu untersuchen. Wird dabei bei eisernen Toren infolge großer Länge des Tores der Einfluß des Eigengewichtes auf das Versacken zu ungünstig, so wird man ihn durch Anordnung von Luft-(Schwimm-)kästen zu vermindern suchen. Hölzerne Klapptore erhalten unter Umständen Steinballast, um gegen Aufschwimmen gesichert zu sein. Bei einseitigem Angriff der Bewegungsvorrichtung sind sie gegen Verdrehen standsicher zu machen. Bei eisernen Klapptoren wird das Gewicht des Tores durch zweckmäßige Anordnung von Luftkästen so weit vermindert, daß es nur noch mit geringem Übergewicht (etwa 100 kg) auf der Torkammersohle aufliegt. Bei gleicher Größe des Luftkastens wird seine Wirkung um so größer sein, je weiter sein Schwerpunkt vom Drehpunkt des Tores entfernt ist, oder aber der Auftrieb A, mithin auch der Luftkasten, wird um so kleiner sein können, an je größerem Hebelarm er wirkt, da das Gesetz gilt $A\,a = G\,g$ (Abb. 129). Anderseits ist die Lage des Luftkastens dadurch bedingt, daß er bei sich schließendem Tore nicht aus dem Wasser taucht. Seine günstigste Lage wird er erhalten, wenn der Schwerpunkt des Auftriebes und der des Torgewichtes bei wagerechter Lage des Tores zusammenfallen, da dann kein Lagerdruck in den Zapfenlagern entstehen kann.

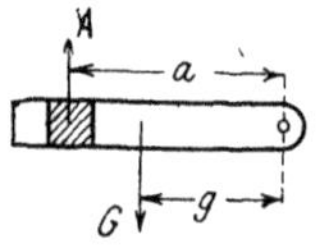

Abb. 129.

Schiebe- und Hubtore mit einseitiger Blechbekleidung bieten bei der Berechnung keine Schwierigkeiten. Zur Verminderung ihres Gewichts erhalten erstere Schwimmkästen, letztere Gegengewichte. Die Schwimmkästen sind so zu wählen, daß das Tor mit einem bestimmten Auflagerdruck noch aufruht. Schiebetore von größeren Abmessungen erhalten, zumal sie nach beiden Seiten kehren sollen, doppelte Blechhautbekleidung. Sie können an ihren beiden Enden und unten geschlossen werden, so daß sie einem schwimmenden Schiffskörper gleichen, der durch Wasserballast den erforderlichen Betriebsdruck erhält. Ihre Berechnung kann wie die der freischwimmenden Pontons derart erfolgen, daß man den ganzen Körper als Träger auffaßt, dessen Gurtungen durch die Blechhäute gebildet werden, oder aber die wagerechten wasserdichten Decks werden als tragende Glieder aufgefaßt. Neuerdings werden diese Tore an den Seiten und unten offen gelassen, um beim Einfahren des Tores in die Torkammer die Widerstände beim Verdrängen des Wassers zu vermindern. Um sie standsicher zu machen, erhalten die Tore eine große Breite (bei den neuen Schleusen am Kaiser-Wilhelm-Kanal und bei Emden etwa 8 m bei 45 bzw. 40 m Länge). Der zur Verminderung des Torgewichtes erforderliche Schwimmkasten wird an und für sich schon so steif (Kastenträger), daß er ohne Eisenvermehrung zweckmäßig als Hauptttragteil (Hauptriegel) angesehen werden kann. Es ist erwünscht, ihn so tief wie möglich anzuordnen und ihn so groß herzustellen, als sich dies mit der Schwimmfähigkeit des Tores vereinbaren läßt. Im Betriebszustande wird seine Oberkante, wenn möglich, unter N. N. W. anzuordnen sein, um ein zu großes Schwanken der Betriebsdrücke auf die Rollen oder Gleitkufen bei wechselndem Wasserstande zu vermeiden. Seine Höhe wird andererseits so zu wählen sein, daß bei aufschwimmendem Tore seine Oberkante hinreichend weit über die Schwimmebene reicht, um das Tor schwimmfähig zu erhalten. Bei den vorgenannten Schleusen beträgt letztere Höhe etwa 1 m. Das Tor bleibt dann bei einer Neigung von 1 : 4 noch schwimmfähig. Der notwendige Betriebsdruck wird durch Wasserballast erreicht. Diese Ballastkammern sind tunlichst an den beiden Torenden anzuordnen und durch feste Quer- und Längswände in einzelne Teile zu zerlegen, so daß ein Hin- und Herschwanken des Wassers bei Bewegungen des Tores vermieden wird. Durch die tiefe Lage des Schwimmkastens gewinnt man den Vorteil, daß die Festigkeit des Eisens gut ausgenutzt und die Anzahl der wagerechten Riegel auf ein Minimum vermindert wird. Unter Umständen ist unterhalb des Schwimmkastens nur noch ein Riegel erforderlich. Dieser wird kräftig ausfallen, zumal wenn man ihn nach gewonnenen Erfahrungen, welche es als zweckmäßig erscheinen lassen, den Drempel großer Schleusen von der Beanspruchung durch den Tordruck zu entlasten, als einen auf seine ganze Länge freitragenden Balken betrachtet. Sein größeres Gewicht, das durch Betonmasse noch vermehrt werden kann, erhöht die Stabilität des schwimmenden Tores. Die oberen Riegel werden der Belastung entsprechend schwächer ausfallen. Ein derart konstruiertes Tor zeichnet sich durch Klarheit und geringsten Aufwand an Baustoff aus und hat vor einem Ständertor den Vorzug, daß der schwer zugängliche Drempel von großen Beanspruchungen entlastet ist. Ein Nachgeben und damit eine Zerstörung von Tor und Drempel ist nicht zu befürchten. Bei Ständertoren wird ebenfalls der Schwimmkasten als Hauptträger benutzt, an den die senkrechten, die Blechhaut aussteifenden Träger angeschlossen sind. Oberhalb des Schwimmkastens lehnen sich die Ständer gegen einen Riegel, während sie sich unten gegen den Drempel legen, mithin theoretisch eines Riegels entbehren können. Ist letzterer trotzdem vorhanden, so dient er meistens nur als Ballastträger.

16. Bauweise der Stemmtore.

a) Hölzerne Tore. Abb. 130 S. 180 gibt eine gebräuchliche Ausführung eines hölzernen Schleusentores wieder. Die theoretische Torhöhe ist gegeben durch das Oberwasser und die Drempeloberkante. Die Anschlagshöhe des Tores am Drempel schwankt zwischen 0,15 bis 0,20 cm. Gleichhoch ist der Spielraum zwischen Torunterkante und Torkammerboden. Die Oberkante des Tores liegt etwa 0,25 m über Oberwasser. Eine viel größere Höhe empfiehlt sich nicht, um möglichst kleine Flächen des Tores dem Wechsel von Wasser und Luft auszusetzen. Das Drempelverhältnis beträgt $^1/_5$ bis $^1/_6$ der Schleusenweite. Die Stärken des Bohlenbelages, der wagerechten Riegel, der Streben und Zugbänder ergibt sich aus der statischen Berechnung, die der Wende- und Schlagsäule aus den Abmessungen von Riegel und Bohlenbelag zusammen. Das zu verwendende Holz — Eichen-, Kiefern-, Pitchpine und dgl. — muß von bester Beschaffenheit, aus dem Kern geschnitten und gut trocken, die Arbeit ganz besonders sorgfältig und sauber sein.

Der Bohlenbelag verläuft gleichmäßig über die Riegel und liegt bündig mit den Außenflächen der Rahmhölzer, in die er mit Versatz eingreift. Die Breite der Bohlen beträgt etwa 20 cm, um das Undichtwerden zu vermindern, das bei breiten Bohlen infolge des stärkeren Zusammentrocknens leichter eintritt. Die Stärke ist nicht unter 5 cm zu wählen. Hauptwert ist auf einen guten, dichten Schluß der Fugen zu legen. Am besten hat sich hierbei die Dichtung mit halber Spundung und Kalfaterung nach Abb. 131 S. 180 bewährt. Die Befestigung der Bohlen erfolgt auf den Riegeln mit Nägeln, an den Enden am besten mit Holzschrauben.

Die Strebe liegt auf der Oberwasserseite bündig mit dem Bohlenbelage, mit dem sie gleiche Richtung hat. Das untere Ende der Strebe wird in die Wendesäule, das obere in den oberen Riegel mit Versatz und kurzem Zapfen eingesetzt.

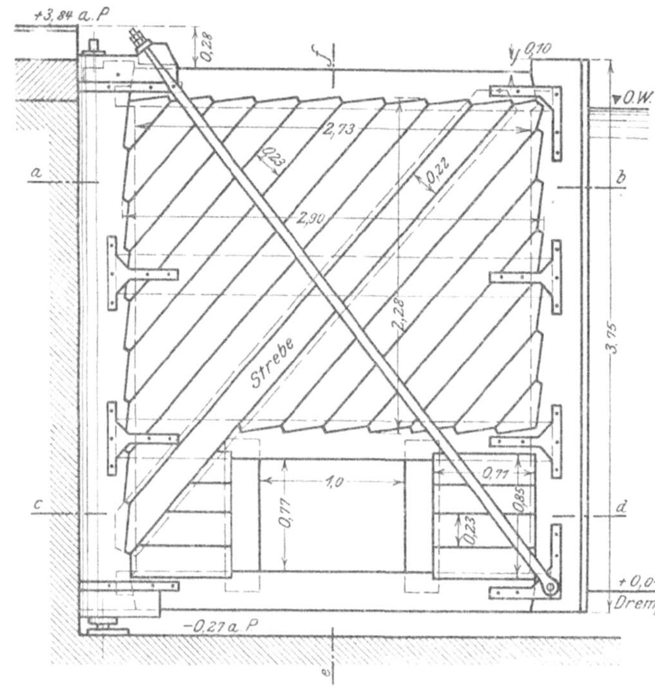

Abb. 130a. Ansicht.

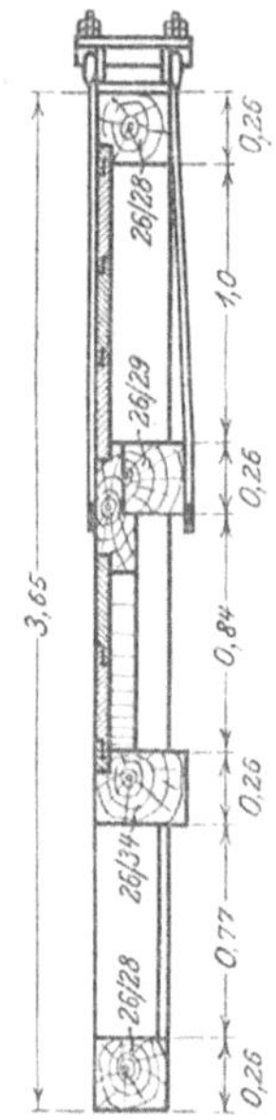

Abb. 130b. Schnitt e—f.

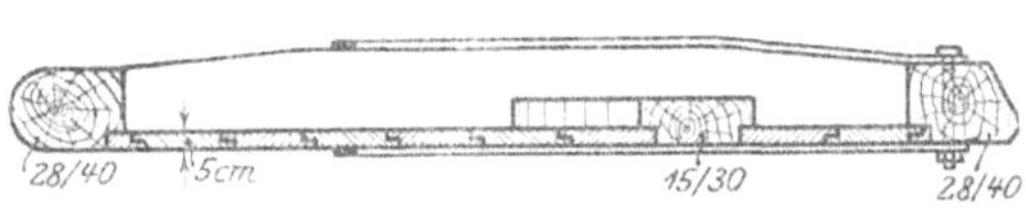

Abb. 130c. Schnitt a—b.

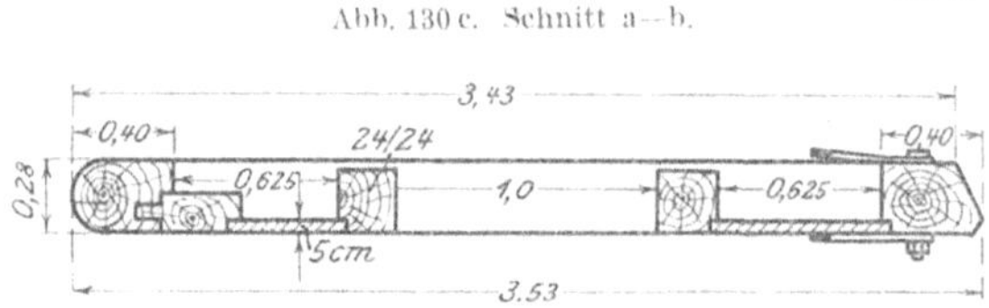

Abb. 130d. Schnitt c—d.

Abb. 130. Hölzernes Schleusentor der Schleuse bei Fürstenwalde (Spree).

Ihre Neigung beträgt etwa 30° gegen die Wendesäule. Bei langen Riegeln wird häufig noch eine zweite, kürzere Strebe angeordnet. Die Breite der Strebe ist möglichst groß zu wählen, etwa 30 cm, ihre Stärke nach der Dicke des Tores gerechnet zu etwa 15 cm, so daß sie beim Überschneiden der Riegel um 10 cm ausgeschnitten wird. Die Riegel bleiben besser ungeschwächt. Ist die Strebe stärker zu wählen, so sind Strebe und Riegel je zur Hälfte beim Überschneiden auszuschneiden, gegebenenfalls beiderseits mit Versatzung.

Die Riegel sind möglichst gleichstark auszubilden und auf ihre ganze Länge in voller Stärke durchzuführen. Sollten hierbei die Rahmhölzer zu stark werden, so ist eine allmähliche Verschwächung nach den Enden statthaft (Abb. 130b und c). Auch kommt eine Verstärkung der unteren Riegel durch Auflegen einer Flacheisenschiene vor. Übliche Stärken der Riegel sind $^{20}/_{22}$ bis $^{26}/_{40}$ cm. Die Zapfenverbindungen der Riegel mit der Wende- und Schlagsäule gibt die Abb. 132 wieder. Die Befestigung erfolgt durch Eck- und Krückeisen von 50 cm Seitenlänge, 6 cm Breite und 1,2 cm Dicke.

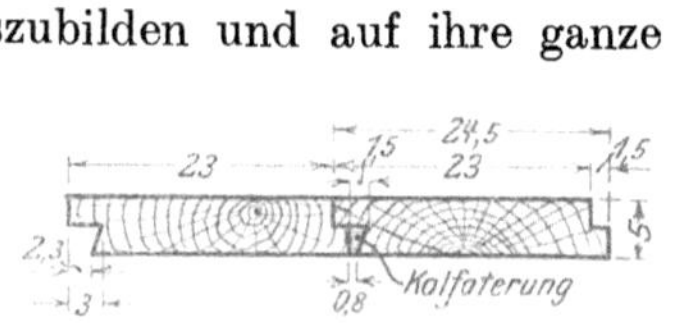

Abb. 131. Kalfaterung des Bohlenbelages.

Die Wendesäule wird meist nach der Form der Wendenische gestaltet, in der sie bei geschlossenem Tore voll anliegt. Um zu verhüten, daß beim

Öffnen des Tores die Wendesäule mit ihrer Berührungsfläche in der Wendenische schleift und sich beide Teile stark abnutzen, wird (Abb. 133) die Drehachse C_1 des Tores exzentrisch zum Mittelpunkt C der Abrundung der Wendesäule gelegt. Das Tor hebt sich dann beim Öffnen sofort von seinem Anschlage in der Wendenische ab. Der Drehpunkt C_1 wird gefunden, wenn auf der Achse $\overline{a\,b}$ des geöffneten Tores, von ihrem Schnittpunkt C mit der Achse $\overline{c\,d}$ des geschlossenen Tores, der zugleich identisch ist mit dem Mittelpunkt der Wendenische und der Wendesäule beim geschlossenen Tore, das Maß e der Exzentrizität als Strecke $\overline{C\,C'}$ aufgetragen, in der Mitte dieser Strecke ein Lot auf $\overline{a\,b}$ errichtet und die Winkelhalbierende des $\sphericalangle\, \widehat{c\,C\,b}$ aus C gezogen wird. Im Schnittpunkt dieser beiden Linien liegt der Drehpunkt C_1. Bezeichnet φ den Drehwinkel des Tores, so sind in dem gleichschenkligen Dreieck $CC_1\,C'$ die Basiswinkel gleich $(90—\varphi/2)$ und

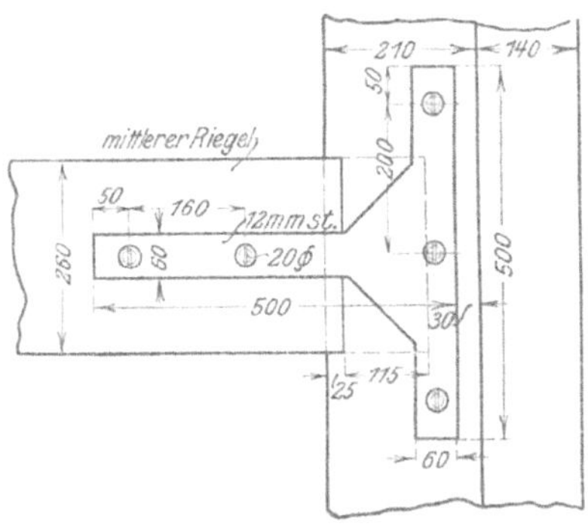

Abb. 132. Verbindung der Riegel mit der Wende- bzw. Schlagsäule.

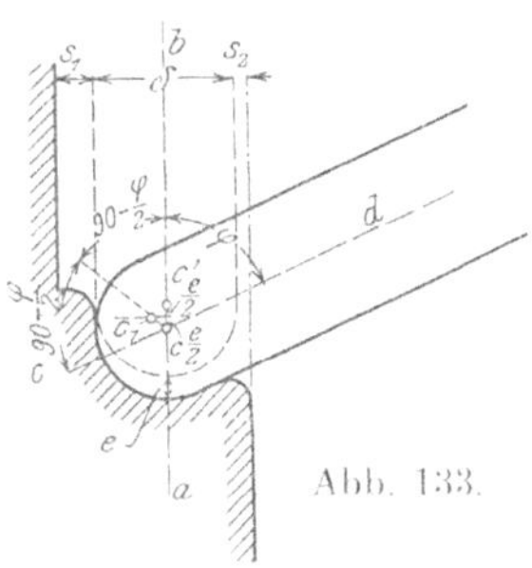

Abb. 133.

der Winkel $C'C_1\,C$ gleich $180—2 \cdot (90—\varphi/2) = \varphi$, d. i. gleich dem Drehwinkel des Tores. Der Punkt C wandert also beim Drehen um C_1 von C nach C′, d. h. das Tor hebt sich um e von der Wendenische ab. e wird zwischen 1,5 und 2 cm gewählt. Bei Anordnung von Druckstühlen gestaltet sich die Ausbildung der Wendenische ähnlich wie bei eisernen Toren (vgl. Abb. 138 S. 186). Ist l die Länge des Tores und d seine Stärke, so wird die Länge der Tornische sein müssen: $l + e + s$, wo $s = 15—20$ cm, bei großen Toren noch größer, der Spielraum für den Abfluß des verdrängten Wassers aus der Tornische ist. Ihre Tiefe ist gleich $d + s_1 + s_2$ wobei s_1 der Spielraum für vorspringende Teile von Bewegungsvorrichtungen der Schützen und $s_2 = 5$ bis 10 cm ein Spielraum ist, um das Tor gegen Beschädigungen durch aus- und einfahrende Schiffe zu schützen. Die Länge des Tores errechnet sich aus $l = \frac{b + d + s_2}{\cos\varphi}$, wenn b die Schleusenbreite ist.

Die Wendesäule trägt oben den Halszapfen (Abb. 134 S. 182), unten die Spurpfanne (Abb. 135 S. 182). Sie wird mit dem oberen, und zweckmäßig auch mit dem unteren Riegel durch einen Bügel nach Abb. 134a fest verbunden, der in die Wendesäule einzulassen ist, um ein Ausschleifen der Wendenische zu verhindern. Bei guter Ausführung der Befestigung durch Schrauben erscheinen Krampen, Keile und dgl. überflüssig.

Die Schlagsäule ist ebenso wie die Wendesäule breiter als dicker zu wählen. Sie ist zur Sicherung der eingreifenden Verzapfungen oben und unten länger als das eigentliche Tor. Oben greift auch häufig die Bewegungsvorrichtung an. Die oberwasserseitigen Kanten der Schlagsäulen werden abgefast.

Neben der Strebe dient das Zugband als notwendiges Bauglied zur Dreiecksverbindung und somit zur Versteifung des Tores. Es wird häufig einseitig, besser auf beiden Seiten des Tores angebracht, um exzentrische Beanspruchungen zu vermeiden. Zur Verwendung kommen Flach- und Rundeisen von den Abmessungen 60/12 bzw. 30 bis 50 mm Durchmesser. Flacheisen läßt sich auf dem Bohlenbelag und den Riegeln besser befestigen. Die Zugbänder müssen unten die Torecke fassen und oben mit der Haube fest verbunden sein. Unten erfolgt der Anschluß durch einen kräftigen Bolzen (etwa 40 mm ϕ), der zugleich das untere Eckeisen als Mittelbolzen faßt. Oben werden die Bänder am besten zu runden Schraubenschäften ausgeschmiedet und durch eine gemeinsame Traverse auf gußeisernen Ansätzen an der Zapfenhaube gelagert (Abb. 134). Zum Anspannen der Bänder dienen Doppelschraubenmuttern. Erfolgt die obere Befestigung des Zugbandes wie die untere durch Schraubenbolzen, so werden Spannschlösser erforderlich. Bei der Kreuzung der Zugbänder mit den Riegeln ist die Anbringung leichter Führungskrampen zum Schutz gegen Anfahren von Schiffen zweckmäßig.

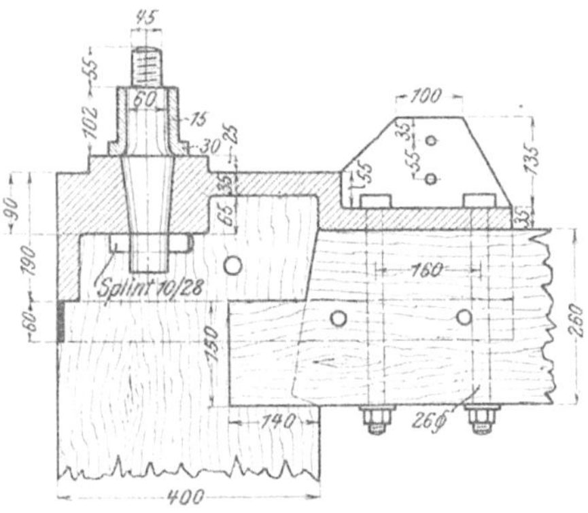

Abb. 134 a. Schnitt a—b.

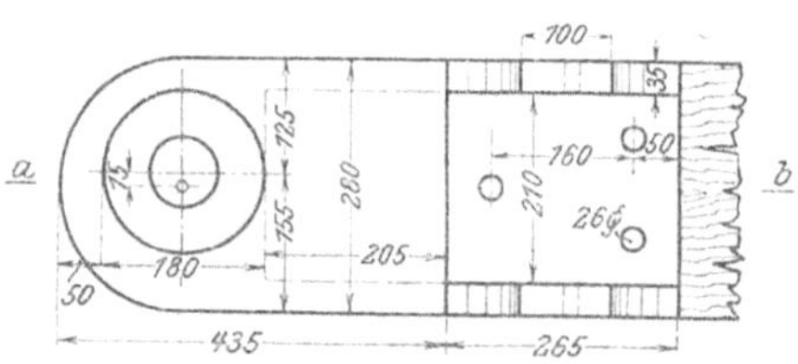
Abb. 134 b. Aufsicht auf den Torschuh.

Abb. 134. Oberer Torschuh mit Zapfen.

Das untere Torlager besteht aus der Grundplatte, dem Zapfen, der Pfanne und dem Schuh. Grundbedingung ist, den Drehzapfen mit dem Drempel zu verbinden, während die Pfanne am Tore zu befestigen ist (Abb. 135). Es

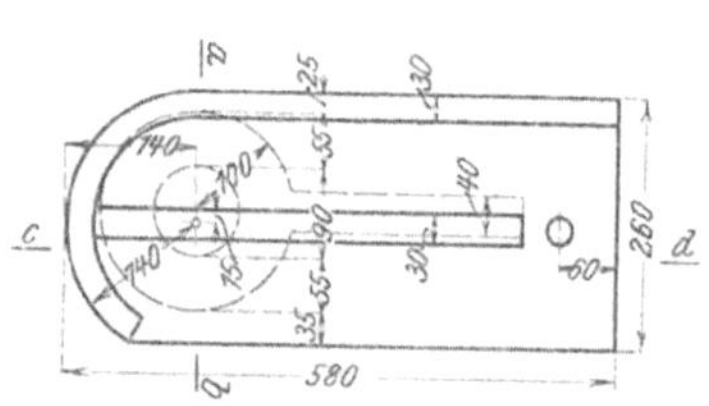
Abb. 135 a. Aufsicht auf den Torschuh. (Spurpfanne.)

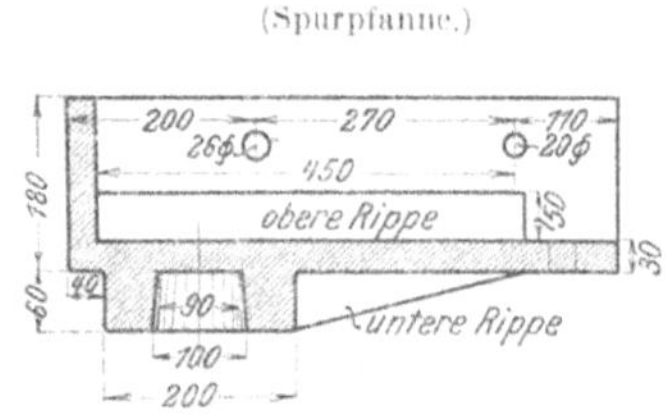

Abb. 135 b. Schnitt c—d.

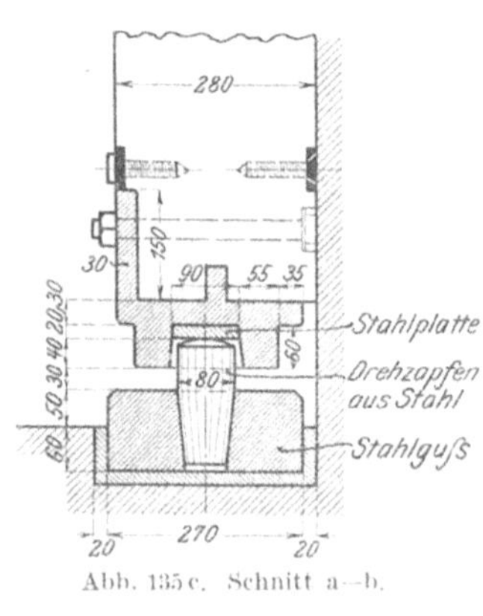

Abb. 135 c. Schnitt a—b.

Abb. 135. Unteres Torlager.

wird dadurch vermieden, daß sich Sandteilchen in der Pfanne ablagern und ein Ausschleifen der Pfanne herbeiführen. Die Grundplatte (Zapfenträger) ist in das Drempelmauerwerk eingelassen. Sie muß bis zur endgültigen Festlegung der Drehachse eine gewisse Beweglichkeit, besonders in wagerechter Richtung behalten. Eine Verankerung ist nicht unmittebar erforderlich, da die Gefahr des Herausziehens nicht groß ist. Die Grundplatte besteht am besten aus einer Stahlgußplatte, welche mit einer allseitigen, etwa 2 cm breiten Fuge eingelassen und nach Feststellung des Tores durch doppelte Eisenkeile unverrückbar festgestellt wird. Alsdann erfolgt das Vergießen der Fuge. In die Grundplatte wird der Stahlzapfen konisch eingeschliffen. Die obere Drehfläche ist nach einem Kugelabschnitt abgedreht. Der Zapfen muß genügende Stärke haben, um den Druck auf die Grundplatte zu übertragen. Er muß ferner gegen seitliche Stöße widerstandsfähig sein, darf also nicht zu hoch sein. Schließlich muß er eine gute Zentrierung der Drehachse ermöglichen. Die Pfanne gibt dem Zapfen seitliche Führung, insbesondere zur Aufnahme der wagerechten Kräfte. Andererseits muß sie einen gewissen Spielraum in wagerechter Richtung lassen, damit das Tor sich fest in die Nische legen kann. An die Pfanne ist der Schuh angegossen, welcher sie mit der Wendesäule fest verbindet und somit den Tordruck auf den Zapfen überträgt. Der Schuh muß ausreichende Länge zur Erzielung eines festen Anschlusses erhalten und reicht über den unteren Riegel fort. Er ist mit ein oder zwei Backen versehen. Die zweite Seitenbacke fehlt häufig, um einen möglichst wasserdichten Anschluß zwischen dem Holz des Tores und dem Drempelstein zu erzielen. Sie ist dann durch eine Mittelrippe ersetzt. Die Übertragung des Tordruckes von der Pfanne auf den Zapfen wird durch eine ebene Stahlplatte vermittelt. Die ebene Plattenoberfläche soll die Bewegung und Wiedereinstellung der Pfanne auf den Zapfenkopf erleichtern sowie das Festklemmen des letzteren verhindern. Ist P der Zapfendruck, und zwar die Mittelkraft aus dem ungünstigsten senkrechten Tordruck V und dem wagerechten Schube Z, jedoch in seiner Richtung senkrecht angenommen, k die zulässige Belastung für 1 qcm, beides in Tonnen, r der Halbmesser der Kugelfläche in cm, dann ist nach Landsberg

$$r = \frac{12{,}75\,P}{k^2}.$$

Der Zapfendurchmesser ist $d = 2\,r \sin\alpha$, wobei α bestimmt wird aus der Gleichung

$$\operatorname{tg}\frac{\alpha}{3} \geqq \frac{Z}{V}.$$

Als zulässige Beanspruchung kann man wählen für Schmiedeeisen $k = 1{,}5$ t, für Gußstahl $k = 2$ t.

Der Zapfendurchmesser wird aus Betriebsrücksichten meist stärker ausgeführt als rechnerisch erforderlich.

Liegt die Wendesäule mit Druckstühlen in der Wendenische an, so erhält der Pfannenschuh, wie Abb. 144 S. 191 zeigt, einen solchen Druckstuhl als Ansatzstück.

Das obere Torlager, der Halszapfen, wurde früher unmittelbar aus der Wendesäule herausgeschnitten und zum Schutz gegen Ausschleifen durch die Verankerung mit Eisenblech umkleidet. Diese Anordnung ist nicht zu empfehlen, da sie zu einem Absplittern der Wendesäule führt. Man wählt daher besser eine gußeiserne oder gußstählerne Haube nach Abb. 134 S. 182. Sie umfaßt das die Toroberfläche um 5 cm überragende Ende der Wendesäule und greift so weit über den oberen Riegel, daß hier drei senkrechte Bolzen angebracht werden können. Auf diesen Bolzen ruht der Hauptzug. Sie sind daher kräftig auszubilden und mit großen Unterlagsscheiben zu versehen. Ein vierter, wagerechter Bolzen dient zur Befestigung der Haube an der Wendesäule. Die Seitenwandungen liegen bündig mit den Torflächen und reichen bis zum Bügel. Die Haubendecke selbst liegt glatt auf der Toroberfläche auf. Die an die Haube angegossenen beiden Stützen dienen zur Aufnahme der Traverse für die Zugbänder und zugleich zur

Befestigung der Endstützen des Laufsteges. Der stählerne Zapfen ist mit dem konisch abgedrehten unteren Teil in eine entsprechende Hülse der Haube eingeschliffen. Um den oberen Teil liegt eine Rotgußbuchse.

Der Durchmesser d in cm eines nur an einem Ende unterstützten Zapfens berechnet sich für Stahl nach der Formel

$$d = 0{,}22 \sqrt[3]{H \cdot l},$$

bei doppelseitiger Lagerung

$$d = 0{,}135 \sqrt[3]{H \cdot l},$$

wenn H der auf den Zapfen entfallende wagerechte Zug in kg und l die freie Länge des Zapfens in cm sind.

Das Bindeglied zwischen dem Halszapfen und der mit Mauerwerk fest verbundenen Verankerung bildet das aus Schmiedeeisen hergestellte Halsband. Es ist von der Verankerung leicht lösbar zu machen, um bei Ausbesserungsarbeiten das Tor bequem senkrecht ausheben zu können; ferner ist es mit Stellvorrichtungen zu versehen, um das versackte Tor jederzeit in seine senkrechte Lage zurückbringen zu können. Eine einfache Anordnung zeigt Abb. 136.

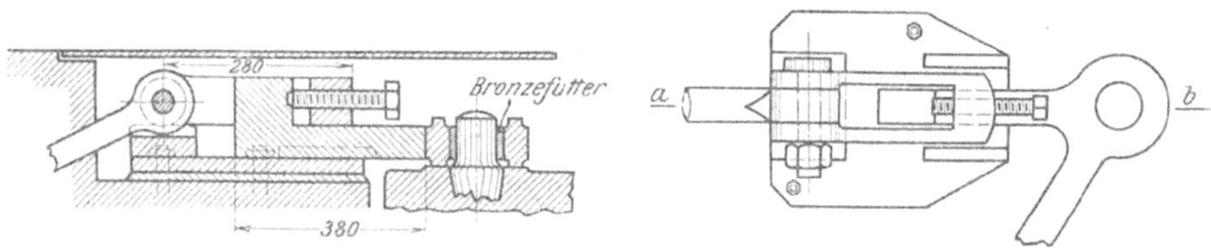

Abb. 136a. Schnitt a—b. Abb. 136b. Aufsicht.

Abb. 136. Halszapfenverankerung. (Einfache Anordnung.)

Das Halsband besteht aus einem Stück. Die beiden in Richtung der Anker verlaufenden Schenkel haben an ihren Enden senkrechte Haken erhalten. Über diese legt sich eine Öse, welche durch einen wagerechten Drehbolzen mit den festen Ankerstangen verbunden ist. Das Ganze ruht auf einer mit dem Mauerwerk verankerten gußeisernen Platte. Die Toreinstellung erfolgt durch eine Stellschraube an jedem Schenkel. Die wagerechte Bewegungsfreiheit der Stellschrauben ist aber begrenzt und beruht nur auf den Spielräumen in den Lagern usw., da der Halszapfen durch ein einziges Eisen an zwei starre Punkte angeschlossen ist. Will man daher den Drehzapfen beliebig in wagerechtem Sinne einstellbar machen, so muß man zwei Halseisen verwenden, welche jedes für sich den Zapfen umfassen, und den Drehbolzen für die Öse nicht wagerecht, sondern senkrecht anordnen. Die übrige Anordnung kann die gleiche bleiben oder durch die der Abb. 137 ersetzt werden. Hier erfolgt die Regulierung des Tores durch eine Doppelschraubenmutter, die auf jedem Halseisenschenkel sitzt. Bei dieser Halszapfenanordnung kann sich das geschlossene, unter Druck stehende Tor fest in seine Nische legen, ohne daß der Halszapfen auf Abscheren beansprucht wird. Das vor den Muttern befindliche Füllstück a sowie die davor in dem schmiedeeisernen Lagerbock eingelassene Bronzeplatte sind nach einer Kugelfläche abgerundet, um seitliche Bewegungen zu ermöglichen.

Die Verankerung besteht aus schmiedeeisernen Rundstangen, die tief in das Mauerwerk hineinreichen. Ein Anker liegt in der Richtung des geschlossenen Tores, der andere möglichst in der des geöffneten Tores, etwa 1 : 10 gegen die vordere Mauerflucht geneigt. Gegen die Lotrechte sind die Anker etwa unter 45° geneigt. Erforderlichenfalls sind sie an einer geeigneten Stelle noch steiler anzuordnen, um sie tiefer in das Mauerwerk hineinzuführen. An den Brechpunkten befinden sich Gelenke und Lager. Das untere Ende des Ankers greift in eine schmiedeeiserne Platte, deren Größe sich aus dem Ankerzuge und den zulässigen Beanspruchungen des Baustoffes der Mauer betimmt.

Der über das Tor führende, aus Bohlen bestehende Laufsteg sowie das Geländer lassen sich in einfacher Weise durch Winkeleisen an dem oberen Riegel des Tores anbringen. Der Laufsteg ist nach der Oberwasserseite auszukragen.

Die Herstellung der hölzernen Tore erfolgt auf einem geeigneten Bauplatze. An der Verwendungsstelle werden sie mittels Winden, Ketten oder Flaschenzügen sorgfältig, wenn möglich in senkrechter Stellung in die Baugrube herab-

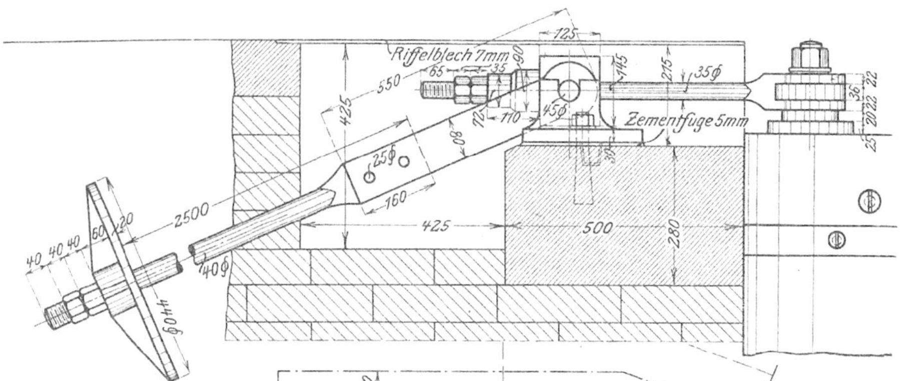

Abb. 137a. Ansicht.

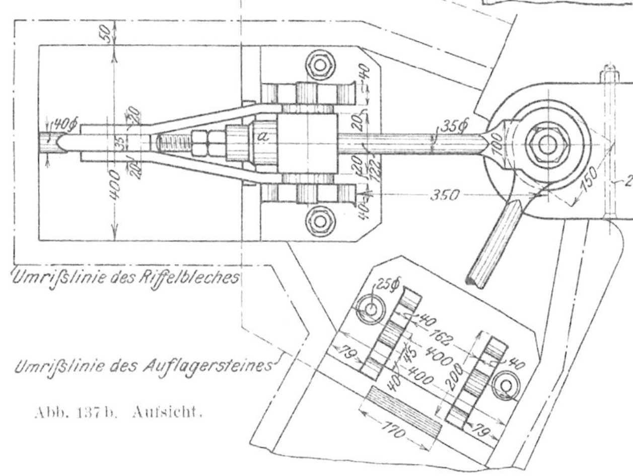

Abb. 137b. Aufsicht.

Abb. 137. Halszapfenverankerung.

gelassen und auf den in seiner Lage provisorisch festgelegten Spurzapfen aufgesetzt. Mit Hilfe des Halsbandes und seiner Feststellvorrichtungen werden dann beide Torflügel in ihre genaue senkrechte Lage gebracht, das untere Lager vergossen und beide Flügel durch Winden an ihren Schlagsäulen fest zusammengepreßt. Durch wiederholt auszuführende feine Sägeschnitte längs der zusammenliegenden Schlagsäulen wird ein dichter Schluß an sämtlichen Dichtungsflächen herbeigeführt.

b) Eiserne Tore. Als Baustoff kommt zurzeit nur Flußeisen, für Lager und Verankerung Gußeisen, Gußstahl und Stahl in Frage. Um das Eisen gegen Rosten zu schützen, müssen alle Konstruktionsteile gut zugänglich sein, damit sie jederzeit nachgesehen, gereinigt und gestrichen werden können. Unter Wasser hat sich als bestes Anstrichmittel Steinkohlenteer erwiesen, der auf die sorgfältig gereinigten Flächen heiß aufgetragen wird. Über Wasser ist als erster Anstrich ein solcher mit Eisenmennige zu empfehlen, über den ein deckender Ölfarbenanstrich gelegt wird.

Die Anschlagshöhe des Tores am Drempel beträgt nach der Größe des Tores und der Höhe des Druckes 15—25 cm. Gleichgroß ist der Spielraum zwischen der Unterkante des Tores und dem Torkammerboden. Die Höhe des Tores über Oberwasser bestimmt sich nach den örtlichen Verhältnissen. Bei Kanalschleusen mit gleichbleibendem Wasserstande wird eine Höhe von 20 bis 25 cm genügen, bei Flußschleusen wird häufig ein Überströmen der höchsten Wasser

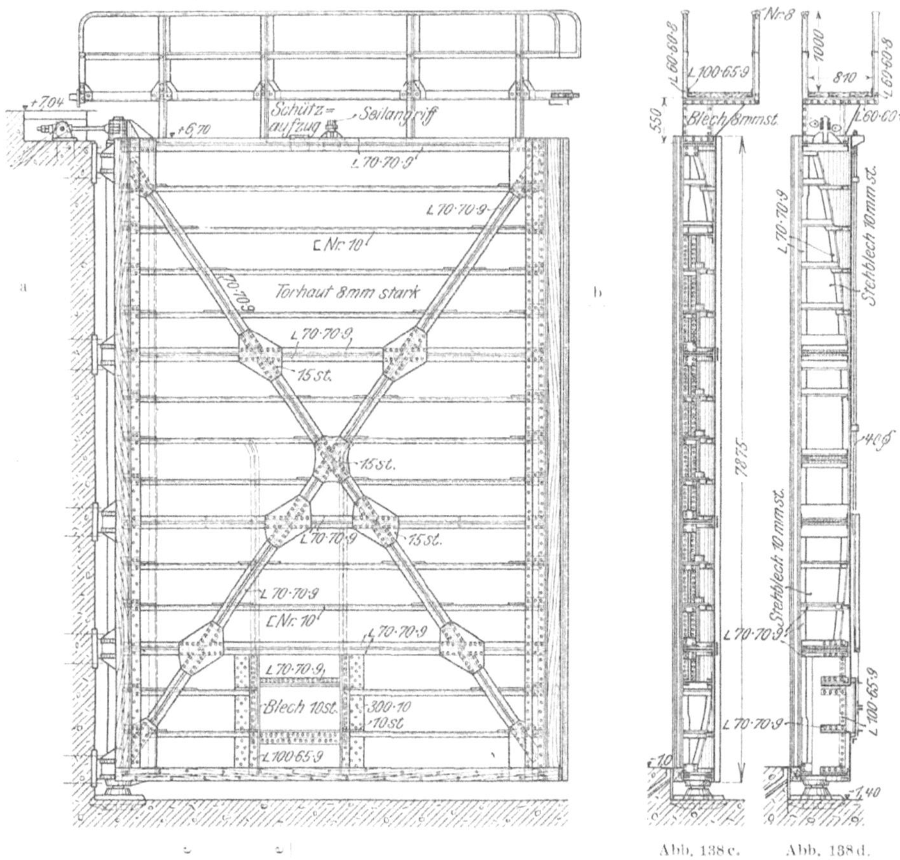

Abb. 138 a. Ansicht.

Abb. 138 c. Schnitt c—d.

Abb. 138 d. Schnitt e—f.

Abb. 138 b. Schnitt a—b.

Abb. 138. Eisernes Stemmtor der Schleuse bei Wernsdorf. (Oder-Spree-Kanal.)

zugelassen, bei Seeschleusen muß man mit der Höhe des Wellenganges bei den höchsten Wasserständen rechnen. Das Tor wird dann 1 m, unter Umständen bis zu 2 m über das höchste H. W. hinausragen. Das Drempelverhältnis schwankt zwischen $1/4$ bis $1/6$ der Schleusenweite. Das letztere Maß dürfte das zweckmäßigere sein.

Die Stärke der glatten Blechhaut bestimmt sich nach den statischen Verhältnissen. Als Mindeststärke sind in Rücksicht auf Rosten 6 mm anzusehen. Bei kleinen und mittleren Schleusentoren wird man versuchen mit einer Blechstärke auszukommen, um Kröpfungen und dergl. zu vermeiden.

Bei großen Toren wird die Stärke nach unten zunehmen müssen. Der Stoß der Bleche erfolgt meist auf den Riegeln oder Ständern und wird am besten durch Laschen gedeckt. Steht zu befürchten, daß sich Schlick auf den Absätzen der wagerechten Stöße ablagert und zu stärkerem Rosten Veranlassung gibt, so wird man das äußere Blech über das untere greifen lassen. Da man bei eisernen Toren zur besseren Ausnutzung des Baustoffes Riegel in größeren Abständen setzt, bedarf die Blechhaut einer Zwischenaussteifung, um ihre Abmessungen in geringen Grenzen zu halten. In der Abb. 138, welche ein Tor mit einheitlich gekrümmter, tragender Blechhaut darstellt, ist diese Aussteifung durch kleine [-Eisen erfolgt. Die Riegel sollen bei diesen Toren Verdrückungen der Blech-

Abb. 139 a. Wagerechter Schnitt durch das Tor.

haut verhüten sowie im Zusammenhang mit den steifen Diagonalen ein Öffnen der Tore gegen 10 cm Überdruck ermöglichen. Die Nieten der Blechhaut müssen dichtschließend sein.

Wellblech als Torbekleidung ist seinerzeit von Mohr bei den ersten Schleusen des Oder-Spree-Kanales verwendet. Es hat sich jedoch nicht bewährt. Da die Flächen bedeutend größer sind als bei glatten Blechen, wird die Rostgefahr vermehrt. Auch sind die Anschlüsse des Bleches an das Torgerippe unbequem und für den Anstrich schwer zugänglich. Die Tore sind ferner nicht steif genug ausgebildet und versacken leicht.

Bei guter Vernietung der Anschlüsse des Torgerippes tritt bei eisernen Toren schon eine gewisse Versteifung des Rahmens ein, so daß sich Strebe und Zugband zu einer Diagonale vereinigen lassen. Diese ist vielfach, besonders wenn starke Riegel und Ständer verwendet werden, aus Flacheisen hergestellt. Es wird dabei angenommen, daß die Blechhaut die zweite Diagonale ersetzt. Sind größere Gefällunterschiede vorhanden, so empfiehlt es sich jedoch, insbesondere bei Toren mit einheitlich gekrümmter Blechhaut, zwei zug- und druckfeste Diagonalen anzuordnen (Abb. 138a), um eine Verschieblichkeit des Torrahmens auf jeden Fall zu vermeiden. Bei Schwimmtoren, also Toren mit doppelter Blechhaut, kann infolge Aussteifung der Tore durch die Schottwände von dem Einbau besonderer Diagonalen abgesehen werden.

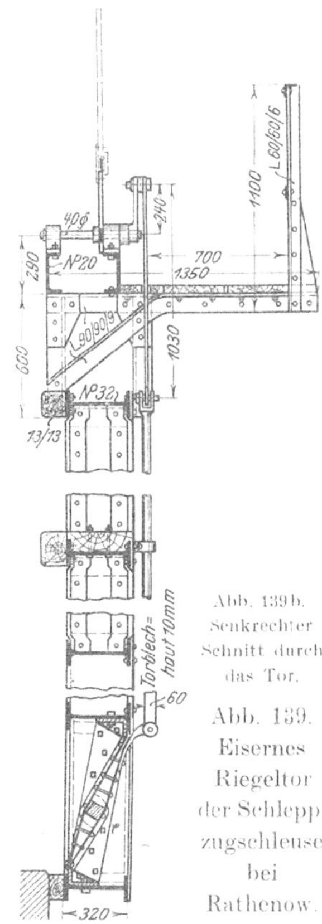

Abb. 139 b. Senkrechter Schnitt durch das Tor.

Abb. 139. Eisernes Riegeltor der Schleppzugschleuse bei Rathenow.

Die wagerechten und senkrechten Aussteifungen der Torhaut (Riegel und Ständer) sowie die Wende- und Schlagsäule sind bei kleinen und mittleren Toren aus einfachen Walzprofilen herzustellen (Abb. 139). Die Wendesäule, deren Gestalt unabhängig von der der Nische ist, stützt sich vermitttles einzelner stählerner Stützwinkel gegen die vollständig mit Stahl verkleidete Wendenische. Eine derartige Ausbildung der Wendenische empfiehlt sich nicht, da das genaue Einpassen des Tores auf große Schwierigkeiten stößt. Besser ist die Anordnung der Abb. 138a, wo sich die Stützwinkel gegen einzelne Gußstahlplatten setzen, deren genaue Lage nach fertigem Aufstellen der Tore leicht festgelegt werden kann. Die Stützwinkel befinden sich in Höhe der einzelnen Riegel. Die Dichtung erfolgt durch senkrechte Anschlagleisten, die auf der Wendesäule in Flucht der Drempeldichtungsleisten aufgebracht sind.

Bei der Berechnung der Stemmtore wird angenommen, daß beim geschlossenen Tore der Stemmdruck durch die Mitte der Berührungsflächen der Schlagsäulen geht. Bei kleineren Toren wird diese Lage des Stemmdruckes im allgemeinen auch zutreffen und höchstens innerhalb geringer Grenzen schwanken. Große

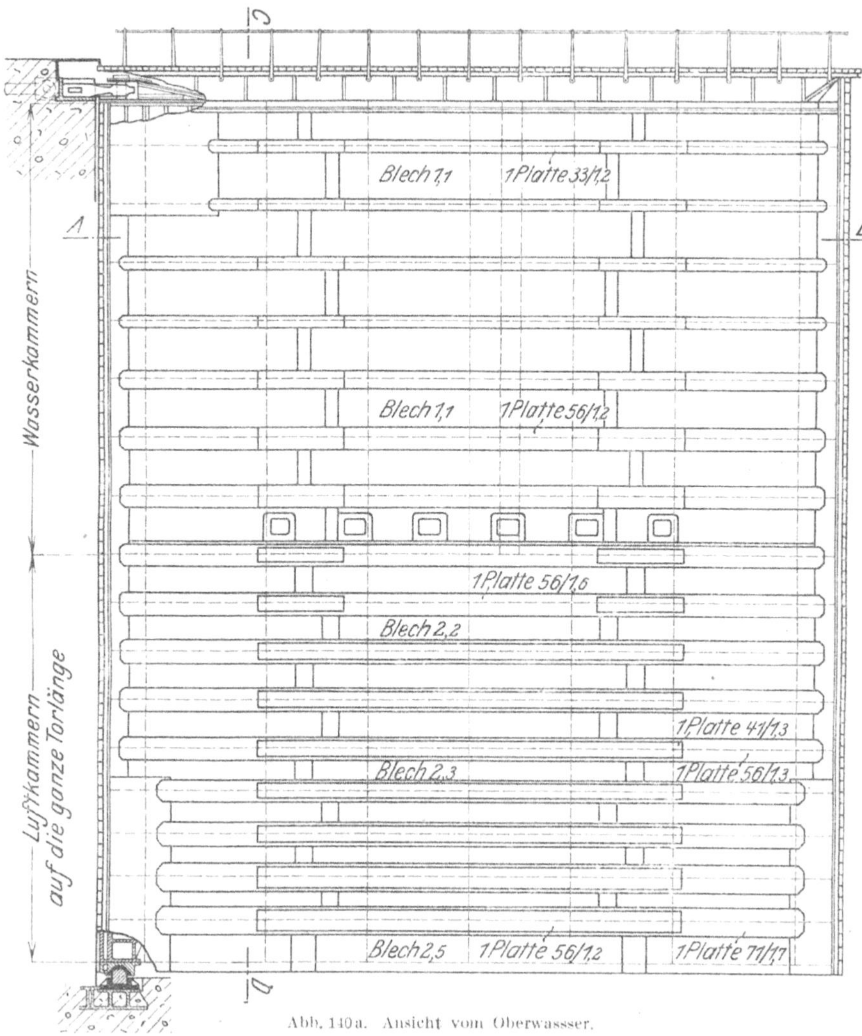

Abb. 140. Eisernes Stemm(schwimm)tor der Schleuse bei Gatun.

eiserne Tore unterliegen aber bei Temperaturänderungen erheblicher Längenänderungen der Riegel, so daß die Berührung der Dichtungsflächen an den Schlagsäulen nicht in ganzer Fläche erfolgt, vielmehr von einer Kante zur anderen wandert. Infolgedessen verändert sich auch die Lage des Angriffspunktes des Stemmdruckes, und letzterer geht nicht immer durch die Mitte der Berührungsflächen. Hierdurch entstehen andere Spannungen im Torkörper. Man vermeidet dies dadurch, daß die Schlagsäule ähnlich wie die Wendesäule Stemmlager erhält, welche den Stemmdruck zwingen, eine bestimmte Lage anzunehmen. Eine solche Anordnung ist bei den großen Schleusentoren des Panamakanales (Abb. 140)

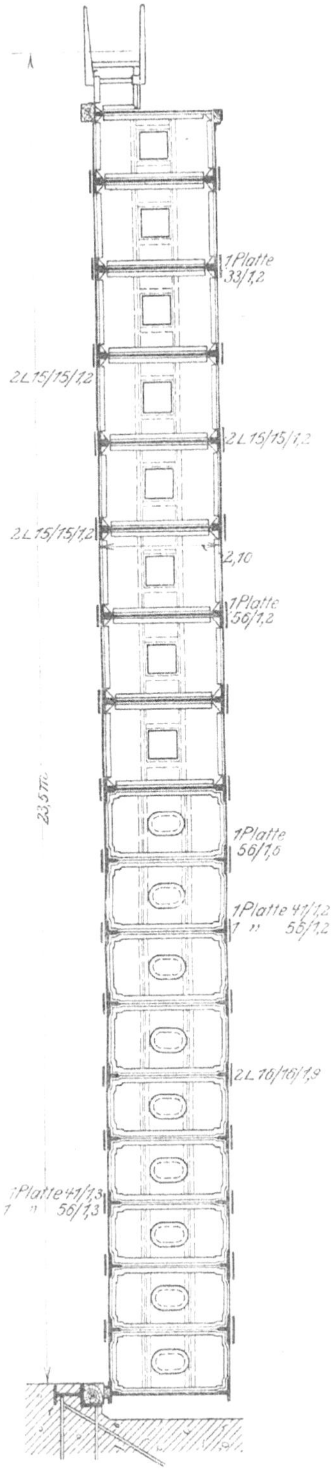

Abb. 140 b. Querschnitt C–D.

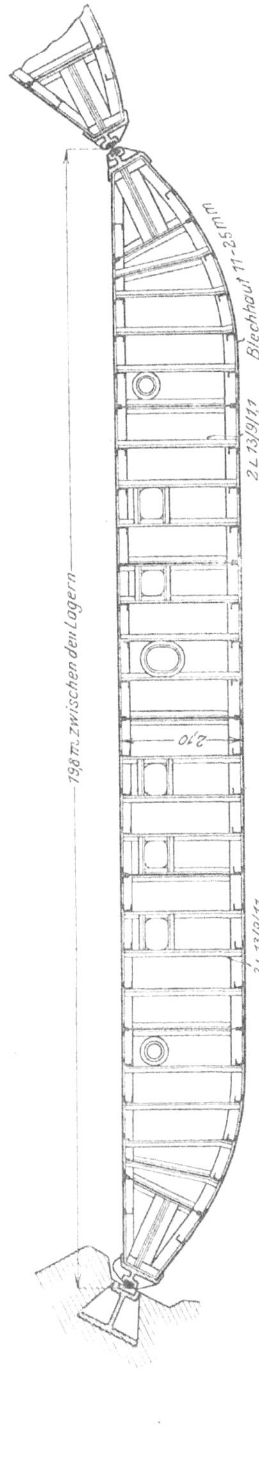

Abb. 140 c. Schnitt A—B.

Abb. 140. Eisernes Stemm(schwimm)tor der Schleuse bei Gatun.

getroffen. Das Tor stellt ein Riegeltor mit doppelter Blechhaut dar, dessen untere Hälfte als Luftkammern, während die obere Hälfte als Wasserkammern ausgebildet ist. Die Riegel sind nach der Oberwasserseite zu gekrümmt, am Drempel gerade. Die Neigung des Drempels beträgt $\frac{1}{4}$ der Schleusenweite.

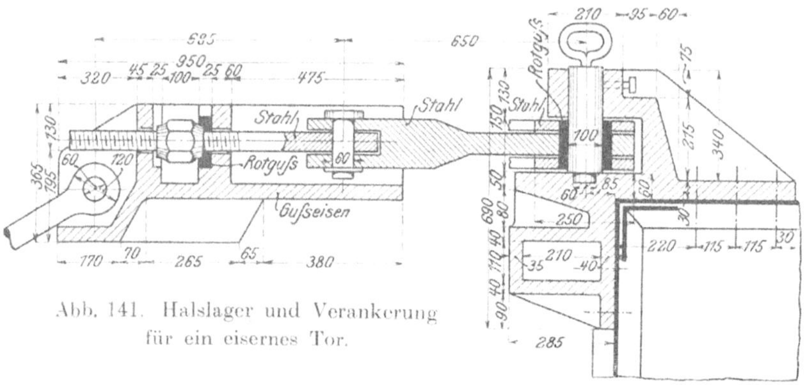

Abb. 141. Halslager und Verankerung für ein eisernes Tor.

Die Länge eines Torflügels ist rund 19,8 m, seine Höhe rund 23,5 m, die Stärke eines Riegels etwa 2,1 m. Die Dichtung am Drempel erfolgt in üblicher Weise, an der Wende- und Schlagsäule längs der Drucklager.

Das untere Torlager besteht wie bei den hölzernen Toren aus der Grundplatte, dem Zapfen und der am Tore befestigten Pfanne. Alle Teile sind dem

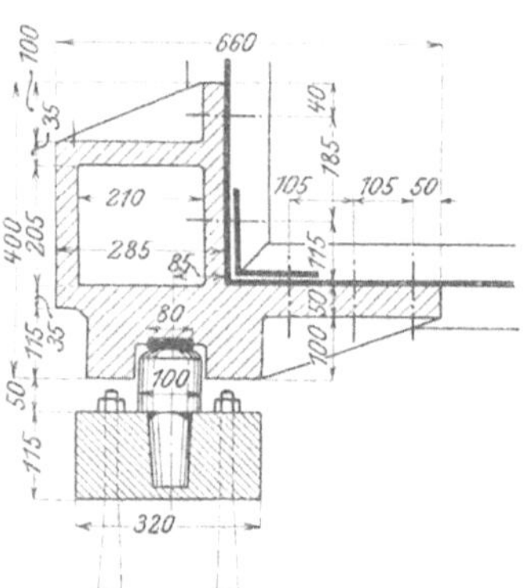

Abb. 142. Spurlager für ein eisernes Tor.

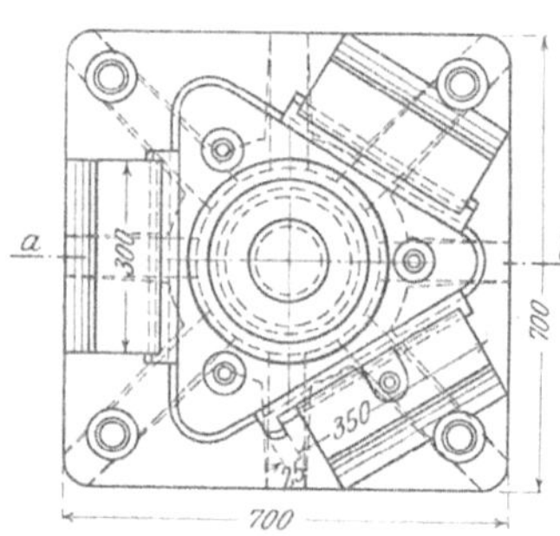

Abb. 143a. Grundriß.

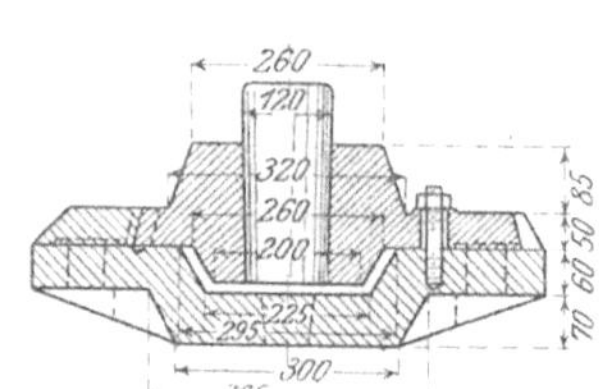

Abb. 143b. Schnitt a—b.

Abb. 143. Lagerplatte für den Spurzapfen des Stemmtores der Wernsdorfer Schleuse.

Gewicht entsprechend stärker auszubilden. Im übrigen gelten für das Spur- und Halslager die gleichen Bedingungen wie bei den Holztoren (vgl. S. 182 u. ff.), so daß bei kleineren eisernen Toren sich ähnliche Anordnungen wie bei den hölzernen finden (Abb. 141 und 142). Von Wert ist, auch das Spurlager verstellbar einzurichten, um die Torachse nach fertigem Aufstellen des Tores oben und unten genau einstellen zu können. Zu diesem Zwecke besteht nach Abb. 143 bei der Schleuse bei Wernsdorf die Lagerplatte aus zwei Teilen, einer unteren Grundplatte, welche nach vorläufiger Festlegung der Torachse durch vier kräftige Anker mit der Sohle fest verbunden wird, und einer oberen, im Grundriß dreieckig ausgebildeten Platte, welche den Grundzapfen aufnimmt. Diese Platte ist innerhalb gewisser Grenzen beweglich und wird erst nach genauem Zentrieren der Drehachse durch drei Längskeile gegen drei Nasen der Grundplatte festgelegt und durch drei Stiftschrauben mit der Grundplatte fest verbunden. Abb. 144 gibt Einzelheiten der Spurpfanne, Abb. 145 solche der Verankerung des Halszapfens. Die Halseisen sind zweiteilig, um ein beliebiges Einstellen der Torachse zu ermöglichen.

Die Tore des Panamakanales sollen, wie aus Abb. 140 S. 188 ersichtlich, Grundzapfen erhalten, deren Gleitflächen volle Halbkugeln bilden, und bei

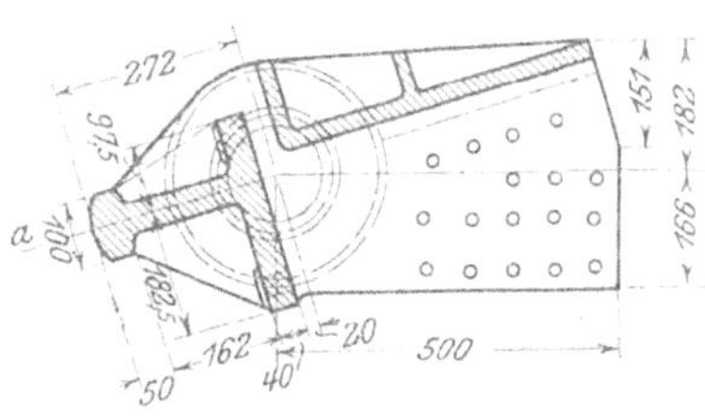

Abb. 144a. Oberansicht.

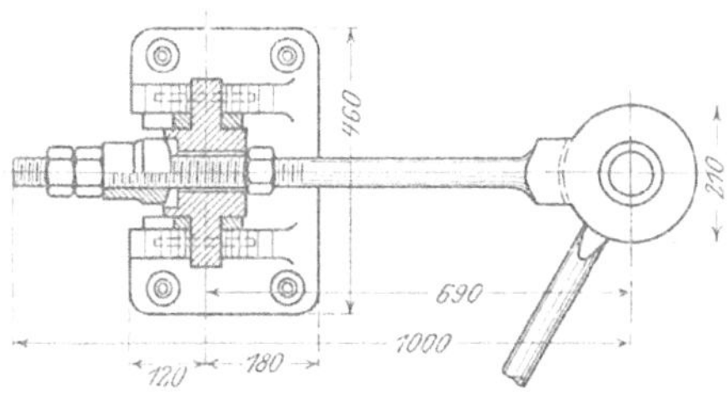

Abb. 145a. Oberansicht.

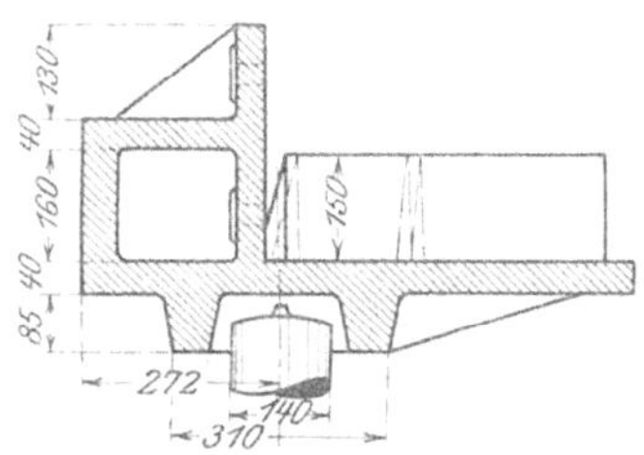

Abb. 144b. Schnitt a–b.

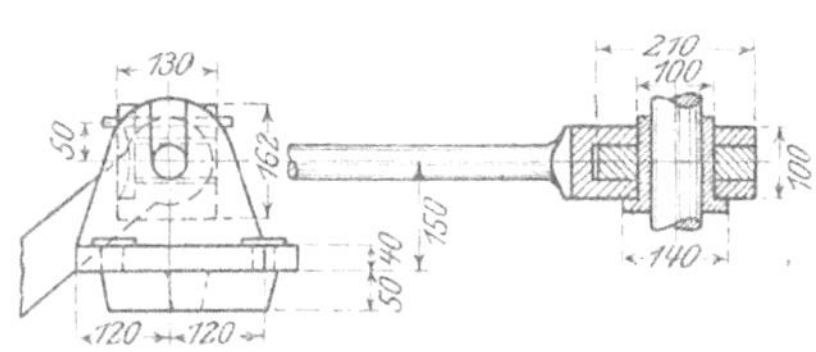

Abb. 145b. Seitenansicht.

Abb. 144. Spurpfanne für das Wernsdorfer Stemmtor.

Abb. 145. Verankerung des Halszapfens vom Wernsdorfer Stemmtor.

denen die Berührungsflächen von Zapfen und Pfanne nach gleichen Halbmessern abgerundet sind. Der Halbmesser errechnet sich nach der Formel

$$R \geqq 0{,}691 \sqrt{\frac{P}{k}},$$

wobei P und k die Bedeutung nach S. 183 haben.

Hinsichtlich der Verankerung gilt das bei den hölzernen Toren Gesagte.

Die Herstellung eiserner Tore wird man soweit als angängig in der Fabrik bewerkstelligen, da wegen der dort vorhandenen Maschineneinrichtungen sämtliche Arbeiten, wie das Zusammenpassen der einzelnen Teile und ihr Zusammennieten, bei dem auf gutes Dichthalten, besonders beim Vorhandensein von Luftkästen, Wert zu legen ist, besser und leichter erfolgen können. Die Größe der fertiggestellten Teile ist abhängig von dem Transportwege. Bei Wassertransport wird man unter Umständen ein Tor vollständig in der Fabrik herstellen und zur Baustelle schaffen. Bei Eisenbahn- bzw. Wagenbeförderung ist Rücksicht zu nehmen auf das Gewicht bzw. die Abmessungen der einzelnen zu befördernden Teile.

Auf der Baustelle wird man nur die unbedingt nötigen Restarbeiten ausführen. Kleinere Tore sind hierbei dicht an der Verwendungsstelle zusammenzubauen und mittels Winden, Flaschenzügen und Hebebäumen in die Baugrube herunterzulassen und betriebsfertig aufzustellen. Große Tore werden häufig in der trocken gelegten Baugrube unmittelbar an Ort und Stelle zwischen Gerüsten zusammengebaut.

17. Bauweise der plattenartigen Tore.

a) Klapptore. Sie werden aus Holz und Eisen gebaut. Abb. 146 gibt die Anordnung hölzerner Klapptore wieder. Sie sind den zuerst in Amerika am Eriekanal im Jahre 1862 erbauten Klapptoren nachgebildet. Zwischen dem unteren, als Drehsäule dienenden und dem oberen Riegel sind senkrechte Pfosten eingesetzt, welche das Torgerippe bilden. Ein doppelter Bohlenbelag dient als dichtender Abschluß. Die Einzelheiten der Verzapfung und dgl. entsprechen denen der hölzernen Stemmtore. Die Dichtung an den Anschlägen übernehmen die seitlichen Pfosten sowie die in dem hohlausgebildeten Drempel liegende Drehsäule. Letztere trägt an ihren beiden Enden einfache eiserne Zapfen, welche in hinreichend kräftigen zweiteiligen gußeisernen Lagern gewöhnlicher Art gelagert sind. Der Hohlraum zwischen den beiden Bohlenbelägen wird so weit mit Steinen belastet, daß das Tor mit geringem Übergewicht in der Torkammer aufliegt. Das geschlossene Tor steht nicht senkrecht, sondern etwa 1 : 10 gegen das Oberwasser geneigt, um seine Abwärtsbewegung zu erleichtern. Das geöffnete Tor legt sich (Abb. 146b) auf hölzerne Auflagerklötze im Torkammerboden derart auf, daß es mit der Drempeloberkante bündig liegt. Eiserne Klapptore erhalten (Abb. 147) Luftkästen, um das Torgewicht zu verringern und die Bewegungsvorrichtungen zu entlasten. Die Anordnung von zwei Reihen von Schwimmkästen hat sich gut bewährt und dürfte der Anordnung nur einer Reihe von Luftkästen am oberen Ende des Tores (vgl. Klapptore an der Meppener Schleuse S. 207) aus den auf S. 178 angegebenen Gründen vorzuziehen sein. Das Tor ist als Ständertor ausgebildet. Die Ständer legen sich oben gegen den als Blechträger von I-Form ausgebildeten Riegel, unten gegen den geradlinigen Drempelanschlag. Sie sind hier durch Winkel miteinander verbunden. Zwei weitere wagerechte Blechträger dienen zur Bildung der Luftkästen, welche mit Buckelblechen verkleidet sind, um dem Tore größere Steifigkeit zu geben. Letzterem Zwecke dienen auch die in der Ansicht sichtbaren Diagonalen unterhalb des Luftkastens. Buckelplatten erzielen eine Gewichtsverminderung, da die Blechstärken geringer gewählt werden können wie bei glatten Blechen; es vermehrt

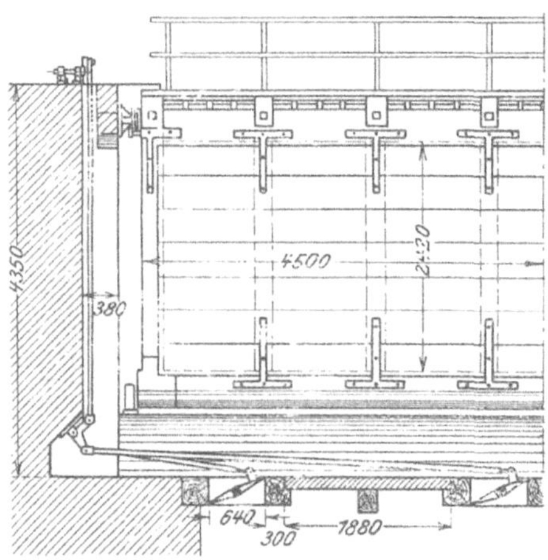

Abb. 146a. Ansicht.

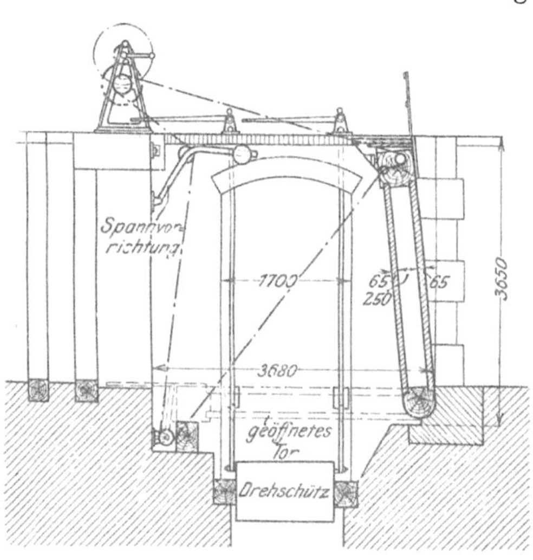

Abb. 146b. Querschnitt.

Abb. 146. Hölzernes Klapptor am Oder-Spree-Kanal.

sich aber die Anzahl der zu verstemmenden Nähte. Es ist also auf sehr saubere Arbeit zu achten. Die Schwimmkästen sind so groß gewählt, daß das Tor mit etwas Überlast sinkt. Sie liegen 30 cm unter Normaloberwasser, um auch bei etwas niedrigeren Oberwasserständen noch voll wirksam zu sein. Sie sind in drei Abteilungen durch mannlochähnliche Aussparungen in den Ständern und dem Mittelriegel untereinander verbunden und von außen durch den obersten Riegel mittels wasserdicht abzuschließenden Mannlöchern begehbar. Zum Lenzen dienen drei Pumpenrohre. Die Dichtungsleisten sind in ⊔-Eisen befestigt, welche durch Konsolen gegen die Endständer bzw. den unteren Riegel abgestützt werden. Zwei Felder der Schwimmkästen sind unbekleidet geblieben,

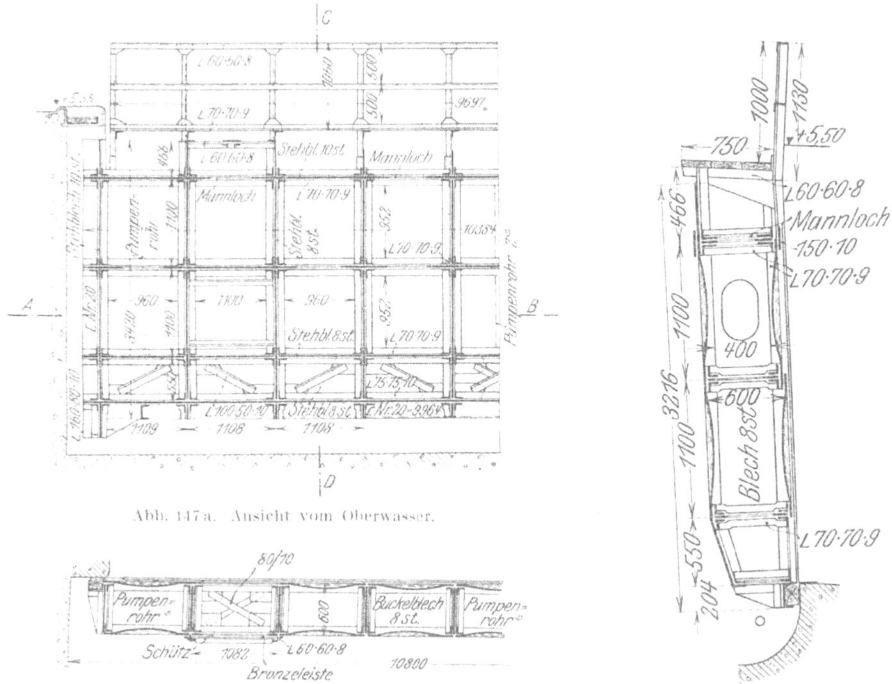

Abb. 147a. Ansicht vom Oberwasser.

Abb. 147b. Schnitt A—B.

Abb. 147c. Schnitt C—D.

Abb. 147. Eisernes Klapptor der zweiten Schleuse bei Wernsdorf. (Oder-Spree-Kanal.)

um einfache Gleitschützen mit Bronzedichtungsleisten als Notschützen beim Schleusen aufzunehmen. Die Zapfen und Lagerböcke sind nach Abb. 148 S. 194 einfach und kräftig ausgebildet. Der Lagerbock wird auf einer fest verankerten, gußeisernen Grundplatte zunächst verschieblich angeordnet, dann nach genauer Einstellung des Tores durch Stellkeile festgelegt und durch Schrauben fest verbunden.

b) Schiebetore. Das nach dem Patent von Kinipple erbaute Schiebetor oder Schiebeponton ist ein auf allen Seiten, also auch auf den Stirnseiten und unten, geschlossener ausgesteifter Körper, welcher durch Wasserballast den erforderlichen Betriebsdruck, durch Entfernen des Wasserballastes den nötigen Auftrieb zum Herausnehmen erhält. Das Tor läuft auf Rädern, die in der Sohle der Torkammer oder am Tore befestigt sind. In Höhe des Unterwassers ist ein wasserdichtes Deck vorhanden, welches das Tor in zwei Teile zerlegt. Der untere Teil bildet die Luft- und Ballastkammern, der obere steht durch Ventile mit dem Außenwasser derart in Verbindung, daß bei geschlossenem Tore immer die Blechhaut Wasserdruck erhält, die am Anschlage anliegt. Um das Tor beim Aufschwimmen bequem ausdrehen zu können, ohne die Anschlagkanten stark abrunden bzw. die Mauer neigen zu müssen, hat das Tor zwischen den äußeren und inneren Anschlagflächen etwa 10 cm Spielraum und ist außerdem im Grundriß trapezförmig gestaltet, so daß die größere Länge dem Außenwasser zugekehrt

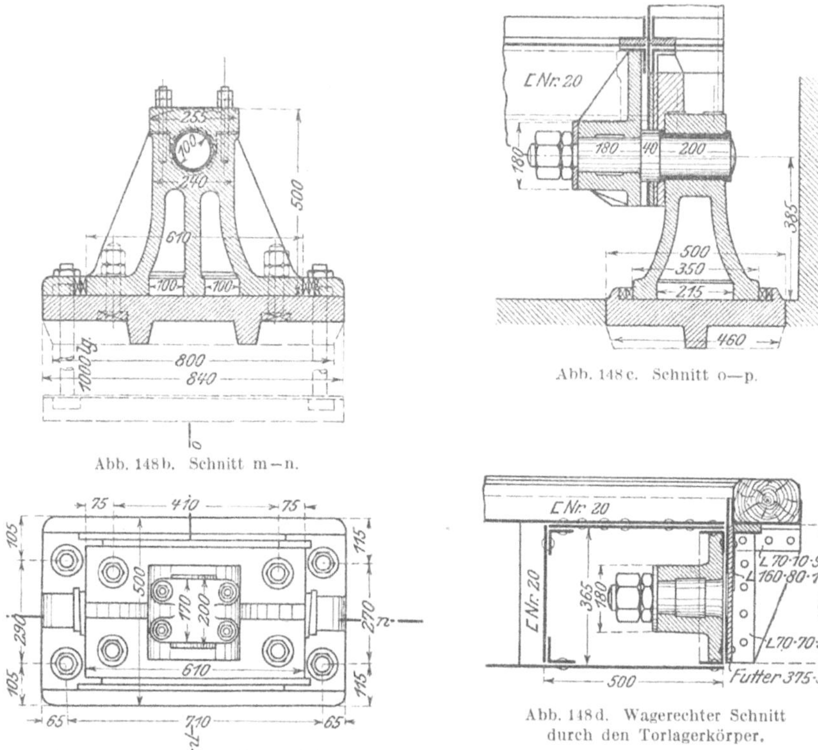

Abb. 148b. Schnitt m–n.

Abb. 148c. Schnitt o–p.

Abb. 148a. Oberansicht.

Abb. 148d. Wagerechter Schnitt durch den Torlagerkörper.

Abb. 148. Torlager für das Klapptor an der Wernsdorfer Schleuse.

ist (Abb. 149). Entsprechend erhält die äußere Vorschleuse eine größere Breite wie die innere. Zum Herausdrehen wird das Tor so weit in die Torkammer gefahren, daß das gegenüberliegende Ende frei vom Anschlag wird. Alsdann kann es um die äußere Anschlagkante a herausgedreht werden.

Das auf allen Seiten geschlossene Tor erzeugt beim Einfahren in die Torkammer eine starke Strömung des aus der Torkammer verdrängten Wassers, drängt dies unter dem Tore hin nach dem Außenwasser und führt auf diese Weise eine Spülung und Reinigung des Torkammerbodens herbei. Um diese Wirkung noch zu verbessern, hat man den Torkammerboden grabenartig, d. i. nach unten dreieck- oder muldenförmig ausgebildet. Anderseits erfordert die Überwindung des Wasserwiderstandes große Kräfte. Man hat daher neuerdings bei Schiebetoren die Bekleidung der Stirn- und Bodenflächen fortgelassen (Abb. 150c S. 197), so daß in den Stirnflächen nur noch die Bekleidung des Schwimmkastens vorhanden ist. Hierdurch werden die Reibungswiderstände beim Bewegen des Tores erheblich vermindert.

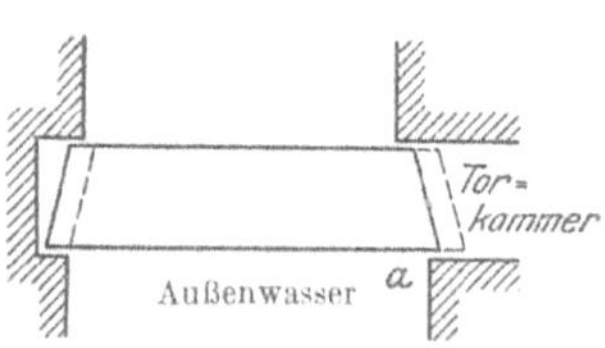

Abb. 149.

Wie bereits auf S. 178 erörtert, ist der Schwimmkasten des Tores als hauptsächlich tragender Teil auszubilden. Man wird ihn daher, um wirtschaftlich zu konstruieren, so tief wie möglich anordnen. An ihn sind bislang zur Bildung des Torgerippes senkrechte Ständer angeschlossen worden (vgl. Schiebetor der Kaiserschleuse zu Bremerhaven. Handbuch der Ing.-Wissenschaften III. Teil, Wasserbau. Achter Bd. S. 220), welche unten, nur durch einen schwachen Riegel verbunden, sich gegen den Drempel, oben gegen einen wagerechten, stärker ausgebildeten Riegel legen. Der Drempel erhält bei dieser Torausbildung große Drücke. Auf seine sorgfältige Herstellung ist daher der größte Wert zu legen, sofern nicht später unliebsame Überraschungen in Gestalt von Verschiebungen des Anschlages, Nachgeben der Torständer eintreten sollen, die schließlich zu einer Zerstörung des Tores führen können. Aus diesen Gründen sind bei den Toren der großen Schleusen bei Emden und am Kaiser-Wilhelm-Kanal die Drempel vollständig vom Tordruck entlastet. Die Tore sind zu dem Zwecke als Riegeltore nach der Abb. 150 S. 196 konstruiert, bei denen sich sämtliche Riegel, also auch der unterste, auf ihre ganze Länge frei tragen. Der Drempel selbst ist auf diese Länge nach der Form der Durchbiegungslinie des untersten Riegels, d. i. parabolisch ausgebildet. Es ist ferner eine möglichst geringe Anzahl von Riegeln angeordnet, einschließlich der Riegel des Luftkastens fünf, von denen die beiden oberen verhältnismäßig schwach ausgebildet werden konnten. Der Riegel A trägt außerdem noch die Fahrbrücke. Der gesamte auf das Tor wirkende Wasserdruck wird durch diese Riegel auf das seitliche Mauerwerk übertragen, wo er bei den großen Massen unschädlich aufgenommen werden kann. Um ihn jedoch möglichst gleichmäßig in das Mauerwerk überzuleiten, sind die beiden Torenden als starke an den Luftkasten fest angeschlossene Rahmen ausgebildet, welche ein stärkeres Ausbiegen eines Riegels verhindern. Ferner sind die Anschlaghölzer nach unten dem zunehmenden Wasserdruck entsprechend breiter gewählt, sowie der Anschlag selbst soweit wie möglich von der Vorderkannte des Mauerwerks zurückgelegt. Die Tore sind im Grundriß und in der Ansicht rechteckig gestaltet. Dadurch werden die Anschlüsse der Eisenkonstruktion an den Ecken günstiger. Die Innenkanten des Schleusenbauwerkes sind in einer Flucht durchgeführt, so daß ihre Beschädigung durch Schiffe vermieden wird. Auch wird das Tor kürzer als das Kinipplesche. Um das aufschwimmende Tor ausdrehen zu können, kann neben dem Spielraum von 5 bis 10 cm zwischen den Anschlagflächen ein weiterer Spielraum dadurch gewonnen werden, daß die untere, wagerechte Anschlagleiste auf eine gewisse Länge — etwa 3 m — abnehmbar oder beweglich eingerichtet wird, oder aber dadurch, daß auf einer Torseite die beiden senkrechten Anschlagleisten auf Konsolen um etwa 35 cm gegen die wagerechte Drempelanschlagleiste vorgekragt werden. Die Torkammer wird um das gleiche Maß dann breiter. Die Drehung des etwas zurückgezogenen Tores erfolgt um die Kante a (Abb. 151 S. 198).

Die Fortbewegung der Schiebetore erfolgt auf **Rollen** oder **Gleitkufen**. Die Rollen können in größerer Anzahl auf der Torkammersohle befestigt werden (z. B. in Bremerhaven Abb. 152 S. 198). Das Tor erhält dann die Gleit- und Führungsschienen. Man ordnet aber auch die Schienen auf der Torkammersohle und die Rollen am Tore an. Man beschränkt sich dann auf 4 Paar Rollen, welche, zu je zwei Paar zu einem Wagen vereinigt, sich an jedem Torende befinden. Eine zu große Zahl von Rollen auf dem Boden der Schleuse hat den Nachteil, daß eine gleichmäßige Höhe sämtlicher Rollen schwer zu erreichen ist. Ein geringer Höhenunterschied kann aber leicht zur Überlastung eines Rades und zu seinem Bruche führen. Ferner sind die Räder, da sie unter Wasser liegen, schwer nachzusehen und auszubessern. Befinden sich die Räder in geringer Anzahl am Tore, so kann man das zweckmäßig im Innern des Tores anzuordnende Wagengestell mit einem Luftkasten (Abb. 150a S. 196) umbauen und jederzeit mit Hilfe von Preßluft die Gestelle, Räder und Schienen nachsehen bzw. auswechseln. Die auf der Torsohle liegenden Schienen werden möglichst hoch zu wählen sein, um ein schnelles Versanden oder Verschlicken hintanzuhalten.

Um die Zahl der unter Wasser liegenden bewegten Teile noch mehr zu vermindern, ist schließlich das Wagengestell, welches nach der Torkammer gelegen ist, nicht unten am Tor, sondern oben auf einem konsolartigen Vorbau befestigt und läuft auf Schienen, die längs der Torkammer auf dem Schleusenmauerwerk liegen.

Die Anordnung von Gleitkufen (Abb. 150c) vermeidet alle beweglichen Teile unter Wasser und erhöht dadurch die Betriebssicherheit. Gleitkufen bedingen eine vollständig ebene und glatte Bahn, die meist aus Granit hergestellt wird, der vollständig glatt bearbeitet, geschliffen und poliert sein muß (vgl. Abb. 55 S. 123). Nachteilig ist, daß die Bewegungswiderstände sich vergrößern, daß statt der rollenden, gleitende Reibung auftritt, und daß ein Verschleiß der Gleitbahn bei Sandablagerungen eintritt. Ist letzteres zu befürchten, so ist von Gleitkufen Abstand zu nehmen.

Bei der neuen Emder Seeschleuse hat man sich zur Anbringung von Rädern und Kufen entschlossen. Die Räder können durch Spindeln ein- und ausgeschaltet werden. Für gewöhnlich wird das Tor auf den Rädern laufen.

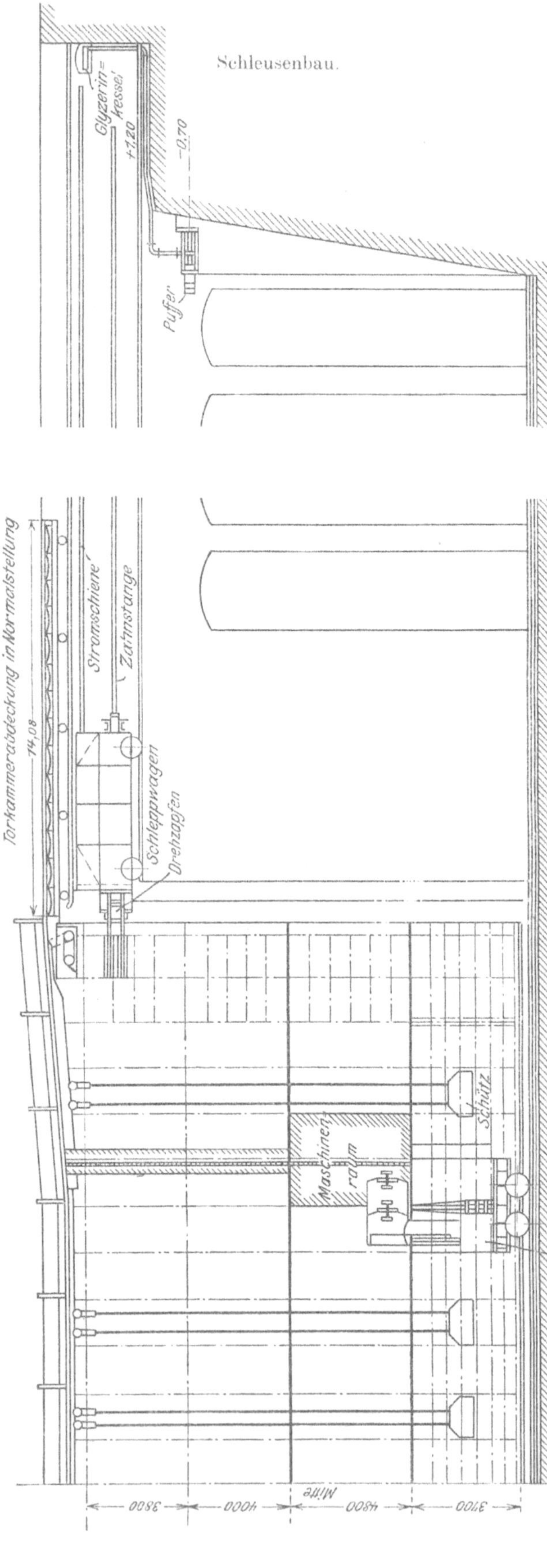

Abb. 150a. Ansicht des Tores mit Antriebsvorrichtung.

Ist die Möglichkeit gegeben, das Schiebetor unterhalb einer festen Brücke anzuordnen, so kann letztere zum Aufhängen des Tores benutzt werden, und man vermeidet die Anbringung beweglicher Teile unter Wasser (vgl. Fluttor bei Breslau,

Abb. 150. Schiebetor der neuen Seeschleuse bei Emden.

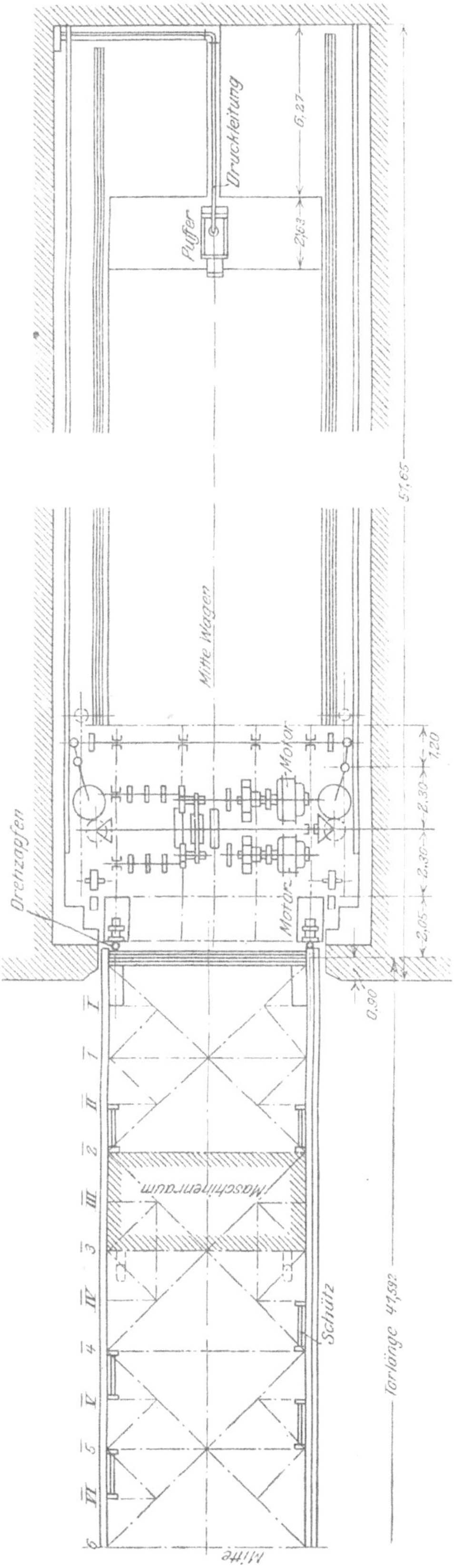

Abb. 150 b. Grundriß.

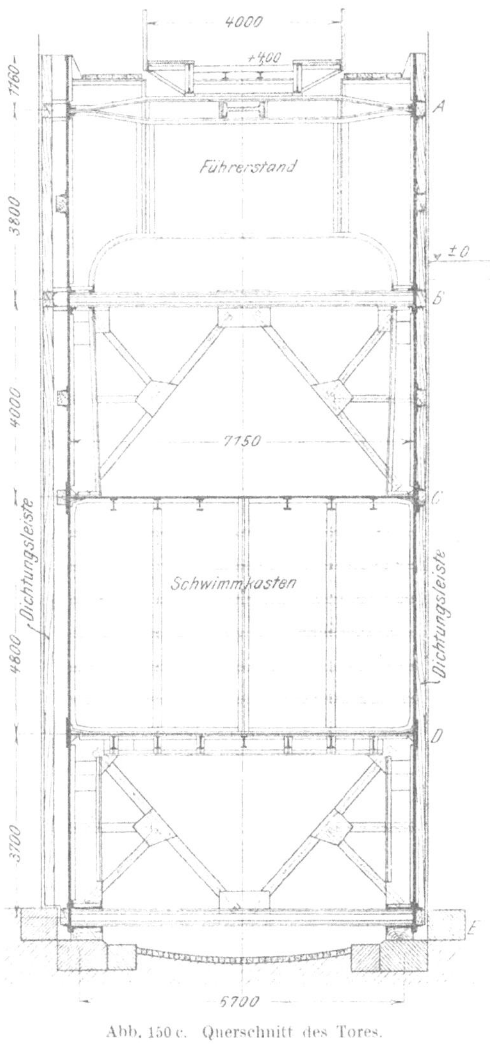

Abb. 150 c. Querschnitt des Tores.

Brooktor- und Baaken-Schleuse, — Kuhwärderhafen in Hamburg und dgl. mehr. Vgl. Handb. d. Ing., 3. Teil, Bd. 8, S. 212ff). Eigenartig ist die Bewegung der Schiebetore am Industrie- und Handelshafen zu Bremen. Abb. 153 S. 199 gibt den Schnitt des Tores mit seiner Bewegungsvorrichtung wieder.

Das Tor hat in der Ansicht Rechteckform; im Grundriß ist es trapezartig gestaltet. Es ist an den Stirnflächen offen. Das Eisengerippe besteht aus senkrechten Fachwerkträgern von der Höhe der Torbreite, welche an dem Schwimmkasten befestigt sind und sich oben gegen einen wagerechten Riegel, unten gegen den Drempel stützen. Die Bekleidung des Tores und des Schwimmkastens besteht aus glattem Blech. Der Luftkasten ist durch senkrechte Querwände in 13 Kammern eingeteilt, von denen die mittelste als Ballastkammer dient und den mit den Wasserständen veränderlichen Massenauftrieb ausgleichen soll. Vier weitere Ballastkammern erhalten soviel Ballast, daß bei einer Havarie von zwei am weitesten nach außen gelegenen Kammern das Ponton wieder in die wagerechte Lage gebracht werden kann und ein Auftrieb von 5 t erzielt wird. Die Tiefen im Hafenbecken und in der Schleuse sind so getroffen, daß die Schleuse für gewöhnlich während jeder Tide etwa 4½ Stunden geöffnet sein kann. Nach Ablauf dieser Zeit werden die Tore geschlossen. Das erstmalige Schließen erfolgt bei strömendem Wasser (etwa 0,35 m/sec Geschwindigkeit). Dadurch entsteht kurz vor Schluß der Torbewegung ein Unterschied in den Wasserständen auf beiden Seiten des Tores und ein Seitendruck von 20—30 t. Um diesen unschädlich zu machen, hätte das Tor eine große Breite, mithin auch ein großes Gewicht erfordert. Beides ist durch die Anordnung einer fahrbaren Brücke vermieden, so daß das Tor nun neben der unteren Führung im Drempelschlitz auch eine obere an der Brücke erhält. Die Schwimmkästen sind so groß gewählt, daß das Tor mit einem zwischen 0 und 40 t regelbaren Auftrieb mittels zweier an jedem Ende vorhandener Wagen mit 4 Rädern gegen die Brücke gedrückt wird. Das Anhängen des Tores an die Brücke ist vermieden, um bei plötzlichem Vollaufen von Luftkästen die Brückenträger nicht zu stark zu belasten. Im vorliegenden Fall würde sich das Tor einfach auf den Drempelboden aufsetzen. Das Gewicht des Tores beträgt 295 t.

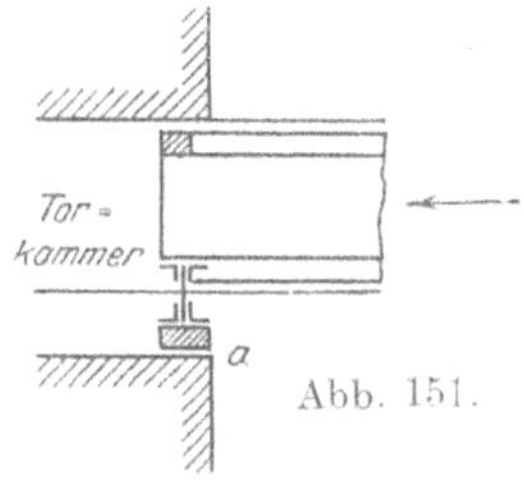

Abb. 151.

Die Brücke ist 61,08 m lang und läuft mit 6,2 m Spur auf 8 Stahlgußrädern. Brücke und Tor werden durch ein gemeinschaftliches Triebwerk derart bewegt, daß bei Bewegung der Brücke das Tor und bei Bewegung des Tores die Brücke durch entsprechende Feststellvorrichtungen festgehalten werden. Beim Öffnen des Tores (Abb. 154) wird zunächst das Tor längs der Brücke bewegt, bis es voll in der Torkammer liegt, und dann die Brücke am

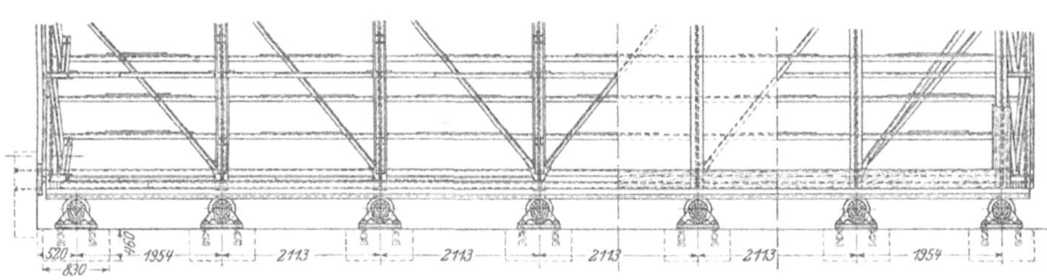

Abb. 152a. Längenschnitt.

Tor zurückgezogen, bis die Schleuseneinfahrt frei ist. Beim Schließen schiebt sich erst die Brücke vor und alsdann das Tor. Von dem Triebwerk liegt die Zahnstange auf dem Tor, während das Ritzel nebst Vorgelege und Motor an der Brücke befestigt ist. Brücke und Tor können in je 2 Minuten aus- bzw. eingefahren werden. Zur genauen Begrenzung des Weges von Tor und Brücke und zur Aufnahme etwaiger Stöße aus der lebendigen Kraft sind an den Enden von Brücke und Tor kräftige Puffervorrichtungen vorgesehen.

Einzelheiten gibt die Quelle an: Ernst Overbeck: Die Schleusentore des Industrie- und Handelshafens zu Bremen-Oelshausen; Zeitschrift des Vereins deutscher Ingenieure, Jhrg. 1912, S. 1ff.

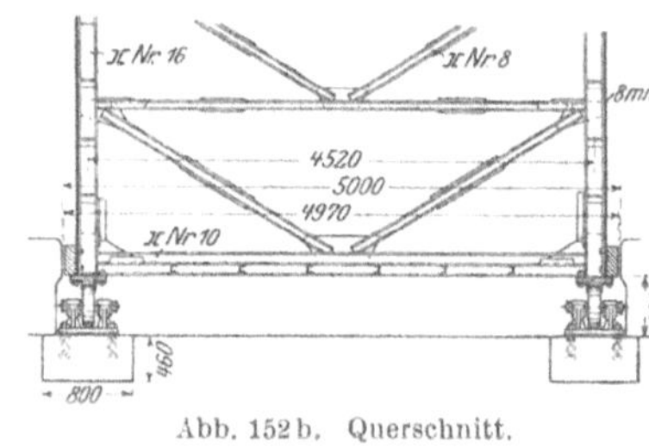

Abb. 152b. Querschnitt.

Abb. 152. **Schiebetor auf Rollen. (Bremerhaven.)**

Erfolgt die Überbrückung der Schleuse nicht wie vorstehend durch eine bewegliche Brücke, so trägt das Tor selbst oben die Brückenbahn. Sofern die erforderliche Höhe vorhanden, ist die Brücke in ihrem mittleren Teil fest mit dem Tor verbunden. Die Endstrecken sind bewegliche Rampen, welche vor dem

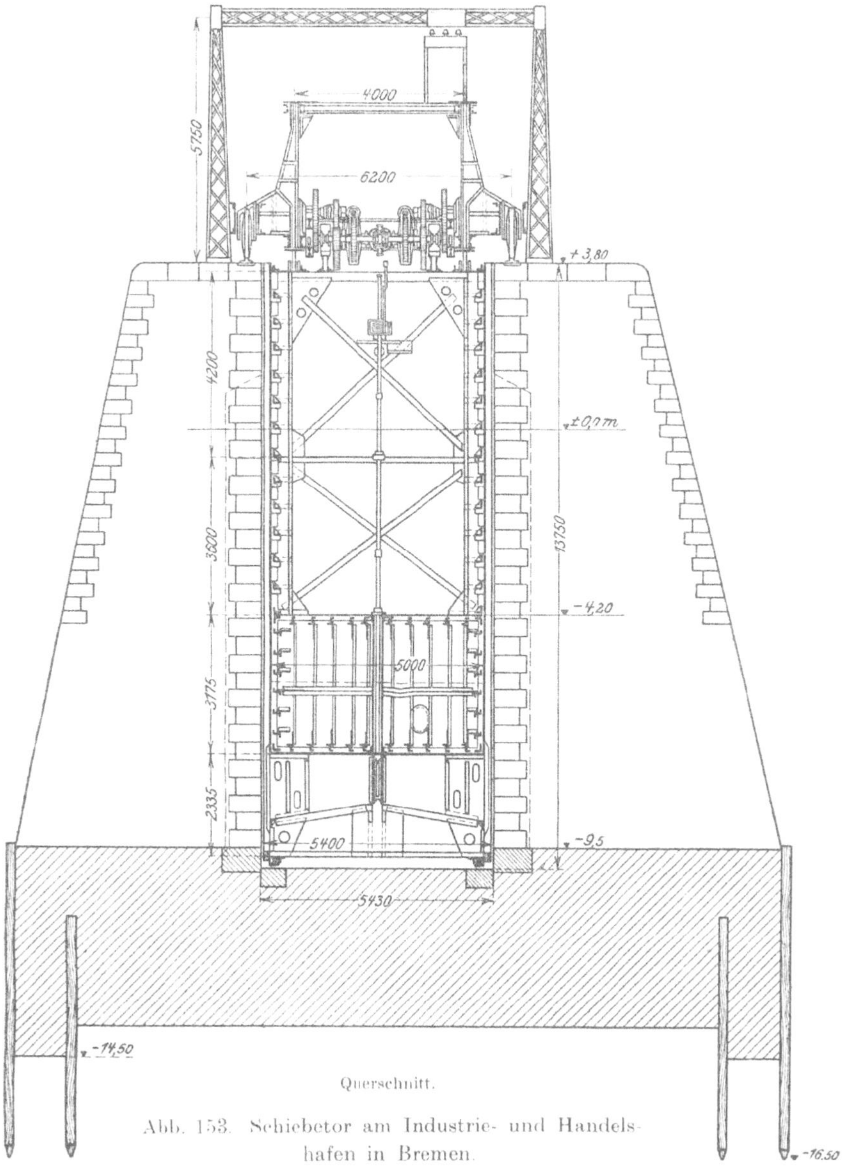

Querschnitt.

Abb. 153. Schiebetor am Industrie- und Handelshafen in Bremen.

Einfahren des Tores in die Kammer durch Doppelhebel selbsttätig oder durch Motoren niedergelegt werden. Unter Umständen ist die ganze Brücke beweglich, um das Tor in die abgedeckte Torkammer fahren zu können.

Die Torkammern sind durch Nischen oder Aussparungen so geräumig, daß laufende Unterhaltungsarbeiten am Tor in der durch ein kleines Ponton abgesperrten und entleerten Kammer vorgenommen werden können.

An sonstigen Ausrüstungen erhält ein Schiebetor: Poller für seine Verschiffung, Reibehölzer, welche es gegen Beschädigungen von Schiffen schützen sowie beim Ein- und

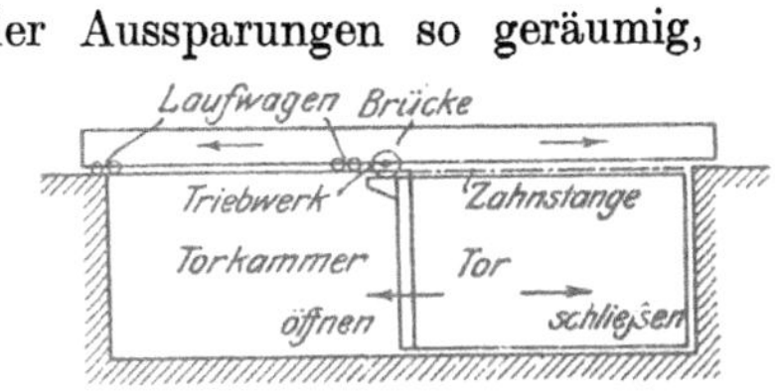

Abb. 154. Bewegungsskizze des Schiebetores mit Rollbrücke.

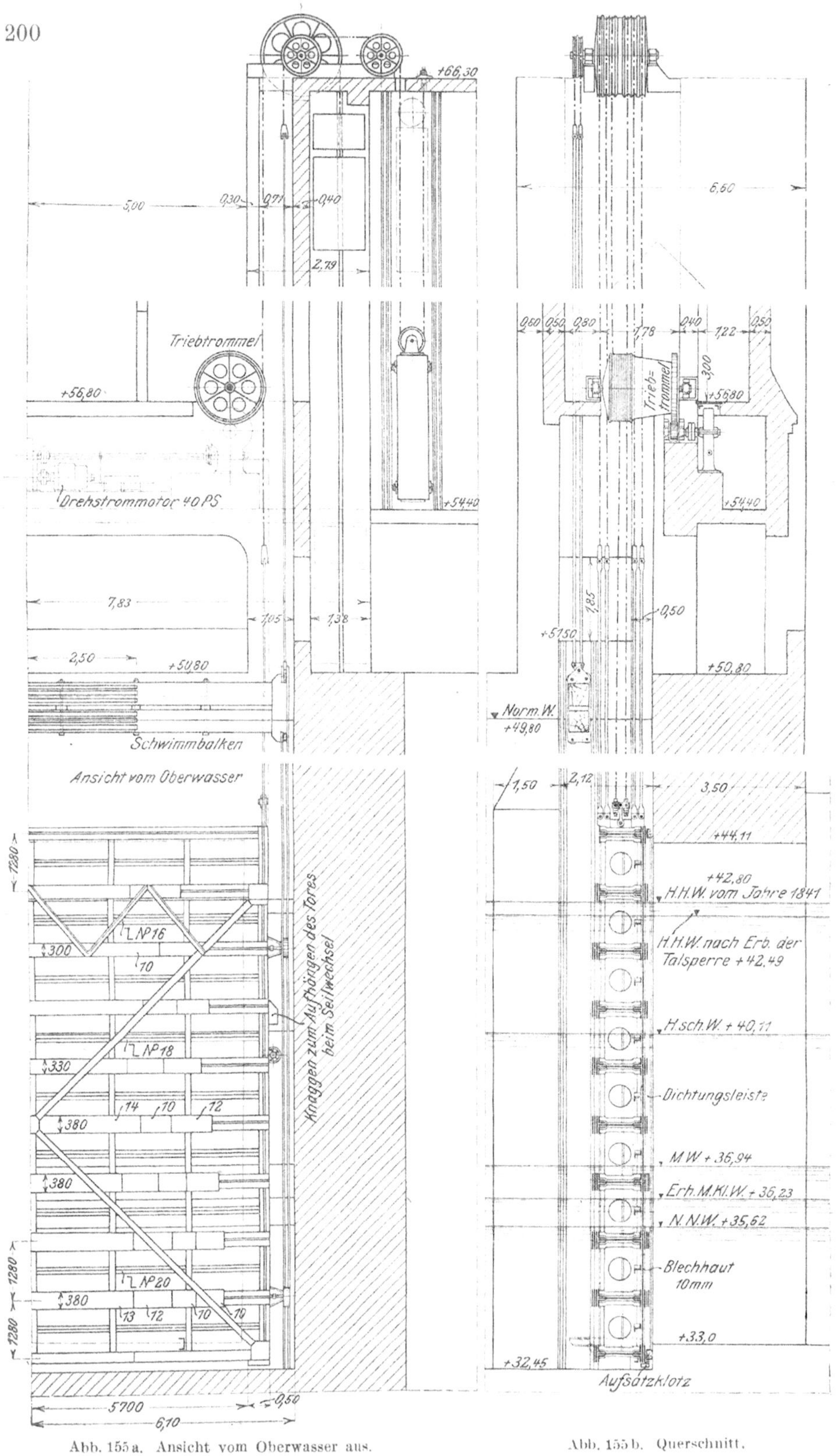

Abb. 155a. Ansicht vom Oberwasser aus. Abb. 155b. Querschnitt.

Abb. 155. Untertor der Schachtschleuse bei Minden.

Ausfahren führen sollen, Feststellvorrichtungen und Führungen nebst Puffern in seinen Endstellungen, Pumpen zum Lenzen der Luftkästen sowie zum Einfüllen des Ballastwassers, Peilrohre zur Feststellung des Wasserstandes, Einsteigeröhren, Seeventile und dgl. mehr.

c) Hubtore. Sie bieten in ihrer Konstruktion nichts Neues, da sie nur große Schütztafeln vorstellen. Das Rahmwerk besteht aus einem oberen und unteren wagerechten Riegel und zwei Endpfosten und wird durch weitere Riegel oder Pfosten ausgesteift. Es kann auf einer, sowie erforderlichenfalls auf beiden Seiten mit Blechbekleidung versehen werden. Die Dichtung erfolgt in gewöhnlicher Weise durch Holzleisten. Zur Führung sowohl in Richtung der Schleusenachse wie senkrecht dazu dienen Rollen. Die Hubtore an der Machnower Schleuse sind durch Gegengewichte so ausgeglichen, daß sie im Wasser unter der Wirkung des Auftriebes noch 1 t Übergewicht haben. Das Gegengewicht besteht aus einem an Ketten hängenden geschlossenen Kasten, in dem sich die an Seilen hängenden unabhängigen Einzelgewichte befinden. Reißt ein Seil, so legt sich das an ihm befindliche Gewicht in den Kasten, reißt eine Kette, so legt sich der Kasten auf die Einzelgewichte. Stets bleibt die Ausgleichung des Torgewichtes gewahrt. Die Seilscheiben sitzen lose auf der Antriebswelle, so daß sich die Seile unabhängig von der Kette längen können. Das gehobene Tor ist gegen Absturz durch entsprechende Vorrichtungen (Knaggenunterstützung oder dgl.) gesichert.

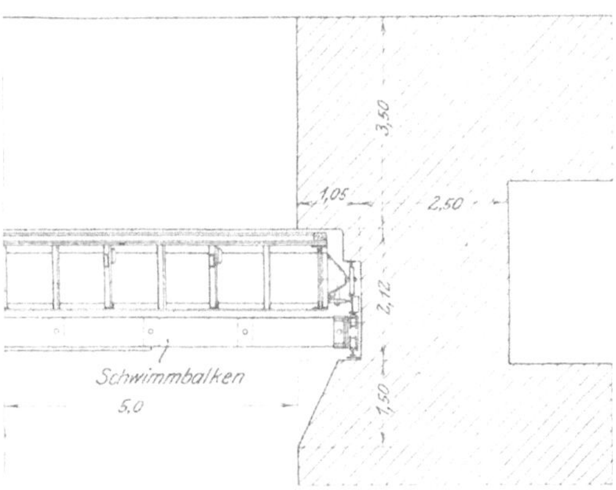

Abb. 155c. Grundriß.

Abb. 155. Untertor der Schachtschleuse bei Minden.

Häufigere Anwendung finden Hubtore als Untertore von Schachtschleusen, da hier die sonst erforderlichen kostspieligen Aufbauten fortfallen und außerdem die gehobenen Tore gegen Windangriffe gesichert sind. In der Abb. 155 ist das Hubtor für den Weserabstieg bei Minden dargestellt. Die Konstruktion ist einfach und klar und bedarf keiner weiteren Erklärung. Das Tor und seine Bewegungsvorrichtungen werden durch einen kräftigen Schwimmbalken gegen Anfahren und Aufsetzen von Schiffen geschützt.

d) Sonstige Tore. Drehtore, ein- oder zweiflügelige, weichen in den Einzelheiten von der Bauart der Stemmtore kaum ab. Einflügelige Drehtore sind auch als Schwimmtore gebaut (Trockendock am Viktoria-Dock in London). Sie ähneln dann den Schwimmpontons.

Schwimmpontons erhalten häufig im Querschnitt schiffsähnliche Gestalt. In der Ansicht ist der meist vorhandene Kiel zu beiden Seiten hochgeführt und beiderseits mit Dichtungsleisten versehen. Ihr Bau und ihre Einrichtung mit Luftkammern, Ballasträumen und dgl. entsprechen den der Schiebetore und kann hierauf verwiesen werden. Sie werden schwimmend eingebracht und durch Einnahme von Wasserballast am Anschlage versenkt.

18. Bewegungsvorrichtungen.

Die Bewegung der Schleusentore erfolgt durch Menschen- oder Maschinenkraft. Erstere findet man bei kleinen Toren, insbesondere Stemm-, Dreh- und Klapptoren, sowie bei Schleusen mit geringem Verkehr, bei denen eine Beschleunigung in der Bewegung der Tore nicht von Bedeutung ist. Ferner erhalten auch die durch Maschinenkraft getriebenen Bewegungsvorrichtungen Einrichtungen, welche beim Versagen der ersteren von Hand bedient werden können. Maschinenkraft dagegen findet Anwendung bei sämtlichen Toren von größeren Abmessungen sowie dort, wo es auf Schnelligkeit der Torbewegung ankommt.

a) Bewegung der Stemmtore. Bei den Stemmtoren errechnet sich die Kraft zur Bewegung eines Torflügels aus den Kräften, welche das Wasser während der Bewegung auf den Torflügel ausübt, und aus den Reibungswiderständen der Spur- und Halslager. Erstere Kräfte (P_1 u. P_2) sind auf S. 176 u. ff. angegeben. Die Reibungswiderstände errechnen sich nach den Angaben von Landsberg zu:

$$P_3 = \frac{\mu}{4\,q}\,(V \cdot d + 2\,Z \cdot d_1),$$

wobei μ der Beiwert der Zapfenreibung = rund 0,4, q der Abstand von der Drehachse, in dem die Kraft P_3 senkrecht zum Tore angreift (vgl. auch S. 177), V der Druck auf den Zapfen, d der Zapfendurchmesser, Z der Zug im Halsband und d_1 dessen Durchmesser ist.

Die Kräfte P_1, P_2 und P_3 wirken senkrecht zum Tore. Greift die Bewegungsvorrichtung unter einem Winkel α zur Senkrechten zum Tore an, so ist die erforderliche Kraft

$$R = \frac{P_1 + P_2 + P_3}{\cos \alpha}$$

Aus Zweckmäßigkeitsgründen greift R und mit ihr die Bewegungsvorrichtung meistens am oberen Riegel des Tores an, obwohl theoretisch der Angriffspunkt der Kräfte etwa in halber Höhe des eingetauchten Torteiles liegt. Ferner läßt man aus den gleichen Gründen R in einem Abstande von der Drehachse angreifen, der zwischen der Mitte des Tores und der Schlagsäule gelegen ist. Die Anordnung der Bewegungsvorrichtungen unter Wasser am unteren Ende des Tores, wie sie bei großen Schleusentoren sich vorfindet, empfiehlt sich nicht, da diese Teile bei Betriebsstörungen schwer zugänglich sind.

Bei kleinen hölzernen Toren ist der einfache Staken am Platze. Er ist entweder mit eiserner Spitze versehen und wird vom Schleusenarbeiter in die Schlagsäule eingesetzt oder von vornherein mit Öse an der Schlagsäule befestigt. Soll das Öffnen der Tore beschleunigt werden, so wird auf jeder Seite ein Mann zur Bedienung erforderlich. Gegen Ausgleiten der Arbeiter bei Glätte kann die Plattform durch Einlegen von Rillen oder durch Auflegen einer mit Leisten versehenen Bohle gesichert werden.

Eine gleich einfache Vorrichtung ist die Verlängerung des obersten Riegels über den Halszapfen hinaus und seine Ausbildung als Drehbaum. Er wird durch Schieben von Hand bewegt, wobei der Arbeiter sich auf einem Laufbrett vorwärts bewegt, das ihm durch Anordnung von kleinen Querbrettchen Stütze gegen Ausgleiten bietet. Es kann aber auch am Ende des Drehbaumes ein Zahnrad mit Kurbel oder Vorgelege befestigt sein, welches in einen auf der Plattform verankerten Quadranten eingreift. Auf dem Drehbaum lassen sich Gegengewichte zum Ausgleich des Torgewichtes anbringen.

Muß die Kraftäußerung eine größere werden, so wird der Schiebebaum mit einer Kette ohne Ende verbunden (Abb. 156), welche über je eine an beiden Enden des Baumes angeordnete Rolle sowie über eine Trommel läuft, die durch ein Triebrad bewegbar ist. Die Trommel ist in einer um eine senkrechte Achse drehbaren Gabel gelagert, welche in ihrem unteren Teil zugleich eine Führung für die Schubstange und die Befestigungsvorrichtungen für die Kettenenden erhalten hat. Die Schubstange ist am Tor beweglich befestigt.

Bei größeren Stemmtoren dienen Zahnstangen oder Seile hauptsächlich als Verbindungsglied zwischen Tor und Triebwerk. Das Triebwerk wird nach dem vorliegenden Bedürfnis von Hand oder durch Maschinen betrieben. Als Maschinenkraft kommt Wasserdruck oder Elektrizität zur Anwendung.

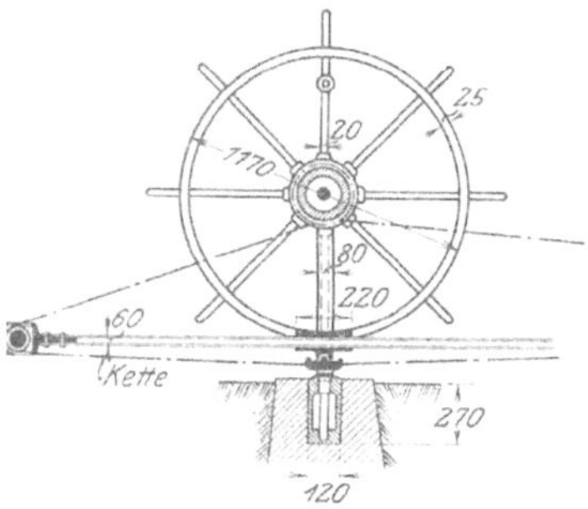

Abb. 156 a. Ansicht des Triebrades und Anordnung von Schubstange und Kette.

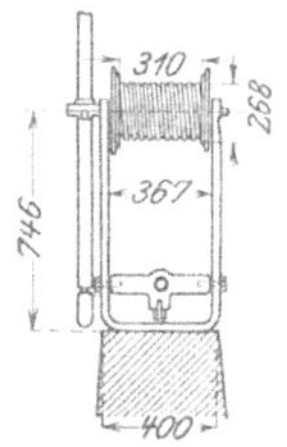

Abb. 156 b. Ansicht der drehbaren Gabel nebst Trommel.

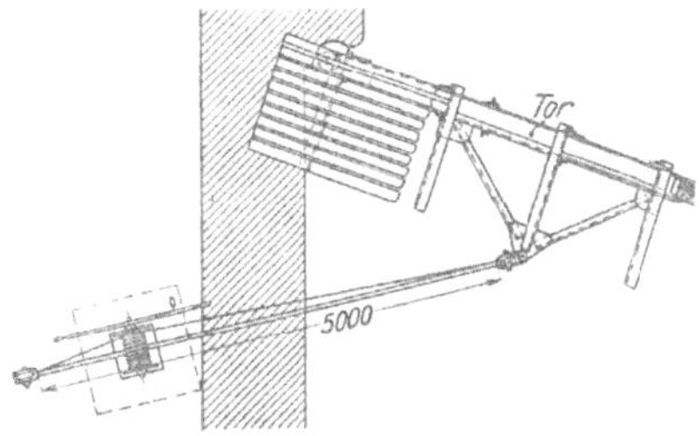

Abb. 156 c. Grundriß des Tores und der Bewegungsvorrichtung.

Abb. 156. Torbewegung mittels Schiebebaum und Kette ohne Ende.

Die Zahnstange, welche aus zwei wagerecht liegenden ⊔-Eisen besteht, die durch Stehbolzen oder Sprossen miteinander verbunden sind, ist (Abb. 157)

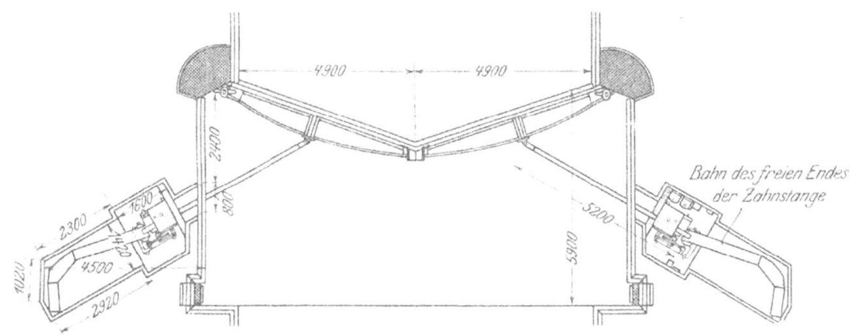

Abb. 157 a. Gesamtanordnung.

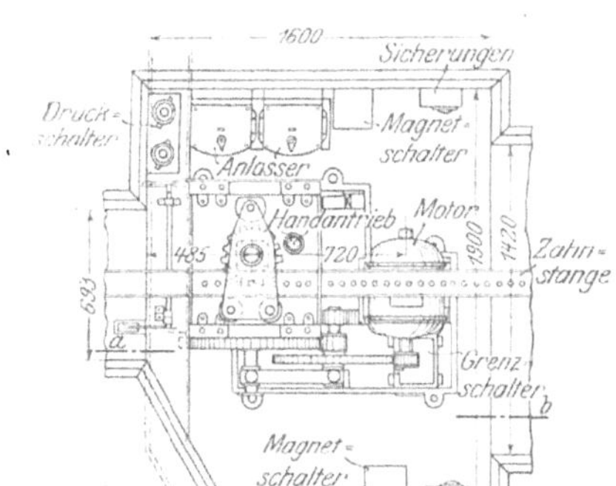

Abb. 157 b. Grundriß.

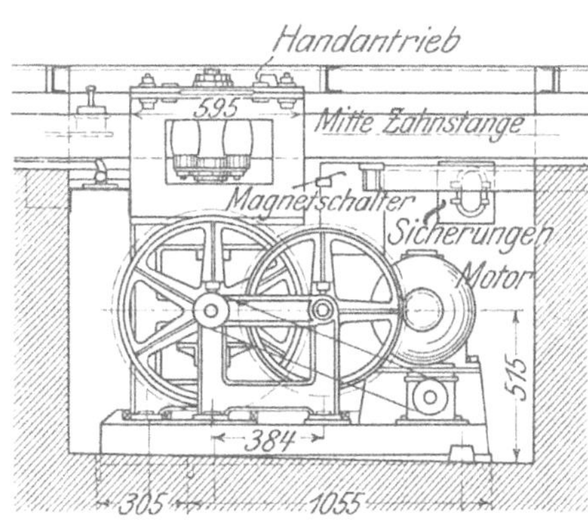

Abb. 157 c. Schnitt a—b.

Abb. 157. Bewegungsvorrichtung für das Untertor der Schleuse bei Kersdorf.

gelenkartig am Tor befestigt und an ihrem freien Ende durch Rollen oder ähnliche Vorrichtungen gestützt. Um das Eingreifen der Zahnstange in das Triebwerk zu sichern, ist eine Führung erforderlich. Sie besteht aus zwei Druckrollen, die um eine senkrechte Achse schwingen und dadurch der sich verändernden Richtung der bewegten Zahnstange folgen können. Als Verzahnung ist Triebstockverzahnung zu wählen. Der Antrieb der Winde erfolgt in vorliegendem Falle elektrisch. Da die Zahnstange an sich ein wenig elastisches Glied zwischen Tor und Getriebe ist, so werden alle Stöße, welche beim Bewegen des Tores entstehen, durch sie unmittelbar in das Triebwerk übergeleitet und können hier zu Brüchen der Zahnräder führen. Es sind daher elastische Zwischenglieder in Form von kräftigen Federn, elastischen Kuppelungen und dgl. einzuschalten. Abb. 158 zeigt den elektrischen Antrieb eines Fluttores der Hafenschleuse bei Leer. Er besteht aus einem vorwärts und rückwärts laufenden Gleichstrom-Hauptstrommotor von 26 PS., der mittels mehrerer Zahnradvorgelege auf eine wagerechte Welle arbeitet, die mit Stopfbüchsendichtung durch die Wand der Maschinenkammer reicht. Auf dieser Welle sitzen Kettenräder und treiben Gallesche Ketten, welche an dem Laufwagen angeschlossen sind. Der Laufwagen wird durch Laufrollen auf wagerechten und senkrechten Schienen geführt. An ihm befindet sich gelenkartig der eiserne Balken zum Öffnen und Schließen des Tores.

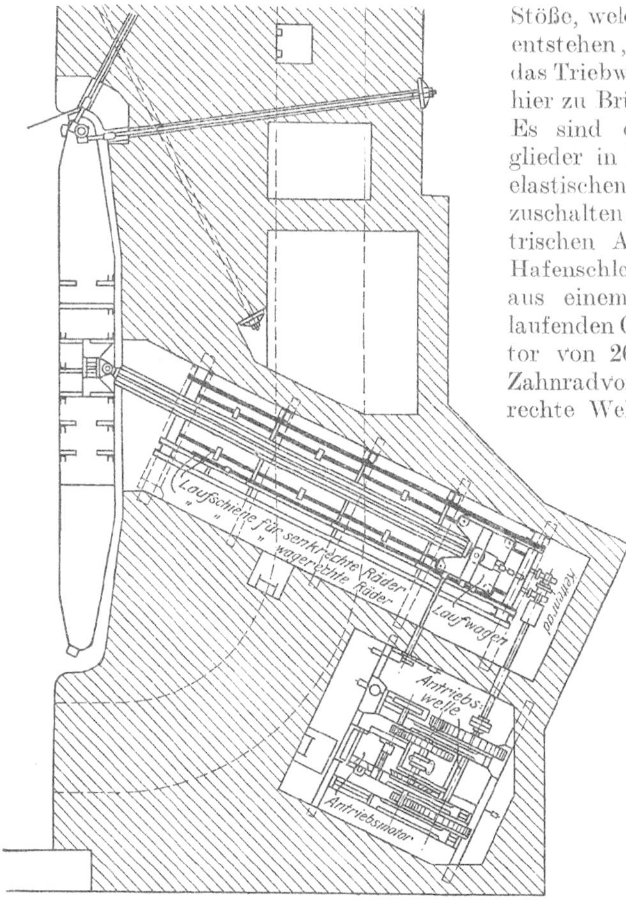

Abb. 158. Bewegungsvorrichtung für das Stemmtor der Seeschleuse bei Leer (Ems) mittels Laufwagen.

Die Verwendung von Seilen oder Ketten statt der Zahnstangen hat den Vorzug, daß die Herstellungskosten niedriger sind und daß insbesondere Stöße ohne schädliche Wirkungen durch das Räderwerk aufgenommen werden können. Es sind an jedem Flügel zwei Seile anzubringen, je eins zum Öffnen und zum Schließen (Abb. 159). Man kommt dann mit einem Windewerk auf jeder Seite aus, das aus Druckwasserzylindern mit Flaschenzug oder einer elektrisch angetriebenen Winde bestehen kann. Die Anordnung obenliegender Seile ist jedoch nur möglich, wenn die Aus- und Einfahrt nach dem Unterwasser nicht behindert wird, also bei größerem Gefälle und wenig schwankendem Unterwasser. Bei großen Seeschleusen werden die Ketten häufig unten am Tore oder in Höhe des Unterwassers angebracht und mittels Kettenrollen nach dem oben befindlichen Triebwerk geleitet.

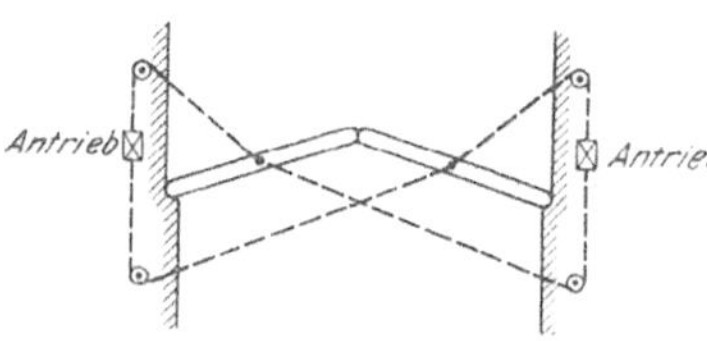

Abb. 159. Kettenantrieb für Stemmtore.

Der hydraulische Torantrieb hat vor dem elektrischen den großen Vorzug der Einfachheit in Wartung und Unterhaltung sowie der Ausübung großer Drucke, welche durch einfache Vorrichtungen (Druckpumpen, die durch Turbinen, Dampfmaschinen oder dgl. getrieben werden) erzeugt und zur Verbrauchsstelle geleitet werden. Hier erfolgt die Druckäußerung wiederum durch einfache Zylinder und Kolben. Gegen Einfrieren kann man sich durch eine kleine Heizeinrichtung oder durch Zusatz von Glyzerin zum Preßwasser helfen.

Wie bei den Schützen auf S. 166 beschrieben, kann zum Bewegen der Tore die unmittelbare Ausnutzung des Schleusengefälles ohne Maschinen nach dem System Nyholm durch eine in einem Schacht aufgehängte Platte erfolgen, welche eine Zahnstange oder Kette hin- und herbewegt. Abb. 160 zeigt einen Kettenantrieb. Schütz- und Torbewegung arbeiten zwangläufig. In den Schächten A, B und C befinden sich die Platten, welche von oben stets durch das Oberwasser belastet werden, während der Raum unter ihnen durch einen Hahn mit dem Ober- oder Unterwasser verbunden werden kann. In der Zeichnung öffnet sich zunächst das Schütz zum Füllen der Schleuse, da der Raum unter der Platte A mit dem Unterwasser verbunden ist. Die gleiche Verbindung hat B, so daß das Tor sich öffnen kann, sobald der Druck des Oberwassers auf die Platte B größer wird als der auf das Tor. Auf die Platte C wirkt durch den Hahn auch von unten das Oberwasser. Die Platte ist also unbelastet und leistet der Torbewegung keinen Widerstand. Soll das Tor geschlossen werden, so wird C mit dem Unterwasser verbunden, d. h. es senkt sich die Platte im Raum C, während die Platten in A und B sich heben.

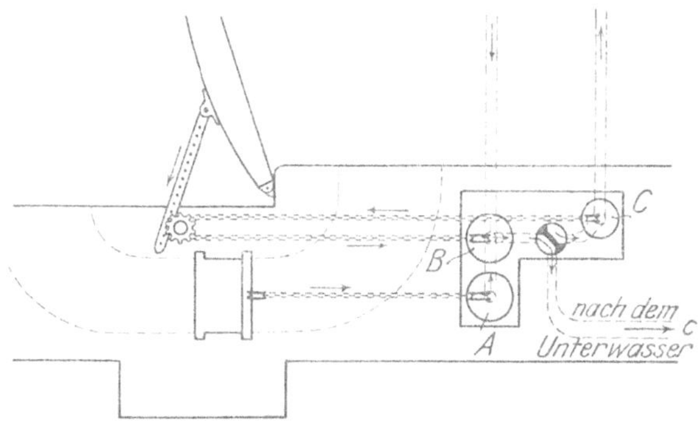

Abb. 160. Stemmtorantrieb nach Nyholm.

An den Schleusen des Elbe-Trave-Kanales hat Hotopp zur Torbewegung ebenfalls das Schleusengefälle ausgenutzt. Er erzeugt durch dasselbe zunächst Druckluft. Zu dem Zweck ist in einem am Oberhaupt befindlichen Schacht (Abb. 161) eine Glocke G eingemauert, in die vom Oberwasser ein beiderseits trichterförmig gestaltetes Rohr R etwa 40 cm über Sohle einmündet. An der kleinsten Querschnittsstelle dieses Rohres mündet ein kleines Röhrchen r ein. Mit dem Unterwasser steht die Glocke G durch ein Heberrohr H in Verbindung, dessen Öffnung 50 cm über Glockensohle, dessen Scheitel in Höhe des Oberwassers und dessen Mündung unter Unterwasser liegt. Dieser Heber kann vom Maschinenhause aus durch die Steuervorrichtung und die Saugleitung l mit der Saugglocke angesaugt und in Tätigkeit gesetzt werden. Der laufende Heber saugt das Wasser aus der Glocke G ab und bringt dadurch das Wasser im Rohre R zur Bewegung und zum Mitreißen von Luft durch das Röhrchen r. Diese Luft sammelt sich im oberen Teil der Glocke und erhält Pressung von der Höhe einer Wassersäule, welche als Höchstgrenze vom Oberwasser bis zur Unterkante des Rohres H reicht. Die Druckluft wird durch das Rohr r_1 zur Verwendungsstelle geleitet. Zur Bewegung der Stemmtore dient eine Tauchglocke T (Abb. 162 S. 206), welche sich in einem Schacht am Unterhaupt neben dem Tore befindet und durch eine Kette mit einem Gewicht G verbunden ist. Die mit Wasser gefüllte Glocke hat Übergewicht, so daß sie absinkt und das Tor durch ein mit der Kette k verbundenes Triebwerk mittels des Kettenrades w öffnet. Wird in die

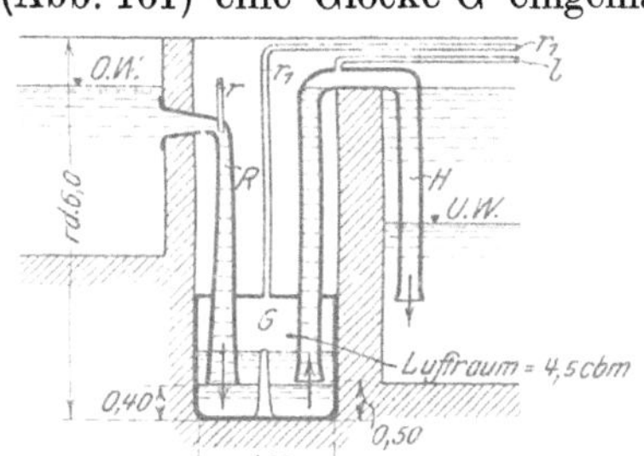

Abb. 161. Drucklufterzeugung zur Torbewegung nach System Hotopp.

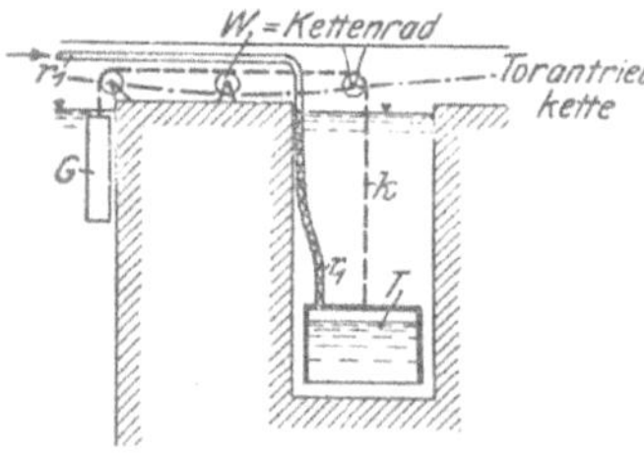

Abb. 162. Torantrieb eines Stemmtores nach System Hotopp.

Glocke Preßluft durch r_1 eingeführt, so erhält das Gegengewicht G Überlast und das Tor wird geschlossen.

b) Bewegung der Klapptore. Die für Klapptore übliche Bewegungsvorrichtung besteht aus einem Seil ohne Ende, das durch eine auf der Schleusenplattform befindliche Winde von Hand, hydraulisch oder elektrisch angetrieben wird. Die Abb. 146, S. 192, zeigt die Anordnung für ein hölzernes Tor. Das Seil greift hier zweckmäßig auf beiden Seiten des Tores an einem Zapfen an, da hölzerne Tore nicht genügend widerstandsfähig gegen Verdrehen sind. Bei eisernen Toren ist der Widerstand gegen Verdrehen reichlich vorhanden. Man begnügt sich daher vielfach mit einseitigem Seilangriff (Abb. 163, die elektrisch angetriebene Bewegungsvorrichtung für das Obertor der Schleuse bei Wernsdorf). Die Einzelheiten sind aus

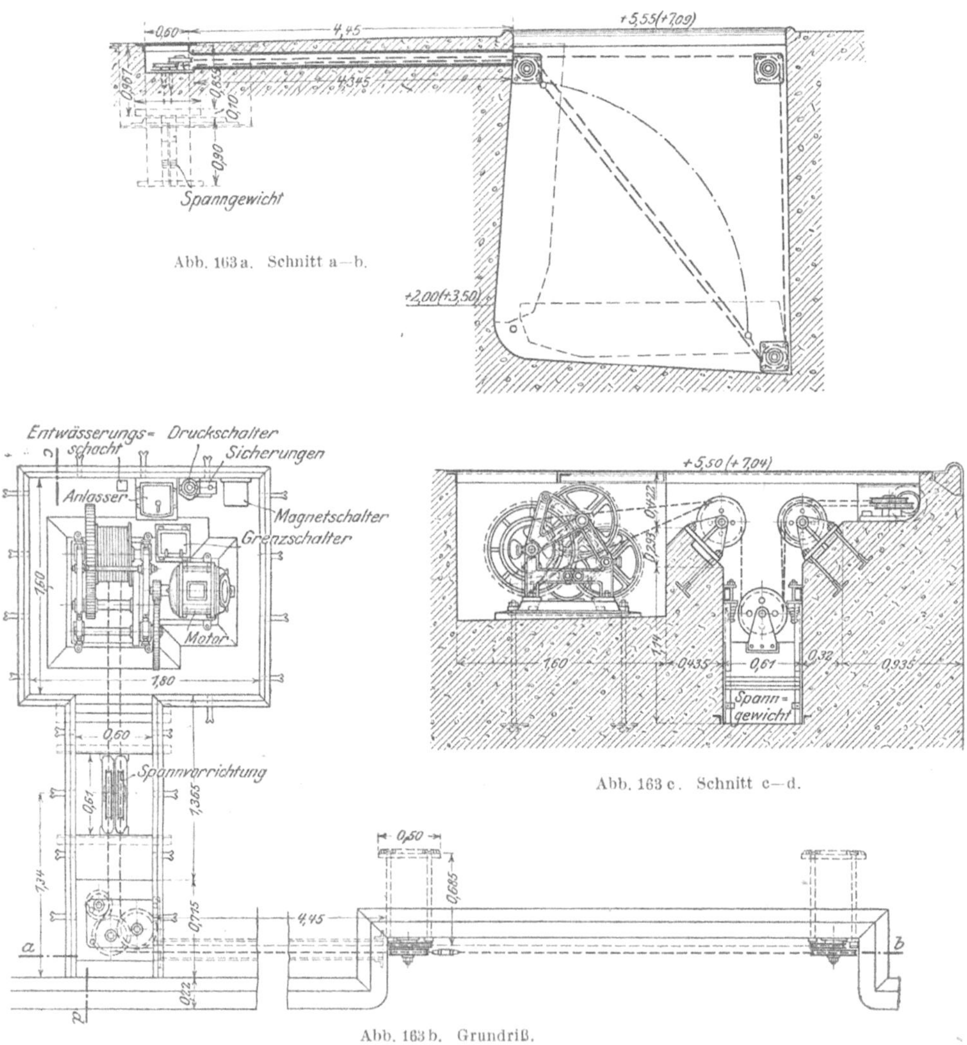

Abb. 163a. Schnitt a—b.

Abb. 163c. Schnitt c—d.

Abb. 163b. Grundriß.

Abb. 163. Antrieb des Klapptores an der Schleuse bei Wernsdorf.

der Zeichnung ersichtlich. Das Tor wird beim Übergang von Ruhe zur Bewegung mit etwa 130 mm/sec Geschwindigkeit und etwa 1400 kg Zugkraft, bei der stetigen Bewegung mit 175 mm/sec Geschwindigkeit bei 700 kg Zugkraft bewegt. Es kann gegen 5 cm Überdruck geöffnet werden. Der vor- und rückwärts laufende, wasserdicht gekapselte Gleichstrom-Hauptstrommotor hat 2,5 PS. Diese Motoren haben die Eigenschaft, eine kurze Überlastung bis etwa auf das Doppelte ihrer dauernden Leistung unschädlich aufzunehmen, was im Schleusenbetrieb bei der Einleitung der Bewegungen erwünscht ist. Das sich öffnende Tor legt sich kurz vor seiner Endstellung auf den kürzeren Arm eines auf der Torkammersohle befestigten Hebels, an dessen längerem Arme eine Stange befestigt ist, die am oberen Ende ein Signalzeichen (Porzellanknopf oder dgl.) trägt. Das ganz geöffnete Tor macht diesen Knopf, der bei geschlossenem Tore unter der Plattform sich befindet, über der Plattform sichtbar.

Hotopp hat die nach der Beschreibung auf S. 205 gewonnene Preßluft auch zum Heben der Klapptore an den Schleusen des Elbe-Trave-Kanals verwendet. Er leitet bei liegendem (geöffnetem) Tore von einer in der Torkammersohle nahe der Drehachse des Tores befindlichen Aussparung aus durch zwei in der dem Oberwasser zugekehrten Toroberfläche vorhandene flache, offene Kanäle Preßluft in einen Schwimmkasten des Tores. Die Preßluft verdrängt das in dem Kasten vorhandene Wasser, verringert das Gewicht des Tores und bringt es zum Aufschwimmen. Mit sinkendem Wasser in der Schleuse entweicht die Preßluft durch ein kleines Röhrchen aus dem Kasten, der sich durch die vorgenannten offenen Kanäle vom Oberwasser her wieder mit Wasser füllt. Das Tor erhält nunmehr Übergewicht über den Auftrieb und fällt nach Wiederfüllen der Schleuse, d. h. bei ausgeglichenen Wasserständen, selbsttätig nieder. Näheres s. Zeitschrift f. Architekten und Ingenieurwesen 1899.

Das auf S. 205 beschriebene Verfahren von Nyholm zum Bewegen von Stemmtoren ist entsprechend abgeändert auch für Klapptore verwendbar.

Das eiserne Klapptor am Oberhaupt der zweiten Schleppzugschleuse bei Meppen wird nach Anordnungen des Baurats Franke ebenfalls mit Hilfe des vorhandenen Schleusengefälles unter Zugrundelegung des archimedischen Prinzips bewegt, wonach ein Körper unter Wasser soviel an Gewicht verliert, als das Gewicht der von ihm verdrängten Wassermasse beträgt. Die Abb. 164 gibt die Anordnung in den Hauptlinien wieder. Das eiserne

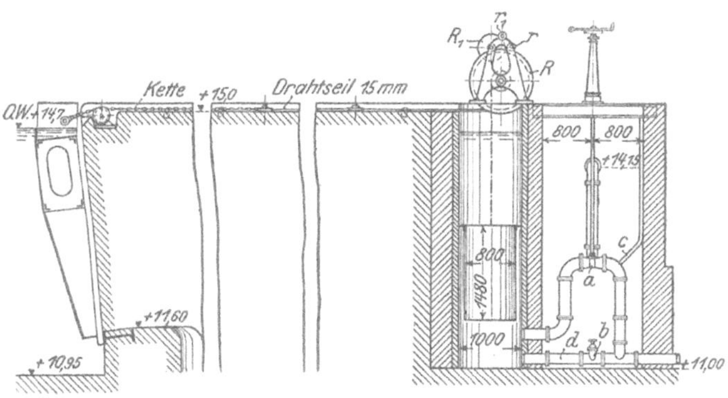

Abb. 164. Klapptorantrieb nach Franke.

Klapptor, dessen Gewicht von 9000 kg durch Luftkästen bis auf etwa 100 kg Abtrieb ausgeglichen ist, ist mittels einseitig angreifender Kette und Seil mit einem Tauchkolben verbunden. Der Tauchkolben ist ein Hohlzylinder aus Eisenblech von 5 mm Stärke, der innen so weit mit Ballast versehen ist, daß sein reines Gewicht den Abtrieb des Tores und die Bewegungswiderstände beim Heben des Tores überwindet. Anderseits ist der Querschnitt des Kolbens so zu bemessen, daß beim Eintauchen in Wasser sein Gewicht so weit verringert wird, daß das Tor sich senken kann. Der Tauchkolben befindet sich in einem Brunnen, der durch die dargestellten Rohrleitungen mittels eines Dreiwegehahnes a mit Oberwasser gefüllt bzw. nach dem Unterwasser entleert werden kann. Um nicht unnötiges Wasser abzulassen, ist die Rohrleitung knieartig ausgebildet. Ihr Scheitel kann durch das Rohr c belüftet werden. Die Höhe des Kolbens errechnet sich aus dem Wege, den der Angriffspunkt der Kette am Tore beim Bewegen des letzteren zurücklegt. Dieser Weg beträgt im vorliegenden Falle 4,86 m. Da das Schleusengefälle bis auf 1,50 m abnimmt, so ist die Höhe des Kolbens zu kürzen, und zwar im vorliegenden Falle auf etwa $\frac{1}{3}$. Zu dem Zwecke sind zwischen Tor und Tauchkolben zwei Seilscheiben eingeschaltet, deren Durchmesser 0,30 bzw. 0,90 m beträgt. Diese Seilscheiben sind mit einer Winde verbunden, um im Notfalle das Tor auch mit Hand bewegen zu können.

c) Bewegung der Schiebetore. Die Bewegung der Schiebetore erfolgt durch Zugglieder, welche am oberen Torende angreifen, um auf dem Mauerwerk der Torkammer hinreichende Unterstützung zu finden. Da bei der Bewegung des Tores ein Ecken oder Kanten eintritt, wenn sich das Zugglied auf

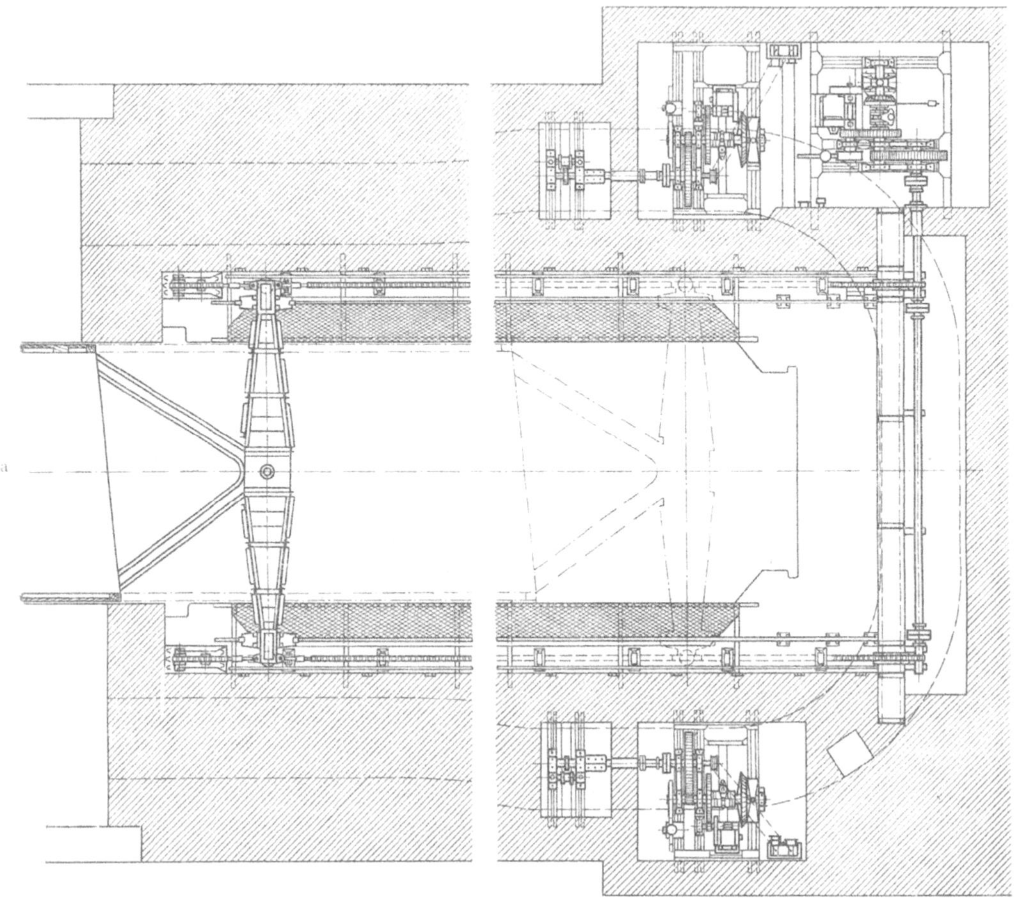

Abb. 165a. Grundriß.

Abb. 165. Antriebsvorrichtung für das Schiebetor der Schleuse bei Leer. (Ems.)

einer Seite mehr dehnt als auf der anderen, so läßt man die Bewegungsvorrichtungen nicht unmittelbar am Tore, sondern an einem besonderen Wagebalken angreifen, der in Richtung der Längsachse des Tores gelenkartig an einem Konsol befestigt ist. Die Zugkraft äußert ihre Wirkung dann stets in der Achse des Tores. Der Wagebalken wird als Wagen ausgebildet, der mittels senkrechter Räder auf wagerechten Schienen läuft und durch wagerechte Räder gegen seitliche Bewegungen gesichert ist. Als Zugglieder kommen Gallesche Ketten oder Zahnstangen in Frage. In Abb. 165, welche die Bewegungsvorrichtungen für das Schiebetor der Schleuse bei Leer darstellt, erfolgt der Torantrieb durch Gallesche Ketten. Das Tor hat eine Breite von 5,40 m, eine Höhe von rd. 10 m und eine Länge von rd. 19 m. Der Wagebalken besteht aus einer kräftigen Traverse, die durch einen Mittelzapfen am Konsol des Schiebetores befestigt ist, und zwei Laufgestellen, auf denen die Traverse gelagert ist. Die Traverse ist noch durch seitliche Rollen geführt. Die beiden an den Enden der Traverse angreifenden Ketten ohne Ende werden nach der Seite der Schleusenkammer hin über senkrecht stehende Rollen geleitet. Längs der Torkammer

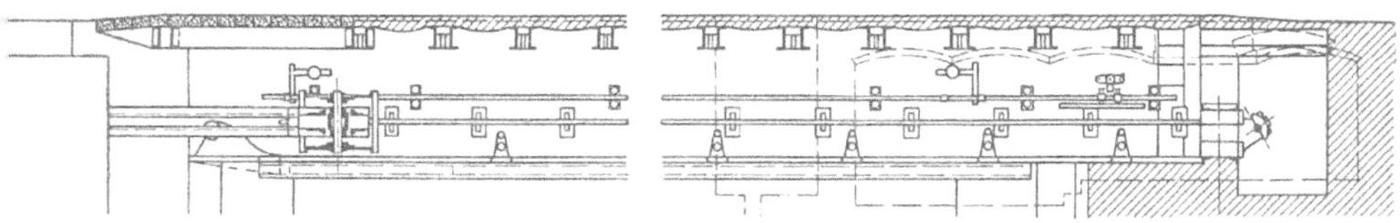

Abb. 165b. Schnitt nach a—b.

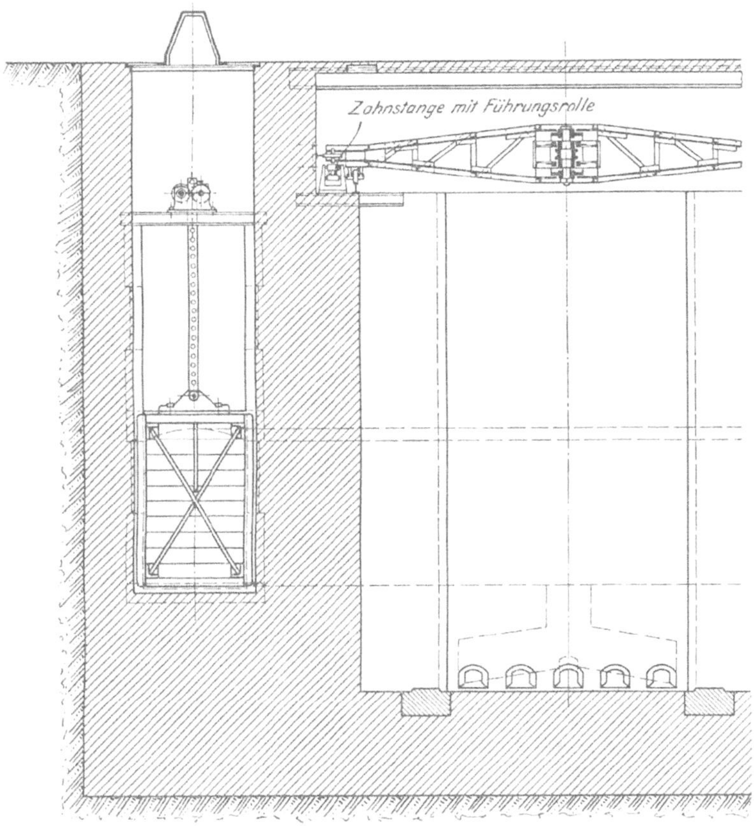

Abb. 165c. Wagebalken vom Tor aus gesehen.

Abb. 165. Antriebsvorrichtung für das Schiebetor der Schleuse bei Leer (Ems).

finden sie ihre Unterstützung durch Rollen, welche zu zweien übereinander, die eine für die obere, die andere für die untere Kette, in Böcken auf dem Torkammermauerwerk gelagert sind. Am Ende der Torkammer werden sie über Kettenräder geführt, welche auf einer gemeinsamen Antriebswelle sitzen. Letztere ist im Mauerwerk stopfbüchsenartig gelagert und wird durch einen 26pferdigen, in der Maschinenkammer aufgestellten Elektromotor vermittelst einer Winde angetrieben. Das Tor fährt mit einem Betriebsdruck von 6 t. Die Endstellungen des Tores werden durch Signalzeichen angegeben.

Bei diesem Kettenantriebe ist der Stand des Torführers sehr weit von dem Tore entfernt, so daß ein genauer Überblick über die Torbewegungen nicht möglich ist. Auch bedarf die Kette wegen ihrer Längenänderungen infolge Abnutzung der Gelenke und Bolzen einer häufigen Nachstellung. Beide Übelstände lassen sich vermeiden, wenn der Führerstand auf dem Tore, die Antriebsvorrichtung in der Nähe des Tores angeordnet und als Zugglieder Zahnstangen gewählt werden (Abb. 150 S. 196). Die Zahnstangen, auf jeder Torkammerseite eine, liegen auf dem Mauerwerk der Torkammer und sind mit ihm fest verbunden. Die Antriebsvorrichtung, Motor nebst Vorgelege, ist auf einem Wagen untergebracht, der über der Torkammer auf Schienen läuft und mit dem Tor gelenkartig verbunden ist. Er dient mithin als Wagebalken. Durch das Windwerk werden Zahnräder angetrieben, welche in die Zahnstangen eingreifen und dadurch das Tor bewegen. Es sind Vorkehrungen zu treffen, daß der Zahneingriff auf beiden Seiten gleichmäßig erfolgt, und daß Stöße sowie unerwartete Bewegungswiderstände durch Puffer, elastische Kuppelungen und dgl. unschädlich gemacht und nicht von dem Windwerk und den Zahnrädern aufgenommen werden. Die Anlage dürfte dann, wenn sie auch in der Herstellung teurer ist, im Betriebe und der Unterhaltung, vornehmlich bei großen Schiebetoren, die zweckmäßigere sein.

Eine dritte Art der Bewegung erfolgt durch Wasserüberdruck, herbeigeführt durch Heben oder Senken des Wasserstandes in der Torkammer. Das an den Enden geschlossene Schiebetor erhält hierbei einen möglichst kleinen Spielraum zwischen den Einfahrtswänden der Torkammer. In der Torkammer selbst kann er größer gewählt werden. Neben der Torkammer sind Pumpenanlagen vorgesehen, welche zum Öffnen des Tores das Wasser aus der Torkammer auspumpen, zum Schließen es in die Torkammer hineinpumpen. Der auf die geschlossenen Stirnwände des Tores wirkende Überdruck des Wassers führt die Bewegung herbei. Eine derartige Vorrichtung ist an den Schleusen der neuen Hafeneinfahrt in Wilhelmshaven vorgesehen. Da die Pumpen sehr groß ausfallen, um das Leeren bzw. Füllen der Kammer in kurzer Zeit zu erreichen, werden große, teure Maschinenanlagen erforderlich. Auch ist ein gleichmäßiges Fahren des jede sonstige Führung entbehrenden Tores schwer zu erreichen. Schließlich liegt ein großer Teil der Anlage unter Wasser, ist schwer zugänglich und Beschädigungen durch Fremdkörper ausgesetzt.

Als Bewegungswiderstände sind bei Schiebetoren folgende in Rechnung zu setzen:

1. Der Widerstand gegen gleitende oder rollende Reibung. Ist B der Betriebsdruck des Tores in t, so beträgt der Widerstand des Tores mit Kufen in t

$$W_1 = B \cdot \mu,$$

worin bei Gleiten von Holz auf poliertem Granit $\mu = 0{,}6$ gesetzt wird. Läuft das Tor auf Rollen, so ist

$$W_1 = B \cdot \frac{f + \mu_1 r}{R},$$

wenn R der Rollenhalbmesser in Millimeter, r der Halbmesser der Rollenzapfen in Millimeter, μ_1 der Beiwert der Zapfenreibung $= 0{,}28$ und f der Beiwert für die rollende Reibung (bei eisernen Rollen auf Eisen 0,48 — 0,87 mm) ist.

2. Der Widerstand infolge des Aufstaues des Wassers vor dem bewegten Tore. Ist Q die aus der Torkammer zu bewegende Wassermasse in cbm/sec, errechnet aus $Q = v \cdot F_2$, v die Geschwindigkeit in Meter, mit der das Tor bewegt wird, F der verbleibende Durchflußquerschnitt in Quadratmeter, d. i. der Unterschied zwischen dem Querschnitt F_1 der Torkammer und der größten den Durchfluß versperrenden Torfläche F_2 (beide soweit sie unter Wasser liegen), und μ der Durchflußbeiwert $= 0{,}6$, so beträgt die Höhe des Aufstaues $\Delta h = \dfrac{Q^2}{\mu^2 F^2 2g}$ m und der Widerstand in t

$$W_2 = \Delta h \cdot F_2 \cdot \gamma,$$

wenn γ das spezifische Gewicht des Wassers ist.

3. Der Widerstand des Wassers bei der Bewegung. Er errechnet sich als Druck des Wassers auf eine mit der Geschwindigkeit v bewegte Scheibe zu

$$W_3 = \gamma \cdot F_3 \frac{v^2}{g}.$$

Hierin ist $v = \frac{Q}{F_s}$ die Geschwindigkeit des Wassers zwischen je zwei Toraussteifungen; Q ist die oben bezeichnete Wassermenge in cbm und $F_s = F_1 - F_x$, d. i. Torkammerquerschnitt weniger Torquerschnitt zwischen 2 senkrechten Aussteifungen in qm. F_3 bedeutet die Summe der einzelnen Toraussteifungsflächen, gegen welche das Wasser stößt, projiziert auf eine Ebene senkrecht zur Richtung der Wasserströmung. Es sind also bei Schiebetoren mit offenen Enden als F_3 zu rechnen die Flächen sämtlicher Ständer, Riegel, Hauptträger, sonstigen Aussteifungen, auch der des Schwimmkastens, der Einsteigeschächte und dgl., soweit sie unter Wasser liegen, projiziert auf vorgenannte Ebene.

4. Soll das Tor gegen Überdruck geöffnet werden, so kommt zu den vorstehenden Widerständen noch ein Anfangswiderstand in t hinzu:

$$W_4 = \gamma \cdot F_4 \cdot \delta \cdot \mu,$$

worin F_4 die Ansichtsfläche des Tores (d. i. die Fläche, auf der der Wasserüberdruck lastet) in qm, δ die Höhe des Überdruckes in m und μ den Reibungsbeiwert für die Dichtungsflächen bedeuten.

Die Außentore der neuen Emder Seeschleuse, welche rd. 42,3 m Länge bei rd. 17,8 m Höhe und 7,90 m Torbreite haben, erfordern bei Kufen 242 PS, bei Rollen etwa 96 PS für die Bewegung. Die Zeit des Öffnens und Schließens beträgt für gewöhnlich 3 Min., die Geschwindigkeit rd. 0,23 m je Sek.

d) Bewegung der Hub- und sonstigen Tore. Der Antrieb der Hubtore erfolgt nach Abb. 155 S. 200 mittels Ketten oder Seil durch mechanisch angetriebene Windwerke.

Die den Stemmtoren ähnlichen Tore, wie ein- oder zweiflügelige Drehtore, Fächertore und dgl., erhalten Bewegungsvorrichtungen, die denen der Stemmtore gleich sind.

E. Nebenanlagen.

19. Ausrüstungsgegenstände und Betriebseinrichtungen.

Für den Betrieb sind die Kammermauern mit eisernen Steigeleitern (vgl. Abb. 42a und 75 S. 116 u. 135), geböschte Kammerwände mit Treppen oder Stegen zu versehen, um einen Verkehr mit Schiff und Plattform zu ermöglichen. In den Häuptern werden diese Vorrichtungen bis zur Schleusensohle herabgeführt, um beim Trockenlegen des Bauwerkes die Sohle zugänglich zu machen. Liegen Teile der Plattform in verschiedenen Höhen, z. B. das Außenhaupt höher als die Kammer, so vermitteln bequeme steinerne Treppen den Übergang.

Das Festlegen großer Schiffe in der Schleuse geschieht durch Poller (vgl. Abb. 166, S. 212), welche auf der Plattform aufgestellt werden. Bei großen Seeschleusen werden diese Poller in größerer Entfernung von der Schleuse aufzustellen sein, um den Trossen bei hochliegendem Schiffe keine zu starke Neigung zu geben. In der Schleusenmauer selbst sind in verschiedenen Höhen Schiffshaltekreuze (Abb. 167, S. 212) anzubringen, um kleineren Schiffen oder Booten das Festlegen zu ermöglichen. Zur besseren Führung des Schiffes längs der Mauer sowie zum Schutz der Mauern gegen Beschädigungen dienen Reibehölzer, die zweckmäßig in Nischen des Mauerwerks angebracht werden (vgl. Abb. 42, S. 116).

Alle diese Vorrichtungen sind ausreichend anzuordnen, um den Schleusenbetrieb zu erleichtern. An Seeschleusen werden als Reibehölzer meist schwimmende hölzerne Fender verwendet. Sie bestehen nach Abb. 84 S. 141 aus einem etwa 1,15 m breiten Schwimmgerüst, das an Drahtseilen lose geführt ist, welche oben am Mauerwerk befestigt und unten durch ein lose hängendes Gewicht beschwert sind.

Umläufe und ähnliche Füllvorrichtungen erhalten zum Abhalten von Kraut, Holzstubben und dergleichen treibenden, die Schützverschlüsse versperrenden Gegenständen hochklappbare, schmiedeeiserne Rechen.

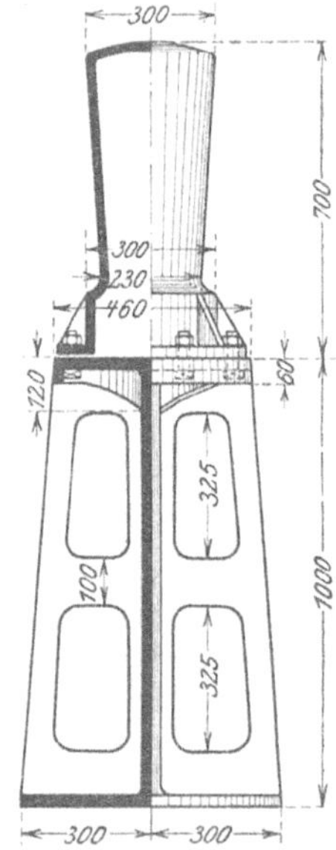

Schnitt und Ansicht.

Abb. 166. Poller.

Zum Trockenlegen des Schleusenbauwerks oder einzelner Teile sind Notverschlüsse vorzusehen. In den Umläufen werden sie zu beiden Seiten der Umlaufverschlüsse als einfache hölzerne Schütztafeln oder Dammbalken angeordnet, um die Verschlüsse im Trocknen zugänglich machen zu können. Bei kleinen und mittleren Schleusen bis etwa 8—10 m lichter Weite finden sich in den Häuptern ein- oder beiderseits der Tore Dammbalkenverschlüsse, um die Häupter bzw. die Kammern im Trocknen ausbessern zu können. Die Stärke der Dammbalken schwankt in der Regel zwischen 20 und 35 cm im Geviert. An den Enden werden die Balken etwas geschwächt, um die Falze im Mauerwerk nicht zu groß wählen zu müssen. Zur Erzielung eines dichten Schlusses werden die Berührungsflächen der Balken mit Hanfstricken benagelt. Ist der Wasserdruck größer, ordnet man zwei Dammbalkenwände an, deren Zwischenraum durch einen Dichtungsstoff (Lehm, Dung und dgl.) ausgefüllt wird. Gegen größeren Druck werden die Balken in ihrer Mitte abgesteift. Hierzu wird dicht vor dem untersten Balken wasserabwärts ein gußeiserner viereckiger Kasten in die Sohle eingelassen, in dem ein senkrechter, nach den Seitenmauern mehrfach abzusprengender, hölzerner Pfosten eingesetzt wird. Man kann aber auch die unteren Balken aus Holz und Eisen zusammensetzen, wodurch die Stütze überflüssig wird. Um die Balken besser einsetzen bzw. herausnehmen zu können, erhalten sie 0,5 m vom Ende entfernt eingelassene Ösen oder Haken. Anstatt der Dammbalken werden neuerdings vielfach Nadelverschlüsse gewählt. Als Nadeln kommen hölzerne aus Pitch-pine von $^{12}/_{12}$ bis $^{16}/_{16}$ cm Querschnitt sowie eiserne geschweißte Röhren von etwa 12 cm Durchmesser zur Anwendung. Sie lehnen sich unten, die hölzernen mit eisernem Schuh versehen, gegen einen Anschlag aus Werksteinen oder in Beton eingelassenen Winkeleisen (Abb. 42 S. 116), oben gegen ein wagerechtes Sprengewerk, das nach Abb. 168 hergestellt sein kann. Der vordere Balken und die Streben ruhen im Mauerwerk in gußeisernen Kästen.

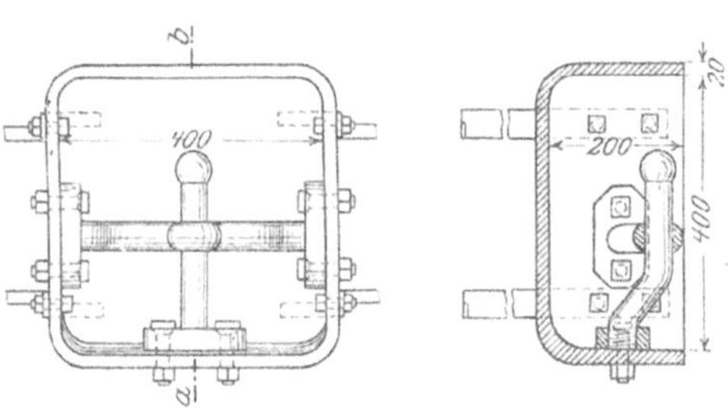

Abb. 167 a. Ansicht. Abb. 167 b. Schnitt a—b.

Abb. 167. Schiffskreuz.

Bei größeren Seeschleusen dienen Schiebetore, sofern sie als Schleusenverschlüsse vorhanden sind, zugleich als Notverschlüsse; andernfalls werden besondere Schwimmpontons erforderlich.

Hat die Wasserstraße einen lebhaften Verkehr, der eine rasche Abwicklung an den Schleusen, mithin eine Kürzung der Schleusungszeit bedingt, so sind, um den Kanal oder die Schiffahrtsstraße wirtschaftlich leistungsfähig zu erhalten oder sie leistungsfähiger zu machen, besondere Betriebseinrichtungen an den

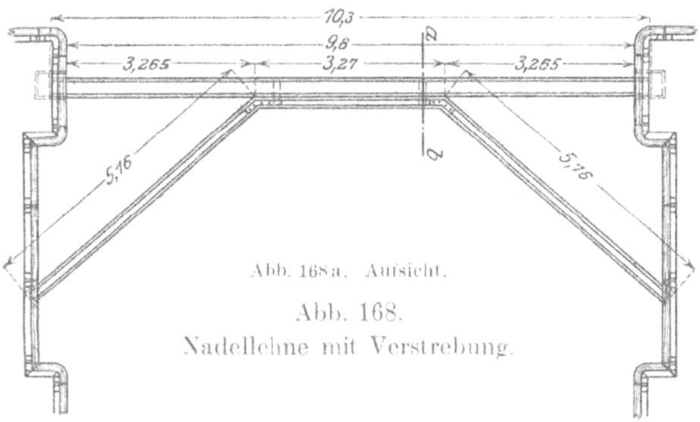

Abb. 168a. Aufsicht.

Abb. 168. Nadellehne mit Verstrebung.

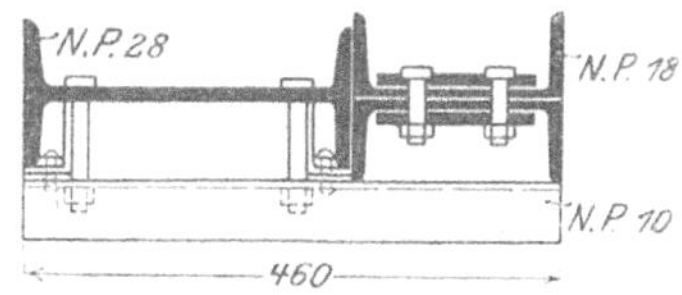

Abb. 168b. Schnitt a–b.

Schleusen zu treffen. Hierher gehören neben dem mechanischen Antrieb der Tore und Schützen — abgesehen von der möglichsten Kürzung der Schleusenfüllungszeit durch genügend große Füllöffnungen — Vorrichtungen, welche das Ein- und Ausfahren der Schiffe beschleunigen. Das Herein- und Herausziehen der Schiffe von Hand erfordert den größten Zeitaufwand beim Durchschleusen. Er kann auf ein Geringstes herabgedrückt werden, wenn diese Handhabung durch mechanische Einrichtungen ausgeführt wird. Als solche kommen Spills oder Laufkatzen in Frage. Bei Schleppzugschleusen wird der Schleppdampfer das Einziehen der Schiffe besorgen. Das Spill, als die einfachere Einrichtung, wird in eine Aussparung des Mauerwerks eingelassen. Abb. 169 zeigt ein solches elektrisch angetriebenes Spill der Schleusen des Oder-Spree-Kanals.

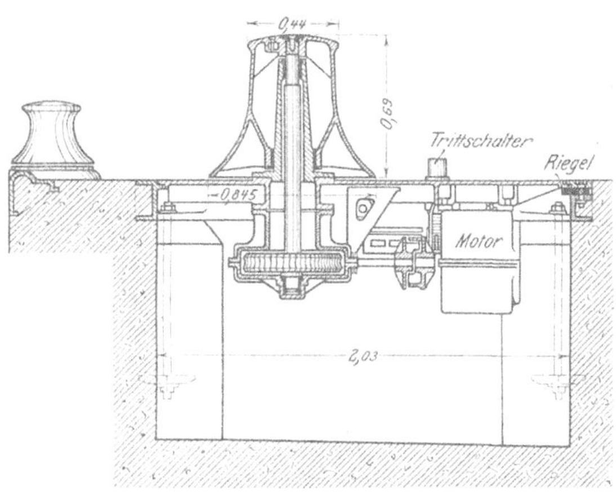

Längenschnitt.

Abb. 169. Elektrisches Spill.

Spilltrommel nebst Schneckenantrieb und Motor ist an einer durch Rippen verstärkten gußeisernen Platte befestigt. Die Platte läßt sich zur leichteren Zugänglichkeit aller Maschinenteile um zwei Zapfen drehen, die in einem festen, gußeisernen Rahmen gelagert sind. Während des Betriebes ist die Platte verriegelt. Nur die Spilltrommel und ein Fußtritt befinden sich über der Plattform. Die wasserdicht gekapselten Anlasser, Widerstände und Motor liegen auf der Unterseite der Platte und werden durch den Fußtritt betätigt. Als Motor dient ein langsam laufender Hauptstrommotor von 8 PS, welcher mit der in einem Ölbade laufenden Schnecke durch eine elastische Kuppelung verbunden wird. Die Geschwindigkeit in der Einschaltung des Stromes wird durch einen Ölpuffer geregelt. Zur Führung der Spilltrosse an der Vorderkante der Schleusenmauer dient ein Leitrolle. Durch das Spill kann einem beladenen 400-t-Kahn eine Geschwindigkeit von 40 cm/sec erteilt werden.

Die Laufkatze bedarf eines besonderen Gerüstes (Abb. 170 S. 214) auf der Schleusenplattform. Sie besteht aus einem elektrisch betriebenen Räderwerk, das vermittelst eines Seiles oder einer Galleschen Kette ohne Ende auf dem Gerüste entlang läuft und das Schiff durch eine kurze Trosse bewegt. Die Zuführung des elektrischen Stromes erfolgt durch einen Schleifkontakt. Ist das Schleusengefälle gering, so wird man mit einer vom Oberwasser nach dem Unterwasser durchlaufenden Katze auskommen. Andernfalls werden zwei Katzen erforderlich, eine zum Herein- und Herausziehen der Schiffe im Oberwasser, die zweite für diese Bewegungen im Unterwasser. Bei der Laufkatze ist die Übersicht über die Schiffsbewegung günstiger als beim Spill, da die Bedienung sich mit dem Schiff und in seiner Nähe bewegt; auch ist ihre Unterhaltung geringer. Dagegen sind die Anlagekosten und der Stromverbrauch größer.

Abb. 170. Laufkatze zum Schleusenbetrieb.

Zur Aufrechterhaltung des Schleusenbetriebes bei Nacht ist eine Beleuchtung der Schleusenanlage, die sich unter Umständen auf die Vorhäfen zu erstrecken hat, erforderlich. Steht elektrischer Strom zur Verfügung, so wird eine Beleuchtung mit Bogen- oder Glühlampen zweckmäßig sein können.

Der mechanische Betrieb der Schleuse bedarf zur Erzeugung der erforderlichen Kraft, sofern nicht Anschluß an vorhandene Anlagen (z. B. Überlandzentralen für elektrischen Strom usw.) möglich ist, einer besonderen Kraftanlage. Als Betriebsart kommen Dampf-, Gaskraftmaschinen oder die Ausnutzung des vorhandenen Gefälles zum Treiben von Turbinen in Frage. Bei Seeschleusen wird man wegen der schwankenden Wasserstände meistens von der Ausnutzung des Gefälles Abstand nehmen und in Rücksicht auf den größeren Kraftbedarf zum Bewegen der Tore und Hereinziehen der Schiffe größere Dampfzentralen errichten, welche das erforderliche Druckwasser oder die elektrische Kraft erzeugen. Bei letzterer finden Turbodynamos eine häufige Anwendung. Gaskraftmaschinen sind bei intermittierendem Betrieb zweckmäßig, da sie in kurzer Zeit betriebsfähig sind. Bei den Schleusen der Binnenwasserstraßen wird man dagegen, sofern das erforderliche Wasser zur Verfügung steht, das Gefälle ausnutzende Turbinen anwenden. Sie erzeugen durch den Antrieb von Pumpen Preßwasser oder durch den von Dynamos die elektrische Kraft.

Abb. 171 zeigt eine geschlossene, regelbare Francis- Saug- und Druck-Radialturbine, welche bei 4 m Gefälle und einem Wasserverbrauch von 500 l/sec eine Leistung von 20 PS_e besitzt. Diese Kraft reicht aus zur Bewegung der Tore und der drei elektrischen Spills zum Herein- und Herausziehen der Schiffe und zur Beleuchtung der Schleusenanlage mit 5 Bogenlampen und etwa 15 Glühlampen. Ferner kann von der Turbine aus eine 9pferdige Kreiselpumpe zum Leerpumpen der Schleuse bei Ausbesserungsarbeiten angetrieben werden. Die Pumpe fördert bei 670 Umdrehungen in der Minute rd. 100 l Wasser je Sekunde bei 4 m Saughöhe.

An Nebenanlagen bedarf eine Schleuse: Gehöfte für die Schleusen- und Maschinenmeister, Maschinenhäuser, Schuppen zum Unterbringen der Notverschlüsse, Häuschen für die Abgabenerhebung, Unterkunftsräume für die Schleusenbedienung und dgl. mehr.

20. Ausbildung der Vorhäfen unter Berücksichtigung des Schleusenbetriebes.

Die Ausbildung der Vorhäfen hängt wesentlich ab von dem Verkehr auf der Wasserstraße und vom Schleusenbetrieb. Geringer Verkehr, Einfahren der Schiffe in die Schleuse ohne Fahrtverzögerung, so daß das Schiff gut steuerfähig bleibt, erfordern keine oder nur geringe Mittel. Liegt die Schleuse in der Kanalachse, so wird sich der Vorhafen kaum von der übrigen Schiffahrtsstraße unterscheiden. Nur nach der Schleuse zu wird die Sohlenbreite allmählich auf die lichte Weite der Schleuse verringert, auch werden die Ufer etwas steiler ausgebildet (wenn erforderlich, unter Steinabdeckung), um die Flügelmauern des

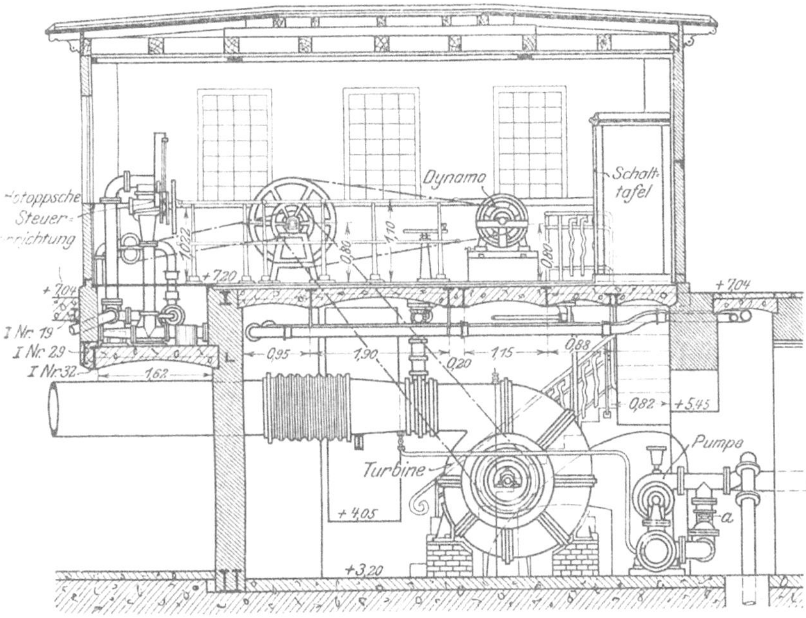

Abb. 171. Maschinenhaus an der Schleuse bei Wernsdorf.

Schleusenbauwerkes möglichst kurz zu halten. Besondere Vorkehrungen zum Schutze des Schleusenbauwerkes und zur Erleichterung der Einfahrt sind nicht dringend erforderlich.

Sind die verkehrenden Schiffe größer, so daß Beschädigungen am Schiff und Mauerwerk umfangreicher werden können, so werden die Schleusenkanten durch Anordnung von einzelnen Pfählen oder Dalben geschützt, auch kurze, schräg gestellte Leitwerke angebracht, um den Schiffern Gelegenheit zum Einsetzen der Bootshaken für das Hereinziehen der Schiffe zu geben. Letzteres wird erforderlich, wenn der Untergrund nachgiebig und ein Fortbewegen der Schiffe durch Schiebestangen nicht möglich ist. Ein auf Schleusung wartendes Schiff muß auf eine Schiffslänge vor der Schleuse anhalten, um das aus der Schleuse entgegenkommende vorbeizulassen. Ist Rücksicht auf Wind zu nehmen, so ist wartenden leeren Schiffen Gelegenheit zu geben, auf beiden Seiten der Einfahrt, je nach der Windrichtung, ihren Liegeplatz zu wählen. Auch hierbei bleibt die Schleuse zweckmäßig in Richtung der Kanalachse liegen. Der Vorhafen wird nur symmetrisch nach beiden Seiten auf drei Schiffsbreiten erweitert, so daß je ein Schiff auf jeder Seite liegen und in der Mitte ein Schiff ausfahren kann. Eine Schiffslänge vor der Schleuse verringert sich die Sohlenbreite des

Vorhafens wieder allmählich, u. U. bis auf die Einfahrtsweite der Schleuse. Die Länge des Hafens richtet sich nach dem Schiffsverkehr. Der Übergang zur anschließenden Kanalstrecke geschieht allmählich. Besondere Vorkehrungen zum Schutze der Schleuse sowie Leitwände, welche an sich in der Herstellung und der Unterhaltung sehr teuer sind, können entbehrt werden.

Die Einfahrt der wartenden Schiffe läßt sich beschleunigen, wenn die Vorhafenbreite zu vier Schiffsbreiten gewählt wird. Das wartende Schiff kann alsdann schon seine Fahrt beginnen, bevor das ausfahrende die Schleuse ganz verlassen hat.

Bei lebhaftem Verkehr ist bei der Anlage der Vorhäfen grundsätzlich darauf zu achten, daß das auf Einfahrt in die Schleuse wartende Schiff nicht erst quer zur Kanalachse bewegt werden muß, um seine Fahrt in Richtung der Schleusenachse aufzunehmen. Große und schwer beladene Kähne bedürfen zu einer solchen Querbewegung einer großen und zeitraubenden Kraftaufwendung, ganz abgesehen davon, daß dabei Ufer und Sohle der Einfahrten durch Schiffshaken und ähnliche Mittel beschädigt werden und zu Verkehrsstockungen Anlaß geben können. Unter solchen Verhältnissen ist eine unsymmetrische Lage der Schleuse zur Kanalachse am Platze, und zwar sind beide Achsen so gegeneinander parallel zu verschieben, daß das auf Einfahrt wartende Schiff in Richtung der Schleusenachse liegt, während das ausfahrende Schiff an ihm seitlich vorbeifährt (Abb. 172). Eine solche Anordnung steigert die Leistungsfähigkeit der Schleuse, da das haltende Schiff nur eine Vorwärtsbewegung auszuführen hat. Das aus der Schleuse kommende Schiff hat schon soviel Geschwindigkeit, daß es gut steuerbar ist und bequem um das wartende Schiff herumfahren kann. Allerdings muß die Einfahrt in die Schleuse durch Dalben oder dgl. gesichert sein. Am besten ist die Anordnung einer Leitwand, an der das einfahrende Schiff entlang gleitet. Wird diese Leitwand als Laufsteg ausgebildet, auf dem die Schleusenbedienung oder der Schiffer das Schiff in die Schleuse ziehen kann, oder wird letzteres durch mechanische Kraft — Spill, Laufkatze — hereingezogen, so wird hiermit der kürzeste Zeitaufwand zum Einfahren erreicht werden. Die Leitwände liegen meist in Flucht der Schleusenmauer. Durch eine geringfügige Neigung (etwa 1 : 10 bis 1 : 15) nach auswärts kann jedoch erreicht werden, daß das haltende Schiff entsprechend näher der Schleuse liegt. Die Leitwand erhält bei Kanalschleusen etwa die Länge der auf der Wasserstraße verkehrenden Schiffe und wird durch einen Dalben geschützt (Abb. 173). Für die im Schleusenrang liegenden Schiffe sind gleichfalls Dalben, abwechselnd mit Einzelpfählen, (bei kleineren Schiffen genügen auch Einzelpfähle) anzuordnen, um ihnen die Möglichkeit zum Festmachen zu geben.

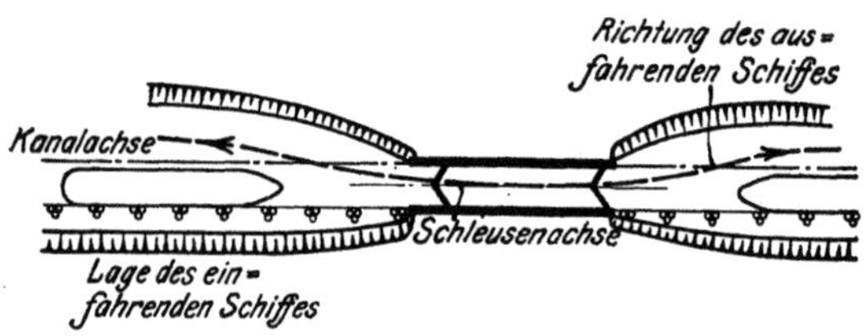

Abb. 172. Lageskizze eines Schleusenvorhafens.

Das Schleusenbauwerk ist gegen Anfahren durch Dalben zu schützen, die zugleich dem ausfahrenden Schiffe die Richtung geben. Es ist darauf zu achten, daß das aus Dalben gebildete Dreieck zwischen den Schleusen nicht zu lang wird und den ausfahrenden Schiffen die Bewegungsfreiheit raubt.

Abb. 174 gibt die Vorhäfen der Schleuse bei Klein-Machnow am Teltowkanal wieder. Die Leitwände sind zwischen den beiden Schleusen angeordnet und auf ihnen Laufkatzen zum Schleppen der Kähne angebracht.

Zu achten ist darauf, daß die Vorhäfen geräumig ausgebildet werden, um den Anforderungen aus dem Verkehr gerecht zu werden, daß möglichst das Rechtsfahren aufrecht erhalten und daß schließlich den verkehrenden

Schleppdampfern Gelegenheit zum Anlegen (etwa hinter den Leitwänden) gegeben wird. Unter Umständen wird man besondere Dampferliegehäfen bauen müssen. Bei geregeltem, fahrplanmäßigen, mechanischen Schiffszuge wird die Ausdehnung der Vorhäfen und die Anlage von Haltepfählen und dgl. beschränkt

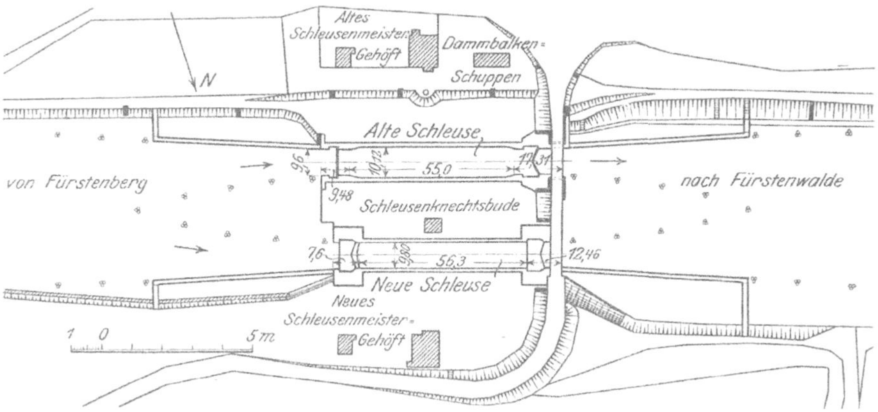

Abb. 173. Lageplan der Schleusenanlage bei Kersdorf. (Oder-Spree-Kanal.)

werden können, da innerhalb einer bestimmten Zeit nur eine bestimmte Anzahl von Schiffen vor den Schleusen eintrifft.

Bei Fluß- und Seeschleusen ist noch auf die Strömung und die herrschende Windrichtung Rücksicht zu nehmen. Es werden die Einfahrten meist trichterförmig ausgebildet. Bei lebhaftem Verkehr können die Ufer der Vorhäfen von vornherein als senkrechte Mauern ausgeführt werden, die als Leitwände dienen. Ist

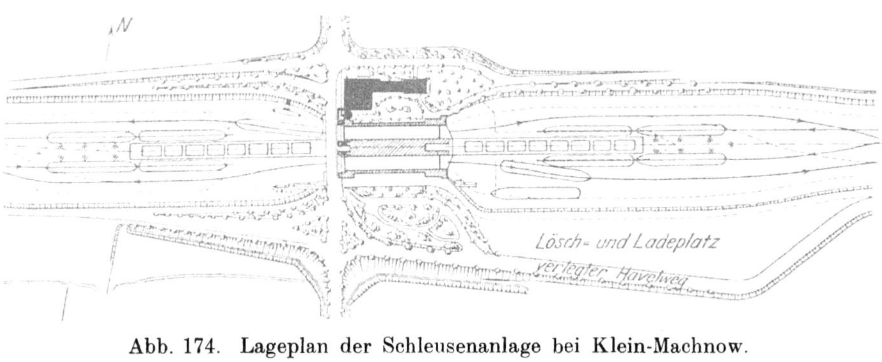

Abb. 174. Lageplan der Schleusenanlage bei Klein-Machnow.

ein solches Bedürfnis noch nicht vorhanden, so werden die Ufer flach ausgebildet und Leitwände angeordnet, welche aus kräftigen, neun-, zwölf- oder sechzehnpfähligen, durch breite Schwimmflöße miteinander verbundenen Dalben bestehen. Die Abb. 175 und 176 S. 218 geben einen sieben- und einen fünfpfähligen Dalben des Dortmund-Ems-Kanals wieder (Preis 560 bzw. 430 M.). Sie bestehen aus Kiefernholz, das gut ausgetrocknet und mit Karbolineum gestrichen oder imprägniert ist. Eiserne Pfähle haben sich nicht bewährt, da sie sehr leicht brechen und teuer in der Beschaffung und Unterhaltung sind. Über Eisenbetonpfähle liegen abschließende Ergebnisse noch nicht vor.

Die Ausbildung der Leitwände kann nach dem Bedürfnis in den verschiedensten Formen erfolgen. Für leichten und geringen Verkehr dürfte die einfache Form nach Abb. 177 S. 218 genügen, bei stärkerem Verkehr wird, sofern sie zugleich als Laufsteg dienen, Abb. 178 S. 218 Verwendung finden.

Dicht vor der Schleuse werden die Sohle und meist auch die Ufer der Vorhäfen zu befestigen sein, um den Wirbelbewegungen des bei den Schleusungen

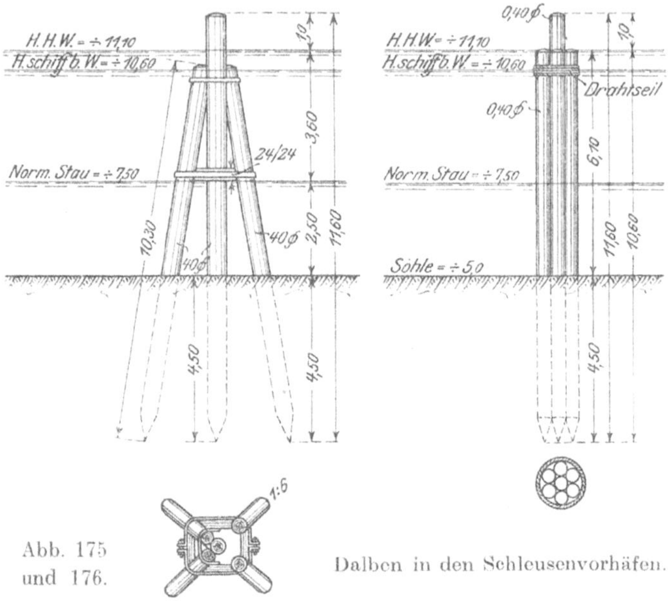

Abb. 175 und 176. Dalben in den Schleusenvorhäfen.

ausströmenden Wassers Widerstand leisten zu können. Am zweckmäßigsten ist eine im Trocknen ausgeführte Abpflasterung mit hohen und schweren Steinen. Bei Kanal- und Flußschleusen wird man außerdem die Vorhäfen vor dem Oberhaupte mit einer hinreichend starken

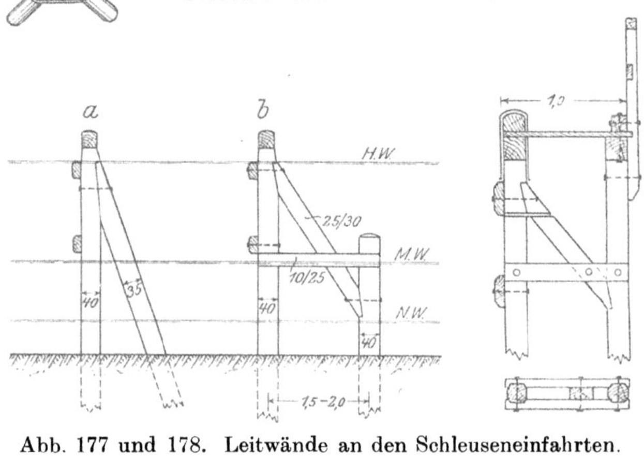

Abb. 177 und 178. Leitwände an den Schleuseneinfahrten.

Dichtung aus Lehm oder Ton versehen (Abb. 42a, S. 116), um die Schleusen gegen Unterspülen hinreichend zu sichern.

F. Mittel zur Wasserersparnis und zur Überwindung großer Höhen.

21. Wassersparende Anlagen.

Bei den Haltungen künstlicher Schiffahrtskanäle, insbesondere bei den Scheitelhaltungen, welche zur Speisung besonderer, oft teurer Wasserhebeeinrichtungen bedürfen, sind der Wasserverbrauch durch die Schleusungen ebenso wie die Verluste durch Versickerungen in der Haltung, Undichtigkeiten an den Tor- und Schutzverschlüssen und dgl. mehr auf das geringste Maß einzuschränken. Die einfachste Art ist, während des Schleusens nur einen Teil des Verbrauchswassers aus der oberen Haltung zu entnehmen bzw. nach der unteren abzulassen, die übrige Wassermenge aber mittels hydrostatischer Ausspiegelung in Seitenbecken abzuführen, aus denen sie für die nächste Schleusung auf dem gleichen Wege wiedergewonnen werden. Der Vorgang ist z. B. bei 2 Sparbecken folgender (Abb. 179): Die Schleuse sei mit Oberwasser gefüllt. Es wird dann die mit I bezeichnete Wasserschicht der Schleuse nach I′ in das erste Sparbecken, die Schicht II nach II′ in das zweite Sparbecken usw. je nach der Anzahl der Sparbecken, der Rest von der Höhe h_0 nach dem Unterwasser abgelassen. Beim Füllen der Schleuse wird die Schicht II′ aus dem Sparbecken nach II″ der Schleuse, I′ nach I″ der Schleuse geleitet und der Rest aus dem Oberwasser nachgefüllt. Haben Schleuse und Seitenbecken gleiche Flächengröße, und sind die Schichthöhen gleich groß, so sind bei n Sparbecken n + 2 Schichthöhen in der Schleuse erforderlich. Die Wasserersparnis beträgt $w = \frac{n}{n+2}$; mithin bei einem Sparbecken $1/3$, bei zwei Sparbecken $1/2$, bei drei Sparbecken $3/5$ usw. Ersparnis. Mit wachsender Sparbeckenfläche vergrößert sich die Ersparnis; z. B. ist bei einem Sparbecken von unendlicher Größe eine Ersparnis $w = 1/2$ vorhanden. Jedoch treten von einem bestimmten Größenverhältnis ab Nachteile hinsichtlich der Kosten und der Schleusungsdauer ein, welche die Vorteile erheblich übersteigen. Am zweckmäßigsten ist die Wahl gleich großer Flächen und die Anordnung von zwei Sparbecken zu beiden Seiten der Schleusenanlage (Abb. 180; Ausnahmen s. Abschnitt 22c).

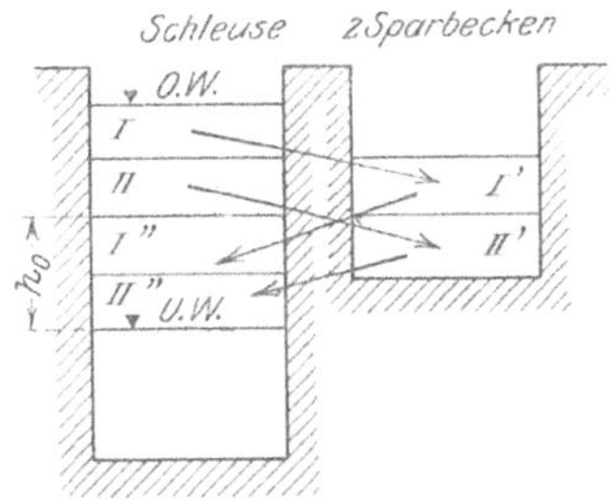

Abb. 179. Schleusungsvorgang bei zwei Sparbecken.

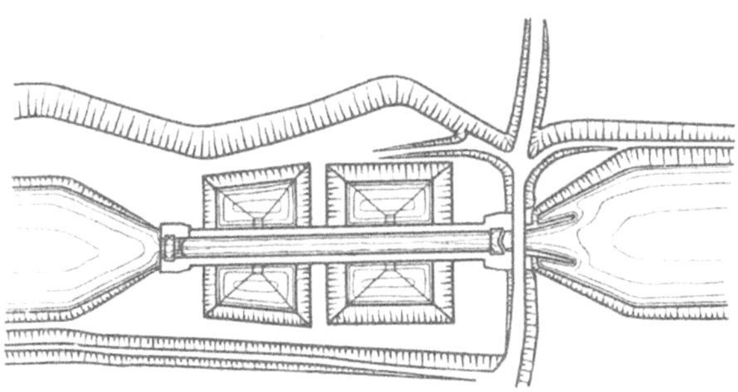
Abb. 180a. Lageplan der Schleuse und Sparbecken.

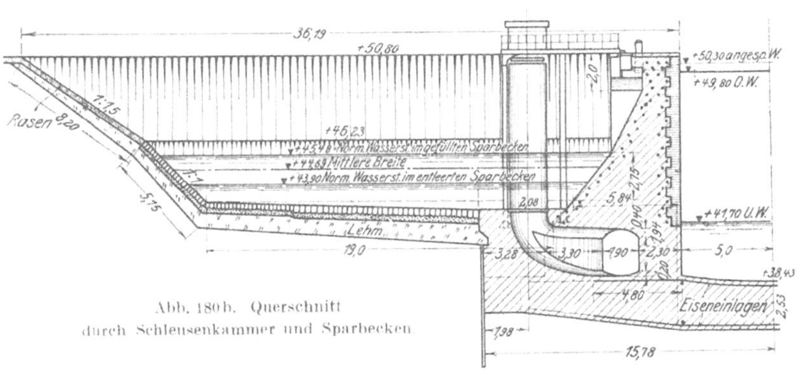

Abb. 180b. Querschnitt durch Schleusenkammer und Sparbecken.

Abb. 180. Sparschleuse bei Bevergern. (Dortmund-Ems-Kanal.)

Die Zeit zum Füllen oder Entleeren solcher Schleusen berechnet sich wie folgt: Ist nach Abb. 181 S. 220 F_s die Grundrißfläche der Schleuse, F_b die der einzelnen Sparbecken, f_s der Querschnitt der Schleusenumläufe, f_b der der Füllkanäle nach dem Sparbecken, μ der Ausflußbeiwert, H das gesamte Schleusengefälle, n die Anzahl der Sparbecken, z die Höhe der Wasserschicht, welche aus der Schleuse in ein Sparbecken abgelassen wird, und h die anfängliche Druckhöhe für das nach den Sparbecken ausfließende Wasser, h_0 das Restgefälle der Wassermenge, welche in der Schleuse verbleibt, sobald alle Sparbecken gefüllt bzw. entleert sind, so ist die Zeit

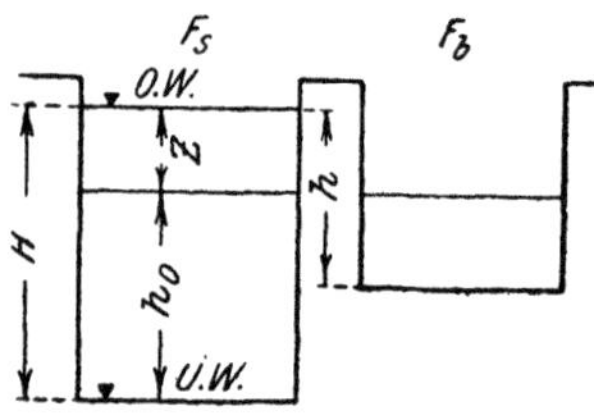

Abb. 181.

1. für das Ablassen des Wassers nach dem Sparbecken bzw. aus ihm nach der Schleuse

$$t_b' = 2\frac{F_b}{F_s + F_b}\cdot\frac{F_s}{f_b}\,\frac{\sqrt{h}}{\mu\sqrt{2\,g}}\,.$$

Hierbei ist angenommen, daß der Querschnitt f_b plötzlich freigegeben wird. In Wirklichkeit wird hierzu eine Zeit t_1 gebraucht, welche zum Heben der Verschlußvorrichtung erforderlich ist. In gleicher Weise erfordert ihr Schließen eine Zeit t_3. Von diesen Zeiten kann man angenähert je die Hälfte als Verlust rechnen. Nimmt man dann noch $t_1 = t_3$ an, so beträgt die Füllzeit

$$t_b = t_1 + 2\frac{F_b}{F_s + F_b}\,\frac{F_s}{f_b}\,\frac{\sqrt{h}}{\mu\sqrt{2\,g}}\,;$$

2. für das Ablassen des Wassers von der Höhe h_0 in das Unterwasser bzw. aus dem Oberwasser in die Schleuse, wobei t_3 außer Ansatz bleibt, da die Schützen nachträglich geschlossen werden:

$$t_s = {}^1/_2\,t_1 + 2\frac{F_s}{f_s}\,\frac{\sqrt{h_0}}{\mu\sqrt{2\,g}}\,.$$

Sind n Sparbecken vorhanden, und ist die Grundrißfläche des Sparbeckens ν-mal größer als die der Schleuse, also $F_b = \nu\cdot F_s$, so ist die Gesamtfüllzeit:

$$T = n\cdot t_1 + {}^1/_2\,t_1 + 2\,n\frac{\nu}{1+\nu}\,\frac{F_s}{f_b}\,\frac{\sqrt{h}}{\mu\sqrt{2\,g}} + 2\frac{F_s}{f_s}\,\frac{\sqrt{h_0}}{\mu\sqrt{2\,g}}\,.$$

Diesen Zeitaufwand kann man erheblich abkürzen, wenn nicht volle Ausspiegelung der Wasserstände zwischen der Kammer, dem Oberwasser und den Sparbecken herbeigeführt wird, sondern ein angemessener Ausspiegelungsunterschied a zwischen Kammer und Sparbecken bzw. a_0 zwischen Kammer und Ober- bzw. Unterwasser belassen wird. Die obige Formel lautet dann:

$$T = n\cdot t_1 + {}^1/_2\,t_1 + 2\,n\frac{\nu}{1+\nu}\,\frac{F_s}{f_b}\,\frac{\sqrt{h}-\sqrt{a}}{\mu\sqrt{2\,g}} + 2\frac{F_s}{f_s}\,\frac{\sqrt{h_0}-\sqrt{a_0}}{\mu\sqrt{2\,g}}\,.$$

Die in diesen Formeln enthaltenen unbekannten Werte h_0 und h berechnen sich wie folgt.

Das Entleeren der Kammer ergibt

$$H = n\ \ z + h_0 \text{ (Abb. 182)}.$$

Das Füllen der Kammer $h_0 = h + a$; mithin ist

$$H = n\cdot z + h + a \text{ (Abb. 183)}.$$

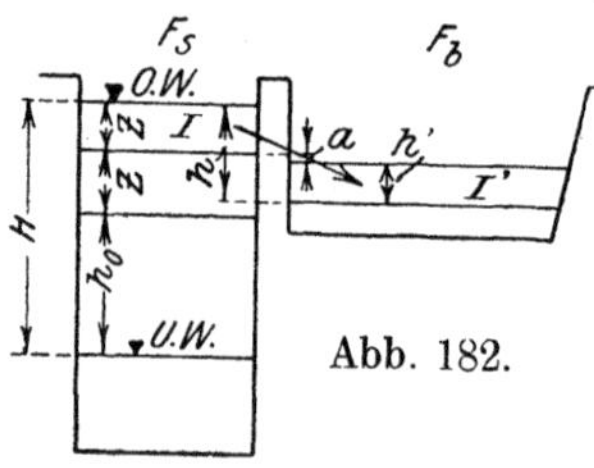

Abb. 182.

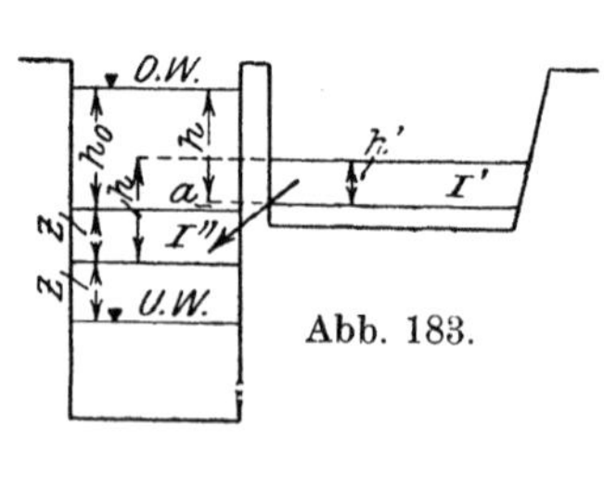

Abb. 183.

Ferner ist die Höhe des Wassers in den Sparbecken

$$h' = h - z - a.$$

Da nun $F_s \cdot z = F_b \cdot h' = F_b (h - z - a)$ sein muß, so beträgt

$$z = \frac{F_b}{F_s + F_b}(h - a) = \frac{F_b}{F_s + F_b}[H - n z - 2a]$$

oder, da $F_b = \nu F_s$ ist,

$$z = \frac{\nu}{1+\nu}[H - n z - 2a] = \frac{\nu}{1 + \nu(n+1)}(H - 2a)$$

und

$$h = H - n z - a.$$

Der Wasserverbrauch der Sparschleuse ist

$$Q = F_s \cdot h_0,$$

die Ersparnis

$$E = F_s \cdot n z.$$

Bei Rollschützen kann man $t_1 = 30$ Sekunden, bei Zylinderschützen $t_1 = 10$ Sekunden annehmen, für den Abflußbeiwert bei guter Abrundung der Ein- und Ausströmungsöffnungen und günstiger Führung und reichlichem Querschnitt der Füllkanäle $\mu = 0{,}7$. Der Ausspiegelungsunterschied zwischen Kammer und Sparbecken kann $a = 10$ cm, der zwischen Kammer und Ober- bzw. Unterwasser $a_0 = 5$ cm betragen. Die größte Aufstieggeschwindigkeit des Wassers in der Kammer kann erfahrungsgemäß bis zu 6,5 cm/sec gesteigert werden, ohne daß sich Unzuträglichkeiten im Betriebe gezeigt haben.

Die Verschlüsse der Sparbecken, welche meist aus Zylinderschützen bestehen, müssen mit ihrem Sitze tiefer liegen als die Unterkante der Wasserschicht in der Schleuse, welche aus diesem Sparbecken aufgefüllt werden soll, um ein Mitreißen von Luft zu vermeiden. Die Sparbecken sind schließlich in unmittelbarer Nähe der Schleuse anzuordnen. Bei Berücksichtigung dieser Umstände wird sich die Schleusungszeit bei Sparschleusen nicht allzusehr erhöhen gegenüber einer einfachen Schleuse.

Auch haben die Sparbecken den Vorzug, daß sie die Einströmungsgeschwindigkeit des Wassers, die bei großem Gefälle und einfachen Schleusen sehr groß werden kann, verringern und gleichmäßiger über die ganze Schleusungszeit verteilen. Ebenso wird die Ausströmungsgeschwindigkeit nach dem Unterwasser und somit der Angriff auf das Sturzbett gemildert.

Bei einer Schleuse von 6 m Gefälle ohne Sparbecken beträgt z. B. die Füllzeit einschl. Öffnen der oberen Schütze

$$T = {}^1/_2\, t_1 + 2 \frac{F_S}{f_S} \frac{\sqrt{H} - \sqrt{a_0}}{\mu \sqrt{2g}} = {}^1/_2 \cdot 30 + 2 \frac{800}{7{,}0} \frac{\sqrt{6{,}0} - \sqrt{0{,}05}}{0{,}7 \sqrt{2g}}$$

$= 15 + 166 = 181$ Sek. $= \sim 3$ Minuten, wenn die Grundfläche der Schleuse $F_S = 800$ qm, der Querschnitt der Umläufe insgesamt $f_S = 7$ qm ist und die Tore gegen 5 cm Überdruck geöffnet werden.

Dieselbe Schleuse mit 2 Sparbecken von der doppelten Grundfläche wie die Schleuse, also $n = 2$ und $\nu = 2$, einem Querschnitt der Auslaßöffnung $f_b = 7$ qm und einem Ausgleichsunterschied $a = 10$ cm erfordert an Zeit, bei $z = \frac{2}{7}(6{,}0 - 2 \cdot 0{,}10) = 1{,}66$ m, $h = 6{,}0 - 2 \cdot 1{,}66 - 0{,}10 = 2{,}58$ m und $h_0 = 2{,}58 + 0{,}10 = 2{,}68$ m;

$$T = 2 \cdot 10 + {}^1/_2 \cdot 30 + 4 \cdot {}^2/_3 \cdot \frac{800}{7{,}0} \frac{\sqrt{2{,}58} - \sqrt{0{,}10}}{3{,}10} + 2 \frac{800}{7{,}0} \frac{\sqrt{2{,}68} - \sqrt{0{,}05}}{3{,}10}$$

$$= 20 + 15 + 128 + 106 = 269 \text{ Sekunden} = \sim 4 \text{ Minuten } 29 \text{ Sek.}$$

Im ersteren Falle beträgt die Ausströmungsgeschwindigkeit im Anfange etwa $v = 0{,}7 \sqrt{2g \cdot 6{,}0} = \sim 7{,}6$ m, im letzteren $v = 0{,}7 \sqrt{2g \cdot 2{,}68} =$ rd. 5,0 m.

Es läßt sich leicht an Hand der oben angeführten Gleichungen für die Wasserersparnis E bzw. den Wasserverbrauch Q zeichnerisch nachweisen, daß die Zahlen n und ν nur innerhalb eines kleinen Spielraumes vorteilhaft bleiben. Bei einer bestimmten Sparbeckengröße hat es wenig Zweck, eine große Anzahl von Sparbecken zu wählen, da der Zuwachs an Ersparnis nicht gleichmäßig wächst mit der Zahl der Becken. Bei kleineren Gefällen wird man sich daher meist mit zwei oder drei, ganz ausnahmsweise mit vier begnügen. Bei größeren Gefällen werden 4—5 Sparbecken die Regel bilden. Ist ganz besonders auf große Wasserersparnis zu sehen, so können im Höchstfalle bis zu 8 Sparbecken angeordnet werden. Jedoch werden hier die erhöhten Kosten für den Schleusenbau und auch für die Maschinenanlagen mit in Erwägung zu ziehen sein.

Ähnlich, wenn nicht noch ungünstiger, stellt sich die Anordnung großer Sparbecken. Man wird hierbei die Grenzen $\nu = 1$ und $\nu = 2{,}5$ (als Höchstfall) möglichst innehalten.

Erfordert der Verkehr auf einer Wasserstraße die Anlage einer zweiten Schleuse neben einer bestehenden, so kann eine Wasserersparnis von etwa 50% erzielt werden, wenn beide Schleusen durch Verbindungskanäle derart verbunden werden, daß eine Schleuse als Sparbecken der anderen benutzt werden kann. Man verbraucht dann zur Beförderung je eines Schiffes nach aufwärts (Schleuse II, Abb. 184) und nach abwärts (Schleuse I) in jeder Schleuse nur eine Wassermenge $a = b = \frac{h}{2}$ aus dem Oberwasser, während sonst eine solche von der Höhe h erforderlich ist. Ist der Verkehr zu Zeiten nicht so stark, daß mit beiden Schleusen geschützt werden muß, so kann man etwa ⅓ der Wassermenge ersparen, wenn man eine der Schleusen, z. B. II, als Sparbecken von I ansieht. Es wird also nur mit Schleuse I geschützt, in Schleuse II der Wasserstand in Höhe d e gehalten (Abb. 185). Die Wasserschicht c wird in der durch Pfeile angedeuteten Weise als Sparwassermenge bei einer Doppelschleusung, d. i. zu Berg und zu Tal, benutzt.

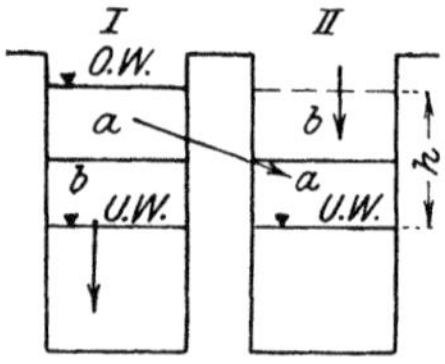

Abb. 184.

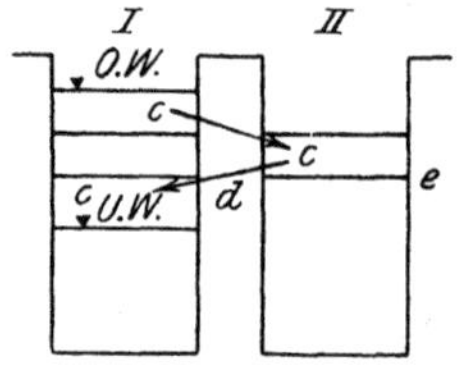

Abb. 185.

Abb. 186 stellt im Querschnitt die Spareinrichtungen an den Schleusen in Fürstenberg a. O. dar. Hier ist zwischen den miteinander in Verbindung stehenden beiden Schleusen noch ein Sparbecken angelegt, das ungefähr die gleiche Flächengröße wie jede Schleuse hat, so daß sich folgende Betriebsarten ergeben:

1. Jede Schleuse kann als Einzelschleuse benutzt werden. Die Schleusungsdauer ist hierbei am geringsten, der Wasserverbrauch am größten. Diese Betriebsart wird daher im allgemeinen bei starkem Verkehr und großem Wasservorrat oder nur bei geringem Verkehr anzuwenden sein.

2. Die Schleusen werden von dem zwischenliegenden Sparbecken mitgefüllt. Die Ersparnis beträgt ⅓. Die Schleusen können hierbei unabhängig voneinander arbeiten oder auch in Wechselbeziehung gebracht werden. Diese Betriebsart wird sich daher für unregelmäßigen Verkehr und bei geringem Wassermangel eignen, oder auch wenn eine Schleuse für Ausbesserungsarbeiten während der Schiffahrtszeit gesperrt werden muß.

3. Die Schleusen werden gegenseitig als Sparbecken benutzt. Man erspart die Hälfte des Wassers. Jedoch sind die Schleusen voneinander abhängig, so daß dieser Betrieb nur bei regelmäßigem Schiffsverkehr von beiden Seiten vorteilhafte Verwendung findet.

4. Schleusen und Sparbecken werden als Sparbecken benutzt. Die Ersparnis beträgt etwa 60%. Die Betriebszeit erhöht sich aber bei den vielen Ausspiegelungen und geringen Druckunterschieden bedeutend, so daß sich ein solcher Betrieb nur bei geringem Schiffsverkehr, der zugleich gleichmäßig von beiden Seiten stattfinden muß, und bei sehr großem Wassermangel lohnt.

Die Zeit zum Füllen oder Entleeren einer Schleuse dauert für den Fall 1 etwa 3½, für den Fall 2 etwa 5, für den Fall 3 etwa 8 und für den Fall 4 etwa 15 Minuten.

Schleusen und Sparbecken sind mit Druckluftpegeln versehen und geben dem Wärter im Maschinenhaus den Wasserstand in den einzelnen Becken unmittelbar an.

Die Sohle der Sparbecken ist durch Ton- oder Lehmschlag gut abzudichten. Gegen Angriffe aus der Wasserbewegung wird die Dichtung durch Plattenbelag geschützt. Unter Umständen kann auch eine massive Betonsohle für die Becken in Frage kommen.

Neben den vorbeschriebenen, als offene Weiher ausgebildeten, neben- oder hintereinander liegenden Sparbecken finden sich solche, welche übereinander angeordnet sind. Sie werden alsdann in Verbindung mit dem Schleusenmauerwerk gebracht und bilden die Speicherschleusen (s. S. 227). Sie liegen meist mehr oder weniger frei über dem Boden. Ihre Außenwände können geringe Abmessungen erhalten, da sie außer dem senkrechten Druck durch die Deckenlasten durch das Wasser in den einzelnen Stockwerken nur geringen seitlichen Druck bekommen, der außerdem durch Verankerungen in den Decken aufgenommen wird.

Weitere Mittel zur Ersparung von Wasser sind die in den verschiedensten Arten von Hebewerken ausgebildeten beweglichen Schleusenkammern s. S. 229 bis 244).

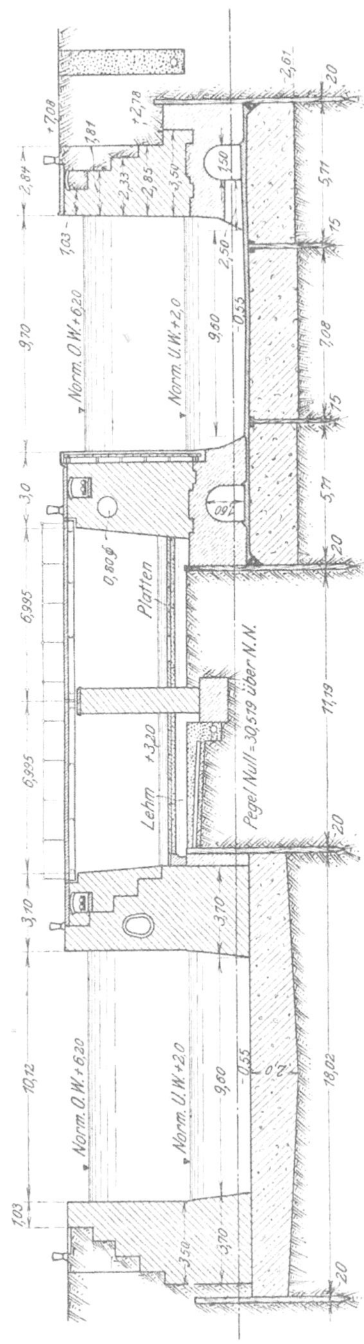

Querschnitt.

Abb. 186. Schleusen- und Sparbeckenanlage bei Fürstenberg a./O.

22. Überwindung großer Höhen.

Als Mittel zur Überwindung großer Höhen finden Verwendung: Schleusentreppen, Schachtschleusen, senkrechte Hebewerke, geneigte Ebenen, Drehhebewerke und sonstige Vorrichtungen.

a) Allgemeines. Allgemein gültige Regeln über die Anwendung der einzelnen Arten lassen sich nicht geben, vielmehr sind im Einzelfall besondere Untersuchungen über Zweckmäßigkeit der verschiedenen Anlagen anzustellen. Grundsätzlich ist jedoch darauf zu achten, daß das in Aussicht genommene Bauwerk sich einpaßt in den Schiffahrtsbetrieb der zugehörigen Wasserstraße. Die Leistungsfähigkeit einer künstlichen Wasserstraße ist abhängig von der Leistungsfähigkeit ihrer Schleusen. Man wird daher dahin streben, diese Leistungsfähigkeit möglichst groß, aber auch bei allen Schleusen möglichst gleich zu machen, um einen möglichst gleichmäßigen Schiffahrtsbetrieb zu erhalten und unnütze

Aufenthalte zu vermeiden. Letztere werden eintreten, wenn die Schleusungszeiten an den einzelnen Schleusen oder mechanischen Hebewerken allzu verschieden sind. An einem solchen Bauwerk wird sich der Verkehr dann häufen, während die übrigen nicht ausgenutzt werden können.

Die Höhe, auf welche das einzelne Schiff gehoben wird, ist für die Gesamtleistung der Wasserstraße, ausgedrückt in Tonnenkilometer, nur insofern maßgebend, als es sich darum handelt, in möglichst kurzer Zeit möglichst viele beladene Schiffe in bzw. durch die Wasserstraße zu leiten. Dagegen hat das einzelne Schiff — also Schiffer und Verfrachter — einen großen Nutzen, wenn es mit einer Schleusenstufe möglichst hoch gehoben wird und dadurch die Aufenthalte erspart, welche es beim Vorhandensein mehrerer Schleusenstufen erleidet.

Von Einfluß auf die Wahl des Bauwerks sind weiterhin die örtlichen Verhältnisse, wie z. B. der vorhandene Baugrund, das Ansteigen des Geländes und dgl., die Kosten der einzelnen Anlagen einschl. der Unterhaltungs- und Betriebskosten sowie der nötigen Abschreibungen unter Berücksichtigung des vorhandenen bzw. des zu erwartenden Verkehrs.

Schließlich ist auf Einfachheit der Anlage, Einschränkung beweglicher Teile, Sicherheit im Betriebe, Anpassung an den sich steigernden Verkehr und dgl. zu achten. Es wird demnach dasjenige Bauwerk das zweckmäßigste sein, welches bei der erforderlichen größten Leistungsfähigkeit die billigste und sicherste Güterbeförderung gewährleistet und den Forderungen hinsichtlich der technischen Ausführung genügt.

b) Schleusentreppen. Unter allen Einrichtungen zum Überwinden großer Höhen sind zurzeit die Kammerschleusen in Gestalt von Schleusentreppen oder Schachtschleusen die in der Bauweise und im Betriebe einfachsten, in der Herstellung und Unterhaltung billigsten Bauwerke. Dagegen ist ihr Wasserverbrauch, selbst unter Verwendung von Spareinrichtungen, erheblicher als bei den mechanischen Hebeeinrichtungen. Spielt dieser Verbrauch keine Rolle, sei es daß genügend Wasser vorhanden ist oder solches ohne erhebliche Kosten beschafft werden kann, so wird man Schleusen jedem anderen Bauwerke vorziehen. Ob hierbei einfache Schleusen in Gestalt einer Schleusentreppe oder Schachtschleusen, als Einzelschleuse oder als Schleusentreppe, Verwendung finden, hängt von der zu überwindenden Höhe, der Gestaltung des Geländes, den Kosten usw. ab.

Am Oder-Spree-Kanal wird der Abstieg von der Scheitelhaltung zur Oder, der rd. 14 m beträgt, durch drei einfache Kammerschleusen mit Spareinrichtungen bewirkt. Die Schleusen liegen im Abstande von rd. 1000 m. Die beiden oberen haben ein Gefälle von 4,10 bzw. 4,20, die untere ein solches bis zu 5,70 m. An Wasser kann unter Umständen 60% erspart werden.

Den Abstieg des Großschiffanrtsweges Berlin—Stettin bei Niederfinow vermittelt eine Schleusentreppe mit 4 Stufen im Verbundbetrieb (Abb. 187). Das Gesamtgefälle beträgt 35,70 m, wovon auf jede Schleuse der vierte Teil = 8,93 m entfällt. Die Zwischenhaltungen von 260 m Länge haben einen gleichbleibenden Wasserspiegel. Das Schleusungswasser bei Entleerung der oberen Schleuse fließt unmittelbar der unteren zu. Alle vier Schleusen werden gleichmäßig bedient, derart, daß z. B. die oberste und dritte Schleuse Oberwasser enthält und ein Schiff abwärts schleust, während die zweite und unterste auf Unterwasser steht und ein Schiff aufwärts schleust. Die Kreuzung zwischen tal- und bergwärts fahrenden Schiffen findet in der Mitte der Zwischenhaltung statt, die sich dem Schleusungsvorgang entsprechend mit den beiden anschließenden Schleusen ausgespiegelt hat. Die Begegnung der Schiffe wird dadurch erleichtert, daß die Schleusenachsen um 11 m gegeneinander verschoben sind. Hierbei fährt jedes Schiff geradlinig in seine Schleuse ein. Der Betrieb gestaltet sich so, daß, wenn ein Schiff in die oberste Schleuse vom Oberwasser her einfährt, ein gleiches in die unterste vom Unterwasser aus einfährt. Nach Vornahme einer Doppelschleusung, d. i. ein Schiff aufwärts und ein zweites abwärts oder umgekehrt, hat die Schleusentreppe die gleichen Betriebsstellungen, d. h. es kann wiederum oben und unten je ein neues Schiff einfahren. Die Schleusentreppe von 35,7 m Gefälle wirkt hinsichtlich der Anzahl der zu fördernden Schiffe wie eine Schleuse von einem Viertel des Gefälles. Die Zeitdauer einer Doppelschleusung beträgt etwa 42 Minuten, davon 12 Minuten auf Ein- und

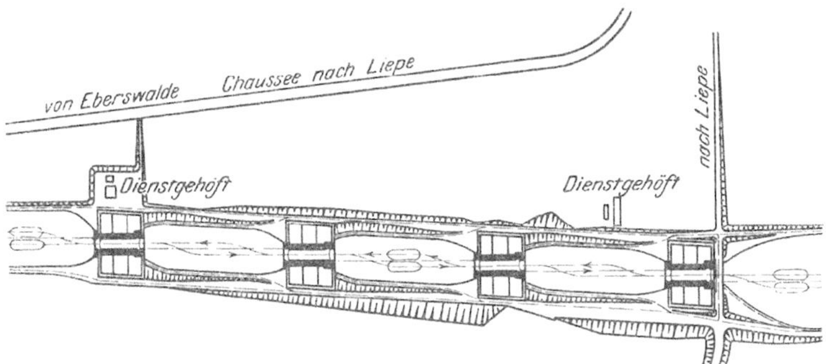

Abb. 187a. Lageplan.

Ausfahrt und Durchfahrt durch eine Zwischenhaltung, je 6 Minuten auf Entleeren bzw. Füllen der Kammer und weitere 6 Minuten auf Toröffnen und -schließen und andere Handreichungen. Die Durchfahrt eines Schiffes durch die ganze Treppe dauert rd. 84 Minuten. Die Schleusen, welche 67 m nutzbare Länge, 10 m Breite und 3 m Wassertiefe haben, sind mit je drei Sparbeckenpaaren versehen. Die Ersparnis an Schleusungswasser beträgt rd. 60% oder der Verbrauch aus dem Oberwasser je Schleusung $8{,}93 \cdot 0{,}4 = 3{,}57$ m $= {}^{1}/_{10}$ des Gesamtgefälles. Die Beförderung der Schiffe durch die ganze Treppe erfolgt durch mechanischen Schiffszug, die Bewegungen der Tor- und Schützverschlüsse usw. durch elektrischen Antrieb. Bei Zunahme des Verkehrs soll neben der Schleusentreppe ein mechanisches Hebewerk errichtet werden, hauptsächlich in Rücksicht auf den sonst entstehenden zu großen Wasserverbrauch. Im vorstehenden Falle sollen durch den eigenartig geregelten Schiffahrtsbetrieb die Wasserschwankungen vermieden bzw. unschädlich gemacht werden, welche sonst in kurzen Zwischenhaltungen durch das Füllen bzw. Entleeren der Schleusen auftreten und wegen der von einer Schleuse zur anderen pendelnden Wellenbewegung hindernd auf die Schiffahrt einwirken. Gemildert werden diese Ein-

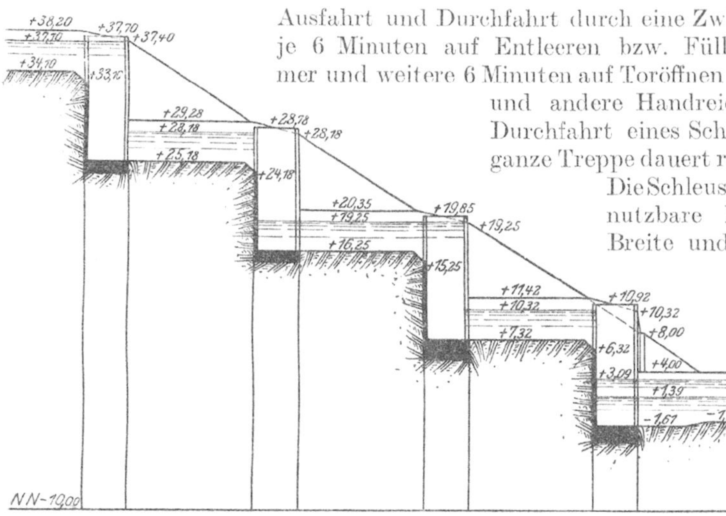

Abb. 187b. Längenschnitt.

Abb. 187. Schleusentreppe bei Niederfinow (Hohenzollernkanal).

flüsse schon bei Anordnung von Sparbecken, da alsdann die ein- oder auszulassende Wassermenge wie auch ihre Druckhöhe schon erheblich vermindert wird. Prüßmann hatte seinerzeit vorgeschlagen[1]), diese „Rest“wassermenge nicht unmittelbar und plötzlich in die Haltungen einzulassen bzw. ihnen zu entnehmen, sondern diesen Vorgang allmählich durch Einschaltung besonderer Becken, sogenannter Ausgleichsbecken, herbeizuführen, aus denen das Wasser langsam aus den, bzw. in die Haltungen fließt.

c) Schachtschleusen. Der Schiffahrtsbetrieb gestaltet sich einfacher, sofern die Schleusentreppe ersetzt wird durch eine Einzelschleuse mit großem Gefälle und überwölbtem Unterhaupt, d. i. durch eine Schachtschleuse. Sie hat wie die gewöhnlichen Kammerschleusen den Vorzug großer Einfachheit, aber auch, selbst bei Sparbecken, den Nachteil größeren Wasserverbrauches als die mechanischen Hebewerke. Gegenüber einer Schleusentreppe hat sie den Vorzug, daß die Gesamtanlage an einer einzigen Stelle liegt, sämtliche Betriebsvorrichtungen nur einmal vorhanden zu sein brauchen, die Betriebskosten niedriger sind und die Betriebssicherheit besser gewahrt werden kann. Schließlich bietet sie den einzelnen Schiffen kürzere Aufenthalte. Sie ist jedoch nicht so leistungsfähig wie eine Schleusentreppe mit kurzen Zwischenhaltungen von gleichem Gesamtgefälle. Bei günstigen Geländeverhältnissen kann sie als Schleusentreppe selbst sehr große Gefällunterschiede überwinden.

Die erste Ausführung von Schachtschleusen findet sich in Frankreich am Kanal St. Denis. Es ist eine Doppelschleuse von 9,92 m Gefälle. Zwischen beiden Kammern ist je ein Sparbecken angeordnet. In Deutschland sind erst in letzter Zeit Schachtschleusen erbaut. Die Abb. 188 zeigt im Grundriß die neben dem

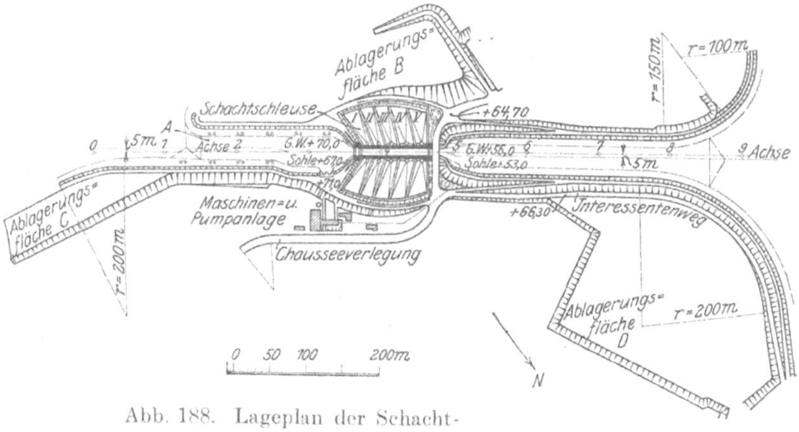

Abb. 188. Lageplan der Schachtschleuse bei Henrichenburg (Dortmund-Ems-Kanal).

mechanischen Hebewerke bei Henrichenburg am Dortmund-Ems-Kanal neuerbaute Schachtschleuse von 14 m Gefälle. Für die Wahl einer Schleuse waren hauptsächlich die Kosten ausschlaggebend gewesen. Sie errechneten sich für die Anlage eines Hebewerkes einschl. der sonstigen erforderlichen Bauwerke auf rd. 3,9 Mill. Mark, während die Schachtschleuse nebst Zubehör etwa 2,9 Mill. Mark bedingte. Inzwischen ist auch der Wassermangel des Kanales behoben, da der Emscher- oder der Lippe-Zubringer hierfür benutzt werden kann. Die Schleuse hat 95 m nutzbare Kammerlänge, 9,6 m nutzbare Kammerbreite und 3 m Wassertiefe in der Kammer, 4 m über dem Oberdrempel. Es sind 5 Sparbecken von doppelter Kammergröße vorhanden, die fächerartig zu beiden

[1]) Vgl. Zeitschr. f. Bauwesen 1905, S. 523.

Seiten angeordnet sind. Die Wasserersparnis beträgt rd. 75%. Für die Gründung lagen sehr günstige Verhältnisse vor, da der vorhandene Mergelboden sehr fest und wasserundurchlässig ist. Es konnte daher das ganze Bauwerk im Trocknen hergestellt werden. Die Kammersohle (Abb. 34 S. 113 und 189) hat nur eine Stärke von 50 cm erhalten. Die Seitenmauern sind der Beanspruchung entsprechend den Talsperrenmauern nachgebildet. Als Verschlüsse für die Umläufe am Oberhaupt und für die Verbindungen mit den Sparbecken dienen Zylinderschützen, am Unterhaupt Gleitschützen. Das Obertor ist ein Klapptor, das Untertor ein Hubtor. Die Schleusungsdauer zweier sich kreuzender Schiffe kann auf 36 Minuten geschätzt werden, wovon auf Füllen und Leeren der Kammer je 10 Minuten entfallen.

Die zweite Schachtschleuse von größeren Abmessungen bildet den Abstieg des Rhein-Hannover-Kanals zur

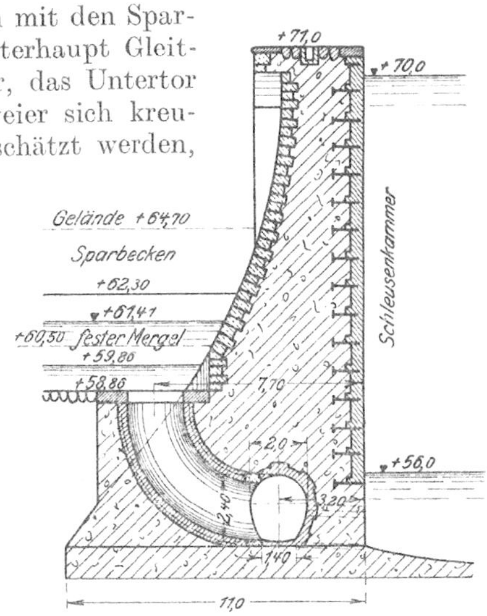

Abb. 189 a. Kammermauerquerschnitt.

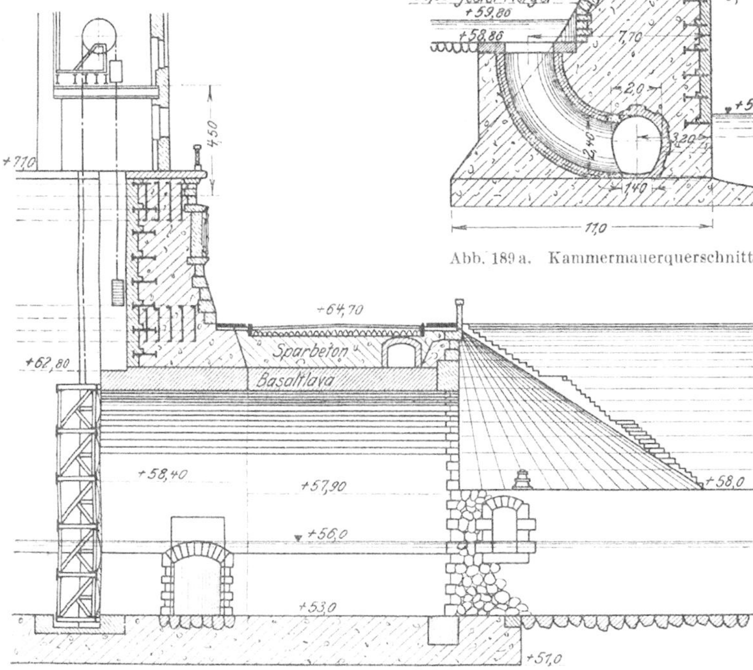

Abb. 189 b. Längenschnitt durch das Unterhaupt.

Abb. 189. Schachtschleuse bei Henrichenburg.

Weser bei Minden. Der Schleusenkörper ist im Schieferton gegründet und steht zum großen Teil über Gelände. Es ist daher unter günstigster Ausnutzung der Seitenwände eine Speicherschleuse in Eisenbetonbauweise gewählt. Die Abb. 190 S. 228 gibt den Grundriß und Querschnitt der Schleuse im Entwurf wieder. Die nutzbare Kammerlänge beträgt 85 m, die Breite 10 m. Das Gefälle schwankt nach den Weserwasserständen zwischen 7 und 14,7 m. Vorhanden sind 4 Sparbecken von doppelter Kammerfläche, so daß bei 14,7—12,86 m Gefälle eine Wasserersparnis von 71,7% eintritt. Die größte Aufstieggeschwindigkeit des zu schleusenden Schiffes beträgt 6,5 cm. Die Füllung der Schleuse erfolgt durch Umläufe von 10,22 qm Gesamtquerschnitt. Als Umlaufverschlüsse sind im Entwurf vorgesehen am Oberhaupt Segmentschützen, in den Sparkammern gekürzte Zylinderschützen (vgl. S. 160 und 161), am Unterhaupt Rollkeilschützen. Die Außenseiten der Kammermauern sind mit Klinkern verblendet, die Mauern

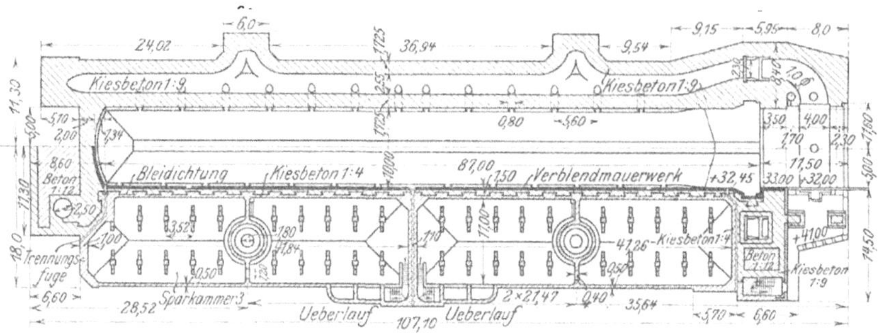

Abb. 190a. Grundriß.

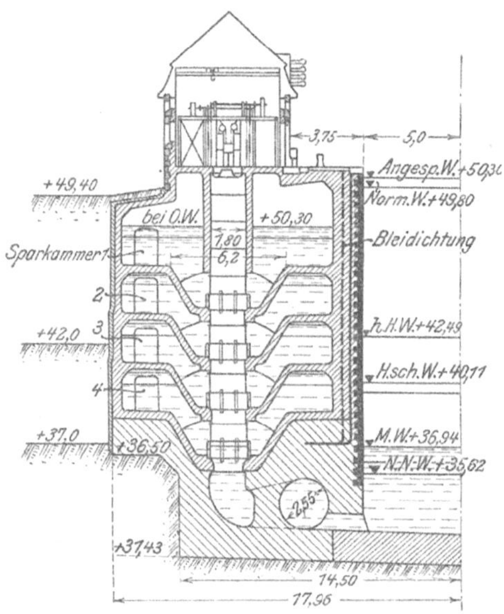

Abb. 190b. Querschnitt durch die Schleusenkammer.

Abb. 190. Speicherschleuse bei Minden (Rhein-Hannover-Kanal).

selbst sollen gegen Durchdringen von Wasser durch eine Bleidichtung abgedichtet werden.

Schachtschleusen von 20 m Gefälle sollen am Masurischen Kanal ausgeführt werden.

Prüßmann kommt in seiner „Vergleichung von Schleusen und mechanischen Hebewerken“ (Zeitschrift für Bauwesen 1905 und Zentralblatt der Bauverwaltung 1905) zu dem Ergebnis, daß für Schleusen die zweckmäßigste anzuwendende höchste Hubhöhe 14,9 m sei, daß sie aber zu Schleusentreppen vereinigt bei sonst entsprechenden allgemeinen Geländeverhältnissen noch bei 100 m Gesamthubhöhe den mechanischen Hebewerken wirtschaftlich überlegen sind. Er weist ferner nach, daß die wirtschaftlichen Kosten, d. h. der auf jedes Schiff bei Durchfahrung der ganzen Hebewerktreppe entfallende Teil der Betriebskosten und der jährlichen Gesamtkosten, also die Kosten, die hauptsächlich durch die geleistete Schiffszahl bestimmt werden, für die Schleusen am günstigsten werden. Auf ein Schiff entfallen nämlich nach ihm für eine Gesamthubhöhe von 36 m an Betriebskosten bei voller Leistung

bei 9 Schleusen mit je 4 m Hub . . . . 5,5 M. (einschl. Pumpkosten)
„ 3 „ „ „ 12 m „ . . . . 7,5 „ „ „
„ 2 Schwimmerhebewerken von 18 m Hub 11,8 „
„ 1 Querebene (1 : 8 und v = 0,5 m) . . 11,9 „
„ 1 Längsebene (1 : 9 und v = 1 m) . . 13,8 „

Sind dagegen die Geländeverhältnisse ungünstig, indem große Höhen mit steilem Anstieg vorliegen, so daß neben den gewöhnlichen Anlagekosten die Kosten für die Erdbewegung stark in die Erscheinung treten, sind ferner Schwierigkeiten in der Wasserbeschaffung für den Kanalbetrieb sowie auch in der Wasserbewältigung bei der Gründung tiefreichender Bauwerke zu erwarten und dgl.

mehr, so können unter Berücksichtigung der Erörterungen auf S. 223 und 224 mechanische Hebewerke in Wettbewerb treten.

d) Senkrechte Schiffshebewerke. Die Beförderung des Schiffes erfolgt so, daß es in einem Troge schwimmend in Richtung der Kanallinie von einem Wasserspiegel zum anderen senkrecht gehoben oder gesenkt wird. Die Auf- und Abbewegung geschieht durch Wasserentlastung oder -belastung des Troges, seltener durch mechanischen Antrieb. Die hierfür aufzuwendende Wassermenge oder Kraft wird nur zur Überwindung der Reibungswiderstände gebraucht, da das Gewicht des Troges einschl. des Wassers bzw. des Schiffes durch andere Vorrichtungen aufgehoben wird. Als solche Vorrichtungen sind bisher in Anwendung gekommen bzw. zur Ausführung vorgeschlagen: Gegengewichte, ein zweiter mit dem ersten zwangläufig verbundener Trog und Schwimmkörper.

Als Verbindungsglied zwischen Trog und Gegengewicht dienen Seile oder Ketten, bei zwei Trögen auch Preßstempel (hydraulische Aufzüge), welche miteinander in Verbindung stehen. Die Schwimmkörper befinden sich unter oder zu den Seiten der Tröge oder nehmen den schwimmenden Trog in sich auf (Tauchschleuse).

Die Verwendung gekuppelter Tröge ist nicht als wirtschaftlich geeignete Lösung anzusehen. Abgesehen von den höheren Anlagekosten, welche sich nur bei schon bestehendem oder sofort zu erwartendem lebhaften Schiffsverkehr rechtfertigen lassen, hat die Zwangläufigkeit den großen Nachteil, daß der Betrieb der ganzen Anlage gestört ist, wenn ein Trog ausgebessert werden muß. Auch ist die Leistung eines gekuppelten Betriebes in Hinsicht auf die Unregelmäßigkeiten im Schiffsverkehr nicht gleichzusetzen der Leistung zweier getrennter Anlagen.

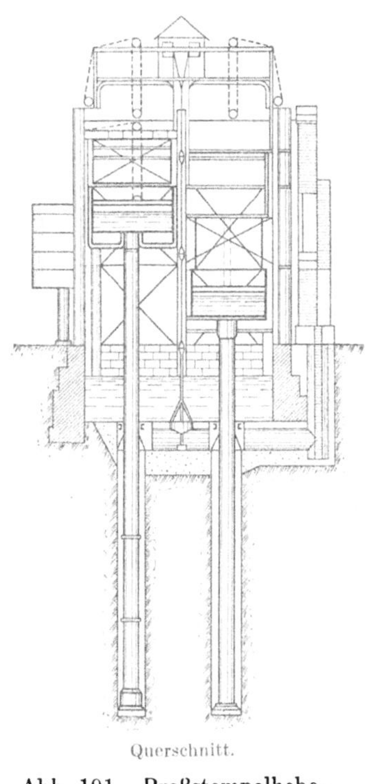

Querschnitt.

Abb. 191. Preßstempelhebewerk bei Peterborough.

Allen Anlagen gemeinsam ist die Forderung nach einer guten senkrechten Führung. Die älteste Anordnung dürfte wohl die Hebung bzw. Senkung zweier sich das Gegengewicht haltender Tröge durch Ketten sein, welche über hochliegende Rollen geleitet werden (vgl. Entwurf von Andersen aus dem Jahre 1796 und die Ausführung im Great Western-Kanal aus dem Jahre 1838). Ihr folgten die Preßstempelhebewerke, deren ältestes das im Jahre 1875 von Clark und Sydengham-Duer bei Anderton am Trent- und Mersey-Kanal für 100-t-Schiffe erbaute Hebewerk ist. Der Höhenunterschied beträgt etwa 15,3 m. Das Hebewerk bei Les Fontinettes bei St. Omer (1880/88 erbaut) hat 13,13 m Hubhöhe und befördert 300-t-Schiffe. Das größte bisher ausgeführte hydraulische Hebewerk ist das bei Peterborough (Kanada) von 19,81 m Hubhöhe für 1000-t-Schiffe.

Nach der Skizze (Abb. 191) ruhen die stets doppelt vorhandenen Tröge auf einem oder unter Umständen mehreren Preßstempeln (in der Längsrichtung des Troges) fest auf. Die Preßstempel bewegen sich in tief gegründeten Zylindern, welche mit den entsprechenden des anderen Troges durch ein Rohr in Verbindung stehen, so daß beim Senken eines Troges das Druckwasser aus dem einen Zylinder in den entsprechenden des anderen Troges fließt und diesen zweiten Trog hebt. Neben dem Nachteil der Zwangläufigkeit, der beim Versagen eines Troges nur durch Anordnung besonderer teurer Druckwassersammler behoben werden kann, haben sie den weiteren Nachteil der tiefen Gründung für die Druckzylinder, der bei Verwendung mehrerer Pressen noch größer wird. Sie bieten ferner bei großen Hubhöhen und beim Verkehr großer Schiffe infolge der großen Wasserdrucke erhebliche Schwierigkeiten in der sicheren Herstellung der großen Zylinder. Ihre Anwendung wird daher eine beschränkte sein. In größerer Zahl sind sie am Kanal du Centre in Belgien ausgeführt. Hier lagen insofern außergewöhnliche Verhältnisse vor, als das Gelände zum Teil steil abfiel — auf 7 km Länge waren 70 m Höhe zu überwinden —, als außerdem streckenweise infolge des bergmännischen Abbaues Senkungen bis zu 2,30 m zu befürchten waren und schließlich die Speisung des Kanals auf Schwierigkeiten stieß. Die Wahl von Hebewerken ermöglichte es, die durch Bergwerksbau unterhöhlten Geländestrecken zu umgehen und die Bauwerke auf festem Boden zu gründen. Es sind 4 Hebewerke in den Jahren 1888—1894 ausgeführt, das erste bei Louvière, für 360-t-Schiffe (40,80 m lang, 5,20 m breit) mit einer Hubhöhe von 15—17 m. Nach dem Berichte von Genard und Denil zum IX. Internationalen Schiffahrtskongreß (1902) sollen sich die Anlagen bewährt haben. Insbesondere wird ihnen nachgerühmt: größte Einfachheit in den Bewegungsvorrichtungen, die sich leicht, kräftig und widerstandsfähig herstellen lassen und infolgedessen keiner erheblichen Abnutzung bzw. Beschädigung unterliegen werden, sanfte und geräuschlose Handhabung, gute Regelfähigkeit und dgl. Dem sind jedoch gewichtige Bedenken entgegenzuhalten. Die Verbindung zwischen dem langen Trog und dem verhältnismäßig kleinen Kolben ist unzureichend, um die Biegungsbeanspruchungen aufnehmen zu können, wenn der Trog durch irgendeinen Umstand — Leerlaufen und einseitiges Aufsetzen des Schiffes — einseitig stark belastet wird. Die wichtigsten Teile, Preßzylinder, Kolben usw., sind schwer zugänglich und entziehen sich daher der Nachprüfung. Man hat dies vermeiden wollen, indem man die Preßkolben zu beiden Seiten des Troges anordnete und hoch gründete (Abb. 192, D. R. P.

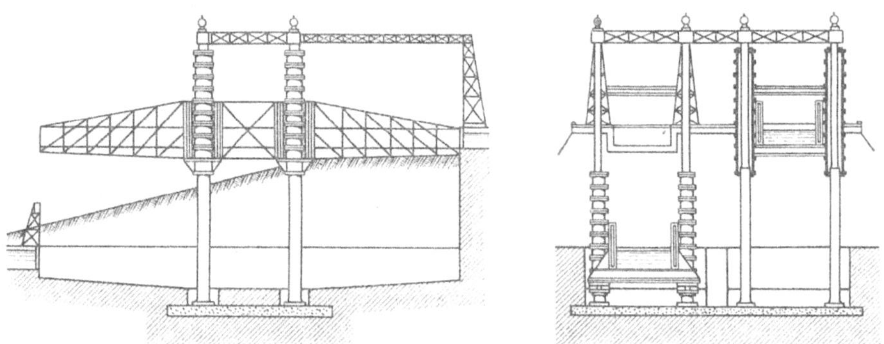

Abb. 192 a. Längenschnitt. Abb. 192 b. Querschnitt.

Abb. 192. Preßkolben-Hebewerk von Nolet.

167 268 von P. Nolet in Brüssel). Dadurch, daß die Tauchkolben feststehen und die Tröge mit den beweglichen Preßzylindern verbunden sind, soll jede äußere Führung der Tröge unnötig gemacht werden. Näheres siehe Zentralblatt der Bauverwaltung 1906, S. 326.

Wesentliche Vorteile gegenüber den Preßkolben-Hebewerken gewähren die in den 80er Jahren des vorigen Jahrhunderts mehrfach vorgeschlagenen Schwimmerhebewerke. Die unter hohem Druck stehenden Pressen fallen fort, und die Maschinenkraft zum Bewegen des Troges wird auf das Geringste eingeschränkt bzw. ganz vermieden, indem der oder die Schwimmer den Gewichtsausgleich für die mit Wasser gefüllte Kammer und die Eisenkonstruktion herbeiführen.

Sie bestehen demnach in der Hauptsache aus einem oder mehreren Schwimmkörpern, welche in Wasserschächten eintauchen und durch kräftige Verstrebungen

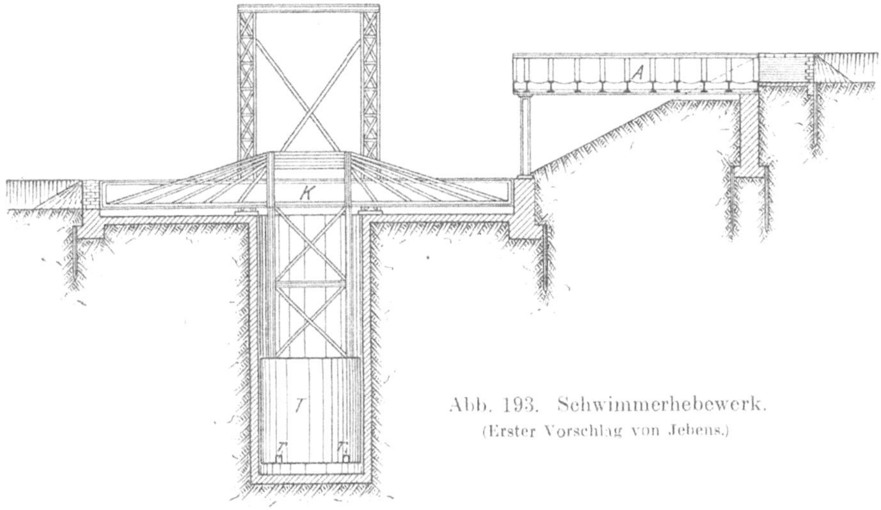

Abb. 193. Schwimmerhebewerk. (Erster Vorschlag von Jebens.)

mit dem Trog fest verbunden sind. Abb. 193 stellt den ersten Vorschlag von Jebens aus dem Jahre 1887 mit einem senkrechten Schwimmer unter dem Troge dar. Die Auf- und Abwärtsbewegung der Kammer erfolgt durch Ablassen oder Zufüllen einer kleinen Wasserschicht im Troge.

Die auf Schwimmern ruhenden Systeme befinden sich im labilen Gleichgewichtszustande. Es muß daher die ganze Anlage für die Bewegung eine hinreichend sichere Führung erhalten, die sich auf die wagerechte und senkrechte Lage des Troges zu erstrecken hat. Erstere muß einem Kippen vorbeugen, während letztere die Geschwindigkeit des Troges bei der Auf- und Abwärtsbewegung regelt. Diese muß dabei so eingerichtet sein, daß sie ein Anhalten des Troges in jeder Zwischenstellung sowie in den Endstellungen ermöglicht, und zwar in den Zwischenstellungen für Betriebsstörungen infolge Leerlaufens des Troges oder dgl., in den Endstellungen für die Dauer der Schleusung. Nachteilig ist bei Schwimmerhebewerken die tiefe Gründung der Brunnen für die Schwimmer, mögen diese nun senkrecht oder wagerecht (Abb. 194, Vorschlag Jebens' mit Schraubenführung) unter dem Troge angebracht sein. Sie beschränken, insbesondere die letzte Anordnung, die Anwendung des Hebewerks auf Fälle, wo felsiger Boden ohne Wasserandrang vorhanden ist, da sonst die Gründungskosten sehr erhebliche werden, auch die Gefahr der Unterspülung bei den tiefen, nahe dem hohen Oberwasser liegenden Brunnen zu befürchten ist. Es wird aus diesen

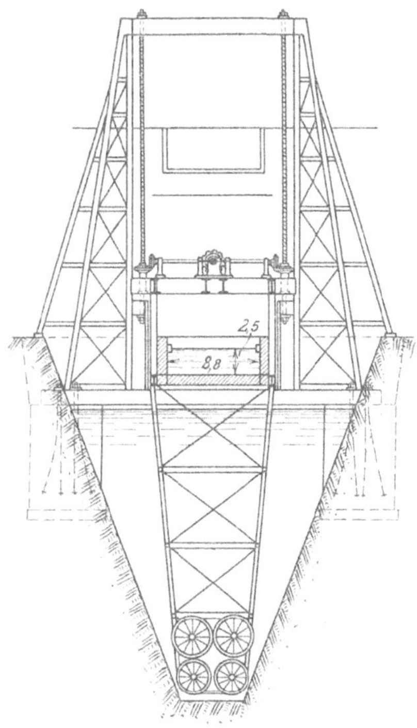

Abb. 194. Schiffshebewerk mit wagerechten Schwimmern nach Jebens.

Gründen die Höhe der Schwimmerschleuse eine beschränkte sein müssen (etwa 14—20 m).

Diese Übelstände lassen sich etwas beheben, wenn nach den Vorschlägen von Jebens und Prüßmann die Schwimmer neben dem Troge angeordnet werden. Abb. 195 gibt die Jebenssche Anordnung wieder. Die vier vorhandenen Schwimmer steigen in ebenso vielen Zylindern auf und ab. Zwischen den Zylindern bewegt sich der Trog, der hinreichend ausgesteift durch Gitterwerk mit den Schwimmern verbunden ist. Der Trog wird jederseits an drei Stellen senkrecht geführt an Führungsbalken, die zwischen den Zylindern liegen. Der Wasserstand in den Zylindern wird dadurch gleich hoch gehalten, daß diese untereinander in Verbindung stehen. Die Festlegung der Endstellungen des Troges erfolgt durch Riegel. Die Regelung der Auf- und Abstieggeschwindigkeit soll durch Verengung des Querschnitts der Zylinder am oberen und unteren Ende bzw. durch Austauchen der Schwimmer erfolgen. Ob dies ausreicht, mag dahingestellt sein. Die Geschwindigkeiten sind erheblich, bis etwa 0,37 m. Die sonst sehr sinnreiche und einfache Anordnung erfordert sehr viel Eisenkonstruktion, deren Unterhaltung teuer sein wird. Auch bieten die hohen Aufbauten dem Winde große Flächen dar.

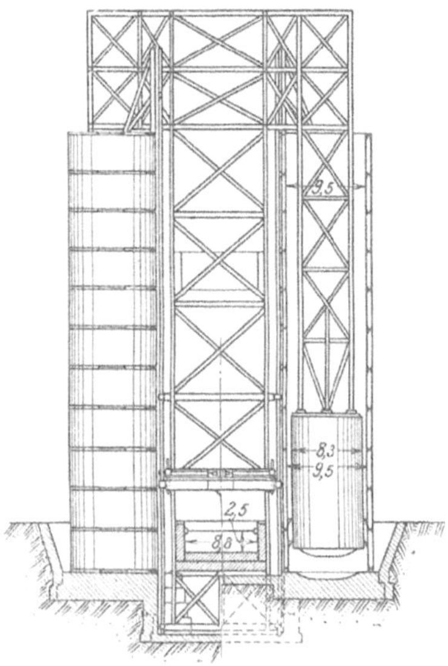

Abb. 195. Schiffshebewerk mit seitlichen Schwimmern nach Jebens.

Das einzige bisher ausgeführte Schwimmerhebewerk für größere Abmessungen ist das bei Henrichenburg am Dortmund-Ems-Kanal. Ihm liegt ein von Jebens im Jahre 1892 aufgestellter Entwurf zu einem Schiffshebewerk mit Schraubenführung (D. R. P. 80 531) zugrunde. Es ist ein Schwimmerhebewerk mit Parallelführung, das die Schiffe in einem wassergefüllten Troge hebt oder senkt. In fünf miteinander in Verbindung stehenden Brunnen schwimmen fünf Schwimmer, die mittels Stützen und einer Brücke den Schleusentrog tragen. An der Brücke sind vier Schraubenmuttern befestigt, welche an vier bewegbaren Schraubenspindeln auf und ab gleiten können. Die Schraubenspindeln sind in Führungsgerüsten gelagert, die durch wagerechte Längs- und Querverbindungen zu einem starren System verbunden sind, und können von einer Stelle aus durch einen Motor mittels entsprechender Wellenleitung gleichmäßig bewegt werden (Abb. 196). Diese vier Muttern sichern mithin die wagerechte Bewegung des Troges, verhindern also ein Ecken oder Kanten und regeln zugleich seine Fahrgeschwindigkeit. Die Auf- und Abwärtsbewegung selbst wird durch Wasser-Mehr- oder -Minderlast im Troge herbeigeführt, während das Gesamtgewicht von Trog einschl. Wasserfüllung, Brücke nebst Zubehör und der Schwimmer durch den Auftrieb ausgeglichen wird. Jedoch sind die Spindeln so stark ausgebildet, daß von ihnen das gesamte Gewicht des Troges bzw. der Auftrieb der Schwimmer aufgenommen werden kann. Der Schleusentrog hat eine nutzbare Länge von 68 m, eine nutzbare Breite von 8,6 m und 2,5 m gewöhnliche Wassertiefe. Die Hubhöhe beträgt für gewöhnlich 14 m, kann sich aber bis 16 m steigern. An beiden Enden des Troges sowie zum Abschluß der oberen und unteren Haltung sind Hubtore vorhanden.

Die Brunnen sind 14,5 m von Mitte zu Mitte entfernt, 9,2 m im Lichten weit und rd. 30 m tief, gerechnet von der Sohle der Trogkammer bis zur Brunnensohle. Sie sind vollständig im Mergel ausgehoben, oben auf 3 m Höhe mit Beton verkleidet, darunter durch gußeiserne, aus einzelnen Segmenten bestehende Ringe von 1,5 m Höhe ausgekleidet. Der Boden des Brunnens ist durch ein umgekehrtes Gewölbe von 0,8 m Dicke abgeschlossen. Die Brunnen sind wasserdicht.

Die zylindrischen, oben und unten mit einer kuppelartigen Decke versehenen Schwimmer haben rd. 13 m Höhe und 8,3 m äußeren Durchmesser. Sie sind durch ein zylindrisches Einsteigerohr jederzeit begehbar und innen mit elektrischer Beleuchtung versehen. Ihr Innenraum ist mit Preßluft von 3 Atm. gefüllt.

Die Trogbrücke besteht aus zwei 70 m langen und 9,65 m hohen Parallelträgern in 11 m Abstand, welche durch Längs- und Querträger die Last des Troges aufnehmen und auf die Schwimmer übertragen. Sie sind auch für den

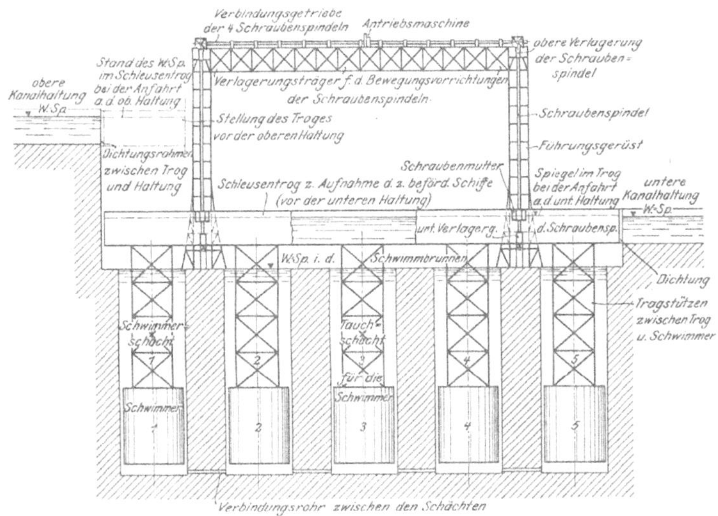

Abb. 196a. Längenschnitt-Skizze des Hebewerkes.

Abb. 196. Schiffshebewerk bei Henrichenburg. (Schwimmerhebewerk.)

Fall berechnet, daß der Trog leer läuft bzw. einzelne Schwimmer undicht werden. Der Trog hängt, um seine Dichtigkeit zu sichern, zwischen den Hauptträgern in vertikalen Zugbändern, so daß sich Trogbrücke und Trog bei ungleichmäßiger Ausdehnung gegeneinander verschieben können. Die Windkräfte werden auf beide Führungsgerüste übertragen, während der Längsschub, welcher beim Anfahren des Troges gegen das Haupt der oberen Haltung entsteht und rd. 66 t beträgt, nur auf das dem Haupt zunächst stehende Gerüst übertragen wird. Zu dem Zwecke ist der Trog auf dieser Seite mit dem ersten Querträger der Brücke fest verbunden, während die Querträger in der Mitte des Führungsgerüstes entsprechend verlängert sind, um den Druck übertragen zu können. Das Gewicht des ganzen bewegten Körpers — also Trog, Brücke nebst Zubehör, Schwimmer einschl. Wasserfüllung — beträgt 3100 t.

Die Spindeln, aus Siemens-Martinstahl von 5200 kg/qcm Festigkeit, haben 24,6 m Länge, 280 mm äußeren und 245 mm Kerndurchmesser. Sie sind auf ihre ganze Länge innen durchbohrt, um die Güte des Baustoffes feststellen zu können, und sind oben und unten derart in Halslagern aufgehängt, daß sie nur auf Zug beansprucht werden (Abb. 197 S. 234, das obere Spindellager). Das untere Lager ist durch eiserne Anker in einem 11 m tiefen, mit Beton ausgefüllten Brunnen befestigt, um beim Leerlaufen des Troges den auftretenden Zug von

1500 t aufnehmen zu können. Außerdem sind die Spindeln alle 5 m durch Führungslager gegen Schwankungen gesichert. Letzteres läßt sich auch vermeiden, wenn, wie mehrfach vorgeschlagen ist, die Spindeln feststehen und die Muttern bewegbar sind.

Das Mauerwerk der Haltungen ist durch einen festen, eisernen ⊔-förmigen Schild verkleidet (Abb. 198). Die Dichtung zwischen Mauerwerk und Schild ist durch einen Gummiwulst erreicht. Vor diesem Schild hängt der ebenfalls ⊔-förmig gestaltete, 1 : 13 geneigte, eiserne Dichtungskeil, der entsprechend den Schwankungen des Wasserstandes der Haltungen auf 1,50 m Höhe durch Winde und Gallesche Ketten senkrecht bewegbar ist, und gegen den der an den Enden mit gleicher Neigung

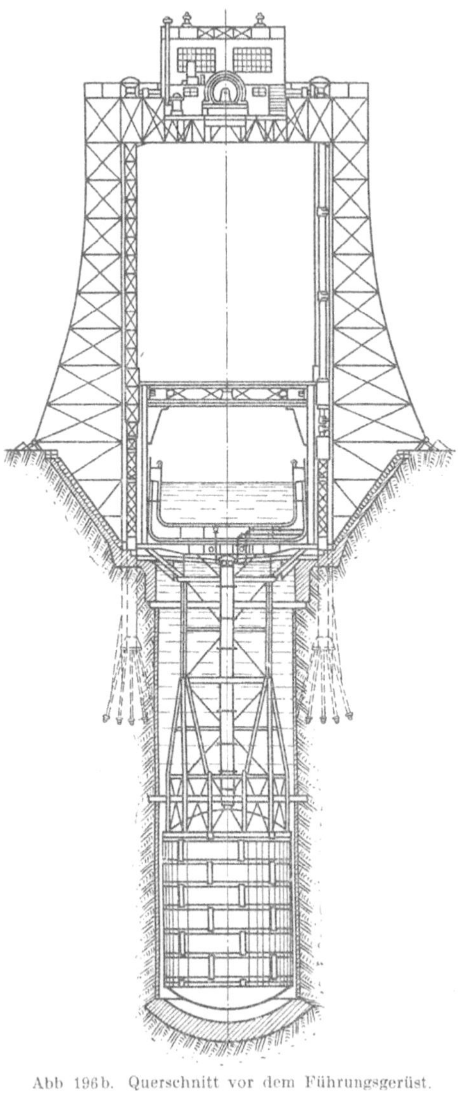

Abb 196b. Querschnitt vor dem Führungsgerüst.

Abb. 196. Schiffshebewerk bei Henrichenburg. (Schwimmerhebewerk.)

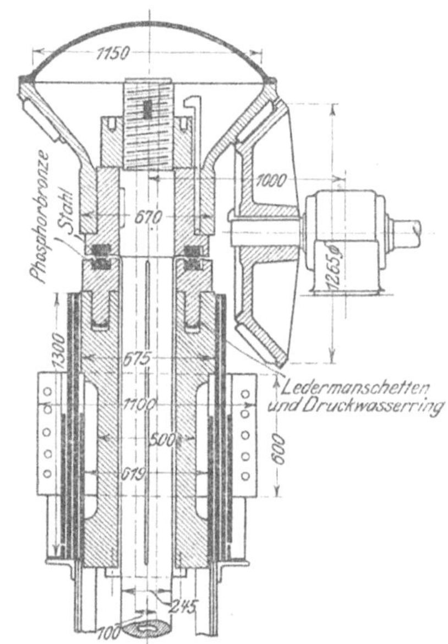

Abb. 197. Das obere Spindellager am Hebewerk bei Henrichenburg.

versehene Trog, am Oberhaupt von unten nach oben, am Unterhaupt von oben nach unten, anfährt. Der Keil läuft zwischen Führungsrollen, ist federnd aufgehängt, um beim Anfahren nachgeben zu können, und hat an beiden Seiten Gummiwulste, die beim Anfahren des Troges gegen Messingstreifen des Mauerschildes und des Troges angepreßt werden. Der Trog wird im allgemeinen so angefahren, daß sein Wasserspiegel 2 cm unter dem Wasserspiegel der oberen Haltung bzw. 2 cm über dem der unteren Haltung steht.

Die Tore des Troges sind mit dichtenden Gummileisten versehen, werden in Höhe des Troges durch Rollen geführt, die in ⊔-förmigen Rillen laufen, und sind durch Prellbalken geschützt. Sie sind durch Gegengewichte bis auf 1 t ausgeglichen. Das Haltungstor hat ein Jalousieschütz zum Füllen des Spaltes zwischen den beiden Toren und ist außer den am Tore angebrachten Rollen durch eine besondere Rollenführung geführt, um auch bei Wasserdruck bewegt werden zu können. Der dichtende Gummi wird durch Wasserdruck an die Dichtungsleisten gepreßt. Zum Bewegen werden beide Tore an einer Haltung miteinander gekuppelt.

Sämtliche Antriebe erfolgen elektrisch. Der Aufstieg erfolgt bei 14 m in $2\frac{1}{4}$ Minuten, die Aufstiegsgeschwindigkeit beträgt $6\frac{2}{3}$ m in der Minute, das sind rd. 11 cm in der Sekunde.

Die Gesamtkosten der Anlage betragen $2\frac{1}{2}$ Mill. Mark, die Kosten einer Doppelschleusung an Elektrizität, Betriebsstoffen und Bedienung rd. 3 M. Erbaut ist das Hebewerk von der Firma Haniel & Lueg unter Leitung des Regierungs- und Baurats Offermann.

Das Schiffshebewerk beförderte bei:

3599	Bewegungen i. J. 1908	1105637 t
3623	„ „ „ 1909	1095629 „
5265	„ „ „ 1911	1686553 „
5365	„ „ „ 1912	1779448 „

Bisher hat der Betrieb des Hebewerkes zu Beanstandungen keine Veranlassung gegeben, vielmehr ist es den gestellten Ansprüchen gerecht geworden. Das Schwierigste und Teuerste dürften die langen, genau und sorgfältig aus bestem Baustoffe herzustellenden Spindeln sein, durch deren praktisch mögliche Länge die Hubhöhe des Hebewerkes begrenzt wird. Es sind daher als Ersatz der Spindeln Zahnstangen vorgeschlagen, welche in beliebiger Länge an den Führungstürmen befestigt werden können und längs denen sich am Troge befestigte Schneckenräder bewegen. (Vgl. Zeitschrift für Architektur und Ingenieurwesen 1909, Heft 6, 1910, Heft 1 und 1911, Heft 1.)

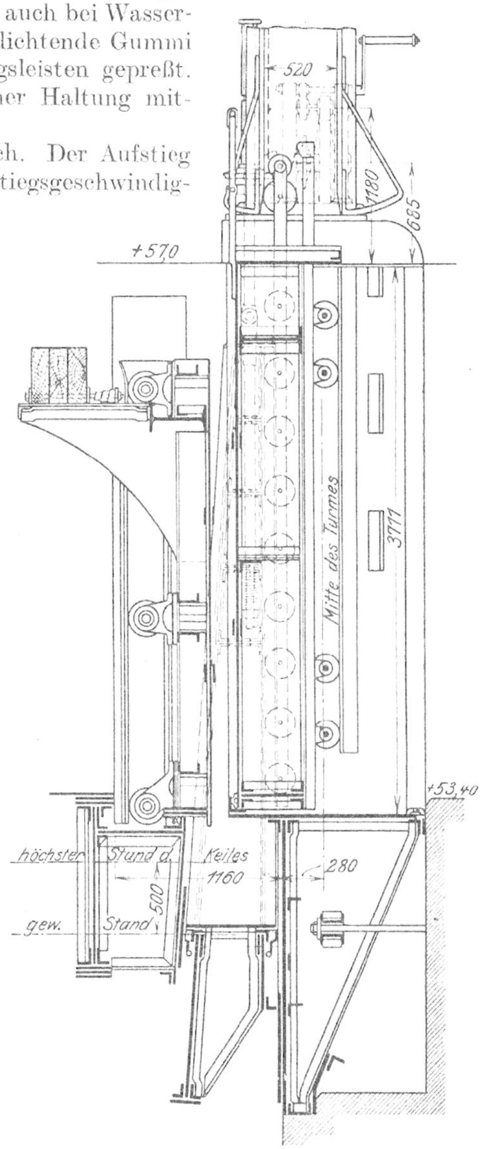

Schnitt durch die Tore und den Dichtungskeil.

Abb. 198. Schiffshebewerk Henrichenburg.

Anstatt der Schwimmer dienen auch Gegengewichte als Gewichtsausgleich. Diese Hebewerke zeichnen sich durch große Einfachheit aus, können wegen der nicht tiefreichenden Gründung bei jedem tragfähigen Baugrunde angewendet werden und sind daher wesentlich billiger. Es ist jedoch darauf Wert zu legen, daß beim Reißen einer Kette oder eines Seiles der Einfluß des betreffenden Gegengewichtes nicht aufgehoben wird, etwa durch ähnliche Anordnung wie an den Hubtoren der Machnower Schleuse. Auch ist eine ungleiche Längung der Ketten oder Seile auszuschalten sowie für Parallelführung und Anhalten des Troges in jeder Stellung zu sorgen.

Bei dem Wettbewerb um ein Hebewerk bei Liepe ist ein solches Hebewerk durch die Gutehoffnungshütte im Verein mit dem Baurat Roeder und mehreren Firmen vorgelegt worden.

Vom Baurat Roeder und der Firma Felten und Guilleaume (Lahmeyerwerke in Frankfurt) wird ferner ein Hebewerk (D. R. P. 185 027) vorgeschlagen, bei dem nach Abb. 199 der Trog mit dem eingefahrenen Schiff nach Schließen der Trogtore durch Seile senkrecht gehoben und dann vermittelst eines Wagens auf einem Gerüst wagerecht über den Scheitel der oberen Haltung gefahren wird, wo alsdann Trog und Schiff in die Haltung herabgelassen werden. Vorrichtungen zum gleichmäßigen Anspannen der Tragmittel (Seil oder Ketten) sowie zum jederzeitigen Wagerechtstellen des Troges sind vorhanden. Ein gewisser Zeitverlust bei dieser Art des Hebens tritt dadurch ein, daß der Trog höher als sonst gehoben und dann wieder gesenkt werden muß.

Schließlich sei noch die Tauchschleuse erwähnt. Der an sich einfache und in der Gründung billige Vorschlag sieht einen aus Eisen oder Eisenbeton bestehenden, vom Unterwasser bis über Oberwasser reichenden und mit Wasser

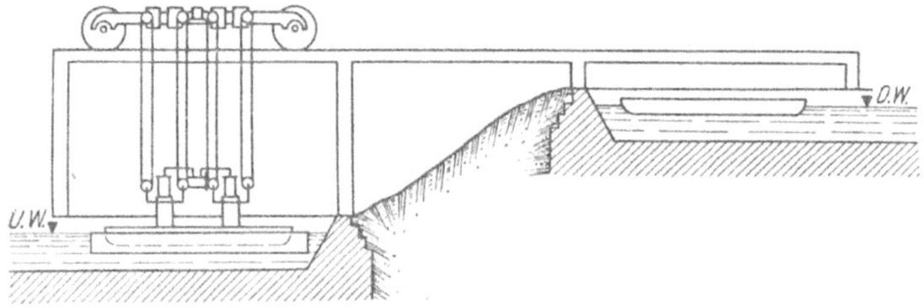

Abb. 199. Schiffshebewerk Bauart Roeder.

gefüllten, oben offenen Kasten vor. In diesem Kasten bewegt sich der vollständig geschlossene, zylinderförmig gestaltete und an den beiden Enden durch Tore dicht verschließbare Trog auf und ab. Oben und unten ist der Kasten gegen die Haltungen durch Tore abgeschlossen. Das Schiff fährt nach Öffnen der entsprechenden Tore der Haltung und des Troges in den letzteren ein und wird nach Schließen der Tore gehoben oder gesenkt.

e) Geneigte Ebenen. Man unterscheidet: Längsbahnen, bei denen das Schiff in seiner Fahrrichtung, und Querbahnen, bei denen das Schiff senkrecht oder quer zu seiner Fahrrichtung weiter bewegt wird. Ferner hinsichtlich der Lagerung des zu fördernden Schiffes: Trockenförderung, wobei das Schiff durch entsprechende Stützeinrichtungen im trockenen Fördertroge gelagert und dann bewegt wird, und Naßförderung, wo das Schiff im Troge schwimmend gefördert wird. Schließlich kommt noch die halbnasse Förderung vor, bei der das Schiff nur zum Teil eintaucht. Wenngleich bei der trockenen und halbnassen Förderung ein großer Teil des zu fördernden Gewichtes gegenüber der nassen Förderung entfällt, so sind die beiden ersten Förderarten fast nur für kleine Schiffe (Elbing-Oberländischer Kanal, 50-t-Schiffe) angewendet, bei welchen die feste Stützung keine großen Schwierigkeiten und Zeitverluste bereitet. Bei großen Schiffen wird durchweg die nasse Förderung angewendet, um ungünstige Beanspruchungen des Schiffskörpers zu vermeiden.

Die ältesten Anlagen dürften die Längsebenen sein. Sie finden sich neben Rollbahnen in ihrer einfachsten Form schon in alten, etwa um 1100 v. Chr. erbauten chinesischen Kanälen, und zwar mit Trockenförderung auf einer aus Balken und Bohlen hergestellten Fahrbahn. Mit dem Wachsen des Schiffskörpers setzte man dann das Schiff auf einen mit Rädern versehenen Wagen und gab diesem eine gesicherte Führung auf festgelagerten Schienen, vergleiche die längsgeneigten Ebenen des Elbing-Oberländischen Kanals, von denen vier im Jahre 1860, die fünfte im Jahre 1880 in Betrieb genommen ist. Die Neigung beträgt etwa 1 : 12, die Höhen 25 m. Das Schiff fährt schwimmend auf dem Wagen. Letzterer wird durch Seile, die über eine große bewegte Rolle laufen, die Ebene aufwärts bewegt und fährt über den Rücken fort in das Oberwasser, so daß das Schiff den Wagen wieder schwimmend verlassen kann. Die Wagen sind gekuppelt, so daß immer einer aufwärts und einer abwärts fährt.

Das Wachsen der Schiffe ließ seine Beförderung im schwimmenden Zustande erwünscht erscheinen. Die Mehrlast aus dem Wasser sowie die beim Anfahren und Halten, beim Beschleunigen und Verlangsamen der Geschwindigkeit entstehende Wasserbewegung nahm man in Rücksicht auf die sichere Förderung des Schiffsgefäßes in den Kauf. Jedoch sei kurz bemerkt, daß beim Wettbewerb für ein Schiffshebewerk bei Prerau neben Naßförderung auch Trockenförderung oder vielmehr halbnasse Förderung vorgeschlagen ist. Es soll hierbei soviel Wasser aus dem Trog abgelassen werden, bis das Schiff sich gerade aufsetzt. Zur Unterstützung des Schiffes längs des Bodens und der Seiten sind Längsbalken vorgesehen, die auf Pufferfedern bzw. Luftzylindern gelagert sind. Ob diese Anordnung für große Schiffe zweckmäßig ist, ist fraglich.

Bei der Naßförderung sind neben der Fahrbahn der an beiden Enden durch Tore (fast ausschließlich Hubtore) verschließbare Trog und das Wagengestell, auf dem der Trog sich befindet, zu unterscheiden. Eine derartige Gesamtanlage ist aus Abb. 200 S. 238 (Entwurf Universell, Wettbewerb Prerau) zu ersehen. Es ist eine Doppelanlage, d. h. ein Schiff fährt zu Berg, während das andere zu gleicher Zeit zu Tal fährt. Die Leistungsfähigkeit der Ebene wird hierbei wesentlich erhöht, ohne daß die Kosten erheblich steigen, da durch den zweiten Wagen die sonst erforderlichen Gegengewichte erspart werden. Die Fahrbahn besteht aus festgelagerten, in einer Ebene liegenden Schienen, eine Grundbedingung bei geneigten Ebenen. Der Trog von 10 mm Wand- und Bodenblechstärke ruht auf 104 Laufrädern aus Stahlguß von 1,1 m Durchmesser und 160 mm Flanschbreite. Neben den Laufrädern kommen zur Verminderung der Reibung auch Wälzungsrollen nach Abb. 201 S. 239 zur Verwendung. Man verbindet eine größere Anzahl von Rollen durch Gelenkketten zu einer Gruppe von sogenannten Walzenleitern, im vorliegenden Fall 196 Rollen zu 5 Gruppen, die an den Enden über bogenförmige Führungsstücke geleitet werden. Diese Walzen bleiben nicht auf der Ebene liegen, werden vielmehr vom Trog mitgenommen, vor ihm hingelegt und wieder aufgenommen. Man vermeidet hierbei die großen Längen, welche bei Walzenleitern gewöhnlicher Art, die mit dem Trog auf und ab gehen, erforderlich werden.

Von Wichtigkeit ist, die große Last des Troges gleichmäßig auf die Räder zu übertragen. Sie sind daher unter den Längswänden in möglichst gleichem Abstande anzubringen. Auch ist die Last des Troges durch Federn auf die Achsen zu übertragen. Bei Verwendung von Walzen ist die sorgfältige und gute Abfederung von noch größerer Wichtigkeit, da bei der großen Zahl der vorhandenen Walzen es unbestimmt ist, wieviel Druck jede Walze erhält[1]).

Peslin hat bei dem Entwurf zu einer Längsebene für den Donau-Oder-Kanal für die Abstützung des Troges Drahtseile vorgeschlagen, welche nach Abb. 202 S. 239 über Rollen geführt sind, die teils am Trog, teils auf den einzelnen Wagengestellen befestigt sind. Die Seile werden durch Druckwasser in Spannung gehalten. Riedler hält die Gewichtsausgleichung durch Druckwasserpressen, von denen auf jedem Wagengestell je eine steht, und die miteinander in Verbindung stehen, für die beste und einfachste. Jebens schlägt vor, den Trog in einzelne Teile zu zerlegen, welche jeder für sich besondere Wagengestelle

[1]) Vgl. Riedler: Neuere Schiffshebewerke. Jebens: Zentralblatt d. Bauverw. 1908, S. 362.

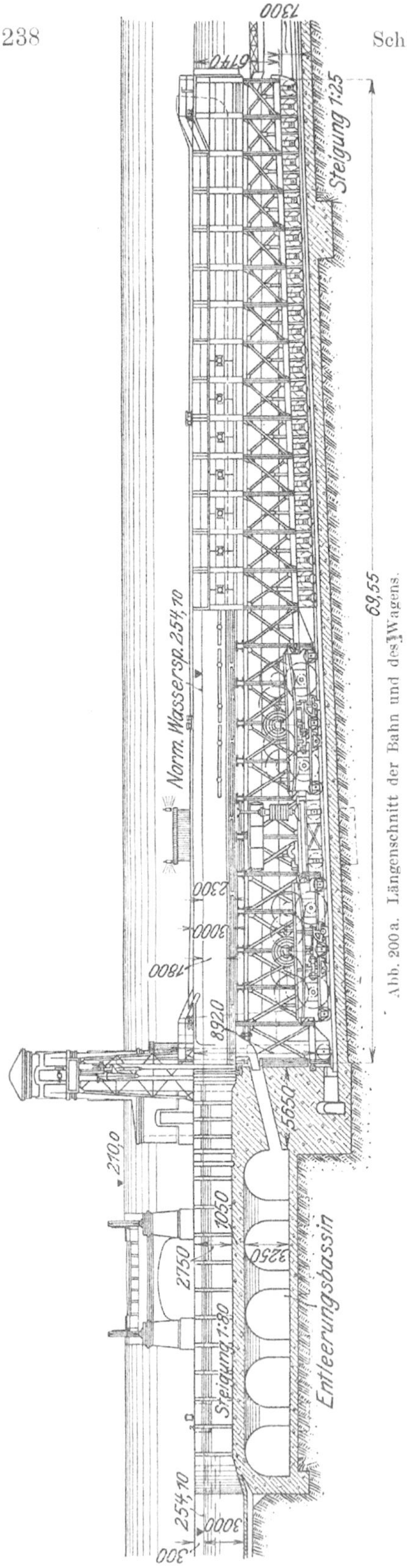

Abb. 200a. Längenschnitt der Bahn und des Wagens.

a = Maschinenhaus.
b = Werkstatt.
c = Kesselhaus.
d = Kohlenschuppen.
e = Ausbau.
f = Dienstgebäude.

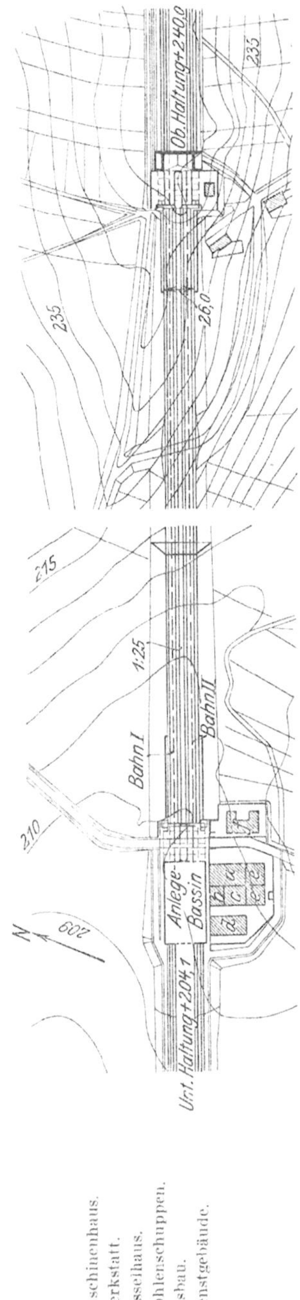

Abb. 200b. Lageplan.

Abb. 200. Längsgeneigte Ebene. (Wettbewerb für ein Schiffshebewerk bei Prerau. Entwurf „Universell".)

erhalten. Die Wagengestelle werden miteinander beweglich gekuppelt, während die Trogteile durch elastische Abdichtungen miteinander verbunden sind.

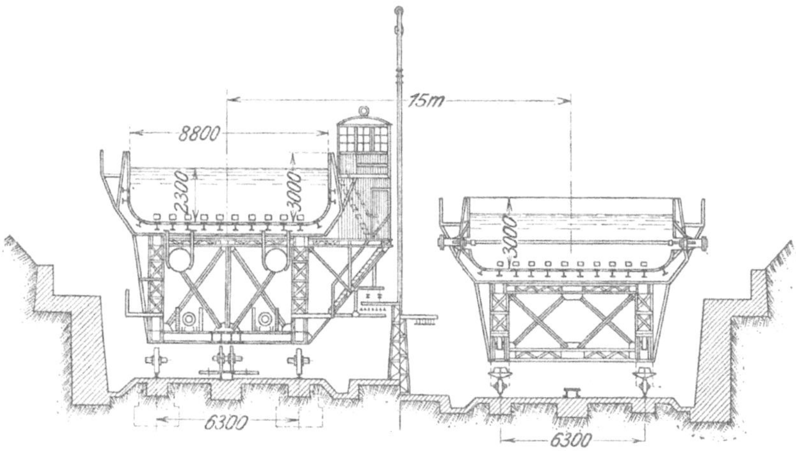

Abb. 200 c. Querschnitt der Bahn und der Wagen.

Abb. 200. Längsgeneigte Ebene. (Wettbewerb für ein Schiffshebewerk bei Prerau. Entwurf „Universell".)

Neuerdings sind Räder ganz fortgelassen und Gleitschuhe vorgeschlagen, die auf Preßwasser ruhen. Zur Vermeidung großer Druckwasserverluste werden die Gleitschuhe gegen die Gleitbahn abgedichtet. Nakonz verwendet Druckwasser von einem Betriebsdruck, den das Trogwasser selbst erzeugen kann.

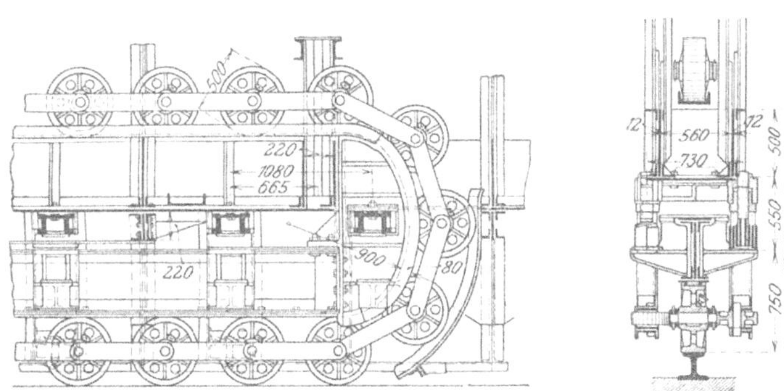

Abb. 201 a. Ansicht. Abb. 201 b. Querschnitt.

Abb. 201. Wälzungsrollen für den Trogwagen einer längsgeneigten Ebene.

Die obere und untere Kanalhaltung sind gegen die längsgeneigte Ebene durch Häupter mit Klapptoren abgeschlossen. Der fahrbare Schleusentrog wird gegen diese Häupter mit Druckwasserpressen angepreßt.

Die Neigung der Ebene (Abb. 200) beträgt 1 : 25. Sie ist sehr gering, erfordert daher lange Wege. Gewöhnliche Neigungen sind 1 : 12 bis höchstens 1 : 8. Zu große Neigungen wird man vermeiden, da sonst bei langen Trögen der Unterbau sehr hoch wird und die Trogkammern vor der unteren Haltung zu tief zu gründen sind, was bei

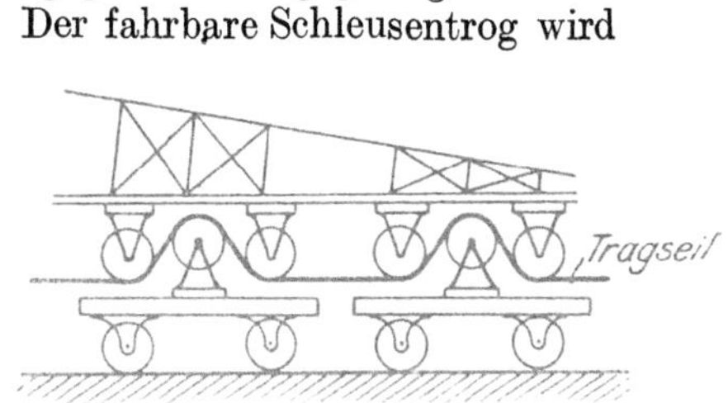

Abb. 202. Seilabstützung des Troges einer Längsebene.

ungünstigem Untergrunde große Kosten erfordern kann. Die Fahrgeschwindigkeit schwankt zwischen 0,50 und 1 m je Sekunde. Man wird sie größer wählen müssen als z. B. bei quergeneigten Ebenen, um sie diesen wirtschaftlich gleichzubringen. Vorzüge der längsgeneigten Ebenen sind: Fortfall jeglicher Parallelführung, da die Führungsseile an der kurzen Trogseite angreifen — es genügen Radflanschen an den Laufrädern —; geringe Anzahl von Gleisen, geringe Anlage- und Unterhaltungskosten, Fortbewegung des Schiffes in Richtung des Kanales, Ersparnis an Kanalbaukosten und geringer Zeitverlust für die Hebung.

Dagegen sind als Nachteile zu nennen: größerer Zeitverlust beim Einfahren der Schiffe in den Trog, da das einfahrende Schiff warten muß, bis das andere ausgefahren ist; starkes Schwanken des Wassers in den langen Trögen beim Anfahren und Verzögern der Geschwindigkeit; hohe Wagengestelle bei langen Trögen.

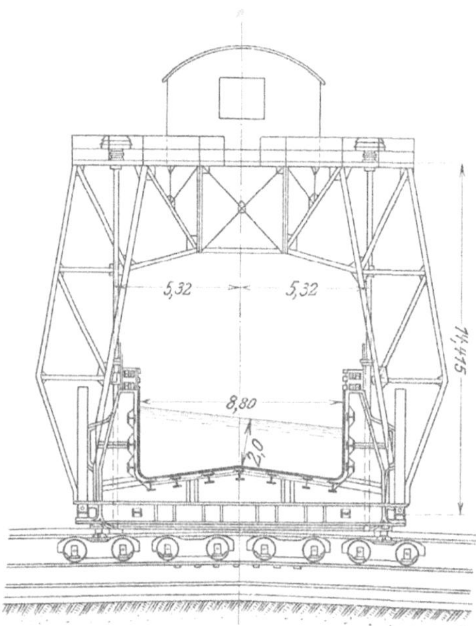

Querschnitt.

Abb. 203. Trogwagen einer quergeneigten Ebene.

Die Ausbildung der Bahn, des Trogunterbaues, des Antriebes und dgl. für quergeneigte Ebenen ähnelt derjenigen der Längsebenen. Abb. 203 stellt im Querschnitt den Trog einer Querebene vor. Die Neigung der Bahn beträgt 1 : 8. Sie kann, um an Baukosten zu sparen, und sofern es der Baugrund erlaubt d. h. sofern Unterspülungen von der oberen nach der unteren Haltung nicht zu befürchten sind, bis etwa 1 : 4 gesteigert werden. Als Sicherheitsvorrichtungen werden selbsttätig wirkende Bremsen am Triebwerk und an den Gegengewichten angewandt. Jebens schlägt Neigungen bis 1 : 2 vor (Abb. 204). Die Gegengewichte, welche durch Seile mit dem Trog verbunden sind, laufen bei ihm nicht auf derselben Seite wie der Trog, wo sie unter dem fahrenden Troge hinweglaufen müssen, sondern auf einer besonderen Dachfläche. Die Sicherheit bei der starken Steigung erreicht er durch selbstsperrende Schraubenführung. Auf der Ebene sind zwei Zahnstangen fest gelagert,

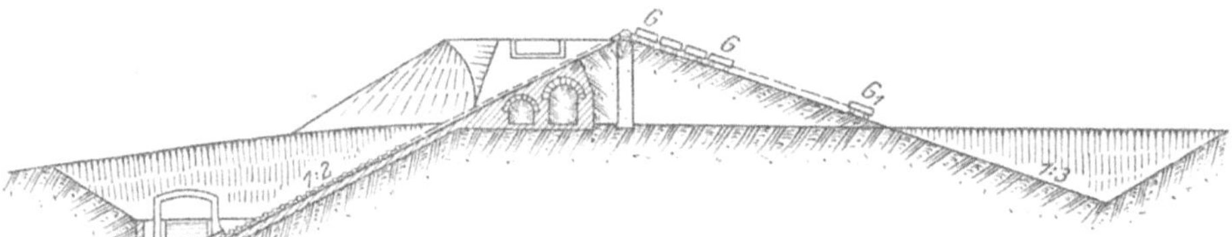

Querschnitt.

Abb. 204. Quergeneigte Ebene nach Jebens.

auf welcher durch gleichmäßigen Motorantrieb Schnecken oder Schrauben mit flacher selbstsperrender Steigung bewegt werden. Die Schrauben befinden sich auf einem Wagen, der mit dem Schleusentroge gekuppelt ist. Die Hemmung der Massen findet sowohl in der Ruhelage wie während der Bewegung statt. Daher kann die Neigung groß sein. Anderseits muß die Geschwindigkeit gering gewählt werden, etwa 0,25 m und geringer, da sonst die Umfangsgeschwindigkeit der großen Schrauben über das zulässige Maß hinausgeht und starke Spannungen hervorrufen kann. Es ist ferner für stete Reinhaltung der Zahnstangen von Sand und ähnlichem zu sorgen. Die Gegengewichte, welche aus Wagen bestehen, die mit Mauerwerk oder Eisenbarren belastet sind, laufen nach dem Vorschlage von Flamant zweckmäßig auf einer konkaven Bahn, um das Gewicht der Verbindungsseile auszugleichen und um bei jeder Trogstellung Gleichgewicht zu haben.

Die Gegengewichte durch einen zweiten Trog zu ersetzen, empfiehlt sich nicht, wie dies Hoech seinerzeit schon nachgewiesen hat, da eine solche Abhängigkeit neben anderem bei Betriebsstörungen an einem Troge zur Stilllegung der ganzen Anlage führen kann.

Wie bereits erwähnt, bedarf der Trog bei quergeneigten Ebenen einer Parallelführung, da sonst ein Ecken des Troges infolge des langen Hebelarmes, an dem die Zugvorrichtungen angreifen, eintreten kann. Erfolgt der Antrieb durch Räder oder Schrauben, die auf Zahnstangen arbeiten, so werden die Seitenflächen dieser Zahnstangen als Parallelführung benutzt, indem wagerecht liegende Räder an ihnen entlang laufen. Bei Seil- oder Kettenantrieb sind wagerechte Rollen vor und hinter dem Troge vorhanden. Sie laufen in Führungsschlitzen, die in der Richtung der Querebene zwischen den Schienen angeordnet sind.

Die Geschwindigkeit quergeneigter Ebenen wird meist 0,50 m/sec betragen.

Der Antrieb erfolgt durch Mehr- bzw. Minderlast an Trogwasser oder besser durch besondere, meist elektrisch angetriebene Triebwerke, die auf Zahnstangen arbeiten. Die obere und untere Kanalhaltung wird zweckmäßig durch Tore abgeschlossen. Für den Fahrtrog werden besondere Trogkammern hergerichtet. Bei schwankenden Wasserständen vermitteln wie bei den senkrechten Hebewerken bewegliche Dichtungskeile den Anschluß zwischen Trog und Haltungsabschluß. Durch Verlängerung der Haltungen um und über die Trogkammer hinaus und Anlage von Hinterhäfen kann die Schleusungszeit verkürzt werden dadurch, daß zu gleicher Zeit ein Schiff aus dem Trog und das andere in den Trog fährt. Durch diese Anordnung, welche ohne bedeutende Mehrkosten zu erreichen ist, wird erheblich an Zeit gewonnen, so daß hierdurch die quergeneigte Ebene Vorteile vor der längsgeneigten hat. Ein weiterer Vorteil quergeneigter Ebenen ist die leichte Möglichkeit, bei späterer Verkehrssteigerung an einem Kanal mehrere Querebenen nebeneinander anzulegen. Auch kann die Steigung der Bahn stärker angeordnet und an Bahnlänge gespart werden, ohne daß zu hohe Trogstützen und tiefe Gründungen der Trogkammern entstehen. Schließlich sind die Schwankungen des Wassers in dem querbewegten Troge nicht erheblich, so daß die Beschleunigungen in der Geschwindigkeit größer gewählt werden können.

Die erste Querebene ist in England bei Foxton errichtet. Es ist eine Doppelanlage für 70-t-Schiffe. Die Neigung beträgt 1 : 4, der Höhenunterschied rd. 22,9 m. Die beiden Tröge sind je 24,4 m lang, 4,6 m breit und rd. 1,5 m tief. Die Tröge, welche auf je 4 Doppelschienen laufen, sind durch 4 Drahtseile verbunden. Der Antrieb erfolgt durch eine Dampfmaschine.

f) Drehhebewerke und sonstige Vorrichtungen. Drehhebewerke, Hubzylinder oder Walzenschiffe sind Erfindungen neuerer Zeit. Sie sind für größere Schiffe zum ersten Male in Vorschlag gebracht bei dem Wettbewerb für ein Schiffshebewerk bei Prerau im Donau-Oder-Kanal. Sie bestehen in der Hauptsache aus einer auf dem Unterwasser schwimmenden großen Trommel (Abb. 205 S. 242, D. R. P. 155 207 der Vereinigten Maschinenfabriken Augsburg und Nürnberg A.-G. in Nürnberg), die durch ein Triebwerk um ihre Achse, und zwar nur um 180°, hin- und hergedreht wird. In der Trommel befinden sich senkrecht übereinander zwei Schiffströge oder Trogzylinder, in welche die Schiffe vom Ober- bzw. Unterwasser einfahren und nach Drehung um 180° wieder in das Unter- bzw. Oberwasser ausfahren können. Die große Trommel ist vollständig freischwimmend und erhält nur an den Enden die nötigen Führungsräder. Die obere und untere Haltung werden beide durch Tore abgeschlossen; ebenso die Trogzylinder. Die Tore schließen hier nur die untere Hälfte der Zylinder ab, gleiten aber in Nuten, so daß sie jeder Bewegung des Wassers in den Trögen folgen können und mit ihrer Oberkante stets wagerecht liegen. Die Anschlüsse an die Haltungen

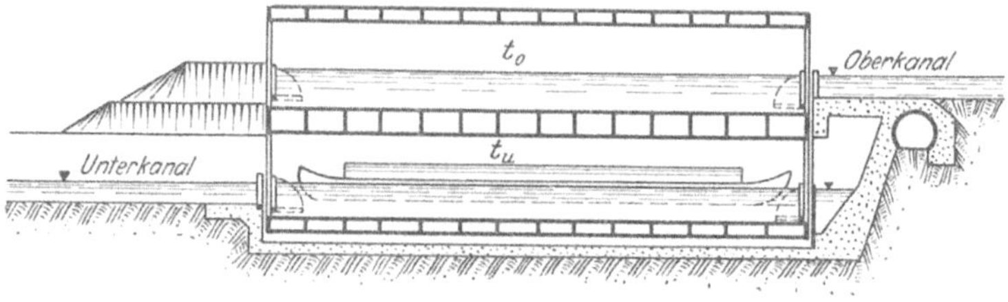

Abb. 205a. Längenschnitt.

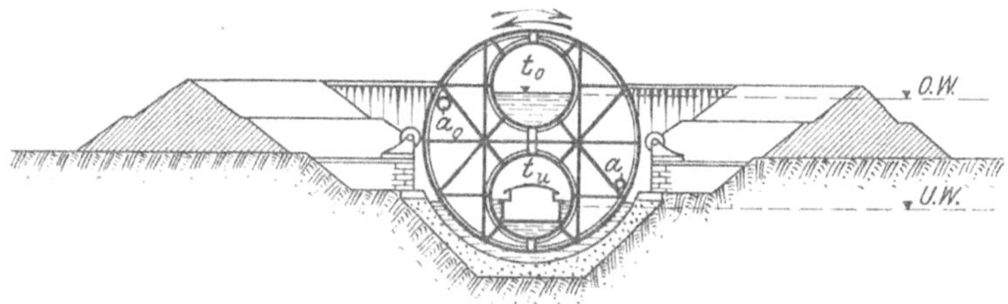

Abb. 205b. Querschnitt.

Abb. 205. Dreh-Hebewerk (Trommel) der Maschinenfabrik Augsburg-Nürnberg.

erfolgen durch Keilverschlüsse. Zum Antrieb der Trommel findet Maschinenkraft oder Wasserballast, z. B. in den kleinen Zylindern a und a_0, Verwendung.

Auch beim Wettbewerb um ein Hebewerk bei Liepe am Großschiffahrtsweg Berlin—Stettin ist ein Hubzylinder von 51 m Durchm. und 66 m Länge mit zwei fest eingebauten Schiffströgen von der Firma vorgelegt worden. Die Drehgeschwindigkeit beträgt 40 cm/sec, die ganze Hebung dauert 4 Minuten.

Der Vorteil einer solchen Anlage besteht in ihrer großen Leistungsfähigkeit, da je ein Schiff zu gleicher Zeit gehoben und gesenkt werden kann. Dagegen sind die Herstellungs- und Unterhaltungskosten sehr hoch; auch bedarf die Anlage weitestgehender Sicherungen gegen Windeinflüsse auf die großen Flächen; schließlich ist ein Unrundwerden der Trommel bei einseitiger starker Sonnenbestrahlung nicht ausgeschlossen.

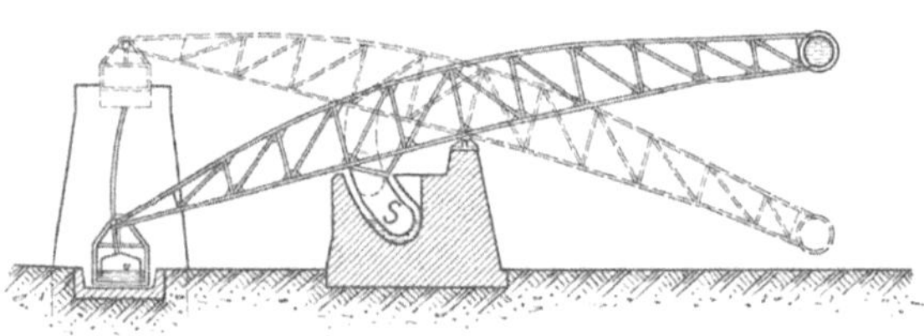

Querschnitt.

Abb. 206. Wagebalken-Hebewerk, Bauart Nakonz.

Bei dem Wettbewerb Liepe sind schließlich Hebewerksysteme vorgeschlagen, die auf dem Prinzip des Wagebalkens beruhen. Die Abb. 206 gibt eine Anordnung wieder, die Nakonz unter Nr. 190 776 patentiert ist. Der Schiffstrog hängt an einem Ende einer Anzahl miteinander verbundener zweiarmiger Hebel, welche an ihrem anderen Ende durch Anordnung eines zweiten Troges oder eines Gegengewichtes im Gleichgewicht gehalten werden. Die Hebel sind annähernd im Schwerpunkt gelagert, und zwar so, daß das Moment des den Schiffstrog tragenden Hebelarmes etwas größer ist. Auf der Seite des Schiffstroges ist unter der Hebelgruppe ein Schwimmer angeordnet, der in einer besonderen Kammer ruht. Durch Ein- und Ablassen von Wasser aus dem Ober- bzw. nach dem Unterwasser wird der Schwimmer und mit ihm der Trog gehoben oder gesenkt. Der Trog erhält seitliche Führung.

Die Maschinenfabrik Augsburg-Nürnberg verwendet einen schwimmenden Wagebalken nach Abb. 207, an dessen einem Ende der Trog, am anderen ein Gegengewicht angebracht ist. Der Schwimmer, ein Eisenzylinder von 21 m Durchmesser, 68 m Länge und 7,5 m Eintauchtiefe bildet die Drehachse des Wagebalkens und schwimmt in einem besonderen, mit der oberen Haltung durch ein Rohr verbundenen Becken. Er hat an den Stirnseiten Führungen erhalten. Der Wagebalken besteht aus 6 einzelnen Gitterwerken. Diese sind so geformt und ihre Gewichte sind so verteilt, daß ihr Schwerpunkt zusammenfällt mit der Zylinderachse des Schwimmers. Der Wagebalken befindet sich daher in jeder Lage im Gleichgewicht und bedarf zu seiner Bewegung nur geringer Kräfte. An dem Wagebalken hängt der starr ausgebildete Trog mittels sechs 60 cm starker und 125 cm langer Bolzen. Der Trog hat feste Seitenwandungen, keine beweglichen Tore. Ebenso haben beide Haltungen keine Tore. Der Trog wird vielmehr so tief eingetaucht, daß die Schiffe über seine Ränder hinweg zugleich ein- und ausfahren können. Dadurch wird der Zeitaufwand der Schleusung bedeutend verkürzt. Die starken Wasserbewegungen, welche beim Ein- und Austauchen des großen Trogkörpers in den Haltungen entstehen, sowie die plötzliche Gewichtsverminderung des Troges beim Eintauchen bzw. die Vermehrung beim Austauchen sollen dadurch vermieden werden, daß beim Eintauchen eine Reihe von Pumpen das verdrängte Wasser in Ballastkästen heben, die sich oben am Troge befinden. Beim Austauchen wird das Wasser aus ihnen wieder abgelassen. An beiden Enden erhält der Trog eine Rollenführung (vgl. Abb. 208 a u. b), welche dem Schwimmer die drehende und dann die wagerechte Bewegung ermöglicht. In den Führungen sind ferner Zahnradantriebe für die Bewegung des Troges untergebracht.

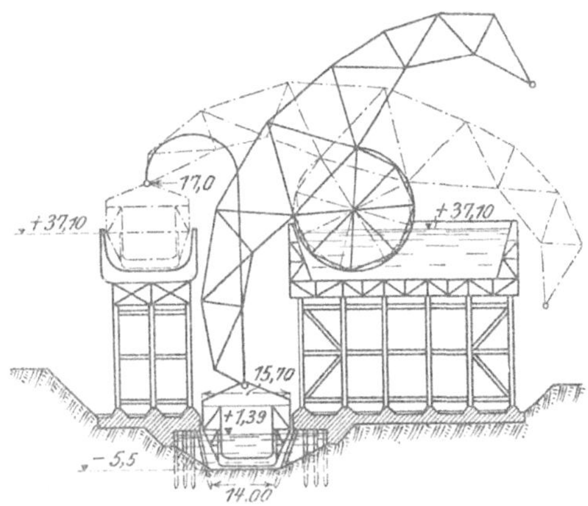

Abb. 207. Wagebalken-Hebewerk der Maschinenfabrik Augsburg-Nürnberg.

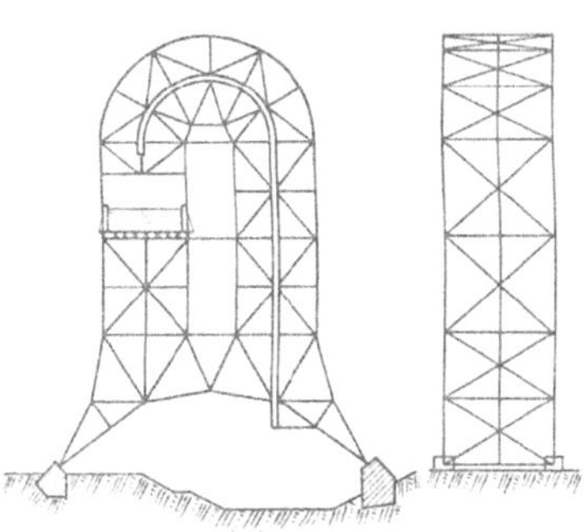

Abb. 208. Führungsgerüst für das Hebewerk Abb. 207.

Für den Abstieg bei Liepe kommt neben der Schleusentreppe der Schnappsche Wagebalken nach dem Entwurf der Firma Beuchelt & Co. in Grünberg und Bruno Schulz in Halensee zur Ausführung. Er besteht nach Abb. 209 S. 244 aus vier miteinander fest verbundenen Doppelhebeln (Wagebalken) von 30 m, welche in ihrer Mitte auf Zapfen gelagert sind und an den Enden, ebenfalls in Zapfen, die Tröge oder, falls nur ein Trog vorhanden, ein Gegengewicht zur Herstellung des Gleichgewichts tragen. Die Trogzapfen der Doppelhebel ruhen auf massiven

Unterbauten. Die Tröge, welche 68 m nutzbare Länge, 9,6 m lichte Weite, 2,5 m Wassertiefe und 1700 cbm Wasserinhalt haben, sind beiderseits durch Tore abgeschlossen. Sie erhalten an beiden Enden Führungsstäbe, um unter Ausschließung einer Parallelbewegung ihre jederzeitige senkrechte Stellung während der Bewegung zu sichern, und legen sich vor dem Unterwasser in trockene Trogkammern. Ober- und Unterwasser sind gleichfalls durch Tore abgeschlossen. Die eigentlichen tragenden Maschinenteile sind auf einige stark ausgebildete Zapfen beschränkt.

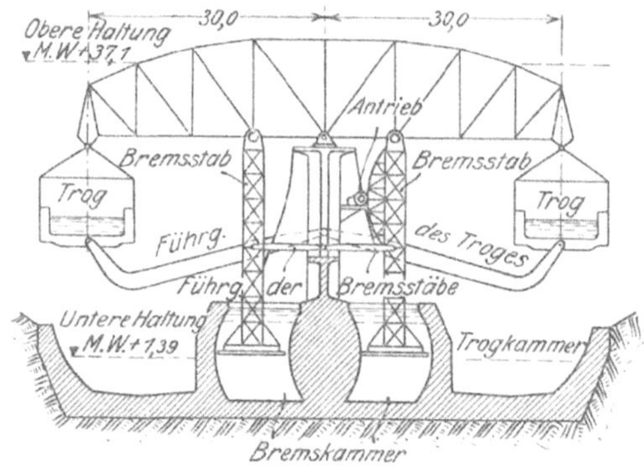

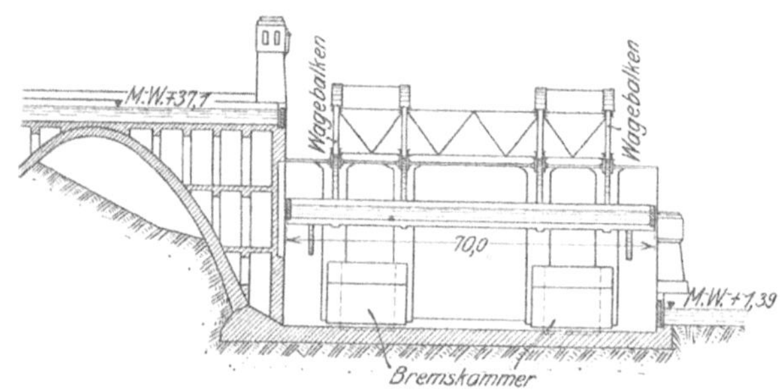

Abb. 209 b. Längenschnitt.

Abb. 209. Hebewerk bei Liepe (Hohenzollernkanal). Wagebalken.

Die Sicherung hinsichtlich der Gleichmäßigkeit der Bewegung bewirken vier Bremsplatten, die durch Parallelogrammführung stets ihre wagerechte Lage beibehalten und sich mit geringen Spielräumen in Wasserkammern entsprechend der Hebelbewegung auf und ab bewegen. Die Zeit, welche das Kammerwasser gebraucht, um durch die Spielräume durchzufließen, beeinflußt die Geschwindigkeit der Trogbewegung. Bei Leerlaufen eines Troges setzt sich der überlastende Teil allmählich in seiner Endstellung auf. Der Antrieb, welcher rechnungsmäßig nur 75 PS Kraftaufwand erfordert, erfolgt durch 2 Motoren von je 100 PS. Die Motoren arbeiten auf Zahnsegmente, welche an den die Bremsplatten führenden Bremsstäben befestigt sind. Hervorzuheben ist, daß außer den Bremsplatten sämtliche Teile der Anlage jederzeit zugänglich sind, und daß das Werk sich durch große Einfachheit auszeichnet.

Bücherschau.

a) Werke.

1. Gemeinsam.

Beton-Kalender. Berlin. (Jährlich.)

Der Fluß- und Kanalbau auf der Internat. Weltausstellung in St. Louis 1904. (Amtlicher Bericht über die Ausstellung.)

v. Emperger, Handbuch für Eisenbetonbau. IV.: Band Wasserbau. Berlin 1910.

Ernst, Die Hebezeuge. Berlin 1907.

Esselborn, Lehrbuch des Tiefbaues. Leipzig 1910.

Foerster, Max, Taschenbuch für Bauingenieure. Berlin 1914.

Hagen, Handbuch der Wasserbaukunst. Berlin 1874.

Handbuch der Ingenieurwissenschaften. Leipzig.

Handbuch des Wasserbaues für das Studium und die Praxis. Von Hubert Engels. Leipzig 1915.

Hütte. Des Ingenieurs Taschenbuch. 23. Auflage. Berlin 1919.

Janssen, Th., Der Bauingenieur in der Praxis. Berlin 1912.

Lueger, Otto, Lexikon der gesamten Technik. Stuttgart und Leipzig 1908 u. s. f.

Merkel, Kurt, Die Ingenieurtechnik im Altertum. Berlin 1899.

Möller, Grundriß des Wasserbaues I und II. Leipzig 1906.

Mylius und Jsphording, Der Wasserbau an den Binnenwasserstraßen. Berlin 1907.

Schiffmann, Wasserbauentwürfe für Studierende usw. Leipzig 1911.

Schulz, Der Wasserbauverwaltungsdienst in Preußen. Berlin 1907.

Strukel, Der Grundbau. Leipzig 1907.

— Der Wasserbau für Studierende und Praktiker. Leipzig 1908.

Verwendung des Eisenbetons bei Wasserbauten. XII. Internat. Schiffahrtskongreß Philadelphia 1912. I. Abt.: Binnenschiffahrt, 1. Mitteilung.

Weihe und Berndt, Die Baumaschinen. (IV. Teil des Handbuches der Ingenieur-Wissenschaften. Leipzig 1910.)

Weyrauch, Dr.-Ing., Der Wasserbau. Gemeinverständliche Übersicht seiner Gebiete und Probleme. Stuttgart 1908.

Tolkmitt-Bubendey, Grundlagen der Wasserbaukunst. Berlin 1907.

2. Kanalbau.

Abmessungen von Kanälen mit großem Verkehr in einem bestimmten Lande. Schiffahrtsbetrieb, Einrichtung der Schleusen. XII. Internat. Schiffahrtskongreß Philadelphia 1912. I. Abt.: Binnenschiffahrt. 2. Frage.

Binnenschiffahrt und Konjunktur. IX. Internat. Schiffahrtskongreß Düsseldorf 1902. I. Abt.: Binnenschiffahrt. 9. Mitteilung.

Bonnet, Navigation intérieure. Canaux. Paris 1907. Ecole spec. des travaux publics.

Caminada, Canaux de montagne. Nouveau système de transport par voie d'eau. Rome 1907.

Contag, Hellmut, Über die Bodengewinnung bei größeren Erdarbeiten, insbesondere Kanalbauten. Berlin 1909.

Die österreichischen Wasserstraßen. IX. Internat. Schiffahrtskongreß Düsseldorf 1902. I. Abt.: Binnenschiffahrt, 11. Mitteilung.

Die Wasserversorgung bei den österreichischen Kanälen. IX. Internat. Schiffahrtskongreß Düsseldorf 1902. I. Abt.: Binnenschiffahrt. 12. Mitteilung.

Dunkerley, Hydraulics. Vol. II. The resistance and propulsion of ships. London 1907.

Engels, Schiffswiderstand. 4. Frage des VIII. Internat. Schiffahrtskongresses. Paris 1900.

Fricker, Resistance des carénes. Paris 1907.

Führer auf den deutschen Wasserstraßen. Handbuch in 6 Teilen, bearbeitet im Kgl. Preußischen Ministerium der öffentlichen Arbeiten. Berlin 1902 bis 1912.

Handbuch der Ingenieur-Wissenschaften. III. Teil.: Der Wasserbau. 5. Bd. Binnenschiffahrt, Schiffskanäle, Flußkanalisierung. Leipzig.

Hanffstengel, Die Förderung von Massengütern. I. Bd.: Bau und Berechnung. 2. Aufl., 1913. II. Bd.: Förderer für Einzellasten. Berlin 1909.

Hill, Waterways and Canal construktion; an historical review. Buffalo 1909. Historical society.

Kurs, Binnenschiffahrt. (In Conrads Handwörterbuch der Staatswissenschaften, Bd. III. Jena 1909.)

Mas, F. B. de, Inspecteur général des ponts et chaussées, professeur. Canaux. Paris 1904.

Mechanischer Schiffszug auf Kanälen. IX. Internat. Schiffahrtskongreß Düsseldorf 1902. I. Abt.: Binnenschiffahrt. 2. Mitteilung.

Mohaut, La navigation intérieure et les transports. Paris 1910.

Neuerungen in der Ausgestaltung von Binnenwasserstraßen, insbesondere Schutz der Kanalufer. XII. Internat. Schiffahrtskongreß Philadelphia 1912. I. Abt.: Binnenschiffahrt. 2. Mitteilung.

Nördling, Die Selbstkosten des Eisenbahntransportes und die Wasserstraßenfrage in Frankreich, Preußen und Österreich. Wien 1885 und 1886.

Oppermann, Die Vorarbeiten für Schiffahrtskanäle oder ähnliche Anlagen und die Geschäftsführung bei deren Ausbau. Leipzig 1895.

Peters, Schiffahrtsabgaben. Leipzig 1908.

Rota, Über den Widerstand bei der Bewegung von Fahrzeugen. 4. Frage des VIII. Internat. Schiffahrtskongresses, Paris 1900.

Rothe, Der Schiffszug auf Wasserstraßen. Berlin 1907.

Schiffahrtsabgaben. IX. Internat. Schiffahrtskongreß Düsseldorf 1902. I. Abt.: Binnenschiffahrt. 2. Frage.

Schiffswiderstand auf Kanälen. IX. Internat. Schiffahrtskongreß, Düsseldorf 1902. I. Abt.: Binnenschiffahrt. 5. Mitteilung.

Dr. Schinkel, Der elektrische Schiffszug. Jena 1907.

Suppán, Wasserstraßen und Binnenschiffahrt. Berlin 1902.

Sympher, Wasserwirtschaftliche Vorarbeiten. Leipzig 1901.

— Vielseitige Aufgaben neuzeitlicher Wasserwirtschaft, Weltverkehr und Weltwirtschaft. Sonderabdruck, 1912.

von Weber, Die Wasserstraßen Nord-Europas. Leipzig 1881.

Wertverminderung der Kohle und Koke bei der Schiffsbeförderung. IX. Internat. Schiffahrtskongreß Düsseldorf 1902. I. Abt.: Binnenschiffahrt. 3. Frage.

Teubert, Oskar, Die Binnenschiffahrt. Leipzig 1913.

XI. Internat. Schiffahrts-Kongreß St. Petersburg 1908. Binnenschiffahrt. (Brüssel 1908.) Frage 2: Wirtschaftliche, technische und gesetzgeberische Untersuchungen über den mechanischen Schiffszug auf Flüssen, Kanälen und Seen. Schleppzugmonopol. Frage 3: Ausrüstung der Binnenschiffahrtshäfen. Frage 4: Kanäle für gemischten Betrieb, die gleichzeitig der Landwirtschaft und Schiffahrt dienen können.

3. Schleusenbau.

Beck, Th., Beiträge zur Geschichte des Maschinenbaues.

Einrichtung der Schleusen. S. unter 2. Kanalbau. XII. Internat. Schiffahrtskongreß Philadelphia 1912.

Fortschritte der Ingenieurwissenschaften. Erste Gruppe. 1. Heft. Zschokke, Druftluftgründungen. Leipzig 1896. (Vgl. auch Handbuch der Ingenieur-Wissenschaften: Der Grundbau.)

— der Ingenieur-Wissenschaften. Zweite Gruppe. 3. Heft. Landsberg, Die eisernen Stemmtore der Schiffsschleusen. Leipzig 1894.

Giller, Vergleich zwischen den verschiedenen Betriebsarten von Schleusenanlagen. München 1904.

Handbuch der Ingenieurwissenschaften. III. Teil: Der Wasserbau. 8. Bd.: Die Schiffsschleusen. Leipzig.

— der Baukunde. Abt. III: Baukunde des Ingenieurs. Berlin.

Havestadt, Über die Verwendung von Heberverschlüssen bei Kammerschleusen. Berlin 1908.

Kyrieleis, Grundwasserabsenkung bei Fundierungsarbeiten. Berlin 1913.

Riedler, Neuere Schiffshebewerke usw. Berlin 1897.

Überwindung großer Höhen. IX. Internat. Schiffahrtskongreß Düsseldorf 1902. I. Abt.: Binnenschiffahrt. 1. Frage.

b) Einzelwerke und Zeitschriften.

1. Kanalbau.

Annual Report of The Isthmian Canal Commission. Washington. Governement Printing Office 1907—1914.
Bau des Dortmund-Ems-Kanales. Zeitschrift für Bauwesen 1901, S. 38 ff. und 1902, S. 99 ff.
— des Oder-Spree-Kanales. Zeitschrift für Bauwesen 1899 und 1890, S. 369 ff.
Brandt, Der Ausbau der Oder-Weichsel-Wasserstraße. Zeitschrift für Binnenschiffahrt 1908, S. 156 ff.
Contag, Großschiffahrtsverbindungen zwischen dem Weser- und dem Maingebiet. Zeitschrift für Binnenschiffahrt 1910, S. 543 ff.
Corthell, Die großen Schiffahrtsstraßen der Erde. Mémoires de la soc. des ingénieurs civ. de France 1906, S. 87—263.
Das neue Wasserstraßengesetz in Frankreich. Österreichische Wochenschrift für den öffentlichen Baudienst 1904, S. 291 ff.
Der Bau des Teltow-Kanales. Zeitschrift für Bauwesen 1906, Heft IV—VI.
Der Brügger Seekanal. Zeitschrift des Vereins deutscher Ingenieure 1906, S. 805 ff.
Der Cod-Kap-Kanal. Zentralblatt der Bauverwaltung 1907, S. 496 ff.
Der Elbe-Trave-Kanal in seiner Bedeutung für die Wirtschaftsstellung Lübecks. Zeitschrift für Binnenschiffahrt 1909, S. 290 ff.
Der Hunte-Ems-Kanal. Zeitschrift für Binnenschiffahrt 1909, S. 255 ff.
Der Kanal Gent—Terneuzen. Annales trav. Belgique 1906, S. 924 ff.
Der Livingstone-Kanal im Detroit-Fluß. Engin. News. 1912, S. 1037 ff.
Der Marne-Saône-Kanal. Génie civil 1908, S. 396 ff. Annales des Ponts et Chaussées 1909 S. 26 ff.
Der masurische Schiffahrts-Kanal. Deutsche Bauzeitung 1908, S. 195 ff.
Der Masurische Kanal. Von Ziegler, Insterburg. Zentralbl. d. Bauverw. Nr. 83 vom 14. 10. 1916 und Nr. 41 vom 19. 5. 17.
Der Nordkanal in Frankreich. Zeitschrift des österreichischen Ingenieur- und Architekten-Vereins 1908, S. 129 ff.
Der Seen-Golf-Großschiffahrtsweg. Engin. Record 1907, S. 444 ff., Engin. News 1908, S. 517
Der Umbau des Erie-Kanales. Engin. Record 1907, S. 463 ff., 1908, S. 442.
Der Wasserweg zwischen Marseille und Le Havre. Annales des Ponts et Chaussées 1907 S. 201 ff.
Der Wilhelminakanal in den Niederlanden. De Ingenieur Nr. 36 vom 2. 9. 1916 und Österreichische Wochenschr. f. d. öffentl. Baudienst Nr. 41 vom 11. 10. 1917.
Die Verbesserung des Nordsee-Kanales in Holland. De Ingenieur 1906, S. 775 ff.
Die Wasserstraßen in Österreich. Zeitschrift des österreichischen Ingenieur- und Architekten-Vereins 1903, S. 581 ff.
Die württembergischen Großschiffahrtspläne. Zeitschrift für Binnenschiffahrt 1908, S. 254 ff.
Festschrift zur Eröffnung des Dortmund-Ems-Kanales 1899.
Fortsetzung des Mittellandkanals. Zeitschrift für Binnenschiffahrt Nr. 13—16 vom Juli u. Aug. 1916 sowie Nr. 1—4 vom Jan. u. Febr. 1917.
Frankreichs Schiffahrtswege. Annales trav. Belgique 1909, S. 1287 ff.
Fülscher, Neuere Verhandlungen über den Ausbau des Panamakanales. Zeitschrift für Bauwesen 1907, S. 231 ff.
Haesler, Der Großschiffahrtsweg Berlin—Stettin. Berlin 1911.
Henneking, Der Ausbau der bestehenden Binnenwasserstraßen in Nord-Amerika. Zeitschrift für Bauwesen 1908, S. 298 ff.
Kanal zwischen Weichsel und den Masurischen Seen. Zeitschrift für Binnenschiffahrt 1907, Heft 4.
— des Großherzogtums Luxemburg. Österreichische Wochenschrift für den öffentlichen Baudienst 1912, S. 638 ff.
Kanalisierung der Werra. Schiffahrt 1908, S. 34 ff.
Kelly, Der Bau des Calumet-Sag-Kanales. Engin. News 1913, S. 146 ff.
Kommissionsbericht über die Wasserstraßenvorlage des Jahres 1904 (Haus der Abgeordneten). Berlin 1904.
Lewin, Die inneren Wasserwege Rußlands und die geplanten Schiffahrtskanäle von der Ostsee zum Schwarzen und Kaspischen Meere. Zeitschrift für Binnenschiffahrt 1906, S. 301 ff.
Mattern, Der Großschiffahrtsweg Berlin—Stettin. Zeitschrift für Bauwesen 1913, Heft VII—IX.
Miehlke, Der Großschiffahrtsweg Berlin—Stettin. Deutsche Bauzeitung 1913, S. 789 ff.
Neue Oberschlesische Schiffahrtswege. Zentralblatt f. Wasserbau u. Wasserwirtschaft Nr. 33/34 vom 1. 12. 1917.
Niebuhr, Der Großschiffahrtsweg Berlin—Stettin. Zeitschrift für Binnenschiffahrt 1914, S. 200 ff.

Preußisches Gesetz, betreffend die Herstellung und den Ausbau von Wasserstraßen vom 1. April 1905. Zeitschrift für Binnenschiffahrt 1905, S. 351 ff. Zentralblatt der Bauverwaltung 1905, S. 181 ff.
Prüßmann, Denkschrift über den Entwurf eines Rhein-Elbe-Kanales. Berlin 1899.
Renner, Amerikanische Kanalentwürfe. Verkehrstechnische Woche 1910, S. 277 ff.
Report of the Royal Commission appointed to enquire into and to report on the Canals and Inland Navigation of the United Kingdom. London 1906—1910.
Schmidt, Ausbau des Sakrow-Paretzer-Kanales. Zentralblatt der Bauverwaltung 1913, S. 365 ff.
Sielken, Der Ems-Weser-Kanal bei Minden. Tonindustriezeitung 1913, S. 985 ff.
Smrcek, Der Stand der wichtigeren österreichischen Kanalprojekte. Berlin-Groß-Lichterfelde 1909.
Steller, Die bayrischen und württembergischen Kanalpläne für Donau-Rheinverbindungen. Zeitschrift des Vereins deutscher Ingenieure 1909, S. 267 ff.
Tincauzer, Der Bau des Panamakanales. Zeitschrift für Bauwesen 1911, Heft VII—IX und X—XII.
Über alte und neue Kanäle. Scientific American. Supplement 1906. S. 25453 usw.
— englische Wasserstraßen. Engineer 1906 und 1907.
Voisin-Bey, Le canal de Suez. 7 Bde. Paris 1906.
Vorschlag einer neuen Linienführung des Mittellandkanales. Schiff. vom 13. 10. 1917 (vgl. auch Zeitschrift f. Binnenschiff. Nr. 13/14 vom Juli 1917).
Wannowius, Hochwasserschutz und Großschiffahrtsweg bei Breslau. Deutsche Bau zeitung 1912, S. 694 ff.
West-Neebish-Kanal im St. Mary-Fluß. Engin. News 1907, S. 496 ff.

Abmessungen der Kanäle und Kanalschiffe. Österreichische Wochenschrift für den öffentlichen Baudienst 1906, S. 714 ff.
Bauvorschriften für Flußschiffe. Zeitschrift für Binnenschiffahrt 1909, S. 13 ff.
Flamm, Die Steigerung der Wirtschaftlichkeit von Fluß- und Kanalschiffen. Zeitschrift für Binnenschiffahrt 1910, S. 423 ff.
Teubert, Die Schleusen- und Schiffsabmessungen auf den preußischen Hauptkanälen im Vergleich zu den franzöisschen Zuständen.

Ahlborn, Die Widerstandsvorgänge im Wasser an Platten und Schiffskörpern. Die Entstehung der Wellen. Jahrbuch der schiffsbautechnischen Gesellschaft 1909, S. 370 ff.
Engels und Gebers, Über Schleppversuche mit Kanalkahnmodellen in unbegrenztem Wasser und in drei verschiedenen Kanalprofilen usw. Jahrbuch der schiffsbautechnischen Gesellschaft, 8. Jahrgang, 1907, und 9. Jahrgang, 1908.
— Der Beiwert k in der Formel $W = k\gamma \cdot F \frac{v^2}{2g}$ für den Wasserwiderstand bewegter, plattenförmiger und prismatischer Körper. Schiffbau, IX. Jahrgang, 1907/8, Nr. 6 und 7.
Engels, Modellversuche über den Einfluß der Form und Größe des Kanalquerschnittes auf den Schiffswiderstand. Zeitschrift für Bauwesen 1898, S. 655 ff.
Engels, Schromm, Schiffsmodell-Versuchsanstalten. Österreichische Wochenschrift für den öffentlichen Baudienst 1909, S. 433 ff. und 617 ff.
Flamm, Schiffswiderstand und Schiffsbetrieb. Zentralblatt der Bauverwaltung, Berlin 1900, S. 396 ff.
Französische Binnenfahrzeuge und Versuche über den Schiffswiderstand. Mémoires de la soc. des ing. civils de France 1910, S. 7—55.
Friedel, Über den Einfluß der Wassertiefe auf die Geschwindigkeit der Schiffe. Annalen der Hydrographie und maritimen Meteorologie 1907, S. 310 ff.
Gebers, Ein Beitrag zur experimentellen Ermittelung des Wasserwiderstandes gegen bewegte Körper. Schiffbau 1908.
Haack, Schiffswiderstand und Schiffsbetrieb, nach Versuchen auf dem Dortmund-Ems-Kanal bearbeitet. Berlin 1900.
Kielhorn, Über den Einfluß der Dampferschrauben auf Kanalsohlen. Dinglers polytechnisches Journal 1913, S. 529 ff.
Krey, Fahrt der Schiffe auf beschränktem Wasser. Sonderabdruck aus Schiffbau, XIV. Jahrgang 1913, Nr. 12—17.
— Modellversuche über den Schiffahrtsbetrieb auf Kanälen usw. Mitteilungen über Forschungsarbeiten usw., Heft 107. Berlin 1911.
— Schiffswiderstand auf Kanälen usw. Zeitschrift für Bauwesen 1906, S. 503 ff.
Lieckfeldt, Erscheinungen bei der Fahrt eines Schiffes. Zentralblatt der Bauverwaltung 1906, S. 438 ff.
Möller, Zugwiderstand der Kanalschiffe. Zeitschrift für Gewässerkunde 1898, Heft 4.

Robinson, A brief description of the functions and of an experimental model basin. Annapolis 1907. Proceedings of the United States Naval Institute.
Schiffszugversuche am eisernen Tor. Österreichische Wochenschrift für den öffentlichen Baudienst 1905, S. 611 ff.
Sonne, Der Zugwiderstand der Kanalkähne. Zentralblatt der Bauverwaltung 1905, S. 77 ff.
— Die Rückströmungen in Schiffahrtskanälen. Zentralblatt der Bauverwaltung 1905, S. 147 ff.
Thiele, Der Zugwiderstand der Kanalkähne. Zentralblatt der Bauverwaltung 1900, S. 345 ff. und 1905, S. 254 ff.
Über Schiffswiderstände siehe auch Zeitschrift für Binnenschiffahrt, Jahrgang 1906 u. ff.

Binnenschiffahrt in Frankreich. Génie civil 1908, S. 439 ff.
Block, Beitrag zur theoretischen Berechnung der Beförderungskosten auf Wasserstraßen. Zentralblatt der Bauverwaltung 1908, S. 237 ff.
Der Binnenschiffahrtsverkehr in Frankreich im Jahre 1903 und 1904. Annales trav. Belgique 1906, S. 1184 ff.
Der Massengüterverkehr auf den nordamerikanischen Binnenwasserstraßen. Zeitschrift für Bauwesen 1908, S. 273 ff.
Franzius, Die wirtschaftliche und politische Bedeutung der Binnenschiffahrt. Technik u. Wirtschaft Nr. 7 vom Juli 1917.
Heubach, Die wirtschaftliche Binnenschiffahrtsabgabe. Jahrbuch für Gesetzgebung, Verwaltung und Volkswirtschaft im Deutschen Reich 1907, Heft 4.
Huth, Deutschlands Binnenschiffahrt. Deutsche geographische Blätter, Band 29, Heft 4.
Jahresberichte über den Verkehr auf den märkischen Wasserstraßen. Jährlich.
Leuschau, Deutsche Wasserstraßen und Eisenbahnen in ihrer Bedeutung für den Verkehr. Halle a. S. 1907. (Vgl. auch Wasserbau und Wasserwirtschaft 1907, S. 161.)
Matschoß, Hundert Jahre Dampfschiffahrt. Zeitschrift des Vereins deutscher Ingenieure 1907, S. 1285 ff.
Peters, Schiffahrtsabgaben. Archiv für Eisenbahnwesen 1908, Heft 3.
Schleppmonopol, Schiffahrtsabgaben s. Zeitschrift für Binnenschiffahrt verschiedenste Jahrgänge 1907, 1908, 1909, 1910 ff.
Schott, Über Transportverhältnisse auf Eisenbahnen und Wasserstraßen. Zeitschrift d. Ver. deutscher Ing. 1906, S. 1747 ff.
Schwabe, Entwicklung der Deutschen Binnenschiffahrt. Berlin 1899. (44. Heft der Verbandsschriften des deutsch-österreichischen Verbandes für Binnenschiffahrt.)
Sympher, Dr.-Ing., Das Anwachsen der deutschen Binnenschiffahrt von 1875—1910. Zeitschrift für Binnenschiffahrt 1913, S. 3 ff.
— Die Deutsche Binnenschiffahrt. Zentralblatt für Wasserbau und Wasserwirtschaft 1908, S. 33 ff.
— Die wasserwirtschaftliche Vorlage. Berlin 1901.
— Dreißig Jahre deutscher Binnenschiffahrt, 1875—1905. Zeitschrift für Binnenschiffahrt 1907, S. 496 ff.
— Wirtschaftliche Bedeutung des Rhein-Elbe-Kanales. Berlin 1899.
Statistik des Deutschen Reiches. 2. Binnenschiffahrt. Jährlich.
Statistisches Jahrbuch für das Deutsche Reich. Jährlich.
Tarif für die Schiffahrtsabgaben: a) auf dem Rhein-Weser-Kanal und dem Lippe-Kanal von Datteln bis Hamm; b) auf dem Kanal von Dortmund-Herne bis Emden. Rhein Nr. 19, 1914, S. 157 ff.
Ulrich, Preußische Verkehrspolitik und Staatsfinanzen. Berlin 1909.

Abmessungen neuer Hauptwasserstraßen. Von Sympher, Berlin. Zentralbl. d. Bauverw. Nr. 7 u. 8 vom 19. 1. 1918, Zeitschrift f. Binnenschiff. Nr. 1 u. 2 vom Jan. 1918.
— Von Engels, Dresden. Zentralbl. d. Bauverw. Nr. 19/20 vom 2. 3. 1918.
Ist es notwendig, die Abmessungen des Rhein-Herne-Kanales zu vergrößern? Bearbeitet im Auftrage des Ministers der öffentlichen Arbeiten. Berlin 1908.

Ostmann, Trockenbagger mit Seitenförderer. Zeitschrift für Bauwesen 1912, Heft X—XII.
Paulmann und Blaum, Neuere Baggerkonstruktionen. Zeitschrift des Vereins deutscher Ing. 1909, S. 969 ff., 1910, S. 656 ff.

Die Überführung des Ems-Weser-Kanals über die Leine bei Hannover. Von A. Franke. Zeitschrift f. Bauwesen 1917, Nr. 4/6.

Niebuhr, Entleerungsanlage im Großschiffahrtsweg Berlin—Stettin. Zentralblatt der Bauverwaltung 1914, S. 250 ff.
Unger, Schutz der Bauwerke an den Schiffahrtskanälen gegen Bodensenkungen in Bergbaugebieten. Zentralblatt der Bauverwaltung 1913, S. 13 ff.

Ufer- und Böschungsschutz nach System Decauville. Beton und Eisen 1912, S. 156 ff.

Miether, Der Stadthafen Gelsenkirchen. Deutsche Bauzeitung 1913, S. 76 ff.
Schmidt, Georg, Der Hafen von Dortmund. Denkschrift. Dortmund 1909.
Sievers, Das Lagerhaus „Hafen Tempelhof" am Teltowkanal. Zeitschrift für Binnenschiffahrt 1909, S. 77 ff.

Dichtung an einem Speisegraben des Canal de Bourgogne mittels Eisenbetons. Annales des Ponts et Chaussées 1908, S. 88 ff., ferner 1910, S. 112 ff.
Die künstliche Dichtung des Kanalbettes in der Scheitelhaltung des Großschiffahrtsweges Berlin—Stettin. Zeitschrift für Bauwesen 1910, Heft VII—IX.
Die Lehmdichtung der Strecke Datteln-Hamm des Rhein-Herne-Kanals. Von Reg.- u. Baurat Unger u. Reg.-Baumstr. Bräuler. Zentralbl. d. Bauverw. Nr. 7 u. 9 vom 22. u. 29. 1. 1916.
Haesler, Erfahrungen bei Herstellung der Tondichtung in der Scheitelhaltung des Großschiffahrtsweges Berlin—Stettin. Zentralblatt der Bauverwaltung 1912, S. 325 ff.
Kanaldichtung mittels Betoneinlage am Hüninger Kanal. Tiefbau 1907, S. 68.
Kanaldichtung unter Wasser am Rhein-Herne-Kanal. Zentralbl. d. Bauverw. Nr. 63 vom 4. 8. 1917.
Manzke, Versuche am Rhein-Herne-Kanal über die Größe des Wasserverlustes durch Versickerung. Zentralblatt der Bauverwaltung 1913, S. 455.
Ottenberg, Versuche über die Sohlensicherungen im Dortmund-Ems-Kanal. Zentralblatt der Bauverwaltung 1913, S. 474 ff.

Sympher und Block, Die Speisung des Rhein-Hannover-Kanales. Berlin 1909.

Block, Die Betriebseinrichtungen des Teltowkanales. Elektrotechnische Zeitschrift 1906, S. 513 ff.
— Elektrische Treideleiversuche und Einführung des elektrischen Schleppbetriebes auf dem Teltowkanal. Zeitschrift für Binnenschiffahrt 1905, S. 139.
Bousquet, M. P. du, Elektrische Treidelei auf Kanälen. Mémoire de la soc. des ingenieurs civils de France 1908, S. 924—955.
Claus, Das Schleppmonopol auf dem Rhein-Weser-Kanal. Berlin 1910. (Schriften des Verbandes der deutschen Ingenieure.)
Elektrische Treidelei. Dinglers polyt. Journal 1907, S. 220 und 271 ff.
Elektrische Treidelei auf Kanälen. Glasers Annalen 1904, S. 104.
Elektrische Treidellokomotiven an den Schleusen des Panamakanales. Engin. Record Nr. 5 vom 30. 1. 1915.
Galliot, Revue de Mécanique. Paris, Juli 1899. Über elektrischen Schiffszug.
Gesundheitspflege beim Bau des Panamakanales. Gesundh.-Ing. 1913, S. 171 ff.
Koß, Die Wassereisenbahn. Österreichische Wochenschrift für den öffentlichen Baudienst 1912, S. 671 ff.
— Soll elektrischer Betrieb auf neu zu erbauenden Binnenwasserstraßen grundsätzlich ausgeschlossen werden? Elektrot. Zeitschrift Nr. 25 vom 21. 6. 1917.
Köttken, C., Berlin, Das amerikanische Schleppschiffahrt-System Wood und das zweigleisige Lokomotiv-System. Zeitschrift für Binnenschiffahrt 1907, S. 135 ff.
Kurs, Das staatliche Schleppmonopol. Schiff 1904, S. 381 ff., 1905, S. 1 ff.
Lehr, Elektrische Binnenschiffahrt mit Oberleitung. Zeitschrift für Binnenschiffahrt 1908, S. 331 ff.
Lieckfeldt, Der zu erwartende Betrieb auf den Großschiffahrtskanälen. Zentralblatt der Bauverwaltung 1907, S. 144 ff.
Mattern, Schlepp- und Schraubenversuche im Oder-Spree-Kanal und im Großschiffahrtsweg Berlin—Stettin. Zentralblatt der Bauverwaltung 1911, S. 649 ff.; Zeitschrift für Binnenschiffahrt 1912, S. 174 ff. sowie Sonderdruck.
Meyer, Der elektrische Schiffszug. Sonderdruck: Elektrische Kraftbetriebe und Bahnen. 1908, Heft 32 (Siemens-Schuckert-Werke).
Schleppmonopol auf dem Elbe-Trave-Kanal. Schiff 1904, S. 391.

Sympher, Thiele und Block, Untersuchungen über den Schiffahrtsbetrieb auf dem Rhein-Weser-Kanal. Berlin 1907.
Teubert, Der zukünftige Binnenschiffahrtsbetrieb auf den durchgehenden Hauptwasserstraßen der Verbandsländer. Groß-Lichterfelde 1907.
Thiele, Einwirkung des Schiffahrtsbetriebes auf die Sohle und Böschungen des Dortmund-Ems-Kanales. 4. Frage des VIII. Internationalen Schiffahrtskongresses Paris 1900.
Über die Organisation des Schleppbetriebes auf Binnenwasserstraßen. Zeitschrift für Binnenschiffahrt 1907, S. 330.

2. Schleusenbau.

Freymark, Die Bedeutung der Schleusenabmessungen auf der Oder und den märkischen Wasserstraßen für die wirtschaftliche Entwicklung des deutschen Ostens. Zeitschrift für Binnenschiffahrt 1908, S. 135.
Schnapp, Wasserverbrauch beim Betriebe von Schiffahrtsschleusen. Zentralblatt der Bauverwaltung 1909, S. 254 ff.
Unger, Wasserverbrauch beim Betriebe von Schiffahrtsschleusen. Zentralblatt der Bauverwaltung 1909, S. 122 ff.
Zur Frage der Schleusenabmessungen auf den östlichen Wasserstraßen. Zeitschrift für Binnenschiffahrt 1908, S. 1 und 305.

Bergius, Die Eisenbetonkonstruktionen der Schleppzugschleusen bei Hohensaathen. Beton und Eisen 1913, S. 229 ff.
Brabandt, Stampfbeton oder Gußbeton. Zentralblatt der Bauverwaltung 1913, S. 436 ff.
Der Bau der dritten Schleuse bei Sault Ste. Marie (Michigan). Engin. Record 1912, S. 684 ff.
Die Hilfsanlage für den Bau der dreistufigen Doppelschleusen des Panamakanales bei Gatum. Zeitschrift des Verbandes Deutscher Ingenieure 1909, S. 1822 ff. (vgl. auch The Engin. Record 1909).
Die neueste Erweiterung des Seehafens von Emden. Deutsche Bauzeitung 1913, S. 501 ff.
Die Schleusen des Panamakanales. Schweizer. Bauztg. Nr. 10 u. 11 vom 4. u. 11. 3. 1916, Österreich. Wochenschrift f. d. öffentl. Baudienst Nr. 26 vom 29. 6. 1916.
Engels, Zur Theorie der Schleusenkörper. Zentralblatt der Bauverwaltung 1905, S. 275 ff.
Engelhard und Zimmermann, Bau zweier Schleusen bei Wernsdorf und Kersdorf. Zeitschrift für Bauwesen 1909, S. 499 ff.
Entwässerung der Schleusenhinterfüllung. Von Winkler. Zentralbl. d. Bauverw. Nr. 63 vom 5. 8. 1916.
Eisenbetonbauten am Rhein-Hannover-Kanal. Beton und Eisen 1913, Heft VI—VIII.
Franzius, Der Unfall an der Schleppzugschleuse in Hemelingen, Bremen. Zentralblatt der Bauverwaltung 1914, S. 146 ff.
Guiffart, Die Bellot-Tancarville-Schleuse im Hafen von Havre. Annales des Ponts et Chaussées 1912, S. 7—87.
Hart, Anwendung des Eisenbetons beim Bau des Ems-Weser-Kanales. Deutsche Bauzeitung, Mitteilung über Eisenbetonbau 1913, S. 57 ff.
Herrmann, Der Bau des Rhein-Herne-Kanales. Zentralblatt der Bauverwaltung 1912, S. 217 ff.
Horn, Neue Kaimauern in Rotterdam, ausgeführt in den Jahren 1907—1912. Österreichische Wochenschrift für den öffentlichen Baudienst 1913, S. 718 ff.
Kammerschleuse und Stauwerk aus armiertem Beton in Bökény. Armierter Beton 1908, S. 14 ff., 1909, S. 473 ff.
Oeltjen, Die Schleusen- und Wehranlage in der Weser bei Bremen. Deutsche Bauzeitung 1910, S. 376 ff.
Papke, Wehre und Schleusen in der oberen schiffbaren Spree. Zentralblatt der Bauverwaltung 1913, S. 108 ff.
Preiß und Schneuzer, Bau der zweiten Schleuse bei Münster in Westfalen. Zeitschrift für Bauwesen 1913, Heft I—III.
Scheck, Eiserne Spundwände in Deutschland. Zentralblatt der Bauverwaltung 1913, S. 156 ff. und 1914.
— Bau der zweiten großen Schleuse in Fürstenwalde a. Spree. Zentralbl. d. Bauverw. Nr. 49 vom 17. 6. 1916.
Schleusenmauern aus Eisenbeton im Merwedekanal bei Utrecht. Österreichische Wochenschrift für den öffentlichen Baudienst 1906, S. 623.
Schmidt, Über neue Bauweisen bei der Schiffahrtsschleuse bei Dörverden an der Weser. Zentralblatt der Bauverwaltung 1914, S. 233 ff.
Schulte, Der Bau von Schleppzugschleusen an der oberen Oder von Cosel bis Neißemündung. Zeitschrift für Bauwesen 1914, S. 371 ff.
Sears, The lock in the Charles river Dam. The Engeneering Record, Vol. 57, Nr. 24, 1908, S. 742 ff.

Standsicherheitsfragen beim Bau von Schiffsschleusen für hohe Gefälle. Von Mattern. Zentralbl. d. Bauverw. Nr. 50 vom 18. 6. 1919.

The accident to lock gates at the Canadian canal, Sault Ste. Marie. Engineering News, Vol. 61, Nr. 24, 1909, S. 672 ff.

Unfall an der Schleuse Nr. 22 des Welland-Kanals bei Thorold, Ont. Engin. News 1912, S. 43 ff.

Ungarische Stauwehre und Schleusen aus Eisenbeton. Tiefbau 1913, S. 388 ff.

Versuche zur Ermittlung des Auftriebes unter Bauwerken im Grundwasser. Von Busemann, Lübeck. Zentralbl. d. Bauverw. Nr. 32 vom 18. 4. 1917.

Verwendung des Eisenbetons im Wasserbau. Armierter Beton 1908, S. 153 ff. und 1909, S. 271 ff.

Volk, Einzelheiten der Schleusen des Rhein-Herne-Kanales. Zentralblatt der Bauverwaltung 1913, S. 307 ff.

Zander, Erweiterung des Emder Hafens. Zeitschrift für Bauwesen 1914, Heft IV—VI, VII—IX.

Zimmermann, Die Anwendung von Grundwassersenkungen zu Neubauten und Wiederherstellungsarbeiten im Bezirk der Wasserbauinspektion Fürstenwalde. Zeitschrift für Bauwesen 1907, S. 411—422.

Die Zylinderventile der Schleusen des Panamakanales. Engin. News 1912, S. 1005.

Ehrenberg, Zylinderschütze an Schleusenhäuptern. Zentralblatt der Bauverwaltung 1913, S. 481 ff.

Krey, H., Neuere Versuche für Schiffsschleusen. Zentralblatt der Bauverwaltung 1914, S. 333 ff.

Nyholm, Bewegungsvorrichtungen an den Schleusen. Zentralblatt der Bauverwaltung 1908, S. 568 ff.

Schneuzer, Entwurf zu Rollschützen mit beweglicher Gummidichtung. Zentralblatt der Bauverwaltung 1910, S. 568 ff.

Vlissingen, Umlaufschützen für die großen Kammerschleusen des Kanals durch Süd-Beveland. De Ingenieur 1908, S. 843 ff.

Franke, Bewegungsvorrichtung für das Klapptor der zweiten Schleppzugschleuse bei Meppen. Zentralblatt der Bauverwaltung 1909, S. 172 ff.

— Bewegungsvorrichtungen für die Klapptore und die Zylinderschütze an den Schleusen im Osnabrücker Zweigkanal. Zentralbl. d. Bauverw. Nr. 38 vom 10. 5. 1916.

Overbeck, Die Schleusentore des Industrie- und Handelshafens zu Bremen-Oslebshausen. 1912. (Sonderabdruck aus der Zeitschrift des Vereins deutscher Ingenieure.)

Sherman, The lock gates at the Charles river Dam. Engineering News, Vol. 60, Nr. 2, 1908, S. 27 ff.

Buchholz, Die Betriebseinrichtungen des Großschiffahrtsweges Berlin—Stettin. Zeitschrift für Bauwesen 1913, Heft X—XII, 1914, Heft I—III.

Gaze, Die Elektrizität im Hafen- und Wasserbau. Zentralblatt für Wasserbau und Wasserwirtschaft 1912, S. 161 ff.

Gährs und Prietze, Die Betriebseinrichtungen beim Bau der neuen Ostseeschleusen des Kaiser-Wilhelm-Kanales. Zeitschrift für Bauwesen 1913, Heft I—VI und VII—IX.

Möller, Über die Verwendung von Schleppkatzen und Spills beim Verholen der Schiffe. Zentralblatt der Bauverwaltung 1913, S. 544 ff.

Bertschinger, Die Wirtschaftlichkeit von Schiffshebewerken. Zeitschrift des Vereins deutscher Ingenieure 1907, S. 1925 ff.

Beyerhaus, Wie kann bei Schleusen mit Sparbecken der Betrieb beschleunigt werden? Zeitschrift des österreichischen Ingenieur- und Architekten-Vereins 1910, S. 321 ff.

Buchwald, Die senkrechte Schiffsförderung. Zeitschrift für Binnenschiffahrt 1912, S. 547 ff.

Das Ergebnis des internationalen Wettbewerbes um das Probe-Schiffs-Hebewerk im Donau-Oder-Kanal bei Prerau. Deutsche Bauzeitung 1904, S. 549 ff., 1905, S. 37 ff.

Das Schiffshebewerk bei Niederfinow. (Vorschlag der Maschinenfabirk Augsburg-Nürnberg A.-G.) Zeitschrift für Binnenschiffahrt 1912, S. 245 ff. und Sonderdruck.

Das Schiffshebewerk für den Abstieg des Großschiffahrtsweges Berlin—Stettin nach der Oder bei Niederfinow. Deutsche Bauzeitung 1913, S. 199—200.

Francis, Mechanical canal locks in Canada. Engineering News, Vol. 58, Nr. 3, 1907.

Gerdau, B., Schiffshebewerke. Zeitschrift des Vereins deutscher Ingenieure 1896, S. 57.

Gerhardt, Der Wettbewerb für ein Schiffshebewerk bei Perrau im Oder-Donau-Kanal. Zentralblatt der Bauverwaltung 1905, S. 215 ff.

Hundt, Elektrisch betriebene Schiffshebewerke. Elektrotechnische Zeitschrift 1908 und 1909.
Jebens, Das Schiffshebewerk mit Balanciers und Gegengewichten. Zeitschrift für Architektur- und Ingenieurwesen 1910, S. 361 ff.
— Das Schiffshebewerk mit Schraubenführung auf schiefer Ebene mit Querneigung. Glasers Annalen für Gewerbe und Bauwesen 1908, S. 247 ff.
— Das Schiffshebewerk mit Schraubenführung auf schiefer Ebene mit Querneigung. Deutsche Bauzeitung 1909, S. 314.
— Das Schiffshebewerk mit Seitenschwimmern, Zahnstangen und Riegeln. Zeitschrift für Architektur- und Ingenieurwesen 1912, Heft 5; Zeitschrift für Binnenschiffahrt 1912, Heft 24.
— Die Schwimmerschleuse mit Riegeln und Bremsen. Zeitschrift für Architektur- und Ingenieurwesen 1910, S. 49 ff.
— Die Trogschleuse auf Walzen. Zentralblatt der Bauverwaltung 1908, S. 362 ff.
— Über Trogschleusen auf schiefen Ebenen. Deutsche Bauzeitung 1908, S. 78.
Klir, Prinzipien der Sparschleusen. Österreichische Wochenschrift für den öffentlichen Baudienst 1907, S. 39 ff.
Prüßmann, Schleusen und Hebewerke. Zeitschrift für Bauwesen 1905, Heft VII—IX.
— Sparbecken für steile Schleusentreppen mit kurzen Haltungen. Zentralblatt der Bauverwaltung 1906, S. 153 und 375.
— Vergleichung von Schleusen und mechanischen Hebewerken. Zeitschrift für Bauwesen 1905, S. 500 ff., 1906, S. 359 ff.
Nakonz, Schiffshebewerk. Zentralblatt der Bauverwaltung 1908, S. 8.
Riedler, Über Schiffshebewerke. Zeitschrift des österreichischen Ingenieur- und Architekten-Verbandes 1906, S. 405 ff.
Schiffshebewerk am Trentkanal bei Kirkfield in Canada. Engin. Record 1905, S. 395.
Schiffshebewerk bei Foxton, England. Scientific American 1904, S. 153; Tiefbau 1906, S. 170.
Schiffshebewerk System Baurat Roeder. Zeitschrift für Binnenschiffahrt 1910, S. 644.
Überwindung großer Gefälle bei Schiffahrtskanälen. Zeitschrift des Vereins deutscher Ingenieure 1903, S. 1017 ff.

Sachregister.

(Die Zahlen geben die Seiten an.)